U0397579

Applied Hydraulic Transients

Third Edition

M. Hanif Chaudhry

精品经典译著

实用水力瞬变过程

（第三版）

程永光　杨建东　赖　旭　张　健　译
王永年　审

北京市版权局著作权合同登记号：图字 01-2014-7234

Translation from the English language edition:
Applied Hydraulic Transients

图书在版编目（CIP）数据

实用水力瞬变过程 : 第3版 / (美) 乔杜里著 ; 程永光等译. -- 北京 : 中国水利水电出版社, 2015.10
(精品经典译著)
书名原文: Applied Hydraulic Transients (Third Edition)
ISBN 978-7-5170-3731-6

Ⅰ. ①实… Ⅱ. ①乔… ②程… Ⅲ. ①水力学—研究 Ⅳ. ①TV13

中国版本图书馆CIP数据核字(2015)第248457号

书　　名	精品经典译著 **实用水力瞬变过程（第三版）**
原 书 名	Applied Hydraulic Transients (Third Edition)
原　　著	M. Hanif Chaudhry
译　　者	程永光　杨建东　赖旭　张健
审　　阅	王永年
出版发行	中国水利水电出版社 （北京市海淀区玉渊潭南路1号D座　100038） 网址：www.waterpub.com.cn E-mail：sales@waterpub.com.cn 电话：(010) 68367658（发行部）
经　　售	北京科水图书销售中心（零售） 电话：(010) 88383994、63202643、68545874 全国各地新华书店和相关出版物销售网点
排　　版	中国水利水电出版社微机排版中心
印　　刷	北京嘉恒彩色印刷有限责任公司
规　　格	170mm×240mm　16开本　31.25印张　596千字　1插页
版　　次	2015年10月第1版　2015年10月第1次印刷
印　　数	0001—1000册
定　　价	**98.00**元

凡购买我社图书，如有缺页、倒页、脱页的，本社发行部负责调换

翻译说明

乔杜里（M. Hanif Chaudhry）教授的专著《实用水力瞬变过程》（Applied Hydraulic Transients）是水力瞬变过程领域的经典著述之一，有重要影响。该书涉及面广，既包含瞬变过程基本理论，也包含大量应用实例；既针对水电站和泵站水力系统，也针对输油管线和冷却水系统；既讨论一般意义的瞬变过程，也讨论水力振荡问题和泄漏检测技术。该书深入浅出，十分适合研究生、科研人员和工程技术人员选作水力瞬变过程的入门读物、培训教材和科研参考书。其最新的第3版于2014年由斯普林格（Springer）出版社推出不久，中文版版权随即被中国水利水电出版社获得，并确定由武汉大学程永光、杨建东、赖旭和河海大学张健四位教授联合翻译，完稿后由武汉大学王永年教授审阅。

程永光教授负责全书统稿，并翻译了第2章、第6章、第13章，以及附录图表和程序等。杨建东教授翻译了第3章、第7章、第8章、第9章。赖旭教授翻译了第1章、第5章、第11章。张健教授翻译了第4章、第10章、第12章。各位教授对自己所翻译的内容负责。武汉大学研究生张晓曦、张春泽、夏林生、朱方磊、刁伟、蔡芳、陈慧敏、杨桀彬、李玲、郭文成、王超、曾威、刘树洁、陈岚、陈强等，河海大学研究生李路明、蒋梦露、范呈昱等参加了初稿的翻译和整理工作。

中文版的出版得到乔杜里教授的大力支持，他特地题写了序言。武汉大学和河海大学有关领导和部门提供了鼓励和资助。中国水利水电出版社武丽丽、魏素洁编辑等为本书顺利出版作了细致指导。在此一并感谢。

希望本书能为研究生、科研人员和工程师了解水力瞬变过程、研究瞬变过程和应用瞬变过程理论问题提供参考，并在中国水利水电科研、实践和教学水平的进一步提高中发挥作用。

限于译者水平，翻译中会有一些错误和不足，敬请各位读者批评指正。

译者

2014年12月8日于武汉大学

中文版序言

两个恒定状态之间的过渡态流动称为瞬变流。这种流动过去被称为水锤、涌波、压力波动等，是由有计划的或者事故中的控制设备（或其他装置）的工况改变所导致，在泵站、水电站、冷却水等系统中较为常见。瞬变流越来越受到关注，因为设计泵站、水电站等系统时必须知道瞬变流的最大压力、最小压力和其他参数的极值。目前，确定这些瞬变状态参数的数值计算方法不少，相应程序已较普及。《实用水力瞬变过程》专门论述这些方法和应用实例，并提供相关的资料和数据。

作为这本书的作者，听到其第三版在出版一年后即将被译成中文出版，我十分兴奋。该书英文第一版于 1979 年出版，其中文版由四川水力发电学会翻译，直到 1984 年才正式出版。第三版在这样短的时间内被翻译成中文，说明本书很受中国学者、工程师和研究者的欢迎。著述被同行接受令人十分欣慰，而被翻译成外文则使我感觉无比光荣。

这本书提供的材料对于大型水电站和泵站的规划、设计、运行有很好的参考价值。当前，中国在水资源与水电工程开发上是世界的领头羊，对发展中国家的水电开发也提供了不少技术支持和经济援助。典型实例是中国的南水北调工程，该项目耗资 800 亿美元（2015 年），由巨大的明渠、管路和泵站组成，分三条线路将水由南方调到北方。第三版的中文版的出版正合其时。

本书的第一版是我在英属哥伦比亚水电公司（B. C. Hydro）以及其附属的国际电力工程咨询公司当高级工程师时所作。英属哥伦比亚水电公司不仅提供了原稿打印、草图绘制等方面的慷慨帮助，而且授予我该公司工程应用实例的使用许可。这些案例研究的加入，使本书具有明显的特色。后来，我成为大学教师，又作了一些修改，这些修改在第二版和第三版中得到了体现。另外，作为穿行于全世界六大洲进行专业咨询的专家，我见证了大量的案例，使我一直与现实世界紧密接触。这本书第二版和第三版的修订除了得益于全世界众多读者的意见和建议外，更得益于我的经历和交流中获得的经验。英文版中不少打印和编排错误在中文版中都进行了更正。

乔杜里

（M. Hanif Chaudhry）

2015 年 2 月 8 日

于美国南卡罗来纳大学

献给莎米密（Shamim）

原著序言

本书系统而深入地介绍了封闭管道和明渠中的瞬变流，内容涵盖入门简介到高级进阶，并附以高效且鲁棒性好的仿真计算程序。这些程序基于现代数值计算方法，适用于电脑计算，结果比传统方法更加精确，为分析大型复杂系统提供了可能。本书涉及的应用领域十分广泛，包括诸如水力发电站、抽水蓄能电站、供水系统、输油管线、冷却水以及工业管网系统等领域。本书既可供工程师或研究人员参考，亦可作为高年级本科生或研究生教材之用。

由于应用领域不同，本书材料组织基本上各章自成体系，但实践应用贯穿始终，其内容包括工程实例、应用性问题、图片资料以及设计准则。本书附录包括设计图表及经验公式，可供近似估算、可行性研究和初步设计的方案比选之用，也可在详细分析中用以确定参数。为了方便读者学习，还给出求解实例及示例程序。全书采用国际单位，不过也给出经验常数的相应英制单位数值，以降低使用这些单位的难度。

此版本的叙述顺序与上一版大致相同。但对全书进行了全面校订，使其更加清晰明朗，并更新了参考文献。此外，新增了一章关于渗漏和部分堵塞的检测的内容。每章给出开篇图片，对该章内容进行形象化引导。第1章更新了历史背景，并增加了波的传播与反射一节内容。第2章也增加了一节内容，专门介绍控制方程中非定常摩阻的引入。非定常摩阻的模拟和高阶数值方法的应用则在第3章叙述。第5章扩充了水泵水轮机模拟。第8章用一节概述了心脑血管狭窄的功能性严重程度的确定方法。另外，还对第10章、第11章及第13章的材料进行校订，并新增了第12章，讨论管线渗漏和部分堵塞检测。附录 A 为设计图表及数据，附录 B～附录 E 为 FORTRAN 语言编写的简单计算程序和相应的输入参数和输出结果。

笔者在奥多明尼昂大学（Old Dominion University）、华盛顿州立大学（Washington State University）、南卡罗来纳大学（University of South Carolina）等处讲授“水力瞬变”课程（3 学分）时，将本书第 1 章至第 5 章和第 10 章的内容作为教材。因此本书各章节不同部分内容亦可作为高级的专业课及研讨会的讲义。

感谢哥伦比亚水电局和加利福尼亚水资源局提供的工程数据及原型测试结果。同时感谢笔者旧时同事们的大力支持，R. E. Johnson 提供了原型测试的仪器，R. M. Rockwell 和 J. Gurney 绘制了图 5－11 和图 5－29，G. Vandenburg 绘制了图 10－4。此外，Sam Martin 博士慷慨地提供了技术咨询、照片及图稿。令笔者欣慰的是，笔者以前的研究生们均为协助本书出版付出了努力，Elkholy 博士整理准备初稿，Mohapatra 博士协助校对终稿，Wessinger 绘制手稿图。另外还有来自全球各地的一些热心人提供照片及其他材料。对于这些帮助，笔者在此致以诚挚的谢意。感谢家人，尤其是笔者的孙子 Aryaan、Amira 和 Rohan，我将本应与他们共度的不少时光花在了本书的再版上。

乔杜里

于美国南卡罗来纳州哥伦比亚市

目录

第 1 章
基本概念

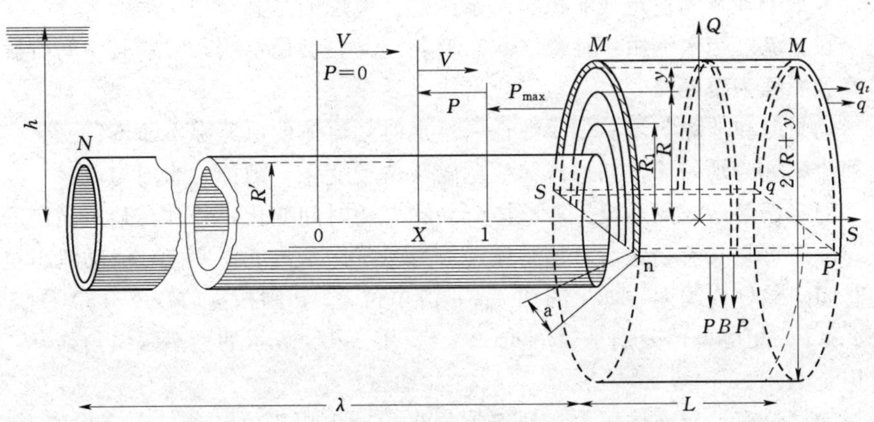

摩恩（Isebree Moens）实验中刚性金属管道及其弹性橡胶部分（1877）（由 Arris Tijsseling 提供）

1.1 引言

本章定义了一些和水力瞬变过程相关的常用术语，介绍了水力瞬变过程的发展简史。推导了由瞬时流速变化而引起压力变化的水锤基本方程以及管道中压力波波速的表达式。讨论了压力波在管道中的传播和反射过程，介绍了分析水力瞬变过程的各种方法。最后列举了一些由水力瞬变过程引发事故的简要资料。

1.2 术语

以下是本节定义的一些常用术语。

恒定流和非恒定流。如果水流中任一点的流动状态（如压力和速度）不随时间变化，则称为恒定流。如果其流动状态随时间变化，则称为非恒定流。严格地说，紊流总是非恒定流，因为其中某一点的流动状态在不断地变化。但是，如果紊流在短时间内的时均流动状态不随时间变化，则其也被称为恒定流。本书中涉及到恒定或非恒定的紊流时，考虑的是其时均流动状态。

瞬变流。当水流由一种稳定状态变化到另一种稳定状态时，其中间阶段的水流状态称为瞬变流。

均匀流和非均匀流。如果在任一给定时刻流体的流速都不随位置变化，则这种流体称为均匀流。如果流体流速随其位置变化，则称为非均匀流。

稳定振荡流或周期流。若流体流动状态随时间变化，并且在某一固定的时间间隔后重复其流动状态，这种流动称为稳定振荡流或周期流。流动状态重复的时间间隔称为**周期**。如果周期（T）的单位是 s，则振荡的频率（f）为 $1/T$ 或 $2\pi/T$，相应单位分别是周/s 或 rad/s。用 rad/s 表示的频率叫做**角频率**，通常用 ω 表示。

液柱分离。当液体压力降到液体的汽化压力以下时，液体中会形成空穴，很多情况下液柱会从整个断面分离。

水击。过去**水击**、**油击**及**汽击**这类术语都是指流体流量变化导致的压力波动。不过自 20 世纪 60 年代起，**水力瞬变过程**这一术语就开始通用了。

压力波动。在北美，所谓**压力波动**是指涉及缓慢变化压力振荡的瞬变过程。但是，在欧洲尤其是英国，压力波动既包括快速变化的瞬变过程（如水击）又包括缓慢变化的瞬变过程。本书将遵照北美研究者的习惯。

为了阐明上述定义，拟讨论下游阀门瞬时关闭后（图 1-1）管道中的流动状态。最初，下游阀门是全开的，管道全线流速是 V_0。在 $t=t_0$ 时，阀门突然关闭，使得过阀门流量立刻减为零。由于动能的转换，阀门处压力升高，于是压力波朝上游方向传播。该压力波在水库处被反射并在水库和阀门之间来回传播。由于管道系统的损失，该压力波在管道内的传播会逐渐衰减而消失。最终，在时间为 t_1 时，流动完全停止，整个管道内的压力与水库水头相等。

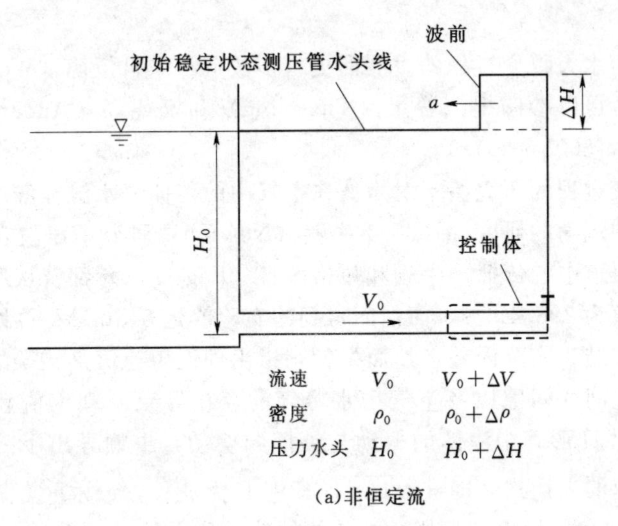

(a)非恒定流

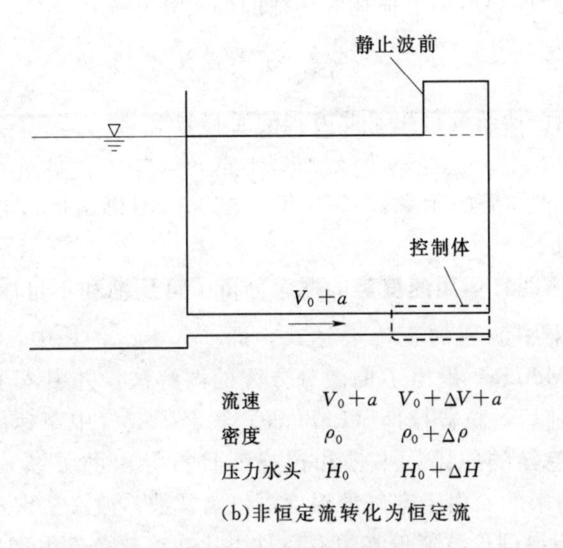

(b)非恒定流转化为恒定流

图 1-1　压力波的传播

基于前面所给定义，在 $t<t_0$ 和 $t>t_1$ 时水流恒定，流动状态不随时间改变。然而，从最初的稳定状态变化到最终的稳定状态，中间过程的流动状态（即 $t_0 \leqslant t \leqslant t_1$）称为瞬变流。

现考虑另一种情况：当下游阀门以频率 ω_f 周期性地开启和关闭，经若干周期后，管道中的瞬变流变成周期性的，其周期与阀门开启和关闭周期相等。这种流动称为**稳定振荡流**或**周期流**。

1.3 历史背景

本节介绍水力瞬变过程的发展简史（多数资料来自伍德（Wood），1970）。感兴趣的读者可以参阅提杰赛灵（Tijsseling）和安德森（Anderson）的论文（2004，2007，2008，2012）。

水力瞬变过程的研究始于对声波在空气中的传播、水波在浅水中的传播和血液在动脉中流动的研究。1687年牛顿（Newton）研究了声波在空气中的传播和水波在渠道中的传播。牛顿和拉格朗日（Lagrange）都曾从理论上得到了空气中声速值为298.4m/s，而他们得到的实验值是348m/s。拉格朗日错误地把这一差异归结为实验误差，然而牛顿则指出理论声速值是错误的，因为空气中固体微粒之间的间隙以及空气中水蒸气的存在导致了理论值和实验值的差异。通过对比U形管中液体的振动与钟摆的摆动，牛顿导出了一个错误的渠道中水波波速的表达式，即$\pi\sqrt{L/g}$，其中L为波长，g为重力加速度。1759年欧拉（Euler）推导出如下描述波传播的偏微分方程：

$$\frac{\partial^2 y}{\partial t^2}=a^2\frac{\partial^2 y}{\partial x^2} \tag{1-1}$$

式中：a为波速。他研究得出了此方程的通解为

$$y=F(x+at)+f(x-at) \tag{1-2}$$

式中：F、f为波传播的函数。1775年欧拉曾试图得出血液在动脉中流动的解，但并未成功。

1788年拉格朗日运用**速度势**的概念分析了可压缩和不可压缩液体的流动。他还推导了明渠中波速的正确表达式，即$c=\sqrt{gd}$，其中，d为渠道水深。1789年蒙日（Monge）提出了偏微分方程的图解法，并引入了**特征线法**这一概念。1808年前后，拉普拉斯（Laplace）解释了空气中声速的理论值和其测量值之间存在差异的原因：牛顿和拉格朗日推导出的关系式是根据波义尔（Boyle）定律得来的。由于空气的温度不恒为常数，波义尔定律在变化的压力下不成立。他指出理论波速值在恒温条件下比在绝热条件下增加约20%。

1808年杨（Young）研究了管道中压力波的传播。亥姆霍兹（Helmholtz）是指出管道中水压波的波速比无限大水体中波速低的第一人。他正确地将这一差异的原因归结为管壁的弹性。黎曼（Riemann）（1869）提出了三维运动方程，并将其简化的一维形式应用于棒振荡和声波分析。韦伯（Weber）（1866）研究了弹性管中不可压缩流体的流动，并通过实验测量压力波波

速。他还建立了动力方程和连续性方程。马雷（Marey）（1875）为了测出水中和水银中的压力波波速进行了大量试验，并得出压力波波速与其振幅无关、波速值在水银中比在水中大3倍、与管道的弹性成比例等结论。雷沙（Resal）（1876）建立了连续性方程和动力方程以及二阶波方程，并通过分析研究验证了马雷的试验结果。1877年雷利爵士（Lord Rayleigh）出版了他的《声波理论》。

柯特威格（Korteweg）（1878）是第一个同时考虑管壁弹性和液体弹性来确定波速的学者。他之前的研究者只考虑了这二者之一。提杰赛灵（Tijsseling）和安德森（Anderson）（2012）指出，柯特威格的工作为摩恩（Moen）（1877）半经验波速公式提供了数学支撑并肯定了摩恩在带空气包的钢管上所做的大量实验。

虽然伍德（Wood）把麦秀德（Michaud）（1878）列为研究水击的先驱，但安德森（Anderson）的近期研究（1976）指出门纳布利亚（Menabrea）（1858）才是研究水击问题的第一人。麦秀德设计并使用了空气室及安全阀。在假定液体不可压缩以及摩擦损失与水流速度成正比的情况下，葛拉米卡（Gromeka）（1883）首次在分析水击时考虑了摩擦损失。

维斯顿（Weston）（1885）和卡彭特（Carpenter）（1893—1894）通过试验研究了管道中水流流速的减小与相应压力升高的理论关系。但是，由于他们用的管线很短，研究并未成功。弗雷赛尔（Frizell）（1898）对有9.46km长压力管道的犹他州奥格登（Ogden）水电工程进行了水击研究，得出在流量瞬间减小时的水击波速和压力升高值的计算表达式。他指出：如果管壁弹性模量无穷大，波速就等于无限大水体中的声速。他还讨论了支管、波的反射以及相继波对速度的影响。遗憾的是，弗雷赛尔的工作并没有像儒可夫斯基（Joukowski）（1898）和阿列维（Allievi）（1903，1913，1937）等同一时期其他学者所做的工作那样得到认可。

1897年儒可夫斯基在莫斯科用管径分别为50mm、101.5mm和152.5mm，管长分别为7.62km、305m和305m的管道进行了大量试验。根据试验和理论研究，他发表了关于水击基本理论的经典报告（1898，1900）。他提出了同时考虑水体的可压缩性和管壁的弹性的波速公式。他又利用能量守恒和连续性条件得到流速减小值与其导致的管道压力上升值的关系，分析了压力波沿管道的传播和在分岔点的反射，研究了利用空气室、调压室和安全阀来控制水击压力的方法，得出结论：当关闭时间 $T \leqslant 2L/a$（L 为管长，a 为波速）时，管道中的压力升高值达到最大。

阿列维于1903年发表了水击的基本理论。他推导的动力方程比柯特威格的更精确。他指出动力方程中的 $V\ (\partial V/\partial x)$ 项与其他项相比不重要，可略去。他引入了两个无量纲参数：

$$\rho=\frac{aV_0}{2gH_0}$$
$$\theta=\frac{aT_c}{2L} \tag{1-3}$$

式中：a 为水击波速；V_0 为稳定状态下的流速；L 为管线长度；T_c 为阀门关闭时间；ρ 为流体的动能与在水头 H_0 作用下储存于流体和管壁的位能之比值的 1/2；θ 为阀门关闭特性系数。对于阀门关闭时间 T_c，阿列维得出了阀门处压力上升值的表达式，并给出了阀门直线关闭或开启所产生的压力升高或降低的图表。

布劳恩（Braun）（1909，1910）提出了类似于阿列维（1913）的方程式。在其后发表的文章中，布劳恩（1939）声称所谓的阿列维常数 ρ 是他先提出的。然而，阿列维仍被认为是水击基本理论的创始者。阿列维（1913，1937）还研究了阀门间歇性启闭规律，并证明了最大压力值不会超过静水头的两倍。

卡米谢尔（Camichel）等（1919）证明了除非 $H_0>aV_0/g$，否则压力不可能达到两倍水头。康斯坦丁尼斯库（Constantinescu）（1919）描述了压力波传递机械能的作用机理。在第一次世界大战中，英国战斗机装有康斯坦丁尼斯库传动装置，用以发射机关枪。基于儒可夫斯基理论，吉普松（Gibson）（1919—1920）率先在研究中引入了非线性摩阻损失。他还发明了一种利用机组甩负后压力随时间变化的关系来测定水轮机流量的设备（1923）。

司朝格（Strowger）和基尔（Kerr）设计出了一种逐步求解的步骤以计算水轮机的转速随其负荷的变化值。其中考虑了水击压力、不同导叶开度下水轮机效率的变化以及导叶的线性与非线性启闭。伍德（Wood）（1926）在讨论这篇论文时，引入了水击压力的图解法。1928 年吕维（Löwy）独立提出了与之相同的图解法。施奈德（Schnyder）（1929）在研究装有离心泵的管道系统的水击时引入了水泵全特性的概念。伯格朗（Bergeron）（1931）将图解法扩展到了计算管道中间断面的参数中。施尼德是第一个在图解分析中计入摩阻损失的学者。

1933 年和 1937 年召开了两次水击专题的讨论会。从那以后，多部专著相继出版，分别是 1951 年里奇（Rich）；1955 年帕马肯（Parmakian）；1956 年盖德尔（Gardel）；1961 年伯格朗（Bergeron）；1967 年斯特里特（Streeter）和怀利（Wylie）；1969 年皮克福德（Pickford）；1970 年塔利斯（Tuliss）；1977 年福克斯（Fox）；1977 年耶格尔（Jaeger）；1978 年怀利（Wylie）和斯特里特（Streeter）；1979 年乔杜里（Chaudhry）；1979 年韦伯（Webb）和古尔德（Gould）；1981 年夏普（Sharp）；1983 年瓦特尔（Watters）；1992 年阿

美达（Almeida）和科勒（Koelle）；以及1997年芦斯（Ruus）和卡尼（Karney）。除此之外，许多专业机构举办了有关瞬变流的学术会议或讨论会，其中有：英国水力机械研究协会（British Hydromechanics Research Association）举办的学术大会（1972，…，2012），美国机械工程学会（American Society of Mechanical Engineering）组织的学术报告会（1965，1983及1984），以及国际水力研究协会（International Association for Hydraulic Research）组织的学术报告会（1971，1974，1977，1980及1981），还有其他机构组织的会议（1982和1993）。

1.4 基本的水击方程

本节将推导基本的水击方程，并给出管道中压力波的速度公式和水流流速突变导致压力变化的公式。

如图1-1所示，假定不考虑管道摩阻，管中的弱可压流体的流速为V_0，阀门处上游侧的初始稳定水头是H_0。在$t=0$时刻，流速从V_0变化到$V_0+\Delta V$。假设流速增加时ΔV为正值，压力增加时ΔH为正值，它们减小时为负值。这个流速的变化导致压力水头H_0变化为$H_0+\Delta H$，流体密度ρ_0变为$\rho_0+\Delta\rho$，一个幅值为ΔH的压力波朝上游方向传播。用a表示压力波波速（通常称为**波速**），为简化推导，假定管道是刚性的，即管道面积A不随压力变化而改变。管壁可轻微变形和管道中流体是弱可压的波速表达式将在下一章推导。

图1-1（a）所示的非恒定流，通过叠加一个向下游方向的流速a，就转换成了恒定流。这等于以速度a向上游方向移动的一个观察者，看到向上游移动的波是静止的［图1-1（b）］，流入和流出控制体的速度分别为（V_0+a）和（$V_0+\Delta V+a$）。

以指向下游方向的距离x和流速V为正［图1-1（b）］，则正x方向上的动量变化率为

$$\begin{aligned}&=\rho_0(V_0+a)A[(V_0+\Delta V+a)-(V_0+a)]\\&=\rho_0(V_0+a)A\Delta V\end{aligned}\tag{1-4}$$

略去阻力后，作用在控制体正x方向上的合力F为

$$F=\rho_0 gH_0A-\rho_0 g(H_0+\Delta H)A=-\rho_0 g\Delta HA\tag{1-5}$$

根据牛顿第二运动定律，动量变化率等于外力合力。因此，由式（1-4）和式（1-5）可得

$$\Delta H=-\frac{1}{g}(V_0+a)\Delta V\tag{1-6}$$

在钢管或混凝土管或岩石隧洞中，波速 a 大约为 1000m/s，而管道中流体的流速一般约小于 10m/s。因此，V_0 远小于 a，可略去。于是，式（1-6）变为

$$\Delta H=-\frac{a}{g}\Delta V \tag{1-7}$$

式（1-7）右端的负号表示流速减小（即 ΔV 为负）压力水头增加（即 ΔH 为正），反之亦然。需要注意的是，式（1-7）是流速改变发生在管道下游末端且波朝上游方向传播的情况下推导出来的。同样地，可以证明当流速在上游末端改变，波朝下游方向移动时能得到

$$\Delta H=\frac{a}{g}\Delta V \tag{1-8}$$

注意，式（1-8）右边无负号，表示在这种情况下，压力水头随流速增大而增大，随流速减小而减小。

若流体的密度因压力改变 Δp 而改变 $\Delta\rho$，则如图 1-1（b）所示：

质量流入率：$$\rho_0 A(V_0+a) \tag{1-9}$$

质量流出率：$$(\rho_0+\Delta\rho)A(V_0+\Delta V+a) \tag{1-10}$$

若流体弱可压，由于密度变化而增加的控制体质量很小且可忽略。因此，质量流入率等于质量流出率。故有

$$\rho_0 A(V_0+a)=(\rho_0+\Delta\rho)A(V_0+\Delta V+a) \tag{1-11}$$

上式化简后得

$$\Delta V=-\frac{\Delta\rho}{\rho_0}(V_0+\Delta V+a) \tag{1-12}$$

由于 $(V_0+\Delta V)\ll a$，式（1-12）可写成

$$\Delta V=-\frac{\Delta\rho}{\rho_0}a \tag{1-13}$$

流体的体积弹性模量 K 定义为（Streeter，1966）

$$K=\frac{\Delta p}{\Delta\rho/\rho_0} \tag{1-14}$$

故由式（1-13）和式（1-14）可得

$$a=-K\frac{\Delta V}{\Delta p} \tag{1-15}$$

由式（1-7），且有 $\Delta p=\rho_0 g\Delta H$，将上式写为

$$a=\frac{K}{a\rho_0} \tag{1-16}$$

或者

$$a=\sqrt{\frac{K}{\rho_0}} \tag{1-17}$$

需要注意的是，上式是刚性管中弱可压缩流体的波速公式。下一章将讨论

当管壁为弹性时上式的修正式。

【例】 计算一个直径为 0.5m 的输油管中的压力波速。计算当流量为 $0.4m^3/s$ 的恒定流在下游端瞬间停止导致的压力升高值。假设管壁是刚性的，油的密度 $\rho=900kg/m^3$，油的体积弹性模量 $K=1.5\times10^9Pa$。

解：

$$A=\frac{\pi}{4}(0.5^2)=0.196m$$

$$V_0=\frac{Q_0}{A}=\frac{0.4}{0.196}=2.04m/s$$

$$a=\sqrt{\frac{K}{\rho}}=\sqrt{\frac{1.5\times10^9}{900}}=1291m/s$$

由于流动完全停止，$\Delta V=0-2.04=-2.04m/s$。因此，

$$\begin{aligned}\Delta H&=-\frac{a}{g}\Delta V\\&=-\frac{1291}{9.81}(-2.04)=268.5m\end{aligned}$$

ΔH 符号为正，表示压力随流速减小而升高。

1.5 压力波的传播

如图 1-2 所示的管道系统，管道上游端的水库水位恒定，下游端设一阀门。本节将讨论该管道系统的瞬变流，并介绍管中的压力波的传播以及压力波在水库端和紧闭阀门端的反射。由于考虑了管壁的弹性，所以，当管内压力增大时管道膨胀，管内压力下降时管道收缩。

设在下游阀门瞬时关闭的 $t=0$ 时刻前，管道系统中的流态是恒定的。如果不考虑系统的摩阻，则管道沿管线的初始稳态压力水头为 H_0。假定距离 x 和流速 V 以指向下游为正（上下游方向是基于初始恒定流方向定义的）。

阀门关闭后的压力波动过程可分为如下四个阶段（图 1-2）。

1.5.1 $0<t\leqslant L/a$

阀门一经关闭，阀门处的流速就减小到零。由此引起阀门处压力升高 $\Delta H=(a/g)V_0$。这个压力升高使得管道管壁膨胀（图 1-2 中，在膨胀或收缩的管段中，初始稳定状态下的管道直径用虚线表示），流体被压缩，从而流体密度增加，正压力波向水库方向传播。在这个波的波前之后的流体流速变为零，动能被转换成弹性势能［图 1-2（a）］。若压力波速为 a，管道长度为 L，则波前在 $t=L/a$ 时刻到达上游水库。此时，整个管线上管壁膨胀，流速为零，而压力水头变为 $H_0+\Delta H$［图 1-2（b）］。

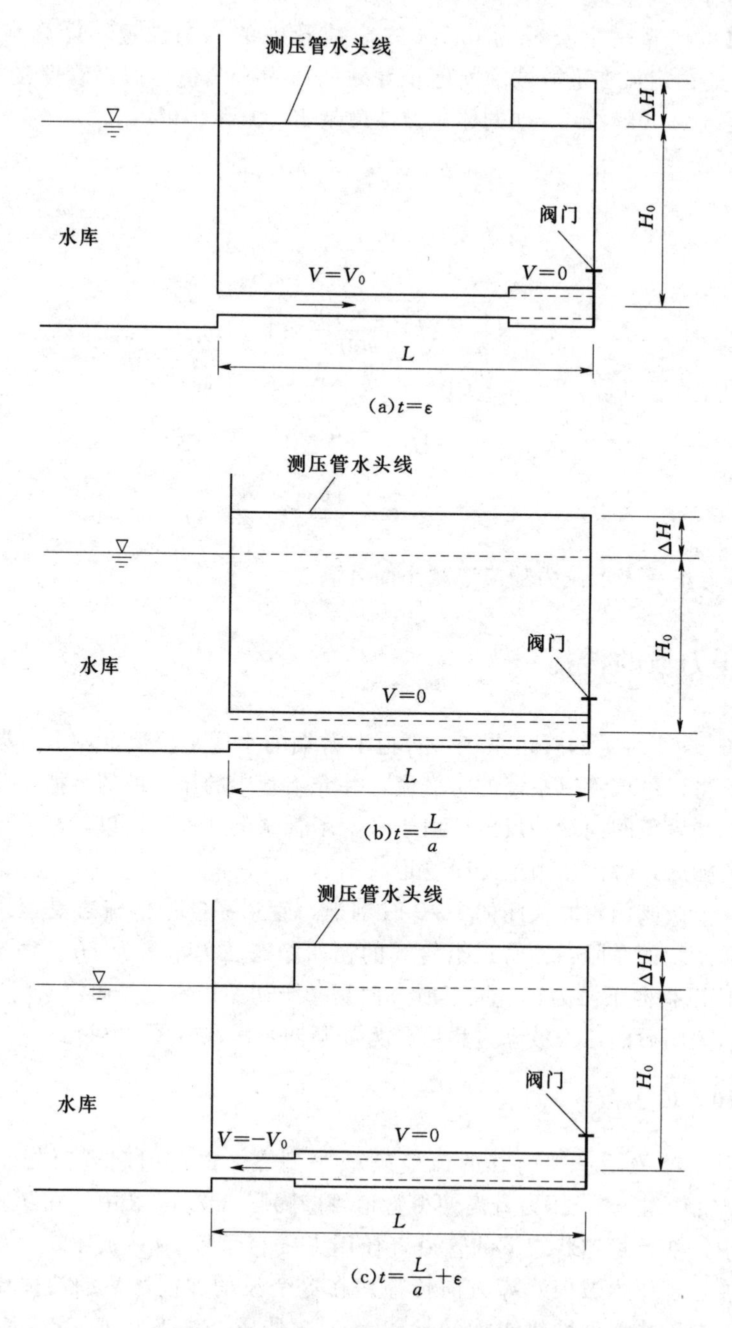

图1-2（一） 压力波的传播与反射

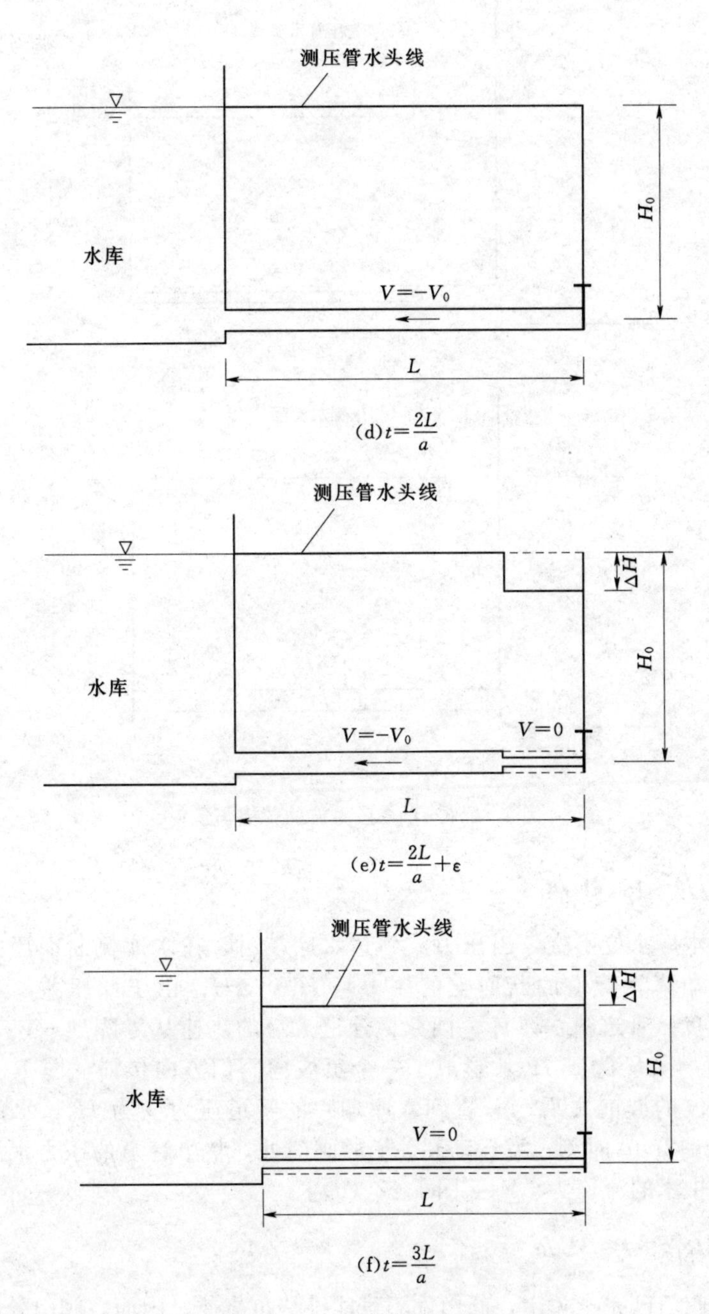

图 1-2（二） 压力波的传播与反射

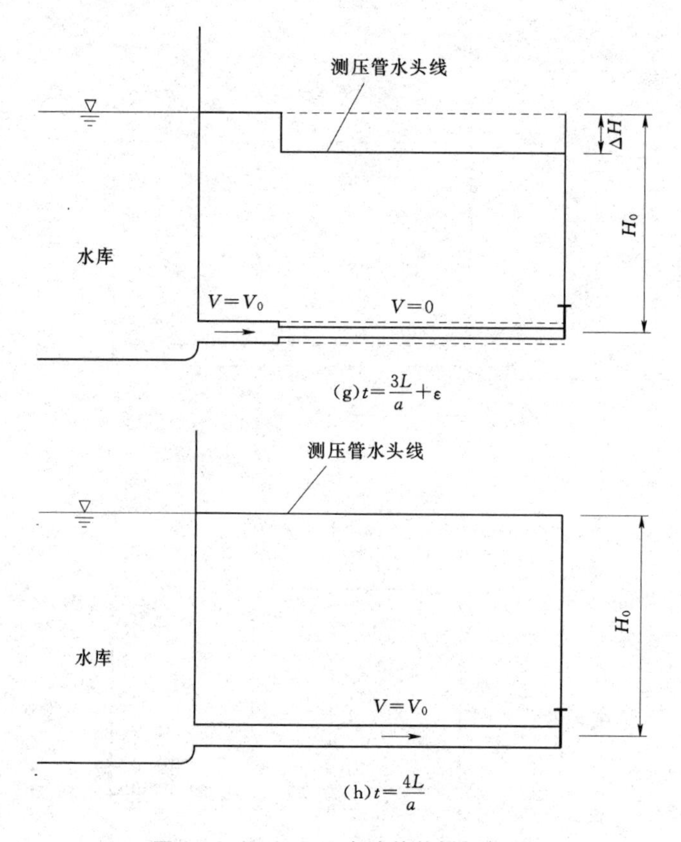

图 1-2（三）　压力波的传播与反射

1.5.2　$L/a<t\leqslant 2L/a$

由于水库水位不变，当压力波到达水库端时，在水库侧断面压力是 H_0，而在水库端紧靠管道的断面上的压力是 $H_0+\Delta H$。由于此压差，水开始以 $-V_0$ 的速度从管道流向水库。因此，管道入口的流速从零降到 $-V_0$，这使得压力从 $H_0+\Delta H$ 降到 H_0，形成了一个负波向阀门方向传播［图 1-2（c）］。在这个负波的波前之后（一直到水库端）的管道压力变为 H_0，水的流速为 $-V_0$。在 $t=2L/a$ 时刻，波运动到关闭的阀门处，整个管道的压力水头为 H_0，整个管道中水的流速为 $-V_0$［图 1-2（d）］。

1.5.3　$2L/a<t\leqslant 3L/a$

由于阀门已完全关闭，阀门处不可能维持负流速。因而，阀门处的流速立即由 $-V_0$ 变为零，压力下降为 $H_0-\Delta H$，形成了一个向上游水库传播的负压力波［图 1-2（e）］。在此波面后的压力变为 $H_0-\Delta H$，水流流速变为零。当 $t=3L/a$ 时，波到达上游水库，整个管道的压力水头为 $H_0-\Delta H$，整个管道的水流流速为零［图 1-2（f）］。

1.5.4 $3L/a<t\leqslant 4L/a$

这个负波一传到水库，在上游水库端又产生了不平衡状态。现在水库侧的压力值高于邻近水库的管道断面的压力。所以，这时水流从水库以速度 V_0 流向管道，压力水头增加到 H_0［图 1-2（g）］。在 $t=4L/a$ 时，波到达下游阀门处，整个管线的管道压力水头为 H_0，水流流速为 V_0。因而，此时的管道内的状态和初始时恒定状态相同，但此时阀门是关闭的［图 1-2（h）］。

由于阀门完全关闭，在 $t=4L/a$ 时，上述水力现象开始重复。图 1-2 说明了沿管道的水击传播现象，而图 1-3 表示了阀门端的压力随时间的变化过程。由于不考虑系统摩阻，因此该过程以 $4L/a$ 的时间间隔重复进行。重复的时间间隔被称为管道的**理论（固有）周期**。在实际的系统中，由于压力波在管道中的来回传播存在能量损失，压力波会逐渐衰减，经过一段时间后，压力波消失，流体变成静止状态。若考虑阻力损失，则阀门处压力随时间的变化如图 1-4 所示。

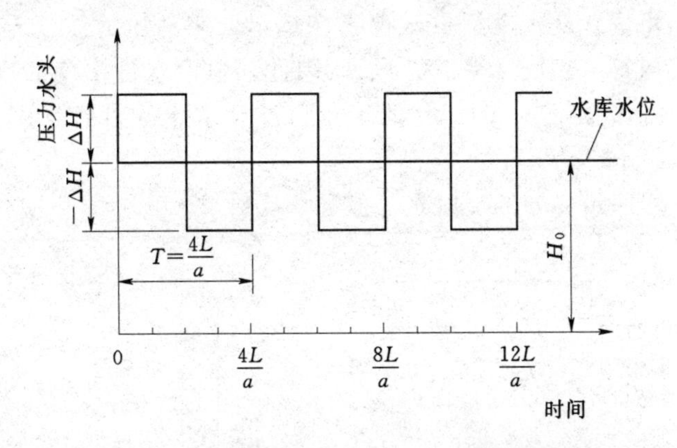

图 1-3 阀门处压力变化（不计摩阻损失）

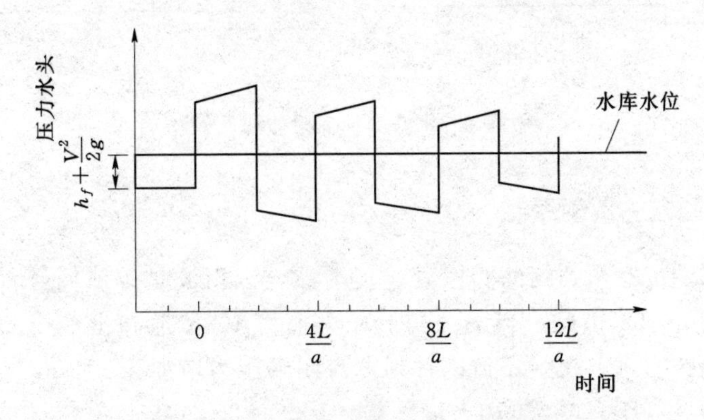

图 1-4 阀门处压力变化（计入摩阻损失）

1.6 压力波的反射与透射

上一节讨论了管道内压力波的传播以及压力波在水库及关闭的阀门处的反射。本节将引入反射系数和透射系数的概念，它们定义了波在边界处反射和透射的大小和符号。为简化推导，假设波在某边界处的反射或透射时无能量损失。

用 F 表示到达边界处的入射波，用 f 表示经边界反射后的反射波，反射系数 r 的定义是 $r=f/F$。正压力波的波前之后的压力要高于其波前之前的压力，而负压力波的波前之后的压力要低于其波前之前的压力。

1.6.1 恒定水位水库反射系数

对于大湖泊、水库、容器或其他储水设备，如果与之连接的管道中的流量变化不会使其水位发生变化，则这种大湖泊、水库、容器或储水设备的水位可以被视为恒定水位。从一个恒定水位水库反射回来的压力波 f 与其入射波 F 的幅值相等，但符号相反（等值异号）。因此，恒定水位水库的反射系数 $r=-1$（图 1-5）。例如，一个 10m 的正压力波经水库反射后生成 10m 的负压力波。

速度波在水库边界处的反射是等值同号反射。

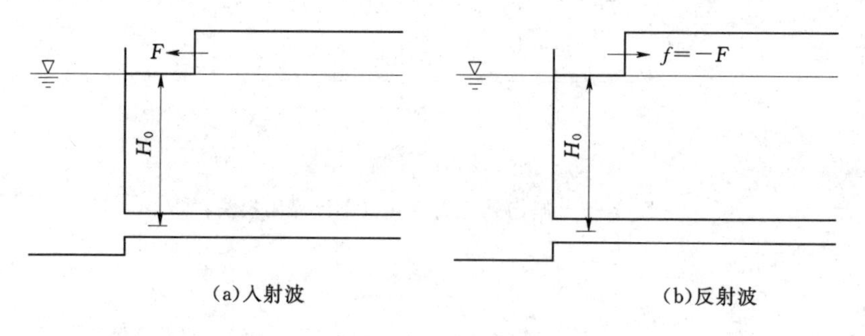

图 1-5 水库处的入射波和反射波

1.6.2 封闭端的反射系数

在封闭端或完全关闭的阀门处，反射波与入射波是等值同号（图 1-6），即反射系数 $r=1$。因此，当一个初始压力值为 100m 管道上一个 10m 的压力波向封闭端传播时，在刚好到达时刻，封闭端压力增加为 110m，当波经这个封闭端反射后，压力增为 110+10=120m。

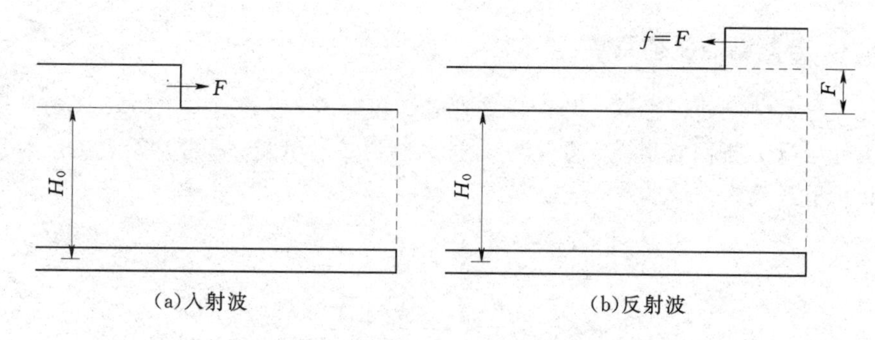

(a)入射波　　(b)反射波

图 1-6 封闭端的入射波和反射波

1.6.3 串联结点反射系数

当管道直径、管壁厚度、波速或摩阻系数不同的两段管道连接时称为串联。在管道 1 中的行波 F 到达串联节点时，一个 f 波折回管道 1，另一个波 f_s 透射进入管道 2（图 1-7）。串联节点处的反射系数 r 和折射系数 s 为

$$r=\frac{f}{F}=\frac{\dfrac{A_1}{a_1}-\dfrac{A_2}{a_2}}{\dfrac{A_1}{a_1}+\dfrac{A_2}{a_2}}$$

$$s=\frac{f_s}{F}=\frac{\dfrac{2A_1}{a_1}}{\dfrac{A_1}{a_1}+\dfrac{A_2}{a_2}} \tag{1-18}$$

式中：A 为管道断面积；a 为波速；下标 1 和 2 分别为管道 1 和管道 2。需要注意的是，f_s 是一个正波，因为管道 1 的直径大于管道 2 的直径。若管道 2 的直径大于管道 1，则 f_s 将是负波。

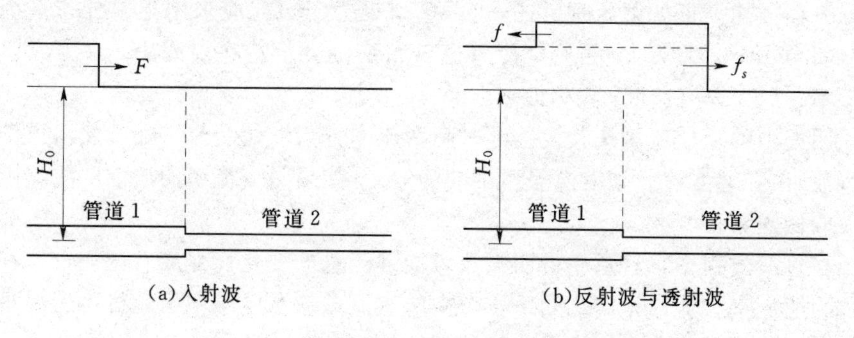

(a)入射波　　(b)反射波与透射波

图 1-7 接头处的入射波、反射波与透射波

1.6.4 分岔结点反射系数

在分岔结点处，管道1分别连接管道2和管道3。管道1中的入射波 F 经接头处后以 f 折回管道1，透射波 f_s 进入管道2和管道3。分岔结点的反射系数和折射系数为

$$r=\frac{f}{F}=\frac{\frac{A_1}{a_1}-\frac{A_2}{a_2}-\frac{A_3}{a_3}}{\frac{A_1}{a_1}+\frac{A_2}{a_2}+\frac{A_3}{a_3}}$$

$$s=\frac{f_s}{F}=\frac{\frac{2A_1}{a_1}}{\frac{A_1}{a_1}+\frac{A_2}{a_2}+\frac{A_3}{a_3}} \tag{1-19}$$

类似地可写出两支管汇合为一管的汇合结点的 r 和 s。

1.7 瞬变流分析

瞬变流可分为封闭管道中的瞬变流，明渠中的或有自由液面的瞬变流，以及明满交替的瞬变流。在以下段落中，将分别讨论上述几种瞬变流。

对于封闭管道中的瞬变流，可以采用分布系统或集中系统的方式进行分析。在分布系统分析中，瞬变现象以行波的形式出现。例如发生在供水管道、电站输水系统以及气体输送管线中的瞬变过程。在集中系统的分析中，假定任何流动的变化立即传播到整个系统中，即把流体视为固体。水电站中水轮机负荷变化后调压室中的水位缓慢波动就是集中系统的一个例子。

数学上，分布系统瞬变过程用偏微分方程表示，而集中系统瞬变过程用常微分方程描述。正如第8章所述，若 $\omega L/a$ 远小于1，应采用集中分布系统分析（Chaudhry，1970）；否则，应采用分布系统分析。在前式中，ω 为流体波动频率，L 为管道长度，a 为波速。

明渠中的瞬变流可按其发生的时间变化率分为：缓变流（如天然河道中的洪水波），和急变流（如发电渠道中的涌波）。如果急变流中的波前陡峻，则这种波叫做**涌波**。

在过渡过程中，管道中的明渠流可能因流量的变化而变成有压流，这种水流称为明满交替流。暴雨之后下水道中的水流，或水电站中水轮机迅速增负后尾水隧洞中的水流就是明满交替流的例子。

1.8　瞬变过程的起因

正如前面所定义的，流体从一种稳定状态变为另一种稳定状态之间的中间状态被称为**瞬变流**。换言之，当稳定状态受到扰动即开始进入瞬变状态。这种扰动可能由工程系统中控制设备有计划或意外的改变引起，也可能由自然系统中入流或出流的改变引起。

工程系统中常见的瞬变过程起因有：

管道中阀门的开启、关闭或振动；水泵系统中水泵的开机或停机；水轮机的起动、增负或甩负；转轮或叶轮叶片的振动；渠道的控制闸门突然开启或关闭；大坝事故以及由于暴雨径流造成河流或下水道流量的突然增加。

1.9　系统设计与运行

因为尚无通用的方法能直接设计出满足过程响应特性的系统，故采用以下试错法。

首先选择系统布置方案和系统参数，然后分析各种可能的运行条件引起的瞬变状态。若系统的响应不可接受，如最大和最小压力超过限制范围，则需修改系统的布置和参数，或者选择各种控制设备，再重新进行分析。重复这个过程直到系统的响应满足要求为止。对于某一系统，可能有多种控制设备均适用于系统的控制。如若可能，应尽量修改运行工况或者改变瞬态响应限制，这在某些情况下可能较经济。最终目标是设计出一个既满足**系统瞬态响应**，且**综合经济性**最好的系统。

系统设计的目的是保证其使用寿命期间能正常运行。同样地，系统也必须严格按照操作规程运行。否则可能导致严重的事故并造成巨大的财产损失，很多时候可能导致人身伤亡（Rocard，1937；Jaeger，1948；Bonin，1960；Jaeger，1963；Kerensky，1965—1966；Pulling，1976；Trenkle，1979；Serkiz，1983）。

若不能确切知道系统的资料，例如波速、摩阻系数和水库水位等，则应分析系统的各种变量是否在预期范围内。这就是通常所说的敏感性分析。例如，可通过改变±10％的变量幅度来实现敏感性分析。

在一个近期建成的系统或经过较大改造后的系统投产时，应对各种可能运行工况进行试验。为了避免事故，建议采用循序渐进的步骤。例如，在一个并联四台水泵机组的管道上进行断电试验时，应从一台泵开始，逐步增加到全部四台水泵机组。

1.10 事故与事件

本节将展示一些瞬变过程造成的事故的照片。

图1-8：日本大井川（Oigawa）水电站压力钢管爆炸（Bonin，1960）。操作错误以及设备故障引起的过大的水压力使钢管爆炸，导致三名工作人员死亡以及50万美元的损失。

(a)

(b)

图1-8 日本大井川（Oigawa）水电站压力钢管爆炸
（引自Bonin，1960）

图1-9：日本大井川（Oigawa）水电站压力钢管抗外压破坏是由于爆炸区上游的真空（Bonin，1960）。失控水流在流过爆炸区时导致管道中的水力坡降线降至压力钢管之下，引起真空。

图1-10：美国大古力三号水电站水轮机进水阀处破裂（Trenkle，1979）。在2号水轮机前的事故阀门关闭不到3s后，压力钢管在进人孔处破裂。事故发生时，阀门的液压装置正在动作，机组正在运行。裂缝有3.7m长，最宽处有76mm。

图1-11：葡萄牙阿占布加（Azambuja）泵站破裂的泵壳。原因是设计时未考虑到液柱分离的影响。

图1-12：瑞士Lütschinen水电站的上游通风口因排水结冰导致的抗外压破坏。

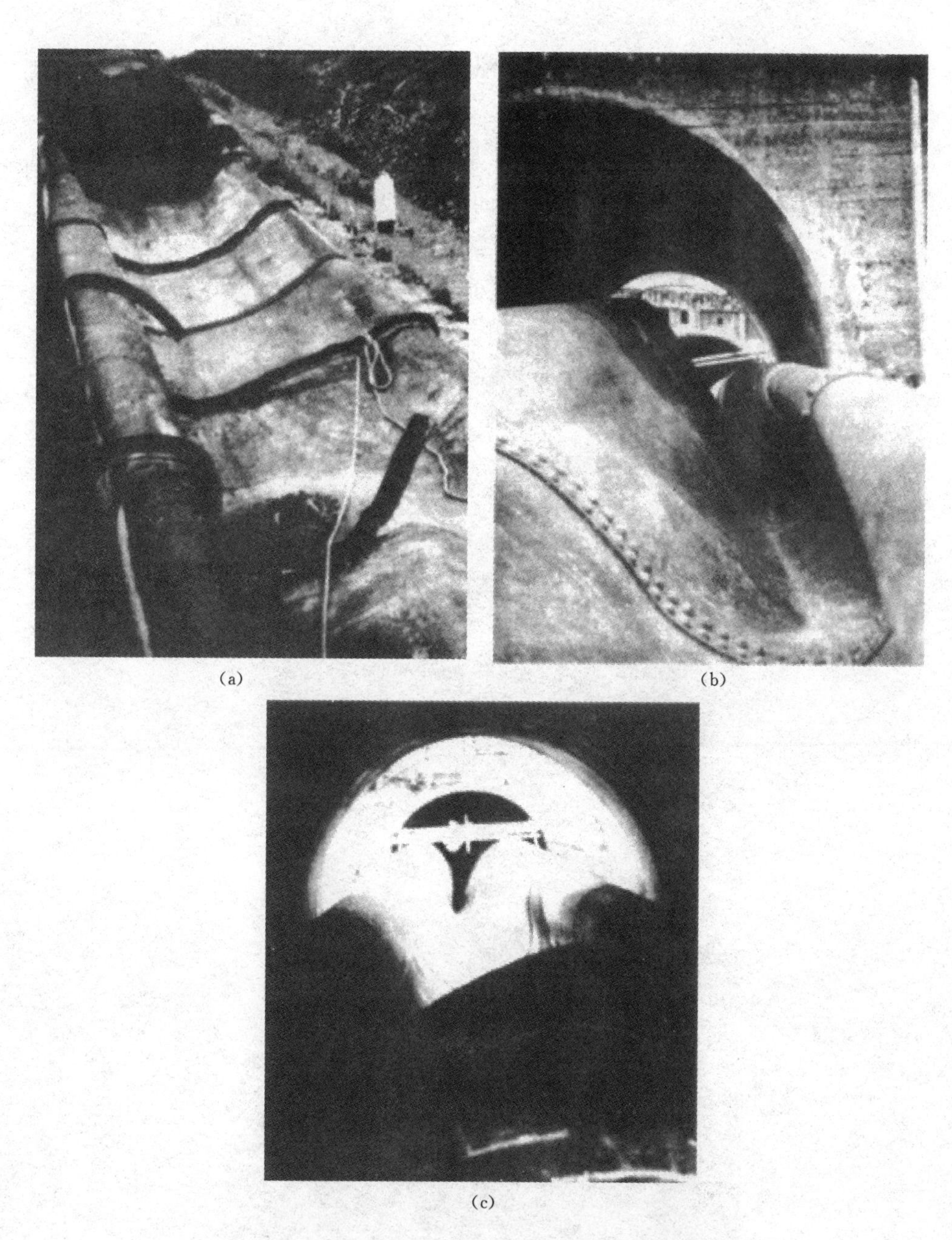

(a) (b) (c)

图 1-9 日本大井川（Oigawa）水电站压力钢管抗外压破坏
（引自 Bonin，1960）

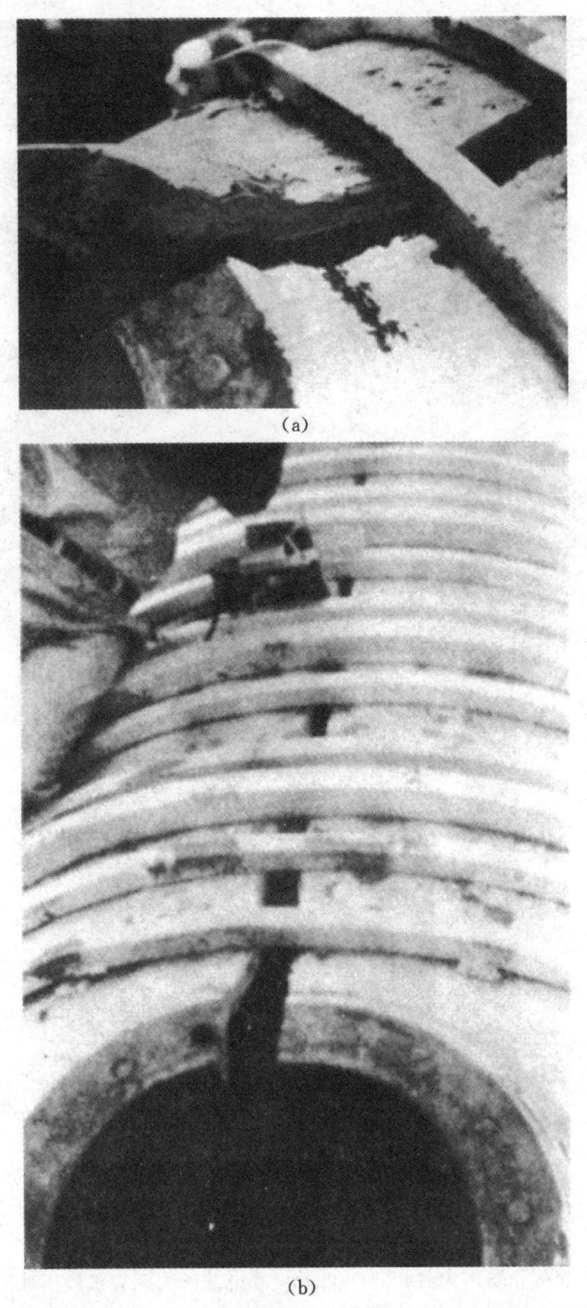

(a)

(b)

图1-10 美国大古力（Big Creek）三号水电站水轮机进水阀处裂缝
（引自Trenkle，1979）

图 1-11 破裂的泵壳［阿占布加（Azambuja）泵站，葡萄牙］
（由 A. B. de Almeida 提供）

(a) (b)

图 1-12 瑞士 Lütschinen 水电站的压力钢管在上游通风口因排水结冰引起的塌陷
（由 M. Humble，Colonco 提供，瑞士）

图1-13：秘鲁阿雷基帕（Arequipa）水电站压力钢管的破坏。由于球阀的控制系统阻塞引起压力波动，导致压力管道的焊缝发生疲劳破坏。

图1-13 秘鲁阿雷基帕（Arequipa）水电站压力钢管失事
（由M. Humble，Colonco提供，瑞士）

图1-14：巴布亚新几内亚Ok Menga水电站的两台机组尾水管的进人孔入口的爆炸。起因是导叶的变形导致甩负荷后阀门快速关闭，引起尾水管中的液柱分离，螺栓液柱分离高压作用下失效，水流冲入厂房（Anonymous，1991）。

图 1-14　巴布亚新几内亚 Ok Menga 水电站尾水管的进人口
(由 E. A. Portfors，Klohn Crippen Berger 提供)

1.11　本章小结

本章给出了常用术语的定义。介绍了水力瞬变过程的发展简史。推导了流速瞬时改变引起压力变化的计算公式和波速计算公式。讨论了管道系统中压力波的传播以及在边界处的反射，引入了反射系数和透射系数的概念。最后，讨论了水力瞬变过程的起因和各种分析方法。

习　题

1.1　试由基本原理出发推导式 (1-8)。

1.2　假定管道与水平面成 θ 角，试推导式 (1-7)。

1.3　计算直径为 2m 的刚性管道输送海水时的波速。

1.4　在习题 1.3 的管道中，初始稳定流量是 $10m^3/s$，当其在下游末端水流瞬间中断时的压力升高值。

1.5 直径为1m的管道下游端的阀门突然开启，使其流速由2m/s增加到4m/s。计算由于阀门开启所产生的压降值。假定液体是水。

1.6 试证明刚性管中不可压缩流体的压力升高值为

$$\Delta H=-\frac{L}{g}\frac{\mathrm{d}V}{\mathrm{d}t}$$

其中L是管道长度，$\mathrm{d}V/\mathrm{d}t$是速度的时间变化率（提示：可应用牛顿第二运动定律）。

1.7 试绘出图1-2所示的阀门瞬时关闭后管道中间位置的压力随时间的变化过程。假设系统无摩阻。

1.8 一根管道在上游端接一台水泵，下游端接恒定水位水库。在$t=0$时刻水泵突然停止抽水，请绘出管道上游端、中点、1/4点的压力随时间变化过程。假设系统无摩阻。

1.9 一根管下游末端的阀门在T_s内均匀关闭，导致流速由V_0变化到V_f。设管道是刚性的且壁面光滑，阀门的流量系数在瞬变过程中保持不变，试证明最大压力升高值$(\Delta H)_{max}$为

$$(\Delta H)_{max}=H_0(0.5k+\sqrt{k+0.25k^2})$$

式中：H_0为阀门初始稳态水头；$k=[LV_f/(gH_0T)]^2$；L为管道长度。（提示：根据阀门处的水头写出阀门处的流速方程后与习题1.6的方程联立求解。注意当H取最大值时，$\mathrm{d}(\Delta H)/\mathrm{d}t=0$。）

答　案

1.3 1488m/s

1.4 482.81m

1.5 301.86m

参 考 文 献

[1] Allievi, L., 1903, "Teoria generale del moto perturbato dell' acqu anei tubi in pressione," *Ann. Soc. Ing. Arch. ilaliana*, (French translalion by Allievi, Revue de Mechanique, 1904).

[2] Allievi, L., 1913, "Teoria del colpo d' ariete." *Atti Collegio Ing. Arch.* (English translation by E. E. Halmos, "The Theory of waterhammer," *Trans.*, *Amer. Soc. Mech. Engrs.*, 1929.)

[3] Allievi, L., 1937, "Air Chambers for Discharge Pipes," *Trans.*, *Amer. Soc. Mech. Engrs.*, vol. 59, Nov., pp. 651-659.

[4] Almeida, A. B., and Koelle, E., 1992, *Fluid Transients in Pipe Networks*, Computational Mechanics Publications, Southampton Boston (Co-published with) Elsevier Applied Science, London, New York, NY.

[5] Anderson, A., 1976, "Menabrea' s Note on Waterhammer: 1858," *Jour.*, *Hyd. Div.*, Amer. Soc. Civ. Engrs., vol. 102, Jan., pp. 29 - 39.

[6] Anonymous, 1991, "Ok Menga Hydro Failure Hydraulic Transient Study," *Report* prepared by Klohn Leonoff for Ok Tedi Mining Ltd., 67 pp.

[7] Bergeron, L., 1931, "Variations de regime dans les conduites d' eau," *Comptes Rendus des Travaux de la Soc. Hydrotech. de France.*

[8] Bergeron, L., 1961, *Waterhammer in Hydraulics and Wave Surges in Electricity*, (translated under the sponsorship of the ASME), John Wiley & Sons, Inc., New York, NY. (Original French Text, Dunod, Paris, 1950.)

[9] Bonin, C. C., 1960, "Water-Hammer Damage to Oigawa Power Station," *Jour. Engineering for Power*, Amer. Soc. Mech. Engrs., April, pp. 111 - 119.

[10] Braun, E., 1909, Druckschwankungen in Rohrleitungen, Wittwer. Stuttgart, Germany.

[11] Braun, E., 1910, *Die Turbine*, *Organ der turbinentechnischen Gesellschaft*, Berlin, Germany.

[12] Braun, E., 1939, "Bermerkungen zur Theorie der Druckschwankungen in Rohrleitungen." *Wasserkraft und Wasserwirschaft*, vol. 29, no. 16, Munich, Germany, pp. 181 - 183.

[13] Cabrera, E., and Martinez, F., 1993, *Water Supply Systems*, *State of the art and future trends*, Computational Mechanics publications, Southampton Boston.

[14] Camichel, C., Eydoux, D., and Gariel, M., 1919, "′Etude Th′eorique et Exp′erimentale des Coups de B′elier." Dunod, Paris, France.

[15] Carpenter, R. C., 1893 - 1894, "Experiments onWaterhammer," *Trans.*, *Amer. Soc. of Mech. Engrs.*

[16] Chaudhry, M. H., 1970, "Resonance in Pressurized Piping Systems," *thesis* presented to the University of British Columbia, Vancouver, British Columbia, Canada, in partial fulfillment of the requirements for the degree of doctor of philosophy.

[17] Chaudhry, M. H., 1979, *Applied Hydraulic Transients*, First ed., Van Nostrand Reinhold Co., Princeton, NJ.

[18] Constantinescu, G., 1920, Ann. des Mines de Roumanie. Dec. 1919, Jan.

[19] ENEL, 1971, *Proc. Meeting on Water Column Separation*, Organized by ENEL, Milan. Italy, Oct.

[20] ENEL, 1980, *Proc. Fourth Round Table and International Assoc. for Hydraulic Research Working Group Meeting on Water Column Separation*, Report No. 382, Cagliari, Italy.

[21] Euler, L., 1759, "De la Propagation du Son," *M′emoires de l ' Acad. d. Wiss.*, Berlin, Germany.

[22] Euler, L., 1775, "Principia pro Motu Sanguinis per Arterias Determinando." Opera Postume Tomus Alter, XXXIII.

[23] Fox, J. A., 1977, *Hydraulic Analysis of Unsteady Flow in Pipe Networks*, John Wiley & Sons, Inc., New York, NY.

[24] Frizell, J. P., 1898, "Pressures Resulting from Changes of Velocity of Water in Pipes." *Trans.*, *Amer. Soc. Civil Engrs.*, vol. 39, June, pp. 1-18.

[25] Gardel, A., 1956, *Chambres d' Equilibre*, Rouge et Cie, Lausanne, Switzerland.

[26] Gibson, N. R., 1919-1920, "Pressures in Penstocks Caused by Gradual Closing of Turbine Gates." *Trans.*, *Amer. Soc. Civil Engrs.*, vol. 83, pp. 707-775.

[27] Gibson, N. R., 1923, "The Gibson Method and Apparatus for Measuring the Flow of Water in Closed Conduits," *Trans. Amer*, *Soc. Mech. Engrs.*, vol. 45, pp. 343-392.

[28] Gromeka, I. S., 1883, "Concerning the Propagation Velocity of Waterhammer Waves in Elastic Pipes." Scientific Soc. of Univ. of Kazan, Kazan, U. S. S. R., May.

[29] IAHR, 1981, *Proc. Fifth International Symp. and international Assoc. for Hydraulic Research Working Group Meeting on Water Column Separation*, Obemach. Universities of Hanover and Munich, Germany.

[30] Jaeger, C., 1948, "Water Hammer Effects in Power Conduits," *Civil Engineering Pub. Works Rev.*, London, vol. 23, nos. 500-503, Feb.-May.

[31] Jaeger, C., 1963, "The Theory of Resonance in Hydropower Systems. Discussion of Incidents Occurring in Pressure Systems," *Jour. Basic Engineering*, Amer. Soc. Mech. Engrs., vol. 85, Dec., pp. 631-640.

[32] Jaeger, C., 1977, *Fluid Transients in Hydroelectric Engineering Practice*, Blackie & Sons, Ltd., Glasgow and London, UK.

[33] Joukowski, N. E., 1898, 1900, *Mem. Imperial Academy Soc. of St. Petersburg*, vol. 9. no. 5, (in Russian. translaled by O. Simin, *Proc. Amer. Water Works Assoc.*, vol. 24, 1904. pp. 341-424.)

[34] Kerensky, G., 1965—1966, Discussion of "The Velocity of Water Hammer Waves," by Pearsall, I. S., *Symposium on Surges in Pipelines*, *Inst. of Mech. Engrs.*, London, vol. 180, Pt 3E, p. 25.

[35] Koelle, E. and Chaudhry, M. H. (eds.), 1982, *Proc. International Seminar on Hydraulic Transients* (in English wilh Portuguese translation), vols. 1-3, Sao Paulo, Brazil.

[36] Korteweg, D. J., 1878, "Ueber die Fortpflanzungsgeschwindingkeit des Schalles in elastischen Rohren," *Annalen der Physik und Chemie*, Wiedemann, ed., New Series, vol. 5, no. 12, pp. 525-542.

[37] Lagrange, I. L., 1788, *Mecanique Analytique*, Paris, Bertrund' s ed., p. 192.

[38] Laplace, P. S., 1799, *Celestial Mechanics*, 4 volumes, Bowditch translation.

[39] Löwy, R., 1928, *Druckschwankungen in Druckrohrleitungen*, Springer.

[40] Marey, M., 1875, "Mouvement des Ondes Liquides pour Servir a la Th'eorie du Pouls." Travaux du Laboratoire de M. Marey.

[41] Menabrea, L. F., 1858, "Note sur les effects de choc de l' eau dans les conduites," *Comptes Rendus Hebdomadaires des S'eances de L' Academie des Sciences*, Paris, France, vol. 47, July—Dec., pp. 221-224.

[42] Michaud, J., 1878, "Coups de b'elier dans les conduites. 'Etude des moyens employ' es pour en atteneur les effets," *Bulletin de la Soci'et'e Vaudoise des Ing'enieurs et des*

Architectes, Lausanne, Switzerland. 4 ann′ee. nos. 3 and 4. Sept. and Dec., pp. 56 - 64, 65 - 77.

[43] Moens, I A., 1877, "Over de Voortplantingssnelheid van den Pols," *Ph. D. Thesis*, Univ. of Leiden, Leiden, The Netherlands, (in Dutch), 76 pp.

[44] Monge, G., 1789, "Graphical integration." *Ann. des Ing. Sortis des Ecoles de Gand*.

[45] Newton, I., 1687, *The Principia*, Royal Soc., London, Boole 2. Proposifions 44 - 46.

[46] Parmakian, J., 1955, *Waterhammer Analysis*, Prentice-Hall, Inc., Englewood Cliffs, NJ, (Dover Reprint, 1963.)

[47] Pickford, J., 1969, *Analysis of Surge*, Macmillan, London, UK.

[48] *Proc. Pressure Surge Conferences*, British Hydromechanics Research, First, 1972; Second, 1977; Third, 1980; Fourth, 1983; Fifith, 1986; Sixth, 1989; Seventh, 1992; Eighth, 1995; Nineth, 2004; Tenth, 2008; Eleventh, 2012.

[49] *Proc. Second Round Table Meeting on Water Column Separation*, Vallombrosa. 1974, ENEL Report 290; also published in*L' Energia Elel/rica*, No. 4. 1975, pp. 183 - 485, not inclusive.

[50] *Proc. Third Round Table Meeting on Water Column Separation*, Royaumont, *Bulletin de la Direction des ′Etudes et R′echerch′es*, Series A, No. 2, 1977.

[51] Pulling, W. T., 1976, "Literature Survey of Water Hammer Incidents in Operating Nuclear Power Plants," Report No. WCAP - 8799, *Westinghouse Electric Corporation*, Pittsburgh, Pennsylvania, Nov.

[52] Rayleigh, J. W. S., 1877, *Theory of Sound*.

[53] Resal, H., 1876, "Note sur les petits mouvements d' un fluide incompressible dans un tuyau èlastique." *Journal de Mathematiques Pures et Appliqués*, Paris, France, 3rd Series, vol. 2, pp. 342 - 344.

[54] Rich, G. R., 1951, *Hydraulic Transients*, McGraw-Hill Book Co., New York, NY.

[55] Riemann, B., 1869, *Partielle Differentialgleichungen*, Braunschweig, Germany.

[56] Rocard, Y., 1937, "Les Phenomenes d' Auto-Oscillation dans les Installations Hydrauliques," Hermann, Paris, France.

[57] Rouse, H. and Ince, S., 1963, *History of Hydraulics*, Dover Publicalions, New York, NY.

[58] Ruus, E. and Karney, B., 1997, *Applied Hydraulic Transients*, Ruus Consulting Ltd., Kelowna, British Columbia, Canada.

[59] Schnyder, O., 1929, "Druckst ¨ osse in Pumpensteigleitungen," *Schweizerische Bauzeitung*, vol. 94, Nov. -Dec., pp. 271 - 273, 283 - 286.

[60] Schnyder, O., 1932, "Ueber Druckst ¨ osse in Rohrleitungen," *Wasserkraft u. Wassenwirtschaft*, vol. 27, Heft 5, pp. 49 - 54, 64 - 70.

[61] Serkiz, A. W., 1983, "Evaluation of Water Hammer Experience in Nuclear Power Plants," *Report NUREG* - 0927, U. S. Nuclear Regulatory Commission, Washington, DC, May.

[62] Sharp, B. B., 1981, *Water Hammer*, *Problems and Solutions*, Edward Arnold Pub-

lishers, Ltd., London, UK.

[63] Streeter, V. L., 1966, *Fluid Mechanics*, 4th Ed., McGraw-Hill Book Co., New York, NY, p. 15.

[64] Streeter, V. L., and Wylie, E. B., 1967, *Hydraulic Transients*, McGraw-Hill Book Co., New York, NY.

[65] Strowger, E. B. and Kerr, S. L., 1926, "Speed Changes of Hydraulic Turbines for-Sudden Changes of Load," *Trans.*, *Amer. Soc. Mech. Engrs.*, vol. 48, pp. 209 - 262.

[66] Symposium on Waterhammer, *Amer. Soc. of Mech. Engrs. and Amer. Soc. of Civil Engrs.*, Chicago, Illinois, June, 1933.

[67] Symposium on Waterhammer, Annual Meeting, *Amer. Soc. of Mech. Engrs.*, Dec., 1937.

[68] Symposium, "Waterhammer in Pumped－Storage Projects," *Amer. Soc. Of Mech. Engrs.*, 1965.

[69] Symposium, "Numerical Methods for Fluid Tranisent Analysis," Martin, C. S. and Chaudhry, M. H. eds., *Amer. Soc. of Mech. Engrs.*, 1983.

[70] Symposium, "Multi-dimensional Fluid Transients," Chaudhry, M. H. and Martin, C. S. eds., *Amer. Soc. of Mech. Engrs.*, 1984.

[71] Tijsseling, A. S., and Anderson, A., 2004, "A Precursor in Waterhammer Analysis-Rediscovering Johannes von Kries,"' *Proc. 9th International Conference on Pressure Surges*, BHR Group, Cranfield, UK., pp. 739 - 751.

[72] Tijsseling, A. S., and Anderson, A., 2007, "Johannes von Kries and the History of Water Hammer," *Jour. Hydraulic Engineering*, Amer. Soc. Civil Engrs., vol. 133, pp. 1 - 8.

[73] Tijsseling, A. S., and Anderson, A., 2008, "Thomas Young' s Research On Fluid Transients: 200 Years On," *Proc. 10th International Conference on Pressure Surges*, BHR Group, Cranfield, UK., pp. 21 - 33.

[74] Tijsseling, A. S., and Anderson, A., 2012, "A. Isebree Moens and D. J. Korteweg: On the Speed of Propagation of Waves in Elastic Tubes," *Proc. 11th International Conference on Pressure Surges*, BHR Group, Cranfield, UK., Oct., pp. 227 - 245.

[75] Trenkle, C. J., 1979," Failure of Riveted and Forge-Welded Penstock," *Jour. of Energy Div.*, Amer. Soc. Civ. Engrs., vol. 105, Jan., pp. 93 - 102.

[76] Tullis, J. P., 1970, *Control of Flow in Closed Conduits*, Proc. of the Instituteheld at Colorado State University, Colorado State University Press, FortCollins, CO.

[77] Watters, G. Z., 1979, *Modern Analysis and Control of Unsteady Flow in Pipelines*, Ann Arbor Science Publications, Ann Arbor, MI; second Ed., Butterworth, Boston, London, UK, 1983.

[78] Webb, T. and B. W. Gould, 1979, *Waterhammer*, Books Australia.

[79] Weber, W., 1866, "Theorie der durch Wasser oder andere incompressible Flüssihkeiten in elastischen Rohren fortgepflanzten Wellen," *Berichteüber die Verhandlungen der Königlichen Sachsischen Gesselschaft der Wissenschaftenzu Leipzig*, Leipzig, Germany, MathematischPhysische Klasse, pp. 353 - 357.

[80] Weston,E. B., 1885, "Description of Some Experiments Made on the Providence.

R. I., Water Works to Ascertain the Force of Water Ram in Pipes," *Trans.*, *Amer. Soc. of Civil Engrs.*, vol. 14, p. 238.

[81] Wood, F. M., 1926, discussion of Strowger and Kerr [1926] *Trans.*, *Amer. Soc. Mech. Engrs.*, vol. 48.

[82] Wood, F. M., 1970, "History of Waterhammer," *Report No*. 65. Department of Civil engineering, Queen' s University at Kingston. Ontario, Canada, April.

[83] Wylie, E. B. and Streeter, V. L., 1983, *Fluid Transients*, McGraw-Hill Book Co., New York, NY, 1978; reprinted by FEB Press, Ann Arbor, MI.

[84] Young, T., 1808, "Hydraulic Investigations," *Phil. Trans.*, *Royal Society*, Londun, pp. 164 - 186.

第 2 章 瞬变流方程

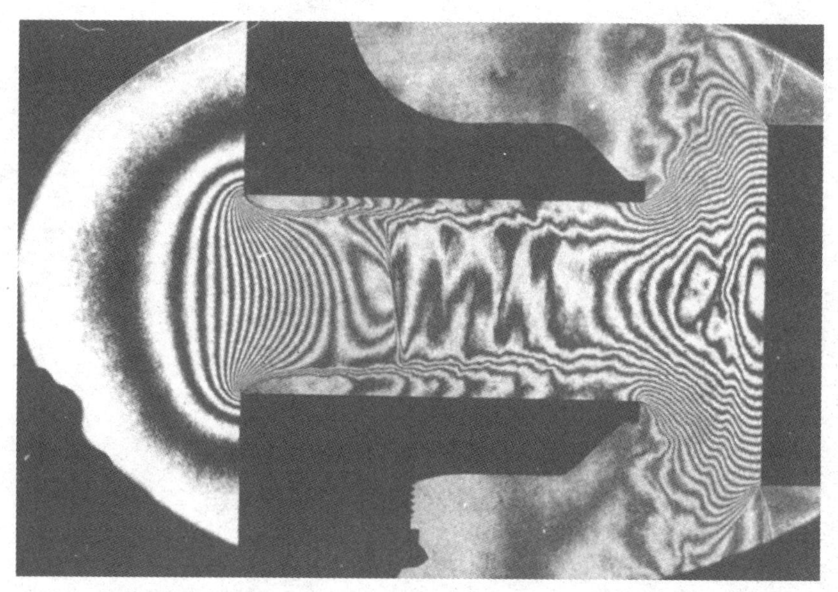

安全阀中驻波的密度等高线（压力比为 0.35，绝热等熵流动，计算马赫数为常数，流动状态正处于失稳的临界点）(Föllmer，B. 和 Zeller，H. 1980)

2.1 引言

封闭管道内的瞬变流动可用质量守恒和动量守恒方程描述，这些方程通常被称作连续方程和动量方程。一些作者也将动量方程的简化形式称作运动方程或动力方程。它们是一组偏微分方程，因为在瞬变过程中流动速度和压力是关于时间和距离的函数。

本章将在做一些简化和假设的基础上推导瞬变流连续方程和动量方程。首先简要介绍雷诺（Reynolds）输运定理，它将被用于推导上述方程的一般形式。接着推导这些方程组的简化形式，并讨论多种求解方法。文中也介绍了波速的计算式和非恒定摩阻的各种模型。

2.2 雷诺输运定理

首先定义雷诺输运定理表达中要用到的术语。某一给定质量的流体称为一个**系统**，包含这些流体的区域称为**控制体**（Roberson 和 Crowe，1997）。这个系统以外的一切均称为**环境**，系统与它的外部环境由系统的**边界**分割。控制体的边界称作**控制面**。

在流体流动中，一个系统的形状会随系统位置的移动而发生改变。而一个控制体则通常在某一位置保持固定，虽然在一些应用中，它也能移动和（或）变形。本章雷诺输运定理的应用中，由于内部压力发生变化，控制体是随时间变化的。

基本的力学守恒定律，如质量守恒、动量守恒和能量守恒，对于一个系统是有效的。这些定律描述了系统与环境之间的相互作用，通常用一些系统特性随时间的变化率来定义。例如，牛顿第二运动定律描述了一个系统的动量随时间的变化率与外部环境施加于系统上的作用力之间的关系。在控制体积的分析方法中，当应用特定的守恒定律时，系统的边界和控制体的边界在瞬时是相同的。换句话说，所有的系统质量均包含在控制体内。

分析流体流动时，我们并不跟踪某一特定的粒子或流体微团的运动，而是对经过某一区域的流动感兴趣。因而，所列出的基本定律针对一个区域内的流动。雷诺输运定理对于这种分析非常有用。

定义 B 为流体的**广度性质**（动量、能量），β 为相对应的**强度性质**。一个强度性质被定义为系统内单位质量中 B 的量，即 $\beta=\lim_{\Delta m\to 0}\Delta B/\Delta m$。在控制体内整个 B 的量为

$$B_{cv}=\int_{cv}\beta\rho d\forall \tag{2-1}$$

式中：m 为质量；ρ 为密度；$d\forall$ 为流体体积的微分。

现在我们讨论控制体的变量如何与系统的变量相关联。为了便于理解，讨论限于一维流动，并且假设控制体在空间上是固定的。我们关注的是系统中特性 B 随时间的变化率、控制体中特性 B 随时间的变化率、流进与流出控制面的 B 的量这几者之间的关系。

图 2-1 展示了系统在 t 和 $t+\Delta t$ 两个时刻的情况。虚线表示控制面，实线表示系统边界。在时间 t 时刻，系统的一部分占据了控制体，而另一个部分即将进入控制体。在时间 $t+\Delta t$ 时刻，系统的一部分占据着控制体，而另一部分已移出控制体。系统特性 B 在 t 时刻和 $t+\Delta t$ 时刻可以写为

$$\begin{aligned}B_{sys}(t)&=B_{cv}(t)+\Delta B_{in}\\B_{sys}(t+\Delta t)&=B_{cv}(t+\Delta t)+\Delta B_{out}\end{aligned} \tag{2-2}$$

式中：下标"sys"和"cv"分别为系统和控制体；下标"in"和"out"分别为流进和流出控制体；ΔB_{in} 和 ΔB_{out} 分别为在时间间隔 Δt 内，特性 B 流进和流出控制体的量。

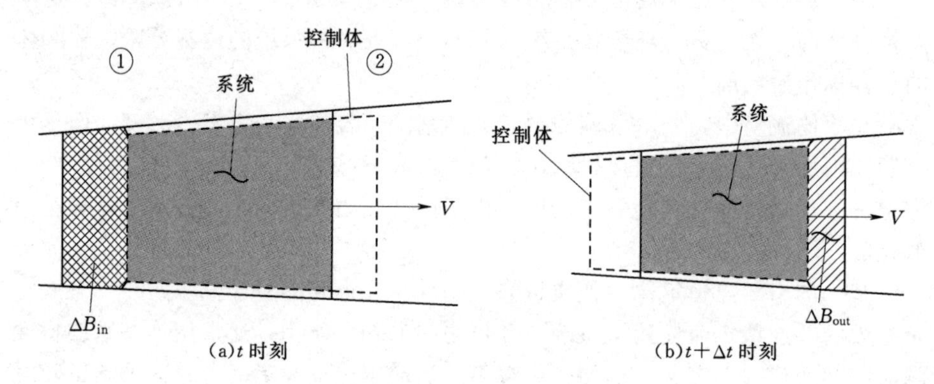

图 2-1 系统和控制体

系统特性 B 随时间的变化率为

$$\frac{dB_{sys}}{dt}=\lim_{\Delta t\to 0}\frac{B_{sys}(t+\Delta t)-B_{sys}(t)}{\Delta t} \tag{2-3}$$

把式（2-2）的关于 B_{sys} 的表示式带入式（2-3），整理得

$$\frac{dB_{sys}}{dt}=\lim_{\Delta t\to 0}\frac{B_{cv}(t+\Delta t)-B_{cv}(t)}{\Delta t}+\lim_{\Delta t\to 0}\frac{\Delta B_{out}}{\Delta t}-\lim_{\Delta t\to 0}\frac{\Delta B_{in}}{\Delta t} \tag{2-4}$$

当极限中 Δt 趋于零时，式（2-4）右边第一项表达了控制体内特性 B 的时间变化率，即

$$\lim_{\Delta t\to 0}\frac{B_{cv}(t+\Delta t)-B_{cv}(t)}{\Delta t}=\frac{dB_{cv}}{dt} \tag{2-5}$$

把式（2-1）带入式（2-5）得

$$\lim_{\Delta t\to 0}\frac{B_{cv}(t+\Delta t)-B_{cv}(t)}{\Delta t}=\frac{d}{dt}\int_{cv}\beta\rho d\forall \tag{2-6}$$

式（2-4）右边第二项是特性 B 离开控制体的时间变化率。与之相似，式（2-4）右边第三项表示特性 B 进入控制体的时间变化率。对于一维流动，可以写为

$$\left.\begin{aligned}\lim_{\Delta t\to 0}\frac{\Delta B_{out}}{\Delta t}=(\beta\rho AV_s)_{out}\\ \lim_{\Delta t\to 0}\frac{\Delta B_{in}}{\Delta t}=(\beta\rho AV_s)_{in}\end{aligned}\right\} \tag{2-7}$$

式中：A 为管道的横截面积；V_s 为相对于控制面的流速。

在式（2-6）和式（2-7）的基础上，式（2-4）可以写成

$$\frac{dB_{sys}}{dt}=\frac{d}{dt}\int_{cv}\beta\rho d\forall+(\beta\rho AV_s)_{out}-(\beta\rho AV_s)_{in} \tag{2-8}$$

注意，速度 V 是相对于控制面的，因为它计入的是从控制体流进流出的量。对于固定的控制体，V_s 就等于流体速度 V。但是，当控制体随时间膨胀和收缩时，控制面就不是固定的，此时式（2-8）中的 V_s 是相对速度，即 $V_s=(V-W)$，在此 W 表示入流断面 1 处和出流断面 2 处的控制面运动速度。V 和 W 都是相对于坐标轴的速度。因此，对于控制体膨胀和收缩的一维流动，式（2-8）的一般形式可以写为

$$\frac{dB_{sys}}{dt}=\frac{d}{dt}\int_{cv}\beta\rho d\forall+[\beta\rho A(V-W)]_{out}-[\beta\rho A(V-W)]_{in} \tag{2-9}$$

这就是关联系统特性和控制体特性的雷诺输运定理。

2.3 连续方程

为了推导连续方程，对一个控制体应用质量守恒律。我们考察壁管特性为线性弹性、管中流体为弱可压缩的情况。如图 2-2 所示，控制面包括断面 1、断面 2 和管道内壁面。控制体可随着压力的变化而膨胀和收缩。给定膨胀和收缩引起断面 1 和 2 相对于坐标轴的速度分别为 W_1 和 W_2。假设流动是一维的，压强在控制体两端断面上均匀分布。由于膨胀和收缩引起的径向速度很小，在分析中不予考虑。但是径向膨胀和收缩的影响很重要，需要

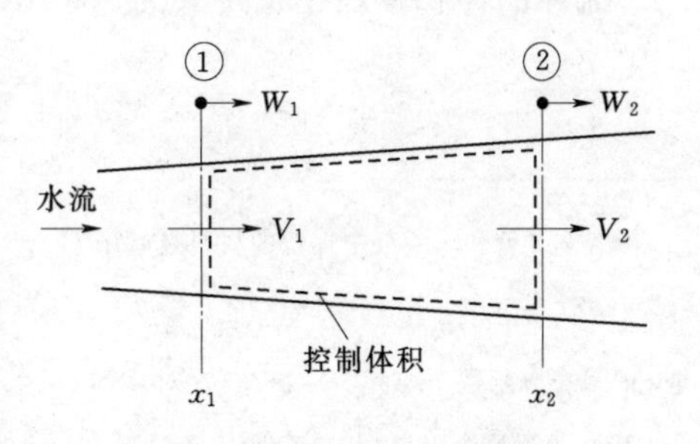

图 2-2 控制体定义示意图

加以考虑。假定位置 x、流速 V 和流量 Q 在顺流方向为正。

将雷诺输运定理应用于质量守恒时，流体的强度特性是质量/单位质量，即 $\beta=\lim_{\Delta m\to 0}\Delta m/\Delta m=1$。另外，由于系统的质量保持不变，$\mathrm{d}M_{sys}/\mathrm{d}t=0$。因此，将式（2-9）应用于图2-2中的控制体，代入 $\beta=1$，可以得到

$$\frac{\mathrm{d}}{\mathrm{d}t}\int_{x_1}^{x_2}\rho A\,\mathrm{d}x+\rho_2A_2(V_2-W_2)-\rho_1A_1(V_1-W_1)=0 \tag{2-10}$$

对左边第一项应用莱布尼茨（Leibnitz）准则[1]得到

$$\int_{x_1}^{x_2}\frac{\partial}{\partial t}(\rho A)\mathrm{d}x+\rho_2A_2\frac{\mathrm{d}x_2}{\mathrm{d}t}-\rho_1A_1\frac{\mathrm{d}x_1}{\mathrm{d}t}+\rho_2A_2(V_2-W_2)-\rho_1A_1(V_1-W_1)=0 \tag{2-11}$$

注意到 $\mathrm{d}x_2/\mathrm{d}t=W_2$ 和 $\mathrm{d}x_1/\mathrm{d}t=W_1$，方程可简化成

$$\int_{x_1}^{x_2}\frac{\partial}{\partial t}(\rho A)\mathrm{d}x+(\rho AV)_2-(\rho AV)_1=0 \tag{2-12}$$

根据均值定理[2]，方程可进一步写为

$$\frac{\partial}{\partial t}(\rho A)\Delta x+(\rho AV)_2-(\rho AV)_1=0 \tag{2-13}$$

式中，$\Delta x=x_2-x_1$，上式各项除以 Δx，并让 Δx 趋近于零，式（2-13）可以简化为

$$\frac{\partial}{\partial t}(\rho A)+\frac{\partial}{\partial x}(\rho AV)=0 \tag{2-14}$$

对括号内各项展开得

$$A\frac{\partial\rho}{\partial t}+\rho\frac{\partial A}{\partial t}+\rho A\frac{\partial V}{\partial x}+\rho V\frac{\partial A}{\partial x}+AV\frac{\partial\rho}{\partial x}=0 \tag{2-15}$$

重新整理各项，取全微分表达式，全部除以 ρA，得到

$$\frac{1}{\rho}\frac{\mathrm{d}\rho}{\mathrm{d}t}+\frac{1}{A}\frac{\mathrm{d}A}{\mathrm{d}t}+\frac{\partial V}{\partial x}=0 \tag{2-16}$$

通常值得关注的变量是压力强度 p 和流动速度 V。为了把这些变量写进方程，我们将 ρ 和 A 关于 p 和 V 的微分表达如下。

流体的体积弹性模量定义为（Roberson 和 Crowe，1997）

$$K=\frac{\mathrm{d}p}{\mathrm{d}\rho/\rho} \tag{2-17}$$

---

[1] 2.3节和2.4节中提供的材料是基于 Clayton Crowe 教授和作者的合作。根据这个准则（Wylie，1967），$\frac{\mathrm{d}}{\mathrm{d}t}\int_{f_1(t)}^{f_2(t)}F(x,t)\mathrm{d}x=\int_{f_1(t)}^{f_2(t)}\frac{\partial}{\partial t}F(x,t)\mathrm{d}x+F[f_2(t),t]\frac{\mathrm{d}f_2}{\mathrm{d}t}-F[f_1(t),t]\frac{\mathrm{d}f_1}{\mathrm{d}t}$，条件是 f_1 和 f_2 是 t 的可微分函数，$F(x,t)$ 和 $\partial F/\partial t$ 对 x 和 t 连续。

[2] 根据这个定理，$\int_{x_2}^{x_1}F(x)\mathrm{d}x=(x_2-x_1)F(\xi),x_1<\xi<x_2$。

此式可以写成

$$\frac{d\rho}{dt}=\frac{\rho}{K}\frac{dp}{dt} \tag{2-18}$$

对于一个半径为 R 的圆形断面管道，有

$$\frac{dA}{dt}=2\pi R\frac{dR}{dt} \tag{2-19}$$

考虑到应变 ε，方程可以写成

$$\frac{dA}{dt}=2\pi R^2\frac{1}{R}\frac{dR}{dt} \tag{2-20}$$

或者

$$\frac{1}{A}\frac{dA}{dt}=2\frac{d\varepsilon}{dt} \tag{2-21}$$

前面已表明，管壁假设为线性弹性的（Timoshenko，1941），即应力与应变成比例。这个假设适用于大多数常见的管壁材料，如：金属、木材和混凝土等。这样

$$\varepsilon=\frac{\sigma_2-\mu\sigma_1}{E} \tag{2-22}$$

式中：σ_2 为环向应力；σ_1 为轴向应力；μ 为泊松比。

为了简化推导，假设管道有贯穿整个长度的伸缩节。这样，轴向应力 $\sigma_1=0$，式（2-22）可写成

$$\varepsilon=\frac{\sigma_2}{E} \tag{2-23}$$

薄壁管道的环向应力为

$$\sigma_2=\frac{pD}{2e} \tag{2-24}$$

式中：p 为内部压力；e 为管壁厚度；D 为管道直径。

对式（2-24）求时间导数，可以得到

$$\frac{d\sigma_2}{dt}=\frac{p}{2e}\frac{dD}{dt}+\frac{D}{2e}\frac{dp}{dt} \tag{2-25}$$

根据式（2-23），可以把式（2-25）写成

$$E\frac{d\varepsilon}{dt}=\frac{p}{2e}\frac{dD}{dt}+\frac{D}{2e}\frac{dp}{dt} \tag{2-26}$$

利用式（2-19）和式（2-21），式（2-26）写成

$$E\frac{d\varepsilon}{dt}=\frac{pD}{2e}\frac{d\varepsilon}{dt}+\frac{D}{2e}\frac{dp}{dt} \tag{2-27}$$

上式可以简化为

$$\frac{d\varepsilon}{dt}=\frac{\frac{D}{2e}\frac{dp}{dt}}{E-\frac{pD}{2e}} \tag{2-28}$$

由式（2-21）和式（2-28）可得

$$\frac{1}{A}\frac{\mathrm{d}A}{\mathrm{d}t}=\frac{\dfrac{D}{e}\dfrac{\mathrm{d}p}{\mathrm{d}t}}{E-\dfrac{pD}{2e}} \tag{2-29}$$

把式（2-18）和式（2-29）代入式（2-16），简化得到

$$\frac{\partial V}{\partial x}+\left(\frac{1}{K}+\frac{1}{\dfrac{eE}{D}-\dfrac{p}{2}}\right)\frac{\mathrm{d}p}{\mathrm{d}t}=0 \tag{2-30}$$

由于通常的工程应用中 $p/2 \ll eE/D$，式（2-30）可以写为

$$\frac{\partial V}{\partial x}+\frac{1}{K}\left(1+\frac{1}{\dfrac{eE}{DK}}\right)\frac{\mathrm{d}p}{\mathrm{d}t}=0 \tag{2-31}$$

我们可定义

$$a^2=\frac{\dfrac{K}{\rho}}{1+\dfrac{DK}{eE}} \tag{2-32}$$

注意，这个波速表达式是针对有伸缩节管道的。第3章中将会说明 a 是弹性管道中弱可压缩流体的压力波的波速。对于其他类型的支撑条件，波速表达式只须稍微修改。这些波速表达式的推导将在2.6节中作为习题留给读者（习题2.6）。把式（2-32）和全微分表达式代入式（2-31）得

$$\frac{\partial p}{\partial t}+V\frac{\partial p}{\partial x}+\rho a^2\frac{\partial V}{\partial x}=0 \tag{2-33}$$

这个方程称为连续方程。

2.4 动量方程

在这一节，我们应用雷诺输运定理去导出动量方程。这里的广度性质 B 是流体的动量，等于 mV，其相应的强度性质

$$\beta=\lim_{\delta m\to 0}V(\Delta m/\Delta m)=V$$

根据牛顿第二定律，一个系统的动量随时间的变化率等于环境施加在系统上的合力，即

$$\frac{\mathrm{d}M_{\mathrm{sys}}}{\mathrm{d}t}=\sum F \tag{2-34}$$

把 $\beta=V$ 带入式（2-9），并利用式（2-34），可以得到

$$\frac{\mathrm{d}}{\mathrm{d}t}\int_{\mathrm{cv}}V\rho\,\mathrm{d}\forall+[\rho A(V-W)V]_2-[\rho A(V-W)V]_1=\sum F \tag{2-35}$$

对方程左式第一项运用莱布尼兹定律，并考虑到 $\mathrm{d}x_1/\mathrm{d}t=W_1$ 和 $\mathrm{d}x_2/\mathrm{d}t=W_2$，得到

$$\int_{x_1}^{x_2}\frac{\partial}{\partial t}(\rho AV)\mathrm{d}x+(\rho AV)_2W_2-(\rho AV)_1W_1+[\rho A(V-W)V]_2-[\rho A(V-W)V]_1=\sum F \tag{2-36}$$

通过简化此方程，对第一项运用均值定理，并对所有项除以 Δx，可得到

$$\frac{\mathrm{d}}{\mathrm{d}t}(\rho AV)+\frac{(\rho AV^2)_2-(\rho AV^2)_1}{\Delta x}=\frac{\sum F}{\Delta x} \tag{2-37}$$

现在考虑下述施加在控制体上的力项（图 2-3）：

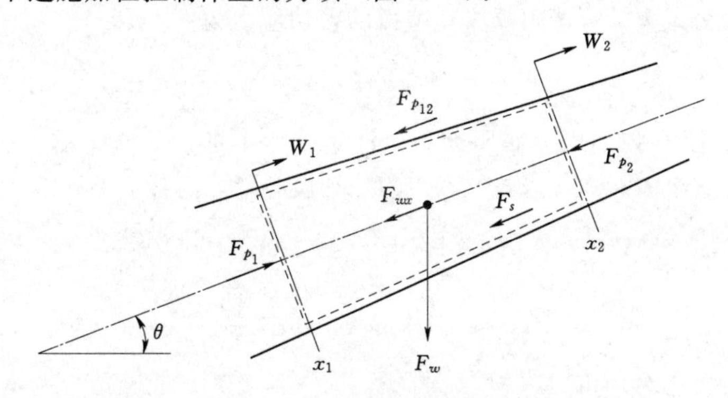

图 2-3 动量方程的相关符号

断面 1 上的压力为

$$F_{p_1}=p_1A_1 \tag{2-38}$$

式中：p 为压强，下标 1 为断面 1。类似可得断面 2 上的压力为

$$F_{p_2}=p_2A_2 \tag{2-39}$$

沿程收缩的管壁上的压力为

$$F_{p_{12}}=\frac{1}{2}(p_1+p_2)(A_1-A_2) \tag{2-40}$$

流体重力沿管道中心线的分量

$$F_{wx}=\rho gA(x_2-x_1)\sin\theta \tag{2-41}$$

式中：θ 为管道与水平方向的夹角，管道沿程向上倾斜为正。现在，剪切力

$$F_s=\tau_0\pi D(x_2-x_1) \tag{2-42}$$

式中：τ_0 为管道壁面施加在流动流体上的剪切应力。

考虑到顺流方向为正，从式（2-38）到式（2-42）可以得到

$$\sum F=p_1A_1-p_2A_2-\frac{1}{2}(p_1+p_2)(A_1-A_2)-\rho gA(x_2-x_1)\sin\theta-\tau_0\pi D(x_2-x_1)$$

$$=\frac{1}{2}(p_1-p_2)(A_1+A_2)-\rho gA(x_2-x_1)\sin\theta-\tau_0\pi D(x_2-x_1) \quad (2-43)$$

用 $\Delta x=x_2-x_1$ 除以式（2-43）得到

$$\frac{\sum F}{\Delta x}=\frac{(p_1-p_2)(A_1+A_2)}{2\Delta x}-\rho gA\sin\theta-\tau_0\pi D \quad (2-44)$$

把式（2-44）代入式（2-37），并让 Δx 趋近于零取极限，可以得到

$$\frac{\partial}{\partial t}(\rho AV)+\frac{\partial}{\partial x}(\rho AV^2)+A\frac{\partial p}{\partial x}+\rho gA\sin\theta+\tau_0\pi D=0 \quad (2-45)$$

我们假设，给定的速度对应的能量损失在瞬变过程中与在恒定流中是一样的（在2.8节将讨论非恒定摩阻问题）。如果用达西-魏斯巴赫（Darcy-Weisbach）摩阻公式去计算摩阻损失，壁面的剪切应力为

$$\tau_0=\frac{1}{8}\rho fV|V| \quad (2-46)$$

式中：f 为达西-魏斯巴赫摩阻系数。注意，为了考虑逆向流动，把 V^2 写成 $V|V|$。把这个表达式代入式（2-45），并展开括号内各项，有

$$V\frac{\partial}{\partial t}(\rho A)+\rho A\frac{\partial V}{\partial t}+V\frac{\partial}{\partial x}(\rho AV)+\rho AV\frac{\partial V}{\partial x}$$
$$+A\frac{\partial p}{\partial x}+\rho gA\sin\theta+\frac{\rho AfV|V|}{2D}=0 \quad (2-47)$$

重新整理方程中各项可以得到

$$V\left[\frac{\partial}{\partial t}(\rho A)+\frac{\partial}{\partial x}(\rho AV)\right]+\rho A\frac{\partial V}{\partial t}+\rho AV\frac{\partial V}{\partial x}$$
$$+A\frac{\partial p}{\partial x}+\rho gA\sin\theta+\frac{\rho AfV|V|}{2D}=0 \quad (2-48)$$

根据连续式（2-14），上式方括号中两项之和为零。因此，消去方括号中的项，用 ρA 除方程各项，最后得到

$$\frac{\partial V}{\partial t}+V\frac{\partial V}{\partial x}+\frac{1}{\rho}\frac{\partial p}{\partial x}+g\sin\theta+\frac{fV|V|}{2D}=0 \quad (2-49)$$

这个方程称为动量方程。

2.5 总体说明

本节我们将讨论上述控制方程的各种参数，并分析方程是双曲型、抛物线型还是椭圆型的。每种方程类型均描述一个特定的物理过程或者现象。例如，流体中波的传播就是用一组双曲型偏微分方程来描述的。只要知道控制方程的类型，就可以选择合适的数值求解方法。

连续方程和动量方程［式（2-33）和式（2-49）］描述了封闭管道中的

瞬变流动。在这些方程中，距离 x 和时间 t 是两个自变量。压力 p 和流速 V 是两个因变量。其他变量 a、ρ、f 和 D 是系统参数，通常不随时间变化，但可以是关于 x 的函数。

虽然波速 a 依赖于管道特性和流体特性，但实验室试验（Streeter，1972）表明，即使压力保持在液体汽化压力之上，波速也会随着压力的减小而显著减小。摩擦系数 f 通常随着雷诺数变化而变化，但 f 的变化对瞬变工况的影响通常非常小，可以忽略不计。

2.5.1 控制方程的类型

式（2－33）和式（2－49）是一组一阶的偏微分方程组。我们将确定这些方程的类型，定性分析它们的解，并讨论它们的数值积分方法。这些方程可写成矩阵形式：

$$\frac{\partial}{\partial t}\begin{pmatrix} p \\ V \end{pmatrix}+\begin{bmatrix} V & \rho a^2 \\ \dfrac{1}{\rho} & V \end{bmatrix}\frac{\partial}{\partial x}\begin{pmatrix} p \\ V \end{pmatrix}=\begin{pmatrix} 0 \\ -g\sin\theta-\dfrac{fV|V|}{2D} \end{pmatrix} \tag{2-50}$$

或者

$$\frac{\partial \boldsymbol{U}}{\partial t}+\boldsymbol{B}\frac{\partial \boldsymbol{U}}{\partial x}=\boldsymbol{E} \tag{2-51}$$

式中

$$\left.\begin{aligned} \boldsymbol{U}&=\begin{pmatrix} p \\ V \end{pmatrix} \\ \boldsymbol{B}&=\begin{bmatrix} V & \rho a^2 \\ \dfrac{1}{\rho} & V \end{bmatrix} \\ \boldsymbol{E}&=\begin{pmatrix} 0 \\ -g\sin\theta-\dfrac{fV|V|}{2D} \end{pmatrix} \end{aligned}\right\} \tag{2-52}$$

矩阵 $\boldsymbol{B}$ 的特征值 λ 决定了这组偏微分方程组的类型。矩阵 $\boldsymbol{B}$ 的特征方程为（Wylie，1967）

$$(V-\lambda)^2=a^2 \tag{2-53}$$

因此

$$\lambda=V\pm a \tag{2-54}$$

由于两个特征值是不同的实数，式（2－33）和式（2－49）是双曲型方程组。

这种类型描述了流体中波的传播特性。

2.5.2 初始条件

瞬变过程的计算需要初始条件。大多数初始条件对应于初始的恒定状态流动。在本节，我们讨论如何定义与瞬变流方程相兼容的初始流动条件。

式（2-33）和式（2-49）描述了弹性管道中弱可压缩流体的非恒定非均匀流动。恒定流动可以看作是速度和压力的时间变化量$\partial V/\partial t$和$\partial p/\partial t$均为零的特殊情况（Stuckenbruck 和 Wiggert，1985）。于是，恒定流的控制方程可以通过消去当地压力和速度对时间的偏导数项得到，即令式（2-33）和式（2-49）中$\partial p/\partial t$和$\partial V/\partial t$都为零。因此式（2-33）和式（2-49）表示的恒定流方程为

$$V\frac{\mathrm{d}p}{\mathrm{d}x}+\rho a^2\frac{\mathrm{d}V}{\mathrm{d}x}=0 \tag{2-55}$$

$$V\frac{\mathrm{d}V}{\mathrm{d}x}+\frac{1}{\rho}\frac{\mathrm{d}p}{\mathrm{d}x}+g\sin\theta+\frac{fV|V|}{2D}=0 \tag{2-56}$$

注意，这些方程中用的是全导数而不是偏导数，因为p和V仅是x的函数。由式（2-55）有

$$\frac{\mathrm{d}V}{\mathrm{d}x}=-\frac{V}{\rho a^2}\frac{\mathrm{d}p}{\mathrm{d}x} \tag{2-57}$$

把这个表达式带入式（2-56），并加以简化得到

$$\frac{\mathrm{d}p}{\mathrm{d}x}=\frac{\rho[g\sin\theta+fV|V|/(2D)]}{M^2-1} \tag{2-58}$$

式中：$M=V/a$为马赫（Mach）数。

把式（2-58）代入式（2-57），简化得到

$$\frac{\mathrm{d}V}{\mathrm{d}x}=\frac{M^2}{V}\frac{[g\sin\theta+fV|V|/(2D)]}{1-M^2} \tag{2-59}$$

对于非零的V，式（2-59）清晰地表明速度梯度$\mathrm{d}V/\mathrm{d}x$不为零，与之相似，式（2-58）中压力梯度$\mathrm{d}p/\mathrm{d}x$也不是常数。这是由于流体密度和管道断面是关于x的函数。

如果恒定流动的初始条件和控制方程的所有项都需要加以分析，则初始条件应由式（2-58）和式（2-59）决定。但在大多数工程应用中，控制方程中的一些项比其他项小很多，可以忽略不计。这样能在不影响计算结果精度的条件下显著地简化分析。这些简化后的方程将在下一节中推导。

2.5.3 简化方程

在大部分工程应用中，对流加速项$V(\partial p/\partial x)$和$V(\partial V/\partial x)$相对于其他

项是小项。与之相似，斜率项通常也是小项，也可以忽略不计。从控制方程中略去这些小项，可以得到

$$\frac{\partial p}{\partial t}+\rho a^2\frac{\partial V}{\partial x}=0 \tag{2-60}$$

$$\frac{\partial V}{\partial t}+\frac{1}{\rho}\frac{\partial p}{\partial x}+\frac{fV|V|}{2D}=0$$

在水利工程中，管线中压力通常按关于某一基准面的测压管水头 H 计入，且用流量 Q 代替流速 V。这样，流量 $Q=VA$，压强 p 可以写成

$$p=\rho g(H-z) \tag{2-61}$$

式中：z 为管道中心相对于指定基准面的高程。

在控制方程（2-33）和方程（2-49）的推导中曾假设流体的可压缩性小、管壁的变形轻微。因此，可以忽略由于内部压力随 x 变化而导致的密度 ρ 和过流面积 A 的空间变化。而且，ρ 和 A 的微小变化已在波速 a 取为有限值时被间接地考虑在内了。注意，若假设流体不可压缩，管壁刚性，则波速为无穷大，压力或速度的变化会在整个系统中被瞬间感知。对一个水平管道，$\mathrm{d}z/\mathrm{d}x=0$。通过这些假设，从式（2-61）可以得到$\partial p/\partial t=\rho g(\partial H/\partial t)$ 和$\partial p/\partial x=\rho g(\partial H/\partial x)$。

把上述关系式代入式（2-60）和式（2-61），可以得到

$$\frac{\partial H}{\partial t}+\frac{a^2}{gA}\frac{\partial Q}{\partial x}=0 \tag{2-62}$$

$$\frac{\partial Q}{\partial t}+gA\frac{\partial H}{\partial x}+\frac{fQ|Q|}{2DA}=0 \tag{2-63}$$

令式（2-62）和式（2-63）中$\partial H/\partial t=0$ 和$\partial Q/\partial t=0$，可以得到相应的恒定流方程。恒定流方程中$\partial Q/\partial x=0$，即 Q 沿着管道是常数。把$\partial Q/\partial t=0$ 代入式（2-63），简化结果，表达成有限差分形式，可以得到

$$\Delta H=\frac{f\Delta xQ^2}{2gDA^2} \tag{2-64}$$

式中：ΔH 为流量 Q 下管道长度 Δx 内的水头损失。可见，这个方程和达西-魏斯巴赫摩阻方程相同。

概括言之，如果控制方程是式（2-33）和式（2-49）的非简化形式，则恒定流条件应由式（2-55）和式（2-56）计算得到。但是，如果控制方程采用简化形式［式（2-62）和式（2-63）］，则 Q 沿管道为常数，沿管道长度分布的测压管水头应由式（2-64）计算得到。在控制方程取完整的非简化形式［式（2-33）和式（2-49）］条件下，若仍然假设初始恒定条件为流量沿管道是常数，并利用达西-魏斯巴赫方程计算管道沿程压力水头，则会得到错误的结果。

在上述推导过程中，我们利用达西-魏斯巴赫（Darcy - Weisbach）公式计算摩阻损失。损失可用一般指数形式表达，式（2 - 63）最后一项可写成 $kQ|Q|^m/D^b$，其中 k、m 和 b 的值取决于所使用的公式。例如，对于海森-威廉（Hazen William）公式，m 取 0.85，b 取 4.87。只要 m 和 b 的取值正确，计算结果就不依赖于计算公式。也就是说，达西-魏斯巴赫公式和海森-威廉公式给出的结果相近（Evangelisti，1969）。

在大部分工程应用中，上述几项假设是有效的，可以应用式（2 - 62）和式（2 - 63）进行计算。但是只要上述任何一个假设无效，则需要应用完整式（2 - 33）和式（2 - 49）进行计算。后续讨论中将针对式（2 - 62）和式（2 - 63）。

2.6 波速

刚性管道中的弱可压缩流体的波速表达式已经在 1.4 节中推导。但是，除了流体的体积弹性模量和质量密度，波速还取决于管道弹性和外部约束。管道特性包括管道尺寸，管壁厚度和管壁材料。外部约束包括支撑结构类型和管道在纵向移动的自由度。流体的体积弹性模量取决于它的温度、压力和含气量。Pearsall（1965）指出，温度每改变 5℃，波速改变 1/100。自由气体的存在增加了流体的可压缩性。据已有报道（Pearsall，1965），含气体积为 1/10000 的水，波速减小大约为 50%。图 2 - 4 展示了波速随含气量的变化曲线（Kobori 等，1955）。气-液混合体的波速公式将在 9.5 节推导。

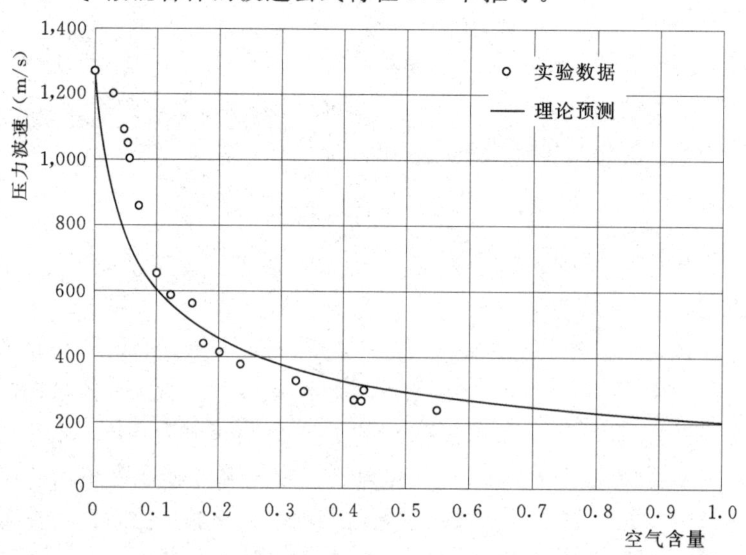

图 2 - 4 波速在气-水混合物中随气体含量的变化（Kobori 等，1955）

液体中的固体对波速的影响相对来说较小，除非它们是可压缩的。另外，实验室研究（Streeter，1972）和原型测量（Pearsall，1965）表明，当压力减少时液体中的溶解气体会逐渐离析出来，即使压力高于汽化压力也是如此。这会导致波速显著减小。因此，在正压波的波速可能高于负压波的波速。需要开展原型试验来进一步量化研究压力降低对波速减小的影响。

哈利维尔（Halliwell）（1963）给出了如下波速的一般表达式

$$a=\sqrt{\frac{K}{\rho[1+(K/E)\psi]}} \tag{2-65}$$

式中：ψ 为依赖于管道弹性的无量纲参数；E 为管壁的杨氏弹性模量；K 和 ρ 分别为液体的体积弹性模量和密度。表 2-1 和表 2-2 中列出了常用管壁材料的弹性模量，以及各种液体体积弹性模量及密度。

各种情况下 ψ 的表达式如下。

表 2-1　　杨氏弹性模量和泊松比

<table>
<tr><th colspan="2">材　料</th><th>弹性模量 E* /GPa</th><th>泊松比</th></tr>
<tr><td colspan="2">铝合金</td><td>68～73</td><td>0.33</td></tr>
<tr><td colspan="2">石棉水泥板</td><td>24</td><td></td></tr>
<tr><td colspan="2">黄铜</td><td>78～110</td><td>0.36</td></tr>
<tr><td colspan="2">铸铁</td><td>80～170</td><td>0.25</td></tr>
<tr><td colspan="2">混凝土</td><td>14～30</td><td>0.1～0.15</td></tr>
<tr><td colspan="2">铜</td><td>107～131</td><td>0.34</td></tr>
<tr><td colspan="2">玻璃</td><td>46～73</td><td>0.24</td></tr>
<tr><td colspan="2">铅</td><td>4.8～17</td><td>0.44</td></tr>
<tr><td colspan="2">低碳钢</td><td>200～212</td><td>0.27</td></tr>
<tr><td rowspan="6">塑料</td><td>苯乙烯</td><td>1.7</td><td>0.33</td></tr>
<tr><td>尼龙</td><td>1.4～2.75</td><td></td></tr>
<tr><td>有机玻璃</td><td>6.0</td><td>0.33</td></tr>
<tr><td>聚乙烯</td><td>0.8</td><td>0.46</td></tr>
<tr><td>聚苯乙烯</td><td>5.0</td><td>0.4</td></tr>
<tr><td>聚氯乙烯</td><td>2.4～2.75</td><td></td></tr>
<tr><td rowspan="5">岩石</td><td>花岗岩</td><td>50</td><td>0.28</td></tr>
<tr><td>石灰岩</td><td>55</td><td>0.21</td></tr>
<tr><td>石英</td><td>24.0～44.8</td><td></td></tr>
<tr><td>砂岩</td><td>2.75～4.8</td><td>0.28</td></tr>
<tr><td>片岩</td><td>6.5～18.6</td><td></td></tr>
</table>

注　数据来源于 Halliwell（1963）、Roark（1965）和 Pickford（1969）。

*　把 E 的单位换算为磅/英寸^2 时，要用列表中的值乘以 145.04×10^3。

表 2-2 常见液体在大气压下的体积弹性模量和密度

液体	温度/℃	密度 ρ^*/(kg/m³)	体积弹性模量 K^{**}/GPa
苯	15	880	1.05
乙醇	0	790	1.32
甘油	15	1,260	4.43
煤油	20	804	1.32
汞	20	13,570	26.2
油	15	900	1.5
淡水	20	999	2.19
海水	15	1,025	2.27

注 数据来源于 Pearsall (1965)、Baumeister (1967) 和 Pickford (1969)。

* 将液体比重换算为磅/英寸^3 时，列表中的值乘以 62.43×10^{-3}。

** 把 K 换算为磅/英寸^2 时，列表中的值乘以 145.04×10^3。

2.6.1 刚性管道

$$\psi=0 \tag{2-66}$$

2.6.2 厚壁弹性管道

三种不同的管道固定方式对应的参数如下：

(1) 管道全线被固定，全线不能沿管轴线位移：

$$\psi=2(1+v)\left(\frac{R_o^2+R_i^2}{R_o^2-R_i^2}-\frac{2vR_i^2}{R_o^2-R_i^2}\right) \tag{2-67}$$

式中：v 为泊松比；R_o 和 R_i 分别为管道外径和内径。

(2) 管道上游端被固定，上游端不能沿管轴线位移。

$$\psi=2\left[\frac{R_o^2+1.5R_i^2}{R_o^2+R_i^2}+\frac{v(R_o^2-3R_i^2)}{R_o^2-R_i^2}\right] \tag{2-68}$$

(3) 管道有伸缩节，全线能沿管轴线位移：

$$\psi=2\left(\frac{R_o^2+R_i^2}{R_o^2-R_i^2}+v\right) \tag{2-69}$$

2.6.3 薄壁弹性管道

有三种限制管道纵向位移的固定方式：

(1) 管道全线被固定，全线不能沿管轴线位移：

$$\psi=\frac{D}{e}(1-v^2) \tag{2-70}$$

式中：D 为管道直径；e 为管壁厚度。

(2) 管道上游端被固定，上游端不能沿管轴线位移（Wylie 和 Streeter，1983）：

$$\psi=\frac{D}{e}(1-0.5v) \tag{2-71}$$

(3) 管道有伸缩节，全线能沿管轴线位移：

$$\psi=\frac{D}{e} \tag{2-72}$$

2.6.4 岩石隧洞

对于衬砌和非衬砌的岩石隧洞，Halliwell（1963）提出了很长的 ψ 表达式。由于岩石的非均匀性和裂隙的存在，岩石特性通常不能精确得知。因此，下列（Parmakian，1963）简化表达式可以用来代替 Halliwell 的表达式。

(1) 不衬砌隧洞：

$$\begin{aligned}\psi&=1\\E&=G\end{aligned} \tag{2-73}$$

式中：G 为岩石的刚性模量

(2) 钢衬砌管道：

$$\psi=\frac{DE}{GD+Ee} \tag{2-74}$$

式中：e 为衬砌钢管的厚度；E 为钢材的弹性模量。

2.6.5 钢筋混凝土管道

计算中钢筋混凝土管道用一个等价厚度的钢管代替，等价钢管的厚度为（Parmakian，1963）

$$e_e=E_r e_c+\frac{A_s}{l_s} \tag{2-75}$$

式中：e_c 为混凝土管道的厚度；A_s 和 l_s 分别是钢筋横截面积和钢筋间距；E_r 为混凝土与钢筋的弹性模量的比值。

通常 E_r 取值在 0.06 到 0.1，但是为了考虑到混凝土管道的裂隙，建议取值 0.05。在知道等价钢管厚度 e_e 和相应弹性模量的基础上，波速可以由式(2-65)得到。

2.6.6 木制管道

木制管道可以等价为均匀厚度的钢管，等价厚度可以由式（2-75）确定。取 $E_r=1/60$，e_c 为木管的厚度，A_s 和 l_s 分别为钢箍的横截面积和间距。通过式（2-65）计算波速。

2.6.7 聚氯乙烯（PVC）和增强塑料管道

Watters 等（1976）指出，只要管壁的弹性模量选取合适，式（2-65）可以用于计算 PVC 和增强塑料管中的波速。

2.6.8 非圆形管道

根据 Jenkner（1971）提出的薄壁矩形管道中的波速公式，得到下列关于是 ψ 的表达式。该方程是利用稳态弯曲理论在允许管道扭转的条件下得出的。

$$\psi=\frac{\beta b^4}{15e^3 d} \tag{2-76}$$

其中

$$\beta=0.5(6-5\alpha)+0.5(d/b)^3[6-5(d/b)^2]$$

$$\alpha=[1+(d/b)^3]/[1+(d/b)]$$

式中：b 为管道宽度（长边）；d 为管道高度（短边）。

Thorley 和 Guymer（1976）在推导波速公式时，已经考虑了剪切力对厚壁（$l/e<20$）方形管道弯曲偏转变形的影响。根据这些公式，厚壁方形管道 ψ 的计算公式为

$$\psi=\frac{1}{15}\left(\frac{l}{e}\right)^3+\frac{l}{e}\left(1+\frac{e}{2G}\right) \tag{2-77}$$

式中：e 为管壁厚度；$(l-e)$ 为管道内部尺寸；G 为管壁材料剪切模量。

根据 Thorley 和 Twyman（1977）提出的表达式，可以得出**六边形薄壁管**的 ψ 值计算式：

$$\psi=0.0385\left(\frac{l}{e}\right)^3 \tag{2-78}$$

式中：l 为六边形截面平直边的平均宽度。

2.7 控制方程的求解方法

如前所述，动量方程和连续方程是拟线性的双曲型偏微分方程，不可能得到其准确形式解。不过，通过忽略或线性化非线性项，发展出了图解法（Parmakian，1963；Bergeron，1961）和解析法（Rich，1963；Wood，1937）。这些方法是近似的，不能用于分析大型的系统或具有复杂边界的系统。

不过，下列方法适合计算机分析，能有效进行数值积分，求解非线性双曲型偏微分方程的方法有：特征线法；有限差分法；有限单元法；谱方法；以及边界积分法。

特征线法已经很流行，在一维水力瞬变问题求解中被广泛应用，波速为常数时尤其如此。该方法被证明在多个方面优于其他方法。比如能准确模拟陡峭波峰、展示波的传播过程、编程容易以及计算高效（Evangelisti，1969；Wylie 和 Streeter，1983；Lister，1960；Abbott，1966；Streeter 和 Lai，1962）。该方法的具体细节将在下一章介绍，使用方法和必要的边界条件将在第 4 章至第 10 章介绍。

有限差分法（Perkins 等，1964；Smith，1978；Chaudhry 和 Yevjevich，1981；Chaudhry，1983；Chaudhry 和 Hussaini，1983）可以分成两类：显式和隐式。两种类别都有几种格式。隐式方法通常具有允许更大时间步长的优势，但太大的时间步长对计算精度有不利影响，有时可能引发数值振荡，得到完全错误的结果（Holloway 和 Chaudhry，1985）。在第 3 章中将简要讨论以上两种方法。

有限单元法在计算一维问题时并无任何明显优势。谱方法不适用于非周期的边界条件（Gottlieb 和 Orszag，1976—1977）。边界积分法（Liggett，1984）在计算非恒定问题时，尤其在激波或涌波出现情况下，比其他方法效率差。后面几种方法在后续章节中都不作讨论。

2.8 非恒定的摩阻

在推导 2.3 和 2.4 节中的控制方程时，曾假设非恒定流的水头损失可以用恒定流摩阻公式来计算。虽然这个近似在计算非恒定压力的第一峰值时效果不错，但在计算压力振荡时，结果的耗散速度比实验室或工程现场测量结果的耗散速度慢很多。在确定典型装置或典型工况的最大或最小压力时，这种计算方式不会有严重问题，但是在计算多重操作工况时，结果并不可靠。例如，水泵停电后再次启动，水轮机甩负荷后再增负荷，或者涡轮机械相继启动或相继关机等。

已提出过若干考虑瞬变流中非恒定摩阻的计算方法。这些方法可以分为三类：拟二维法，卷积积分法和瞬时加速度法。后面段落将简单介绍前两种方法并详细讨论第三种方法。这些讨论基于 Reddy、Silva 和 Chaudhry（2012）所写的论文。另外，关于这个主题的一个很好信息来源是 Ghidaoui（2001）的文献综述。

2.8.1 拟二维模型

这种模型能精确模拟非恒定摩阻现象（Vardyh 和 Hwang，1991；Brunone 等，1995；Silva-Araya 和 Chaudhry，1997；Pezzinga，1999；Zhao 和 Ghidaoui，2004），但需要大量计算资源，因此目前仅用于简单管道系统的计算。

2.8.2 卷积积分法

Zielke（1968）通过提出层流的非恒定摩阻精确解而引入了这种方法。它利用过去的当地加速度和加权函数，适用于一维模型。该方法求解要耗费大量时间和内存。Trikha（1975）提出一种对 Zielke 方法的改进，计算耗费小了，但精度降低了。Kagawa 等（1983）、Suzuki 等（1991）和 Schohl（1993）也提出过相似的改进。卷积积分法被 Vardy 和 Brown（1995，2003，2004）扩展到湍流，用于光滑和粗糙管中非恒定流计算。因为卷积积分是通过对有限数量的加权系数求和来近似的，故这种方法能在牺牲数值精度的条件下，得到尚可接受的结果。

2.8.3 瞬时加速度法

瞬时加速度方法（Instantaneous acceleration - based，IAB）假设非恒定摩阻产生的阻尼效应是由瞬间当地加速度和对流加速度所导致。加速度由断面上速度的平均值计算，并不考虑断面速度分布。Carsten 和 Roller（1959）引入这个概念之后，其他人提出了多种表达式（Brunone 和 Golia，1990；Vitkovsky 等，2006a；Brunone 等，1991b；Bergant 等，2001；Bughazem 和 Anderson，2000；Vardy 和 Brown，1995，2003；Ramos 等，2004）。这些表达式中，单系数和双系数模型可以给出满意的结果，在此加以介绍。

动量方程中的摩阻项可以被分解成恒定部分和非恒定部分：

$$\frac{\partial H}{\partial x}+\frac{1}{g}\frac{\partial V}{\partial t}+J_s+J_u=0 \tag{2-79}$$

式中：J_s 和 J_u 分别为恒定和非恒定摩阻项。

恒定摩阻可以用达西-魏斯巴赫关系表达如下：

$$J_s=\frac{fV|V|}{2gD} \tag{2-80}$$

非恒定摩阻项 J_u 的单系数模型可写成

$$J_u=\frac{k}{g}\left[\frac{\partial V}{\partial t}+\mathrm{Sign}(V)a\left|\frac{\partial V}{\partial x}\right|\right] \tag{2-81}$$

由 Lourerio 和 Ramos（2003）、Ramos（2004）和 Vitkovsky 等（2000）提出的双系数模型与之相似，J_u 的形式如下：

$$J_u=\frac{1}{g}\left[K_{ut}\frac{\partial V}{\partial t}+K_{ux}\mathrm{Sign}(V)a\left|\frac{\partial V}{\partial x}\right|\right] \tag{2-82}$$

式中：K_{ut} 和 K_{ux} 分别为相对于当地和对流加速度的衰减系数。数值计算显示，$K_{ut}\partial V/\partial t$ 影响瞬变压力波的相位偏移，而 $K_{ux}\partial V/\partial x$ 影响衰减速度（Ramos 等，2004）。

Reddy、Silva 和 Chaudhry（2012）给出了 IAB 模型中衰减系数的一个估算公式。为了得到此公式，遗传算法（Genetic Algorithm，GA）被用来重现在世界各地实验室记录下的 14 组压力振荡时序过程。这些实验用的管道材料包括钢、铜和 PVC，管道直径从 0.012m 到 0.4m，管道长度从 14m 到 160m 不等。瞬变流通过关闭管道系统上游或者下游阀门来产生。

针对特征线法和有限差分法，确定了单系数和双系数 IAB 模型的衰减系数。能再现实验室压力振荡过程的单系数模型的 K 值为 0.015 到 0.060；双系数模型中，K_{ux} 为 0.025 到 0.053，K_{ut} 为 0.006 到 0.057。

【例】 计算加拿大 Kootenay Canal 水电站的压力钢管中的波速。管道各段的数据如表 2-3 所示。钢材的 E 值为 207GPa；混凝土的 G 值为 20.7GPa；水的 K 值为 2.19GPa，密度 ρ 为 999kg/m^3。

表 2-3　　钢 管 数 据

管道	长度/m	直径/m	管壁厚度/mm	备　注
1	244.0	6.771	19	一端设伸缩节
2	36.5	5.55	22	包裹在混凝土中

解：在瞬变流分析中，管道各段中的波速如下。

管道 1：

$$\frac{D}{e}=\frac{6.71}{0.019}=353$$

因为管道一端固定，故可使用式（2-71）和式（2-65）计算

$$\psi=\frac{D}{e}(1-0.50v)=353\times(1-0.15)=300.05$$

$$a=\sqrt{\frac{K}{\rho[1+(K/E)\psi]}}$$

$$\frac{K}{E}=\frac{2.19}{207}=0.0106$$

$$a=\sqrt{\frac{2.19\times10^9}{999\times(1+0.0106\times300.05)}}=724(\mathrm{m/s})$$

管道 2：

对于钢衬砌隧洞，管道 2 中的波速可用式（2-74）计算得到

$$\psi=\frac{DE}{GD+Ee}=\frac{5.55\times207\times10^9}{20.7\times10^9\times5.55+207\times10^9\times0.022}=9.62$$

$$a=\sqrt{\frac{2.19\times10^9}{999\times(1+0.0106\times9.62)}}=1410(\mathrm{m/s})$$

2.9 本章小结

本章，我们推导了封闭管道中瞬变流的动量方程和连续方程，讨论了推导过程中的假设。这些控制方程是拟线性双曲型偏微分方程。我们分析了它们的各种数值求解方法，给出了非恒定摩阻的几个计算模型和封闭管道中波速表达式。

习　题

2.1 请推导刚性管内可压缩水体的动量方程。

2.2 请计算管径为3.05m，管壁厚度为25mm的钢管中的波速：

(1) 埋入混凝土坝中；

(2) 上游端固定；

(3) 沿整个管道长度方向有伸缩节。

2.3 请确定直径为1.25m、管壁厚为0.15m的钢筋混凝土输水管道中的波速。钢筋直径为20mm，间距为0.5m，管道上设有伸缩节。

2.4 一个直径为0.2m、管壁厚度为25mm的铜管，在20℃温度下从储油罐输送煤油到阀门，如果阀门被瞬时关闭，压力波会以多大的速度在管道中传播？(假设管道上游端固定。)

2.5 图5-13展示了某地下水电站的压力管道。请计算各管段中的波速。假设岩石弹性模量是5.24GPa.

2.6 请推导下列情况下管道的连续方程：

(1) 整个管道纵向位移被限制；

(2) 管道上游端的纵向位移被限制。

答　案

2.2

(1) 1413m/s

(2) 992m/s

(3) 978m/s

2.3 913m/s

2.4 1232m/s

参 考 文 献

[1] Baker, A.J., 1983, *Finite Element Computational Fluid Mechanics*, McGraw Hill, New York, NY.

[2] Baumeister, T. (ed.), *Standard Handbook for Mechanical Engineers*, 7th ed., McGraw-Hill Book Co., New York, NY.

[3] Bergant, A., Simpson, A. R. and Vitkovsky, J. P., 2001, "Developments in Unsteady Pipe Flow Friction Modelling." *Jour. Hydraulic Research*, vol. 39, no. 3, pp. 249-257.

[4] Bergeron, L., 1961, *Waterhammer in Hydraulics and Wave Surges in Electricity*, John Wiley & Sons, Inc., New York, NY.

[5] Brunone, B., Golia, U. M. 1990, "Improvements in Modelling of Water Hammer and Cavitating Flow in Pipes. Experimental verification." *Proc., 22nd Convegno Nazionale di Idraulica e Costuzioni Idrauliche*, Vol. 4, Italian Group of Hydraulics (GII), pp. 147-160 (in Italian).

[6] Brunone, B., Golia, U. M. and Greco, M., 1991b, "Some Remarks of the Momentum Equation for Fast Transients." *Proc., Int. Conf. on Hydraulic Transients with Water Column Separation, International Association for Hydro-Environment Engineering and Research*, (IAHR) Group, Madrid, Spain, pp. 201-209.

[7] Brunone, B., Golia, U. M. and Greco, M., 1995, "The Effects of Two Dimensionality on Pipe Transients Modeling." *Jour. Hydraulic Engineering*, vol. 121, no. 12, pp. 906-912.

[8] Bughazem, M. and Anderson, A. 1996, "Problems with simple models for damping in unsteady flow." *Proc., Int. Conf. on Pressure Surges*, Vol. 7, BHRA Group, Bedford, UK, pp. 483-498.

[9] Carstens, M. R. and Roller, J. E. 1959, "Boundary-shear Stress in Unsteady Turbulent Pipe Flow." *Jour. Hydraul Div.*, 95, pp. 67-81.

[10] Chaudhry, M. H. and Yevjevich, V., 1981, *Closed-Conduit Flow*, Water Re-sources Publications, Littleton, Co.

[11] Chaudhry, M. H., 1983, "Numerical Solution of Transient-Flow Equations," *Proc., Hydraulic Specialty Conf.*, Amer. Soc. Civ. Engrs., pp. 663-660.

[12] Chaudhry, M. H. and Hussaini, M. Y., 1983, "Second-Order Explicit Methods for Transient-Flow Analysis," *in Numerical Methods for Fluid Transients Analysis*, Martin, C. S. and Chaudhry, M. H. (eds.), Amer. Soc. Mech. Engrs., pp. 9-15.

[13] Chaudhry, M. H. and Hussaini, M. Y., 1985, "Second-Order Accurate Explicit Finite-Difference Schemes for Waterhammer Analysis," *Jour. Fluids Engineering*, Amer. Soc. Mech. Engrs., vol. 107, Dec., pp. 523-529. Evangelisti, G., 1969, "Waterhammer Analysis by the Method of Characteristics," *L' Energia Elettrica*, Nos. 10-12, pp. 673-692, 759-770, 839-858.

[14] Follmer, B. and Zeller, H., 1980, "The Influence of Pressure Surges on the Functioning of Safety Valves," *Third International Conference on Pressure Surges*, Canterbury, England, March 25-27, pp. 429-444.

[15] Ghidaoui, M. S., and Kolyshkin, A. A. 2001, "Stability Analysis of Velocity Profiles in Waterhammer," *Journal of Hydraulic Engineering*, ASCE, vol. 127, no. 6, pp. 499-512.

[16] Ghidaoui，M. S.，Axworthy，D.，Zhao，M. and McInnis，D. 2001，“Closure to Extended Thermodynamics Derivation of Energy Dissipation in Unsteady Pipe Flow.” *Jour. Hydraulic Engineering*，vol. 127，no. 10，pp. 888 - 890.

[17] Halliwell, A. R.，1963，“Velocity of a Waterhammer Wave in an Elastic Pipe，” *Jour.，Hydraulics Div.*，Amer. Soc. Civil Engrs.，vol. 89，No. HY4，July，pp. 1 - 21.

[18] Hirose，M.，1971，“Frequency-Dependent Wall Shear in Transient Fluid Flow Simulation of Unsteady Turbulent Flow，” *Master's Thesis*，Massachusetts Institute of Technology，Mass..

[19] Holloway, M. B. and Chaudhry，M. H.，1985，“Stability and Accuracy of Waterhammer Analysis，” *Advances in Water Resources*，vol. 8，Sept.，pp. 121 - 128.

[20] *Hydraulic Models*，Manual of Engineering Practice No. 25，Committee of Hyd. Div. on Hyd. Research，Amer. Soc. Civil Engrs.，July.

[21] Jenkner，W. R.，1971，“Uber die Druckstossgeschwindigkeit in Rohrleitun-gen mit quadratischen und rechteckigen Querschnitten，” *Schweizerische Bauzeitung*，vol. 89，Feb.，pp. 99 - 103.

[22] Joukowsky，N.，1904，“Waterhammer，” Translated by O. Simin，*Proc. Amer. Water Works Assoc.*，vol. 24，pp. 341 - 424.

[23] Kagawa，T.，Lee，I.，Kitagawa，A. and Takenaka，T. 1983，“High Speed and Accurate Computing Method of Frequency-dependent Friction in Laminar Pipe Flow for Characteristic Method.” *Nippon Kikai Gakkai Ronbunshu*，*A-hen*，49（447），pp. 2638 - 2644（in Japanese）.

[24] Karam，J. T. and Leonard，R. G.，1973，“A Simple Yet Theoretically Based Time Domain Model for Fluid Transmission Line Systems，” *Jour. Fluids Engineering*，*Trans.*，*Amer. Soc. Mech. Engrs.*，vol. 95，Dec.，pp. 498 - 504.

[25] Kennison，H. F.，1956，“Surge-Wave Velocity-Concrete Pressure Pipe，” *Trans.*，*Amer. Soc. Mech. Engrs.*，Aug.，pp. 1323 - 1328.

[26] Kobori，T.，Yokoyama，S.，and Miyashiro，H.，1955，“Propagation Velocity of Pressure Wave in Pipeline，”' *Hitachi Hyoron*（*Hitachi Review*），vol. 37，no. 10，Oct.，pp. 33 - 37（translated by C. Lai，Sept. 1966，US Geological Survey Library，Dec. 1974.）

[27] Liggett，J. A.，1984，“The Boundary Element Method-Some Fluid Applications，” *in Multi-Dimensional Fluid Transients*，Chaudhry，M. H. and Martin，C. S.（eds.），Amer. Soc. Mech. Engrs.，Dec.，pp. 1 - 8.

[28] Lister，M.，1960，“The Numerical Solution of Hyperbolic Panial Differential Equations by the Method of Characteristics，” in Ralson，A.，and Wilf，H. S.（eds.），*Mathematical Method for Digital Computers*，John Wiley & Sons，Inc.，New York，pp. 165 - 179.

[29] Loureiro，D. and Ramos，H. 2003，“A Modified Formulation for Estimating the Dissipative Effect of 1-D Transient Pipe Flow.” *Proc.*，*Conf. on Pumps*，*Electromechanical Devices and Systems Applied to Urban Water Management*，International

Water Association (IWA) /International Association on Hydraulic Engineering and Research (IAHR), Madrid, Spain, pp. 755 - 763.

[30] Parmakian, J., 1963, *Waterhammer Analysis*, Dover Publications, Inc., New York, NY.

[31] Pearsall, I. S., 1965, "The Velocity of Waterhammer Waves," *Proc. Symposium on Surges in Pipelines*, Inst. of Mech. Engrs., England, vol. 180, Part 3E, Nov., pp. 12 - 27.

[32] Perkins, F. E., Tedrow, A. C., Eagleson, P. S., and Ippen, A. T., 1964, "Hydropower Plant Transients," *Report No.* 71, Part II and III, Dept. of Civil Engineering, Hydrodynamics Lab., Massachusetts Institute of Technology, Sept.

[33] Pezzinga, G., 1999, "Quasi-2D Model for Unsteady Flow in Pipe Networks." *Jour. Hydraulic Engineering*, vol. 125, no. 7, pp. 676 - 685.

[34] Pickford, J., 1969, *Analysis of Surge*, Macmillan, London, UK.

[35] Rahm, S. L. and Lindvall, G. K. E., 963, "A Laboratory Investigation of Transient Pressure Waves in Pre-Stressed Concrete Pipes," *Proc. 10th International Assoc. for Hydraulic Research*, London, UK, pp. 47 - 53.

[36] Ramos, H., Covas, D., Borga, A. and Lourerio, D. 2004, "Surge Damping Analysis in Pipe Systems: Modeling and Experiments." *Jour. Hydraulic Research*, vol. 42, no. 4, pp. 413 - 425.

[37] Reddy, H. P., Silva-Araya, W. and Chaudhry, M. H., 2012, "Estimation of Decay Coefficients for Unsteady Friction for Instantaneous, Acceleration-Based Models" *Jour. Hydraulic Engineering*, vol. 138, no. 3, pp. 260 - 271.

[38] Rich, G. R., 1963, *Hydraulic Transients*, Dover Publications, Inc., New York, NY.

[39] Roark, R. J., 1965, *Formulas for Stress and Strain*, 4th ed., McGraw-Hill Book, New York, NY.

[40] Roberson, J. A. and Crowe, C. T., 1997, *Engineering Fluid Mechanics*, 6th ed., Wiley, New York, NY.

[41] Safwat, H. H., 1971, "Measurements of Transient Flow Velocities for Waterhammer Applications," Paper No. 71 - FE - 29, *Amer. Soc. Of Mech. Engrs.*, May, 8.

[42] Schohl, G. A., 1993, "Improved Approximate Method for Simulating Frequency-dependant Friction in Transient Laminar Flow." *Jour. Fluids Engineering*, vol. 115, no. 3, pp. 420 - 424.

[43] Silva-Araya, W. F. and Chaudhry, M. H. 1997, "Computation of Energy Dissipation in Transient Flow." *Jour. Hydraulic Engineering*, vol. 123, no. 2, pp. 108 - 115.

[44] Smith, G. D., 1978, *Numerical Solution of Partial Differential Equations*, Second Ed., Clarendon Press, Oxford, UK.

[45] Streeter, V. L. and Lai, C., 1962, "Waterhammer Analysis Including Fluid Friction," *Jour. Hydraulics Div.*, Amer. Soc. Civil Engrs., vol. 88, No. HY3, May, pp. 79 - 112.

[46] Stuckenbruck, S., and Wiggert, D. C., 1985, Discussion of "Fundamental Equa-

tions of Waterhammer, by E. B. Wylie," *Jour. Hydraulic Engineering*, Amer. Soc. Civil Engrs., vol. III, Aug., pp. 1195 - 1196. (See original paper Apr 1984 and other discussions and closure Aug 1985, pp. 1185 - 2000).

[47] Suzuki, K., Taketomi, T. and Sato, S. 1991 "Improving Zielkes Method of Simulating Frequency-dependent Friction in Laminar Liquid Pipe Flow." *Jour. Fluids Engineering*, vol. 113, no. 4, pp. 569 - 573.

[48] Swaffield, J. A., 1968 - 1969, "The Influence of Bends on Fluid Transients Propagated in Incompressible Pipe Flow," *Proc. Institution of Mech. Engrs.*, vol. 183, Part I, no. 29, pp. 603 - 614.

[49] Swaminathan, K. V., 1965, "Waterhammer Wave Velocity in Concrete Tunnels," *Water Power*, March, 117 - 121.

[50] Thorley, A. R. D., 1968, "Pressure Transients in Hydraulics Pipelines," Paper No. 68 - WA/FE - 2, *Amer. Soc. Mech. Engrs.*, Dec., 8.

[51] Thorley, A. R. D. and Guymer, G., 1976, "Pressure Surge Propagation in Thick-Walled Conduits of Rectangular Cross Section," *Jour. Fluid Engineering*, Amer. Soc. Mech. Engrs., vol. 98, Sept., pp. 455 - 460.

[52] Thorley, A. R. D. and Twyman, J. W. R., 1977, "Propagation of Transient Pressure Waves in a Sodium-Cooled Fast Reactor," *Proc. Second Conf. on Pressure Surges*, London, UK, published by British Hydromechanics Research Assoc..

[53] Timoshenko, S., 1941, *Strength of Materials*, Second Edition, part 2, Van Nostrand Co. Inc New York.

[54] Trikha, A. K., 1975, "An Efficient Method for Simulating Frequency-Dependent Friction in Transient Liquid Flow," *Jour.*, *Fluid Engineering*, Amer. Soc. Mech. Engrs., vol. 97, March, pp. 97 - 105.

[55] Vardy, A. E. and Brown, J. M. B., 1995, "Transient, turbulent, smooth pipe friction." *Jour. Hydraulic Research*, vol. 33, no. 4, pp. 435 - 456.

[56] Vardy, A. E. and Brown, J. M. B., 2003, "Transient Turbulent Friction in Smooth Pipe Flows." *Jour. Sound and Vib.*, vol. 259, no. 5, pp. 1011 - 1036.

[57] Vardy, A. E. and Brown, J. M. B., 2004, "Transient Turbulent Friction in Fully Rough Pipe Flows." *Jour. Sound and Vib.*, vol. 270, no 12, pp. 233 - 257.

[58] Vardy, A. B. and Hwang, K., 1991, "A Characteristics Model of Transient Friction." *Jour. Hydraulic Res.*, vol. 29, no. 5, pp. 669 - 684.

[59] Vitkovsky, J. P., Lambert, M. F. Simpson, A. R. and Bergant, A., 2000, "Advances in Unsteady Friction Modeling in Transient Pipe Flow." *Proc.*, *8th Int. Conf. on Pressure Surges*, BHR Group, Bedford, UK, pp. 471 - 482.

[60] Vitkovsky, J. P., Bergant, A., Simpson, A. R. and Lambert, M. F. 2006a, "Systematic Evaluation of One-dimensional Unsteady Friction Models in Simple Pipelines." *Jour. Hydraulic Engineering*, vol. 132, no. 7, pp. 696 - 708.

[61] Vitkovsky, J. P., Stephens, M., Bergant, A., Simpson, A. R. and Lambert, M. F. 2006b, "Numerical Error in Weighing Function based Unsteady Friction Models for Pipe Transients." *Jour. Hydraulic Engineering*, vol. 132, no. 7, pp. 709 - 721.

[62] Watters, G. Z., Jeppson, R. W., and Flammer, G. H., 1976, "Water Hammer in PVC and Reinforced Plastic Pipe," *Jour. Hyd. Div.*, Amer. Soc. Civil Engrs., vol. 102, July, pp. 831-843. (See also Discussion by Goldberg, D. E., and Stoner, M. A., June 1977.)

[63] Weyler, M. E., Streeter, V. L., and Larsen, P. S., 1971, "An Investigation of the Effect of Cavitation Bubble on the Momentum Loss in Transient Pipe Flow," *Jour. Basic Engineering*, Amer. Soc. Mech. Engrs., March, pp. 1-10.

[64] White, F. M., 1998, *Fluid Mechanics*, McGraw-Hill, New York.

[65] Wood, F. M., 1937, "The Application of Heavisides Operational Calculus to the Solution of Problems in Water hammer," *Trans.*, *Amer. Soc. Mech. Engrs.*, vol. 59, Nov., pp. 703-713.

[66] Wylie, C. R., 1967, *Advanced Engineering Mathematics*, Third Edition, McGraw-Hill Book Co., New York, NY.

[67] Wylie, E. B. and Streeter, V. L., 1983, *Fluid Transients*, FEB Press, Ann Arbor, MI.

[68] Zhao, M. and Ghidaoui, M. S. 2004, "Review and analysis of 1D and 2D energy dissipation models for transient flows." *Proc.*, *Int. Conf. on Pressure Surges*, BHR Group, Bedford, UK, pp. 477-492.

[69] Zielke, W., 1968, "Frequency-Dependent Friction in Transient Pipe Flow," *Jour. Basic Engineering*, Amer. Soc. Mech. Engrs., March.

第3章
特征线法与有限差分法

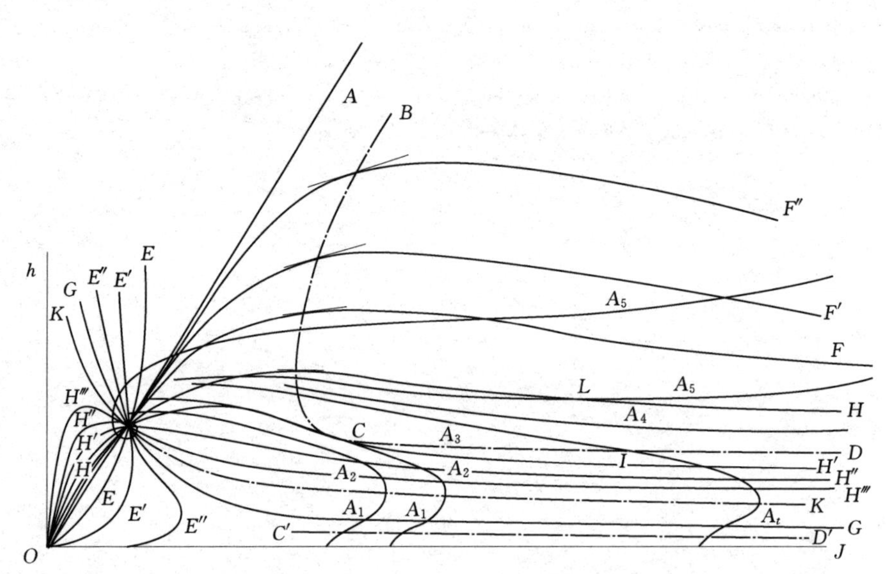

用于水力学研究的 Massau 积分曲线（引自 Tournès，D. ［2003］）

3.1 引言

在第 2 章中，已证实了封闭管道的瞬变流方程是双曲型偏微分方程，并探讨了一些用于求解该方程组的数值方法。在此基础上，本章将阐述特征线法(Lister，1960；Streeter 和 Lai，1962；Perkins 等 1964；Abbott，1966；Evangelisti，1969；Gray，1953）的细节，推导利用该方法模拟管道瞬变流的方程，给定一些简单的边界条件，并讨论该方法的稳定性及收敛性准则。另外简要地介绍显式和隐式有限差分方法，概述管道系统瞬变流的计算步骤，最后还介绍某个工程实例。

本章内容不涉及到高等数学，具有偏微分方程基础知识的读者容易理解这些方程的推导。建议对严格证明过程感兴趣的读者参阅下列文献：Lister (1960)，Abbott (1966)，和 Evangelisti (1969)。

3.2 特征方程

为了便于讨论，第 2 章中推导得出的动量方程和连续方程［式 (2-64) 和式 (2-63)］可改写为如下的简单形式：

$$L_1=\frac{\partial Q}{\partial t}+gA\frac{\partial H}{\partial x}+RQ|Q|=0 \tag{3-1}$$

$$L_2=a^2\frac{\partial Q}{\partial x}+gA\frac{\partial H}{\partial t}=0 \tag{3-2}$$

式中，$R=f/(2DA)$。对式 (3-1) 和式 (3-2) 进行线性组合，即 $L=L_1+\lambda L_2$，其中 λ 为未知乘子。将式 (3-2) 乘以 λ 再与式 (3-1) 相加，并对该式各项重新组合，得到

$$\left(\frac{\partial Q}{\partial t}+\lambda a^2\frac{\partial Q}{\partial x}\right)+\lambda gA\left(\frac{\partial H}{\partial t}+\frac{1}{\lambda}\frac{\partial H}{\partial x}\right)+RQ|Q|=0 \tag{3-3}$$

若 $H=H(x,t)$，$Q=Q(x,t)$，那么它们的全导数为

$$\frac{\mathrm{d}Q}{\mathrm{d}t}=\frac{\partial Q}{\partial t}+\frac{\partial Q}{\partial x}\frac{\mathrm{d}x}{\mathrm{d}t} \tag{3-4}$$

$$\frac{\mathrm{d}H}{\mathrm{d}t}=\frac{\partial H}{\partial t}+\frac{\partial H}{\partial x}\frac{\mathrm{d}x}{\mathrm{d}t} \tag{3-5}$$

将未知因子 λ 定义为

$$\frac{1}{\lambda}=\frac{\mathrm{d}x}{\mathrm{d}t}=\lambda a^2 \tag{3-6}$$

即

$$\lambda=\pm\frac{1}{a} \tag{3-7}$$

利用式（3-4）和式（3-5），式（3-3）可写为

$$\frac{\mathrm{d}Q}{\mathrm{d}t}+\frac{gA}{a}\frac{\mathrm{d}H}{\mathrm{d}t}+RQ|Q|=0 \tag{3-8}$$

条件为

$$\frac{\mathrm{d}x}{\mathrm{d}t}=a \tag{3-9}$$

及

$$\frac{\mathrm{d}Q}{\mathrm{d}t}-\frac{gA}{a}\frac{\mathrm{d}H}{\mathrm{d}t}+RQ|Q|=0 \tag{3-10}$$

条件为

$$\frac{\mathrm{d}x}{\mathrm{d}t}=-a \tag{3-11}$$

式（3-8）和式（3-10）被称作相容方程。值得注意的是，如果满足式（3-9），则式（3-8）成立，同样，如果满足式（3-11），则式（3-10）成立。换句话说，通过利用式（3-9）和式（3-11）所给的关系，可以消除自变量 x，并将偏微分方程式（3-1）和式（3-2）转换为以 t 为自变量的常微分方程。但是这种简化的代价是：式（3-1）和式（3-2）在 $x-t$ 平面任意处成立，而式（3-8）仅沿式（3-9）所描述的直线（如果 a 为常数）成立，式（3-10）仅沿式（3-11）所描述的直线成立。

在 $x-t$ 平面中，方程式（3-9）和式（3-11）代表两条斜率为 $\pm a$ 的直线，被称为特征线。数学上，特征线将 $x-t$ 平面划分为受不同解支配的两个区域，即解沿特征线可以是不连续的（Perkins 等，1964）。物理上，特征线表示扰动在 $x-t$ 平面中传播的路径。例如，t_0 时刻在 A 点的扰动（见图 3-1）沿直线 AP 传播，将在 Δt 时间后到达 P 点。

在介绍式（3-8）和式（3-10）的解法之前，首先讨论 $x-t$ 平面特征线的物理意义。为了便于讨论，研究对象为图 3-2 所示的简单管道系统。该系统上游端（$x=0$ 处）是具有恒定水头的水库，下游端（$x=L$ 处）是阀门。关闭阀门时，管道系统发生了瞬变流。相容方程［式（3-8）和式（3-10）］沿管线长度（即 $0<x<L$）是有效的，上下游两端（$x=0$ 和 $x=L$ 处）则需要补充特殊的边界条件（见图 3-3）。

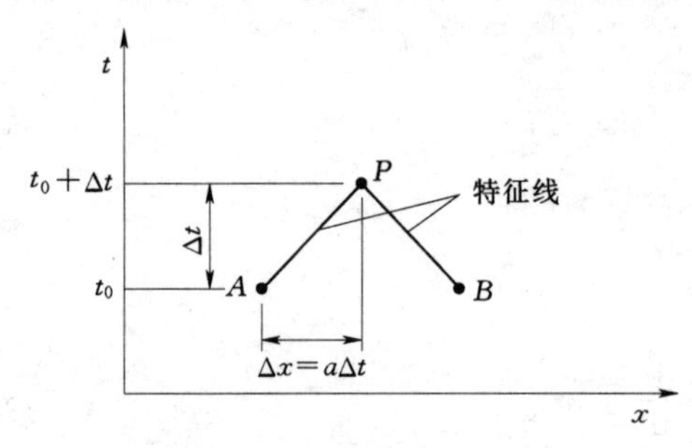

图 3-1 $x-t$ 平面的特征线

假设在阀门瞬时关闭 $t=0$ 时刻，管道中为恒定流。当阀门的过流量减小到零时，阀门处压力升高。由于压力升高，正的压力波（波前之后的压力高于波前之前的压力）向上游传播。线 BC 为正的压力波在 $x-t$ 平面中的传播路径，如图 3-4 所示。该图清晰地显示了由于上游边界条件保持不变，区域Ⅰ的状态仅取决于初始条件，区域Ⅱ的状态取决于下游边界条件。于是，特征线 BC 把具有不同解的两个区域分割开来。如果在 A 和 B 两点处同时施加扰动，此时受初始条件影响的区域如图 3-5 所示。特征线 AC 将受上游边界和初始条件影响的区域分隔开，特征线 BC 将受下游边界和初始条件影响的区域分隔开。换句话说，$x-t$ 平面上的特征线表示从管道系统不同位置产生的扰动的传播路径。

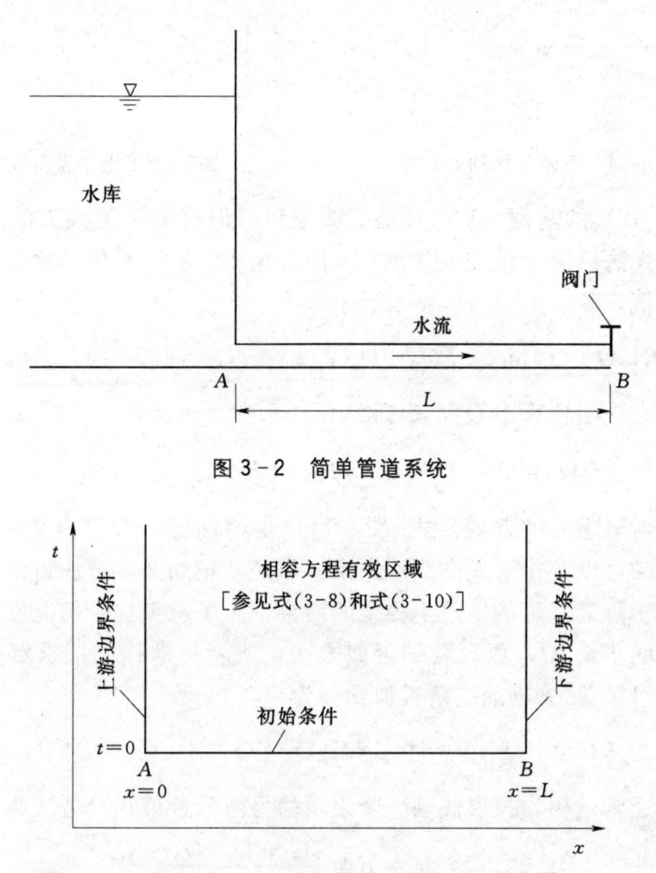

图 3-2　简单管道系统

图 3-3　简单管道的有效区域

以下讨论如何计算瞬变压力和瞬变流量。假设 $t=t_0$ 时刻的水头 H 和流量 Q 已知，它们可以是 $t=t_0$ 时刻的初始值，或者前一时间步求解获得的已知值。$t=t_0+\Delta t$ 时刻的 H 和 Q 为待求的未知量。如图 3-1 所示，A、B 两点处的 Q

和 H 已知，P 点的 Q 和 H 值可采用如下方法求解式（3-8）和式（3-10）获得。对式（3-8）的左侧项乘以 $\mathrm{d}t$ 并积分，可得

$$\int_A^P \mathrm{d}Q + \frac{gA}{a}\int_A^P \mathrm{d}H + R\int_A^P Q \mid Q \mid \mathrm{d}t = 0 \tag{3-12}$$

以下标 A 和 P 表示在 $x-t$ 平面上的位置，即 Q_P 为 P 点处的流量。因为式（3-8）仅沿特征线 AP 成立，那么积分区间就限制在由 A 到 P。

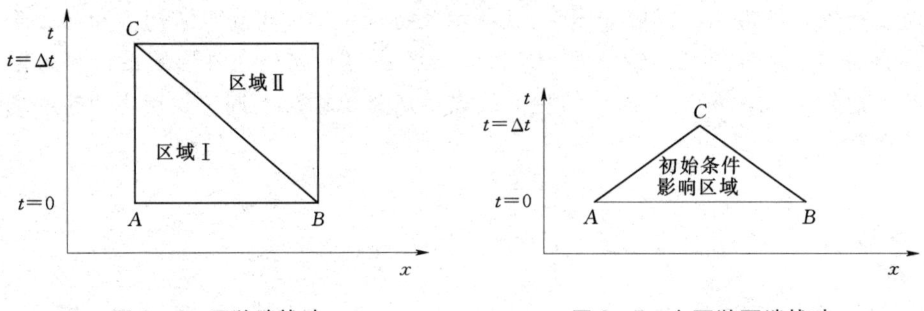

图 3-4 下游端扰动　　　　图 3-5 上下游两端扰动

式（3-12）的前两个积分项能直接获得，但代表摩阻损失的第三项却不能，原因是无法给定变量 Q 关于时间 t 的表达式。所以采用一阶近似方法估计第三项的数值，即

$$R\int_A^P Q \mid Q \mid \mathrm{d}t \simeq RQ_A \mid Q_A \mid (t_P - t_A) = RQ_A \mid Q_A \mid \Delta t \tag{3-13}$$

换句话说，在该项估算中 Q 从 A 到 P 保持不变。于是，式（3-12）变为

$$Q_P - Q_A + \frac{gA}{a}(H_P - H_A) + R\Delta t Q_A |Q_A| = 0 \tag{3-14}$$

注意，除了对摩阻项的近似，式（3-14）是精确的。对于典型的工程应用，一阶近似通常可以获得令人满意的结果。但是，正如3.4节所讨论的，如果摩阻项变大，一阶近似可能导致不稳定的结果。为了避免这种情况发生，可以采用更短的时间步长 Δt、更高阶的近似方法，或者用迭代方法求解摩阻项。例如，式（3-12）第三项的二阶近似积分为

$$R\int_A^P Q \mid Q \mid \mathrm{d}t = 0.5R\Delta t[Q_A \mid Q_A \mid + Q_P \mid Q_P \mid] \tag{3-15a}$$

该近似积分通常被称作梯形法则。摩阻项的另两种近似积分方法为

$$R\int_A^P Q \mid Q \mid \mathrm{d}t = R\Delta t \frac{Q_A + Q_P}{2}\left|\frac{Q_A + Q_P}{2}\right| \tag{3-15b}$$

$$R\int_A^P Q \mid Q \mid \mathrm{d}t = R\Delta t \mid Q_A \mid Q_P \tag{3-15c}$$

由于 Q_P 的值是未知的，对方程式（3-15a）和式（3-15b）的近似求解可采用迭代方法。不过，式（3-15c）的近似能得到与式（3-14）类似的线性方程，

因此可直接求解（Wylie，1983）。与上述推导过程类似，式（3-10）可写为

$$Q_P - Q_B - \frac{gA}{a}(H_P - H_B) + R\Delta t Q_B |Q_B| = 0 \tag{3-16}$$

将已知变量合并，式（3-14）可写为

$$Q_P = C_p - C_a H_P \tag{3-17}$$

式（3-16）可写为

$$Q_P = C_n + C_a H_P \tag{3-18}$$

式中

$$C_p = Q_A + \frac{gA}{a} H_A - R\Delta t Q_A |Q_A| \tag{3-19}$$

$$C_n = Q_B - \frac{gA}{a} H_B - R\Delta t Q_B |Q_B| \tag{3-20}$$

$$C_a = \frac{gA}{a} \tag{3-21}$$

注意，式（3-17）沿正特征线 AP 成立，式（3-18）沿负特征线 BP 成立（见图 3-1）。C_p 和 C_n 在每一个时间步长内为已知的常数，并随时间间隔变化而变化。C_a 是取决于管道特性的常数。将式（3-17）称为**正特征方程**，式（3-18）称为**负特征方程**。式（3-17）和式（3-18）有两个未知量，分别是 H_P 和 Q_P，它们的数值可通过联立求解这两个方程式获得，即

$$Q_P = 0.5(C_p + C_n) \tag{3-22}$$

H_P 的值可由式（3-17）或式（3-18）确定。于是，采用式（3-17）和式（3-22），$t_0 + \Delta t$ 时刻（即时段末）所有内部节点的 Q_P 和 H_P 都可以确定。然而在边界处，仅有式（3-17）或者式（3-18）是可利用的。因此，正如后续章节讨论的，为了确定 $t_0 + \Delta t$ 时刻边界处的未知值，还需要补充特殊的边界条件。

为了说明如何应用上述方程，仍以图 3-2 所示的简单管道为例。该管道被划分为 n 段，每段长度均为 Δx。每段的端点被称为**断面**、**节点**或**网格点**。每条管道的端部断面被称为边界。除边界外的断面被称作**内部断面**、**内部节点**或是**内部网格点**。

首先由计算得出 $t = t_0$ 时刻所有网格点的恒定条件，然后利用式（3-17）和式（3-22）计算 $t = t_0 + \Delta t$ 时刻的内部节点，以及附加特殊的边界条件计算端节点。仔细观察图 3-6 可发现，计算 $t = t_0 + 2\Delta t$ 时刻紧邻边界的内部节点，其前提条件是 $t = t_0 + \Delta t$ 时刻的边界条件已知。当 $t_0 + \Delta t$ 所有节点的 Q_P 和 H_P 已知时，可以按照上述步骤计算 $t = t_0 + 2\Delta t$ 所有节点的 Q_P 和 H_P。以同样的方式，一步一步地计算，直到到达分析瞬变过程所需的时间为止。

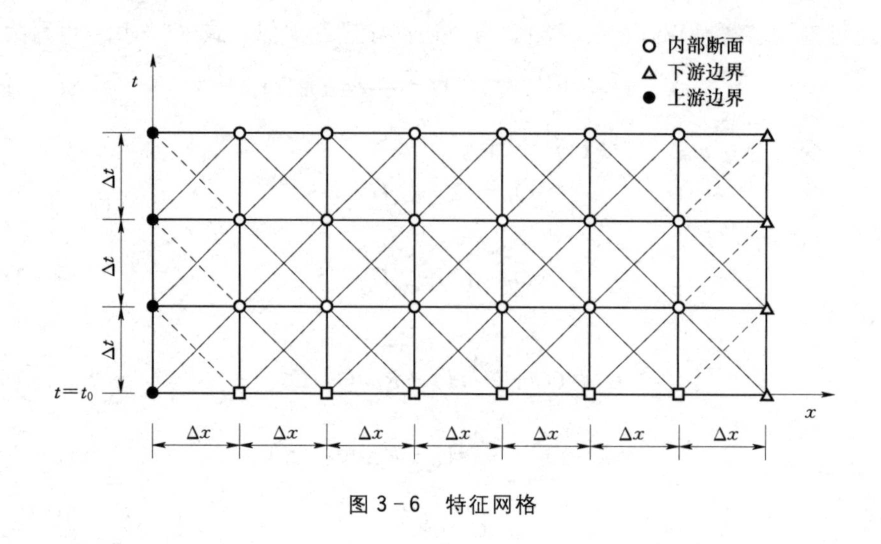

图 3-6 特征网格

3.3 边界条件

在上一节中曾指出：为了确定瞬变过程中边界处的水头和流量，需要补充特殊的边界条件。式（3-17）或式（3-18）或两者与边界条件联立，就能求解边界处的水头和流量。描述边界处水头和流量的特殊关系式就是边界条件。式（3-17）用在与下游边界条件联立，而式（3-18）用在与上游边界条件联立。

下面讨论所使用的符号。参考初始恒定流的方向，指定管道的上游端和下游端，当然在瞬变过程中流量可能发生倒流。假定管道被划分为 n 段，管道上游端断面记作断面 1，下游端断面记作断面 $n+1$。为了明确不同断面的变量，使用两个下标：第一个下标表示管道号，第二个下标表示断面号。例如，$Q_{P_{i,j}}$ 代表第 i 条管道的第 j 个断面。如果管道各断面均有相同值的变量，则只采用一个下标，例如，C_{a_i} 代表第 i 条管道的常量 C_a。尽管 C_p 和 C_n 在管道的不同断面可能有不同值，但仍然采用一个下标，该下标表示管道号。这样既简单又不会产生歧义，因为每条管道在边界处只有一个断面。如同之前的讨论，下标 P 表示时段末的未知变量。

本节将推导一系列简单的边界条件。复杂的边界条件，如水泵和水轮机将分别在第 4 章和第 5 章中给出，瞬变过程的控制装置将在第 10 章中给出。

3.3.1 恒定水位的上游水库

在瞬变过程中，假定水库水位（图 3-7）保持恒定。当库容很大时，该假设通常是合理的。在很多情况下（例如大容积的调压井），在分析所关注的时段内，水位的变化可能很小，故界条件按恒定水位的水库处理，而不将水位的微小变化考虑进来。这种近似大大地简化了分析过程，且不会对计算结果的精度带来不利影响。

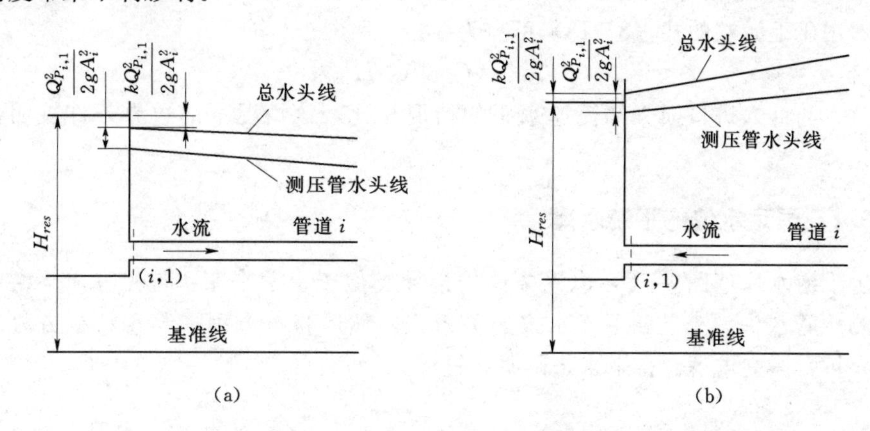

图 3-7 具有恒定水位的上游水库

进口损失的定义为

$$h_e=\frac{kQ^2_{P_{i,1}}}{2gA_i^2} \tag{3-23}$$

式中：k 为进口损失系数。

于是，参照图 3-7（a)，可以得到

$$H_{P_{i,1}}=H_{res}-(1+k)\frac{Q^2_{P_{i,1}}}{2gA_i^2} \tag{3-24}$$

式中：H_{res}为基准面以上至水库水面的高度。该式定义了水库边界应满足的条件，即，在第 i 条管道的断面 1 处的水头、流量和水库水位的关系式。为了确定该边界的水头和流量，将该式与负特征方程［式（3-20)］联立求解。消去式（3-18）和式（3-24）的 $H_{P_{i,1}}$ 所得的简化方程为

$$k_1Q^2_{P_{i,1}}+Q_{P_{i,1}}-(C_{n_i}+C_{a_i}H_{res})=0 \tag{3-25}$$

其中

$$k_1=\frac{C_a(1+k)}{2gA_i^2} \tag{3-26}$$

求解式（3-25）并忽略根式前的负号，可得

$$Q_{P_{i,1}}=\frac{-1+\sqrt{1+4k_1(C_{n_i}+C_{a_i}H_{res})}}{2k_1} \tag{3-27}$$

然后，$H_{P_{i,1}}$ 可由式（3-18）确定。

对于反向流，式（3-24）和式（3-26）中的 k 被赋予负值，根式前的负

号依然被忽略［即式（3－26）中根号前取正号］。

如果进口断面的进口损失与流速头可以被忽略，则

$$H_{P_{i,1}}=H_{res} \tag{3-28}$$

式中：H_{res}为水库水面至基准面以上的高度。

用于上游端的式（3－18）可写为

$$Q_{P_{i,1}}=C_{n_i}+C_{a_i}H_{res} \tag{3-29}$$

注意，与计入进口损失和流速水头的情况相比，该情况下的边界条件被明显简化。

3.3.2 恒定水位的下游水库

下游水库（图3－8）边界条件的推导类似于上游水库。首先写出下游端的测压管水头、流量和下库水位的关系式，然后将该方程式与正特征方程式（3－17）联立求解。接下来将阐明该过程。

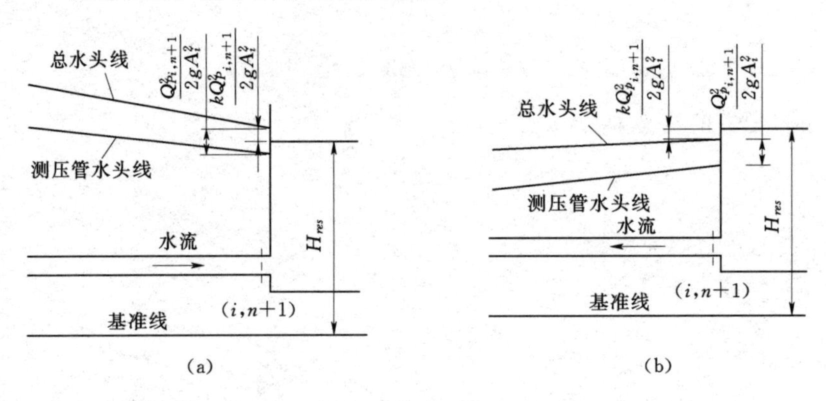

图3－8 具有恒定水位的下游水库

如果水库进口处的水头损失定义为

$$h_e=\frac{kQ^2_{P_{i,n+1}}}{2gA_i^2} \tag{3-30}$$

参照图3－8（a），可得

$$H_{P_{i,n+1}}=H_{res}-(1-k)\frac{Q^2_{P_{i,n+1}}}{2gA_i^2} \tag{3-31}$$

消去式（3－31）和式（3－17）中的$H_{P_{i,n+1}}$，可得

$$k_2Q^2_{P_{i,n+1}}-Q_{P_{i,n+1}}+C_{p_i}-C_{a_i}H_{res}=0 \tag{3-32}$$

其中

$$k_2=\frac{C_{a_i}(1-k)}{2gA_i^2} \tag{3-33}$$

求解式（3－32）并且忽略根式前的正号（即根式前取正号），可得

$$Q_{P_{i,n+1}}=\frac{1-\sqrt{1-4k_2(C_{p_i}-C_{a_i}H_{res})}}{2k_2} \tag{3-34}$$

然后，$H_{P_{i,n+1}}$ 可由式（3-17）确定。对于反向流，式（3-33）中的 k 为负。

如果可以忽略水库端的出口损失和流速头，那么

$$H_{P_{i,n+1}}=H_{res} \tag{3-35}$$

于是，由式（3-17）变为

$$Q_{P_{i,n+1}}=C_{p_i}-C_{a_i}H_{res} \tag{3-36}$$

在这种情况下，边界处的水头已知。注意，与上游水库相似，如果流速头与入口损失被忽略，下游水库的边界条件也将得以简化。

3.3.3 封闭端

若第 i 条管道的下游端为一封闭端（图 3-9），则 $Q_{P_{i,n+1}}=0$。于是，由正特征方程［式（3-17）］可得

$$H_{P_{i,n+1}}=\frac{C_{p_i}}{C_{a_i}} \tag{3-37}$$

3.3.4 下游阀门

上述三种边界条件中的水头或流量在边界处是已知的，但阀门边界条件与此不同，需要给定水头和流量的对应关系。

恒定流条件下，通过阀门进入大气中的流量可以写为

$$Q_{0_{i,n+1}}=(C_dA_v)_0\sqrt{2gH_{0_{i,n+1}}} \tag{3-38}$$

式中：C_d 为流量系数；$H_{0_{i,n+1}}$ 为阀门上游侧水头；A_v 为阀门开口面积；下标 0 表明恒定状态。若假设瞬变状态下通过阀门流量的方程与恒定状态下流量的方程类似，那么

$$Q_{P_{i,n+1}}=(C_dA_v)\sqrt{2gH_{P_{i,n+1}}} \tag{3-39}$$

用式（3-38）除式（3-39），等式两边取平方，并定义阀门相对开度为 $\tau=(C_dA_v)/(C_dA_v)_0$，可得

$$Q^2_{P_{i,n+1}}=\frac{(Q_{0_{i,n+1}}\tau)^2}{H_{0_{i,n+1}}}H_{P_{i,n+1}} \tag{3-40}$$

注意，τ 包含着流量系数随阀门开度的变化。以正特征方程（3-17）替换 H_P 并代入式（3-40）可得

$$Q^2_{P_{i,n+1}}+C_vQ_{P_{i,n+1}}-C_{p_i}C_v=0 \tag{3-41}$$

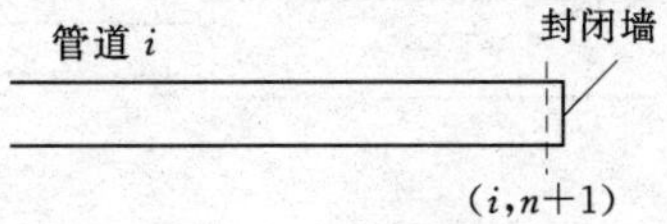

式中，$C_v=(\tau Q_{0_{i,n+1}})^2/(C_aH_{0_{i,n+1}})$。求解 $Q_{P_{i,n+1}}$ 并忽略根式前的负号可得

图 3-9 封闭端

$$Q_{P_{i,n+1}}=0.5(-C_v+\sqrt{C_v^2+4C_{p_i}C_v}) \tag{3-42}$$

然后，$H_{P_{i,n+1}}$ 可由式（3-17）确定。

为了计算阀门开启和关闭过程中的瞬变过程，τ 与 t 的关系曲线［图 3-10（b）和（c）］可以用表格或者代数表达式的形式来表示。注意，$\tau=1$ 代表水头为 $H_{0_{i,n+1}}$ 和过阀流量为 $Q_{0_{i,n+1}}$ 时的阀门开度。

管道下游侧为孔口时，其孔口开度为常数，所以用 $\tau=1$ 代入上述方程组。

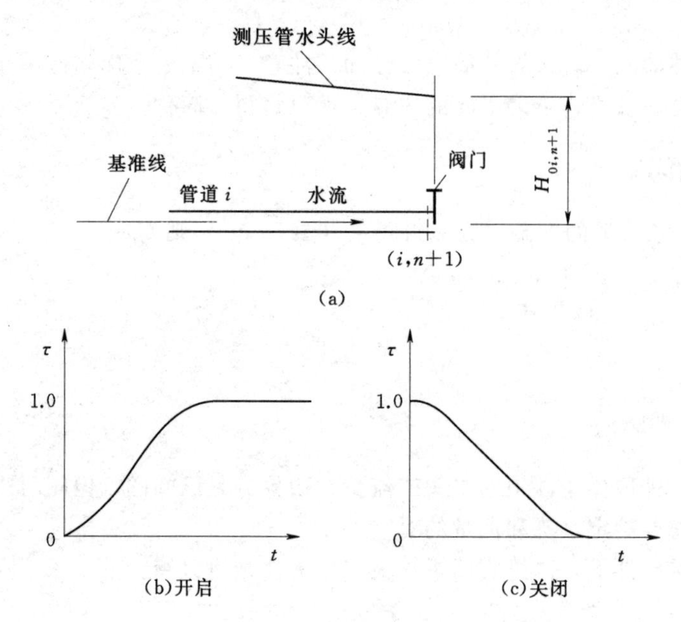

图 3-10 阀门位于下游端

3.3.5 串联结点

串联结点是具有不同的管径、管壁厚度、管壁材料以及/或者摩阻系数（图 3-11）的两条管道相连的结点。如果断面（i，$n+1$）与（$i+1$，1）拥有相同的流速头，且结点处的水头损失可以忽略，则由能量方程可得

$$H_{P_{i,n+1}}=H_{P_{i+1,1}} \tag{3-43}$$

断面（i，$n+1$）与断面（$i+1$，1）的正、负特征方程分别为

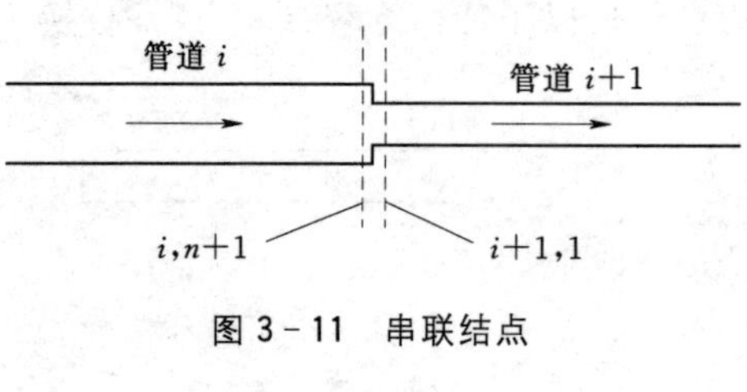

管道 i　　管道 $i+1$

$i,n+1$　　$i+1,1$

图 3-11 串联结点

$$Q_{P_{i,n+1}}=C_{p_i}-C_{a_i}H_{P_{i,n+1}} \tag{3-44}$$

$$Q_{P_{i+1,1}}=C_{n_{i+1}}+C_{a_{i+1}}H_{P_{i+1,1}} \tag{3-45}$$

结点处的连续性方程为

$$Q_{P_{i,n+1}}=Q_{P_{i+1,1}} \tag{3-46}$$

由式（3-43）和式（3-46）可得

$$H_{P_{i,n+1}}=\frac{C_{p_i}-C_{n_{i+1}}}{C_{a_i}+C_{a_{i+1}}} \tag{3-47}$$

于是，$H_{P_{i+1,1}}$、$Q_{P_{i,n+1}}$ 以及 $Q_{P_{i+1,1}}$ 可由式（3-43）至式（3-45）确定。

3.3.6 分岔结点

对于如图 3-12 所示的分岔结点，方程组可写为

连续性方程：

$$Q_{P_{i,n+1}}=Q_{P_{i+1,1}}+Q_{P_{i+2,1}} \tag{3-48}$$

特征方程：

$$Q_{P_{i,n+1}}=C_{p_i}-C_{a_i}H_{P_{i,n+1}} \tag{3-49}$$

$$Q_{P_{i+1,1}}=C_{n_{i+1}}+C_{a_{i+1}}H_{P_{i+1,1}} \tag{3-50}$$

$$Q_{P_{i+2,1}}=C_{n_{i+2}}+C_{a_{i+2}}H_{P_{i+2,1}} \tag{3-51}$$

如果结点处的水头损失以及不同管道的流速头之差可以忽略，于是能量方程为

$$H_{P_{i,n+1}}=H_{P_{i+1,1}}=H_{P_{i+2,1}} \tag{3-52}$$

联立求解式（3-48）至式（3-52）可得

$$H_{P_{i,n+1}}=\frac{C_{p_i}-C_{n_{i+1}}-C_{n_{i+2}}}{C_{a_i}+C_{a_{i+1}}+C_{a_{i+2}}} \tag{3-53}$$

于是，$H_{P_{i+1,1}}$ 和 $H_{P_{i+2,1}}$ 可由式（3-52）确定；$Q_{P_{i,n+1}}$、$Q_{P_{i+1,1}}$ 和 $Q_{P_{i+2,1}}$ 可由式（3-49）～式（3-51）确定。

对于超过三根分岔管的分岔结点，也可以得出相似的方程组。

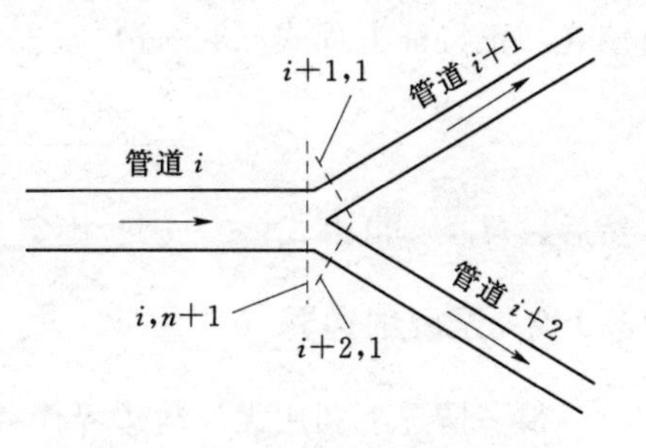

图 3-12 分岔结点

3.3.7 离心泵

本节推导离心泵边界条件，该离心泵位于第 i 根管道上游端，且以恒定转速运行。

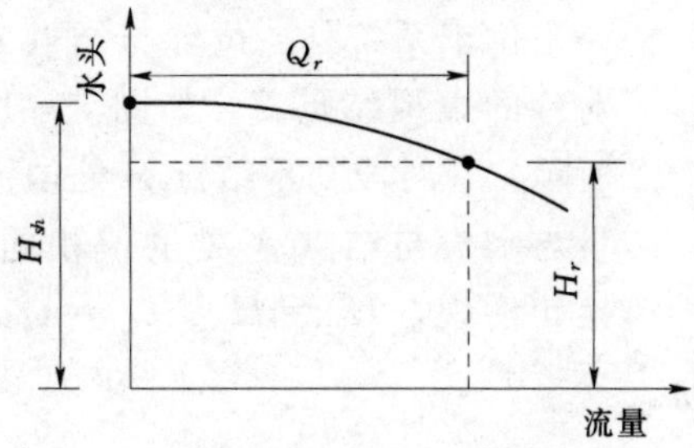

图 3-13 离心泵的水头-流量关系曲线

图 3-13 给出了一个典型的以恒定转速运行的离心泵的水头与流量关系曲线。该曲线被称为**泵性能曲线**。流量为零时的泵的扬程被称为**关死扬程**，记作 H_{sh}；泵效率最高对应的扬程和流量被称为**额定扬程** H_r 和**额定流量** Q_r。

泵以恒定转速运行的特性可被近

似写为

$$H_{P_{i,1}}=H_{sh}-C_8Q_{P_{i,1}}^2 \tag{3-54}$$

其中

$$C_8=(H_{sh}-H_r)/Q_r^2$$

泵的水头与流量的关系由式(3-54)给定，该式与负特征方程式（3-18）联立，可得

$$Q_{P_{i,1}}=\frac{-1+\sqrt{1+4C_{a_i}C_8(C_{n_i}+C_{a_i}H_{sh})}}{2C_{a_i}C_8} \tag{3-55}$$

然后，$H_{P_{i,1}}$ 可由式（3-54）确定。

3.3.8 混流式水轮机

混流式水轮机在接入大电网（即转速恒定），以等开度运行，且尾水管长度可忽略时，其边界条件推导如下。

位于第 i 条管道下游侧且以等转速等开度运行的混流式水轮机，其水头-流量关系曲线可以近似表达为

$$H_{P_{i,n+1}}=C_9+C_{10}Q_{P_{i,n+1}}^2 \tag{3-56}$$

该式与正特征方程式（3-17）联立，可得

$$Q_{P_{i,n+1}}=\frac{-1+\sqrt{1+4C_{a_i}C_{10}(C_{p_i}-C_{a_i}C_9)}}{2C_{a_i}C_{10}} \tag{3-57}$$

然后，$H_{P_{i,n+1}}$ 可由式（3-56）确定。

3.3.9 无反射边界

很多情况下利用无反射边界代替系统中的某一部分，如一根很长的管道或包含长管道的大管网。它的作用就像无限长的管道，即水击波达到该结点被全部吸收而没有任何反射波返回系统中。

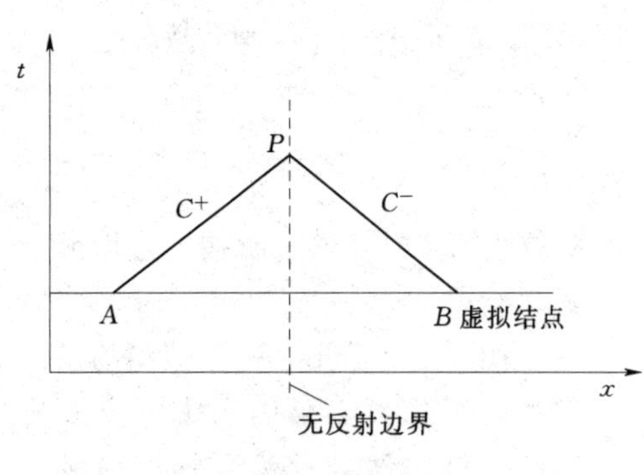

图3-14 无反射边界

为了得到无反射边界，假设一个位于系统外、位置与结点 A 对称的虚拟结点 B，如图3-14所示。在时段初，结点 B 处的流量与水头与结点 A 处的值相同，换句话说，$H_B=H_A$，$Q_B=Q_A$。

将 H_B 和 Q_B 代入式（3-20）得到 C_n，即

$$C_n=Q_A-C_aH_A-R\Delta tQ_A|Q_A| \tag{3-58}$$

由于
$$Q_P=\frac{1}{2}(C_p+C_n) \tag{3-59}$$
利用式（3-58）替代 C_n，可得
$$Q_P=\frac{1}{2}(Q_A+C_aH_A-R\Delta tQ_A|Q_A|+Q_A-C_aH_A-R\Delta tQ_A|Q_A|)$$
$$=Q_A-R\Delta tQ_A|Q_A| \tag{3-60}$$
式（3-60）清楚表明，对于一个无摩擦系统，$Q_P=Q_A$。那么，水击波被全部传递到系统之外，在边界处无任何波反射回到该系统。

3.4 收敛性和稳定性

如果要得到偏微分方程的精确数值解，有限差分近似必须满足收敛性和稳定性条件（Smith，1978）。本节将定义某些常用的术语，并给出3.2节的有限差分格式的稳定性准则。

3.4.1 离散误差

用有限差分法近似代替偏微分带来的误差称作离散误差。令 $U(x,t)$ 为以 x 和 t 为自变量的偏微分方程的精确解，$u(x,t)$ 为逼近该偏微分方程的有限差分方程的精确解。两者的差值（$U-u$）即为**离散误差**（Smith，1978）。

3.4.2 截断误差

令 $F_i^j(u)=0$ 代表网格点 $i\Delta x$ 和 $j\Delta t$ 处的有限差分方程，其中 i 和 j 分别表示 $x-t$ 平面上沿 x 和 t 方向的网格点位置。于是，若将偏微分方程的精确解 U 代入有限差分方程，则 $F_i^j(U)$ 被称作网格点（i，j）处的局部**截断误差**（Smith，1978）。

3.4.3 相容性

若随着 Δx 和 Δt 趋近于零，截断误差也趋近于零，则有限差分方程与偏微分方程具有**相容性**（Smith，1978）。

3.4.4 收敛性

如果随着 Δx 和 Δt 趋近于零，有限差分方程的精确解 u 趋近于偏微分方程的精确解 U，则称有限差分格式是收敛的。

直接推导**收敛性**条件几乎是不可能的，但是线性双曲型偏微分方程的收敛性可通过稳定性和相容性进行研究。如果有限差分方程是稳定的且与偏微分方

程相容，那么有限差分格式是收敛的（Smith，1978）。

3.4.5 稳定性

有限差分方程的精确解 $u(x, t)$ 只有通过用无限长有效数字计算才可获得。但是，即使是在现代计算机上，计算也只能通过有限数完成，这样每一时间步都会引入舍入误差。因此，数值解不同于精确解。

在逐步计算的过程中，随着计算的推进，在任一时间步引入的舍入误差都将可能会扩大、减小或维持不变。如果时间 t 趋于无穷大时，从 $i=1$ 到 $n+1$ 所有断面的舍入误差的放大倍数仍是有界的，则称这种数值格式**稳定**。如果随着求解的推进，舍入误差不断增加，那么这种格式被认为是**不稳定**的。对于不稳定格式，在有限计算步内，误差通常会迅速增加并且掩盖真实解，从而使得计算结果无效。因此，特定的数值格式是否满足某一**稳定性条件**是非常重要的。如果不存在稳定性条件，那么这个格式被称作是**无条件稳定**。

目前还没有非线性偏微分方程的收敛性和稳定性准则的确定方法。相应数值格式的稳定性可以通过检查不同 $\Delta x/\Delta t$ 比值对方程组数值解结果的影响来分析（Collatz，1960）。不过，对于线性方程，已有确定其稳定性准则步骤。所以，可通过对方程线性化或者忽略非线性项来研究非线性方程的稳定性准则。如果非线性项与控制方程其他项相比小许多，那么这种方式推求的稳定性准则对于原非线性方程是有效的。

有限差分格式的稳定性可以用冯·诺依曼给出的方法研究。该方法仅适用于线性方程。每时刻数值解的误差以傅里叶级数的形式表达，于是随着时间的增长，误差无论是减小还是增长都将被确定。如果误差随着时间减小，那么这种格式被认为是稳定的，反之则为不稳定的。忽略式（3-1）的非线性摩阻项，且遵循 O'Brien 等人（1951）给出的分析过程，若满足以下条件，则 3.2 节的有限差分格式是收敛的。

$$\Delta x \geqslant a\Delta t \tag{3-61}$$

该条件被称为 **CFL（Courant-Friedrich-Lewy）稳定条件**或者**库朗条件**。它意味着图 3-15 中通过 P 点的特征线必须与线 AB 相交于 A 点与 C 点之间，和 C 点与 B 点之间。

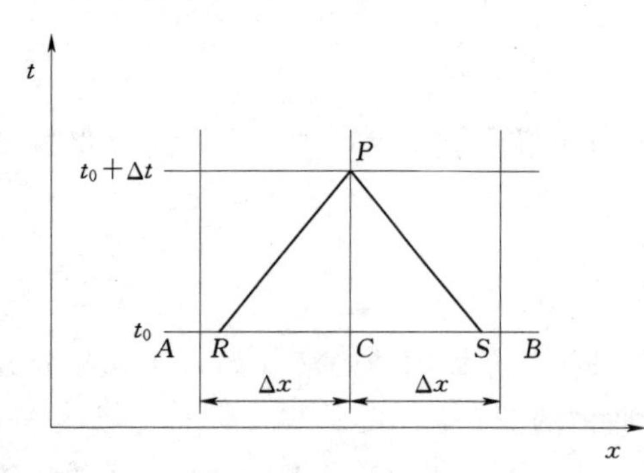

图 3-15 内插法标注

库朗数 C_N 被定义为实际波速 a 和数值波速 $\Delta x/\Delta t$ 之比，即

$$C_N = \frac{a}{\Delta x/\Delta t} = \frac{a\Delta t}{\Delta x} \tag{3-62}$$

于是，为了保证数值格式的稳定性，计算时间步长 Δt 和分段长度 Δx 必须按照 $C_N \leqslant 1$ 选择。如果该稳定性条件得以满足，且摩阻项足够小（因为上述稳定性条件推导中忽略了摩阻项），则 3.2 节的一阶格式将会得到合理的结果。但是，在某些特殊应用中，如果摩组项大很大（由大摩阻系数、长时间步长 Δt、大流量变化 ΔQ，并且/或者小管径所引起），即使 Δx 和 Δt 满足库朗稳定条件，该格式仍有可能不稳定。例如，在泥浆管道和无衬砌岩石隧洞中，摩阻系数通常很大；在工业应用的管道中，管径可能会很小。对于超长管道的瞬变过程分析，为了减少计算时间或是受到计算机存储器的限制，采用更长的时间步长 Δt 是必要的。

正如上述段落的讨论，式（3-61）给出的库朗稳定条件但忽略了摩阻项。如果包含非线性项，采用解析方法不可能推导出类似的稳定性条件。不过，通过分析上游端为恒定水位水库、下游端为阀门、波速和摩阻系数不同的管道系统，乔杜里等人经验性地研究了摩阻项对于稳定性的影响（Chaudhry 和 Holloway，1984；Holloway 和 Chaudhry，1985）。他们通过改变流量和增加 Δx（C_N 总是取 1），直至不稳定发生，从而得到稳定性条件。计算是在不同的系统参数下完成的，例如，管道长度和管径、初始和终了流量、波速、摩阻系数，以及计算结点数等，目的是确保稳定性条件具有普遍适应性。他们还研究了位于上游端或下游端的阀门瞬时关闭、缓慢关闭，以及部分关闭的情况。这些条件下的稳定性条件与下游端阀门瞬时关闭的条件相同。摩阻项是由式（3-13）和式（3-15）近似计算的。这些研究得到了如下不同摩阻项近似表达式对应的稳定性条件。

一阶近似［式（3-13)］

$$C_R \leqslant 0.5 \tag{3-63}$$

二阶近似［式（3-15a)］

$$C_R \leqslant 0.79 \tag{3-64}$$

二阶近似［式（3-15b)］

$$C_R \leqslant 0.56 \tag{3-65}$$

其中 $$C_R = f(\Delta Q)(\Delta t)/(4DA)$$

冯·诺依曼稳定性分析表明：摩阻项用（3-15c）线性近似时，对于任意 C_R 值，都可以得到的稳定结果（Wylie，1983)。这个结论被 Holloway 和 Chaudhry（1985）的经验性的研究所证实。

3.5 确定间隔的方法

在3.2节中，方程式的推导基于以下假设：经过P的特征线通过网格点A和B，即$\Delta x=a\Delta t$。对于简单管，可以选择计算时间步长和网格间隔来满足上述要求。但是，如果波速依赖于压力（例如液体夹带空气），或者系统中有多根管道，则需要采用调整波速或管道长度的方式，才能保证每根管道都满足这个条件（见3.6节）。既然按指定时间步长和空间间隔进行计算具有优势，它将被如下几种情况采用。

如果$\Delta x\neq a\Delta t$，则经过P点的特征线将不通过A点和B点，而是通过R点和S点，如图3-15所示。

正如上一节所讨论的，为了满足稳定性条件，经过P点的特征线必须与AC和CB相交。在$t=t_0$时刻只有网格点A、B和C处的H和Q已知，但是在$t=t_0+\Delta t$时刻，需要R点和S点的H和Q值以求解H_P和Q_P值。R点和S点的值将利用A点、B点和C点的已知值，采用线性或更高阶的插值来确定。线性内插的过程如下：

由于指定时间间隔方法中的x_p和t_p是由分析者事先给定的，所以R点和S点的坐标可由下式确定：

$$x_R=x_P-a(t_P-t_R)=x_P-a\Delta t \tag{3-66}$$

$$x_S=x_P+a(t_P-t_S)=x_P+a\Delta t \tag{3-67}$$

对于线性插值，有

$$\begin{aligned}
Q_R&=Q_C-a\frac{\Delta t}{\Delta x}(Q_C-Q_A)\\
Q_S&=Q_C-a\frac{\Delta t}{\Delta x}(Q_C-Q_B)\\
H_R&=H_C-a\frac{\Delta t}{\Delta x}(H_C-H_A)\\
H_S&=H_C-a\frac{\Delta t}{\Delta x}(H_C-H_B)
\end{aligned}\tag{3-68}$$

在式（3-19）中以Q_R和H_R替代Q_A和H_A，在式（3-20）中以Q_S和H_S替代Q_B和H_B，那么Q_P和H_P值可由式（3-17）和（3-18）求解。这样做的原因是经P点的特征线分别通过R点和S点，而非A点和B点。

内插将引起陡波的衰减和弥散，导致水击波的传播速度快于指定波速，这是以下段落将讨论的。

假设陡波波前在无摩阻系统内传播，t_0 时刻波前位于网格 B 点（图 3-16），且 $\Delta x=2a\Delta t$。如 3.2 节讨论的，$x-t$ 平面上水击波的路径如图 3-16 中实线 $BB'P''$所示。但是，若采用指定时间间隔的方法，则由内插得到 S 点的水头来确定 P 点的水头。B 点和 C 点之间水头的线性内插，导致 S 点的波高为 B 点的一半，但事实上 S 点并无此波。于是，1/2 高度的水击波传播至 P 点，作为 $t_0+\Delta t$ 时刻的计算条件。类似地，采用 $t_0+\Delta t$ 时刻 C'点和 P 点之间内插的数值，计算得出 S'点有 1/4 的波高，此波然后传播至 P'点，作为 $t_0+2\Delta t$ 时刻的计算条件。换句话说，1/4 波高的水击波经过 $2\Delta t$ 时间到达 P'，而不是在此时段内以完全的波高传播至 B'点。另外请注意，只要相邻网格点有波存在，内插就会当前在网格点产生伪波。伪波及由边界反射回来水击波将导致波峰平滑。此外，计算波速快于实际波速，如本例所示：水击波用时 $2\Delta t$ 传至上游端（P'点）而非 $4\Delta t$（P''点）。

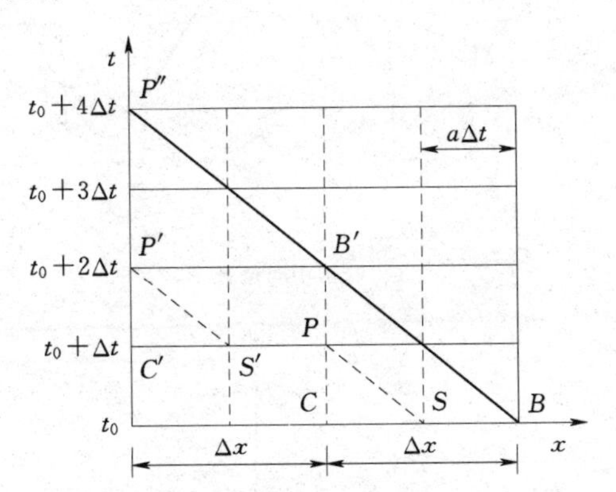

图 3-16 内插对水击波传播的影响

图 3-17 显示的陡波波前的耗散为内插所导致。为了避免陡波的弥散和衰减，应该避免内插且令 C_N 尽量接近于 1。另外，在工程应用中，由于无法得到波速的精确值，可以略微调整波速以避免内插（Portfors 和 Chaudhry，1972）。

Kaplan 等人（1972）提出了一种避免内插的算法，该算法中长管道所取的 Δt 是短管道 Δt 的整数倍。为了减小由内插导致的误差，Vardy（1977）、Wiggert 和 Sundquist（1977）提出了一种跳出网格间隔限制但仍满足库朗条件的算法，该算法在内部网格点得到很好的计算结果，但不适合边界点。Goldberg 和 Wylie（1983）指出时间内插引起的峰值耗散比空间内插小得多。但是相比上一节的算法，时间内插需要更多的计算机内存。

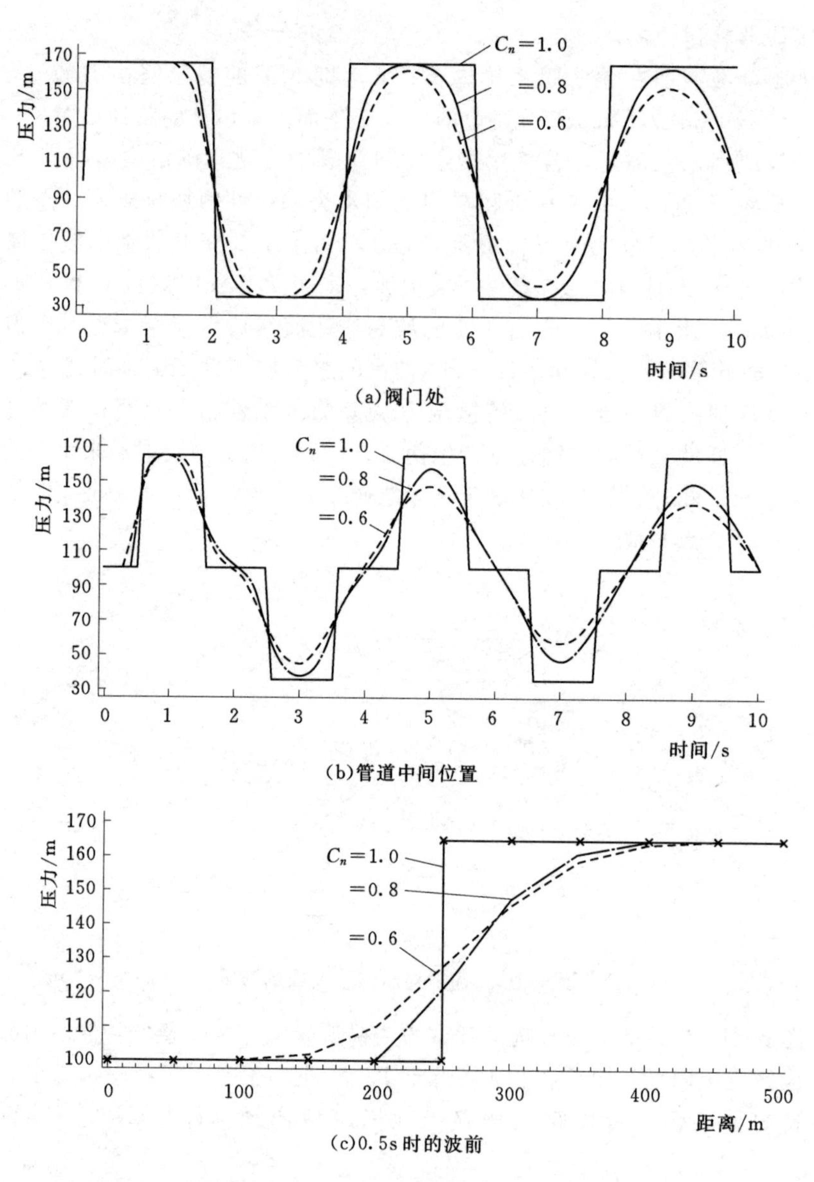

图3-17 特征线法中插值导致的波前变形（O. Jimenez 提供）

3.6 计算时间间隔

对于包含两条或多条管道的系统，对所有管道必须采用相同的计算时间步长，以保证所有管道连接处的网格点能同时计算，但是所采用的时间步长必须满足库朗稳定条件［式（3-61)］。

如果时间步长 Δt 无法使系统中任意管道的分段长度等于 $a\Delta t$，那么为了满足库朗稳定条件，管道的 Δx 必须大于 $a\Delta t$。但是，正如上一节所讨论的，为了避免内插，必须满足如下方程：

$$\Delta t=\frac{L_i}{a_i n_i} \quad (i=1,\cdots,N) \tag{3-69}$$

其中，n_i 须为整数且等于 i 号管道的分段数，N 为系统中的管道数。我们并不知道精确的波速数值，故可对波速加以微调来满足库朗数 $C_N=1$ 的稳定条件。由于库朗稳定条件对 Δt 的限制，分析变化缓慢的瞬变过程时，计算时间会很长。为此，Yow（1972）提出了一种技术，该方法在动量方程的惯性项上乘一个任意系数 α^2，再将所得方程与连续方程转换成特征方程形式。这样，保持稳定的时间步长将是由库朗条件确定的时间步长的 α 倍。α 的数值可以达到20，而且对于不同的管道可以采用不同的值。不过，这种技术仅适用于惯性项比其他项小很多的系统，例如，管道中的气流（Wylie 等，1974）、多孔介质流（Wylie，1976）以及河道洪水。由于该方法任意改变了原有的控制方程，所以采用时应特别小心。

3.7 非定常摩阻

在 3.2 节的方程的推导中，瞬变流水头损失是按恒定流水头损失公式计算的。如果采用第 2 章提出的非恒定摩阻项的表达式，则 3.2 节的方程就需要修改。在以下段落中，将给出用于特征线方法的修正方程。这些修正方程采用基于单系数和双系数瞬时加速度模型（IAB）的非线性摩阻项。资料引自 Reddy、Silva 和 Chaudhry（2012）。

3.7.1 单系数模型

依照 Vitkovsky 等人的方法（2006a），加入由式（2-81）给出的单系数 IAB 模型的瞬变流正相容方程为

$$\mathrm{d}H+\frac{(1+k)}{\left[1+\frac{1}{2}k\left(1-\mathrm{Sign}\left(V\frac{\partial V}{\partial x}\right)\right)\right]}\frac{a}{g}\mathrm{d}V+\frac{fV|V|}{2gD}\mathrm{d}t=0 \tag{3-70}$$

相应的正特征线方程为

$$\frac{\mathrm{d}x}{\mathrm{d}t}=\frac{a}{1+\frac{1}{2}k\left[1-\mathrm{Sign}\left(V\frac{\partial V}{\partial x}\right)\right]} \tag{3-71}$$

负相容方程为

$$\mathrm{d}H-\frac{(1+k)}{\left[1+\frac{1}{2}k\left(1+\mathrm{Sign}\left(V\frac{\partial V}{\partial x}\right)\right)\right]}\frac{a}{g}\mathrm{d}V-\frac{fV|V|}{2gD}\mathrm{d}t=0 \tag{3-72}$$

相应的负特征线方程为

$$\frac{\mathrm{d}x}{\mathrm{d}t}=-\frac{a}{1+\frac{1}{2}k\left[1+\mathrm{Sign}\left(V\frac{\partial V}{\partial x}\right)\right]} \tag{3-73}$$

将式（3-70）和式（3-72）除以 $\mathrm{d}t$ 并重新排列各项，将得到如下的微分方程：

正特征方程：

$$\frac{\mathrm{d}Q}{\mathrm{d}t}+\frac{gA\alpha_P}{a}\frac{\mathrm{d}H}{\mathrm{d}t}+\frac{fQ|Q|}{2DA(1+k)}=0 \tag{3-74}$$

其中

$$\alpha_P=\frac{1+\frac{1}{2}k\left[1-\mathrm{Sign}\left(V\frac{\partial V}{\partial x}\right)\right]}{1+k} \tag{3-75}$$

负特征方程：

$$\frac{\mathrm{d}Q}{\mathrm{d}t}-\frac{gA\alpha_n}{a}\frac{\mathrm{d}H}{\mathrm{d}t}+\frac{fQ|Q|}{2DA(1+k)}=0 \tag{3-76}$$

其中

$$\alpha_n=\frac{1+\frac{1}{2}k\left(1+\mathrm{Sign}\left(V\frac{\partial V}{\partial x}\right)\right]}{1+k} \tag{3-77}$$

除了正、负相容方程的波速分别乘以 $1/[\alpha_P(1+k)]$ 和 $1/[\alpha_n(1+k)]$ 外，这些方程与3.2节中给出的方程类似。由于波速的变化，这些修正项将引起数值弥散和衰减。计算中，也需要依据 $V\partial V/\partial x$ 的符号引入内插。可采用前一节提出的等时间步长的插值方法。

3.7.2 双系数模型

在式（3-1）和式（3-2）中引入双系数IAB模型［式（2-82)］，并应用于特征线方法，将得到全微分方程如下。

正相容方程：

$$\frac{\mathrm{d}Q}{\mathrm{d}t}+\frac{\lambda^{+}gA}{(1+K_{ut})}\frac{\mathrm{d}H}{\mathrm{d}t}+\frac{fQ|Q|}{2D(1+K_{ut})}=0 \tag{3-78}$$

正特征线方程：

$$\frac{\mathrm{d}x}{\mathrm{d}t}=\frac{1}{\lambda^{+}}=\alpha_P \tag{3-79}$$

其中

$$\alpha_P=\frac{2a(1+K_{ut})}{-\operatorname{Sign}\left(V\dfrac{\partial V}{\partial x}\right)K_{ux}+2+K_{ut}} \tag{3-80}$$

负相容方程：

$$\frac{\mathrm{d}Q}{\mathrm{d}t}+\frac{\lambda^{-}gA}{(1+K_{ut})}\frac{\mathrm{d}H}{\mathrm{d}t}+\frac{fQ|Q|}{2D(1+K_{ut})}=0 \tag{3-81}$$

负特征线方程：

$$\frac{\mathrm{d}x}{\mathrm{d}t}=\frac{1}{\lambda^{-}}=\alpha_n \tag{3-82}$$

其中

$$\alpha_n=\frac{2a(1+K_{ut})}{-\operatorname{Sign}\left(V\dfrac{\partial V}{\partial x}\right)K_{ux}-2-K_{ut}} \tag{3-83}$$

在下面的讨论中，下标 i、$i+1$ 和 $i-1$ 代表空间网格点，下标 j、$j+1$ 代表时层。参考式（3-18），假设 t_0 时刻（即 j 步）的初始条件已知，需要计算 $t_0+\Delta t$ 时刻（即 $j+1$ 时层）的数值。因此，j 时层的 H 和 Q 值为已知量（或是通过初始条件得到，或是由上一时间步计算得到），需要确定 $j+1$ 时层的数值。

对式（3-78）沿特征线积分并假定特征线通过网格点，将得到以下方程。正相容方程：

$$Q_i^{j+1}=C'_p-C'_aH_i^{j+1} \tag{3-84}$$

其中

$$C'_p=Q_{i-1}^j+C'_aH_{i-1}^j-\frac{fQ_{i-1}^j|Q_{i-1}^j|}{2D(1+K_{ut})}\Delta t \tag{3-85}$$

$$C'_a=\frac{C_a}{\alpha_P} \tag{3-86}$$

$$C_a=\frac{gA}{a} \tag{3-87}$$

负相容方程：

$$Q_i^{j+1}=C'_n+C'_aH_i^{j+1} \tag{3-88}$$

其中

$$C'_n=Q_{i+1}^j+C'_aH_{i+1}^j-\frac{fQ_{i+1}^j|Q_{i+1}^j|}{2D(1+K_{ut})}\Delta t \tag{3-89}$$

$$C'_a=\frac{C_a}{\alpha_n} \tag{3-90}$$

注意：由于引入了非恒定摩阻项，特征线斜率是变化的。为了解决此问题，在采用等时间步长算法时，将使用线性内插。

3.8 显式有限差分法

在显式有限差分法中，采用有限差分近似代替偏导数，且时段末网格点的未知值用时段初已知值来表达。以下段落仅介绍 Lax 格式和 MacCormack 格式的细节。欲了解其他显式有限差分格式以及它们在水力瞬变流的应用，请参阅相关文献（Chaudhry 和 Yevjevich，1981；Chaudhry 和 Hus-saini，1985；Chaudhry 和 Mays，1994；Chaudhry，2008）。

3.8.1 Lax 格式

这种格式具有一阶精度，容易编程且能给出令人满意的结果，尽管陡波波前略有耗散。

参考图 3-18，假设 t_0 时刻（即 j 时层）的条件已知，欲计算 $t=t_0+\Delta t$ 时刻（即 $j+1$ 时层）的未知值。于是 j 时层的 H 和 Q 值是已知的（或由初始条件已知或由上一时间步计算得来），需要确定 $j+1$ 时层的 H 和 Q 值。

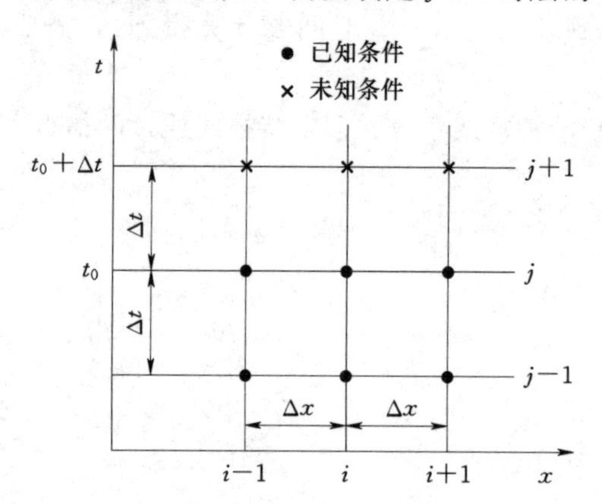

图 3-18 图形符号的定义

偏导数可用如下有限差分格式逼近：

$$\frac{\partial H}{\partial t}=\frac{H_i^{j+1}-\overline{H}_i}{\Delta t} \tag{3-91}$$

$$\frac{\partial Q}{\partial t}=\frac{Q_i^{j+1}-\overline{Q}_i}{\Delta t} \tag{3-92}$$

$$\frac{\partial Q}{\partial x}=\frac{Q_{i+1}^{j}-Q_{i-1}^{j}}{2\Delta x} \tag{3-93}$$

$$\frac{\partial H}{\partial x}=\frac{H_{i+1}^{j}-H_{i-1}^{j}}{2\Delta x} \tag{3-94}$$

其中

$$\overline{H_i}=0.5(H_{i+1}^{j}+H_{i-1}^{j}) \tag{3-95}$$

$$\overline{Q_i}=0.5(Q_{i+1}^{j}+Q_{i-1}^{j}) \tag{3-96}$$

将式（3-91）至式（3-96）代入式（3-1）和式（3-2），并根据$\overline{Q_i}$计入摩阻项，可得

$$Q_i^{j+1}=\frac{1}{2}(Q_{i-1}^{j}+Q_{i+1}^{j})-\frac{1}{2}gA\frac{\Delta t}{\Delta x}(H_{i+1}^{j}-H_{i-1}^{j})-R\Delta t\overline{Q_i}\left|\overline{Q_i}\right| \tag{3-97}$$

$$H_i^{j+1}=\frac{1}{2}(H_{i-1}^{j}+H_{i+1}^{j})-\frac{1}{2}\frac{\Delta t}{\Delta x}\frac{a^2}{gA}(Q_{i+1}^{j}-Q_{i-1}^{j}) \tag{3-98}$$

这样，节点 i 处的未知量 H_i^{j+1} 和 Q_i^{j+1} 可以利用 Q 和 H 在节点 $i-1$ 和 $i+1$ 处值显式表达，即，Q_i^{j+1} 和 H_i^{j+1} 可根据式（3-97）和式（3-98）直接计算。

3.8.2 MacCormack 格式

MacCormack 格式具有空间和时间的二阶精度，以及固有的耗散性。其计算过程由两步组成：预估和校正。每一步骤都会使用单侧有限差分。根据空间导数的有限差分方式，有两种方案可供选择。第一种方案是将向前有限差分用于预估，向后有限差分用于校正；第二种方案是将向后有限差分用于预估，将向前有限差分近似用于校正。MacCormack 推荐按照一定顺序使用这两种方案，即在一个时间步使用第一种方案，在下一时间步使用第二种方案，接下来再使用第一种方案。

在以下讨论中，将使用 3.8 节中的符号，并以上标（*）表示预估值。

对于方案 1，将式（3-1）和式（3-2）写成有限差分形式如下。

预估步：

$$\begin{aligned} H_i^* &= H_i^j-\frac{\Delta t}{\Delta x}\frac{a^2}{gA}(Q_{i+1}^j-Q_i^j) \\ Q_i^* &= Q_i^j-\frac{\Delta t}{\Delta x}gA(H_{i+1}^j-H_i^j)-RQ_i^j\left|Q_i^j\right| \quad (i=1,2,\cdots,n) \end{aligned} \tag{3-99}$$

校正步：

$$\begin{aligned} H_i^{j+1} &= \frac{1}{2}\left\{H_i^j+H_i^*-\frac{\Delta t}{\Delta x}\frac{a^2}{gA}(Q_i^*-Q_{i-1}^*)\right\} \\ Q_i^{j+1} &= \frac{1}{2}\left\{Q_i^j+Q_i^*-\frac{\Delta t}{\Delta x}gA(H_i^*-H_{i-1}^*)-RQ_i^*\left|Q_i^*\right|\right\} \quad (i=2,3,\cdots,n+1) \end{aligned} \tag{3-100}$$

对于方案 2，预估和校正两步分别如下。

预估步：

$$
\begin{aligned}
H_i^* &= H_i^j - \frac{\Delta t}{\Delta x}\frac{a^2}{gA}(Q_i^j - Q_{i-1}^j) \\
Q_i^* &= Q_i^j - \frac{\Delta t}{\Delta x} gA(H_i^j - H_{i-1}^j) - RQ_i^j|Q_i^j| \quad (i=2,3,\cdots,n+1)
\end{aligned}
\tag{3-101}
$$

校正步：

$$
\begin{aligned}
H_i^{j+1} &= \frac{1}{2}\left\{H_i^j + H_i^* - \frac{\Delta t}{\Delta x}\frac{a^2}{gA}(Q_{i+1}^* - Q_i^*)\right\} \\
Q_i^{j+1} &= \frac{1}{2}\left\{Q_i^j + Q_i^* - \frac{\Delta t}{\Delta x} gA(H_{i+1}^* - H_i^*) - RQ_i^*|Q_i^*|\right\} \quad (i=1,2,\cdots,n)
\end{aligned}
\tag{3-102}
$$

如果 $a\Delta t \leqslant \Delta x$，那么两种方案均是稳定的。

3.8.3 边界条件

Lax 格式的式（3－97）和式（3－98）和 MacCormack 格式的式（3－99）～式（3－102），均只在内部节点上有效。在边界上，由于仅在边界一侧有网格点，无法写出式（3－93）或式（3－94）。因此，为了确定边界的条件，有人提出了若干种计算步骤。将特征方程［式（3－17）和式（3－18）］与边界条件方程联立求解，似乎是现有方法中最为合理的。但需要注意：补充的边界条件既不能不足，又不能过量。

3.9 一般性说明

与一阶方法相比，高阶方法在每一时间步需要更大的计算量，但要达到相同计算精度，高阶方法使用更少的计算节点。高阶方法的另一个优点是，求解中能更好地重现尖锐的间断。

在双曲型方程中，通量函数的导数决定了相位速度。由于在对函数及其偏导数的近似中在误差，相位或弥散误差、阻尼或耗散误差将被引入。

出于演示目的，采用上述差分格式对图 3－2 所示的管道系统进行分析。在该系统中，管道长度为 5km，波速取 1000m/s，管道横截面积为 1m^2，初始恒定流量为 $0.981\text{m}^3/\text{s}$，初始水头 H_o 为 400m。瞬变过程由 $t=0$ 时刻下游端阀门瞬时关闭产生。瞬时关闭产生 100m 高的压力波向上游传播。如果该系统无摩阻损失（即 $f=0$），那么该水击波传至水库时经由水库反射产生 100m 高的负水击波，当负水击波传至阀门时再次被反射。

为了将计算结果与精确解进行比较，假定该系统被无摩阻损失，且库朗数分别取为0.5、0.8和1.0。

图3-19给出了使用MacCormack格式和一阶特征线方法计算得到的结果。在$C_N=1.0$条件下，MacCormack格式和特征线法均可得到精确解。当水击波在水库端反射之后，由MacCormack格式计算所得的水击波有一些变形。但在$C_N<1.0$条件下，特征线方法计算所得的水击波也存在变形，且传播速度较快。对于MacCormack格式，尽管有一些波峰振荡，但水击波的变形程度减小。为了比较上述两种格式的精度，在$C_N=1.0$、0.8以及0.5情况下，N取不同值，给出了$t=2.5$s时刻的误差L_1和L_2。L_1和L_2的表达式：

$$\left.\begin{aligned} L_1 &= \frac{1}{N}\sum_{i=1}^{N} \mid H_{comp_i} - H_{exac_i} \mid \\ L_2 &= \frac{1}{N}\sum_{i=1}^{N} \{H_{comp_i} - H_{exac_i}\}^2 \end{aligned}\right\} \tag{3-103}$$

式中：N为计算结点数；H_{comp_i}为节点i处测压管水头的计算值；H_{exac_i}为节点i处测压管水头的精确值。

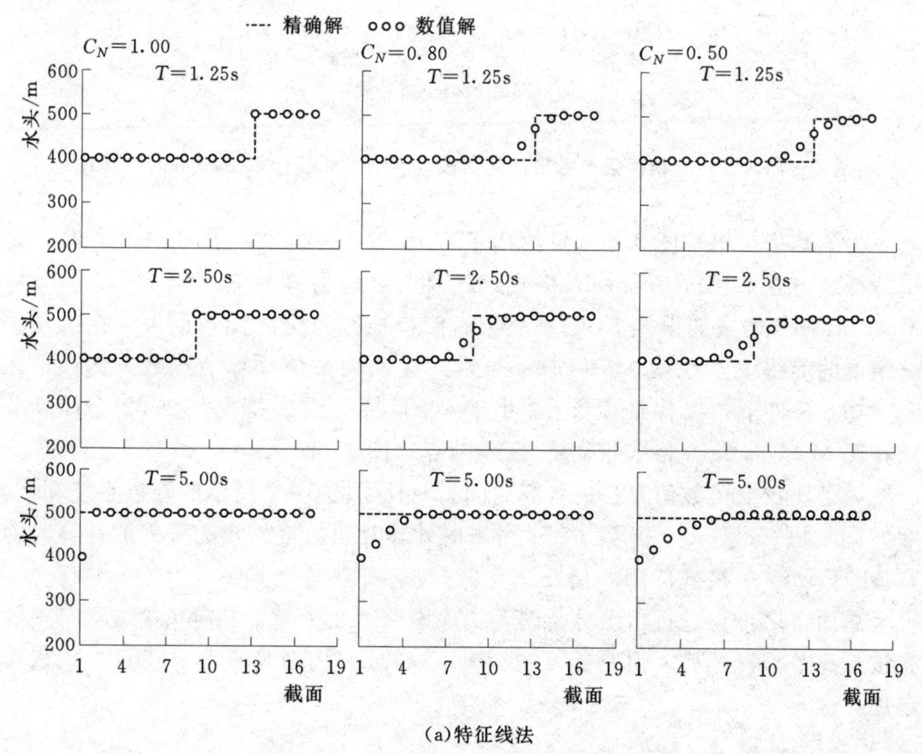

(a)特征线法

图3-19（一）　精确解与数值解的比较（参见Chaudhry和Hussaini，1985）

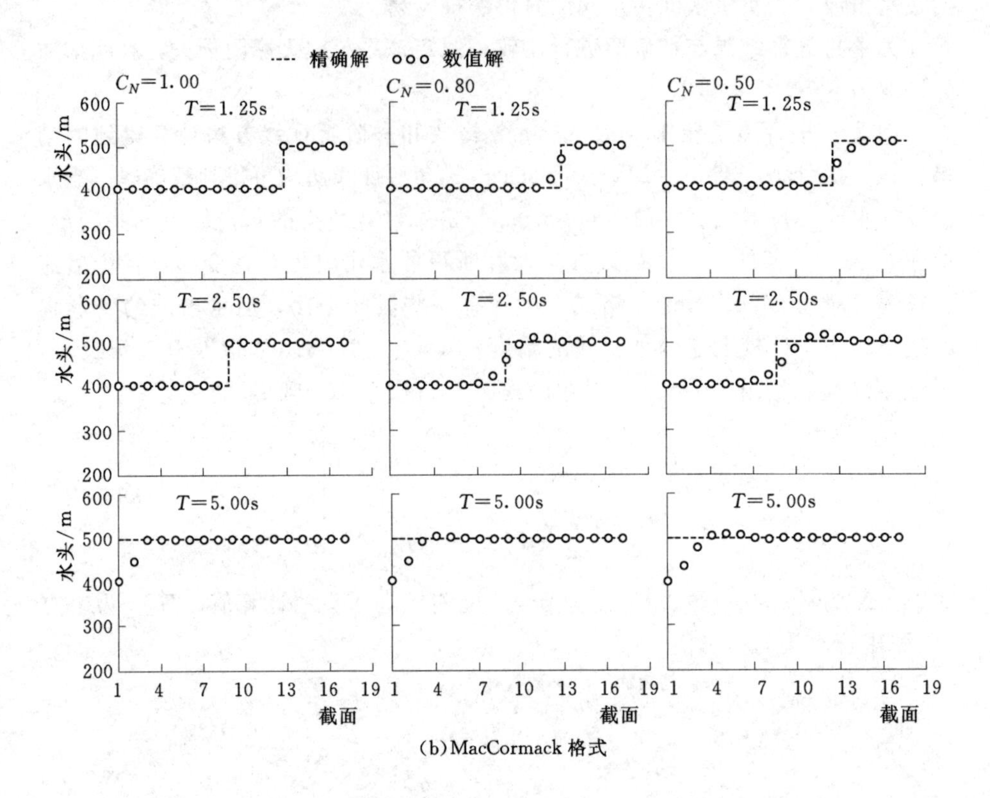

(b)MacCormack 格式

图3-19（二） 精确解与数值解的比较（参见 Chaudhry 和 Hussaini，1985）

为了减少篇幅，图3-20仅给出了 $C_N=0.8$ 的结果。当 $C_N=1.0$ 时，对于特征线方法和 MacCormack 格式，L_1 和 L_2 均为零。然而当 $C_N<1.0$ 时，MacCormack 格式的误差 L_2 明显小于一阶特征线方法。换句话说，在达到某一精度的前提下，使用 MacCormack 格式能大大减少计算节点数。例如，在 $C_N=0.8$ 条件下，要保证误差 L_2 小于100，特征线法至少需要52个计算节点，而 MacCormack 格式仅需要35个节点（图3-20）。

为了比较上述数值方法的计算时间，对比了图3-2所示的管道系统在 $C_N=0.8$ 的条件下，从 $t=0$ 到 $t=5\text{s}$ 所需的计算时间。特征线法所需的计算时间是 MacCormack 格式的1.8倍。

总而言之，在进行水击分析时，当库朗数等于1时，二阶精度方法与一阶方法相比并不占优势，但是当 $C_N<1$ 时，高阶方法则具有明显优点，应该被选用。

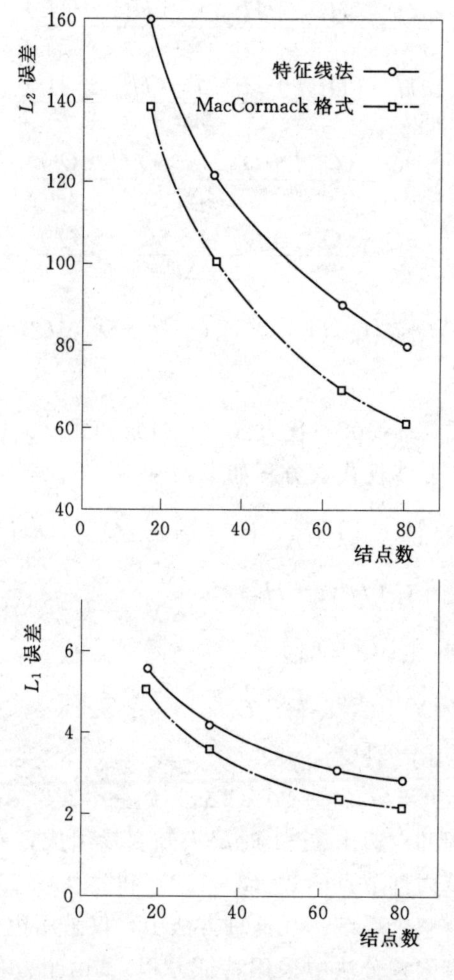

图 3-20 $C_N=0.8$ 时的 L_1 和 L_2 误差
(Chaudhry 和 Hussaini，1985)

3.10 隐式有限差分方法

在隐式有限差分方法中，$j+1$ 时层某节点处的未知流量和水头由其相邻断面的同时层变量来表达。因此，整个系统的方程需联立求解。一些隐式有限差分方法在文献中已有报导，在此仅介绍其中的一种——四点中心隐格式。

参考图 3-18，假设 t_0 时刻（即 j 时层）的条件已知，欲计算 $t=t_0+\Delta t$ 时刻（即 $j+1$ 时层）的值。将式（3-1）和式（3-2）中的偏微分用如下有限差分格式替代：

$$\frac{\partial H}{\partial x}=\frac{(H_{i+1}^{j+1}+H_{i+1}^{j})-(H_i^{j+1}+H_i^j)}{2\Delta x} \quad (3-104)$$

$$\frac{\partial H}{\partial t}=\frac{(H_{i+1}^{j+1}+H_i^{j+1})-(H_{i+1}^{j}+H_i^j)}{2\Delta t} \quad (3-105)$$

$$\frac{\partial Q}{\partial x}=\frac{(Q_{i+1}^{j+1}+Q_{i+1}^{j})-(Q_i^{j+1}+Q_i^j)}{2\Delta x} \quad (3-106)$$

$$\frac{\partial Q}{\partial t}=\frac{(Q_{i+1}^{j+1}+Q_i^{j+1})-(Q_{i+1}^{j}+Q_i^j)}{2\Delta t} \quad (3-107)$$

$$RQ|Q|=\frac{R}{4}[Q_{i+1}^{j+1}|Q_{i+1}^{j+1}|+Q_i^{j+1}|Q_i^{j+1}|+Q_{i+1}^{j}|Q_{i+1}^{j}|+Q_i^j|Q_i^j|] \quad (3-108)$$

将式（3-104）至式（3-108）代入式（3-1）和式（3-2）并进行简化，将得到每个内部节点的非线性代数方程如下：

$$\begin{aligned}&C_1[Q_{i+1}^{j+1}+Q_i^{j+1}]+C_2[H_{i+1}^{j+1}-H_i^{j+1}]+\frac{R}{4}[Q_{i+1}^{j+1}|Q_{i+1}^{j+1}|+Q_i^{j+1}|Q_i^{j+1}|]\\&=C_1[Q_{i+1}^{j}+Q_i^j]+C_2[H_{i+1}^{j}-H_i^j]\\&\quad+\frac{R}{4}[Q_{i+1}^{j}|Q_{i+1}^{j}|+Q_i^j|Q_i^j|]\end{aligned} \quad (3-109)$$

$$\begin{aligned}&C_1[H_{i+1}^{j+1}+H_i^{j+1}]+C_3[Q_{i+1}^{j+1}-Q_i^{j+1}]\\&=C_1[H_{i+1}^{j}+H_i^j]+C_3[Q_{i+1}^{j}-Q_i^j]\end{aligned} \quad (3-110)$$

其中 $C_1=0.5\Delta t, C_2=gA/(2\Delta x), C_3=a^{\text{`}}2/2gA\Delta x)$

注意，上述方程的左边由 $j+1$ 时层未知变量组成，右边由 j 时层已知变量组成。将用于计算内部节点的式（3-109）和式（3-110）与描述边界节点的方程式联立，求解整个系统。在这种方法中，仅采用边界条件方程，而不采用特征方程（显式有限差分法中采用特征方程）。由于方程有非线性项，需采用迭代方法进行求解。

3.11 数值方法比较

对于特征线方法，在每一时步，针对每一边界和每一管道断面的计算分析是独立的。因此该方法尤为适合具有复杂边界条件的系统。其最主要的缺点是，稳定性限定了计算时间步长的大小。此外，当系统中的管道数量较多，或者波速依赖于压力时，计算中需采用内插方法。由之前的讨论可知，内插可能导致数值的弥散和衰减。

对于隐式差分方法，整个系统的代数方程需同时求解。因为摩阻项是非线性的，这就需要求解大量的非线性代数方程。此外，复杂边界条件的迭代求解也会大量增加计算时间，因为每一次迭代都需要对整个系统进行计算。该方法的主要优点是，差分格式是稳定的，这样时间步长不受限制。但是，时间步长也不能随意增大，否则不能保证限差分代替偏微分方程的有效性。为了保证隐式差分方法计算结果正确，选取的时间步长与特征线法满足稳定性要求的时间步长应差不多，即 $C_N \simeq 1$，尽管前者是无条件稳定的（Chaudhry 和 Holloway，1984；Holloway 和 Chaudhry，1985）。需要注意的是：$C_N=1$ 时可以正确地得出波的传播过程，与物理问题的描述一致。此外，如果 $C_N \neq 1$，将在陡峻的波前后部产生高频振荡（Holloway 和 Chaudhry，1985），如图 3-21 所示。这种振荡由计算格式引入，并非真实。正是由于这些限制，隐式有限差分方法并未被广泛应用于封闭管道的瞬变流分析。

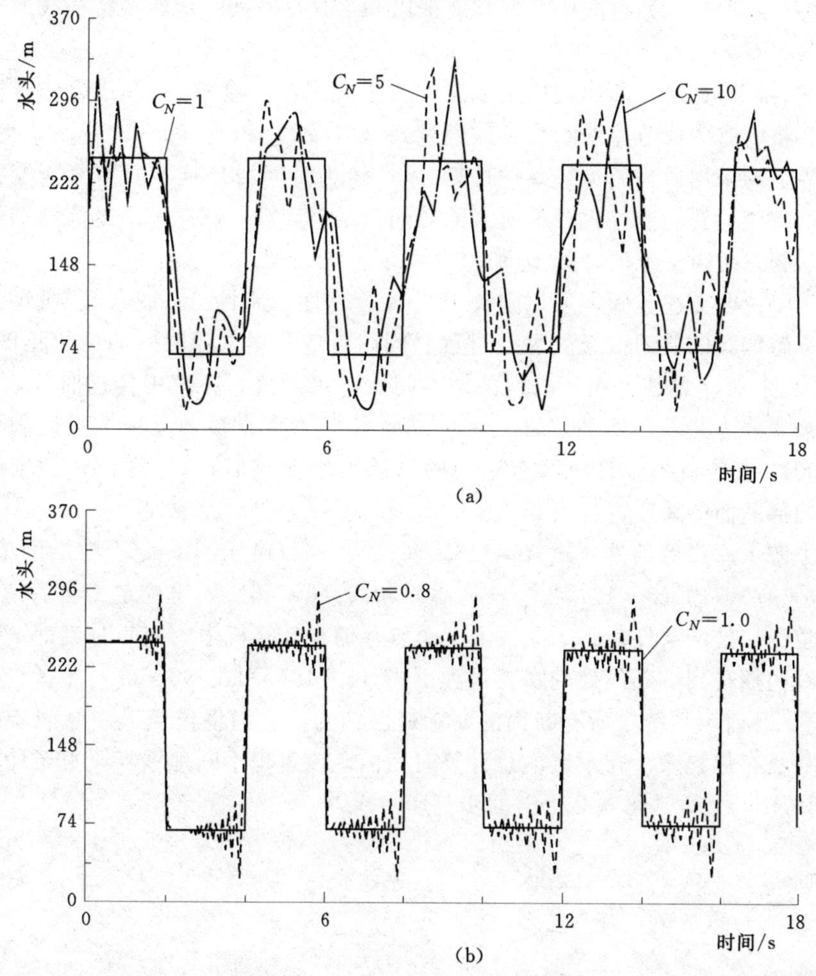

图 3-21 采用隐式有限差分法计算的压力瞬变过程（Chaudhry 和 Hussaini，1985）

3.12 分析流程

本节概括管道系统瞬变流的分析步骤。

首先，将系统中最短的管道被划分为若干段，以此得到合适的计算时间步长 Δt。根据 Evangelisti（1969）的研究，当时间步长等于 1/16～1/24 传播时间（即水击波从系统一端传播至另一端的时间）时，就能得到足够准确的结果。但是，该准则只能作为粗略依据，因为 Δt 的增大或减小取决于瞬变过程的速率。

对于所选择的时间步长 Δt，系统中其余的管道将采用 3.6 节论述的方法进行等长度划分。如有必要，调整波速以满足式（3-69），使得特征线通过网格点（即 $C_N=1$）。

然后，计算所有断面的恒定流流量和压力水头。接着，以 Δt 为增量推进时间，将所有内部节点的瞬变参数通过式（3-22）和式（3-18）计算得出，在边界上则采用适当的边界条件计算。以 Δt 为时间增量且不断重复瞬变计算过程，直至达到瞬变过程分析所需的时间，结束计算。图 3-22 的流程图给出了串联管系统瞬变流的计算步骤。

为了说明上述步骤，采用附件 B 的计算程序分析图 3-23（a）所示管道系统下游侧阀门关闭引起的瞬变过程。阀门有效开度 τ 随时间的变化见图 3-23（b）中 $\tau-t$ 曲线。由于阀门关闭时间大于水击波在系统中传播时间，2 号管道被划分为 2 段，于是，取 $\Delta t=0.25$s。1 号管道也被划分为 2 段以满足式（3-69）。1 号和 2 号管道所有断面的初始恒定值算后，时间以 Δt 为增量增加，内部断面的瞬变过程由式（3-22）和式（3-18）确定。

上游水库边界条件［式（3-28）和式（3-29）］用于确定上游端的条件，式（3-47）、式（3-43）、式（3-44）和式（3-46）用于确定 1 号管道和 2 号管道衔接处的条件。$\tau-t$ 曲线上 7 个点存储在计算机中，中间时刻的 τ 值由抛物线内插得到。阀门处的瞬变过程由式（3-42）和式（3-17）计算。

$t=\Delta t$ 时刻系统中所有断面的变量是已知的，它们将作为下一时间步的初始条件被存储起来。在预定的总计算时间内，该过程不断地重复，直至计算完毕。IPRINT＝2 是每隔 2 个时间步打印一次。

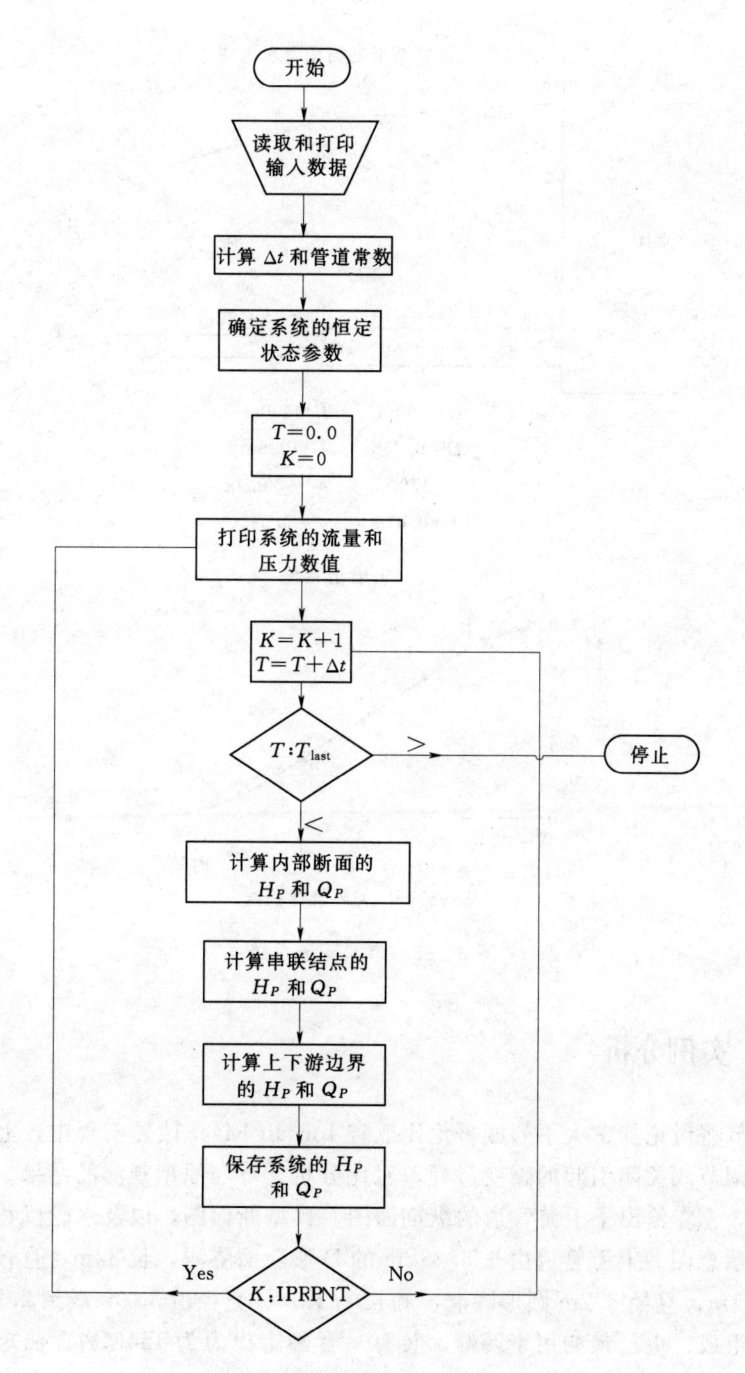

图 3-22 串联管道系统计算分析的流程图

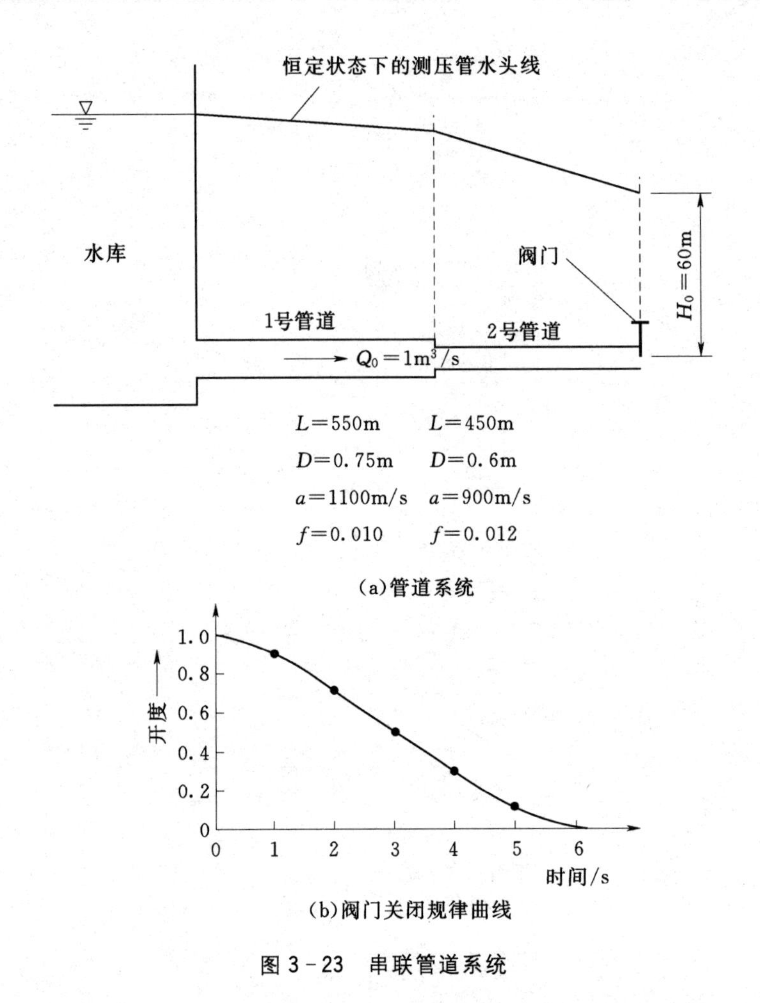

(a)管道系统

(b)阀门关闭规律曲线

图 3-23 串联管道系统

3.13 实例分析

本节将讨论加拿大不列颠哥伦比亚省 Jordan River 改建工程中，上游管道因压力调节阀关闭引起的瞬变过程，对比分析计算与原型观测的结果。

图 3-24 给出了上游管道的纵剖面图、典型断面图，以及水轮机和旁通阀的布置示意图。上游管道由长 5.28km 的 D 形断面隧洞，长 82m、直径 3.96m 和长 451m、直径 3.2m 圆形隧洞，和长 1.4km、直径由 3.2m 减到 2.7m 的压力钢管组成。电厂最初用于调峰，装有一台额定出力为 154MW、额定水头为 265.5m 的混流式水轮机。为了减小瞬变过程中最大压力，装有一台压力调节阀（Pressure-Regulating Valve，PRV）。调压阀流量特性曲线如图 3-25 所示，由 265.5m 额定水头下的原型试验所确定。

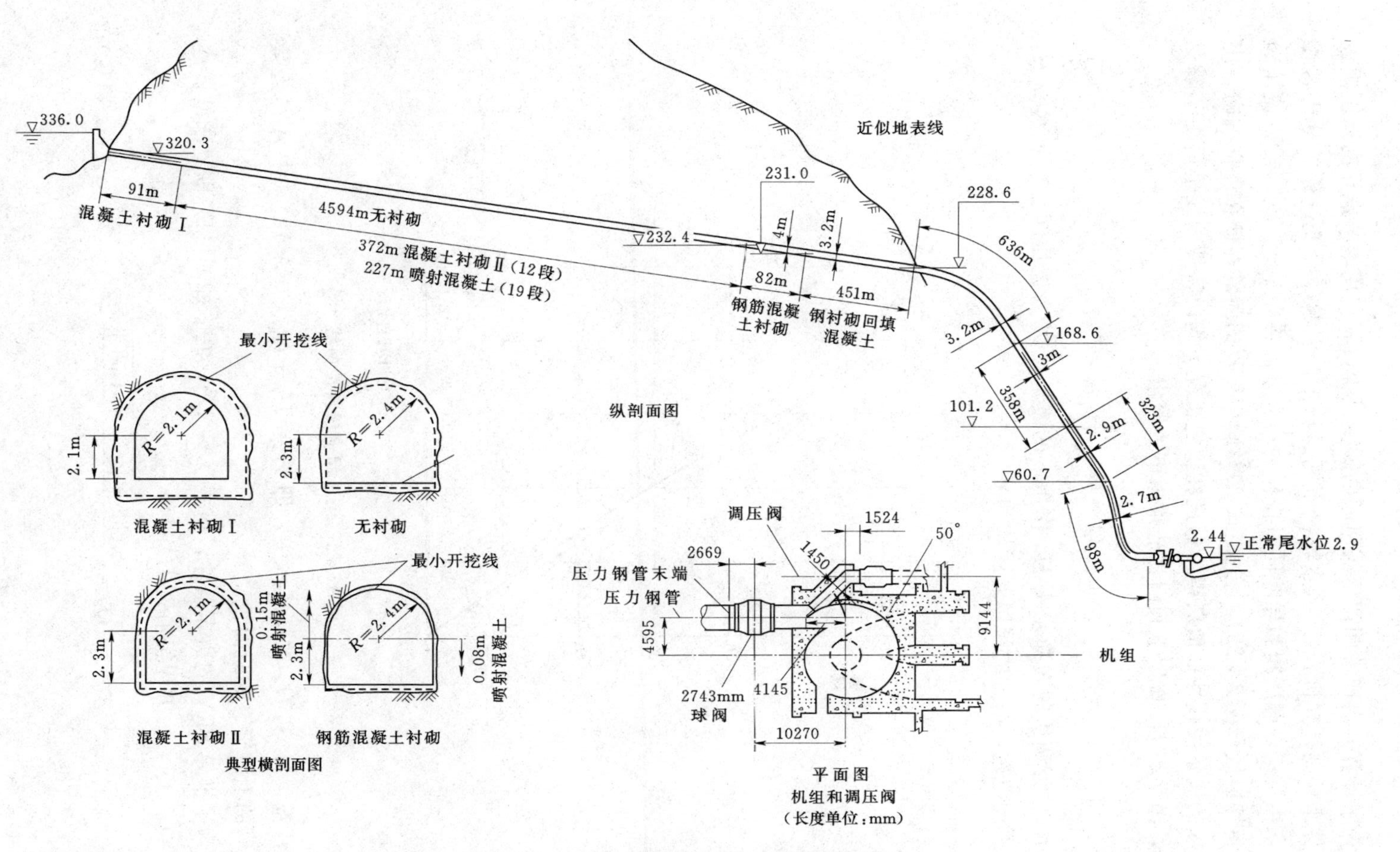

图 3-24 Jordan River 电站的上游管道剖面图

为了计算开启或关闭调压阀引起的瞬变过程，将应用本节推导的调压阀边界条件来编制计算机程序。(水轮机不同运行工况引起的瞬变过程的分析将在第5章中讨论，调压阀和导叶同时操作的边界条件将在10.6节推导。) 调压阀流量特性曲线（图3-25）上的点按20%阀门行程的间隔存储在计算机内，中间开度的流量按线性插值获得。假设在稳定工况下阀门特性曲线也适用于瞬变过程，净水头 H_n 作用下阀门过流量由下式给出：

$$Q_v = Q_r \sqrt{\frac{H_n}{H_r}} \tag{3-111}$$

式中：Q_v 为调压阀在净水头 H_n 作用下的流量；Q_r 为调压阀在额定水头 H_r 作用下的流量，两者的阀门开度均为 τ。

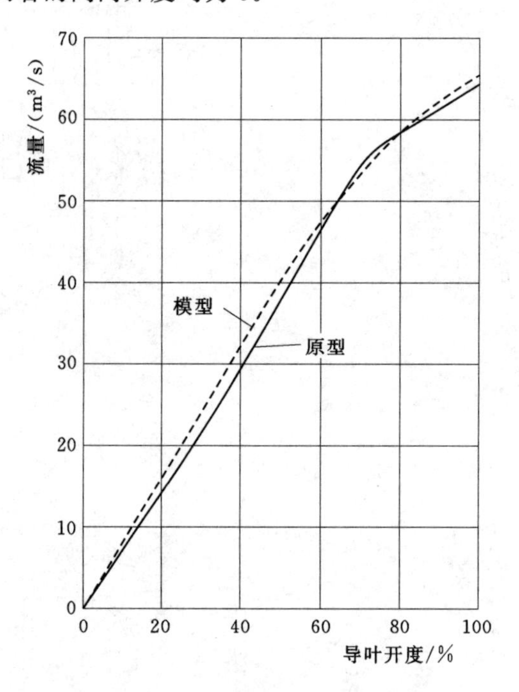

图3-25 调压阀流量特性曲线

注意，H_r 和 H_n 都是总水头，即 $H_n = H_P + Q_v^2/(2gA^2)$，其中 A 是连接调压阀的上游管道的断面积。

为了推导PRV的边界条件，将式（3-17）和式（3-111）联立求解。注意到 $Q_P = Q_v$，由方程组消去 H_n 可得

$$Q_P = \frac{-C_{16} + \sqrt{C_{16}^2 + 4C_{15}C_{17}}}{2C_{15}} \tag{3-112}$$

其中

$$C_{15}=1-\frac{Q_r^2}{2gH_rA^2}$$

$$C_{16}=\frac{Q_r^2}{C_aH_r} \tag{3-113}$$

$$C_{17}=\frac{Q_r^2C_p}{C_aH_r}$$

然后，H_P 可由式（3-17）求得。

在计算机分析中，上游管道用11根管道表示，调压阀下游侧管道由于长度较短被忽略。隧洞各衬砌段和非衬砌段合并为一个衬砌区段和一个非衬砌区段，D型断面隧洞由相等面积的圆形管道代替。计算波速时（Parmakian，1963），假定岩石的弹性模量为5.24GPa，压力管道下游末端是被锚定的，而上游端可沿纵向自由伸缩。各管道摩阻系数计算中包括了摩阻损失和局部损失，例如扩散、收缩和弯头损失。计算的水头损失与原型的观测值十分接近。

在原型上进行了若干次的瞬变过程测试。初始稳定状态压力由具有0.35m精度的Budenberg静重仪测量。瞬变状态压力由应变式压力传感器测量。应变式压力传感器在整个量程范围内的线性输出误差不超过0.6%。传感器的固有频率大于1000Hz，并由静重仪标定。与调压阀行程机构机械连接的多匝电位计用来记录调压阀的开度，用Westinghouse最先进的流量计（Fischer，1973）测量瞬变过程的流量。

在原型试验中，PRV先以很慢的速度从零开度开至20%开度，维持该开度直至上游管道中水流稳定。然后在26.5s内关闭调压阀。整个试验过程中，导叶始终保持关闭状态。但是在计算机分析中，调压阀没有完全关闭，而是保留1%开度以模拟导叶产生的漏水。计算与实测的压力瞬变过程如图3-26所示。

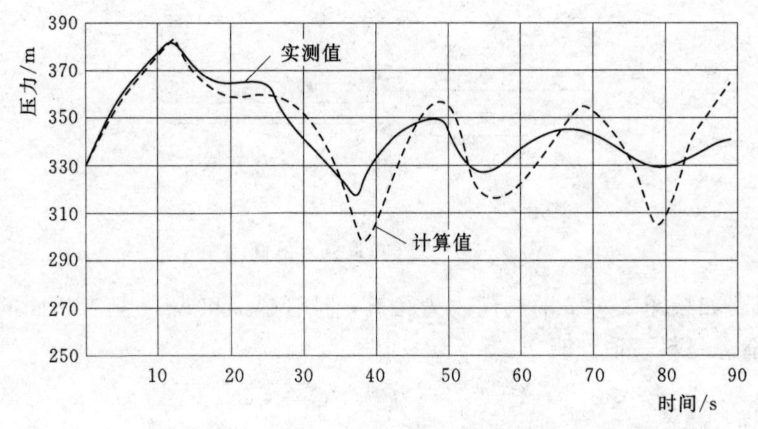

图3-26 计算与实测结果的对比

由图 3-26 可知，计算与实测的压力瞬变过程在前 18s 非常一致，随后，压力曲线的变化趋势也较一致，但是实测压力比计算值衰减得更快。此外，实测压力波动周期也要小于计算值。这些差异可能来源于用恒定流摩阻公式计算瞬变流的摩阻损失，如同 2.8 节的讨论。

3.14 本章小结

本章详细介绍了特征线法以及几种有限差分法，推导了几种简单的边界条件。讨论了有限差分格式的稳定性和收敛条件，概括了复杂系统的计算时间步长的选取方法。为了对上述理论进行说明，给出了用于分析串联管道系统中阀门关闭引起的瞬变过程的计算流程。最后进行了实例分析，该实例对某电站由调压阀关闭引起的瞬变过程进行了计算值与实测值的对比。

习 题

3.1 如果不忽略动量方程的 $V(\partial V/\partial x)$ 项和连续方程的 $V(\partial H/\partial x)$ 项，证明特征线方程为 $\mathrm{d}x/\mathrm{d}t=V\pm a$。

3.2 考虑吸水管内瞬变，推导以额定转速运行的离心泵的边界条件。

3.3 编写如图 3-23（a）所示的管道系统的计算程序，以不同 Δt 进行计算，并绘制计算得到的阀门处压力与 Δt 的关系曲线。

3.4 推导开启或关闭位于两根管道连接处（图 3-27）阀门的边界条件。（提示：可利用如下的四个方程：截面 i，$n+1$ 的正特征方程、截面 $i+1$，1 的负特征方程、连续方程以及阀门的过流方程，联立求解这些方程得到 $Q_{P_{i,n+1}}$ 的表达式）

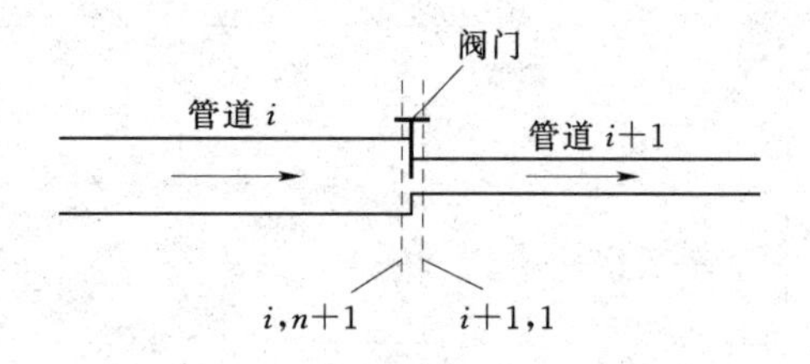

图 3-27 位于串联结点的阀门

3.5 如果图 3-27 的阀门改为孔口，且管道 i 和 $i+1$ 具有相同的直径、壁厚和管道材料，请证明

$$Q_{P_{i,n+1}}=Q_{P_{i+1,1}}=-C+\sqrt{C^2+C(C_p+C_n)}$$

其中

$$C=Q_o^2/(C_a\Delta H_o)$$

式中：ΔH_o 为流量等于 Q_o 时的孔口水头损失。

3.6　习题 3.5 中的 $Q_{P_{i,n+1}}$ 方程对于反向流动是否有效？如果无效，请推导与该方程类似的反向流动方程。

3.7　请推导如图 3－24 所示的调压阀和混流式水轮机的边界条件。瞬变过程由开启或关闭阀门引起。假设在瞬变过程中，水轮机转速和导叶开度保持不变。

3.8　试给出习题 3.7 的边界条件的编程流程图。

3.9　Kaplan 等人（1972）介绍一种称为"动能攒升"的方法，此法取长管道的计算时间步长为短管道的整数倍。但是，该方法用于管道连接处需要进行外插，因为不同管道具有不同的时间步长。对于如图 3－23（a）所示的管道系统，研究外插法对压力峰值的影响。假设 2 号管道长 90m 而不是 450m。（提示：先采用"动能攒升"法求解系统的瞬变过程，然后按照库朗条件采用相同的 Δt 求解系统的瞬变过程）。

3.10　对于如图 3－23 所示的管道系统，研究内插误差对阀门处第一个压力峰值的影响。1 号管道的波速是 1000m/s，假设阀门瞬时关闭。（提示：应用不同的计算时间步长，求解该系统的瞬变过程，比较压力变化曲线。）

3.11　推导 3.2 节有限差分格式的稳定性准则，在分析中采用线性化的摩阻项。

3.12　对于由两根管道组成的典型串联系统，上游端为一恒定水位水库，下游端为一瞬时关闭的阀门，比较文献 Vardy（1977）和 Wiggert、Sundquist（1977）中提到的减小内插误差的方法。

3.13　有限差分格式中，摩阻项由式（3－13）和式（3－15）近似获得。通过求解一个典型的管道系统，比较这些近似方法的精度。

参 考 文 献

[1]　Abbott，M. B.，1966，*An Introduction to the Method of Characteristics*，American Elsevier，New York，NY.

[2]　Chaudhry，M. H. and Portfors，E. A.，1973，"A Mathematical Model for Analyzing Hydraulic Transients in a Hydroelectric Power Plant，" *Proc. First Canadian Hydraulic Conference*，published by the University of Alberta，Edmonton，Canada，May，pp. 298－314.

[3]　Chaudhry，M. H. and Yevjevich，V. (eds.)，*Closed-Conduit Flow*，Water Resources Publications，Littleton，Co.

[4]　Chaudhry，M. H.，1982，"Numerical Solution of Transient-Flow Equations，" *Proc. Hydraulic Specialty Conf.*，Amer. Soc. of Civil Engrs.，Jackson，MS，Aug.，pp. 633－656.

[5]　Chaudhry，M. H. and Hussaini，M. Y.，1983，"Second-Order Explicit Methods for Transient-Flow Analysis，" *in Numerical Methods for Fluid Transient Analysis*，

C. S. Martin and M. H. Chaudhry (eds.), Amer. Soc. of Mech. Engrs., New York, pp. 9-15.

[6] Chaudhry, M. H. and Holloway, M. B., 1984, "Stability of Method of Characteristics," *Proc. Hydraulics Division Specialty Conf.*, Amer. Soc. Civil Engrs., Coeur d' Alene, Idaho, Aug., pp. 216-220.

[7] Chaudhry, M. H. and Hussaini, M. Y., 1985, "Second-Order Accurate Explicit Finite-difference Schemes for Waterhammer Analysis," *Jour. of Fluids Engineering*, vol. 107, Dec., pp. 523-529.

[8] Chaudhry, M. H. and Mays, L. W., 1994, (eds.), *Computer Modeling of Free-Surface and Pressurized Flows*,, Kluwer, the Netherlands, 741 pp.

[9] Chaudhry, M. H., 2008, *Open-Channel Flow*, 2nd. ed., Springer, New York, NY, 523 pp.

[10] Collatz, L., 1960, *The Numerical Treatment of Differential Equations*, Third ed., Springer, Berlin, Germany.

[11] Evangelisti, G., 1969, "Waterhammer Analysis by the Method of Characteristics," *L' Energia Elettrica*, Nos. 10-12, pp. 673-692, 759-770, 839-858.

[12] Fischer, S. G., 1973, "The Westinghouse Leading Edgc Ultrasonic Flow Measurement System," presented at the Spring Meeting, Amer. Soc. of Mech. Engrs., Boston, May.

[13] Goldberg, D. E. and Wylie, E. B., 1983, "Characteristics Method Using Time-Line Interpolation," *Jour. Hydraulic Engineering*, Amer. Soc. Civil Engrs., May, pp. 670-683.

[14] Gray, C. A. M., 1954, "Analysis of Water Hammer by Characteristics," Trans. of Amer. Soc. of Civil Engrs., vol. 119, pp. 1176-1194.

[15] Holloway, M. B. and Chaudhry, M. H., 1985, "Stability and Accuracy of Waterhammer Analysis," *Advances in Water Resources*, vol. 8, Sept., pp. 121-128.

[16] Kaplan, M., Belonogoff, G. and Wentworth, R. C., 1972, "Economic Methods for Modeling Hydraulic Transient Simulation," *Proc. First Inlernalional Conference on Pressure Surges*, Canterbury, England, published by British Hydromechanics Research Assoc., Sept., pp. A-33-A4-38.

[17] Lister, M., 1960 "The Numerical Solution of Hyperbolic Partial Differential Equations by the Method of Characteristics," in *Mathematical Methods for Digital Computers*, edited by Ralston, A. and Wiley, H. S., John Wiley & Sons, New York, Chap. 15.

[18] O' Brien, G. G., Hyman, M. A. and Kaplan, S., 1951, "A Study of the Numerical Solution of Panial Differential Equations," *Jour. Math. and Physics*, No. 29, pp. 223-251.

[19] Parmakian, J., *Waterhammer Analysis*, Dover Publications, Inc., New York, NY.

[20] Perkins, F. E., Tedrow, A. C., Eagleson, P. S. and Ippen, A. T., 1964, *Hydro-Power Plant Transients*, Part II, Dept. of Civil Engineering, Hydrodynamics Lab. Report No. 71, Massachusetts Institute of Technology, Sept.

[21] Portfors, E. A. and Chaudhry, M. H. , 1972, "Analysis and Prototype Verifications of Hydraulic Transients in Jordan River Power Plant," *Proc. First International Conference on Pressure Surges*, Canterbury, British Hydromechanics Research Assoc. , September, pp. E4 - 57 to E4 - 72.

[22] Rachford, H. H. and Todd, D. , 1974, "A Fast, Highly Accurate Means of Modeling Transient Flow in Gas Pipeline Systems by Variational Methods," *Jour. Soc. of Petroleum Engrs.*, April, pp. 165 - 175. (See also Discussion by Stoner, M. A. , and Authors' Reply, pp. 175 - 178.)

[23] Reddy, H. P. , Silva-Araya, W. and Chaudhry, M. H. , 2012, "Estimation of Decay Coefficients for Unsteady Friction for Instantaneous, Acceleration-Based Models" *Jour. Hydraulic Engineering*, vol. 138, no. 3, pp. 260 - 271.

[24] Smith, G. D. , 1978, *Numerical Solution of Partial Differential Equations*, Second ed. , Clarendon Press, Oxford, England.

[25] Streeter, V. L. and Lai, C. , 1962, "Waterhammer Analysis Including Fluid Friction," *Jour. Hyd. Div.*, Amer. Soc. of Civ. Engrs. , May, pp. 79 - 112. Tournès, D. , 2003, "Junius Massau et Lintégration Graphique," *Revue d' histoire des mathématiques*, vol. 9, pp. 181 - 252.

[26] Vardy, A. E. , 1977, "On the Use of the Method of Characteristics for the Solution of Unsteady Flows in Networks," *Proc. Second International Conf. on Pressure Surges*, British Hydromechanics Research Assoc. , Bedford, England.

[27] Wiggert, D. C. and Sundquist, M. J. , 1977, "On the Use of Fixed Grid Characteristics for Pipeline Transients," *Jour. Hyd. Div.*, Amer. Soc. of Civil Engrs. , vol. 103, Dec. , pp. 1403 - 1416.

[28] Wylie, E. B. , Streeter, V. L. and Stoner, M. A. , 1974, "Unsteady-State Natural Gas Transient Calculations in Complex Pipe Systems," *Jour. Soc. of Pelroleum Engrs.*, Feb. , pp. 35 - 43.

[29] Wylie, E. B. , 1976, "Transient Aquifer Flows by Characteristics Method," *Jour. Hyd. Div.*, Amer. Soc. of Civil Engrs. , vol. 102, March, pp. 293 - 305.

[30] Wylie, E. B. , 1983, "Advances in the Use of MOC in Unsteady Pipeline Flow," *Fourth International Conf. on Pressure Surges*, British Hydromechanics Research Assoc. , Bath, England, Sept. 21 - 23, pp. 27 - 37.

[31] Wylie, E. B. , 1983, "The Microcomputer and Pipeline Transients," *Jour. Hydraulic Engineering*, Amer. Soc. Civil Engrs. Proc. Paper No. 18453, Vol. 109, No. 12, Dec. , pp. 1723 - 1739.

[32] Wylie, E. B. , and Streeter, V. L. 1983, *Fluid Transients*, FEB Press, Ann Arbor, Mich. .

[33] Yow, W. , 1972, "Numerical Error on Natural Gas Transient Calculations," Trans. Amer. Soc. of Mech. Engrs. , vol. 94, Series D, no. 2, pp. 422 - 428.

附加参考文献

[1] Brown, F. T. , 1968, "A Quasi Method of Characteristics with Application to Fluid

Lines with Frequency Dependent Wall Shear and Heat Transfer," Paper No. 68 - WA/Aut. - 7, Amer. Soc. of Mech. Engrs., Dec.

[2] Contractor, D. N., 1965, "The Reflection of Waterhammer Pressure Waves from Minor Losses," Trans. Amer. Soc. Mech. Engrs., vol. 87, Series D, June.

[3] Evangelisti, G., 1966, "On the Numerical Solution of the Equation of Propagalion by the Method of Characteristics," *Meccanica*, vol. 1, No. 1/2, pp. 29 - 36.

[4] Fox, J. A. and Henson, D. A., 1971, "The Prediction of the Magnitudes of Pressure Transients Generated by a Train Entering a Single Tunnel," *Proc.*, Institution of Civil Engrs., Paper 7365, vol. 49, May, pp. 53 - 69.

[5] Miyashir, H., 1967, "Waterhammer Analysis of Pump System," *Bull. Japan Soc. of Mech. Engrs.*, vol. 10, No. 42, pp. 952 - 958.

[6] *Proc. Pressure Surge Conferences*, Proceedings of British Hydromechanics Research, First, 1972; Second, 1977; Third, 1980; Fourth, 1983; Fifth, 1986; Sixth, 1989; Seventh, 1992; Eighth, 1995; Ninth, 2004; Tenth, 2008; Eleventh, 2012.

[7] Symposium 1965, Waterhammer in Pumped Storage Projects, Chicago, Nov., Amer. Soc. of Mech. Engrs.

第 4 章
泵系统瞬变过程

Wind Gap 抽水站有 9 台机组，静扬程 158m，总流量 141.5m^3/s。输水管道 1 的直径 2.9m，输水管道 2 的直径 4～3.8m（加利福尼亚水资源局 S. Loghmanpour 提供）

4.1 引言

泵的启动和停机均会在输水系统中引起瞬变过程。这种瞬变过程可用第3章介绍的特征线法来分析。因为离心泵的扬程、流量和转速相互影响，所以分析中需对它们统一考虑。为此需要给出泵的特殊边界条件，本章将对这些条件进行推导。本章主要内容：讨论水泵各种运行工况导致的瞬变过程，概述水泵特性曲线的应用，推导离心泵的边界条件，计算分析一个典型泵站系统，介绍管路设计标准和实例分析结果。

4.2 泵的运行

泵的典型工况有启动、停泵、抽水断电等，这些工况的瞬变过程将在本节中讨论。

水泵正常启动时，出水阀保持在关闭状态，以减小水泵电动机力矩；当水泵达到额定转速后，再逐渐打开出水阀。如果泵后不设置出水阀，则水泵的转速将缓慢增加。类似地，水泵正常停机过程中，首先慢慢地关闭出水阀，或令电机转速缓慢降低，然后再切除供给水泵电动机的电源。这样，泵的正常启动和关机都是预定的，通过增加操作时间，瞬变过程的严重程度可以被控制。如果泵的转速假设为恒定，这两个操作所引起的瞬变过程可用第3章推导的边界条件来分析。否则，应采用本章介绍的方法来分析。

突然断电在输水系统中引起的瞬变过程通常非常严重，管道要按承受突然断电引起的最大和最小压力设计。由于泵的惯性比管道中水的惯性小，因而断电后泵的转速降低很快（Parmakian，1963）。由于泵端的流量和扬程减小，负压力波迅速向出水管道下游传播，正压力波在抽吸管路中向上游传播。管道中的流量急剧减小到零，虽然泵仍然维持正常方向转动，但水流开始反向流动，除非采用止回阀防止水流反向流动。水流反流而水泵正转，被称为水泵在能量耗散区运行（Stepanoff，1957）。由于反向水流，泵的转速迅速减小到零，而后变成负值，也就是说，它如水轮机一般工作，处于水轮机工况。泵的反向转速不断增加，有效扬程等于泵的水头损失，转速达到**飞逸转速**。伴随反向转速的增加，由于节流作用，通过泵的流量减小，分别在出流管道和抽水管道中产生负压波和正压波。

根据管道布置情况，过程中管道水力坡降线可能会低于管顶高程，管内压力低于大气压，如果压力进一步降至液体的汽化压力，管中该位置就可能出现真空和液柱分离。当两部分水柱重新碰撞弥合时，将产生非常大的冲击压力。

在设计中，应避免发生水柱分离，并采取有效的防范和补救措施。这些将在第9章和第10章中详细讨论。

4.3 泵的特性

如第3章所述，进行瞬变过程分析必须知道由边界处流量和水头关系推导得出的边界条件。目前，正如Tsukamoto和Ohashi（1981）、Daigo和Ohashi（1972）所提到的，可以得到的泵动态特性信息很有限。所以，恒定流实验得到的泵特性数据被用于瞬态分析，尽管这些数据在过程中的有效性尚未得到证实。本章引用的水泵数据系指由恒定状态获得的数据。

离心泵的流量Q取决于转速N和扬程H，而转速变化取决于转矩T，以及泵、电动机和叶轮内液体的综合惯性矩。这样，需要四个变量，即Q、H、N和T来对泵进行数学描述。表示这些变量之间关系的曲线称为**泵的特性或性能曲线**。

Q、H、N和T在最佳效率点的数值被称为**额定工况**参数（Stepanoff，1957）。以这些值作为参考，定义以下无量纲变量：

$$v=\frac{Q}{Q_R};h=\frac{H}{H_R};\alpha=\frac{N}{N_R};\beta=\frac{T}{T_R} \tag{4-1}$$

式中：下标R为额定工况。

在泵正常工况时，α、β、v和u都为正。但在瞬变过程中，它们中可能一个或几个为负值，这些情况被称为异常工况（其中的一些被认为是水泵水轮机的正常工况，如5.11节中所讨论的）。在实验室中，所有可能异常工况的数据可以通过模型试验（令两个或多个泵作为“主泵”，实验泵作为“从泵”）获得（Martin，1983）。

基于α和v的正负号，泵的工况可以分为Ⅰ到Ⅳ四个象限。如图4-1，其中v为横坐标，α为纵坐标。有些作者使用α为横坐标，v为纵坐标。在使用水泵特性数据时应当注意坐标取法。基于α、β、v和h的正负号，泵的操作可以分为八个区域，见表4-1和图4-1。Martin（1983）对这些区域和象限的说明将在下面的段落中简要阐述。

4.3.1 象限Ⅰ

在A区（正常抽水）工作的泵被称为正常工况，α、β、v和h都为正值。在B区（能量耗散）只有h为负值，而α、β和v是正值。在恒定运行中若泵被别的泵或水库影响（使吸水池水位抬高或出水池水位降低），或者水泵突然断电引起扬程突然降低，就可能出现这种工况；在C区（反向涡轮），v和α为正值，h和β为负值。

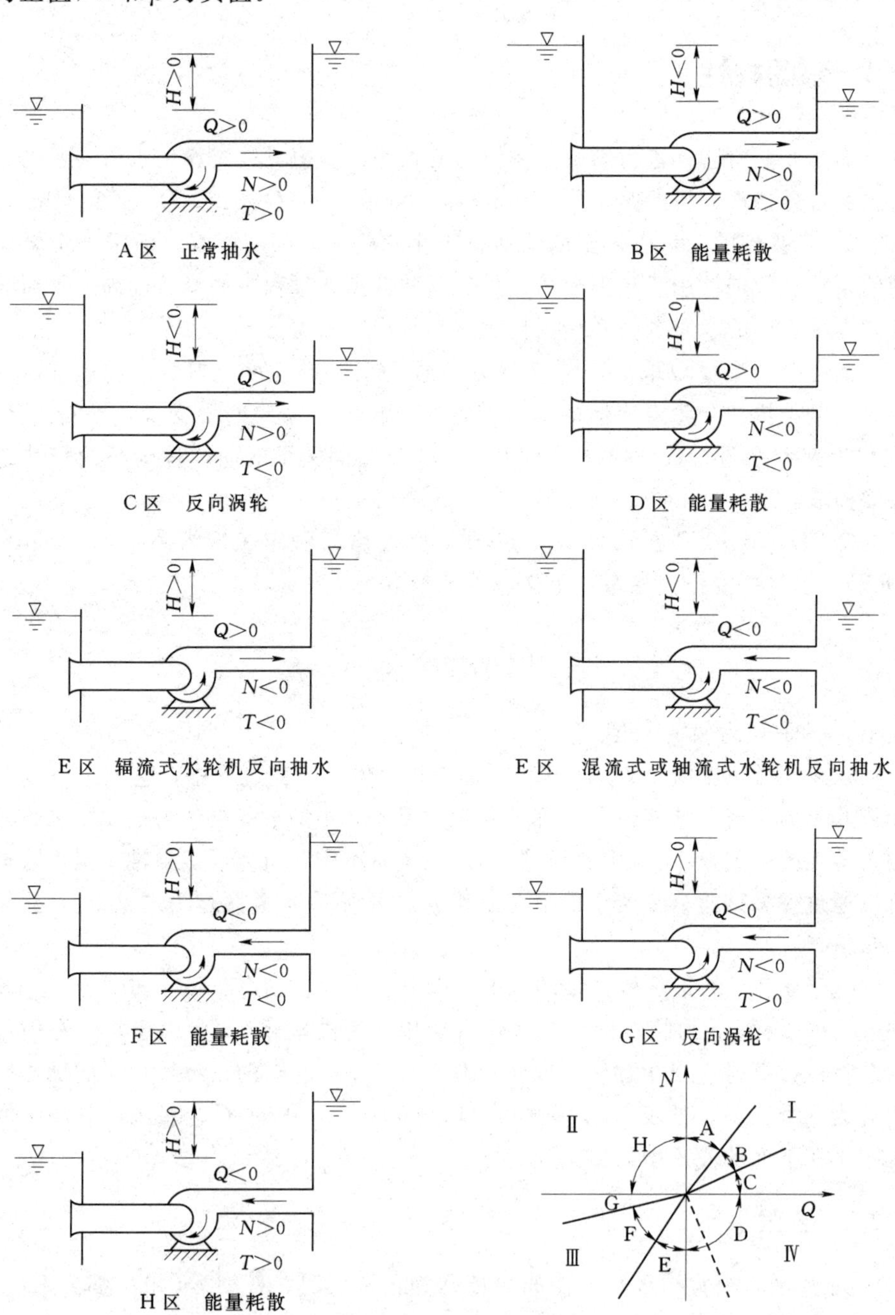

图4-1 泵的不同运行区间（引自Martin C. S.，1983）

4.3.2 象限Ⅱ

H区（能量消耗）是向高处供水时，发生抽水断电时经常出现的工况。旋转部件——电机、泵和夹带的液体——保持正向转速，同时正向扬程导致水流反向流动。

4.3.3 象限Ⅲ

如果水泵没有设置机械棘轮以防止水泵反向旋转，则断电时水泵将经过H区进入G区（水轮机工况）。在水轮机运行模式中，α和v是负值，扬程和转矩是正值。G区之后，泵可以进入F区（能量耗散），其中扭矩也变为负值，使之产生制动作用。在F区和G区之间的边缘，β等于零，达到机组飞逸工况。

4.3.4 象限Ⅳ

D区（能量耗散）和E区（反向抽水）是不常见的。如果由于电动机接线不当，不慎在错误的方向旋转，泵将在D区和E区工作。辐流型水泵水轮机在过程中反向旋转抽水，即按水轮机方向旋转，但水流按照泵方向流动。

表4-1　泵的运行区间

		正负号				
区间	定义	v	α	h	β	象限
A	正常抽水	+	+	+	+	Ⅰ
B	能量耗散	+	+	−	+	Ⅰ
C	反向发电	+	+	−	−	Ⅰ
D	能量耗散	+	−	−	−	Ⅳ
E	反向抽水	±	−	±	−	Ⅲ、Ⅳ
F	能量耗散	−	−	+	−	Ⅲ
G	正常发电	−	−	+	+	Ⅲ
H	能量耗散	−	+	+	+	Ⅱ

注　源自Martin（1983）。

关于瞬变过程分析，不同的作者（Stepanoff，1957；Parmakian，1963；Martin，1983；Streeter，1994）已经提出了不同形式的泵特性数据。在包含泵特性的瞬变过程计算机计算中，Marchal等人（1965）提出的方法应用最为广泛，将在本节中予以概述。

原型水泵的特性可以通过模型试验获得数据，再利用相似关系换算得到(Stepanoff，1957)。如果两台几何相似的水泵（或水轮机），通过水泵的水流流态相似，就认为它们工况相似。对相似的水泵来说，下列比例关系成立：

$$\left.\begin{aligned}\frac{H}{N^2D^2}&=\text{常数}\\\frac{N}{QD^3}&=\text{常数}\end{aligned}\right\}\tag{4-2}$$

式中：D 为叶轮直径。

因为对某一实际水泵而言 D 是常数，可归并到式（4－2）的常数中去，即

$$\left.\begin{aligned}\frac{N}{N^2}&=\text{常数}\\\frac{N}{Q}&=\text{常数}\end{aligned}\right\}\tag{4-3}$$

根据式（4－1），可把式（4－3）无量纲化为

$$\left.\begin{aligned}\frac{h}{\alpha^2}&=\text{常数}\\\frac{\alpha}{v}&=\text{常数}\end{aligned}\right\}\tag{4-4}$$

由于过程中，α 可变为零，h/α^2 就变为无穷大。为了避免无穷大，并提高该参数较小时的计算精度，Marchal 等人（1965）建议采用 $\mathrm{sgn}(h)\sqrt{|h|/(\alpha^2+v^2)}$表征水泵特性，其中 sgn 代表 h 的正负号。不过，本节应用 $h/(\alpha^2+v^2)$，因为它简化了泵的边界条件推导（参见第 4.4 节）。

v 和 α 的正负号取决于运行区间。除了需要确定出每一运行区间的不同特性曲线以外，当 $v=0$ 时，α/v 变成无穷大。为了避免这种情况，可以定义一个新的变量

$$\theta=\tan^{-1}\frac{\alpha}{v}\tag{4-5}$$

并编制 θ 和 $h/(\alpha^2+v^2)$ 之间的特性曲线。根据以上定义，θ 总是有限的，而且它的值在 $-\pi/2$ 和 $\pi/2$ 之间。因此，θ 在 0°到 360°之间取值时，可表达所有运转区域的特性。

与压力-水头特性曲线相似，可以用 $\beta/(\alpha^2+v^2)$ 和 θ 的关系绘制转矩特性曲线。

正常抽水运行区的泵特性数据较易得到，但是非正常运行工况的数据相当稀少。如果得不到泵的全特性曲线，那么可以用近似比转速的泵的特性曲线来逼近[1]。不过，需要注意特性曲线取决于泵的类型（即：辐流泵、混流泵或轴流泵）和其他设计指标，例如叶轮、扩散管、泵壳或蜗壳等。所以，尽管可用比转速给泵型分类，两个比转速大致相等但设计指标不同的泵，可能表现不同的瞬态特性。

泵的第三或第四象限的特性数据（Martin，1983）很有限。可利用的信息中，Knapp（1937）和 Swanson（1953）提供的双吸辐流泵（$N_s=0.5$ 国际单位）[2]，混流泵（$N_s=2.8$ 国际单位）以及轴流泵（$N_s=4.9$ 国际单位）的数据已经完备，并已被广泛使用。这三个水泵特性曲线绘制在图 4-2 上，并列在附录 C 中（附录中还有另外两个比转速的水泵数据）。在没有泵特性曲线数据情况下，可采用大致相同比转速的泵特性数据进行逼近。

为了在数学模型中应用这些曲线，把这些曲线上在 0°到 360°范围之间的 θ 等间隔分散储存在计算机中，间隔点之间的数据按照直线插值（图 4-3）计算。假若储存的点数足够多，以直线段来近似代表曲线所引起的误差可以忽略不计。

对于 α 和 v 的任何值（α 和 v 同时为零的除外），$\theta=\tan^{-1}(\alpha/v)$ 的值可用函数 ATAN2 来确定。不过，这个函数可计算 0 到 π 之间，以及 0 到 $-\pi$ 之间的 θ 值，而我们所关心范围在 0 和 2π 之间。这个局限可通过在 $\theta<0$ 时，把 θ 的计算值加 2π 来克服。例如，如果由这个函数给出的 θ 是 $-30°$，那么用于确定水泵特性曲线上点的 θ 值取 $360°-30°=330°$。

---

[1] 文献中有多个比转速的定义，采用不同的物理量的单位制。我们采用如下定义（Martin，1983），若单位协调就能得到一样的数值：

$$N_s=\frac{\omega_R\ \sqrt{Q_R}}{(gH_R)^{3/4}}$$

其中下标 R 表示额定值。我们称之为 SI 国际单位制表达式，这样 ω 的单位是 r/s，Q_R 的单位是 m^3/s，H_R 的单位是 m。在米制和美制中（Stepanoff，1957），比转速被表达为

$$N_s=\frac{N_R\ \sqrt{Q_R}}{H_R^{3/4}}$$

米制中，N_R 的单位为 r/min，Q_R 的单位是 m^3/s，H_R 的单位是 m；在美制中，N_R 的单位为 r/min，Q_R 的单位是 U. S. gal/min，H_R 的单位是 ft。对于双吸泵，计算比转速时 Q_R 应被除以 2。

比转速的单位转换系数是：1SI 单位＝2733 美制单位；1 米制单位＝51.7 美制单位。

[2] 某些学者错误地以为该水泵的比转速为 0.66 国际单位制（1800 美制）。因为这种水泵是双吸式的，故计算比转速时，应该将额定流量除 2［见 Thomas（1972）结尾 $A-124$ 和 $A-127$］。

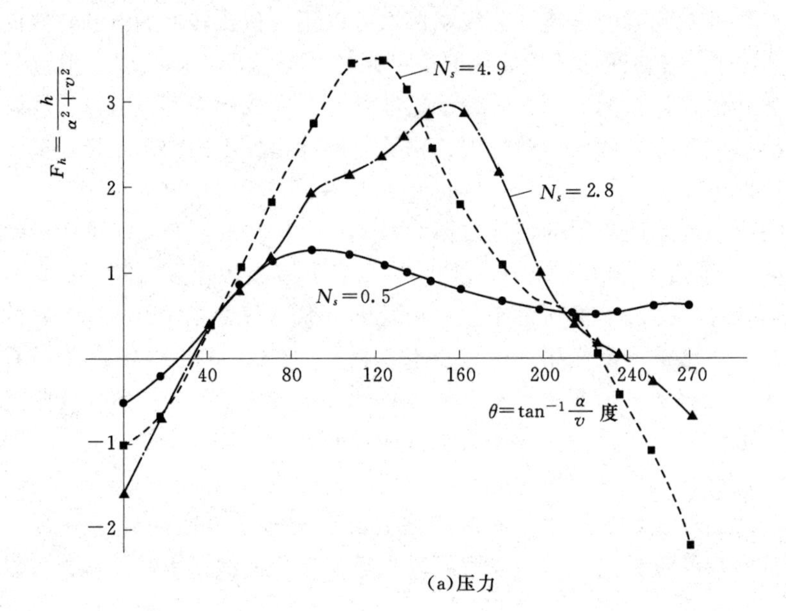

(a)压力

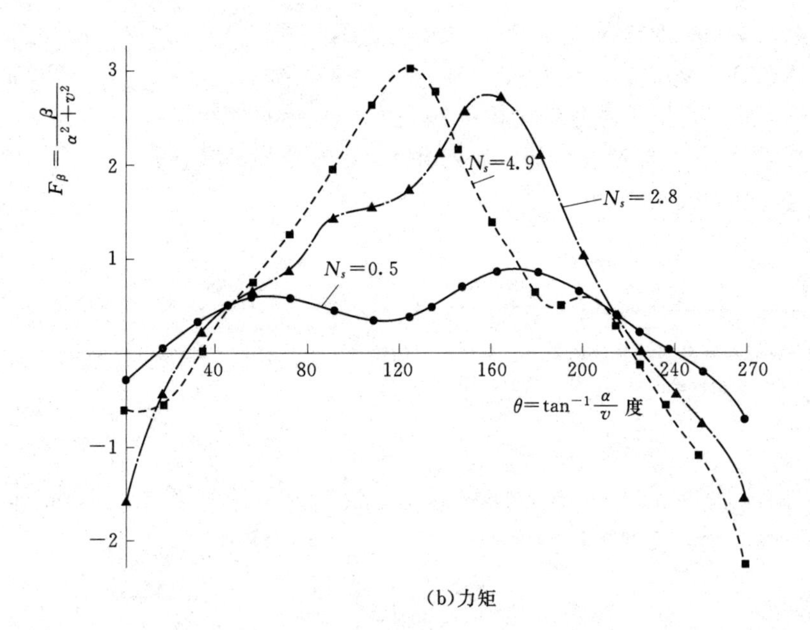

(b)力矩

图 4-2 各种比转速泵的特性曲线（N_s 是国际单位制）

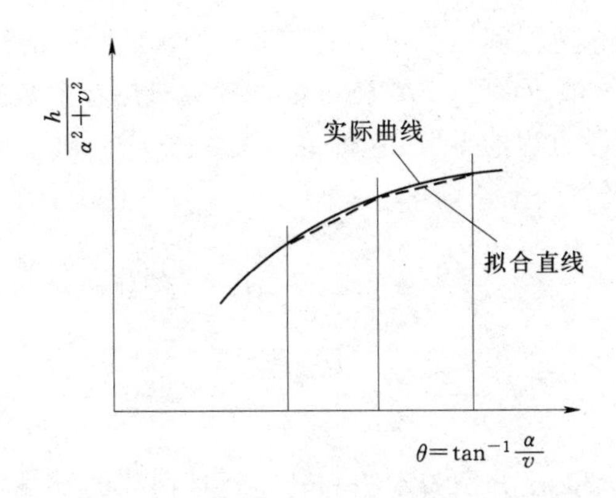

图 4-3 用直线近似拟合水泵特性曲线

4.4 断电

如第 3 章所讨论的，特征方程（如果边界的上下游侧都有管道）和边界条件方程的联立求解能确定边界状态。对于一个泵，泵特性曲线就是边界约束条件，同时还需要一个微分方程来确定水泵断电后转速随时间的变化。为了得到泵的边界状态，就需联求解这些方程。

首先研究一个只有一台泵且吸水管长度可忽略不计的简单系统。下一节再推导较为复杂边界条件。首先给出描述泵、出水阀、转动惯量和出水管的方程。然后概述数值求解的步骤。

4.4.1 水泵

假设计算已进行到第 i 时步，时段初的变量 α、v、h 和 β 都是已知的，需要计算时段末变量值。与前述章节一致，用下标“P”来表示时段末的未知变量的值，这样 α_P、v_P、h_P 和 β_P 是未知变量。

要计算这些变量，首先要确定对应于 α_P 和 v_P 的水泵扬程和转矩特性曲线的区间。由于这些变量的初值是未知的，于是用前一个时段的已知值通过外插确定，即

$$\begin{aligned}\alpha_e&=\alpha_i+\Delta\alpha_{i-1}\\ v_e&=v_i+\Delta v_{i-1}\end{aligned}\tag{4-6}$$

式中：α_e 和 v_e 为第 i 时段末的估算值；α_i 和 v_i 为第 i 时段的已知值；$\Delta\alpha_{i-1}$ 和 Δv_{i-1} 为第（$i-1$）时段这些变量的变化值。

由于水泵转速和流量是逐渐变化的，如果计算时段 Δt 很小，上述线性外插法应可得到足够准确的估计值。另外，要注意的是，这些估计值只可用于确

定水泵特性曲线的相应区间。找出 $\theta=\tan^{-1}(\alpha_e/v_e)$ 两侧的网点后，这些点的纵坐标 $h/(\alpha^2+v^2)$ 和 $\beta/(\alpha^2+v^2)$ 就可根据计算机储存的数据来确定。以这些纵坐标来确定直线段方程的系数 a_1 和 a_2（图 4-3）[1]。假设对应于 α_P、v_P、h_P 和 β_P 的点位于这些直线上，则

$$\frac{h_P}{\alpha_P^2+v_P^2}=a_1+a_2\tan^{-1}\frac{\alpha_P}{v_P} \tag{4-7}$$

$$\frac{\beta_P}{\alpha_P^2+v_P^2}=a_3+a_4\tan^{-1}\frac{\alpha_P}{v_P} \tag{4-8}$$

式中：a_1 和 a_2、a_3 和 a_4 分别为水头和转矩特性曲线的直线斜率与截距。

参照图 4-4，在区间（i，1），水泵的总水头可以写成下列方程：

$$H_{P_{i,1}}=H_{suc}+H_P-\Delta P_v \tag{4-9}$$

式中：H_{suc} 为泵站进水前池在基准面以上的高度；H_P 为时段末的扬程；ΔH_{P_v} 为时段末出水阀的水头损失。

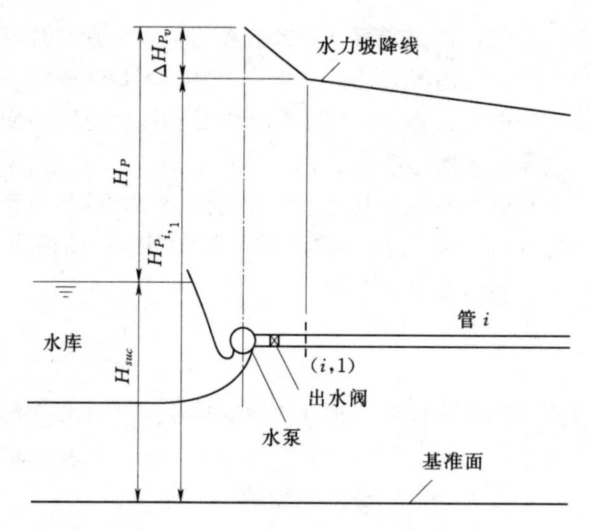

图 4-4 水泵边界条件的符号标注

出水阀水头损失：

$$\Delta H_{P_v}=C_vQ_{P_{i,1}}^2=C_vQ_{P_{i,1}}|Q_{P_{i,1}}| \tag{4-10}$$

式中：C_v 为阀的水头损失系数，计算反向流时，把 $Q_{P_{i,1}}^2$ 写成 $Q_{P_{i,1}}|Q_{P_{i,1}}|$。因出水管中的速度水头通常较小，在式（4-9）中可予以忽略。

---

[1] 如果 $y=a_1+a_2x$ 是通过点（x_1，y_1）和（x_2，y_2）的方程，则 $a_1=(y_1x_2-y_2x_1)/(x_2-x_1)$，$a_2=(y_2-y_1)/(x_2-x_1)$。

4.4.2 转动惯量

转动系统的加速力矩等于角加速度与泵系统转动惯量的乘积。断电后，由于泵机组没有外加的转矩作用，减速转矩就是水泵转矩，则

$$T=-I\frac{d\omega}{dt}$$

或

$$T=-I\frac{2\pi}{60}\frac{dN}{dt} \tag{4-11}$$

式中：I 为水泵、电动机、轴以及叶轮里液体的综合转动惯量；ω 和 N 为水泵的转速，分别以 rad/s 和 r/min 为单位。

根据式（4-1），式（4-11）可写成

$$\beta=-I\frac{2\pi}{60}\frac{N_R}{T_R}\frac{d\alpha}{dt} \tag{4-12}$$

其中
$$T_R=60\gamma H_R Q_R/(2\pi N_R\eta_R)$$

式中：γ 为液体的比重；η_R 为额定工况下水泵的效率。

在英制单位中，式（4-11）和式（4-12）中的 I 被替换成 WR^2/g。在国际单位制中，I 的单位取 kg·m^2，T_R 的单位取 N·m；而在英制单位中，WR^2 单位取 lb－ft^2，T_R 单位取 lb－ft。在国际单位制和英制单位中 N_R 都是 r/min。

用 β 表示泵机组在此时段内的平均值，方程可写成有限差分的形式

$$\frac{\alpha_P-\alpha}{\Delta t}=\frac{60T_R}{2\pi IN_R}\frac{\beta+\beta_P}{2} \tag{4-13}$$

上式可以简化为

$$\alpha_P-C_6\beta_P=\alpha+C_6\beta \tag{4-14}$$

其中

$$C_6=\frac{-15T_R\Delta t}{\pi IN_R} \tag{4-15}$$

在英制单位中，式（4-15）中的 I 被替换为 WR^2/g。

4.4.3 出水管

由于吸水管很短，分析时可略去不计。所以，只需写出出水管的特征方程。对断面（i，1）有

$$Q_{P_{i,1}}=C_n+C_a H_{P_{i,1}} \tag{4-16}$$

4.4.4 连续方程

由于进水前池和断面（i，1）之间的体积没有变化，在断面（i，1）有

$$Q_{P_{i,1}}=Q_P \tag{4-17}$$

式中：Q_P 为时段末通过水泵的流量。

4.4.5 方程组求解

如前面所讨论的，时段末的四个未知数是 α_P、v_P、h_P 和 β_P。本节将推导这些方程，得到四个方程组的唯一解。

式（4－7）到式（4－10）、式（4－14）、式（4－16）和式（4－17）描述了水泵的边界条件。下面将介绍这些方程的求解方法。

从式（4－9）、式（4－10）、式（4－16）和式（4－17）消去 $H_{P_{i,1}}$、ΔH_{P_v} 和 $Q_{P_{i,1}}$，并以 Q_R 和 H_R 作基准值，可得下列方程

$$Q_R v_P=C_n+C_a H_{suc}+C_a H_R h_P-C_a C_v Q_R^2 v_P|v_P| \tag{4-18}$$

现在，已经得出四个方程：式（4－7）、式（4－8）、式（4－14）和式（4－18），四个未知数：α_P、v_P、h_P 和 β_P。可以用牛顿-拉弗森迭代方法求解这些方程。为简化求解，先从方程中消去 h_P 和 β_P，下面段落中将讨论求解方法。

把从式（4－7）求得的 h_P 代入式（4－18），并把式（4－8）求得的 β_P 代入式（4－14），简化后得到

$$\begin{aligned}F_1=&C_a H_R a_1(\alpha_P^2+v_P^2)+C_a H_R a_2(\alpha_P^2+v_P^2)\tan^{-1}\frac{\alpha_P}{v_P}-Q_R v_P\\&-C_a C_v Q_R^2 v_P|v_P|+C_n+C_a H_{suc}=0\end{aligned} \tag{4-19}$$

$$F_2=\alpha_P-C_6 a_3(\alpha_P^2+v_P^2)-C_6 a_4(\alpha_P^2+v_P^2)\tan^{-1}\frac{\alpha_P}{v_P}-\alpha-C_6\beta=0 \tag{4-20}$$

式（4－19）和式（4－20）是含有两个未知数 α_P 和 v_P 的非线性方程。可以利用牛顿-拉弗森法来解，方法如下：首先估计 α_P 和 v_P 的解，然后用逐步迭代直到满足计算精度需求。

令 $\alpha_p^{(1)}$ 和 $v_p^{(1)}$ 为解的估计值，上标表示迭代次数，上标（1）代表计算的初估值，上标（2）代表迭代一次后的值。要开始这个过程，可以取该值等于由式（4－6）确定的 α_e 和 v_e。于是式（4－19）和式（4－20）解的下一步估计值为[1]

$$\alpha_P^{(2)}=\alpha_P^{(1)}+\delta\alpha_P \tag{4-21}$$

$$v_P^{(2)}=v_P^{(1)}+\delta\alpha_P \tag{4-22}$$

其中

[1] 这些方程可以由后面4.5节或者13.8节中介绍的一般推导方法导出。

$$\delta\alpha_P=\frac{F_2\dfrac{\partial F_1}{\partial v_P}-F_1\dfrac{\partial F_2}{\partial v_P}}{\dfrac{\partial F_1}{\partial \alpha_P}\dfrac{\partial F_2}{\partial v_P}-\dfrac{\partial F_1}{\partial v_P}\dfrac{\partial F_2}{\partial \alpha_P}} \tag{4-23}$$

$$\delta v_P=\frac{F_2\dfrac{\partial F_1}{\partial \alpha_P}-F_1\dfrac{\partial F_2}{\partial \alpha_P}}{\dfrac{\partial F_1}{\partial v_P}\dfrac{\partial F_2}{\partial \alpha_P}-\dfrac{\partial F_1}{\partial \alpha_P}\dfrac{\partial F_2}{\partial v_P}} \tag{4-24}$$

在式（4-23）和式（4-24）中，用 $\alpha_P^{(1)}$ 和 $v_P^{(1)}$ 的值来求函数 F_1 和 F_2 和它们对 α_P 和 v_P 的导数。对式（4-19）和式（4-20）进行微分得出下列表达式：

$$\frac{\partial F_1}{\partial \alpha_P}=C_aH_R\left(2a_1\alpha_P+a_2v_P+2a_2\alpha_P\tan^{-1}\frac{\alpha_P}{v_P}\right) \tag{4-25}$$

$$\frac{\partial F_1}{\partial v_P}=C_aH_R\left(2a_1\alpha_P-a_2v_P+2a_2\alpha_P\tan^{-1}\frac{\alpha_P}{v_P}\right)-Q_R-2C_aC_vQ_R^2|v_P| \tag{4-26}$$

$$\frac{\partial F_2}{\partial \alpha_P}=1-C_6\left(2a_3\alpha_P+a_4v_P+2a_4\alpha_P\tan^{-1}\frac{\alpha_P}{v_P}\right) \tag{4-27}$$

$$\frac{\partial F_2}{\partial \alpha_P}=C_6\left(-2a_3v_P+a_4v_P-2a_4v_P\tan^{-1}\frac{\alpha_P}{v_P}\right) \tag{4-28}$$

如果 $|\delta\alpha_P|$ 和 $|\delta v_P|$ 小于一个设定的计算偏差（例如 0.001），那么 $\alpha_P^{(1)}$ 和 $v_P^{(1)}$ 就是式（4-19）和式（4-20）的解。否则，可假设 $\alpha_P^{(1)}$ 和 $v_P^{(1)}$ 等于 $\alpha_P^{(2)}$ 和 $v_P^{(2)}$，并重复以上步骤，直到解满足精度要求为止。然后验证在计算中使用的水泵特性线段是否对应于 α_P 和 v_P。如果其值不对应，那么，就假设 α_e 和 v_e 等于 α_P 和 v_P 并重复上述过程。

只要采用了合适的水泵特性曲线区段，就可从式（4-7）和式（4-8）求出 h_P 和 β_P；从式（4-1）求出 H_P 和 Q_P，从式（4-9）和式（4-17）求出 $H_{P_{i,1}}$ 和 $Q_{P_{i,1}}$。对下一时段，把 α 和 v 设为初始值（即 $\alpha=\alpha_P$ 和 $\beta=\beta_P$），并进行下一个时段的计算。为了避免解发散情况下迭代次数无限增大，可以用一个计数器，如果迭代次数超过规定值（例如 30），计算即停止。图 4-5 是计算程序框图说明。

4.4.6 实例

对于图 4-6 所示的供水系统，表 4-2 中列出了管道和泵机组特性的数据。两台水泵在额定工况下运行，同时抽水断电，对其引起的水力瞬变过程进行分析，其中水泵进水短管长度忽略，直接与进水前池相连接。

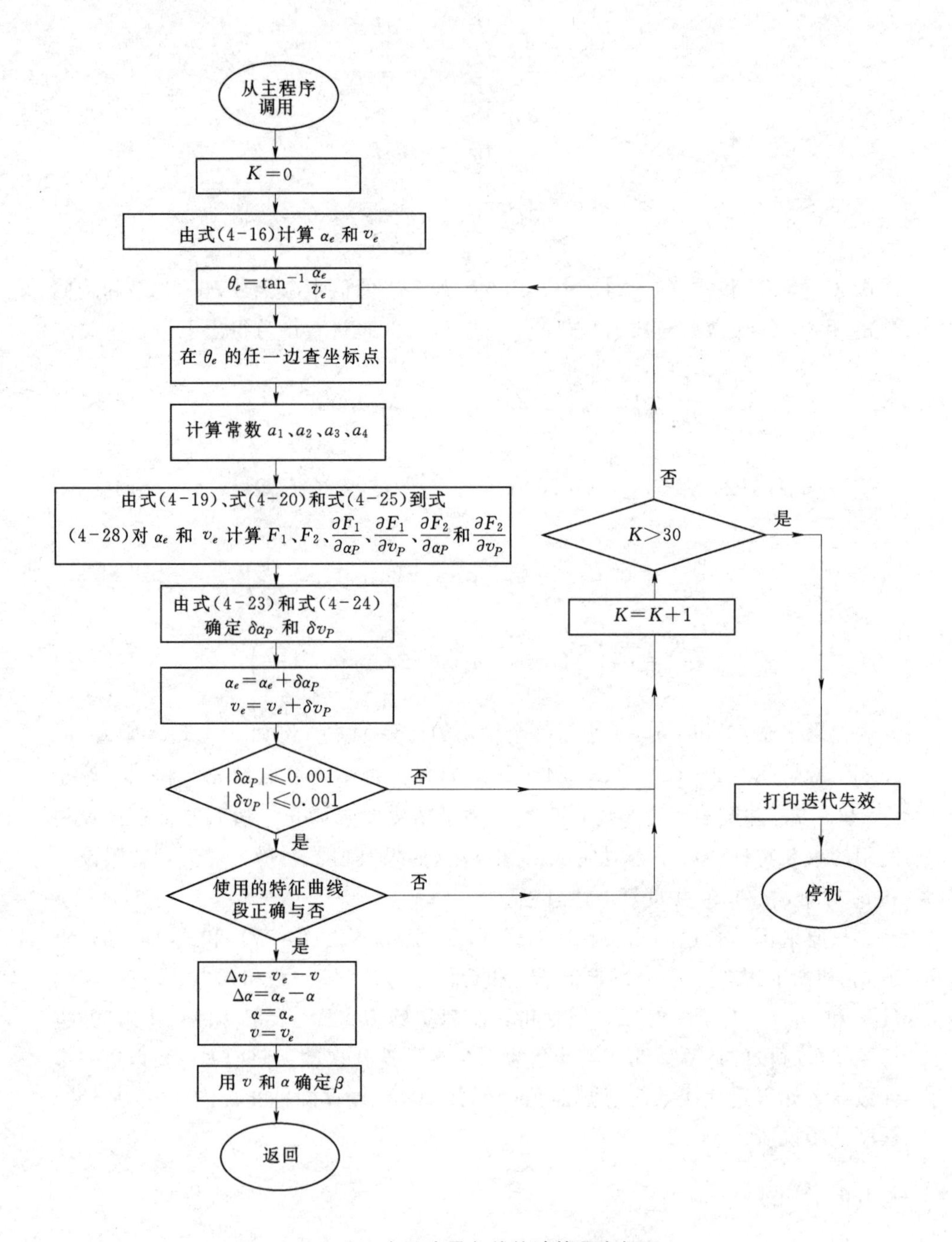

图4-5 水泵边界条件的计算程序框图

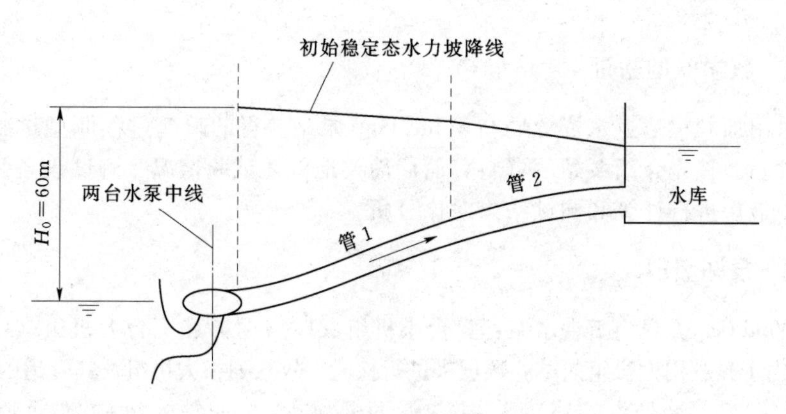

图 4-6 管道系统

4.4.7 解答

两台泵的流量可合在一起，设为系统的上游端的入流边界。吸水管很短，被忽略。

本节编写了一个用于求解并联水泵的计算程序，采用第 3 章讨论的特征线法，以及水库和串联点的边界条件，用以分析出水管道中的瞬变过程。用 2.6 节介绍的方程计算出水管各段的水击波速。分析中采用的 $N_s=0.46$（国际单位制，美制 gpm 单位制为 1276）的水泵特性资料见附录 C。在额定流量和额定转速时，出水管首端压力水头等于额定扬程。先根据系统上游端的流量和压力水头确定管道的恒定工况，然后假设两台泵同时抽水断电，计算在系统中引起的瞬变过程。附录 C 中介绍了计算机程序和计算结果。

表 4-2 供水工程系统布置与管道特性

管线	管 1	管 2
长度/m	450	550
直径/m	0.75	0.75
波速/(m/s)	900	1100
摩擦系数 f	0.01	0.012
流量/(m^3/s)	0.5	0.5
泵		
$Q_R=0.25m^3/s$		
$H_R=60m$		
$N_R=1100rpm$		
$WR^2=16.85kgm^2$（每台水泵）		
额定工况水泵效率＝0.84		

4.4.8 数学模型验证

采用加利福尼亚水资源局在 Wind Gap 泵站获得的瞬变过程原型试验数据进行检验。首先介绍泵站的资料，而后简要地叙述试验情况、测试设备及数学模型，最后进行计算和测试结果对比分析。

4.4.9 泵站资料

Wind Gap 泵站有五台水泵：三台小机组（1～3 号）和两台大机组（4 号、5 号）。由于只利用大机组的试验数据来进行检验，故只列举大机组及其管道的参数。

大机组（4 号、5 号）采用一管两机布置，每台机组的转动惯量为 $99360kg \cdot m^2$，额定转速为 360r/min，额定扬程为 159.7m，对应的额定流量为 $17.84m^3/s$。水泵的比转速为 0.64（SI 国际单位）。总管直径为 3.81m，长 628m，壁厚从 11mm 变化到 27mm。每台水泵后设一出水阀。机组断电后，以（22±2）s 的速度将出水阀关闭。最小扬程和最大扬程分别为 159.06m 和 160.03m，相应于两台机组流量的管道水头损失为 1.8m。为了防止下游渠道中的反向流，靠近管道系统下游端设置了一段虹吸管，虹吸管顶部有一个气阀，一旦水泵断电，该阀立即打开。

4.4.10 试验和测试设备

在大小两种机组上，进行了单机和多机组出水断电试验；飞逸试验是通过机组模拟断电且出水阀延迟关闭直到机组达到稳态飞逸转速实现的。

用应变仪式传感器测量出水阀上下游侧的瞬变压力。为了记录出水阀的关闭速度和机组转速，在所有试验机组上安装了位置传感器（位移传感器）和转速（模拟量）传感器。

4.4.11 数学模拟

根据本章推导边界条件，本节中编制了计算机程序，计算过程框图见图 4-5。可以考虑若干台并联的水泵，而水泵又可以有长短不同的吸水水管。分析中可以把断电后出水阀的关闭考虑进去。为了计算管道中的瞬变过程，程序中用了第 3 章的特征线法和上下游水库的边界条件，以及串联点的边界条件。

4.4.12 计算和量测结果的比较

本节比较了关闭和不关闭排水阀时，4 号机和 5 号机同时断电的计算和实测结果。由于机组对称布置，仅给出一台泵的结果。图 4-7（a）给出水阀保持开启时的结果，而图 4-7（b）示出了 22s 内逐渐关闭出水阀时的结果。从图中可以看出，计算和量测的结果吻合度是非常令人满意的。计算的最低压力低于量测的最低压力，这个差别很可能是由于虹吸管阀门动作引起的，而在数学模型中并没有模拟该阀门。

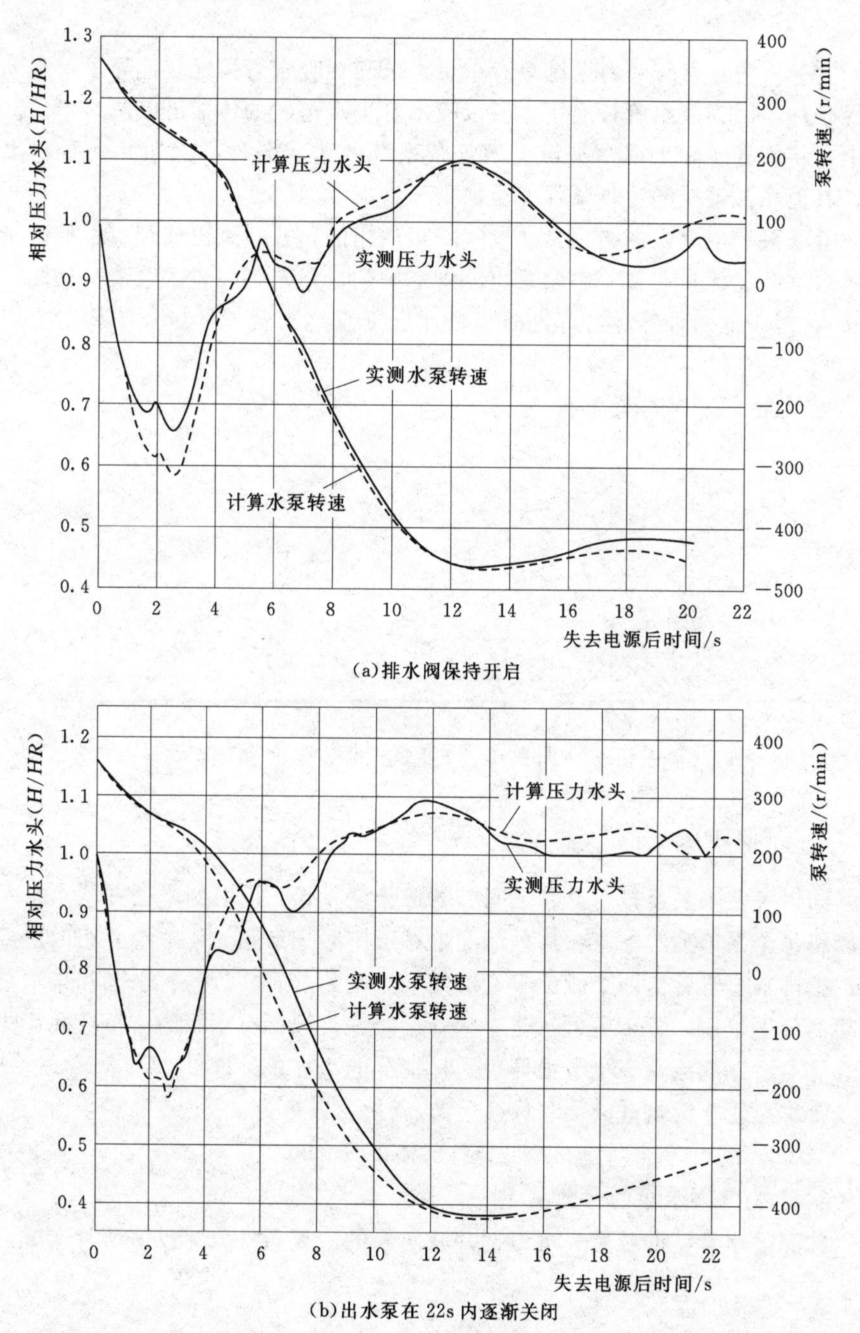

图 4-7 Wind Gap 泵站计算和量测结果比较

4.5 复杂系统

上一节中，已经针对系统只有单台水泵和短吸水管情况，推导了水泵断电边界条件。因为吸水管长度短，所以吸水管里水击波的传播可以忽略不计。本节中，将推导实际工程中常遇到的复杂系统的边界条件，例如并联泵和串联泵。其他相似系统的边界条件可类似推导。

并联泵和串联泵的名词是从电气工程借用的：并联泵出流管道中的流量是各单台水泵的流量总和；串联泵出流管道中的流量与各单台水泵流量相同（图4-8）。对于这两种情况，首先简要概述一下系统布置，然后介绍调节方程和F_1、F_2、$\partial F_1/\partial \alpha_P$、$\partial F_1/\partial v_P$、$\partial F_2/\partial \alpha_P$ 和$\partial F_2/\partial v_P$ 的表达式。采用这些表达式，可以像4-4节那样求解。

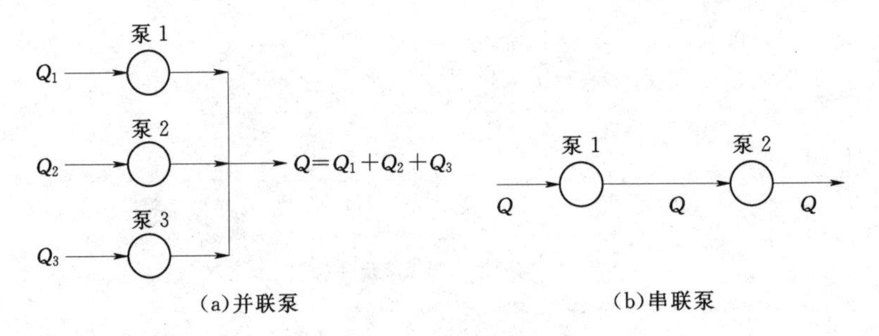

图4-8 并联泵和串联泵

4.5.1 并联水泵

如果各台水泵至排水总管之间的管道长度较长，同时断电的并联水泵系统可以将每个泵单独考虑。在这种情况下，可用第3章和4.4节中介绍的边界条件，把排水总管看作两个或更多管道的汇流岔的总管。若各台水泵和排水总管之间的管道很短．分析中可忽略这些管道，并且把所有水泵的流量合并作为排水总管上游侧的流量。本节推导后一种情况的边界条件。

排水总管上游端［断面（i，1)］的流量可以写为：

$$Q_{P_{i,1}}=n_P Q_P \tag{4-29}$$

式中：n_P 为并联水泵的台数。

按照吸水管路的长度，可以把并联水泵的边界条件分为以下两种情况。

4.5.2 短吸水管

若吸水管短，则可忽略吸水管中的水击波。根据式（4-29）和式

(4-18) 可得

$$n_P Q_R v_P = C_n + C_a H_{suc} + C_a H_R h_P - C_a C_v Q_R^2 v_P |v_P| \quad (4-30)$$

对于这种情况，式 (4-7)、式 (4-8) 和式 (4-14) 仍适用。类似于 4.4 节的推导，可得下列表达式：

$$F_1 = C_a H_R a_1 (\alpha_P^2 + v_P^2) + C_a H_R a_2 (\alpha_P^2 + v_P^2) \tan^{-1}\frac{\alpha_P}{v_P} - n_P Q_R v_P - C_a C_v Q_R^2 v_P |v_P| + C_n + C_a H_{suc} = 0 \quad (4-31)$$

$$\frac{\partial F_1}{\partial v_P} = C_a H_R \left(2a_1 v_P - a_2 \alpha_P + 2a_2 v_P \tan^{-1}\frac{\alpha_P}{v_P}\right) - n_P Q_R - 2C_a C_v Q_R^2 |v_P| \quad (4-32)$$

可以分别由式 (4-20)、式 (4-25)、式 (4-27) 和式 (4-28) 给出 F_2、$\partial F_1/\partial \alpha_P$、$\partial F_2/\partial \alpha_P$ 和$\partial F_2/\partial v_P$ 的表达式。

4.5.3 长吸水管

吸水管长度与出水管长度相当或更长的情况，应该在分析中考虑。除了式 (4-7)、式 (4-8) 和式 (4-14)，还应考虑吸水管的特征方程。参考图 4-9，有

$$H_P = H_{P_{i+1,1}} - H_{P_{i,n+1}} \quad (4-33)$$

$$Q_{P_{i,n+1}} = C_p - C_{a_i} H_{P_{i,n+1}} \quad (4-34)$$

$$Q_{P_{i+1,1}} = C_n + C_{a_{i+1}} H_{P_{i+1,1}} \quad (4-35)$$

$$Q_{P_{i,n+1}} = Q_{P_{i+1,1}} = n_P Q_P \quad (4-36)$$

以 $C_{a_{i+1}}$ 乘式 (4-34)，以 C_{a_i} 乘式 (4-35)，再把式 (4-36) 的 $Q_{P_{i,n+1}}$ 和 $Q_{P_{i+1,1}}$ 代入，然后把所得出的方程相加，则

$$n_P Q_P (C_{a_i} + C_{a_{i+1}}) = C_n C_{a_i} + C_p C_{a_{i+1}} + C_{a_i} C_{a_{i+1}} H_P \quad (4-37)$$

用额定值 Q_R 和 H_R 作基准，式 (4-37) 可写成

$$h_P = \frac{n_P (C_{a_i} + C_{a_{i+1}}) Q_R v_P - C_n C_{a_i} - C_p C_{a_{i+1}}}{C_{a_i} C_{a_{i+1}} H_R} \quad (4-38)$$

从式 (4-7) 和式 (4-38) 消去 h_P，得

$$F_1 = a_1 (\alpha_P^2 + v_P^2) + a_2 (\alpha_P^2 + v_P^2) \tan^{-1}\frac{\alpha_P}{v_P} - C_7 v_P + C_8 = 0 \quad (4-39)$$

其中

$$C_7 = \frac{n_P (C_{a_i} + C_{a_{i+1}}) Q_R}{C_{a_i} C_{a_{i+1}} H_R} \quad (4-40)$$

$$C_8 = \frac{C_n C_{a_i} + C_p C_{a_{i+1}}}{C_{a_i} C_{a_{i+1}} H_R} \quad (4-41)$$

对式 (4-39) 求关于 α_P 和 v_P 的偏导数，得

$$\frac{\partial F_1}{\partial \alpha_P}=2a_1\alpha_P+2a_2\alpha_P\tan^{-1}\frac{\alpha_P}{v_P}+a_2v_P \tag{4-42}$$

$$\frac{\partial F_1}{\partial v_P}=2a_1v_P+2a_2v_P\tan^{-1}\frac{\alpha_P}{v_P}-a_2\alpha_P-C_7 \tag{4-43}$$

式（4－20）、式（4－27）和式（4－28）给定了 F_2、$\partial F_2/\partial \alpha_P$ 和$\partial F_2/\partial v_P$ 的表达式。

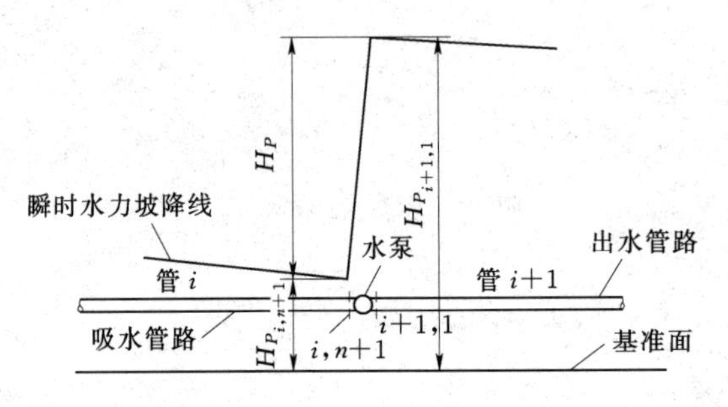

图4－9 具有长吸水管的水泵

4.5.4 串联水泵

如果两台水泵之间管道很长，假设上游水泵有一根长的吸水管，就可以单独地分析各台水泵。如果两台水泵之间管道短，分析时可略去这段管道，两个水泵可以结合在一起看作串联泵边界（图4－10）。这种情况下，上游泵被称为升压泵，下游泵称为主水泵。

串联泵系统的边界条件可表达为下面的方程。参见图4－10，（Miyashiro，1965）下标 b、m 和 v 分别指升压泵、主水泵和阀门；n_P 为并联抽水装置的数目；C_v 为阀门的水头损失系数。

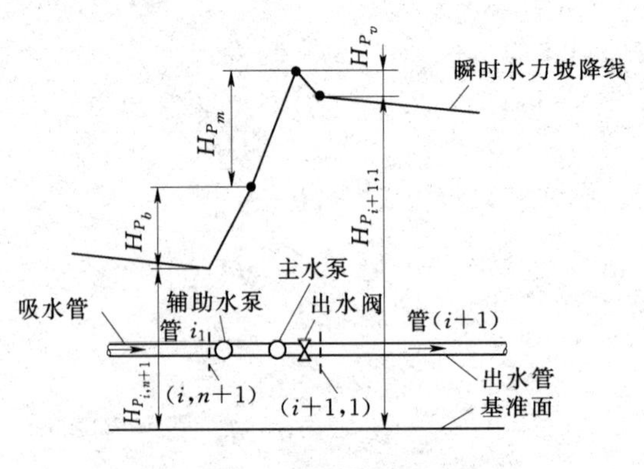

图4－10 串联水泵布置

扬程

$$H_{P_{i+1,1}} = H_{P_{i,n+1}} + H_{P_b} + H_{P_m} - \Delta H_{P_v} \tag{4-44}$$

连续方程

$$Q_{P_{i,n+1}} = n_P Q_{P_b} \tag{4-45}$$

$$Q_{P_b} = Q_{P_m} \tag{4-46}$$

$$Q_{P_{i+1,1}} = n_P Q_{P_m} \tag{4-47}$$

吸水管正特征方程

$$Q_{P_{i,n+1}} = C_p - C_{a_i} H_{P_{i,n+1}} \tag{4-48}$$

出水管负特征方程

$$Q_{P_{i+1,1}} = C_n + C_{a_{i+1}} H_{P_{i+1,1}} \tag{4-49}$$

出水阀水头损失方程

$$\Delta H_{P_v} = C_v Q_{P_{i+1,1}} \left| Q_{P_{i+1,1}} \right| \tag{4-50}$$

水泵特性方程

$$h_{P_m} = a_{1m}(\alpha_{P_m}^2 + v_{P_m}^2) + a_{2m}(\alpha_{P_m}^2 + v_{P_m}^2)\tan^{-1}\frac{\alpha_{P_m}}{v_{P_m}} \tag{4-51}$$

$$h_{P_b} = a_{1b}(\alpha_{P_b}^2 + v_{P_b}^2) + a_{2b}(\alpha_{P_b}^2 + v_{P_b}^2)\tan^{-1}\frac{\alpha_{P_b}}{v_{P_b}} \tag{4-52}$$

$$\beta_{P_m} = a_{3m}(\alpha_{P_m}^2 + v_{P_m}^2) + a_{4m}(\alpha_{P_m}^2 + v_{P_m}^2)\tan^{-1}\frac{\alpha_{P_m}}{v_{P_m}} \tag{4-53}$$

$$\beta_{P_b} = a_{3b}(\alpha_{P_b}^2 + v_{P_b}^2) + a_{4b}(\alpha_{P_b}^2 + v_{P_b}^2)\tan^{-1}\frac{\alpha_{P_b}}{v_{P_b}} \tag{4-54}$$

转速变化方程［类似于式（4-14）］

$$\alpha_{P_m} - C_{6_m}\beta_{P_m} = \alpha_m + C_{6_m}\beta_m \tag{4-55}$$

$$\alpha_{P_b} - C_{6_b}\beta_{P_b} = \alpha_b + C_{6_b}\beta_b \tag{4-56}$$

要解这些方程，需将未知数从13个减少到3个。首先从式（4-44）～式（4-50）中消去 $H_{P_{i,n+1}}$、$Q_{P_{i,n+1}}$、$H_{P_{i+1,1}}$、$Q_{P_{i+1,1}}$、Q_{P_b} 和 H_{P_v}，得到

$$H_{P_m} + H_{P_b} = \frac{n_P Q_{Pm} - C_n}{C_{a_{i+1}}} - \frac{C_p - n_P Q_{Pm}}{C_{a_i}} + C_v n_P Q_{Pm}\left|Q_{Pm}\right| \tag{4-57}$$

用额定值 H_{R_m}、H_{R_b} 和 Q_{R_m} 作基准值，式（4-57）可写成

$$h_{P_m} H_{R_m} + h_{P_b} H_{R_b} = \frac{n_P Q_{R_m}}{C_{a_{i+1}}} v_{P_m} + \frac{n_P Q_{R_m}}{C_{a_i}} v_{P_m} + n_P C_v Q_{R_m}^2 v_{P_m}\left|v_{P_m}\right| - \frac{C_n}{C_{a_{i+1}}} - \frac{C_p}{C_{a_i}} \tag{4-58}$$

把式（4-51）和式（4-52）的 h_{P_m} 和 h_{P_b} 的表达式代入式（4-58）并简化，得

$$F_1=a_{1_m}H_{R_m}(\alpha_{P_m}^2+v_{P_m}^2)+a_{2_m}H_{R_m}(\alpha_{P_m}^2+v_{P_m}^2)\tan^{-1}\frac{\alpha_{P_m}}{v_{P_m}}$$

$$+a_{1_b}H_{R_b}(\alpha_{P_m}^2+v_{P_m}^2)+a_{2_b}H_{R_b}(\alpha_{P_b}^2+v_{P_m}^2)\tan^{-1}\frac{\alpha_{P_b}}{v_{P_m}}$$

$$-n_PC_vQ_{R_m}^2v_{P_m}|v_{P_m}|-\frac{n_PQ_{R_m}}{C_{a_{i+1}}}v_{P_m}-\frac{n_PQ_{R_m}}{C_{a_i}}v_{P_m}$$

$$+\frac{C_n}{C_{a_{i+1}}}+\frac{C_p}{C_{a_i}}=0 \tag{4-59}$$

注意，在式（4－59）中，主水泵和升压泵的数目相等时，它们流量是相等的，故可用 v_{P_m} 代替了 v_{P_b}。

从式（4－53）及式（4－55）消去 β_{P_m} 并从式（4－54）和式（4－56）消去 β_{P_b}，得

$$F_2=\alpha_{P_m}-C_{6_m}\left[a_{3_m}(\alpha_{P_m}^2+v_{P_m}^2)+a_{4_m}(\alpha_{P_m}^2+v_{P_m}^2)\tan^{-1}\frac{\alpha_{P_m}}{v_{P_m}}\right]$$

$$-\alpha_m-C_{6_m}\beta_m \tag{4-60}$$

$$F_3=\alpha_{P_b}-C_{6_b}\left[a_{3_b}(\alpha_{P_b}^2+v_{P_m}^2)+a_{4_b}(\alpha_{P_b}^2+v_{P_m}^2)\tan^{-1}\frac{\alpha_{P_b}}{v_{P_m}}\right]$$

$$-\alpha_b-C_{6_b}\beta_b \tag{4-61}$$

现在得到了含三未知数 α_{P_m}、v_{P_m} 和 v_{P_b} 的三个非线性方程，即式（4－59）、式（4－60）和式（4－61）。按照牛顿-拉弗森法求解如下：

$$\left(\frac{\partial F_1}{\partial\alpha_{P_m}}\delta\alpha_{P_m}+\frac{\partial F_1}{\partial v_{P_m}}\delta v_{P_m}+\frac{\partial F_1}{\partial\alpha_{P_b}}\delta\alpha_{P_b}\right)^{(1)}=-F_1^{(1)} \tag{4-62}$$

$$\left(\frac{\partial F_2}{\partial\alpha_{P_m}}\delta\alpha_{P_m}+\frac{\partial F_2}{\partial v_{P_m}}\delta v_{P_m}+\frac{\partial F_2}{\partial\alpha_{P_b}}\delta\alpha_{P_b}\right)^{(1)}=-F_2^{(1)} \tag{4-63}$$

$$\left(\frac{\partial F_3}{\partial\alpha_{P_m}}\delta\alpha_{P_m}+\frac{\partial F_3}{\partial v_{P_m}}\delta v_{P_m}+\frac{\partial F_3}{\partial\alpha_{P_b}}\delta\alpha_{P_b}\right)^{(1)}=-F_3^{(1)} \tag{4-64}$$

在这些方程中，用 $\alpha_{P_m}^{(1)}$、$v_{P_m}^{(1)}$ 和 $\alpha_{P_b}^{(1)}$ 的估计值来求函数 F_1、F_2 和 F_3 及它们的导数，而由下列方程来确定下一步的估计值。

$$\alpha_{P_m}^{(2)}=\alpha_{P_m}^{(1)}+\delta\alpha_{P_m} \tag{4-65}$$

$$v_{P_m}^{(2)}=v_{P_m}^{(1)}+\delta v_{P_m} \tag{4-66}$$

$$\alpha_{P_b}^{(2)}=\alpha_{P_b}^{(1)}+\delta\alpha_{P_b} \tag{4-67}$$

同前，圆括号里的上标代表迭代的次数。通过求式（4－59）～式（4－61）的导数，得到表达式

$$\frac{\partial F_1}{\partial\alpha_{P_m}}=2a_{1_m}H_{R_m}\alpha_{P_m}+2a_{2_m}H_{R_m}\alpha_{P_m}\tan^{-1}\frac{\alpha_{P_m}}{v_{P_m}}+a_{2_m}H_{R_m}v_{P_m} \tag{4-68}$$

$$\frac{\partial F_1}{\partial v_{P_m}}=2a_{1_m}H_{R_m}v_{P_m}+2a_{2_m}H_{R_m}v_{P_m}\tan^{-1}\frac{\alpha_{P_m}}{v_{P_m}}$$

$$-a_{2_m}H_{R_m}\alpha_{P_m}+2a_{1_b}H_{R_b}v_{P_m}+2a_{2_b}H_{R_b}v_{P_m}\tan^{-1}\frac{\alpha_{P_m}}{v_{P_m}} \tag{4-69}$$

$$-a_{2_b}H_{R_b}\alpha_{P_b}-2n_PC_vQ_{R_m}^2|v_{R_m}|-\frac{n_PQ_{R_m}}{C_{a_{i+1}}}-\frac{n_PQ_{R_m}}{C_{a_i}}$$

$$\frac{\partial F_1}{\partial \alpha_{P_b}}=2a_{1_b}H_{R_b}\alpha_{P_b}+2a_{2_b}H_{R_b}\alpha_{P_b}\tan^{-1}\frac{\alpha_{P_b}}{v_{P_m}}+a_{2_b}H_{R_b}v_{P_m} \tag{4-70}$$

$$\frac{\partial F_2}{\partial \alpha_{P_b}}=0 \tag{4-71}$$

$$\frac{\partial F_2}{\partial \alpha_{P_m}}=1-2C_{6_m}a_{3_m}\alpha_{P_m}-2C_{6_m}a_{4_m}\alpha_{P_m}\tan^{-1}\frac{\alpha_{P_m}}{v_{P_m}}-C_{6_m}a_{4m}v_{P_m} \tag{4-72}$$

$$\frac{\partial F_2}{\partial v_{P_m}}=-2C_{6_m}a_{3_m}v_{P_m}-2C_{6_m}a_{4_m}v_{P_m}\tan^{-1}\frac{\alpha_{P_m}}{v_{P_m}}+C_{6_m}a_{4_m}\alpha_{P_m} \tag{4-73}$$

$$\frac{\partial F_3}{\partial \alpha_{P_m}}=0 \tag{4-74}$$

$$\frac{\partial F_3}{\partial \alpha_{P_b}}=1-2C_{6_b}a_{3_b}\alpha_{P_b}-2C_{6_b}a_{4_b}\alpha_{P_b}\tan^{-1}\frac{\alpha_{P_b}}{v_{P_m}}-C_{6_b}a_{4_b}v_{P_m} \tag{4-75}$$

$$\frac{\partial F_3}{\partial v_{P_m}}=-2C_{6_b}a_{3_b}v_{P_m}-2C_{6_b}a_{4_b}v_{P_m}\tan^{-1}\frac{\alpha_{P_b}}{v_{P_m}}+C_{6_b}a_{4_b}\alpha_{P_b} \tag{4-76}$$

如果联解式（4-62）～式（4-64）所得到的$|\delta\alpha_{P_m}|$、$|\delta\alpha_{P_b}|$和$|\delta v_{P_m}|$小于设定的允许偏差（例如0.001），那么$\alpha_{P_m}^{(2)}$、$v_{P_m}^{(2)}$和$\alpha_{P_b}^{(2)}$就是式（4-59）～式（4-60）的解；否则重新假设$\alpha_{P_m}^{(1)}$、$v_{P_m}^{(1)}$和$\alpha_{P_b}^{(1)}$等于$\alpha_{P_m}^{(2)}$、$v_{P_m}^{(2)}$和$\alpha_{P_b}^{(2)}$，并重复以上过程，直到求得满足精度的解。然后验证计算中的用到的水泵特性曲线线段区间是否与α_P和v_P相对应。如果不对应，需要假设α_{e_m}、α_{e_b}和v_{e_m}分别等于$\alpha_{P_m}^{(2)}$、$v_{P_m}^{(2)}$和$\alpha_{P_b}^{(2)}$，再重复上述过程；否则，从式（4-44）～式（4-56）来求其余的变量，并进行下一个时段的计算。

为了防止迭代发散，可设置一个计数器，以便在迭代次数超过规定值时（例如30）停止计算。

4.6 泵的启动

在4.2节所述的关阀启动方法不能用于水泵下游未设出水控制阀的情况，因为关阀启动方式可能在泵后产生很高的压力，尤其用感应式电动机直接启动（即不降低电压）时，情况更突出。

本节介绍一种分析水泵启动过程的简化程序。电动机制造厂家负责提供电动机达到额定转速所需时间。为了得到安全系数，泵的启动时间T_s假定为制造商给定时间的70%（Joseph和Hamill，1972）。假定在时间T_s内，泵的转速从零线性增加到额定转速 N_R，这样其随时间的变化是已知的。这种假定大大简化了计算，因为不需要从转矩特性和极惯性矩确定不同时间的 α。

令时段末的泵转速是 α^*，它可从泵转速随时间的变化曲线来确定。正如 4.4 节中讨论的，可以根据以前各时段的已知值 v，用外插法来估计时段末的无因次水泵流量 v_e。然后，根据水泵特性曲线的相应区段，确定 α^* 和 v_e 的值。用直线的方程代替特性曲线区段（图 4-3）：

$$\frac{h_P}{\alpha^{*2}+v_P^2}=a_1+a_2\tan^{-1}\frac{\alpha^*}{v_P} \tag{4-77}$$

式中：a_1 和 a_2 可以由计算机存储的特性曲线数据来确定。

下面是一个有短吸水管的泵系统的计算过程。类似处理，可把一个吸水管纳入分析中。以 H_R 和 Q_R 作为基准，泵的负特征方程可以写为

$$Q_R v_P=C_n+C_a H_R h_P \tag{4-78}$$

从式（4-77）和式（4-78）消去 h_P，并且简化，得到

$$C_a H_R\left(a_1+a_2\tan^{-1}\frac{\alpha^*}{v_P}\right)v_P^2+C_a H_R a_2\alpha^{*2}\tan^{-1}\frac{\alpha^*}{v_P}$$

$$-Q_R v_P+C_n+C_a H_R\alpha^{*2}a_1=0 \tag{4-79}$$

这个方程可采用牛顿-拉弗森法确定 h_P、$H_{P_{i,1}}$ 和 $Q_{P_{i,1}}$ 的值。

水泵启动前，如果出流管处于静水头之下，在启动扬程超过该静水头之前，不会有流量进入出水管。要在以上的分析中包括这种条件，只要假设在 $H_{P_{1,1}}$ 超过静水头之前，$Q_{P_{1,1}}=0.0$ 即可。

可以通过增加启动时间 T_s 来减小启动时的压力上升。加大水泵电动机的转动惯量、降低电压、部分绕组启动都可以延长启动时间。用这些方法来降低最大压力，进而减小管壁厚度，其整体经济性应在选择开阀启动方式前进行研究。

4.7 设计准则

管道系统的布置和尺寸一经选定，就可用 4.4 节和 4.5 节所述的方法确定各种工况的最大和最小压力。从最安全的设计考虑，系统应能承受可能的最大和最小压力，并具有足够的安全系数。但这样一种设计往往是不经济的。要按照工程使用期间，实际运行工况出现的危险性和可能性选择安全系数，即发生的可能性越大，则安全系数就取得越大。

根据发生的频率，可以把各种工况分为**正常**、**紧急**、**极端**三类。各种专业协会和组织，例如，美国机械工程师协会（American Society of Mechanical Engineers），美国水务协会（American Water—Works Association）等都有各

自的标准和建议的安全系数。设计者应校核它们的特定应用情况。下面讨论这些工况类型中，每一种所包括的工况以及推荐的安全系数（Chaudhry 等，1978），仅供参考。

4.7.1 正常工况

系统使用期内，很可能多次发生的某些工况被称为**正常工况**。为减轻严重的瞬变过程而在系统中设置附属建筑物或装置（例如调压室、涌波抑制器、空气室和空气阀）。假设这些装置的设计是合理的，可在下列情况按设计要求发挥作用。

以下工况为正常工况：

（1）全扬程范围内的水泵手动或自动启动和停机工况。如果管道上不只一台水泵，则考虑全部水泵抽水断电的工况。对水泵的启动来说，只考虑某一时间内起动一台水泵的工况。

（2）水泵附近设有止回阀时，当水流一开始反向流动，就立即关闭阀门。

（3）如果系统中没有止回阀，调压室工作时不会因为被排空而造成吸入空气、调压室也不溢流（调压室设有溢流坎的情况除外）。

（4）如果系统中设有空气室，在水泵断电期间仍然具有最小的空气容积，保证空气室能正常发挥作用。

在上述各工况下，管道中的任何位置都不应发生水柱分离。如果管道中可能会发生水柱分离，就应设置空气室、调压室等附属设施来防止其发生。如果这样做不现实或投资过多，为了使分离的水柱重新弥合时的瞬变压力减至最小，应该设置专门控制设备，或者管线按承受这些压力设计。

对正常工况引起的瞬变压力，根据构件的破裂强度，取适当的安全系数以防破坏，建议安全系数取为 **3**。

4.7.2 紧急工况

抽水系统的紧急情况是指断电时，某一压力控制装置失灵的情况。其工况包括：

（1）涌波抑制器、调压室或调压阀中某一装置或建筑物失灵的工况。

（2）为截断反向水流而设置的止回阀的关闭时间被延长，出现了最大反向水流的工况。

（3）系统中的进气阀不起作用。

由于这些工况发生的概率非常小，因此根据极限抗裂强度或抗压强度，建议安全系数取为 **2**。

4.7.3 极端工况

极端工况是在最不利情况下，诸如空气室中空气泄光、阀门或闸门不正常快速关闭或开启、泵轴折断等保护设备失灵的工况。在极端工况中，任何一种工况发生的可能性都非常小，因此根据极限抗裂强度或抗压强度采用**稍大于1**的安全系数。

4.8 案例分析

本节介绍 Hat Creek 工程初步设计阶段，对供水和冷却水循环系统进行的水力瞬变过程研究（Chaudhry 等，1978）。

4.8.1 供水系统

从 Thompson 河抽水到水电站水库的供水系统（图 4-11）包括：直径800mm、长度 23km 的一根埋藏管道；一座位于河流进口包括五台泵机组的泵站；两座加压站，每座都有四台泵机组和一个具有自由水面的吸水室；以及水电站附近的一个水库。每座加压站在吸水侧都是具有自由水面的吸水池。平均和最大流量分别为 $0.725m^3/s$ 和 $0.60m^3/s$，从河流进水口到电站水库的最大静扬程为 1083m。

两座加压站都有三级水泵，每台水泵的额定参数为：$0.4m^3/s$，670m，3580r/min。每台水泵的比转速为 0.74（国际单位），而水泵、电动机、轴和泵轮内水综合转动惯量为 $62kg \cdot m^2$。根据需要可把每台机组总的转动惯量增加到 $420kg \cdot m^2$，从而不超过水泵启动时间规定的限度。水泵制造厂只提供了水泵正常运行区间的水泵特性曲线，其他运行区间无资料可用，但这些特性曲线与附录F中 $N_s=0.46$（国际单位）的水泵特件曲线很一致，所以对所有运行区间采用了附录A的特性曲线。

4.8.2 分析

编制了抽水断电和（或）阀门操作所引起的管路水力瞬变的计算机程序，采用第3章、第4章和第10章里所介绍的边界条件和方程进行求解。为避免内插引起的误差，根据实际情况适当调整波速，保证特征线通过计算网格点。因为每一座加压站吸水侧均有自由水面吸水池，在分析出水管的瞬变过程时略去了吸水管对瞬变过程的影响。本程序的计算结果通过与 Wind Gap 泵站实测数据（见4.4节）进行比较来验证。

控制装置的选择：

合适的水击控制装置是按下面叙述的方法来选择的：

（1）水柱分离。假设没有控制装置，针对所有水泵同时断电的情况，分析上述管路系统。分析结果显示，在1号和2号加压站之间以及2号加压站的下游管路里发生了水柱分离。增加水泵惯性和设置单向调压井可防止水柱分离。后面将列举这些装置的数据。

（2）最大压力。在管道的最初设计期间，假设设有适当的控制装置，可把泵端处的最大压力上升限制在额定水头的10%（压力上升=最大瞬时压力-稳态压力）。在水泵的下游有止回阀时，断电后的压力上升超过了10%。然而，缓慢关闭排水阀时可以把它减少到小于5%。

4.8.3 结果

图4-11示出了有适当控制设备的系统中断电后最大和最小水力坡降线。

1. 水柱分离

下列控制装置能够成功地防止各段管道里的水柱分离。

（1）1号到2号加压站的管道。有两种可选方案。

1）将两台水泵电机的转动惯量增加到115kg·m^2，而且在Elephant Hill的峰顶处设置一个单向调压井，室内静水位高程为627m（在地面以上10m）。

2）将每台水泵电动机的转动惯量增加到390kg·m^2。

采用这些控制措施后，管路中的最低压力可保持在大气压力以上。

（2）2号加压站的下游管道：将每台水泵电动机的转动惯量增加到370kg·m^2；在桩号11+175处设置一个直径4m的单向调压井，室中静水位的高程为1252m（地面以上10m），并且在桩号17+480处设置一个直径4m的单向调压井，室中静水位在1345m高程（地面以上25m）。

采取这些措施后，沿管路的最低压力大于大气压力。

2. 最大压力

缓慢关闭水泵出水阀能减小断电后的压力上升。采用大约100s的关闭时间，断电后水泵处的压力上升就能小于额定水头的5%。在这些计算里，假设了单一的关闭速率。对于排水阀保持开启和关闭的情况，断电后的最大反向水泵转速都小于水泵制造厂规定的下列最大允许限制：小于30s时为额定转速的130%；较长时间时，为额定转速的120%。

紧急情况：假设断电后，出水阀保持开启属紧急情况。由于水泵机组惯性大于机组正常惯性，所以水泵的最大压力在所有情况下都保持小于静压力。

4.8.4 讨论

上述结果是用近似的摩阻系数和近似的水泵特性曲线得到的，也缺乏精确的地形资料和排水阀过流特性数据。不同的水泵特性曲线的检验表明，水泵特性曲线不同和（或）出水阀过流特性数据的不同可能会大大地改变最大和最小压力的计算值。同样，管道布置的重大变更也将会改变水力坡降线与管道布置的关系，结果就可能在该处发生水柱分离。摩阻损失的不同也会影响最大和最小压力。

根据现有数据，可以把水泵的最大压力维持在额定水头的5%以下。然而，正如讨论过的那样，由于系统资料的重大变化，压力上升可能更高。如果有必要，可通过增加出水阀的关闭时间来降低压力升高，这就会导致在水泵反转时间的加长。尽管最大反向水泵转速仍在水泵制造厂规定的限度内，但延长时间，水流反向流动可能部分地排空高处的管道。在没有取得更可靠的资料和进行影响压力升高的各种变化因素的敏感性分析以前，建议水泵末端的最大压力上升应该取等于额定水头的10%，同时按比例调整图4-11中示出的最大压力坡降线的高程。

按规定的控制措施，最小压力坡降线总在管线以上。Elephant Hill 2号加压站下游的高点处最小压力坡阵线高出管线不到5m。在设计后期，更详细的资料取得后，应该仔细研究最小压力包络线，如有必要可以适当增加单向塔高度。

空气阀应该设置在沿管线的高处，不仅有助于管道的充水和放空，还可防止万一在管道低处产生破裂造成大段管路的破坏。此外，沿管道设置阀门能够截断和排空管段，以便检查和维修等。如果设有这种阀门，其运行引起的瞬变过程应在最终设计时研究。

单向调压井应该至少有两个排出管道（两个单向止回阀），这样将大大减小因单个止回阀拒动而使调压室不起作用的可能性。

为了防止在1号和2号加压站之间的管道中发生水柱分离，加大惯性和设单向调压井这两种选择都是可行的。从运行的观点来看，只增加惯性的选择更好一些，因为单向调压井操作较复杂，而且需要经常维修。

用附加飞轮或通过电动机的专门设计能够增加水泵电动机的转动惯量。为了提供操作的灵活性以及互换备用零件的减少等，两个加压站的所有机组转动惯量都应该是相同的，而且每台机组的转动惯量等于400kg·m^2。

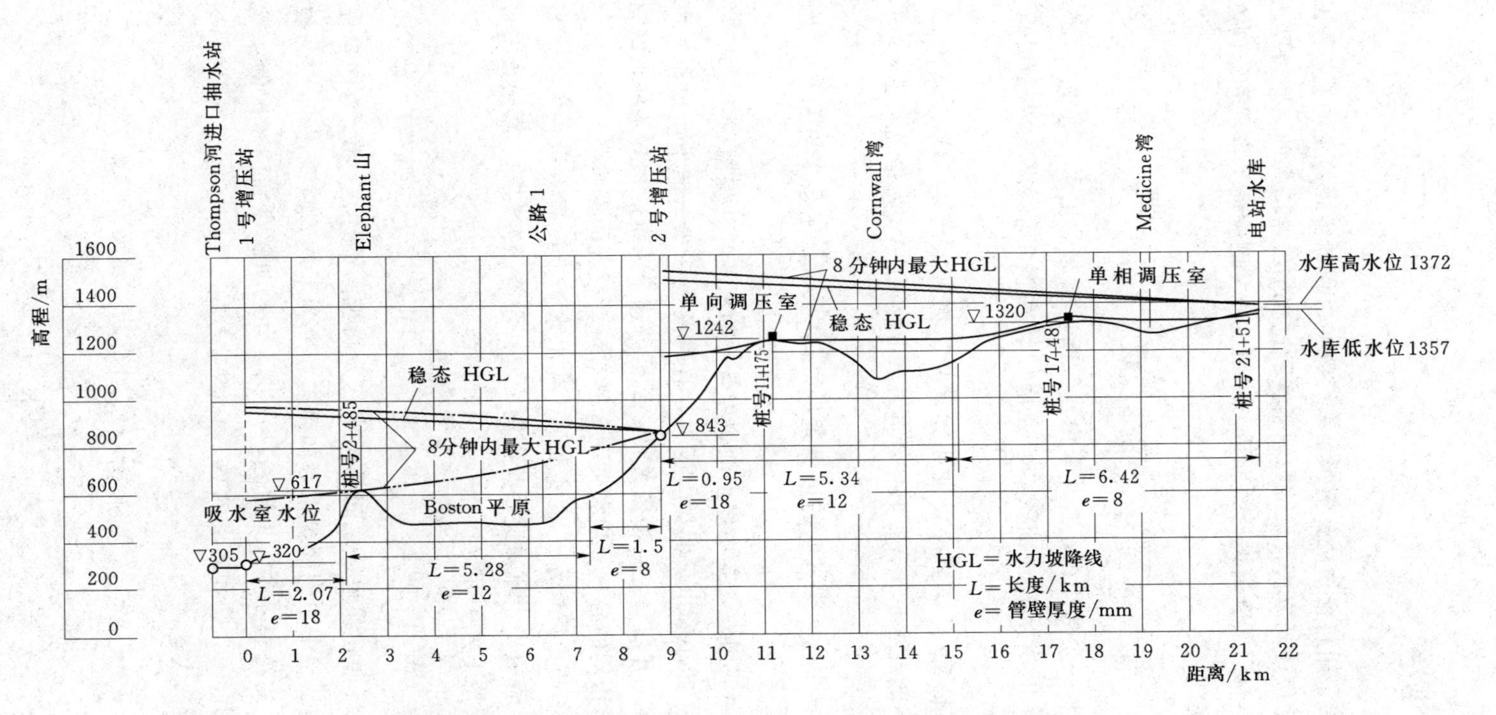

图 4-11 Hat Creek 热电站补给冷却水供水系统的管路断面

4.9 本章小结

本章介绍了用特征线法分析水泵系统瞬变过程的步骤，概述了各种工况引起的过程的迭代计算方法，总结归纳了实践过程中经常碰到的一些边界条件及处理方式。还介绍了管道设计的准则，并用工程实例验证了本章介绍的方法的实用性与可靠性。

习 题

4.1 编写一个通用程序，计算由水泵断电引起的出水管道中压力瞬变过程。用附录F的水泵特性曲线，研究增加转动惯量值对最大和最小压力的影响。

4.2 用习题4.1的程序，证明如果摩阻损失大于$0.7aV_0/g$时，水泵处的最大压力不超过水泵扬程，其中，a为水击波速，V_0为稳态流速，g为重力加速度。

4.3 推导多台水泵并联的边界条件，其中n_f台水泵断电而n_o台水泵继续运行。

4.4 画一张习题4.3中导出的边界条件的框图，并编制一个计算程序。

4.5 为了减小断电后的最大压力，有时紧接在水泵的下游设置一个调压阀。断电时阀门开启，之后慢慢关闭。试推导这个系统的边界条件；编制计算程序并研究调压阀的各种开启和关闭速率对瞬变过程的影响。

4.6 为了防止反向水流通过水泵，在出水管上设置一台止回阀。当水泵断电后，出水管道中水流减速，止回阀关闭。没有缓冲和轴承摩阻损失可忽略不计的止回阀按下式关闭（Parmley，1965）：

$$I\frac{d^2\theta}{dt^2}-W_s\bar{r}\sin\theta+\left(\frac{BV}{K_f}+\frac{C}{K_d}+\frac{d\theta}{dt}\right)^2+\left(\frac{G}{K_d}\frac{d\theta}{dt}\right)^2+\left(\frac{FV}{K_f}\right)^2=0$$

式中：θ为阀盘重心和垂线之间的角度；为阀盘的惯性矩；W_s为阀盘在水中的重量；R为从轴中心到阀盘重心的距离；V为平均管路流速；K_f为静止的阀盘在流水中的流量系数（θ的函数）；K_d为运动阀盘在静水中的流量系数（θ的函数）；B、C、G和F是常数。

这些常数的表达式为

$$B=\left(\frac{AR}{P^3}\right)^{0.25}$$

$$C=J\left(\frac{A^2P^3}{R}\right)^{0.25}$$

$$F=\left(AR-J^2\sqrt{\frac{A^2R}{P^3}}\right)^{0.5}$$

$$G=\left(AP^3-J^2\sqrt{\frac{A^2P^3}{R}}\right)^{0.5}$$

式中：A 为阀盘的面积；R 为从轴心到阀盘中心的距离；P 为从轴心到 $\int r^3\mathrm{d}A$ 集中点的距离；J 为从轴心到阀盘面积的惯性矩集中点的距离；而 r 为从阀盘中心量得的力矩臂。

假设 K_f 和 K_d 从表格形式给出，试推导止回阀的边界条件。

4.7 编写一个止回阀计算程序，用下列数据运算：$I=0.235\text{lb}-\text{ft}-\text{sec}^2$；$B=0.548$；$C=0.357$；$F=0.11$；$G=0.07$；$W_s\bar{r}=10.74\text{lb}-\text{ft}$；$\theta=16.1°+\alpha$；初始稳态 θ 和 α 分别为 60.1°和 44°，下面列出 K_f 和 K_d：

α/(°)	K_f	K_d
0	0.00	0.00
4	0.16	0.23
8	0.28	0.40
12	0.40	0.49
16	0.49	0.55
20	0.56	0.58
24	0.62	0.54
28	0.67	0.49
32	0.71	0.44
36	0.77	0.38
40	0.84	0.27
44	0.95	0.09

用图 4-6 和表 4-2 给出的管路和水泵数据，但管路直径取为 9 英寸。

4.8 编制计算机程序分析由泵的起动造成的瞬变过程，利用该程序研究起动时间 T_s 对系统最大、最小压力的影响。

参考文献

[1] Brown, R. J. and Rogers, D. C., 1980, "Development of Pump Characteristics from Field Tests," *Jour. Mechanical Design*, Amer. Soc. of Mech. Engrs., vol. 102, pp. 807-817.

[2] Chaudhry, M. H., Cass, D. E., and Bell, P. W. W., 1978, "Hat Creek Project: Hydraulic Transient Analysis of Make-up Cooling Water Supply System," *Report No. DD* 108, Hydroelectric Design Division, British Columbia Hydro and Power Authority, Vancouver, Canada, Feb.

[3] Curtis, E. M., 1983, "Four-Quadrant Characteristics of a Vaned Diffuser, End Suction, Pump," *Sixth International Symp. on Hydraulic Transiets in Power Stations*, International Assoc. Hydraulic Research, Gloucester, England, September 18 - 20.

[4] Daigo, H. and Ohashi, H., 1972, "Experimental Study on Transient Characteristics of a Centrifugal Pump During Rapid Acceleration of Rotational Speed," *Proc. 2nd. International Symp. Fluid Machinery and Fluidics*, vol. 2, Jap. Soc. Mech. Engrs., Sept., pp. 175 - 182.

[5] Donsky, B., 1961, "Complete Pump Characteristics and the Effect of Specific Speeds on Hydraulic Transients," *Jour. Basic Engineering*, Amer. Soc. Of Mech. Engrs., Dec., pp. 685 - 699.

[6] Joseph, I. and Hamill, F., 1972, "Start-Up Pressures in Short Pump Discharge Lines," *Jour. Hydraulics Div.*, Amer. Soc. of Civ. Engrs., vol. 98, July, pp. 1117 - 1125.

[7] Kamath, P. S. and Swift, W. L., 1982, "Two-Phase Performance of Scale Models of a Primary Coolant Pump," *Final Report*, NP-2578, September.

[8] Kennedy, W. G., Jacob, M. C., Whitehouse, J. C., Fishburn J. D., and Kanupka, G. J., 1980, "Pump Two-Phase Performance Program," *Final Report*, NP-1556, vols. 2, 5, September.

[9] Kittredge, C. P. and Thoma, D., 1931, "Centrifugal Pumps Operated Under Abnormal Conditions," *Power*, vol. 73, pp. 881 - 884.

[10] Kittredge, C. P., 1933, "Vorgange bei Zentrifugalpumpenlagen nach plotzlichem Ausfallen des Antriebes," *Mitteilungen des Hydraulischen InstitUls der Technischen Hochschule Munchen*, vol. 7, pp. 53 - 73.

[11] Kittredge, C. P., 1956, "Hydraulic Transients in Centrifugal Pump Systems," *Trans.*, Amer. Soc. of Mech. Engrs., vol. 78, pp. 1307 - 1322.

[12] Knapp, R. T., 1937, "Complete Characteristics of Centrifugal Pumps and Their Use in Prediction of Transient Behaviour," *Trans.*, Amer. Soc. of Mech. Engrs., vol. 59, pp. 683 - 689.

[13] Kobori, T., 1954, "Experimental Research on Water Hammer in the Pumping Plant of the Numazawanuma Pumped Storage Power Station," *Hitachi Review*, pp. 65 - 74.

[14] Marchal, M., Flesch, G., and Suter, P., 1965, "The Calculation of Waterhammer Problems by Means of the Digital Computer," *Proc. International Symp. on Waterhammer in Pumped Storage Projects*, Amer. Soc. of Mech. Engrs., pp. 168 - 188.

[15] Martin, C. S., 1983, "Representation of Pump Characteristics for Transient Analysis," *Proc. Symp. on Performance Characteristics of Hydraulic Turbines and Pumps.*, Amer. Soc. Mech. Engrs., Nov.

[16] Miyashiro, H., 1965, "Waterhammer Analysis for Pumps Installed in Series," Marchal et al. *Proc. International Symp. on Waterhammer in Pumped Storage Projects*,

Amer. Soc. of Mech. Engrs. , pp. 123 - 133.

[17] Miyashiro, H. and Kondo, M. , 1969, "Model Tests of Pumps for Snake Creek Pumping Plant No. 1, USA," *Hitachi Review*, vol. 18, no. 7, pp. 286 - 292.

[18] Miyashiro, H. and Kondo, M. , 1970, "Model Tests of Centrifugal Pumps for Santa Ines Pumping Plant, Brazil," *Hitachi Review*, vol. 19, no. 11, pp. 386 - 394.

[19] Ohashi, H. , 1968, "Analytical and Experimental Study of Dynamic Characteristics of Turbopumps," *NASA TN D*-4298, April.

[20] Olson,D. J. , 1974, "Single and Two-Phase Performance Characteristics of the MOD-1 Semiscale Pump Under Steady State and Transient Fluid Conditions," ANCR - 1165, Aerojet Nuclear Company, Oct.

[21] Parmakian,J. , 1957, "Waterhammer Design Criteria," *Jour. Power Div.* , Amer. Soc. of Civ. Engrs. , April, pp. 1216 - 1 to 1216 - 8.

[22] Parmakian, J. , 1963, *Waterhammer Analysis*, Dover Publications, pp. 78 - 81.

[23] Parmley, L. J. , 1965, "The Behaviour of Check Valves During Closure," *Research Report*, Glenfield and Kennedy Ltd. , Kilmarnock, England, Oct.

[24] Paynter, H. M. , 1972, "The Dynamics and Control of Eulerian Turbomachines," *Jour.* , *Dynamic Systems*, *Measurement*, *and Controll*, *Amer. Soc. Mech. Engrs.* , Sept. , pp. 198 - 205.

[25] Paynter, H. M. , 1979, "An Algebraic Model of a PumpITurbine," *Proc. Symp. on Pump Turbine Schemes*, Amer. Soc. of Mech. Engrs. , June, pp. 113 - 115.

[26] Sprecher, J. , 1951, "The Hydraulic Power Storage Pumps of the Etzel Hydro-Electric Power Scheme," *Sulzer Technical Review*, No. 3, pp. 1 - 14.

[27] Stepanoff, A. J. , 1957, *Centrifugal and Axial Flow Pumps*, John Wiley & Sons, New York, NY.

[28] Stephenson,D. , 1976, *Pipeline Design for Water Engineers*, Elsevier Scientific Publishing Co. , Amsterdam, The Netherlands, p. 58.

[29] Streeter,V. L. , 1964, "Waterhammer Analysis of Pipelines," *Jour. Hydraulics Div.* , A-mer. Soc. of Civ. Engrs. , July, pp. 151 - 171.

[30] Suter, P. , 1966, "Representation of Pump Characteristics for Calculation of Water-hammer," *Sulzer Technical Review*, No. 66, pp. 45 - 48.

[31] Swanson,W. M. , 1953, "Complete Characteristic Circle Diagrams for Turbo-Machinery," *Trans.* Amer. Soc. of Mech. Engrs. , vol. 75, pp. 819 - 826.

[32] Thoma,D. , 1931, "Vorgange beim Ausfallen des Antriebes von Kreiselpumpen," *Mitteilungen des Hydraulischen InstitUls der Technischen Hochschule Munchen*, vol. 4, pp. 102 - 104.

[33] Thomas,G. , 1972, "Determination of Pump Characteristics for a Computerized Transient Analysis," *Proc. First International Conf. on Pressure Surges*, British Hydromechanics Research Assoc. Canterbury, England, Sept. , pp. A3 - 21 - A3 - 32.

[34] Tognola, S. , 1960, "Further Development of High Head Storage Pumps," *Escher-Wyss News*, vol. 33, Nos. 1 - 3, pp. 58 - 66.

[35] Tsukamoto, H. and Ohashi, H. , 1981, "Transient Characteristics of a Centrifugal

Pump During Starting Period," *Paper No*. 81-*WA/FE*-16, presented atWinter Annual Meeting, Amer. Soc. Mech. Engrs., Nov.

[36] Winks, R. W., 1977, "One-Third Scale Air-Water Pump Test Program andPerformance," EPRI NP-135, July.

[37] Wylie, E. B. and Streeter, V. L., 1981, *Fluid Transiets*, FEB Publishers, Ann Arbor, Mich.

附加参考文献

[1] Cooper, P., 1982, "Performance of a Vertical Circulating Pump in the Turbine Mode," *Symp. on Small Hydro Power Fluid Machines*, Amer. Soc. Mech. Engrs., Phoenix, Nov.

[2] Donsky, B., Byrne, R. M., and Barlett, P. E., 1979, "Upsurge and Speed-Rise Charts Due to Pump Shutdown," *Jour. Hydraulics Div.*, Amer. Soc. Civ. Engrs., vol. 105, HY6, June, pp. 661-674.

[3] Jaeger, C., 1959, *Engineering Fluid Mechanics*, Blackie and Sons, London, UK.

[4] Jaeger, C., 1959, "Waterhammer Caused by Pumps," *Water Power*, London, July, pp. 259-266.

[5] Kinno, H. and Kennedy, J. F., 1965, "Waterhammer Charts for Centrifugal Pump Systems," *Jour. Hydraulics Div.*, Amer. Soc. Civ. Engrs., vol. 91, pp. 247-270.

[6] Koelle, E. and Chaudhry, M. H. (eds.), 1982, *Proc. International Seminar on-Hydraulic Transients* (in English wilh Portuguese translation), vols. 1-3, Sao Paulo, Brazil.

[7] Kovats, A., 1970, "Fluid Transient Conditions in Condenser Cooling WaterSystems," *Paper* 70-*WA/FE* 25, Amer. Soc. Mech. Engrs.

[8] Linton, P., 1950, "Pressure Surges on Starting Pumps with Empty Delivery Pipes," British Hydromechanic Research Assoc., TN402.

[9] Miyashiro, H., 1962, "Waterhammer Analysis of Pumps in Parallel Operation," *Bull.*, Japan Soc. of Mech. Engrs., vol. 5, no. 19, pp. 479-484.

[10] Miyashiro, H., 1963, "Water Level Oscillations in a Surge Tank When Starting a Pump in a Pumped Storage Power Station," *Proc.*, International Assoc. for Hydraulic Research, London, pp. 133-140.

[11] Parmakian, J., 1953, "Pressure Surges at Large Pump Installations," *Trans.*, Amer. Soc. of Mech. Engrs., vol. 75, Aug., pp. 995-1006.

[12] Parmakian J. 1953, "Pressure Surge Control at Tracy Pumping Plant," *Proc.* Amer. Soc. of Civil Engrs., vol. 79, Separate no. 361, Dec.

[13] Paynter, H. M. and Free, J. G., 1966, "Discussion of Water-Hammer Chartsfor Centrifugal Pump System, by Kinno and Kennedy," *Jour. Hydraulics Div.*, Amer. Soc. Civ. Engrs., vol. 92, March, pp. 379-382.

[14] Rich, G. R., 1951, *Hydraulic Transients*, McGraw-Hili Book Co., New York.

[15] Ritter, H. K. and Rohling, T. A., 1972, "Starting Large Custom Pumps Against Reverse Flow," *Allis-Chalmers Engineering Review*, vol. 37, no. 2.

[16] Schnyder, O., 1937, "Comparison Between Calculated and Test Results onWaterhammer in Pumping Plant," *Trans.*, Amer. Soc. of Mech. Engrs., vol. 59, pp. 695 - 700.

第5章
水电站的瞬变过程

Castaic 水电站装有六台水泵水轮机（抽水工况流量为 $65m^3/s$；发电工况流量为 $98.3m^3/s$）和一台水斗式水轮机（$22.7m^3/s$）。落差 328.6m，压力管道长 732m、直径从 4.1m 到 2.7m；调压室直径 36.6m、高 116.7m（加利福尼亚水资源局 S. Loghmanpour 提供）

5.1 引言

水轮机的各种运行工况，如起动工况、停机工况、增负荷工况和甩负荷工况等，均会在水电站引起水力瞬变过程。本章讨论这些水力瞬变过程的计算分析。分析中，管道系统及相关的边界条件可采用计算程序和利用第 3 章给出的边界条件进行模拟。水轮机作为特殊的边界条件，需要考虑水轮机水头、流量、转速和导叶开度之间的关系。加入调速器的水轮机边界条件更为复杂。

若水轮发电机组并入电网，则机组的转速保持恒定。在这种情况下，反击式水轮机的边界条件可采用第 3 章中推导的等转速和等开度表达式；若机组是孤网运行，则必须考虑由于各种运行工况引起的水力瞬变过程中机组转速的变化。

本章首先介绍水电站的典型布置；然后详细介绍管道系统、水轮发电机和调速器的数学模型；其后讨论引起水电站输水系统水力瞬变过程的不同的水轮机运行工况；接着给出用来检验数学模型的原型试验资料，并讨论分析水轮机的调节稳定性、发电机转动惯量的选择和调速器最佳参数的整定。最后以一座 500MW 水电站为例进行了调节稳定性研究。

5.2 水电站布置

图 5-1 为水电站典型布置示意图。如图所示，上游输水系统从水源（如上游水库、湖泊、渠道）输水至水轮机。水轮机流出的水流通过尾水系统流入下游。发电机与水轮机通过机械连接，输电线将电力送至负荷中心。水轮机转速变化时，调速器动作调整水轮机导叶开度来保持系统频率恒定。

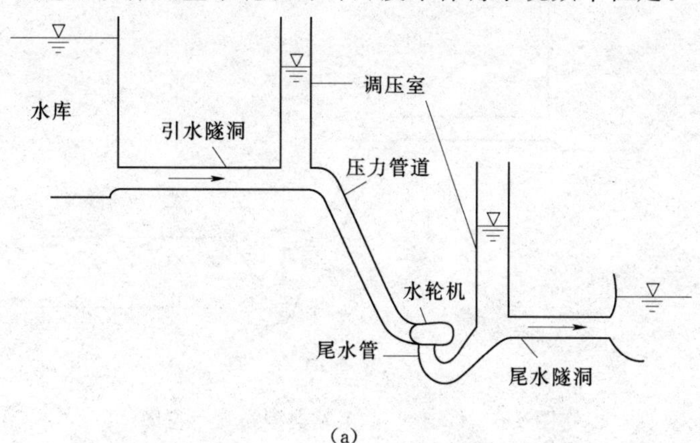

图 5-1（一） 水电站典型布置示意图

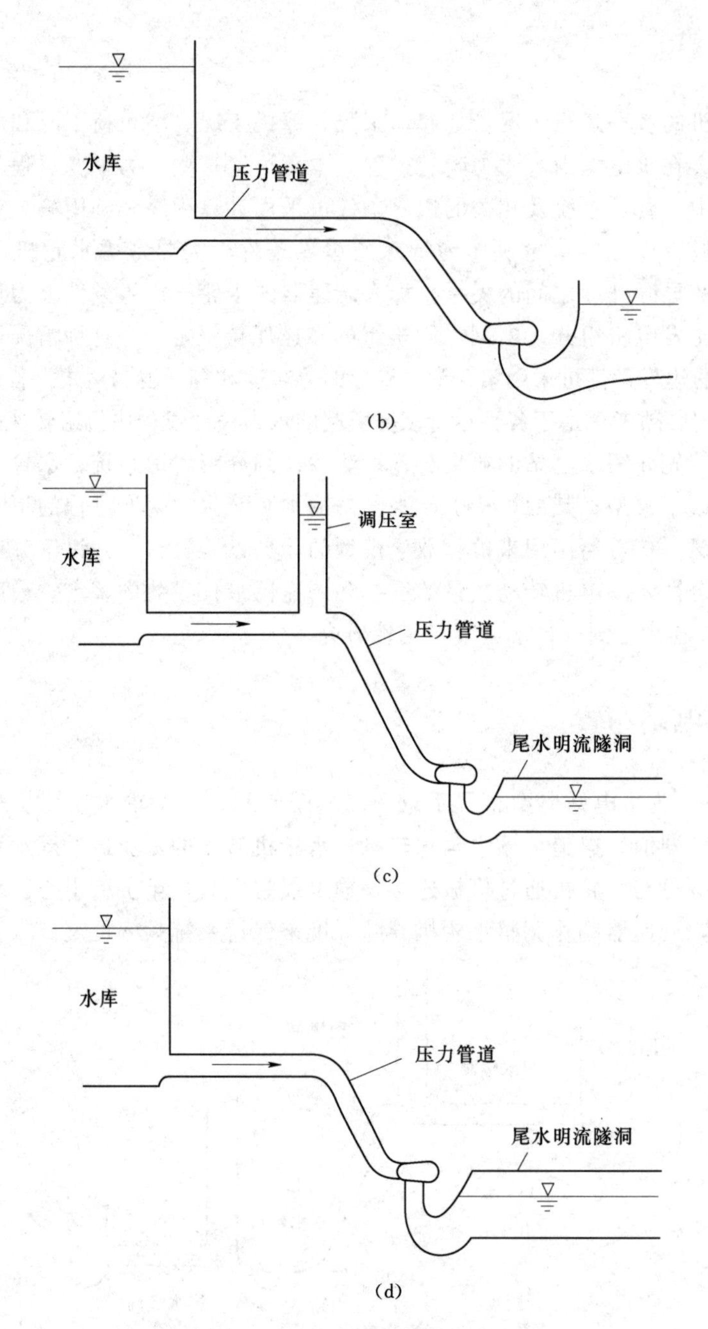

图 5-1（二） 水电站典型布置示意图

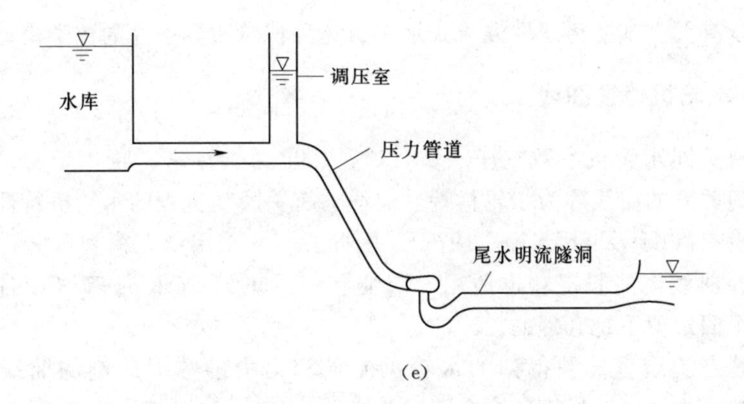

(e)

图 5-1（三） 水电站典型布置示意图

用来研究水电站瞬变过程的数学模型包括以下几部分：

(1) 上游和下游输水管道系统，其中包括调压室；

(2) 水轮机和发电机；

(3) 调速器。

下节将详细介绍这些部件的数学模型。

5.3 输水管道系统

如图 5-1 所示，通过引水隧洞和（或）压力钢管从上游水库或渠道，将水引到水轮机蜗壳，推动水轮机做功后，再经尾水管把水排至下游水道。这些流道可由无压隧洞、有压管道、尾水渠、河道或下游水库组成。根据输水管的长度，可增设调压室来控制最大和最小水击压力，并改善电站的调节品质和稳定性。

第 3 章和第 10 章介绍的特征线法和边界条件可用来模拟上下游输水管道和其他边界。为简化计算分析，由无压隧洞，渠道（或短尾水管）和短压力管道组成的尾水系统可略去不计。

下一节将建立水轮机边界条件的数学模型。

5.4 水轮机

为了推导出水轮机的边界条件，必须确定水轮机净水头和流量之间的关系（净水头＝水轮机进口压力水头＋速度水头－尾水管下游端的压力水头）。对于冲击式水轮机，流量取决于压力水头和喷嘴开度，第 3 章的阀门边界条件可以用来模拟这种冲击式水轮机。而对于混流式水轮机，流量取决于净水头、水轮机转速和导叶开度。对于轴流转桨式水轮机，流量不仅取决于上述参数，还与桨叶角度有关。本节将研究混流式水轮机这种特殊边界条件的数学模型。

5.4.1 水轮机特性曲线

反映不同水轮机参数（净水头、流量、出力、转速、导叶开度、桨叶开度）之间关系的曲线称为水轮机特性曲线。有关瞬变过程的水轮机特性曲线资料几乎没有（Krivehenko 等，1971）。因此，一般采用稳态模型试验得出的水轮机特性曲线，并假定它也适用于瞬变状态。正如 Perkins 等（1964）指出的，这个假定似乎是合理的。

用稳态的模型试验得到的水轮机流量和出力的数据绘制的曲线图（图5-2）被称为“水轮机模型综合特性曲线”。由于比尺效应，通常原型水轮机

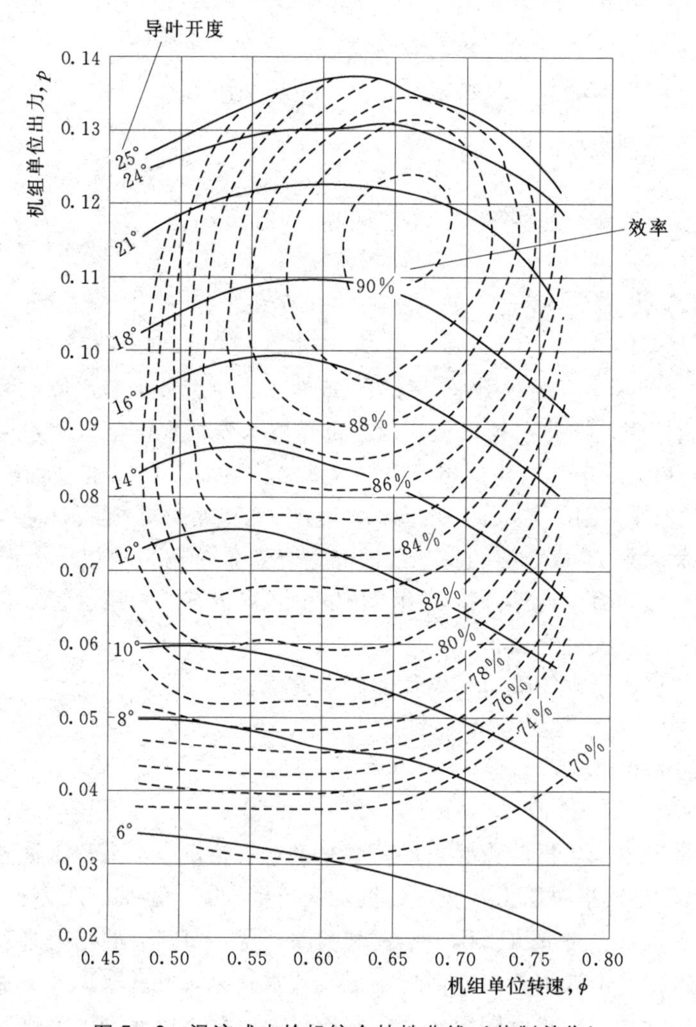

图5-2 混流式水轮机综合特性曲线（英制单位）

效率高于模型效率。因此，计算原型水轮机出力时，要对模型效率进行修正。为此推荐了几种经验公式，其中，穆迪（Moody）公式（Streeter，1966）应用较广泛。

通常小开度工况的水轮机特性资料很少。因此，这一区域的特性曲线一般是由外推法求得。为此应知道水轮机转速为零时的流量，以及导叶开度小于空载开度时的空气阻力和机械摩阻损失。空载开度是水轮机以同步转速运转，出力为零时的最小导叶开度。

图 5－3 是水轮机制造商提供的典型的混流式水轮机模型综合特性曲线。图中横坐标代表单位转速 ϕ，而纵坐标代表单位流量 q 和单位功率 p。表 5－1 给出了 ϕ、q 和 p 的定义。其中，D 为转轮直径；N 为转速；H_n 为净水头；Q 为水轮机流量；P 为出力。英制单位中，D 和 H_n 单位为英尺（ft）；N 单位为转/分（r/min）；Q 单位为立方英尺/秒（ft^3/s）P 单位为马力（hp）。国际单位中，H_n 和 D 单位为米（m）；N 单位为转/分（r/min）；P 单位为千瓦（kW）；Q 单位为立方米/秒（m^3/s）。

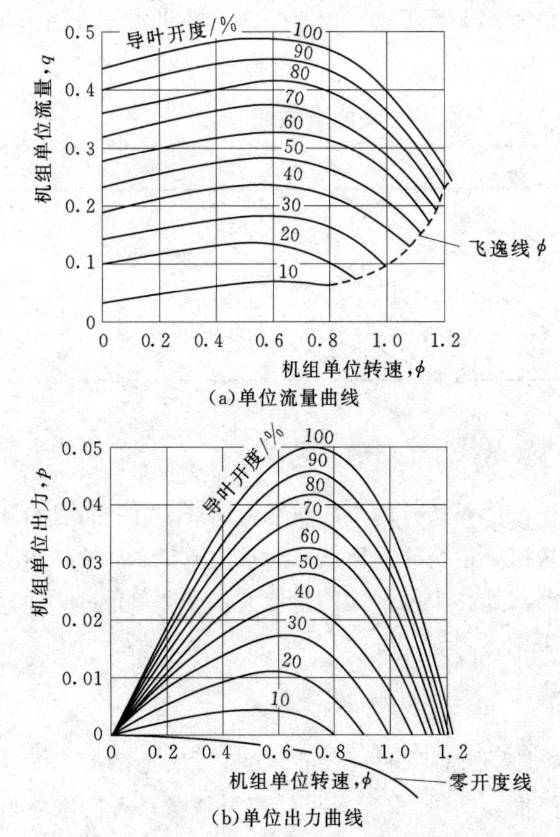

图 5－3　混流式水轮机综合特性曲线（英制单位）

在空载开度，水轮机出力等于水轮发电机在同步转速时的空气阻力和机械摩阻损失。因此，如果导叶一直保持在空载开度，机组以同步转速运转，则水轮机出力为零。单位出力曲线图上［图 5-3 (b)］的横坐标轴代表的是机组的空载开度工况。显然，机组的空载开度的大小随机组净水头大小而变化。当导叶开度小于空载开度时，因为发电机的空气阻力和机械摩阻损失大于水轮机的出力，为保持机组同步转速运转，机组需要从外部电源吸收电能，该运行方式称为机组的电动运行。

稳态模型试验时，对于某一个净水头和导叶开度，机组的转速不会超过飞逸转速。因此，不可能获得比飞逸转速（ϕ_{run}）更高的模型试验转速数据。但在瞬变过程中，原型水轮机的转速可能短时间内超过飞逸转速。考虑到这一点，假定转速高于飞逸转速和低于飞逸转速时的变化趋势相同，则以低于飞逸转速时的变化趋势来外延高于飞逸转速时的特性曲线。

本节将介绍混流式水轮机的边界条件（Chaudhry 和 Portfors，1973)。对于轴流转桨式水轮机，必须考虑桨叶角度变化对特性曲线的影响，除非甩负荷后调速器的桨叶控制器卡死不动。而水斗式水轮机则可采用第 3 章中推导的阀门边界。

表 5-1　单位参数的定义

参数	英制单位	国际单位
ϕ	$\dfrac{DN}{153.16\sqrt{H_n}}$	$\dfrac{DN}{84.59\sqrt{H_n}}$
q	$\dfrac{Q}{D^2\sqrt{H_n}}$	$\dfrac{Q}{D^2\sqrt{H_n}}$
p	$\dfrac{P}{D^2 H_n^{3/2}}$	$\dfrac{P}{D^2 H_n^{3/2}}$

5.4.2 水轮机边界条件

下面研究水轮机边界条件的水轮机特性曲线。在特性曲线上，把不同开度与等间距的单位转速 ϕ 相交的网格点上的单位流量 q 和单位出力 p 的值存储在计算机中，通过插值计算中间开度的单位流量 q 和单位出力 p。

参见图 5-4，有

$$H_P = H_n + H_{tail} - \frac{Q_P^2}{2gA^2} \tag{5-1}$$

式中：H_P 为蜗壳进口处的瞬时测压管水头；H_n 为瞬时净水头；H_{tail} 为基准面以上的尾水位高度；Q_P 为蜗壳入口的瞬时流量；A 为水轮机进口处压力管道的断面面积。

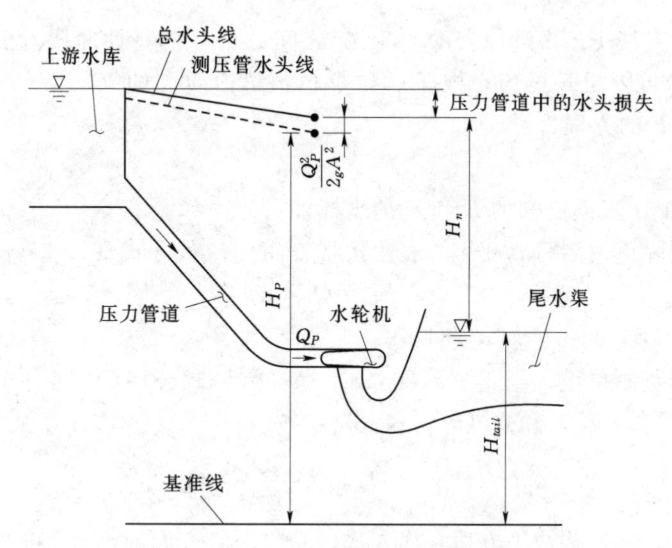

图 5-4 混流式水轮机边界条件示意图

在计算净水头时，式（5-1）中尾水管出口的速度水头已略去。尾水管出口速度水头通常很小，故将其忽略是合理的。但是，若该速度水头与 H_n 比较并不小时，则在计算中应计入。

根据瞬变过程的起始时刻 t_0（时步初）的状态，可计算 $t_0+\Delta t$ 时刻（时步末）的状态。也就是说，t_0 时刻的测压管水头 H、水轮机流量 Q、水轮机转速 N 和开度 τ 都是已知的，而要计算 $t_0+\Delta t$ 时刻各参数的值。时步末的上述变量分别表示为 H_P、Q_P、N_P、τ_P 以及净水头 H_{nP}。一般来说，因水轮机受调速器控制，故 τ_P 未知。但若导叶开度的启闭变化规律通过曲线或表格数据给出，则 τ_P 可根据这个给定的数据求得。

Q_P、H_P、τ_P 和 N_P 四个未知变量的值可通过迭代法求得。因为水轮机转速和导叶开度在瞬变状态下是逐渐变化的，已知前一步长的计算值，时步末的值可通过抛物线外插法估算，作为第一次迭代的近似值。为了确定该时间步长内水轮机特性曲线中的 ϕ 值范围，先要外插 Q_P 值，再根据特征方程求得 H_P，最终 H_n 通过式（5-1）计算得出。设用外插法求得的 τ_P、N_P 和 H_n 的值为 τ_e、N_e 和 H_{ne}，由表 5-1 中的公式计算得出 ϕ 的估算值为 ϕ_e。通过搜索储存的水轮机特性曲线数据来确定网格点值 ϕ_1 和 ϕ_2，使得 $\phi_1<\phi_e<\phi_2$。如图 5-5 所

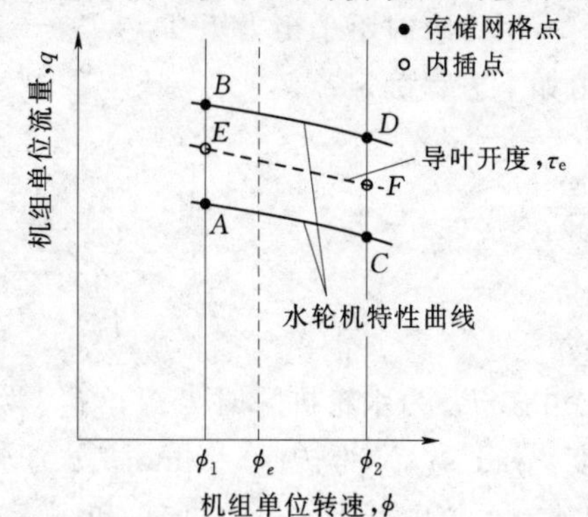

图 5-5 水轮机特性曲线插值示意图

示，可以用直线 EF 来近似表示 ϕ_1 和 ϕ_2 之间 τ_e 开度的特性曲线。根据已知点 A 和 B 的值可内插 E 的值；根据 C 和 D 的值可内插 F 的值。

直线 EF 的方程为

$$q=a_0+a_1\phi \tag{5-2}$$

式中：a_0 和 a_1 根据已知的 E 和 F 的坐标确定。

采用国际单位制将 q 和 ϕ 的表达式（表 5-1）代入式（5-2），化简得

$$a_2 H_{nP}^{1/2}=Q_P-a_3 \tag{5-3}$$

其中 $a_2=a_0D^2$，$a_3=N_eD^3a_1/84.59$。

若采用英制单位，则 $a_2=a_0D^2$，$a_3=N_eD^3a_1/153.16$。

合并式（3-17）和式（5-1），得

$$Q_P=(C_p-C_aH_{tail})+\frac{C_aQ_P^2}{2gA^2}-C_aH_{nP} \tag{5-4}$$

将式（5-3）两边平方后，代入式（5-4）消去 H_{nP}，化简得

$$a_4Q_P^2+a_5Q_P+a_6=0 \tag{5-5}$$

其中

$$a_4=\frac{C_a}{2gA^2}-\frac{C_a}{a_2^2} \tag{5-6}$$

$$a_5=\frac{2a_3C_a}{a_2^2}-1 \tag{5-7}$$

$$a_6=C_p-C_aH_{tail}-\frac{C_aa_3^2}{a_2^2} \tag{5-8}$$

解方程（5-5），得

$$Q_P=\frac{-a_5-\sqrt{a_5^2-4a_4a_6}}{2a_4} \tag{5-9}$$

上式已省略根号前的正号。可由式（5-3）求得 H_{nP}，由式（5-1）求得 H_P。

因为瞬时不平衡力矩 $T_u=T_{tur}-T_{gen}$，因此，水轮发电机机组的转速变化由如下方程确定：

$$T_u=I\frac{\mathrm{d}\omega}{\mathrm{d}t} \tag{5-10}$$

或者

$$T_{tur}-T_{gen}=I\frac{2\pi}{60}\frac{\mathrm{d}N}{\mathrm{d}t} \tag{5-11}$$

式中：T_{tur} 为水轮机瞬时力矩；T_{gen} 为发电机瞬时力矩；ω 为水轮发电机角速度，rad/s；N 为转速，r/min；I 为水轮机和发电机总的转动惯量，kg·m²。（英制单位中，将式（5-10）和式（5-11）中的 I 替换为 WR^2/g，其中转动惯量 WR^2 的单位为 lb—ft²。）

对于纯电阻负荷，式（5－11）可写成

$$P_{tur}-\frac{P_{gen}}{\eta_{gen}}=\left(\frac{2\pi}{60}\right)^2\times10^{-3}IN\frac{\mathrm{d}N}{\mathrm{d}t} \tag{5-12}$$

式中：η_{gen}为发电机效率；P_{gen}为发电机负荷，kW；P_{tur}为水轮机出力，kW。

对式（5－12）两边同时积分，得

$$\int_{t_1}^{t_P}\left(P_{tur}-\frac{P_{gen}}{\eta_{gen}}\right)\mathrm{d}t=1.097\times10^{-5}I\int_{N_1}^{N_P}N\mathrm{d}N \tag{5-13}$$

发电机负荷取该时间步长内的平均值，化简得

$$\left(\frac{P_{tur1}+P_{turP}}{2}-\frac{P_{gen1}+P_{genP}}{2\eta_{gen}}\right)\Delta t=0.548\times10^{-5}I(N_P^2-N_1^2) \tag{5-14}$$

其中，下标1和P表示变量在时步初时刻和时步末时刻的值。[转换为英制单位方式：式（5－12）中的I替换为WR^2/g，式（5－12）右边除以550；分别用0.619×10^{-6}和0.3096×10^{-6}代替式（5－13）中的1.097×10^{-5}和式（5－14）中的0.548×10^{-5}。英制单位中，转动惯量单位为lb－ft^2，P_{tur}和P_{gen}的单位为马力。]

求解N_P，得

$$N_P=\left\{N_1^2+0.182\times10^6\frac{\Delta t}{I}\left[0.5(P_{tur1}+P_{turP})-\frac{0.5}{\eta_{gen}}(P_{gen1}+P_{genP})\right]\right\}^{0.5} \tag{5-15}$$

式（5－14）和式（5－15）适用于发电机负荷渐变的情况。如果发电机负荷阶跃变化，则将式（5－15）简化为

$$N_P=\left\{N_1^2+0.182\times10^6\frac{\Delta t}{I}\left[0.5(P_{tur1}+P_{turP})-\frac{P_{genf}}{\eta_{gen}}\right]\right\}^{0.5} \tag{5-16}$$

式中：P_{genf}为阶跃后发电机负荷。如果转动惯量以lb－ft^{2}为单位，P_{tur}和P_{gen}均以马力为单位，则用3.23代替式（5－15）和式（5－16）中的0.182。

在5.6节中将介绍式（5－9）和式（5－16）的计算程序。

5.5 水轮机调速器

为保持机组发出电能的频率恒定不变，水轮发电机机组的转速应与同步转速或额定转速相同。但水轮机转速是随发电机负荷变化而变化的。为减小水轮机转速偏差的幅值和持续时间，需要配备调速器。调速器在机组转速低于额定转速时增大导叶开度，高于额定转速时减小导叶开度。

本节首先讨论调速器的组成、术语、类型和工作原理。接着介绍反馈控制和稳定性的基本概念，以及缓冲型调速器的方框图和控制方程。

5.5.1 调速器组成

调速器主要由一个测速装置和一个控制导叶开度的伺服机构组成。可采用不同的机械和电气装置进行测速。机械测速装置普遍采用各种形式的离心摆，其优点在于简单、灵敏和耐用。电气测速装置包括永磁直流电机、永磁交流发电机、馈电到测频回路的永磁交流发电机，和转速信号发生器。这些测速装置的输出信号是转速偏差。这种输出信号一般很小，在把信号送到启闭导叶的伺服机构前，要用配压阀将其放大。由于推动导叶需要很大的力，因此要配备液压伺服机构。

5.5.2 术语

导叶的有效启闭时间定义为：导叶开度在25%开度到75%开度之间的启闭时间的两倍。

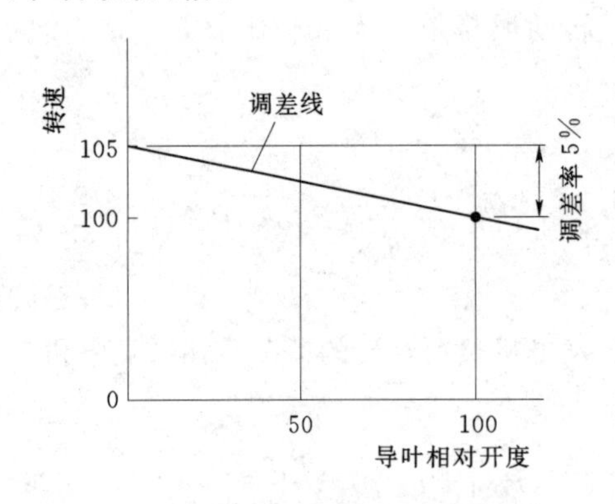

图5-6 有差调节特性曲线

调速器的**有差调节特性**（Anonymous，1973）是指转速下降时导叶开度增大（图5-6）。

$$调差率=\frac{-\Delta n}{\Delta \tau}\times 100\% \quad (5-17)$$

式中：n 为水轮机相对速度，$n=N/N_r$；N_r 为额定转速或同步转速；τ 为导叶相对开度，$\tau=G/G_r$；G 为导叶开度；G_r 为导叶额定开度；Δ 表示上述变量的变化量。

有差调节特性可以分为永态转差和暂态转差。永态转差是指在阻尼装置的衰减作用已经完成后，转差仍保持稳态状态（Anonymous，1973）。永态转差（也称**初级补偿**）用来在并列运行的机组上分配负荷。永态转差系数通常约为5%。

由于流道中的水流具有较大的惯性，永态转差不足以保持系统稳定（Hovey，1960），因此需要配备**暂态转差**（也称**二次补偿**）。如果阻尼装置的衰减作用受阻或永态转差失效，则暂态转差生效。

缓冲时间常数：缓冲器特性指，如果水轮机导叶突然打开，A 点将随导叶开度的移动而成比例地上升（图5-7），然后以指数级的速度（该速度是弹簧常数和针阀开度的函数）下降。

设 y 为 A 点从平衡位置移动的相对距离，则 A 点运动的微分方程为

$$\frac{dy}{dt}=-ky \tag{5-18}$$

式中：k 为常数。

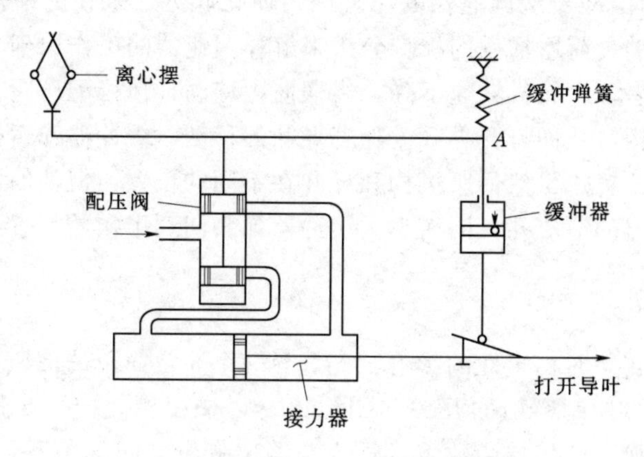

图 5-7 缓冲器型调速器（未标出永态转差机构）

对式（5-18）积分且当 $t=0$ 时，$y=1$，得

$$-\ln y=-kt$$

或

$$y=e^{-kt} \tag{5-19}$$

式中：e 为自然对数的底数。y 的指数式衰减如图 5-8 所示。**缓冲时间常数** T_r 是指 y 从 1 衰减到 $1/e=0.368$ 所需时间。

5.5.3 调速器类型

根据校正动作指标，水轮机调速器可分为：缓冲器型调速器、加速度型调速器、比例-积分-微分型（Proportional-Integral-Derivative，PID）调速器。

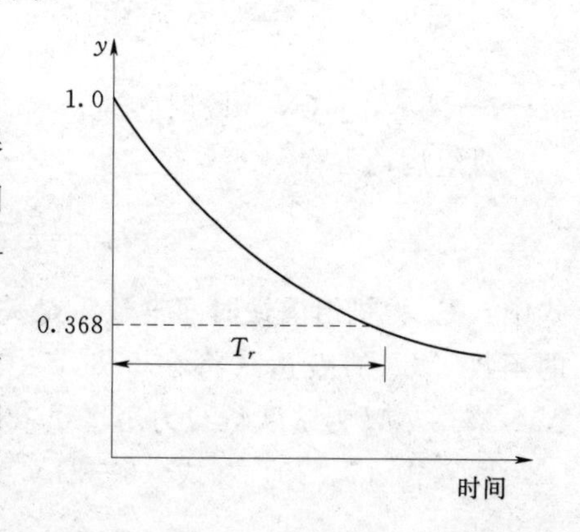

图 5-8 缓冲时间常数定义示意图

缓冲器型调速器的校正动作正比于转速偏差 n 和它的时间积分；加速度型调速器的校正动作正比于 dn/dt；PID 型调速器的校正动作正比于 n、dn/dt 以及 n 的时间积分。过去，北美主要采用缓冲器型调速器，而欧洲主要采用加速度型调速器。PID 型调速器在 20 世纪 70 年代早期提出。目前上述各调速器已在新建水电站和各类改造和再开发项目中广泛使用。

5.5.4 工作原理

图 5-7 为缓冲器型调速器的原理图。简化起见，未在图中标出永态转差机构。下面借助负荷增加后的瞬变分析来解释调速器的工作原理。

负荷增加后，水轮机转速下降，飞摆向内移动，使得配压阀下移，将油压进液压伺服机构，从而打开导叶。随着导叶的移动，缓冲器弹簧被压缩，从而改变配压阀的位置。虽然伺服机构和导叶在不同的位置，但油的流量以缓慢的速度通过缓冲器的节流孔，因而不久缓冲器弹簧回到了初始位置。

5.5.5 稳定性

为了说明转差对稳定性的影响，先选择一个非常简单的液压调速器，它根据转速偏差信号控制阀门的开关（Chaudhry，1979）。图 5-9 是该调速器方框图，方框中所列的传递函数表示输入与输出变量之间的关系。传递函数中，s 是拉普拉斯变量。零初始条件下，s 等价于时间的导数 d/dt（D′Azzo 和 Houpis，1966；Lathi，1965）。为简化分析，忽略流道中的水击影响。

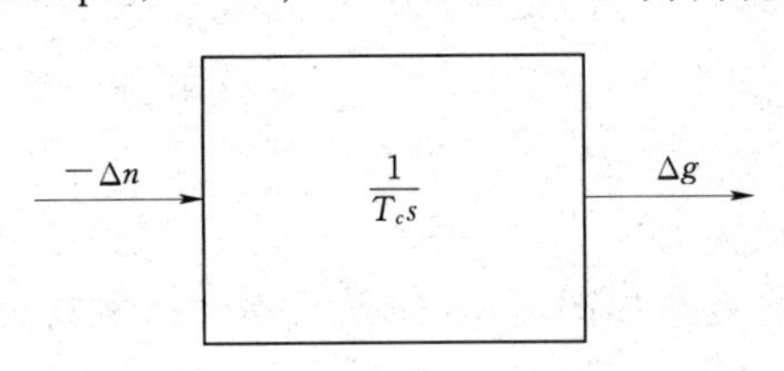

图 5-9 简单调速器方框图

图 5-9 所示调速器的方程如下：

$$T_c \frac{\mathrm{d}(\Delta g)}{\mathrm{d}t}+\Delta n=0 \quad (5-20)$$

式中：T_c 为导叶关闭时间；Δg 为导叶开度偏差相对值，$\Delta g=(G-G_0)/G_0$（G 为瞬时导叶开度；G_0 为导叶额定开度）；Δn 为转速偏差相对值，$\Delta n=(N-N_r)/N_r$（N 为瞬时转速；N_r 为同步转速）。

机组运动方程

$$T_m \frac{\mathrm{d}(\Delta n)}{\mathrm{d}t}=\Delta g-\Delta m \quad (5-21)$$

式中：T_m 为**机组惯性时间常数**，是关于转动惯量、同步转速和机组额定出力的函数（T_m 的表达式将在 5.8 节中推导）；Δm 为负载力矩相对值，$\Delta m=\Delta M/M_0$；ΔM 为阶跃负载力矩增量（甩负荷时为负）；M_0 为负载力矩基准值。

联立式（5-20）和式（5-21），消去 Δg，得

$$\frac{\mathrm{d}^2\Delta n}{\mathrm{d}t^2}+\frac{\Delta n}{T_c T_m}=0 \quad (5-22)$$

式（5-22）的通解如下：

$$\Delta n=A\sin\frac{t}{\sqrt{T_c T_m}}+B\cos\frac{t}{\sqrt{T_c T_m}} \quad (5-23)$$

式中：A 和 B 为任意常数。

该方程描述的是一个简谐运动。当然，该调速器不适用于实际应用。

如图 5－10 所示，加入一个反馈环节。该反馈环节代表永态转差系数 σ。该调速器方程如下：

$$\frac{\mathrm{d}\Delta g}{\mathrm{d}t}=-\frac{1}{T_c}(\Delta n+\sigma\Delta g) \tag{5-24}$$

联立式（5－21）和式（5－24），消去 Δg，得

$$\frac{\mathrm{d}^2\Delta n}{\mathrm{d}t^2}+\frac{\sigma}{T_c}\frac{\mathrm{d}\Delta n}{\mathrm{d}t}+\frac{1}{T_cT_m}\Delta n=-\frac{\sigma\Delta m}{T_cT_m} \tag{5-25}$$

该方程描述了一个阻尼系数为 σ/T_c 的阻尼简谐运动。由于式（5－25）右边的 $(\sigma\Delta m)/(T_cT_m)$ 项的存在，水轮机的最终稳定状态的转速值与初始稳定状态的额定转速 N_r 是不同的。因此，对于这样一个调速器，转速必须手动调回到额定转速。类似地，缓冲器型调速器的阻尼率更高，而最终稳定状态的机组转速应调回到转速的基准值即同步转速。

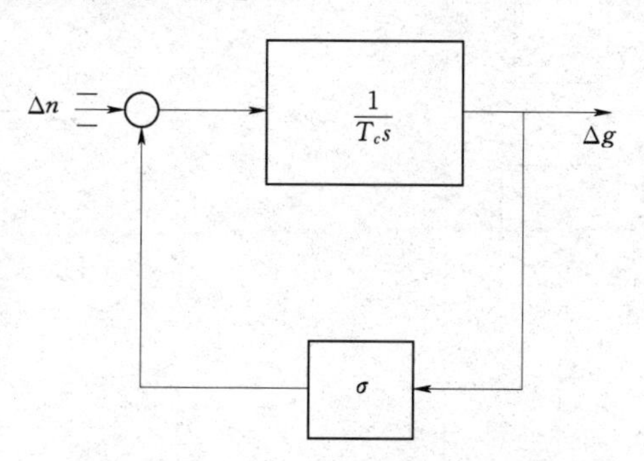

图 5－10 带永态转差的调速器方框图

5.5.6 控制方程

根据调速器制造商提供的方框图（D'Azzo 和 Houpis，1966；Lathi，1965；Chaudhry，1980）和时间常数，可以写出调速器各组成部分的控制方程。本节将推导缓冲器型调速器的控制方程；其他类型的控制方程也可类似推导（参见习题 5.3 的 PID 调速器）。

图 5－11 为缓冲器型调速器的方框图。方框图中为控制理论常用符号。各方框图依次代表调速器的各组成部分。箭头表示各方框的输入与输出，方框中的传递函数表示各组成部分输入与输出之间的关系。图中，带有正负输入的圆形图表示求和，其输出等于各输入量的代数和。

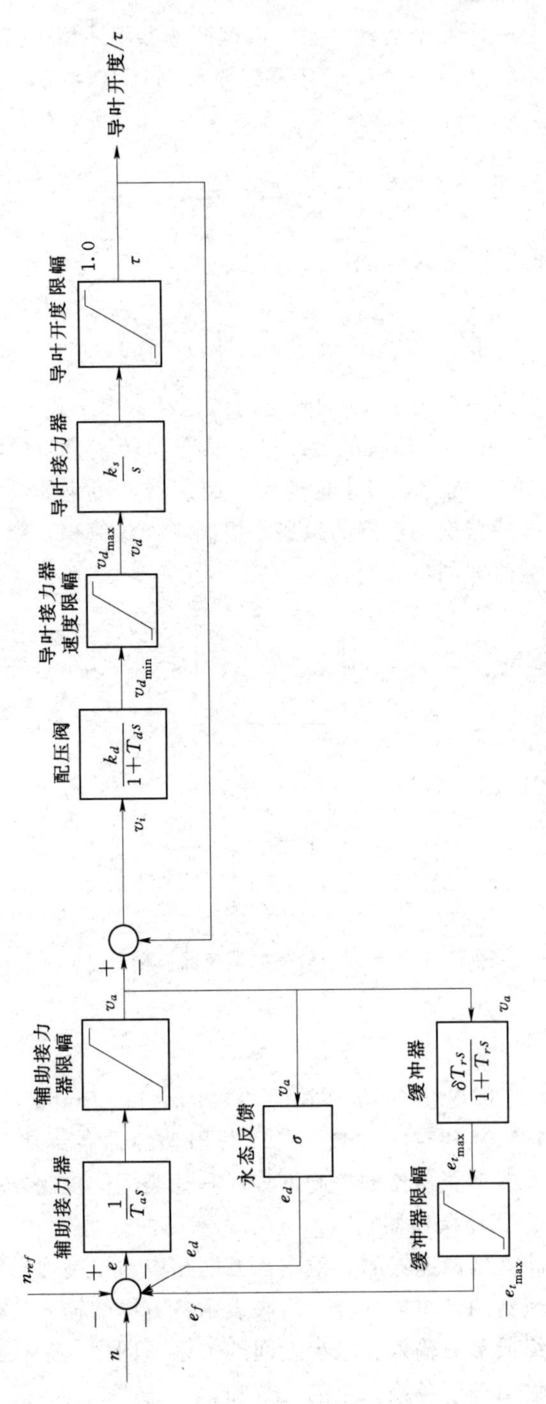

图5-11 缓冲器型调速器方框图

图 5 - 11 方框图中的变量如下所示（圆括号内是该变量典型的取值范围）：T_a 是辅助接力器时间常数（0.05～0.1s）；T_r 是缓冲时间常数；δ 是暂态转差系数；σ 是永态转差系数（0.03～0.05）；T_d 是配压阀时间常数（0.05～0.1s）；k_d 是配压阀增益（10～15）；k_s 是导叶接力器增益（0.2）；$e_{t\max}$ 是缓冲器饱和极限（0.2～0.5）。T_r 和 δ 的值要保证机组负载变化时，转速波动是稳定的。

以水轮发电机组的同步转速 N_r 作为基准值，将水轮机转速化为相对值，即 $n=N/N_r$。如果 τ_0 为稳态初始导叶开度，则 $n_{ref}=1.0+\sigma\tau_0$。图 5 - 11 给出了各调速器组成部分的输出及其饱和极限。对于给定的电站，T_r 和 δ 的最优值可通过 5.9 节中的方法得到。

下面列出调速器不同组成部分的控制方程。根据推导出的控制方程，先列出各组成部分的传递函数，必要的地方，饱和极限也应考虑进来。

（1）辅助接力器。

$$v_a=\frac{1}{T_a s}e$$

或

$$e=T_a\frac{\mathrm{d}v_a}{\mathrm{d}t}\quad 0\leqslant v_a\leqslant 1.0 \tag{5-26}$$

（2）缓冲器。

$$e_t=\frac{\delta T_r s}{1+T_r s}v_a$$

或

$$e_t+T_r\frac{\mathrm{d}e_t}{\mathrm{d}t}-\delta T_r\frac{\mathrm{d}v_a}{\mathrm{d}t}=0\quad -e_{t\max}\leqslant e_t\leqslant e_{t\max} \tag{5-27}$$

（3）永态反馈。

$$e_d-\sigma v_a=0 \tag{5-28}$$

（4）配压阀。

$$v_d=\frac{k_d}{1+T_d s}v_i$$

或

$$T_d\frac{\mathrm{d}v_d}{\mathrm{d}t}+v_d-k_d v_i=0\quad v_{d\min}\leqslant v_d\leqslant v_{d\max} \tag{5-29}$$

通常采取限制配压阀正负方向的最大行程来限制导叶接力器的速度。因此，在上述不等式中，有

$$v_{d_{\max}}=\frac{1}{k_s T_o}$$

和

$$v_{d_{\min}}=\frac{-1}{k_s T_c}$$

式中：T_o 和 T_c 分别为导叶有效开启和关闭时间，等于在导叶开度25%和75%之间启闭导叶所需时间的两倍。

（5）导叶接力器。

$$\tau=\frac{k_s}{s}v_d$$

或

$$\frac{\mathrm{d}\tau}{\mathrm{d}t}-k_s v_d=0 \quad 0\leqslant\tau\leqslant 1.0 \tag{5-30}$$

这两个反馈的方程可写为

$$e=n_{ref}-e_d-e_t-n \tag{5-31}$$

和

$$v_i=v_a-\tau \tag{5-32}$$

注意到各组成部分的输出在瞬变过程中可能出现饱和，因此，在大扰动研究中，必须考虑这些饱和极限限制。

由方程（5-26）、方程（5-28）和方程（5-31）可消去 e 和 e_d；由方程（5-29）和方程（5-32）可消去 v_i。同时整理方程（5-29）和方程（5-30），可得

$$\begin{aligned}
\frac{\mathrm{d}v_a}{\mathrm{d}t}&=\frac{1}{T_a}(n_{ref}-n-e_t-\sigma v_a)\\
\frac{\mathrm{d}e_t}{\mathrm{d}t}&=\frac{1}{T_r}\left(\delta T_r\frac{\mathrm{d}v_a}{\mathrm{d}t}-e_t\right)\\
\frac{\mathrm{d}v_d}{\mathrm{d}t}&=\frac{1}{T_d}[k_d(v_a-\tau)-v_d]\\
\frac{\mathrm{d}\tau}{\mathrm{d}t}&=k_s v_d
\end{aligned} \tag{5-33}$$

上述四个微分方程有四个变量 v_a、e_t、v_d 和 τ，由于各变量的饱和限制导致方程存在非线性，因此不可能得到准确形式解。但可以用数值方法积分求解。下节中采用四阶龙格库塔法（McCracken 和 Dorn，1964）进行计算求解。

5.6 数学模型

之前章节中推导了边界条件的数学模型，本节介绍应用这些边界条件方程的计算程序，并将计算结果与原型试验的测量数据进行对比验证。同时介绍引起瞬变过程的水轮机典型工况。

5.6.1 计算程序

混流式水轮机和缓冲器型调速器的方程分别在5.4节和5.5节中进行了推导。下面介绍应用这些方程进行计算的计算程序。

假设瞬态工况已计算了（$i-1$）时步。第i时段末的N_e、τ_e和H_{ne}值，可根据前三个时步$i-1$、$i-2$和$i-3$的已知值，用抛物线外插法估算，估算方程为

$$y_i = 3y_{i-1} - 3y_{i-2} + y_{i-3} \tag{5-34}$$

式中：y为外插的变量，下标代表时段。只有在计算时间步长相等时，该方程才是正确的。由于$t=0$时没有前时段，为了外插，初值可用于前时段。由H_{ne}、N_e和τ_e的估计值，依据存储在计算机中的特性曲线的数据可得出图5-5中A到D的网格点的坐标。由此可计算得出系数a_0和a_1，根据式（5-6）到式（5-8）计算得出系数a_4到a_6。由式（5-9）可得出Q_P；由式（5-3）可得出H_{nP}。根据N_e的估计值和H_{nP}的计算值可得ϕ_e的值。然后，根据水轮机特性曲线资料，由ϕ_e和τ_e可得P_{turP}。此时已知发电机负荷P_{genP}和水轮机出力P_{turP}，根据式（5-15）或式（5-16）可得N_P的值。如果$|N_P - N_e| > 0.001N_r$，则令$N_e = N_P$，再重复上述过程；如果$|N_P - N_e| < 0.001N_r$，则用四阶龙格库塔法求解调速器控制式（5-33）得出τ_P。如果$|\tau_P - \tau_e| > 0.005$，则令$\tau_e = \tau_P$，并重复上述过程；如果$|\tau_P - \tau_e| < 0.005$，则推进到下一时段，计算系统剩余时段的瞬态工况。为避免在程序发散情况下迭代的无限重复，两个迭代循环中都使用了计数器，计算到一定次数后自动停止。

图5-12为上述程序的流程图。

5.6.2 水轮机运行工况

引起水电站输水系统瞬变过程的水轮机运行工况可分为两大类：

（1）机组并入大电网：

增负荷；

减负荷或甩全负荷。

（2）机组孤立运行：

机组起动；

增负荷；

减负荷或甩全负荷。

由于电网具有很大的惯性，因此，并入大电网的机组转速在增负荷或甩负荷时保持同步转速恒定运行。而孤立于电网运行的机组在甩负荷时机组转速上升；增负荷时机组转速下降。对于混流式水轮机，由于转速过速会引起流经水

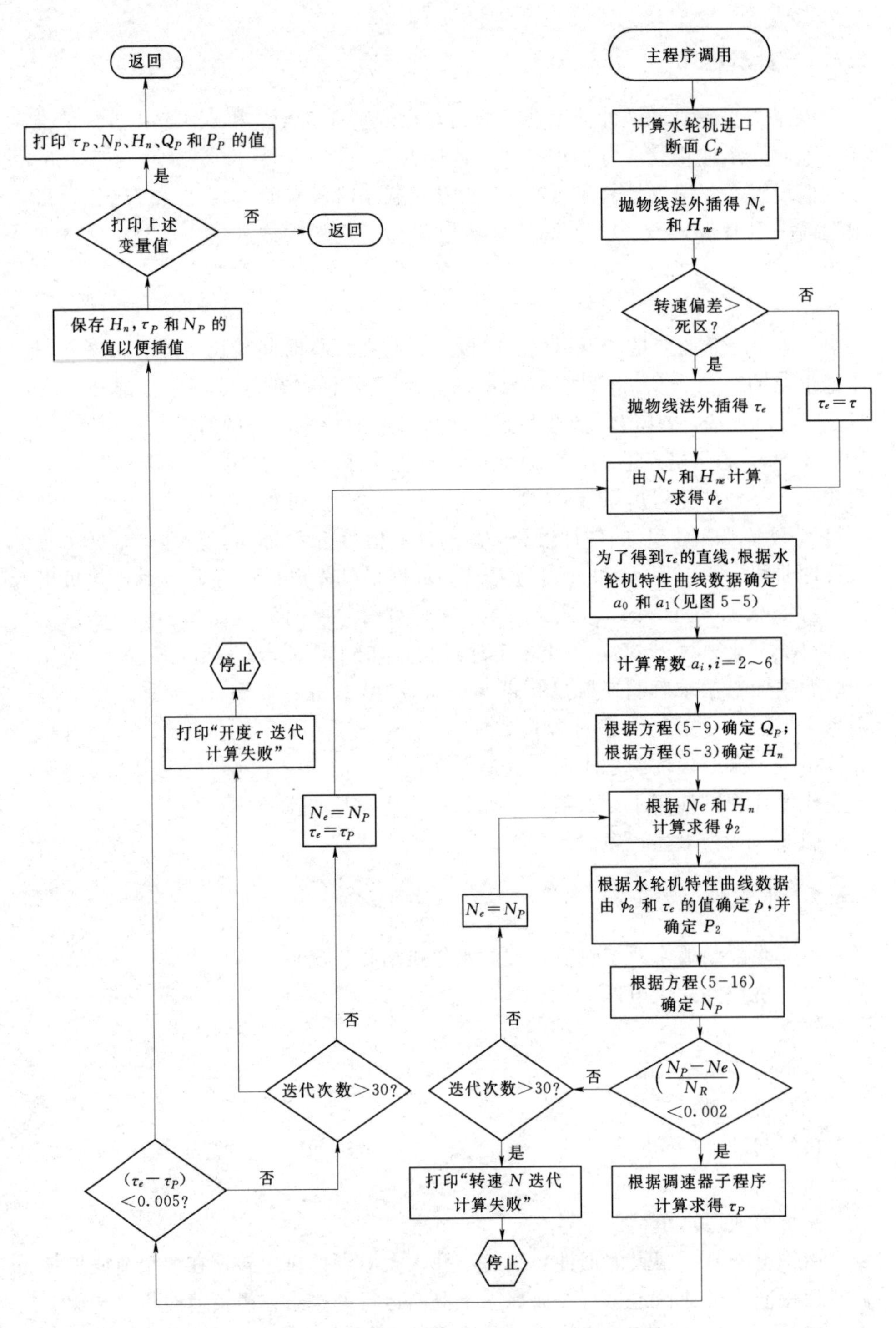

图 5-12 混流式水轮机瞬变过程计算流程图

轮机的水流受阻，因此，机组转速上升时，通过混流式水轮机的流量将减少。流量减少的大小取决于水轮机的比转速（图5-13）。对于轴流转桨式水轮机，机组飞逸时流量增加。例如，低比转速混流式水轮机由于过速飞逸时机组流量可减少40%，而高比转速转桨式水轮机飞逸时机组流量将增加。虽然实际上水轮机飞逸时导叶开度保持不变，但是这种过流量的变化与水轮机导叶关闭或开启引起的变化相似。机组转速在额定转速与飞逸转速之间变化时，机组的流量变化与上述情况相似。因此，在瞬变过程的计算中，应把水轮机转速的变化和由于过速引起的水轮机流量的变化考虑进来，否则，水轮机运行工况变化中仍采用阀门替代水轮机边界条件，则计算得出的瞬态压力值是不精确的。

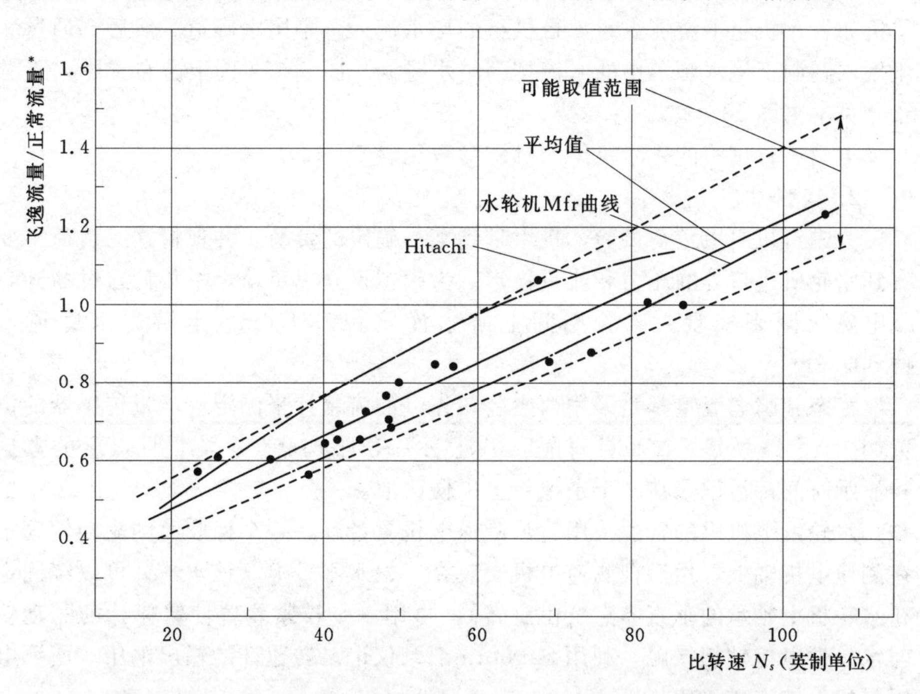

图5-13 反击式水轮机飞逸工况对应的机组流量（Parmakian，1986）

在5.4～5.6节介绍的边界条件的数学模型和计算程序仅适用于孤立运行的机组。对于并入大电网的机组，这些边界条件的数学模型和计算程序同样适用，只不过要把机组的转速设定为一个定值，同时跳过计算机组转速变化这段程序。

为从静止工况起动机组，导叶开到起动开度给机组一个冲击，以克服静摩擦。通常导叶保持在这个开度，直到机组转速约为额定转速的60%；然后关闭导叶至空载开度，并允许机组在短时间内以同步转速运行。之后机组并网，并准备增负荷。

增负荷时，水轮机导叶按规定速度打开至水轮机出力等于最终出力的开度。减负荷时与之类似，导叶从某一开度关闭至另一开度。甩全负荷时，导叶开度取决于甩负荷后机组是否仍然与电网连接。

5.6.3 验证

下面用计算出的瞬态压力和水轮机转速与加拿大不列颠哥伦比亚水电局的Shrum水电站的试验数据作对比，以验证上述数学模型。

1. 工程简介

该水电站由10台混流式机组组成，引水发电管道系统的上游侧采用单管单机布置。机组下游侧，每5台机组的尾水流入一个尾水廊道。然后，通过无压尾水隧洞把尾水廊道中的水流排到尾水隧洞。图5-14为上游布置图，下游布置见本书图13-20。

电站进行试验的4号机组的具体参数见表5-2。

2. 试验

为进行机组甩负荷试验，机组带到某一确定的负荷，并保持这一负荷不变直到水轮机进口处的压力和流量稳定。为模拟孤立甩负荷，甩负荷通过断开空载电磁线圈来实现。试验期间上游水库水位671.0m，下游尾水廊道水位503.2m。

稳态和瞬态流量都是采用西屋公司先进的流量计来测定。流量传感器的位置如图5-14所示。流量计每隔2.1s显示一次平均流量。流量计显示的数据和显示时间都被记录在一个录像带上以便读取。

水轮发电机组的转速采用直流测速电机测量。将一个橡胶面的驱动轮固定在测速电机轴上，然后把测速电机安装在一根水平臂上（该水平臂可以绕固定在水轮机上轴承的垂直支点自由旋转）。再用一个拉紧装置使转速计的驱动轮与水轮发电机轴相接触。利用Sanborn记录仪记录转速计的输出电压，所测电压与机组转速成正比。

瞬态压力由安装在水轮机进口处测压管上的压力应变传感器测量。适当放大传感器的输出信号，并记录在图形记录仪上。

为测量导叶开度，采用了一个高精确的电位器来测量导水传动机构中一个接力器的行程，接力器行程的变化导致电位器的电压变化，电压变化通过示波器记录，按0到100%的导叶开度值对应的电压值标定示波器。

3. 数值模拟

用一段等效直径为5.49m的圆管来代替拦污栅到渐变管（断面由矩形渐变为圆形）下游端之间的管道（参见附录A）。考虑到蜗壳的流量沿蜗壳长度方向逐渐减少，蜗壳的长度取实际长度的一半。

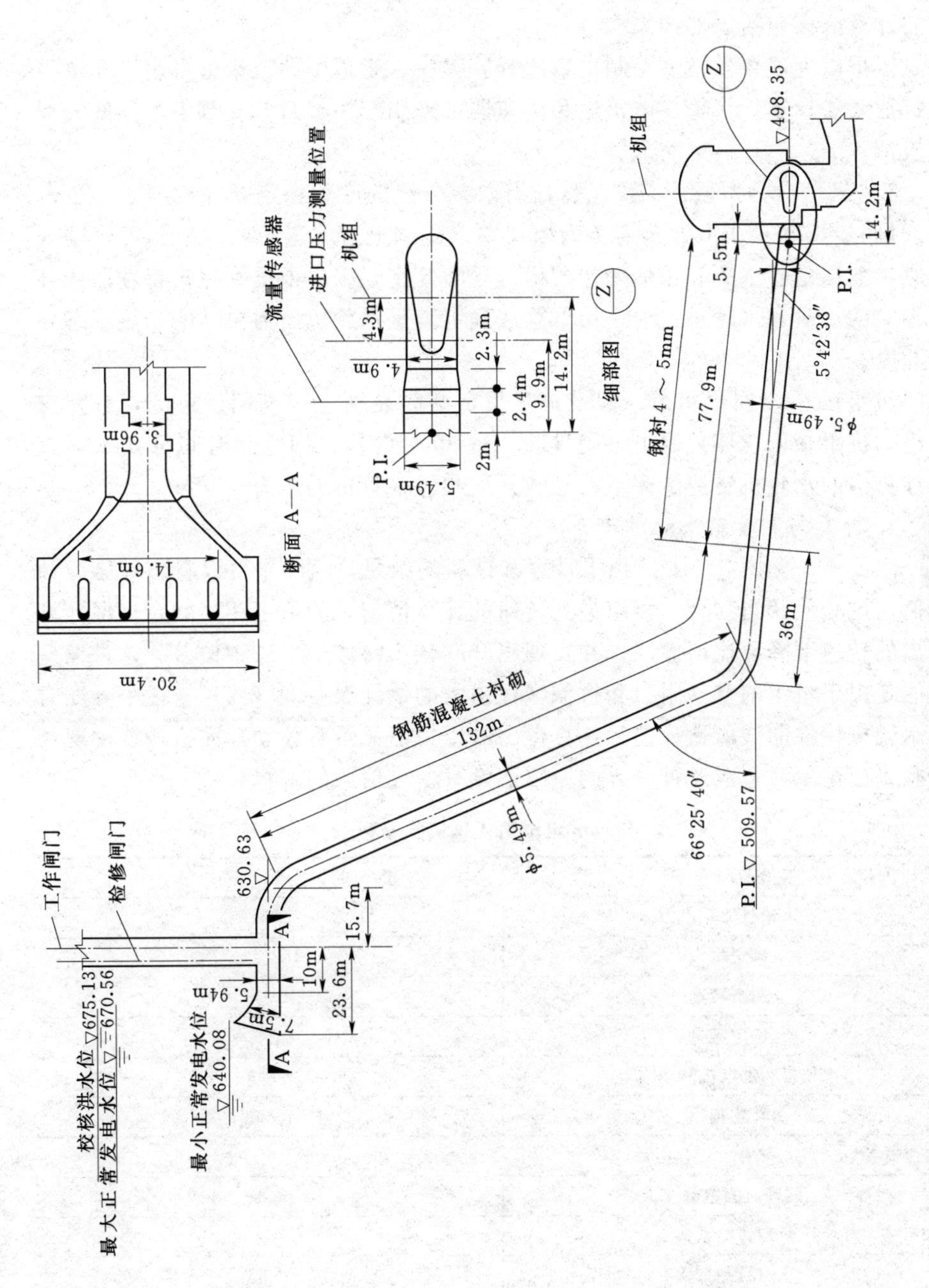

图 5-14　Shrum 水电站纵剖面图

由于尾水管长度很短，故分析中不考虑。由于尾水廊道是自由水面，因此可看成是一个恒定水位的水库。用2.6节给出的公式计算水击波波速。阻力系数的计算应该包括局部损失。

依据以上述数学模型编制出数值计算程序。管道中的流量可采用第3章中的特征线法计算，水轮发电机组和调速器可采用5.4节和5.5节中推导的方程来模拟。

3号管被分为两段。为满足保证有限差分法的库朗稳定条件，即$\Delta t \leqslant \Delta x/a$，时间步长取0.014s。为避免内插误差，微调上游管道中的波速。程序输入的原始数据是静水头和预估的初始稳态导叶开度，程序根据水轮机特性曲线计算相应的流量和水轮机出力，用试算法确定满足水轮机出力要求的初始稳态导叶开度。

机组在$t=0$时甩负荷，假设机组甩负荷时是孤立于电网运行的，它允许过速，机组在调速器控制下关闭导叶。每35个时段（即实际时间每0.5s）打印计算出的水轮机转速、流量、导叶开度和每根管道的压力。

4. 计算与测量结果的对比

图5-15和图5-16绘出了计算和试验的结果。从图中可以看出，压力计算值与试验值相当吻合。机组最大转速的计算值与试验值也相当吻合；但计算得出的转速下降要比试验快；并发现当开度较小时才产生这种偏差。这种偏差可能是由于机组的空气阻力和机械摩擦损失的估计误差和（或）缺乏小开度时的水轮机特性曲线所造成的。计算得出的压力值显示有波动，而这些波动现场试验未能记录。造成这种差异的原因还没有令人信服的解释。

表5-2　　Shrum水电站4号机组参数

水轮机和发电机参数与调速	
水轮机额定出力	231MW
额定水头	152.4m
同步转速	150r/min
额定流量	$164m^3/s$
水轮机和发电机转动惯量	$9.27\times10^6 kg\cdot m^2$
转轮直径	4.86m
调速器参数	
缓冲时间常数T_r	8.0s
暂态转差系数δ	0.4
永态转差系数σ	0.05
缓冲器饱和极限$e_{t\max}$	0.25
自调节系数α	0.15

续表

引水管道参数				
管道编号	直径/m	长度/m	波速/(m/s)	摩阻系数
1	5.49	207	1244	0.016
2	5.49	78	1290	0.010
3	4.9	36.5	1300	0.009

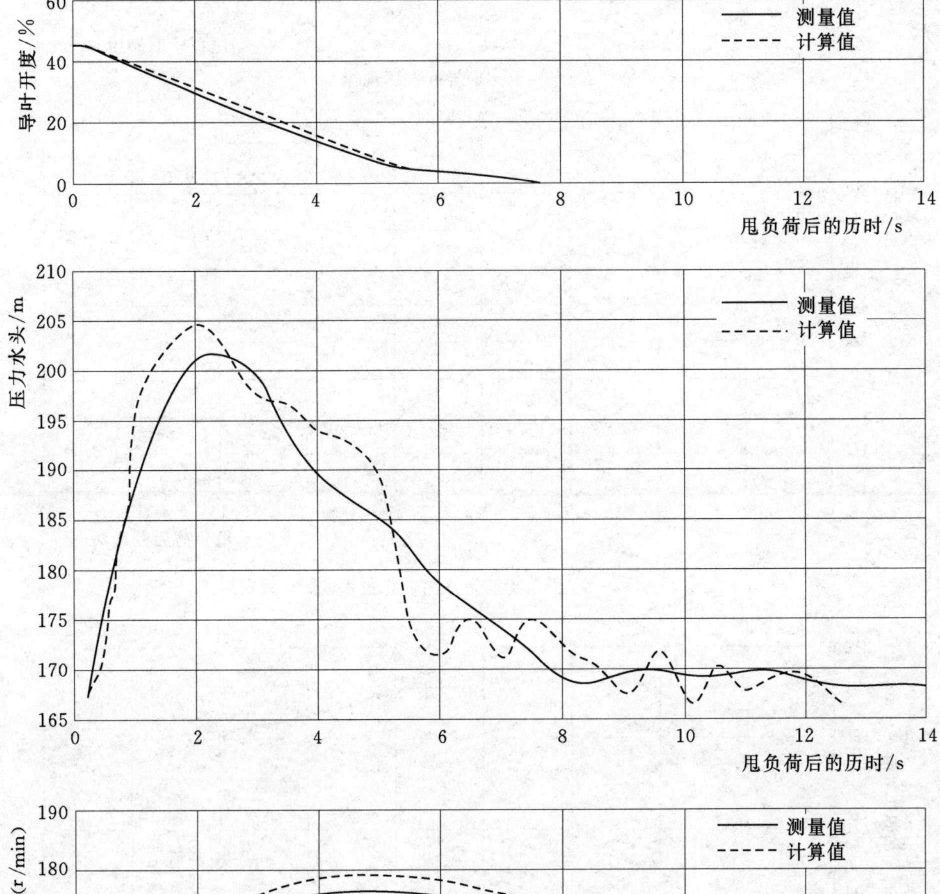

图 5-15 甩 150MW 负荷：计算结果与测量结果比较

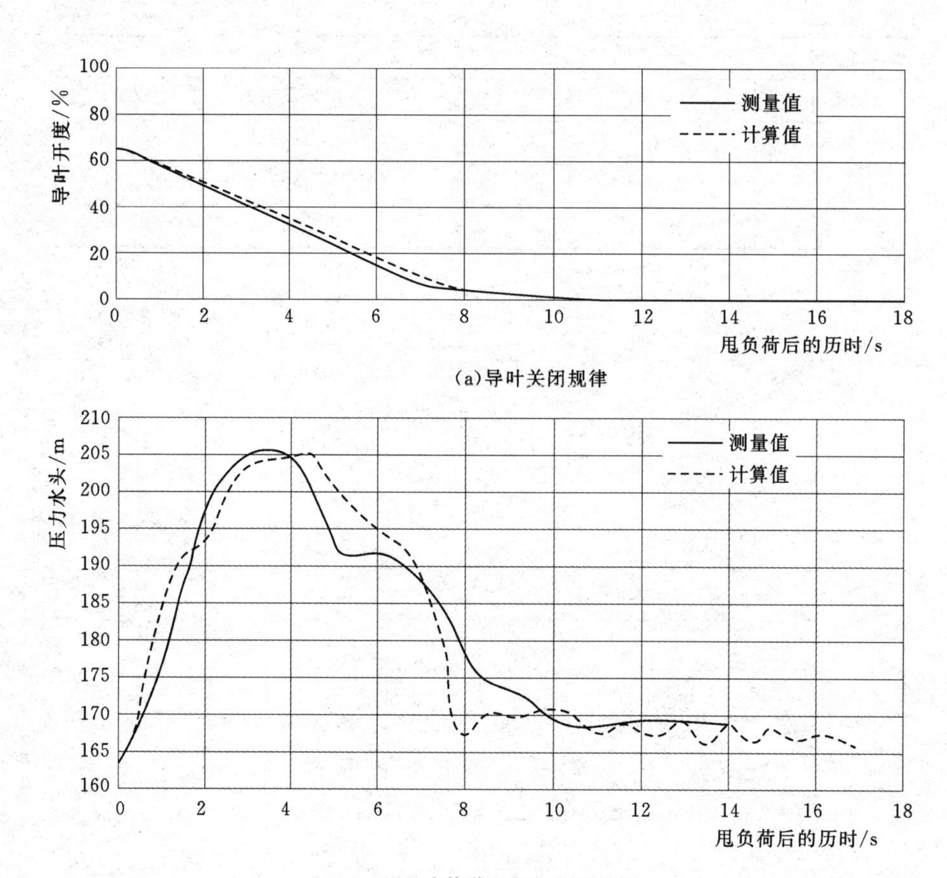

(a)导叶关闭规律

(b)压力管道压力变化过程线

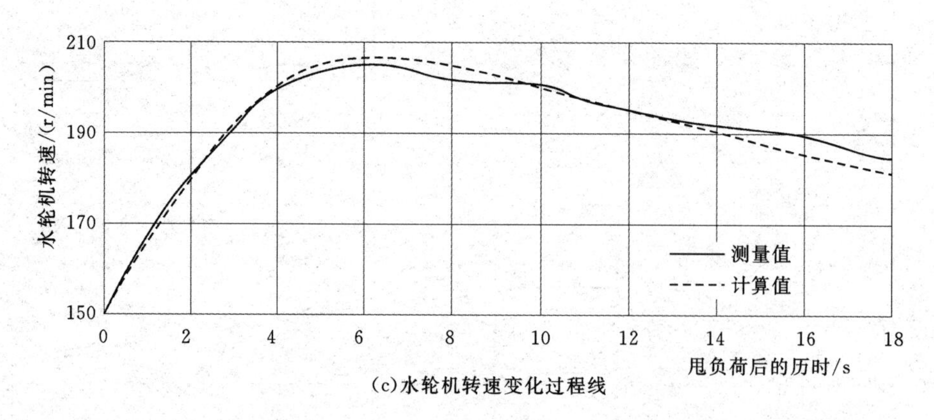

(c)水轮机转速变化过程线

图5-16 甩250MW负荷：计算结果和测量结果比较

5.7 设计准则

如4.7节中所讨论，工程的安全系数取决于工程的有效寿命期中某一特殊运行工况发生可能性和危险性。不同专业团体和组织（例如American Society of Mechanical Engineers，American Water-Works Association等）都有他们自己的标准和推荐的安全系数。对于一些特殊的情况，设计者需要注意它们的适用性。根据发生的频率，不同的运行工况可以分为**正常工况**、**紧急工况**和**极端工况**。下面讨论这三种工况以及适用的推荐安全系数（Parmakian，1957）。

5.7.1 正常工况

在工程的有效寿命期中会多次发生的工况称为正常工况。运行在这些工况时，为减少过高的压力上升或下降而设置的附属建筑物或设备（如调压室、调压阀和缓冲设备）都是按设计正确发挥作用。调压室既不溢流（除非设有溢流堰），也不排空。以下是一些典型的正常工况：

（1）水轮机最大静水头时，甩全负荷而导叶以有效关闭时间（导叶有效关闭时间为导叶从75%开度到25%开度关闭时间的两倍）关闭。

（2）水轮机最小静水头时，导叶在有效开启时间内（导叶有效关闭时间为导叶从25%开度到75%开度开启时间的两倍）从空载开度开启增到满开度。

为了承受由上述工况引起的最大和最小压力，根据极限破裂强度和极限抗压强度设计时，压力管道和蜗壳的最小安全系数取4。

5.7.2 紧急工况

紧急工况是指任一瞬变控制设备失灵的情况。包括：

（1）一台机组的调压阀失效。

（2）一台机组的缓冲设备失效。

为承受紧急工况引起的压力，根据极限破裂强度和极限抗压强度，压力管道和蜗壳的安全系数取2。

5.7.3 极端工况

最不利的情况下，各种控制设备均失灵的情况称为极端工况。例如，如果设有调压阀，导叶关闭机构将被设计为：甩负荷时调压阀失效，导叶将以很慢的速度关闭。然而，如果甩负荷时调压阀失灵且导叶没有缓慢关闭，这种情况即为极端工况，也称灾害工况（Parmakian，1957）。

由于发生的可能性很小，根据极限破裂强度和极限抗压强度设计时，建议安全系数取稍大于1。

5.8 调节稳定性

孤网运行的水轮发电机组的转速即系统频率，随负荷变化而变化。对一些工业来说（例如纺织和造纸等），需要使系统瞬态变化的频率与基准值的偏差尽可能小，并且在合理的时间内保持系统的频率在稳态值。如前所述，水轮机配置调速器用以控制水轮机的转速偏差；为获得稳定而最优的机组响应需整定调速器参数。

本节定义了常用术语，介绍水流加速时间和机组加速时间的一般概念，并讨论确定发电机转动惯量的过程。系统组成部分的方程、稳定性判据和调速器最优参数的整定将在下面的章节给出。

5.8.1 术语

稳定性：对于水轮发电系统来说，在机组负荷变化后，如果机组转速波动在合理时间内是衰减的，则该系统为**稳定系统**［图5-17（a）］；反之，如果机组转速波动幅值随时间是增大的，则为**不稳定系统**［图5-17（b）］。

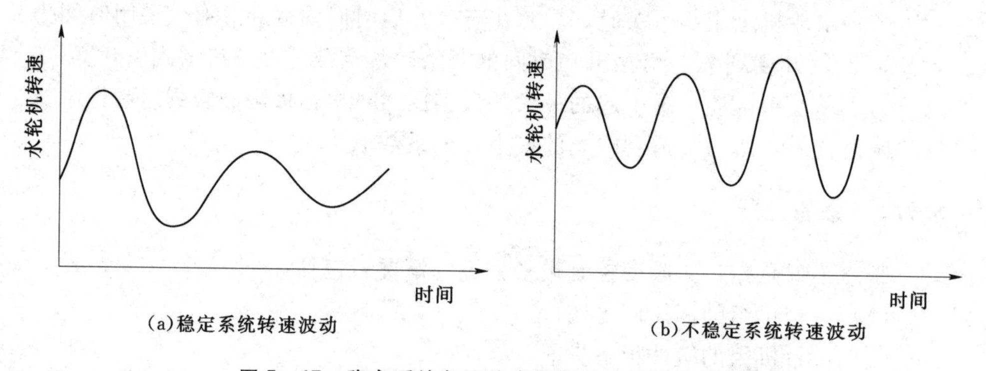

图5-17 稳定系统与不稳定系统转速波动示意图

转速偏差：水轮机瞬时转速与转速基准值的偏差称为转速偏差，写成无量纲形式：

$$n=\frac{N-N_r}{N_r} \tag{5-35}$$

式中：n为转速偏差相对值或无量纲化的转速偏差；N_r为转速基准值；N为水轮机瞬时转速。为简洁起见，本节用n表示转速偏差相对值，代替之前章节中的Δn。

水流加速时间：水流加速时间T_w指水轮机在压力水头H_0下，管道中的水流的流速从 0 增加到 V_0 所需时间。下面推导 T_w 的表达式。

已知长度为 L 和横截面积为 A 的压力管中的水是静止的，在 $t=0$ 时刻，下游末端的阀门瞬间开启（图 5-18）。假定压力管道壁和压力管道内的水流为刚性，并忽略摩阻，根据牛顿第二定律

$$\frac{\gamma AL}{g}\frac{\mathrm{d}V}{\mathrm{d}t}=\gamma AH_0 \tag{5-36}$$

式中：g 为重力加速度；γ 为水的重度；V 为瞬时流速（下游方向为正）；H_0 为上游端压力水头。

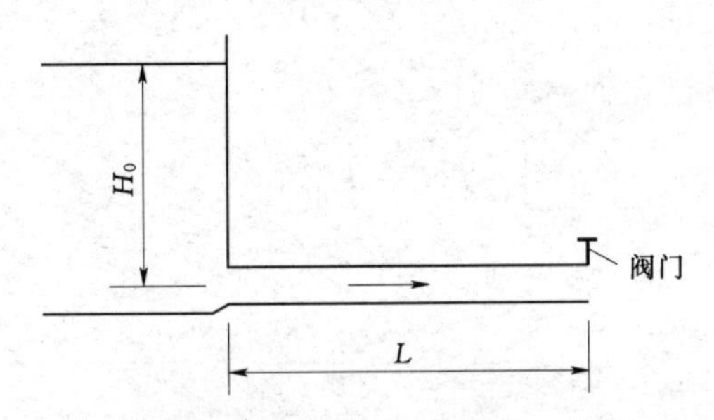

图 5-18 水流加速时间示意图

式（5-36）可简化为

$$\frac{L}{g}\frac{\mathrm{d}V}{\mathrm{d}t}=H_0 \tag{5-37}$$

对上式积分，并根据 T_w 的定义，在 $t=T_w$ 时，流速变为 V_0，可得

$$\frac{L}{g}\int_0^{V_0}\mathrm{d}V=\int_0^{T_w}H_0\,\mathrm{d}t \tag{5-38}$$

化简得

$$T_w=\frac{LV_0}{gH_0} \tag{5-39}$$

如果压力管道的直径随长度方向变化，则式（5-39）可写为

$$T_w=\sum_{i=1}^{m}\frac{L_iV_{0i}}{gH_0} \tag{5-40}$$

或

$$T_w=\frac{Q_0}{gH_0}\sum_{i=1}^{m}\frac{L_i}{A_i} \tag{5-41}$$

式中：Q_0 为流量；m 为压力钢管分段的总数。

对于调节稳定性研究，计算 T_w 时，H_0 和 Q_0 取额定工况值，而 $\sum(L/A)$ 是从上游进水口或上游调压室计算到水轮机下游侧的自由水面。自由水面可以是水库、调压室、河流、无压隧洞或渠道。

机组加速时间：机组加速时间指假设机组未与电网连接，在额定转矩作用

下机组转速从0加速到额定转速所需的时间。下面推导 T_m 的表达式。

机组运动方程为

$$T=I\frac{d\omega}{dt} \tag{5-42}$$

式中：T 为力矩；I 为转动惯量；ω 为转速（单位 $rad/s=2\pi N/60$）。式（5-42）可写为

$$Tdt=I\frac{2\pi}{60}dN \tag{5-43}$$

对上式两边积分，且在 $N=N_r$ 时，$T=T_m$

$$\int_0^{T_m}Tdt=I\frac{2\pi}{60}\int_0^{N_r}dN \tag{5-44}$$

化简得

$$T_m=\frac{2\pi}{60}\frac{IN_r}{T_R} \tag{5-45}$$

而额定力矩

$$T_R=\frac{P_R}{\omega}=\frac{60}{2\pi}\frac{P_R}{N_r} \tag{5-46}$$

式中：P_R 为发电机额定出力。

将式（5-46）中 P_R 代入式（5-45），并化简得

$$T_m=\frac{IN_r^2}{91.2\times10^6P_R} \tag{5-47}$$

式中：P_R 为额定出力，MW。（英制单位中，用1.61代替91.2，I 的单位是lb－ft²，P_R 的单位是马力。）

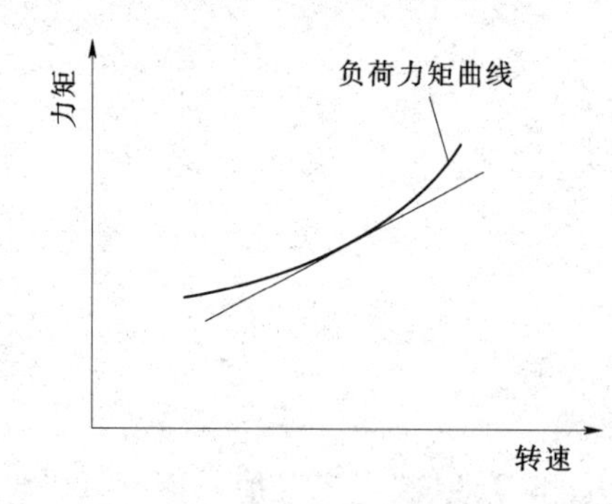

图5-19 负荷自调节系数示意图

自调节系数：水轮机自调节系数 α_{tur}，指额定工况下，水轮机力矩偏差相对值与水轮机转速偏差相对值的关系曲线的斜率。

负荷自调节系数 α_l，指额定工况下，负荷力矩偏差相对值与负荷频率偏差相对值的关系曲线的斜率（图5-19）。

自调节系数指负荷自调节系数与水轮机自调节系数的代数差，即

$$\alpha=\alpha_l-\alpha_{tur} \tag{5-48}$$

关于 α、α_l 和 α_{tur} 的典型取值，见表5-3。

表 5-3 自调节系数

		α_l	α_{tur}	$\alpha=\alpha_l-\alpha_{tur}$
水轮机自调节系数	一般情况	—	约为-1	—
	高比转速	—	最大-1	—
负荷自调节系数	电网负荷仅为电动机（恒定力矩）	0	—	+1
	仅用电压调节的纯电阻	-1	—	0.0
	不带电压调节的纯电阻	1～4	—	2～5

注 数据来自 Stein（1947）。

5.8.2 发电机转动惯量

为保证水电站的稳定调节和甩负荷后保持机组的转速上升值在允许限制范围内，要求发电机和水轮机（机组）的转动惯量大小合适。与发电机转动惯量相比，水轮机的转动惯量通常较小；因此如果有必要，只需增加发电机的转动惯量。虽然发电机转动惯量的增大不会导致发电机造价大幅增加，但是它会带来其他相关投资的增加，比如吊车容量增加或厂房尺寸增加。所以，在保持允许的调节性能的前提下，发电机转动惯量应尽可能小。

选择发电机转动惯量应考虑下列因素：

（1）允许的频率波动。允许的频率波动取决于负荷类型。举例来说，对于造纸厂，0.1％的频率偏差都不允许；而对于采矿设备，5％的频率偏差可能都是允许的。

（2）系统的大小。如果一台机组提供系统负荷的40％甚至更多，或者由于输电线路的故障而可能变为单独运行时，机组的设计应保证孤网运行时稳定。如果系统中大部分机组孤网运行时是稳定，则系统总的稳定性会增加。

（3）负荷类型。周期性的负荷变化，例如有轨电车和采矿推土机等，增加了系统的不稳定性。因此，如果系统中有此类负荷，则应配置更大的转动惯量。

（4）引水道。水电站引水道的尺寸、长度和总体布置是选择发电机转动惯量的主要因素之一。通过增加引水道的尺寸，以减小要求的发电机转动惯量，但这通常会带来更大的投资。因此，首先基于投资费用和减小水头损失带来的收益确定引水道的尺寸，然后再确定所需要的发电机转动惯量。

（5）调节时间。通过减小调速器的开启和关闭时间，可以改善系统的稳定性。但是，该时间不能任意减小，因为其整定值应使得水击压力在设计的极限值内，并避免压力管道的高点或尾水管内发生水柱分离。

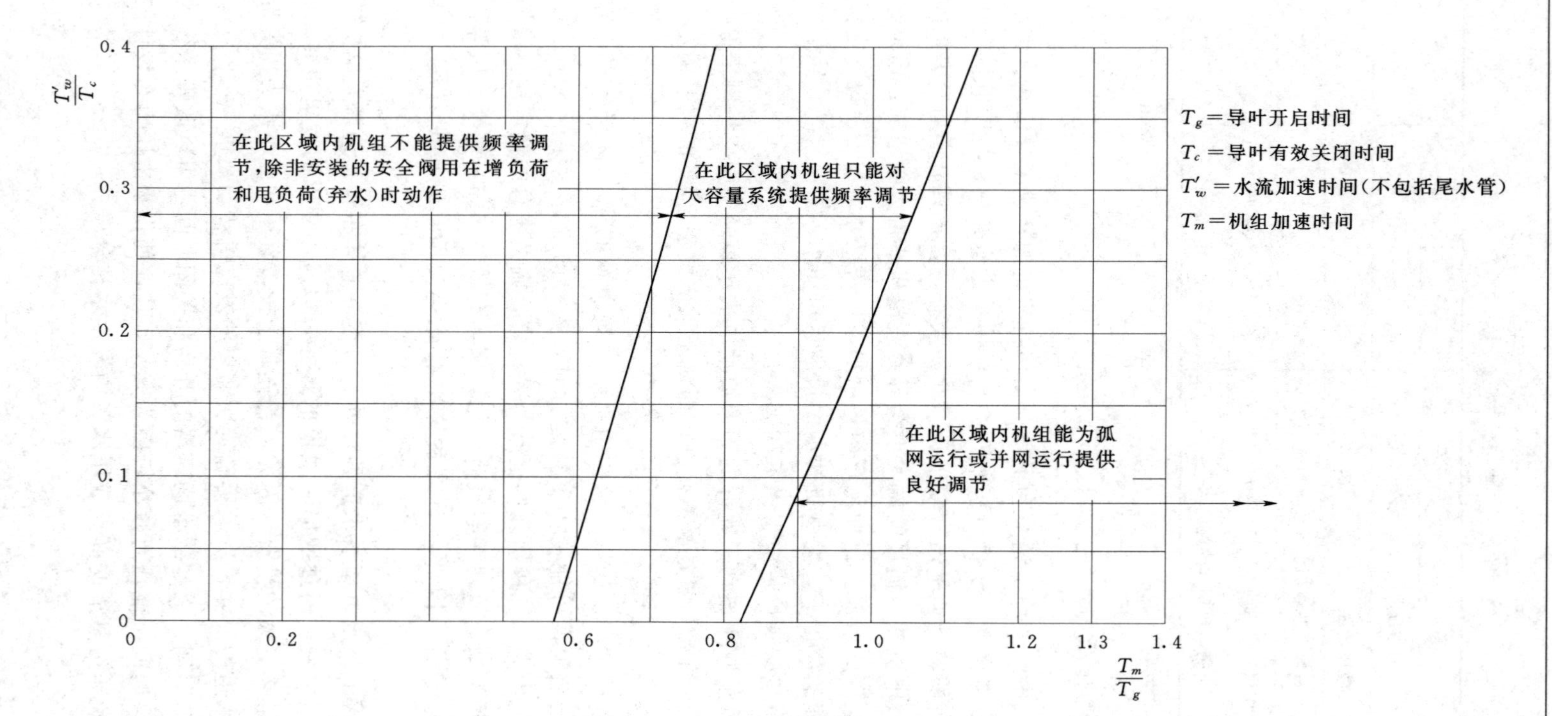

图5－20 Gordon稳定曲线(引自Gordon，1961)

对于一组给定的水电站参数，目前，解析方法还不能直接确定所需的发电机转动惯量。因此，有许多经验公式和经验曲线被推荐（Tennessee Valley Authority Projects，1960；Gordon，1961；Krueger，1980）。

常规或标准发电机转动惯量决定于机组额定容量（Krueger，1980），其值由下式给出：

$$I=15,000\left(\frac{kva}{N_r^{1.5}}\right)^{1.25} \tag{5-49}$$

式中：N_r 为同步转速，r/min；kva 为发电机容量；I 为转动惯量，$kg\cdot m^2$。(英制单位中，发电机转动惯量单位为 $lb-ft^2$，并用常数 379,000 代替 15,000。)

根据以上列出的因素，发电机转动惯量可以增加或减少。为取得好的调节效果，美国垦务局（United States Bureau of Reclamation）（Krueger，1980）推荐 T_m/T_w^2 的值大于 2。T_m/T_w^2 的值小于 2 的机组也可以并入系统，但需要系统的其他机组补偿这种不足。

由田纳西流域管理局（Tennessee Valley Authority）推荐的经验曲线反映了 T_m 和 T_w 之间的关系，并给出了机组大小占系统大小的各种比例的稳定性限制。Gordon（1961）在绘制他的曲线时，考虑了调节时间的影响（见图 5-20）。其曲线以 40 台转桨式、混流式和定桨式水轮机装置的经验为基础。这些曲线可用于初步设计。但在最终设计中，应该运用 5.4 节至 5.6 节中推导的数学模型来验证初步分析的结果。为运用这些曲线，应将导叶有效开启时间 T_o 加上缓冲时间（约 1.5s）作为导叶的开启时间 T_g。

5.9 稳定性分析

前面章节讨论了随负荷变化机组转速波动的稳定性。本节将推导小扰动调节方程，并概述调速器参数最优值的整定步骤。

5.9.1 简介

随负荷变化的机组转速波动是否能够稳定，取决于机组、压力管道和调速器的参数（Stein，1947；Paynter，1955；Hovey，1961，1962；Chaudhry，1970；Chaudhry 和 Ruus，1970）。Paynter（1955）提供了一个稳定性限制曲线，并建议调速器最优参数的整定值应根据计算机仿真模拟的结果得出。Hovey（1960 和 1962）从理论上推导得出了一个相似的稳定性限制曲线。但是，他们都忽略了调速器的永态转差系数和水轮机与负荷的自调节系数。大多数情况下，永态转差系数 σ 不为零；而自调节系数 α 可能为零、可能不为零

(Stein，1947)，它取决于负荷的类型（α 值见表 5-3)。乔杜里（1970）给出了包含永态转差系数和自调节系数的稳定性判据。Paynter（1955），Hovey（1960，1961，1962）和乔杜里（1970）的研究都是针对缓冲器型调速器。对于 PID 型调速器，Thorne 和 Hill（1974），Thorne 和 Hill（1975）和 Hagihara 等（1979）进行了类似的研究。

5.9.2 控制方程

为推导控制方程，作如下假定：

(1) 水轮机转速、水头和导叶开度的变化均较小；因此，非线性关系可假设为线性关系。

(2) 单台机组向孤立负荷供电。

(3) 调速器无死区、无死行程或滞后。

(4) 压力管道的管壁、压力管道及蜗壳中的水体为刚性。因此，由于导叶开度变化引起的水击压力可用刚性水击理论来计算。

采用这些假定后，对如图 5-1 (b) 所示的水电站各组成部分可写出微分方程（Stein，1947；Paynter，1955；Hovey，1960；Hovey，1962；Chaudhry，1970）：

水轮发电机机组

$$T_m \frac{\mathrm{d}n}{\mathrm{d}t}=g+1.5h-\alpha n-\Delta m \tag{5-50}$$

引水道

$$-0.5T_w \frac{\mathrm{d}h}{\mathrm{d}t}=T_w \frac{\mathrm{d}g}{\mathrm{d}t}+h \tag{5-51}$$

调速器

$$(\sigma+\delta)T_r \frac{\mathrm{d}g}{\mathrm{d}t}+\sigma g=-T_r \frac{\mathrm{d}n}{\mathrm{d}t}-n \tag{5-52}$$

式中：n 为转速偏差相对值，$n=(N-N_0)/N_0$；h 为水头偏差相对值，$h=(H-H_0)/H_0$；g 为开度偏差相对值，$g=(G-G_0)/G_0$；Δm 为负荷力矩偏差相对值，$\Delta m=\Delta M/M_0$ [ΔM 为阶跃负荷力矩变化（甩负荷时为负）；M_0 为初始稳定状态下的负荷力矩；G 为瞬变过程中的瞬时导叶开度；N 为瞬变过程中水轮机的瞬时转速，r/min；脚标 0 代表初始稳态值]。

令 $s=\mathrm{d}/\mathrm{d}t$，则式（5-52）可写成

$$g=\frac{-(T_r s+1)n}{(\sigma+\delta)T_r s+\sigma} \tag{5-53}$$

由式（5-51）得

$$h=\frac{T_w s(T_r s+1)n}{[(\sigma+\delta)T_r s+\sigma](0.5T_w s+1)} \tag{5-54}$$

把式（5-53）和式（5-54）代入式（5-50），化简，并用 d^3/dt^3 代替 s^3，d^2/dt^2 代替 s^2，d/dt 代替 s，得

$$\begin{aligned}&0.5T_wT_mT_r(\sigma+\delta)\frac{d^3n}{dt^3}\\&+[0.5\sigma T_wT_m+(\sigma+\delta)T_mT_r-T_wT_r+0.5\alpha T_wT_r(\sigma+\delta)]\frac{d^2n}{dt^2}\\&+[\sigma T_m+T_r-T_w+0.5\sigma\alpha T_w+(\sigma+\delta)\alpha T_r]\frac{dn}{dt}\\&+(1+\sigma\alpha)n=-\sigma\Delta m\end{aligned} \tag{5-55}$$

5.9.3 稳定性判据

根据劳斯-赫尔维兹（Routh-Hurwitz）判据（Hovey，1962），如果满足以下条件，则由三阶微分式（5-55）描述的波动过程是稳定的：

$$0.5T_wT_mT_r(\sigma+\delta)>0 \tag{5-56}$$

$$[0.5\sigma T_wT_m+(\sigma+\delta)T_mT_r-T_wT_r+0.5\alpha T_wT_r(\sigma+\delta)]>0 \tag{5-57}$$

$$[\sigma T_m+T_r-T_w+0.5\sigma\alpha T_w+(\sigma+\delta)\alpha T_r]>0 \tag{5-58}$$

$$(1+\alpha\sigma)>0 \tag{5-59}$$

$$\begin{aligned}&[\sigma T_m+T_r-T_w+0.5\sigma\alpha T_w+(\sigma+\delta)\alpha T_r][0.5\sigma T_wT_m+(\sigma+\delta)T_mT_r\\&-T_wT_r+0.5\alpha T_wT_r(\sigma+\delta)]>[0.5T_wT_mT_r(\sigma+\delta)](1+\sigma\alpha)\end{aligned} \tag{5-60}$$

不等式（5-56）和不等式（5-59）总是成立的。为了绘制稳定限制曲线，必须考虑不等式（5-57）、不等式（5-58）和不等式（5-60）。在这三个表达式中有六个参数，即 σ、δ、α、T_w、T_m 和 T_r。为减少参数的数量，并以无量纲形式表示判据，引入下列无量纲参数（Chaudhry，1970）：

$$\left.\begin{aligned}\lambda_1&=\frac{T_w}{\delta T_m}\\\lambda_2&=\frac{T_w}{T_r}\\\lambda_3&=\frac{\alpha T_w}{T_m}\\\lambda_4&=\frac{\sigma T_m}{T_w}\end{aligned}\right\} \tag{5-61}$$

将上述参数代入不等式（5-57）、不等式（5-58）和不等式（5-60），并化简，得到下列稳定限制方程：

$$0.5\lambda_1\lambda_2\lambda_4+0.5\lambda_1\lambda_3\lambda_4+\lambda_1\lambda_4+0.5\lambda_3-\lambda_1+1=0 \tag{5-62}$$

$$0.5\lambda_1\lambda_2\lambda_3\lambda_4+\lambda_1\lambda_3\lambda_4+\lambda_1\lambda_2\lambda_4-\lambda_1\lambda_2+\lambda_1+\lambda_3=0 \tag{5-63}$$

$$\lambda_1^2(\lambda_4+0.5\lambda_2^2\lambda_4^2-0.5\lambda_2^2\lambda_4-1+\lambda_2-2\lambda_2\lambda_4-0.5\lambda_3\lambda_4-\lambda_2\lambda_3\lambda_4+\lambda_3\lambda_4^2+\lambda_2\lambda_3\lambda_4^2+0.5\lambda_3^2\lambda_4^2+0.25\lambda_2\lambda_3^2\lambda_4^2+0.25\lambda_2^2\lambda_3\lambda_4^2+\lambda_2\lambda_4^2)+\lambda_1(1-1.5\lambda_2+\lambda_2\lambda_4+2\lambda_3\lambda_4+\lambda_2\lambda_3\lambda_4-0.5\lambda_3-0.5\lambda_2\lambda_3+\lambda_3^2\lambda_4+0.25\lambda_2\lambda_3^2\lambda_4)+(\lambda_3+0.5\lambda_3^2)=0 \tag{5-64}$$

式（5-62）～式（5-64）给出了稳定判据。根据这些方程，图 5-21 绘出了

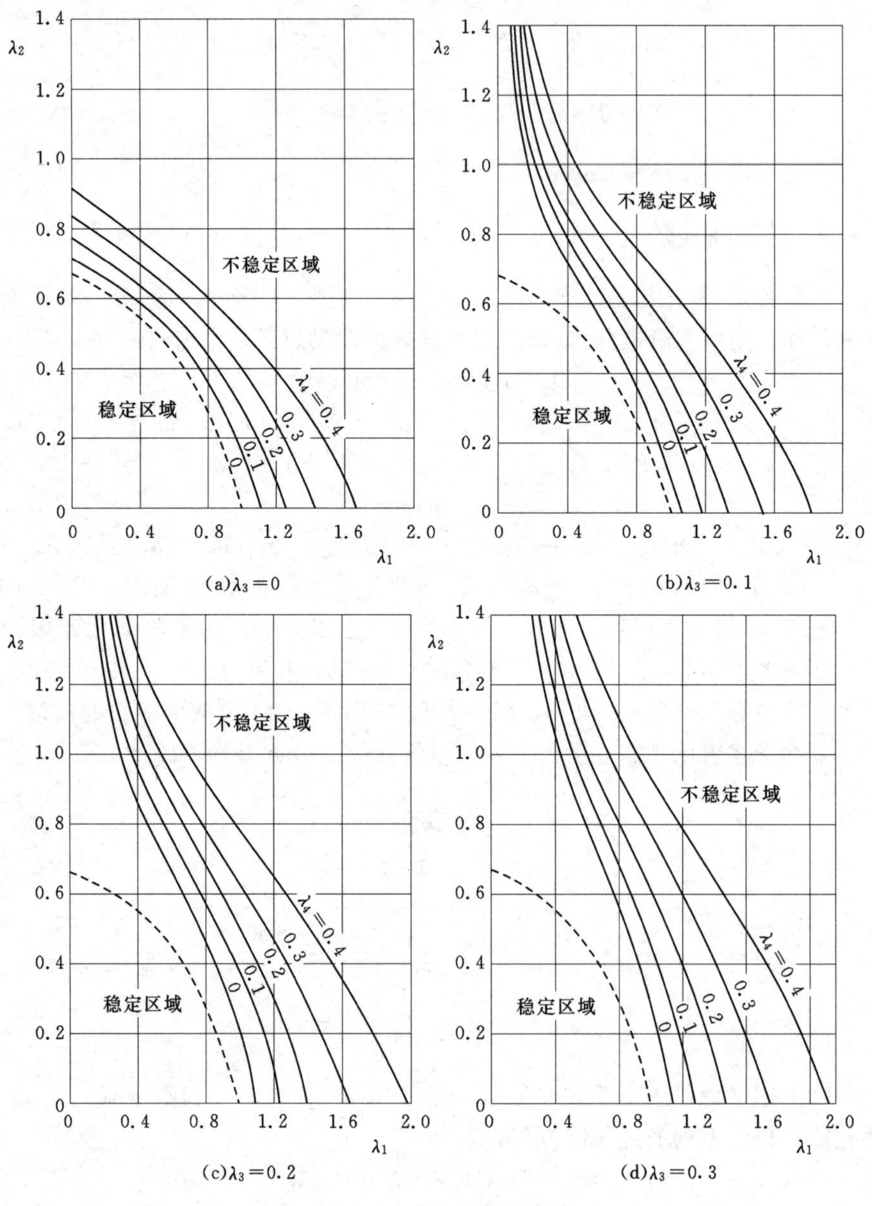

图 5-21 稳定性限制曲线

关于 λ_1、λ_2、λ_3 和 λ_4 等不同值的稳定限制曲线。对于落在由稳定限制曲线和正坐标轴所围成的区域内的 λ_1 和 λ_2 值，对应的机组转速波动是稳定的。当 $\lambda_3=0$ 和 $\lambda_4=0$ 时，得到的 Hovey 稳定曲线见图 5-21 中的虚线。

【例 5-1】 对于 Kelsey 水电站，$T_w=1.24\text{s}$，$T_m=9.05\text{s}$。Hovey (1961) 指出，根据他的判据，当 $\delta=0.28$ 和 $T_r=2.25\text{s}$ 时，由阶跃负荷变化引起的转速波动是不稳定的。以下分析表明，如果考虑永态转差系数和自调节系数，当 $\delta=0.28$ 和 $T_r=2.25\text{s}$ 时，机组转速波动是稳定的。

(1) 计算过程。Kelsey 电站向一个由锅炉、鼓风机和压缩机组成的孤立系统供电。因此，$\alpha=1$（见表 5-3）。如 Hovey (1962) 在另一篇文章中指出的，$\sigma=0.035$。稳定性计算如下：

$$\lambda_1=\frac{T_w}{\delta T_m}=\frac{1.24}{0.28\times 9.05}=0.49$$

$$\lambda_2=\frac{T_w}{T_r}=\frac{1.24}{2.25}=0.55$$

$$\lambda_3=\frac{\alpha T_w}{T_m}=\frac{1\times 1.24}{9.05}=0.137$$

$$\lambda_4=\frac{\sigma T_m}{T_w}=\frac{0.035\times 9.05}{1.24}=0.255$$

由图 5-21 可知，对于 $\lambda_1=0.49$、$\lambda_2=0.55$，有如下情况：

$\lambda_3=0.0$ 和 $\lambda_4=0.0$，转速波动不稳定（Hovey 的判据）；

$\lambda_3=0.0$ 和 $\lambda_4=0.255$，转速波动稳定；

$\lambda_3=0.1$ 和 $\lambda_4=0.0$，转速波动稳定；

$\lambda_3=0.1$ 和 $\lambda_4=0.255$，转速波动稳定。

为验证上述结果的正确性，数值求解式 (5-50) ～式 (5-52)，计算结果显示在图 5-22 中。从图 5-22 (a) 中可以明显看出第一种情况波动不稳定。剩下的三种情况如图 5-22 (b) ～图 5-22 (d) 所示，计算结果表明波动稳定。

(2) 瞬时速度。

初始状态 $t=0$ 时，$N=N_0$、$G=G_0$、$H=H_0$（即 $n|_{t=0}=0$、$g|_{t=0}=0$、$h|_{t=0}=0$）。式 (5-55) 的解为

$$n=A\mathrm{e}^{\alpha' t}+\mathrm{e}^{\beta t}(B\sin\gamma t+C\cos\gamma t)-\frac{\sigma\delta m}{1+\sigma\alpha} \tag{5-65}$$

其中

$$A=\frac{\dfrac{-2\beta}{T_m}+\dfrac{2-(\sigma+\delta)\alpha}{(\sigma+\delta)T_m^2}-\dfrac{\sigma}{(1+\sigma\alpha)}(\gamma^2+\beta^2)}{(\alpha'-\beta)^2+\gamma^2}(-\Delta m)$$

$$B=\left[\frac{-\Delta m}{T_m}-(\alpha'-\beta)A-\frac{\sigma\beta\Delta m}{1+\sigma\alpha}\right]\frac{1}{\gamma} \tag{5-66}$$

$$C=\frac{\sigma\Delta m}{1+\sigma\alpha}-A$$

并且 α' 和 $\beta\pm i\gamma$ 是式（5-55）的特征根。

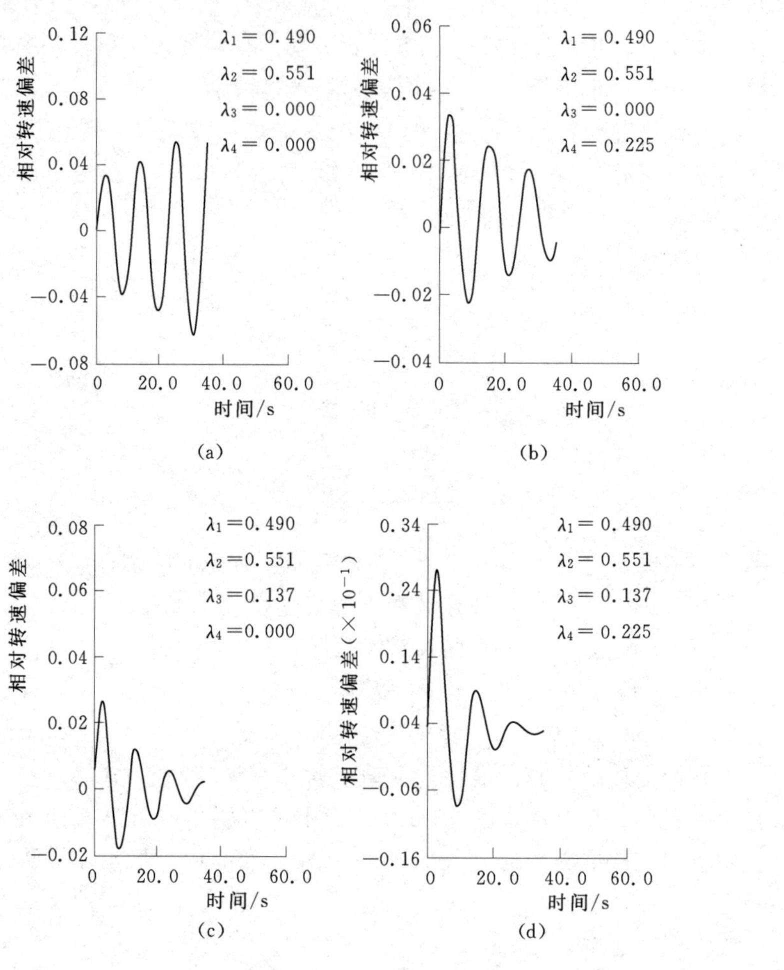

图5-22 不稳定系统和稳定系统转速波动

（3）调速器最优参数整定。

用给定的 λ_3 和 λ_4 值，代入式（5-50）～式（5-52）可求出 λ_1 和 λ_2 的不同值。这些给出了最短调整时间的 λ_1 和 λ_2 值，虽然是略不衰减的响应，但可以认为这些值是最优的。对于 $\lambda_3=0.0$ 和 0.25、$\lambda_4=0\sim0.4$，用这种方法可重复计算得出 λ_1 和 λ_2。不同的 λ_3 和 λ_4 计算得出的对应的 λ_1 和 λ_2 最优值曲线如图5-23所示。

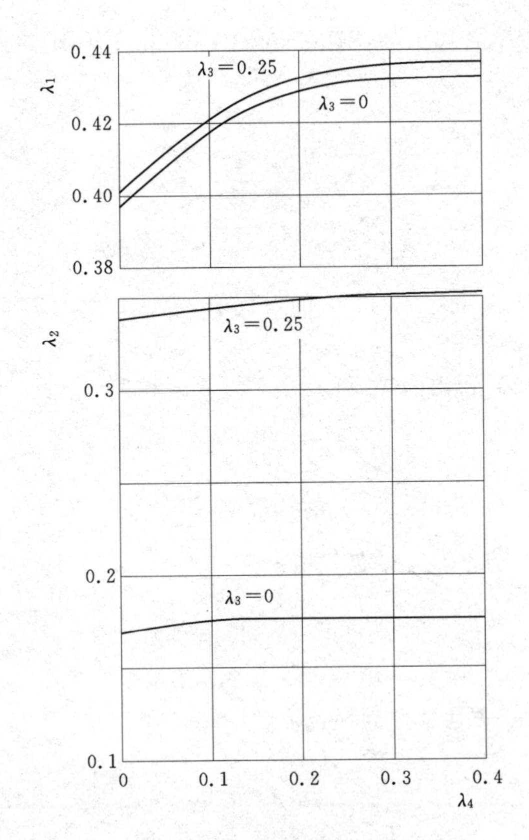

图 5-23　调速器最优参数整定示意图

对特定水电站调速器最优参数的整定步骤如下：

1）根据给定的引水道尺寸和水轮机的额定水头及流量计算 T_w。

2）根据选定的发电机和水轮机的转动惯量计算 T_m。

3）根据确定的负荷类型，从表 5-3 中选择 α 的值并计算 λ_3 和 λ_4。如果负荷类型不确定，则假设 $\sigma=0.05$。

(4）根据计算所得 λ_3 和 λ_4 值，由图 5-23 确定 λ_1 和 λ_2 的最优值，再根据方程（5-61）确定 δ 和 T_r。

下面举例说明。

【例 5-2】 确定 Kelsey 水电站 δ 和 T_r 的最优值。以下为电站各参数值：

$T_w=1.24\text{s}$（根据压力管道的尺寸和几何形状计算得出）

$T_m=9.05\text{s}$（根据已知的机组转动惯量以及水轮机和发电机的额定值计算得出）

$\alpha=1.0$（根据负荷类型，查表 5-3 确定）

$\sigma=0.035$

解：(1) 根据笔者提出的计算方法 (Chaudhry，1970) 来确定 δ 和 T_r 的最优值。

1) 计算 λ_3 和 λ_4。

$$\lambda_3=\frac{\alpha T_w}{T_m}=\frac{1.0\times1.24}{9.05}=0.137$$

$$\lambda_4=\frac{\sigma T_m}{T_w}=\frac{0.035\times9.05}{1.24}=0.255$$

2) 根据图 5-23 确定 λ_1 和 λ_2 的最优值：当 $\lambda_3=0.137$ 和 $\lambda_4=0.255$ 时，$\lambda_1=0.430$ 和 $\lambda_2=0.27$。

3) 根据步骤 2) 得出的 λ_1 和 λ_2 值，计算 δ 和 T_r。

$$\delta=\frac{T_w}{\lambda_1 T_m}=\frac{1.24}{0.430\times9.05}=0.319$$

$$T_r=\frac{T_w}{\lambda_2}=\frac{1.24}{0.27}=4.6s$$

(2) 按 Hovey 方法整定的最优值：

$$\delta=\frac{2T_w}{T_m}=\frac{2\times1.24}{9.05}=0.274$$

$$T_r=4T_w=4\times1.24=4.96s$$

(3) 按 Paynter 方法整定的最优值：

$$\delta=\frac{T_w}{0.4T_m}=\frac{1.24}{0.4\times9.05}=0.342$$

$$T_r=\frac{T_w}{0.17}=\frac{1.24}{0.17}=7.3s$$

图 5-24 为上述三种情况的 $\Delta m=-0.1$ 时的 $n-t$ 曲线。显而易见，相比 Paynter 或 Hovey 的最优整定值，在考虑了 σ 和 α 的影响后得出的最优整定值，具有更好的瞬态响应。

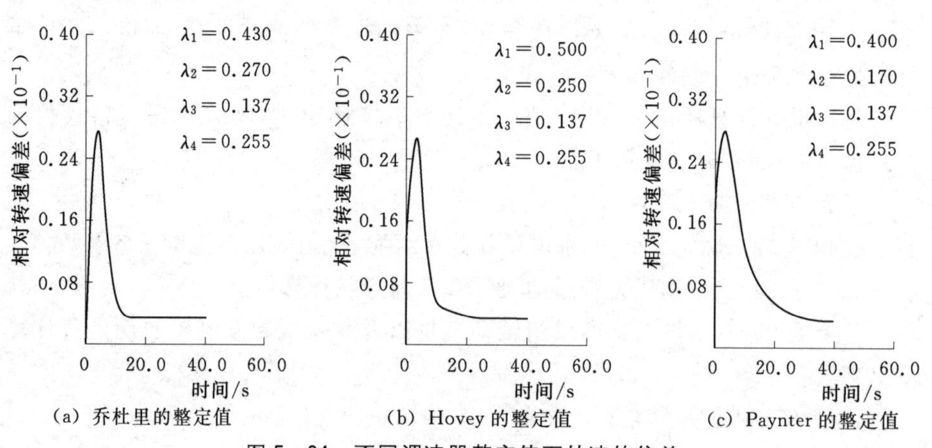

图 5-24 不同调速器整定值下转速的偏差

5.10 抽水蓄能工程

图5-25是一个典型抽水蓄能工程的布置图。在发电工况下，水从上游水库流向下游水库，涡轮机作为水轮机运行；在抽水工况下，水从下游水库被抽到上游水库，涡轮机作为水泵运行。

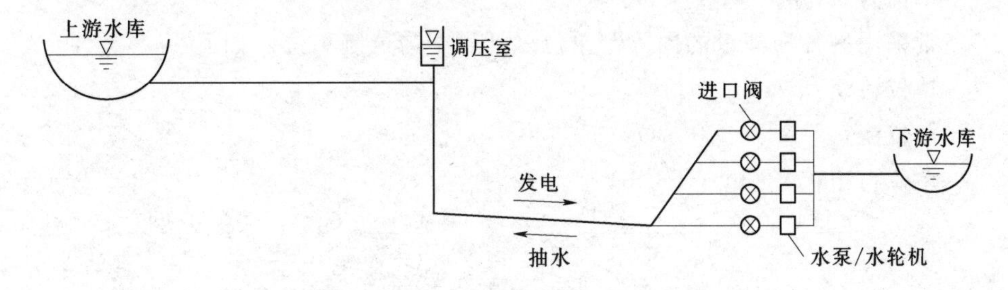

图5-25 抽水蓄能电站布置示意图

下列工况会产生瞬变流动：

水轮机增负荷或甩负荷；

水泵断电；

发电工况转换为抽水工况，反之，抽水工况转换为发电工况；

机组从电网断开后水轮机停机；

主阀关闭。

由以上或其他工况引起的瞬变过程可运用特征线法进行分析。抽水蓄能工程遇到的多数典型边界条件在第3章和第5章中进行了介绍，另外其他一些边界条件将在第10章中介绍。但水泵水轮机边界条件需要特殊处理，这将在下一节中讨论。

5.11 水泵水轮机

水轮机工况与水泵工况采用下列约定：

正常水轮机工况：转速和流量都为正。

正常水泵工况：转速与流量都为负。

因此，对于初始稳定运行的水轮机工况，初始的管道流量和机组转速都为正。而对于初始稳定运行的水泵工况，初始的管道流量与机组转速为负。

水泵水轮机的***全特性曲线***包含四个象限，以单位流量 q 和单位转速 ϕ 以及单位力矩 m 和单位转速 ϕ 的形式来表示（一些制造商用分别对应于 q、m 和 ϕ 的 Q_{11}、T_{11} 和 N_{11} 来表示）。在正常水泵工况下水头为正；无论是水泵工况还是水轮机工况，管道的水头损失都取正值。

图 5-26 为典型水泵水轮机的全特性曲线。图中横坐标为单位转速 ϕ；纵坐标为单位流量 q 和单位力矩 m。这些物理量定义如下：

单位转速：$\phi = ND/\sqrt{H_n}$

单位流量：$q = Q/(D^2\sqrt{H_n})$

单位力矩：$m = M/(D^3 H_n)$

常采用的各物理量的国际制单位（括号中为英制单位）如下：

单位转速：r/min（rpm）

单位流量：m^3/s（ft^3/s）

单位力矩：N·m（ft－lb）

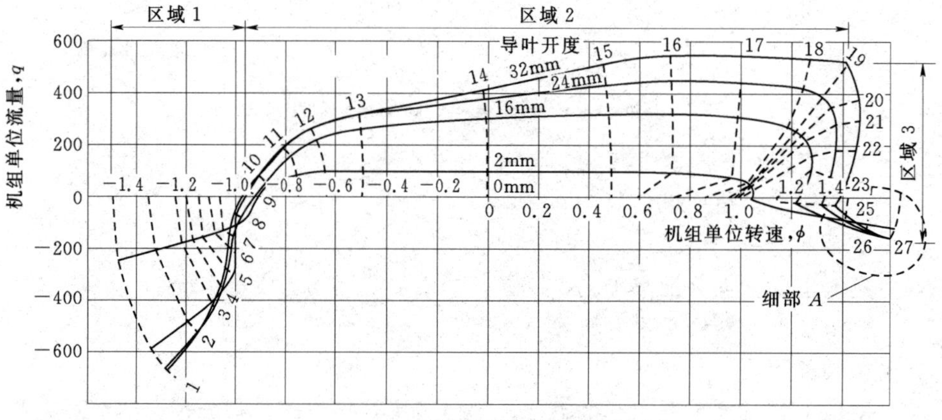

(a)单位流量特性曲线

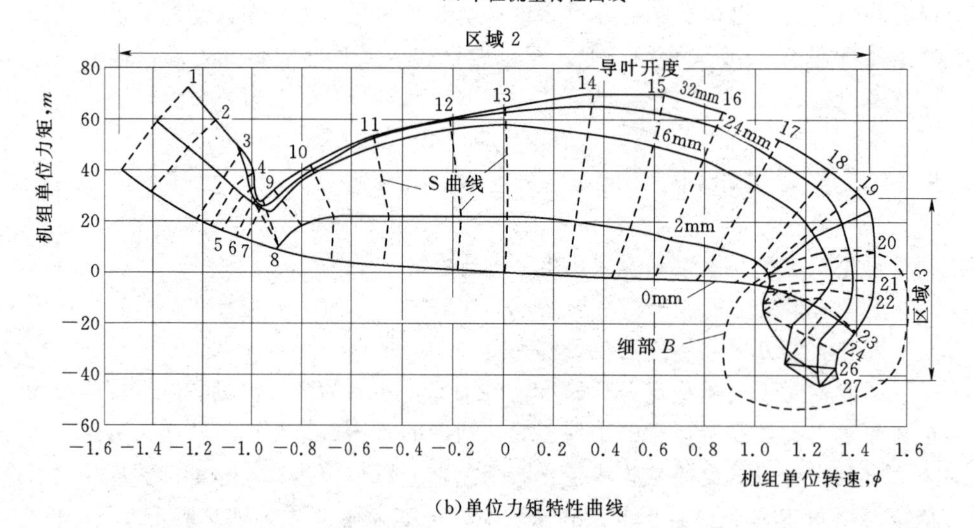

(b)单位力矩特性曲线

图 5-26 水泵水轮机全特性曲线（引自 Computer Applications，2013）

水泵水轮机全特性曲线是由不同的导叶开度组成的曲线。导叶开度可由导叶接力器行程、导叶角度或者导叶间距离等的百分数来给定。给定的开度与时间的关系曲线中的开度值须与水泵水轮机全特性曲线中的导叶开度一致。注意，接力器行程（其值一般已经设定或事先已知）和导叶开度之间的关系并不总是线性的。这种关系取决于某一特殊参数，该特殊参数用于表达导叶开度与连接接力器的连杆机构的几何形状的关系（例如，图 5-26 中，导叶开度由导叶之间的距离确定，单位 mm）。在确定导叶开度时，不同时间应取相同的参数。

特性曲线包含四个象限，水轮机工况（即导叶开度小于空载开度时）和水泵工况都包含制动区。特性曲线也包括零开度线（单位流量为零的线）。

由图 5-26 可以明显看出，不同导叶开度的特性曲线有重叠，对于一个给定的导叶开度和一个给定的单位转速，q 和 m 的值可能不止一个。由于这些原因，5.4 节中用于混流式水轮机特性曲线的线性插值法就不适用了。已有多种数学模型用于处理这一问题。不过，这些方法都有优点与局限（Paynter，1972；Wozniak，1976；Paynter，1979；Boldy 和 Walmsley，1982；Martin，1982；Boldy 和 Walmsley，1983）。下面介绍其中的两种方法。

5.11.1　S 辅助曲线

由于特性曲线在许多情况下存在多值问题，所谓的 S 曲线（注意，这里的 S 曲线不是反 S 形特性曲线）即用于储存这些曲线的数据并插值求解中间值。S 曲线是一组与单位流量和单位力矩特性曲线**垂直的辅助线**。图 5-26 为附加了一组 S 曲线的水泵水轮机特性曲线。S 曲线之间可用线性插值；因此，在特征曲线曲率较大的地方，S 曲线应更密。

通常，20 到 30 条 S 曲线即可。例如，图 5-26 中，单位力矩和单位流量的特性曲线图中均有 27 条 S 曲线。S 曲线应连接或穿过所有从零开度到最大开度的开度线。在单位力矩和单位流量的特性曲线图中，这些曲线应从左往右（即从水泵工况到水轮机工况）依次编号，延长曲线时要注意，从最大开度线到零开度线有时会交叉（图 5-27）。

如果在瞬变工况的计算中，由于某种原因，工况点落在储存的特性曲线数据之外，则可对最近的储存点进行线性外插。同时，在输出文件中输出提示语"特性曲线之外的点（POINT OUTSIDE THE CHARACTERISTICS)"，以提醒设计人员注意计算结果的局限性。

一旦 S 辅助曲线划定，可根据曲线的倾斜程度将每张特性曲线图分为三个区域。区域 1 和区域 3 是曲线陡峭的区域。在这些区域，对于给定的单位转速和导叶开度，因为存在多值问题，不可能进行插值。因此，需要改变方向插值，称之为**变向插值**。

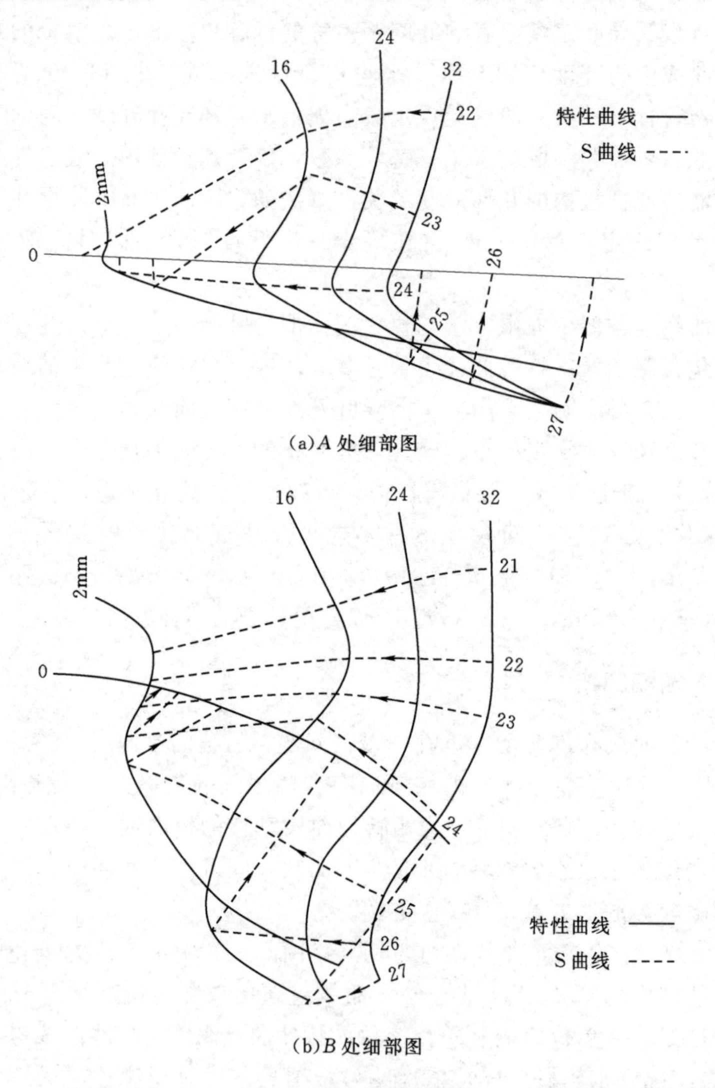

图5-27 图5-26水泵水轮机特性曲线A、B处细部图

区域2曲线不陡峭或没有多值问题，因而可运用一般的插值法。三个区域的范围由参数的规定如下：对于单位流量图为NSQT、MQLIM1和MQLIM2；对于单位力矩图为NSPT、NPLIM1和NPLIM2。对于单位流量图，区域1为1号S曲线到MQLIM1号S曲线；区域2为NQLIM1到NQLIM2；区域3为NQLIM2到NSQT，其中NSQT为S曲线的总数编号。类似地，对于单位力矩图，区域1为1号到MPLIM1号S曲线；区域2为NPLIM1到NPLIM2；区域3为NPLIM2到NSPT。需注意：依据实际的水

泵水轮机全特性曲线，区域 1 或区域 3 可能不需要。

例如，对于图 5-26 中的单位力矩图，区域 1 是没有必要的。因为该曲线不陡，没有多值问题。此例中不同参数值为：

NSPT=27，NPLIM1=1，NPLIM2=20

NSQ =27，NQLIM1=9，NQLIM2=19

如果单位流量图中区域 1 没必要，则 NQLIM1=1；如果区域 3 没必要，则 NQLIM2 = NSQT。单位力矩图中与之类似。

即便在图 5-26 的变向插值的区域，当导叶开度关到零时，曲线已变平缓；因此，没必要用变向插值。当导叶开度小于第二条导叶开度的值（图 5-26 中为 2mm）一半时，则可自动应用一般的插值法。

5.11.2 坐标变换法

Martin（1982）提出了另一种似乎更好的方法。该方法用到下面的坐标变换（图 5-28）。横坐标为 $\tan^{-1}(z_P/z)(v/\alpha)$，纵坐标为 $h/[\alpha^2+(z_P/z)^2(v\alpha)^2]$ 和 $\beta/[\alpha^2+(zv^2/z_P)]$，式中 z 为开度，z_P 为满开度，$v=Q/Q_R$，$\alpha=N/N_R$，$h=H/H_R$ 和 $\beta=M/M_R$。下标 R 代表额定工况。这种方法拉开了每条导叶曲线，从最大导叶开度到最小导叶开度减少了各物理量的数值范围。并且这些曲

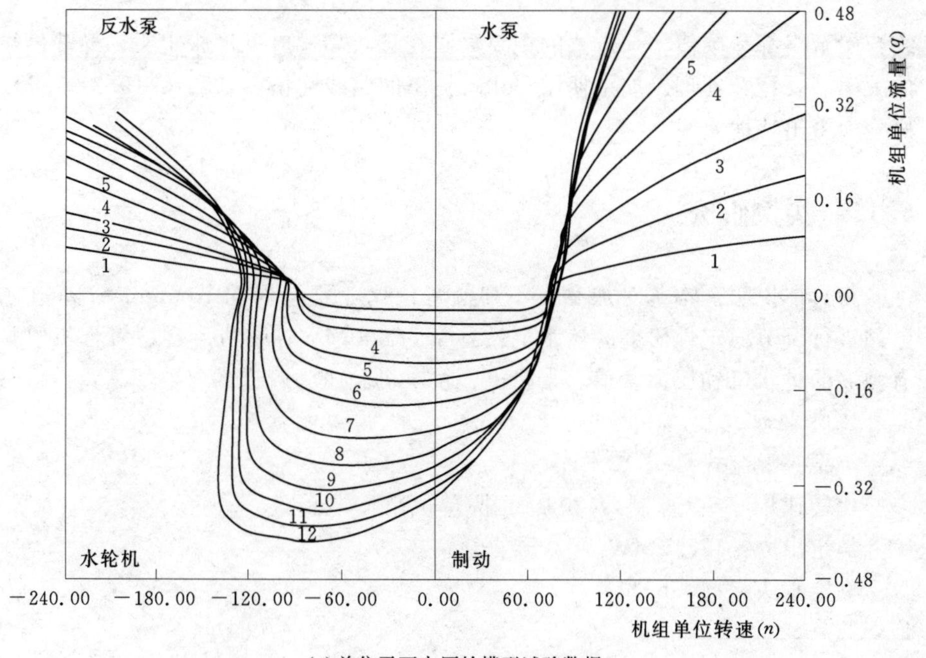

(a)单位平面内原始模型试验数据

图 5-28（一） 水泵水轮机转换特性曲线（Martin，C.S. 提供）

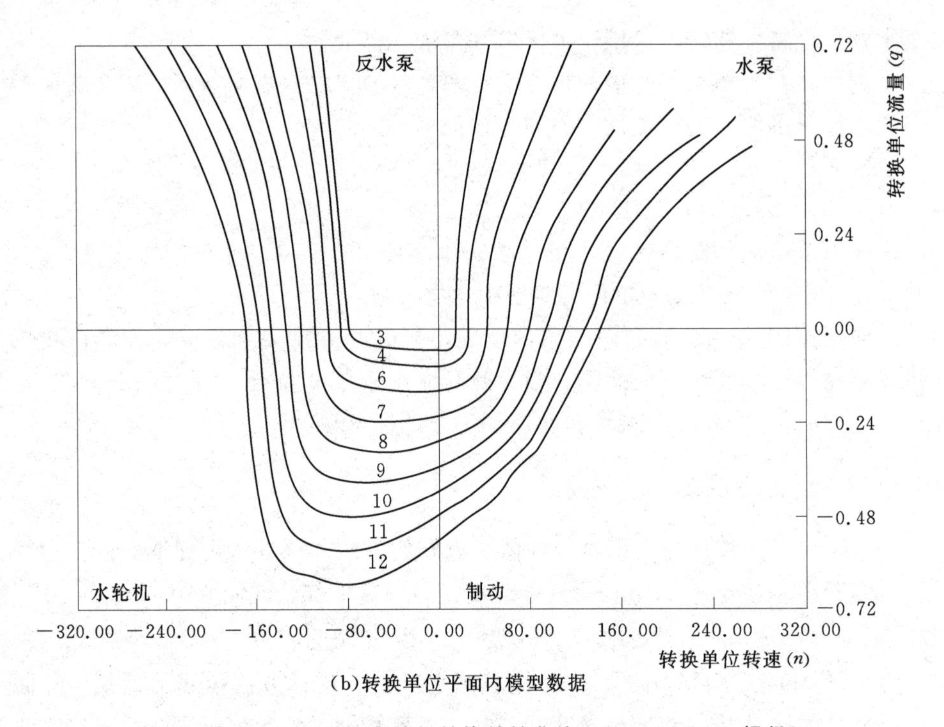

(b)转换单位平面内模型数据

图 5-28(二) 水泵水轮机转换特性曲线(Martin,C.S. 提供)

线自始至终都是单值。该方法的主要局限在于，零导叶开度未定义，导叶最终的关闭需要特殊处理。如果使用 Boldy 提出的曲线网格（1982 和 1983），可较好地表示出特性曲线。

5.12 实例研究

为具体说明，本节对加拿大不列颠哥伦比亚水电局的 Kootenay Canal 水电站进行调节稳定性研究。该水电站容量为 500MW，装机 4 台，每台机组具有独立的进水口和压力管道。水轮机、发电机和压力管道的参数如下：

1. 水轮机

类型：混流式

比转速[1]：55（英制），209（国际单位制）

额定出力：127.5MW

额定水头：74.6m

---

[1] 比转速 $=N\sqrt{P}/H^{1.25}$。英制单位中，P 单位为马力（hp），H 的单位为英尺（ft），N 单位为 r/min。公制单位中，P 单位为 kW，H 单位为 m，N 单位为 r/min。

同步转速：128.6r/min

额定流量：$191m^3/s$

转轮进口直径：4.95m

2. 发电机

额定功率：125MW。

3. 压力管道

压力管道的直径由经济分析确定，应使水头损失减小带来的收益大于压力管道费用的增加。例 2-1 中列出了压力管道各段的长度、直径和管壁厚度。

计算步骤如下。

5.12.1 机械加速时间 T_m

$$kva=\frac{MW\times10^3}{功率因数}=\frac{125\times10^3}{0.95}=131579$$

$$
\begin{aligned}
发电机转动惯量 &=15000\left(\frac{kva}{N_r^{1.5}}\right)^{1.25}\\
&=15000\left(\frac{131579}{128.6^{1.5}}\right)^{1.25}\\
&=4.17(Gg\cdot m^2) \qquad (5-49)
\end{aligned}
$$

$$
\begin{aligned}
水轮机转动惯量 &=1446\left(\frac{kW}{N_r^{1.5}}\right)^{1.25}\\
&=1446\times\left(\frac{127500}{128.6^{1.5}}\right)^{1.25}\\
&=0.39(Gg\cdot m^2)
\end{aligned}
$$

机组总转动惯量，$I=4.17+0.39=4.56\ (Gg\cdot m^2)$

$$
\begin{aligned}
T_m &=\frac{I\times N_r^2}{91.2\times10^6 MW}\\
&=\frac{4.56\times10^6\times(128.6)^2}{91.2\times10^6\times127.5}\\
&=6.49(s)
\end{aligned}
$$

5.12.2 水流加速时间 T_w

表 5-4 列出了输水道各段 $\sum L/A$ 的计算结果：

$$
\begin{aligned}
T_w &=\frac{Q}{gH_R}\sum\frac{L}{A}\\
&=\frac{191\times0.54}{9.81\times74.6}\\
&=2.75(s)
\end{aligned}
$$

5.12.3 经验准则和曲线

因为该电站很可能孤立于电网运行，因此，发电机转动惯量应根据机组孤网运行时的稳定性来确定。为此，采取下面的经验关系和曲线。

表 5-4 T_w 的计算

引水系统	长度 L/m	横截面积 A/m^2	$\sum\frac{L}{A}/m^{-1}$	备注
进水口	7.6	9.1×9.1=82.8	0.091	
	12.8	4.9×7.3=35.8	0.357	
压力管道	244	$\frac{\pi}{4}(6.71)^2=35.4$	6.89	
	36.5	$\frac{\pi}{4}(5.55)^2=24.2$	1.51	
蜗壳	14.5	$\frac{\pi}{4}(5.55)^2=24.2$	0.6	蜗壳总长为29m
尾水管	15.2	$\frac{\pi}{4}(4.88)^2=18.7$	0.81	
	13.7	0.5（18.7+14.6×5.33）=48.3	0.28	
			$\sum\frac{L}{A}=10.54$ $\sum\frac{L}{A}=9.45$ (不包括尾水管)	

(1) 美国垦务局判据（U. S. Bureau of Reclamation Criteria，USBR）。对于标准的发电机和水轮机转动惯量，以及选定的引水道尺寸，T_m 和 T_w 的计算值分别为 6.49s 和 2.75s。因此

$$\frac{T_m}{T_w^2}=\frac{6.49}{2.75^2}=0.86$$

比值小于 2，根据美国垦务局判据（Krueger，1980），单独运行时，机组不稳定。

(2) 田纳西流域工程管理局（Tennessee Valley Authority，TVA）曲线。把上述（1）项计算出的 T_m 和 T_w 值画在 TVA 经验曲线上。结果表明：单独运行时，机组不稳定。

(3) Gordon 曲线（1961）。由于美国垦务局判据和田纳西流域工程管理局经验曲线都表明在标准转动惯量时，机组单独运行不稳定。所以，除了标准转动惯量 4.56Gg·m² 外，总转动惯量为 7.2 和 8.0Gg·m² 的情况也要考虑。转动惯量为 7.2Gg·m² 和 8.0Gg·m² 时，T_m 的值分别为 10.2s 和 11.4s。利用表 5-4 计算的$\sum L/A$ 水流加速时间（不包括尾水管）为

$$T'_w=\frac{191\times 9.45}{9.81\times 74.6}=2.46(\text{s})$$

设导叶开启和关闭时间相等，令缓冲行程时间为1s，则

$$T_g=T_c+1.0$$

式中：T_c 为导叶有效关闭时间；T_g 为总开启时间。

现在，将 T_c 的不同值和总转动惯量 4.56Gg·m^2、7.2Gg·m^2 和 8.0Gg·m^{2}对应的点绘于 Gordon 曲线上（1961）。三条曲线中，转动惯量为 4.56Gg·m^2 的曲线不与划分孤网和并网运行稳定区的线相交。T_c 值由另外两条曲线的交点确定，当转动惯量为 4.56Gg·m^2、7.2Gg·m^2 和 8.0Gg·m^2 时，T_c 值分别为 8.6s 和 10.2s，此时机组孤网运行是稳定的。

5.12.4 转速上升

采用 Krueger（1980）提出的方法，在机组甩全负荷时，机组转速上升值依据各 T_c 和 T_m 的值计算得出的。计算结果见表 5-5。

表 5-5　转速上升率

T_c/s	转速上升率/%		
	T_m=6.49s	T_m=10.2s	T_m=11.4s
6	54.7	38.4	35.4
8	62.5	43.9	40.5
10	69.5	49.3	45.4

5.12.5 水击压力

压力管道中的水击波速在例 2－1 中已经计算得出。对于等效为 295m 的管道（包括蜗壳长度的一半）的波速和横截面积计算如下（Parmakian, 1963）：

$$\frac{L}{a_e}=\sum\frac{L}{a}$$

$$a_e=\frac{295}{(244/694)+(51/1410)+(20/1244)}=730(\text{m/s})$$

$$\frac{2L}{a_e}=\frac{295}{730}=0.81(\text{s})$$

$$A_e=\frac{L}{\sum(L/A)}$$

$$=\frac{295}{9.45}$$

$$=31.22(m^2)$$

$$V_0=\frac{191}{31.22}=6.12(m/s)$$

阿列维（Allievi）参数：

$$\rho=\frac{aV_0}{2gH_R}=\frac{730\times6.12}{2\times9.81\times74.6}=3.05$$

按附录A给出的图表计算各 T_c 值对应的水击压力。表5-6列出了计算结果。

表5-6　　压力升高

T_c/s	压力升高 $\Delta H/H_R$
6	0.48
8	0.36
10	0.27

5.12.6 发电机转动惯量和调节时间的选择

根据上述计算结果，转动惯量与调节时间选择如下：

有效调节时间的最大值选为下列时间的最小值：

(1) 由戈登（Gordon）稳定性曲线得出的孤网稳定运行的调节时间。

(2) 甩全负荷后，机组转速上升不超过60%的调节时间。

有效调节时间的最小值选为下列时间的最大值：

(1) 前池水位最低时，在压力管道中不出现负压的导叶开启时间。

(2) 甩全负荷后，水击压力上升不超过静水头的50%的调节时间。

根据上述准则，确定如下参数数值：

发电机和水轮机的总转动惯量为7.2Gg·m²；

水轮机转动惯量为0.2Gg·m²（由水轮机制造商确定）；

发电机转动惯量为7.2－0.2＝7.0Gg·m²；

调速器关闭时间为8s。

5.12.7 调速器整定值

对于选定的引水道尺寸和发电机惯量，$T_w=2.75s$ 和 $T_m=10.18s$。假设永态转差系数 $\sigma=5\%$ 和自调节系数 $\alpha=0.5$，则

$$\lambda_3=\frac{\alpha T_w}{T_m}=\frac{0.5\times2.75}{10.18}=0.135$$

$$\lambda_4=\frac{\sigma T_m}{T_w}=\frac{0.05\times10.18}{2.75}=0.185$$

根据 λ_3 和 λ_4 的值，由图 5-23 确定的最优调速器整定值为

$$\lambda_1=0.43$$
$$\lambda_2=0.27$$

因此，

$$暂态转差系数：\delta=\frac{T_w}{\lambda_1 T_m}=\frac{2.75}{0.43\times 10.18}=0.63$$

$$缓冲时间常数：T_r=\frac{T_w}{\lambda_2}=\frac{2.75}{0.27}=10\ (s)$$

5.12.8 最终校核

在最后设计阶段，由水轮机制造商完成的模型试验得到了水轮机模型综合特性曲线。利用 5.6 节给出的数学模型来计算最大和最小瞬态压力、甩全负荷后的机组的最大转速上升和大负荷变化后的转速偏差。计算结果表明：最大、最小压力和转速上升均在设计规定范围内，并且大负荷变化后机组是稳定的。

5.13 本章小结

本章简要介绍了输水系统、水轮机和调速器的数学模型。讨论了引起水力瞬变过程的各种水轮机工况，提供了检验数学模型的原型试验数据。然后给出了发电机转动惯量的选择方法和调速器最优值的整定方法。最后进行了实例研究。

习　题

5.1　推导具有下游长压力输水管道的混流式水轮机的数学模型。

5.2　如果有下游调压室，如何修改题 5.1 的数学模型？

5.3　图 5-29 为一个 PID 调速器方框图。仿照 5.5 节，推导该调速器的微分方程。

5.4　图 3-24 为 Jordan 河水电站的布置图，该电站为减小瞬变压力设置了调压阀（PRV）。对原型进行甩负荷试验，导叶关闭且调压阀打开（图 10-11）。假设机组从系统中解列，并假设调压阀开启和导叶关闭之间存在 0.4s 的滞后。水轮机特性曲线如图 5-3 所示。推导用于分析甩负荷引起的瞬变过程的数学模型，并对比计算结果与原型测量结果（图 10-12）。

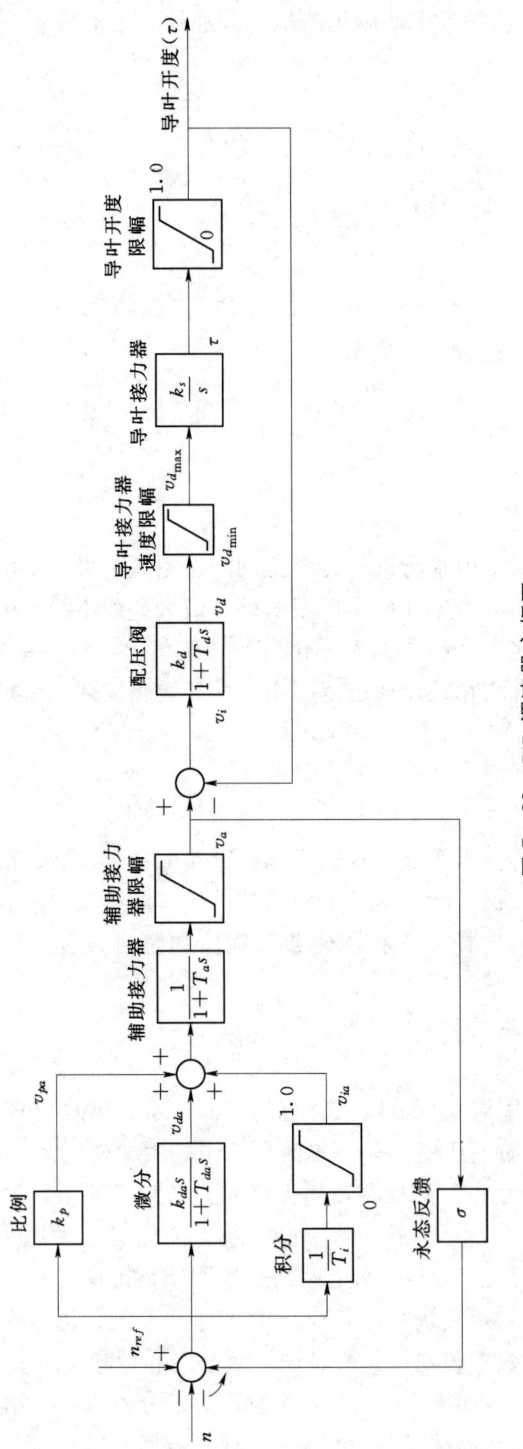

图 5-29 PID 调速器方框图

5.5 推导考虑桨叶角度变化的转桨式水轮机的数学模型。

5.6 确定单独运行的水电站稳定调节所需的机组转动惯量。电站参数如下：

额定出力：39MW；

同步转速：500r/min；

额定水头：240m；

额定工况下水轮机流量：$38m^3/s$；

压力钢管长度：640m；

蜗壳长度：36m；

压力钢管与蜗壳进口横截面积：$7.9m^2$；

调速器开启和关闭时间：5s。

忽略尾水管长度。计算机组容量时（视在功率 kVA），设功率因数为 0.95。

5.7 题 5.6 中机组的调速器最优整定值是多少？

参 考 文 献

[1] Anonymous, 1973, "Speed Governor Fundamentals," Bulletin 25031, Wood-ward Governor Company, Rockford, IL.

[2] Anonymous, 1977, "IEEE Recommended Practice for Preparation of Equipment Specifications for Speed Governing of Hydraulic Turbines Intended to Drive Electric Generators," Amer. Inst. of Elect. and Electronics Engrs., April.

[3] Boldy, A. P. and Walmsley, N., 1982, "Performance Characteristics of Reversible Pump Turbines," Proc. Symp. on Operating Problems of Pump Stations and Power Plants, International Association for Hydraulic Research, vol. 3, Sept.

[4] Boldy, A. P. and Walmsley, N., 1983, "Representation of the Characteristics of Reversible Pump Turbines For Use in Waterhammer Simulations." Proc. Fourth International Conf. on Pressure Surges, British Hydromechanics Research Association, Sept., pp. 287 - 296.

[5] Chaudhry, M. H., 1970, "Governing Stability of a Hydroelectric Power Plant," Water Power, London, April, pp. 131 - 136.

[6] Chaudhry, M. H. and Ruus, E., 1970, "Analysis of Governing Stability of Hydroelectric Power Plants," Trans., Engineering Inst. of Canada, vol. 13, June, pp. I - V.

[7] Chaudhry, M. H. and Portfors, E. A., 1973, "A Mathematical Model for Analyzing Hydraulic Transients In a Hydroelectric Powerplant," Proc. First Canadian Hydraulic Conf., University of Alberta, Edmonton, Canada, May 1973, p. 298 - 314.

[8] Chaudhry, M. H., 1979, "Governing Stability of Hydraulic Turbines," in Transient Flow and Hydromachinery, edited by Shen, H. T., Lecture Notes for Short Course, Colorado State Univ., Chap. 6.

[9] Chaudhry, M. H., 1980, "A Nonlinear Mathematical Model for Analysis of Transi-

ents Caused by a Governed Francis Turbine," Proc. Third International Conf. on Pressure Surges, British Hydromechamcs Research Assoc., England, March, pp. 301-310.

[10] Computer Applications, 2013, "A computer Program for Analyzing Water hammer in Pumping systems and Hydroelectric Power plants," (WH version 6.0), User' s Manual, 83 pp.

[11] D' Azzo, J. J. and Houpis, C. H., 1966, Feedback Control System Analysis and Synthesis, Second ed., McGraw-Hill Book Co., New York, NY.

[12] Enever, K. J. and Hassan, J. M., 1983, "Transients Caused by Changes in Load on a Turbogenerator Set Governed by a PID Governor," Proc. Fourth International Conf. on Pressure Surges, British Hydromechanics Research Association, Sept., pp. 313-324.

[13] Fischer, S. G., 1973, "The Westinghouse Leading Edge Ultrasonic Flow Measurement System," Presented at the Spring Meeting, Amer. Soc. of Mech. Engineers, Boston, Mass., May 15-16.

[14] Gordon, J. L., 1961, "Determination of Generator Inertia," Presented to the Canadian Electrical Association, Halifax, Jan.

[15] Hagihara, S., Yokota, H., Goda, K., and Isobe, K., 1979, "Stability of a Hydraulic Turbine Generating Unit Controlled by PlD Governor," Presented at Inst. of Elect. And Electronics Engrs., PES Winter Meeting, New York, Feb.

[16] Hovey, L. M., 1960, "Optimum Adjustment of Governors in Hydro Generating Stations," Engineering Journal Engineering Inst. of Canada, Nov., pp. 64-71.

[17] Hovey, L. M., 1961, "The Use of an Electronic Analog Computer for Deter-mining Optimum Settings of Speed Governors for Hydro Generating Units," Annual General Meeting, Eng. Inst. of Canada, Paper No. 7, pp. 1-40.

[18] Hovey, L. M., 1962, "Speed Regulation Tests on a Hydrostation Supplying an Isolated Load," Trans. Amer. Inst. of Elect. Engrs., pp. 364-368.

[19] Hovey, L. M., 1962, "Optimum Adjustment of Hydro Governors on Manitoba Hydro System," Trans. Amer. Inst. of Elect. Engrs., Dec., pp. 581-486.

[20] Krivehenko, G. I., Zolotov, L. A., and Klabukov, V. M., 1971, "Moment Characteristics of Cascades under Non-stationary Flow Conditions," Proc. Annual Meeting, International Association for Hydraulic Research, vol. 2, Paris, pp. B11-1-B11-9

[21] Krueger, R. E., 1980, "Selecting Hydraulic Reaction Turbines," Engineering Monograph No. 20, United States Bureau of Reclamation, Denver, CO.

[22] Lathi, B. P., 1965, Signals, Systems and Communications, John Wiley & Sons, New York, NY.

[23] Martin, C. S., 1982, "Transformation of Pump-Turbine Characteristics for Hydraulic Transient Analysis," Proc. Symp. on Operating Problems of Pump Stations and Power Plants, International Association for Hydraulic Research, vol. 2, Sept.

[24] McCracken, D. D. and Dorn, W. S., 1964, Numerical Methods and Fortran Programming, John Wiley & Sons, New York, NY.

[25] Parmakian, J., 1957, "Water Hammer Design Criteria," Jour. Power Div., Amer. Soc. of Civ. Engrs., April, pp. 1216 - 1 - 1216 - 8.

[26] Parmakian, J., 1963, Waterhammer Analysis, Dover Publications, New York, NY.

[27] Parmakian, J., 1986, Private communication with M. H. Chaudhry. Paynter, H. M., 1955, "A Palimpsest on the Electronic Analogue Art," A. Philbrick Researches, Inc., Boston, MA.

[28] Paynter, H. M., 1972, "The Dynamics and Control of Eulerian Turbomachines," Jour. of Dynamic Systems, Measurement, and Control, Amer. Soc. of Mech. Engrs., vol. 94, pp. 198 - 205.

[29] Paynter, H. M., 1979, "An Algebraic Model of a Pump Turbine," Proc. Symp. on Pump Turbine Schemes, Amer. Soc. of Mech. Engrs, June, p. 75 - 94.

[30] Perkins, F. E., et al., 1964, "Hydropower Plant Transients," Report 71, Parts II and III, Hydrodynamics Lab., Department of Civil Engineering, Massachusetts Inst. of Tech., Cambridge, MA., Sept. 1964.

[31] Portfors, E. A. and Chaudhry, M. H., 1972, "Analysis and Prototype Verification of Hydraulic Transients in Jordan River Power plant," Proc. First International Conf. on Pressure Surges, Canterbury, England, British Hydromechanics Research Association, Sept., pp. E4 - 57 - E4 - 72.

[32] Stein, T., 1947, "The Influence of Self-Regulation and of the Damping Period on the WR2 Value of Hydroelectric Power Plant," The Engineers' Digest, May-June 1948 (Translated from Schweizerische Bauzeitung, vol. 5, no. 4, Sept. - Oct.

[33] Streeter, V. L., 1966, Fluid Mechanics, Fourth ed., McGraw-Hill Book Co., New York, NY.

[34] "Mechanical Design of Hydro Plants," Technical Report No. 24, Tennessee Valley Authority Projects, vol. 3, 1960.

[35] Thorne, D. H. and Hill, E. F., 1974, "Field Testing and Simulation of Hydraulic Turbine Governor Performance," Trans., Inst. of Elect. and Electronics Engrs., Power Apparatus and Systems, July/Aug., pp. 1183 - 1191.

[36] Thorne, D. H. and Hill, E. F., 1975, "Extension of Stability Boundaries of a Hydraulic Turbine Generating Unit," Trans., Inst. of Elect. and Electronics Engrs., vol. PAS - 94, July/ Aug., pp. 1401 - 1409.

[37] Wozniak, L., 1976, "Discussion of Transient Analysis of Variable Pitch Pump Turbines," Jour. of Engineering for Power, Amer. Soc. of Mech. Engrs., vol. 89, pp. 547 - 557.

附加参考文献

[1] Almeras, P., 1947, "Influence of Water Inertia on the Stability of Operation of a Hydroelectric System," Engineer's Digest, vol. 4, Jan. 1947, pp. 9 - 12, Feb., pp. 55 - 61.

[2] Araki, M. and Kuwabara, T., "Water Column Effect on Speed Control of Hydraulic Turbines and Governor Improvement," Hitachi Review, vol. 22, no. 2, pp. SO - 55.

[3] Blair, P. and Wozniak, L., 1976, "Nonlinear Simulation of Hydraulic Turbine Governor Systems," Water Power and Dam Construction, Sept.

[4] Brekke, H., 1974, "Stability Studies for a Governed Turbine Operating under Isolated Load Conditions," Water Power, London, Sept., pp. 333 - 341.

[5] Concordia, C. and Kirchmayer, L. K., "Tie-Line Power and Frequency Control of Electric Power Systems," Parts I and II, Trans., Amer. Inst. of Elect. Engrs., June1953, pp. 562 - 572; Apr. 1954, pp. 1 - 14. (See also discussion by H. M. Paynter.)

[6] Dennis, N. G., 1953, "Water-Turbine Governors and the Stability of Hydro-electric Plant," Water Power, Feb., pp. 65 - 76; Mar., pp. 104 - 109; Apr., pp. 151 - 154; May, pp. 191196.

[7] Goldwag, E., 1971, "On the Influence of Water Turbine Characteristic on Stability and Response," Jour. Basic Engineering, Amer. Soc. of Mech. Engrs., Dec., pp. 480 - 493.

[8] Lein, G. and Parzany, K., 1967, "Frequency Response Measurements at Vianden," Water Power, July, pp. 283 - 286, Aug., pp. 323 - 328.

[9] Newey, R. A., 1967, "Speed Regulation Study for Bay D' Espoir Hydroelectric Generating Station," Paper No. 67 - WA/FE - 17, Presented at Winter Annual Meeting, Amer. Soc. of Mech. Engrs., Dec.

[10] Oldenburger, R., 1964, "Hydraulic Speed Governor with Major Governor Problems Solved," Jour. Basic Engineering, Amer. Soc. of Mech. Engrs., Paper No. 63 - WA - 15, pp. 1 - 8.

[11] Petry, B. and Jensen, P., 1982, "Transients in Hydroelectric Developments: Design and Analysis Considerations on Recent Pro jects in Brazil," Proc., Seminar on Hydraulic Transients, Koelle, E. and Chaudhry, M. H. (eds.), in English with Portuguese translation, vol. 2, Sao Paulo, Brazil, pp. HI - 1 to I - 60.

[12] Schleif, F. R. and Bates, C. G., 1971, "Governing Characteristics for 820, 000 Horsepower Units for Grand Coulee Third Powerplant," Trans., Inst. of Elect. and Electronics Engrs., Power Apparatus and Systems, Mar. /Apr., pp. 882 - 890.

[13] Stein, T., 1970, "Frequency Control under Isolated Network Conditions," Water Power, Sept

[14] Vaughan, D. R., 1962, "Speed Control in Hydroelectric Power Systems," Thesis submitted to Massachusetts Institute of Technology in partial fulfillment of the requirements for the degree of doctor of philosophy.

[15] Wozniak, L. and Fett, G. H., 1972, "Conduit Representation in Closed Loop Simulation of Hydroelectric Systems," Jour. Basic Engineering, Amer. Soc. of Mech. Engrs., Sept., pp. 599 - 604. (See also discussion by Chaudhry, M. H., pp. 604 - 605).

[16] "Waterhammer in Pumped Storage Projects," International Symp., Amer. oc. Mech. Engrs., Nov. 1965.

[17] International Code of Testing of Speed Governing Systems for Hydraulic Turbines, Technical Committee No. 4, Hydraulic Turbines, International Electrotechnical Commission, Feb. 1965.

第 6 章 冷却水系统中的瞬变过程

冷却水系统中的冷凝器。直径 4.2m，长 14.63m；装有高 4.27m、宽 1.83m 的水室，以及直径 25mm、长 11m 的钛管。冷却液为海水（加拿大 M. A. 电力公司的 Abu Morshedi 提供）

6.1 引言

冷却水系统是火电站和核电站中用来冷凝水蒸气的设备，它将汽轮机喷出的水蒸气冷却成液态水。冷却所得液态水可再次进入蒸汽发生器中循环使用。为此，水蒸气要绕过大量内通**冷却水**（或称**冷却液**）的细径管道。包含这些细径管道的腔体，就叫做**冷凝器**。冷却液通过冷凝器后温度升高，可将其排入河流、湖泊、河口等大体积水体，或通过**冷却塔**、**冷却池**等设施将其冷却后循环使用。

不少操作都会在冷却水系统中产生瞬变过程，在设计阶段需要对其进行分析。本章将概括冷却水系统瞬变过程的分析方法。首先对冷却水系统进行简介，然后讨论实际运行中引起瞬变过程的工况，最后推导典型的边界条件，以便采用特征线法求解。

6.2 冷却水系统

本节介绍冷却水系统的基本类型、典型布置以及系统构成。

6.2.1 基本类型

冷却水系统可以分为**直流式**、**循环式**和**直流-循环混合式**（Jones，1977；DeClemente 等，1978；Martin 和 Chaudhry，1981；Martin 和 Wiggert，1986）。简单介绍如下。

1. 直流式冷却水系统

直流式冷却水系统（图 6-1）的冷却水从江、河、湖、海和水库等大体积水体中引入，流经**冷凝管**升温后，再排放到原来的水源内。出于环保考虑，排放冷却水的温度不能太高，故需水量较大。这种系统通常属于低水头系统，在恒定工作状态下冷凝管内存在负压，在排水口需要设置**密封堰**或**扩散管**。

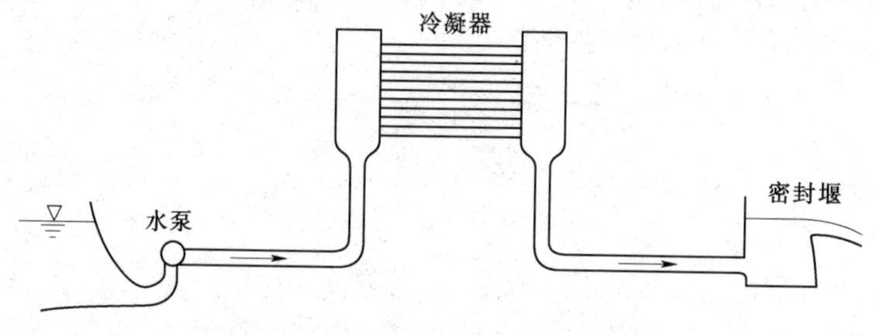

图 6-1 直流冷却水系统

2. 循环式冷却水系统

循环式冷却水系统（图 6－2）利用冷却塔、冷却池或喷淋池等设施将升温后的冷却水降温后，再供给冷凝器循环使用。其中，带有冷却塔的系统属于高水头系统，冷凝器受压。若冷凝器位置比冷却塔低，水泵可设置在冷凝器下游。

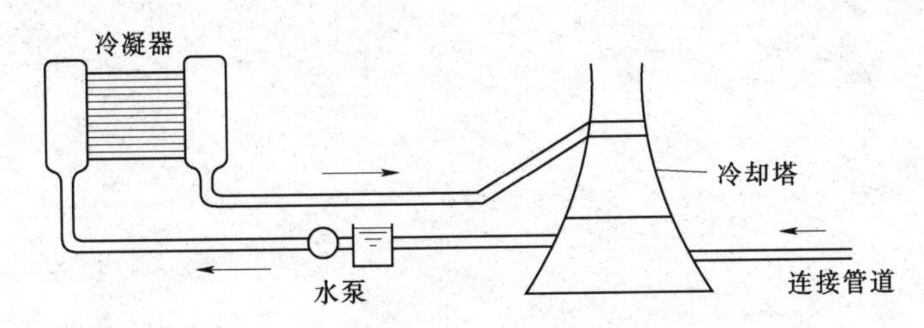

图 6－2 循环冷却水系统

3. 直流-循环混合式系统

顾名思义，**直流-循环混合式系统**同时包含直流和循环两部分，一般用于翻新改造的工程中（图 6－3）。设置这种系统，或者是为了满足环保要求而增加冷却水系统容量，或者是要在原水源上进行小流量或高水温运行。

6.2.2 典型布置

冷却水系统的布置和结构随装置具体情况而各不相同。进/出水管道系统布置、不同管道间连接形式、每条管道中水泵和冷凝器的数量等，均有很大差别。根据不同的现场条件，可以选择冷凝塔、冷却池、喷淋池、密封堰、水下扩散管等设施。

图 6－4 给出了几种典型的冷却水系统布置形式（Martin 和 Wiggert，1986）。布置 A 的每个隧洞可以布置两个以上水泵，应用最广泛。布置 B 采用了交叉的形式，操作上比布置 A 灵活。对于具有长扩散管的直流式冷却系统，则可采用布置 C 和 D 的形式。

6.2.3 系统构成

冷却水系统主要包括：进水口、引水管、水泵、阀门、冷凝器、排水管等。某些系统中还包括密封堰，排水扩散管、冷凝塔和冷凝池等。

进水口需要特殊设计以防止产生漩涡。系统中通常采用两台或多台水泵并联布置的形式，虽然有时也采用一台水泵。多台水泵布置可使系统运行更加灵活高效，也对系统部分负荷运行或事故后启动有利。对于并联布置的水泵，每个泵下游要安装一个排放阀，以便在上游水泵失效时切断水流，防止出现逆流。

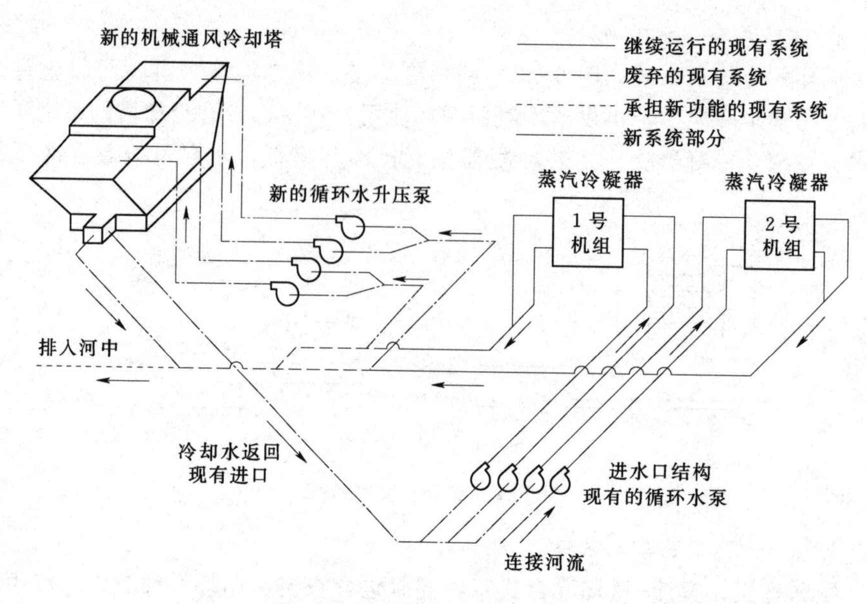

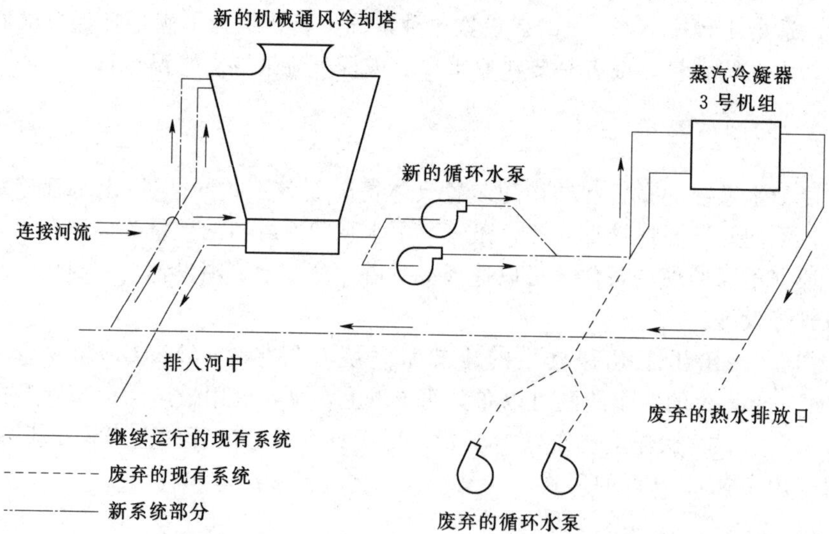

图6-3 冷却水系统的改造（DeClemente等，1978）

冷凝器有多种类型（Langley，1981），如图6-5所示。直流式冷却水系统通常专门设计，以保证恒定运行时，在出水箱内或出水管路最高点处的压力低于大气压。通常在出水箱上设置**真空破坏阀**或**进气阀**，以控制压力波动。若水泵断电或出水箱中水位低于设定值，阀门即被启动。实际工程中宜采用最低水位判据来触发真空破坏阀。由于冷凝器的虹吸作用，水箱内和冷凝管较高部位会出现空气聚集，故需要用真空泵将空气清除。

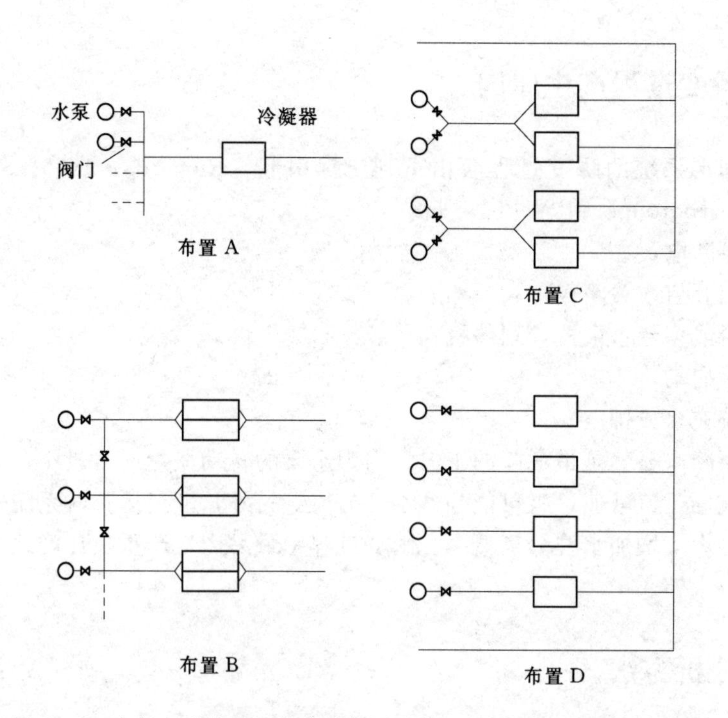

图 6-4 冷却水系统的几种典型布置形式（Martin 和 Wiggert，1986）

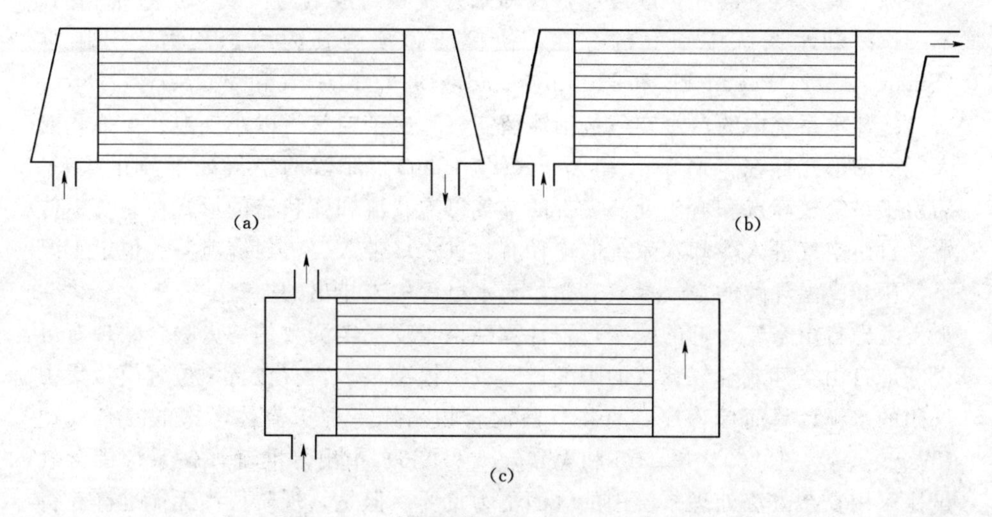

图 6-5 冷凝器的类型（Langley，1981）

密封堰用来保持恒定运行时排水管道系统充满。确定堰顶高程时，要保证冷凝器出水箱内或排水管最高点的负压符合设计负压值。

直流式系统的排水口是否需要设置水下扩散段，应由环保因素决定。

6.3 瞬变过程产生原因

冷却水系统的瞬变过程会由下列工况引起（Richards，1956；Richards，1959；Scarborough 和 Webb，1968；Sheer，1972）：

水泵断电；

阀门开启或关闭；

一台或多台水泵按计划停机；

水泵启动；

系统充水或排空。

水泵断电显然是最危险的工况。因为水泵的转动惯量通常较小，水泵断电后，水流会迅速减速，极可能导致水柱分离。另外，恒定运行时系统中存在负压区，会大大增加水柱分离概率。瞬变过程中最易产生严重负压的地方是冷凝器的下游水箱。

6.4 分析方法

除了具有冷凝器和扩散段外，冷却水系统在组成上与一般管道系统相同。不过，冷却水系统中空气的存在，使得准确预测其内瞬态压力十分困难（Sheer，1972；Papadakis 和 Hollingshead，1976；Martin 和 Wiggert，1986）。

冷却水系统中的**自由空气**包括**滞留空气**和**夹带空气**，以小气泡、子弹状或大气团的形式存在（Martin 和 Wiggert，1986）。滞留的空气处于静止状态，滞留于系统较高点和弯头处。夹带的空气以泡状流和弹状流的形式在系统中传输。自由空气进入冷却水系统的途径有：进水口带入、密封缝泄漏、恒定工况下低压和高温导致的空气释放、初始充水过程中未排出的空气。

考虑自由空气影响的瞬变过程计算结果与现场实测数据不太吻合。现有可以考虑自由空气或空气释放的瞬变过程数学模型很多，有在特定位置模拟集中气团的水锤计算简单程序，有将气液混合物当作一种拟流体考虑的复杂模型（Wiggert 等，1983）。Martin 和 Wiggert（1986）指出，准确评估系统中含气量比采用复杂方法处理系统中的气团更为重要。但是，现阶段尚无能准确获得系统中含气量的理论方法或经验公式。

冷凝器中的流动很复杂，但大多数计算程序都将其简化处理。典型的冷凝器简化形式如下：

(1) 将冷凝器简化为孔口，只考虑水头损失，忽略水流惯性和压力波传播通道。

(2) 将冷凝器简化为等价管，计入摩阻损失和水流惯性，忽略压力波传播通道。

(3) 将冷凝器简化为等价管，计入摩阻损失、水流惯性和水体及水箱的综合弹性。

这些简化模型显然无法模拟冷凝器排水、充水过程，不过也可以通过考虑大量不同高程的等价管来进行间接模拟（Zielke，1979）。

对水箱建模时，必须将水箱体型变化、气团和真空破坏阀考虑进来。水箱的弹性包括气团和水体的可压缩性、壁面材料的弹性。不过，在有气团存在情况下，水体可压缩性和壁面弹性相对于空气的可压缩性来说很小，可以忽略。

为了模拟排水管内合适的水力坡度，出口水箱的水位应精确给定，因为这对于排水管内水体减速和倒流的准确计算至关重要。

排水口扩散段可以由若干等价孔口代替，一般采用4～5个，沿扩散段长度方向布置（Zielke，1979）。

恒定运行工况下冷却水系统内存在大量自由空气，而在瞬变过程中由压力降低引起的空气释放量相对较小，因此，在分析实际问题时可以忽略瞬变过程中的空气释放。

Martin 和 Wiggert（1986）的研究指出，若自由空气主要聚集在冷凝器中，则采用带集中气团边界条件的标准水击程序计算就能满足工程需求；若自由空气沿下游排水管长度方向散布，则必须采用同质混合两相流模型（Wiggert 等，1983）。

第3章所介绍的特征线法非常适合计算单相流问题，对于液体中含有少量空气的情况，需要通过折减波速法（见2.6节和9.5节）处理。

由阀门启闭、水泵起停或断电等引起的瞬变过程均可用特征线法进行模拟。第3和4章已给出了不少常用的边界条件，本章的下一节和第2章将给出另外一些边界条件。

分析两相流问题时，可以将其看作同质混合流体或者两相分离流体。在同质混合流分析中，流体被处理成以断面的平均参数（压强、流速和体积分数）为变量的虚拟流体，在分析中计入体积分数沿管线的变化。

在两相分离流分析中，两种流体需要单独分析，并计入两者间质量、动量和能量的交换，这种方法不在本书论述范围。

可用来分析同质混合两相流的数值方法包括：特征线法、Lax－Wendroff有限差分法、隐格式有限差分法和显格式有限差分法。

特征线法的优点是能处理导数的不连续性，便于给定合适的边界条件。但是，若波速随压强显著变化，在结果中易形成激波，而且会因特征线的聚集而导致方法失效。另外，若采用显格式有限差分法求解特征全微分方程，计算时间步长仍将受到库朗稳定条件的限制。很小的时间步长使得该方法不适用于大规模实际问题的计算。当然，它能用来计算小规模、简单的算例，以验证其他数值方法。

Lax-Wendroff 有限差分格式（Lax 和 Wendroff，1960）或其他高阶格式（Chaudhry 和 Hussaini，1983，1985）可以用来分析有激波的问题，不过所得结果在波前附近会有非物理振荡，故需要进行光滑处理。但光滑处理会引入非物理的数值衰减，如果处理不当可能抹去真实波峰。

显格式有限差分法易于编程，但由于时间步长受库朗稳定条件限制，需要很长计算时间，因此在分析大规模系统时很少采用。

隐格式有限差分法的时间步长取决于计算精度，不受稳定条件约束，因此适合用来分析大规模复杂问题。

6.5 边界条件

为了用特征线法计算冷却水系统的瞬变过程，本节将推导冷凝器和滞留气团边界条件。注意，这些边界条件仅适用于单相流。

6.5.1 冷凝器

冷凝器由大量冷凝管以及管道两头的水箱组成。边界条件的推导中，将管道簇用一条等价的简单管代替。等价管的断面积等于管道簇的总断面积，即 $A_e = n_t A_t$，其中 n_t 为冷凝管的条数，A_t 为单条冷凝管的断面积。须假设等价管的水头损失等于单条管道的水头损失。水箱可视为集中流容，并计入水体可压缩性和水箱壁弹性。

下面推导上游水箱的方程。下游水箱的方程类似。

设水箱中水体体积为 $\forall$，水体和水箱壁综合的有效体积模量为 K，则有定义

$$K = \frac{\Delta p}{\dfrac{\Delta \forall}{\forall}} \tag{6-1}$$

式中：$\Delta \forall$ 为压力变化 Δp 引起的体积变化。

在现实中的压力变化范围内，水体体积变化很小，一般可以忽略。在时段 Δt 内，由入流和出流引起的水体体积随时间的变化量 $\Delta \forall$ 可由连续方程导出：

$$\Delta \forall = \frac{1}{2} \Delta t [(Q_{P_{i,n+1}} + Q_{i,n+1}) - (Q_{P_{i+1,1}} + Q_{i+1,1})] \tag{6-2}$$

其中，Q 和 Q_P 分别为时段初和时段末的流量，下标（i，$n+1$）和（$i+1$，1）表示节点编号（图 6-6）。假设整个水箱内压力一样，则有

$$H_{P_{i,n+1}}=H_{P_{i+1,1}} \tag{6-3}$$

式中：H_P 为时段末的测压管水头。

这样，Δt 时段内压强变化为

$$\Delta p=\gamma\Delta H=\gamma(H_{P_{i,n+1}}-H_{i,n+1}) \tag{6-4}$$

式中：γ 为水体比重。

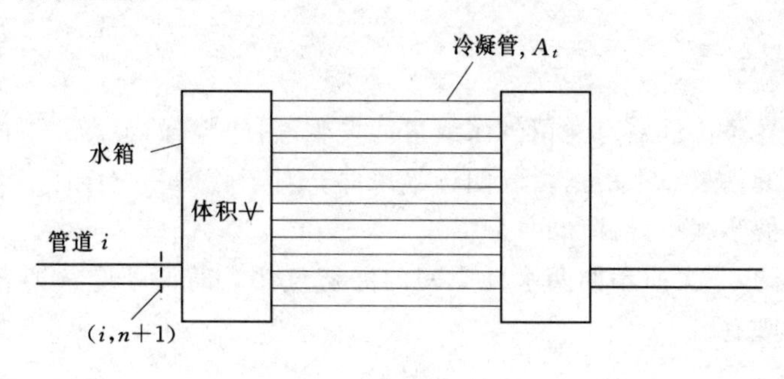

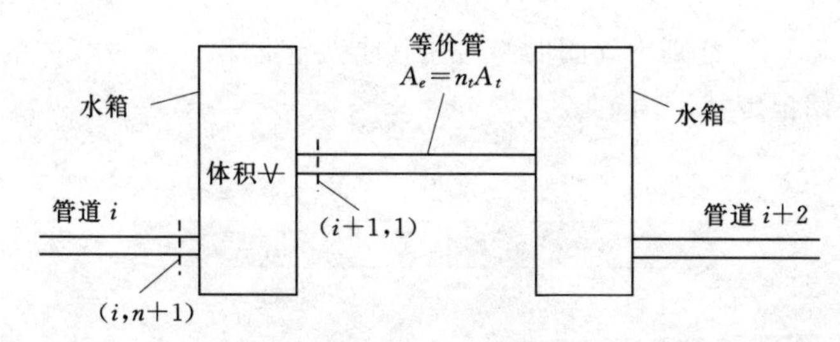

图 6-6　冷凝器简图

将式（6-2）和式（6-4）带入式（6-1）中并化简，可得

$$H_{P_{i,n+1}}=H_{i,n+1}+\frac{K\Delta t}{2\gamma\forall}[(Q_{i,n+1}-Q_{i+1,1})+(Q_{P_{i,n+1}}-Q_{P_{i+1,1}})] \tag{6-5}$$

断面（i，$n+1$）和（$i+1$，1）的正负特征方程为［式（3-17）和式（3-18）］

$$Q_{P_{i,n+1}}=C_p-C_{a_i}H_{P_{i,n+1}} \tag{6-6}$$

$$Q_{P_{i+1,1}}=C_n+C_{a_{i+1}}H_{P_{i+1,1}} \tag{6-7}$$

式中：C_p、C_n、C_a 的定义见式（3-19）～式（3-21）。将式（6-3）、式（6-6）和式（6-7）带入式（6-5）可得

$$H_{P_{i,n+1}}=H_{i,n+1}+\frac{K\Delta t}{2\gamma\forall}[(Q_{i,n+1}-Q_{i+1,1})+(C_p-C_n)]-\frac{K\Delta t}{2\gamma\forall}(C_{a_i}+C_{a_{i+1}})H_{P_{i,n+1}} \tag{6-8}$$

进而有

$$H_{P_{i,n+1}}=\frac{2\gamma\forall}{2\gamma\forall+K\Delta t(C_{a_i}+C_{a_{i+1}})}\left\{H_{i,n+1}+\frac{K\Delta t}{2\gamma\forall}[(Q_{i,n+1}-Q_{i+1,1})+(C_p-C_n)]\right\} \tag{6-9}$$

至此，利用式（6-3）、式（6-6）和式（6-7）可分别求出 $H_{P_{i+1,1}}$、$Q_{P_{i,n+1}}$ 和 $Q_{P_{i+1,1}}$。

6.5.2 滞留空气

这种边界条件针对有滞留气团或可能发生液柱分离的节点。下面给出上下游均有管段的内节点上的滞留气团边界条件。对于管道一端存在滞留气团的情况，可按相似步骤推导。

考虑如图6-7所示的两水柱中间的滞留气团，若滞留空气遵守理想气体的多方律，则有

$$H_{P_{air}}^{*}\ \forall_{P_{air}}^{*m}=C \tag{6-10}$$

式中：$H_{P_{air}}^{*}$ 和 $\forall_{P_{air}}^{*}$ 分别为气团的绝对压强水头和体积；m 为气体的多方指数；常数 C 由初始恒定状态确定。

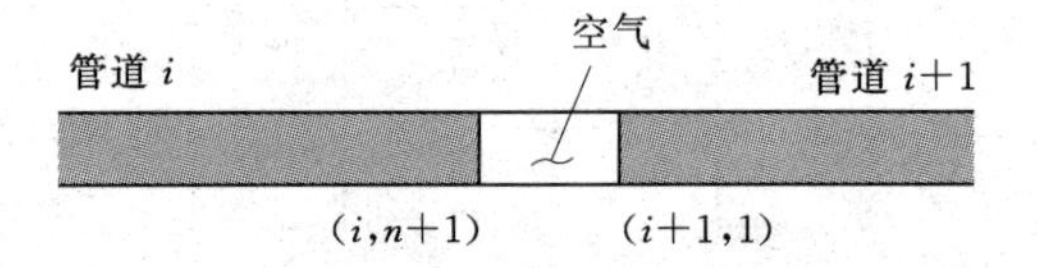

图6-7 两水柱之间的滞留气团

由连续方程可得

$$\forall_{P\ air}^{*}=\forall_{air}+\frac{\Delta t}{2}[(Q_{i+1,1}+Q_{P_{i+1,1}})-(Q_{i,n+1}+Q_{P_{i,n+1}})] \tag{6-11}$$

断面（i，$n+1$）和（$i+1$，1）的正负特征方程为［式（3-17）和式（3-18）］

$$Q_{P_{i,n+1}}=C_p-C_{a_i}H_{P_{i,n+1}} \tag{6-12}$$

$$Q_{P_{i+1,1}}=C_n+C_{a_{i+1}}H_{P_{i+1,1}} \tag{6-13}$$

其中，C_p、C_n、C_{a_i} 和 $C_{a_{i+1}}$ 的定义见式（3-19）～式（3-21）。若认为任意时刻气团内的压强均匀，则有

$$H_{P_{i,n+1}}=H_{P_{i+1,1}} \tag{6-14}$$

另外

$$H_{P_{air}}^{*}=H_b+H_{P_{i,n+1}}-z \tag{6-15}$$

式中：H_b 为大气压强水头；z 为管线相对于基准面的高度。

至此已得到6个方程［式（6-10）～式（6-15）］，有6个未知数：$H_{P_{air}}^{*}$、$\forall_{P_{air}}^{*}$、$Q_{P_{i+1,1}}$、$Q_{P_{i,n+1}}$、$H_{P_{i+1,1}}$、$H_{P_{i,n+1}}$。消去前5个未知数可得

$$(H_{P_{i,n+1}}+H_b-z)\left[C_{air}+\frac{1}{2}\Delta t(C_{a_i}+C_{a_{i+1}})H_{P_{i,n+1}}\right]^m=C \qquad (6-16)$$

其中

$$C_{air}=\forall_{air}+\frac{1}{2}\Delta t(Q_{i+1,1}-Q_{i,n+1}+C_n-C_p) \qquad (6-17)$$

可通过迭代法（如二分法或牛顿-拉弗森法）由式（6－16）中求得 $H_{P_{i,n+1}}$。其他未知量则由式（6－10）～式（6－15）求出。

6.6 本章小结

本章简要介绍了冷却水系统组成，概括了引起冷却水系统瞬变过程的工况，讨论了冷却水系统瞬变过程的分析方法，推导了冷却水系统的基本边界条件。

习　题

6.1　试推导管道中滞留气团的边界条件。假设气压上升时空气可由空气阀缓慢释放。

6.2　试推冷凝器的边界条件。假设冷凝器中水位下降时处于较高位置的冷凝管不被淹没。(提示：用平行放置于不同高度的几条管道代替冷凝器中的冷凝管，认为只有被淹没的管道通水。)

6.3　比较下列两种假设下输运气-水混合物的管道的压强值：①假设混合物为一种拟流体；②假设气团分段聚集，沿管道长度间隔分布。计算中请给定一个典型的空气体积分数。

6.4　试推导管道上游端或下游端的滞留气团边界条件。

参 考 文 献

[1] Anonymous, 1981, "The La Casella Thermal Power Station: Results of Unsteady Flow Regime Tests on CoolingWater Circuits of Condenser Groups 3 and 4," ENEL Report 2995, Sept.

[2] Chaudhry, M. H. and Hussaini, M. Y., 1983, "Second-Order Explicit Methods for Transient-Flow Analysis," *in Numerical Methods for Fluid Transients Analysis*, Martin, C. S. and Chaudhry, M. H. (eds.), Amer. Soc. Mech. Engrs., pp. 9-15.

[3] Chaudhry, M. H. and Hussaini, M. Y., 1985, "Second-Order Accurate Explicit Finite-difference Schemes for Waterhammer Analysis," *Jour. of Fluids Engineering*, vol. 107, Dec., pp. 523-529.

[4] Davison, B. and Hooker, D. G., 1979, "Grain Power Station: CW System Site

Surge Tests," *Central Electriciry Generating Board Report No*. 715/34/12/*EMB*/80, Nov.

[5] DeClemente, T. J., Caves, J. L., and Wahanik, R. J., 1978, "Hydraulics of Cooling System Backfits," *Proc.*, *Symp. on Design and Operation of Fluid Machinery*, International Association for Hydraulic Research, Amer. Soc. Civ. Engrs. and Amer. Soc. Mech. Engrs., Fort Collins, June, pp. 475-487.

[6] De Vries, A. H., 1974, "Research on Cavitation due to Waterhammer in the Netherlands", *Proc.*, *Second Round Table Meeting on Water Column Separation*, Vallomrosa, pp. 478-485.

[7] Hooker, D. G., 1980, "Grain Power Station: CW System Site Surge Tests," *Report No*. 715/34/3/*EMB*/80, Central Electriciry Generating Board, June.

[8] Jolas, C., 1981, "Hydraulic Transients in Closed Cooling Water Systems," *Proc. Fifth International Symp. and IAHR Working Group Meeting on Water Column Separation*, Obemach, Universities of Hanover and Munich, pp. 381-399.

[9] Jones, W. G., 1977, "Cooling Water for Power Stations," *Proc.*, Inst. Civ. Engrs., Part I, vol. 62, Aug., pp. 373-398.

[10] Kohara, I., Ogawa, Y., Iwakiri, T., and Shiraishi, T., 1973, "Transient Phenomena of Circulating Water System for Thermal and Nuclear Power Plants," *Technical Review*, Mitshubishi Heavy Industries, Oct., pp. 9-20.

[11] Langley, P., 1981, "Susceptibility of Once-Through, Siphonic Cooling Water Systems of Excessive Transient Pressures," Proc. Fifth International Symp. and International Association for Hydraulic Research Working Group Meeting on Water Column Separation, Obernach, University of Hanover and Munich, pp. 285-305.

[12] Lax, P. D. and Wendroff, B., 1960, "System of Conservation Laws," *Comm. on Pure and Applied Math.*, vol. 13, pp. 217-227.

[13] Martin, C. S. and Chaudhry, M. H., 1981, "Cooling-Water Systems," in *Closed-Conduit Flows*, Chaudhry, M. H. and Yevjevich, V., (eds.), Water Resources Publications, Littleton, CO, pp. 255-277.

[14] Martin, C. S. and Wiggert, D. C., "Critique of Hydraulic Transient Simulation in CoolingWater Systems," presented at Winter Annual Meeting, Amer. Soc. Mech. Eng., Dec.

[15] Martin, C. S. and Wiggert, D. C., 1986, "Hydraulic Transients in Circulating Cooling Water Systems," *Final Report*, vol. I, Prepared for Electric Power Research Institute, Georgia Institute of Technology and Michigan State University.

[16] Papadakis, C. N. and Hollingshead, D. F., 1976, "Air Release in the Transient Analysis of Condensers," *Proc.*, *Second International Conf on Pressure Surges*, Longon, British Hydromechanics Research Association.

[17] Richards, R. T., 1956, "Water-Column Separation in Pump Discharge Lines," *Trans.*, Amer. Soc. Mech. Engrs., vol. 78, pp. 1297-1306.

[18] Richards, R. T., 1959, "Some Neglected Design Problems of CirculatingWater Systems," *Consulting Engineer*, July, pp. 94-101.

[19] Scarborough, E. C. and Webb, K. A., 1968, "Cooling Water System for Torrens Island Power Station-Operating Characteristics at Pump Startup and Shutdown: Waterhammer," *Mechanical and Chemical Engineering Trans.* (Australia), May, pp. 71-77.

[20] Sheer, T. J., 1972, "Computer Analysis of Water Hammer in Power Station Cooling Water Systems," Paper DI, *Proc. First International Conf on Pressure Surge*, British Hydromechanics Research Association, Canterbury.

[21] Siccardi, F., 1980, "The Problems of the Numerical Modeling of the Transients in Cooling Water Circuits with Liquid Column Separation," *Proc. Fourth Round Table and IAHR Working Group Meeting on Water Column Separation*, Cagliari, ENEL Report No. 383, pp. 300-312.

[22] Wahanik, R. J., 1972, "Circulating Water Systems Without Valves," *Proc. Jour. Power. Div.*, Amer. Soc. Civ. Engrs., vol. 98, Oct., pp. 187-199.

[23] Wiggert, D. C., 1968, "Unsteady Flows in Lines with Distributed Leakage," *Jour. Hydraulics Div.*, Amer, Soc. of Civ. Engrs., vol. 94, Jan., pp. 143-162.

[24] Wiggert, D. C., Lesmez, M., Martin, C. S., and Naghash, M., 1983, "Modeling of Two-Component Flows in CoolingWater Condenser Systems," *Proc. Sixth International Symp. and IAHR Working Group Meeting on Transients in Cooling Water Systems*, Bamwood, Gloucester, CEGB, England.

[25] Yow, W., Faibes, O. N., and Shiers, P. F., 1978, "Mathematical Modeling of Vacuum Breaker Valve Operation in a Cooling Water System," *Proc. Joint ASME-IAHRASCE Conf.*, Fort Collins, June, vol. I, pp. 463-473.

[26] Zielke, W., 1979, "StrOmungsschwankungen in Kiihlwasserkreislaiifen und ihre numerische Simulation," *Wasserwirtschaft*, vol. 69, pp. 159-162.

附加参考文献

[1] Almeida, A. B., 1982, "Cooling-Water Systems: Typical Circuits and Their Analysis," *Proc. International Seminar on Hydraulic Transients*, Koeller, E. and Chaudhry, M. H. (eds.), in English with Portuguese translation, vol. I, Sao Paulo, Brazil, pp. D1-D77.

[2] Proc. First Round Table Meeting on Water Column Separation, Milan 1971.

[3] Proc. Second Round Table Meeting on Water Column Separation, Vallombrosa 1974, ENEL Report 290; also published in L'Energia Elellrica, No. 4 1975, pp. 183-485, not inclusive.

[4] *Proc. Third Round Table Meeting on Water Column Separation*, Royaumont, Bulletin de la Direction des Etudes et Recherches, Series A, No. 2 1977.

[5] Proc. Fourth Round Table and IAHR Working Group Meeting on Water Column Separation, Cagliari, ENEL, Report No. 382 1980.

[6] Proc. Fifth International Symp. and IAHR Working Group Meeting on Water Column Separation, Obemach, Univesities of Hanover and Munich 1981.

[7] Proc. Sixth International Symp. and IAHR Working Group Meeting on Transients in Cooling Water Systems, Bamwood, Gloucester 1983, CEGB.

[8] Wylie, E. B., 1983, "Simulation of Vaporous and Gaseous Cavitation," *Proc. Symp. on Numerical Methods for Fluid Transient Analysis*, Amer. Soc. Of Mech. Engrs., Houston, June, pp. 47-52.

第 7 章

长输油管道中的瞬变过程

阿拉斯加输油管，纵贯阿拉斯加州，从其北部的普拉德霍湾（Prudhoe Bay）油田（美国最大的油田）一路向南蜿蜒至瓦尔迪兹市（Valdez）的不冻港。管线全长 1315km，钢管直径为 1.22m，1988 年时的最大日平均输送量就达到 200 万桶（Alyeska Pipeline 的 M. Levshakoff 提供）

7.1 引言

跨国输油管道通常长达几百公里，并在沿线设有多个泵站（见图7-1）。这些泵站的扬程主要用来克服管道中的摩阻损失，然而，在山岳地带，除了克服摩阻损失外，还需要作重力提升。

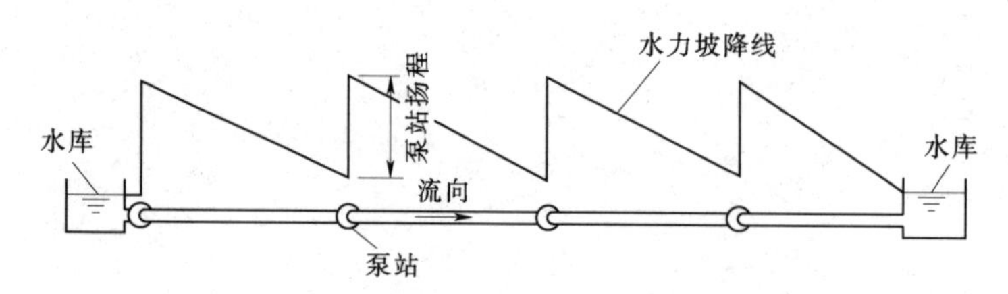

图7-1 长输油管示意图

输油管道中的瞬变分析，也称为油击分析或油压波动分析，是相当复杂的。其原因在于，管线摩阻损失与因流速突然改变而引起的瞬时压力相比，数值较大。在使用高速计算机计算之前，这些分析只能是近似的。由于计算结果的不确定性，设计中不得不采用较大的安全系数。自从20世纪60年代中期，各种工况的瞬变压力均能被准确地预测，因此设计中就允许降低安全系数了。

本章中，首先定义石油工业中一些常用的术语，然后对可能引起输油管道中瞬变过程的不同操控设备进行讨论，并介绍采用特征线法分析长输油管道中瞬变过程的计算机程序。

7.2 定义

以下术语常用于石油工业中（Ludwig 和 Johnson，1950；Kaplan 等，1967；Wylie 和 Streeter，1971）。

势能飙升（油击压力）：流动瞬间停止（即流速减为0）引起的压力突然升高称为势能飙升。势能飙升的振幅 Z 可以采用第1章中水锤基本方程式（1-7）计算得出。如果初始状态流速为 V_0，则 $\Delta V=0-V_0=-V_0$，将 ΔV 代入式（1-7）得到

$$Z=\Delta H=-\frac{a}{g}\Delta V=\frac{a}{g}V_0 \tag{7-1}$$

式中：ΔH 为流速 V_0 减为0引起的瞬时压力升高；a 为波速。（若 V_0 和 a 的单位是m/s，重力加速度 g 的单位是 m/s^2，Z 的单位则是m。）

管线增容：由于压力升高引起管道存储容量的增加称为管线增容，以下类

比有助于理解管线增容这种现象。

如图 7－2 所示的渠道，假设渠道下游闸门端的流速由于闸门关闭突然由减小为 0，流速突然的减小产生向上游传播的涌波。为了简化讨论，假定涌波的高度在向上游传播过程中为常数。如果在波前后部的水面上升与涌波高度相同，则水面将高于且平行于初始恒定水面（图 7－2 中的 cd 线）。尽管涌波已经通过了渠道上游某一断面，但由于水面线向下游倾斜，水仍然流向下游闸门。这个过程将持续到波前后部的水面呈水平状态。由于闸门处的流速为零，波前之后的水量将存储在涌前与闸门之间。由于这种存储，涌波过后的水面几乎是水平的。随着涌波向上游传播，即从 bc 到达 fh，将有更多的水体流向波前后部，闸门处的水位也由 e 升高至 j。因此图 7－2 中的阴影部分即是水体流向涌前后部所存储的水量。在下游闸门端，水位从 a 上升到 d 是由于初始涌波或势能飙升；而水位先由 d 升高到 e，再进一步由 e 升高到 j，是由于水体向涌波与闸门之间汇集。

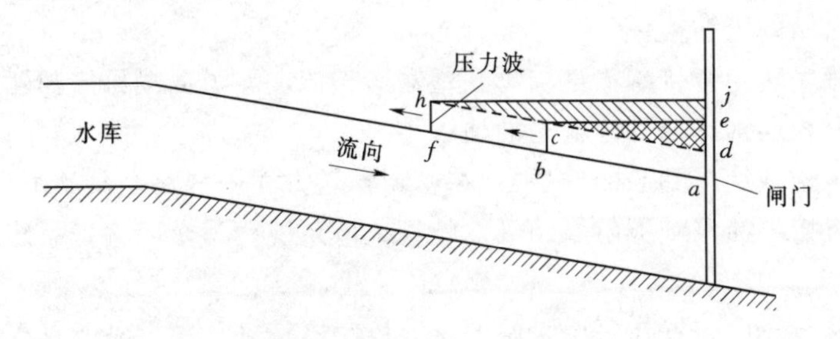

图 7－2 渠道中涌波的传播

长输油管道中的情况与此类似。由于下游阀门突然关闭（见图 7－3），阀门端的压力立即升高。波幅等于势能飙升的油击波向上游方向传播。与渠道中波前之后的水流类似，油向波前的下游流动，越来越多的油存储在波前与阀门之间，致使下游阀门端的压力逐渐升高，水力坡降线几乎呈水平线。这种存储量的增加称为管线增容。如图 7－3 所示，阀门处的压力升高由两部分组成：闸门瞬时关闭产生的势能飙升 Z 和管线增容引起的压力上升 Δp。

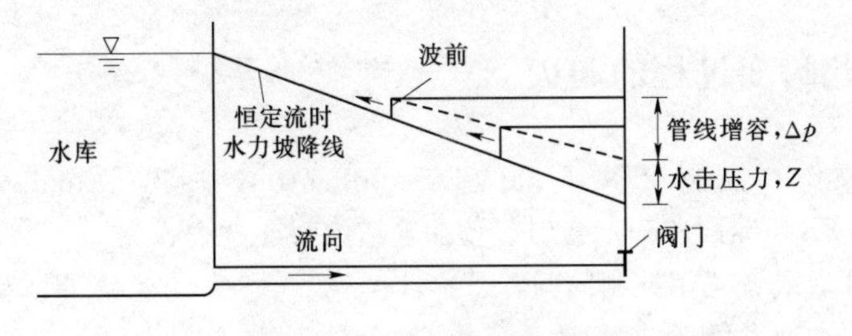

图 7－3 水击波和管线增容

管线增容取决于管道长度，管线增容引起的压力上升可能是势能飙升（油击压力）的数倍。

衰减：如前所述，即使波前已通过了管道的某一断面，油仍然流向阀门。换句话说，当油击波向上游传播时，波前的前后的速度差（ΔV）减小。依据方程7-1可知，油击波沿管线传播时，由于波前的前后的速度差（ΔV）减小，油击压力的幅值也减小，这种幅值的减小称为衰减。油击压力的幅值同样由于摩阻损失而减小，然而，这种减小与波前的前后速度差减小引起的幅值减小相比是次要的。

叠加效应：一个瞬变压力叠加在另一个瞬变压力上称为叠加效应（金字塔形的影响）。例如，由于下游阀门关闭或者下游泵站油泵断电引起管线增容的同时，上游泵站油泵正在启动，则油泵启动产生的压力升高与管线增容的压力上升会叠加在一起。

罐到罐输送：在罐到罐输送方式中，每个泵站的油泵从本站油罐吸油输送到下一个泵站的吸油罐。

旁接罐输送：旁接罐输送与罐到罐输送类似，除了油罐始终与输油管线接通外，其容积通常比罐到罐输送的油罐小。

密闭输送（从泵到泵的输送）：在密闭输送方式中，每个泵站不设置油罐，上游泵站直接将油泵到下游泵站吸油歧管。该系统称为密闭输送系统或封闭输送系统。

泵站调节：由布置在每个泵站的压力控制器将管线和设备所承受的压力维持在安全限制之内，称为泵站调节。

管线调节：在密闭输送系统或封闭输送系统中，维持每个泵站具有相同的泵送率（流量），称为管线调节。

超前减压控制：有计划地减小上游泵站流量，以控制由于下游泵站突发事故流量减小导致的管线压力上升，称为超前减压控制。该控制可以通过停泵或关阀门来实施。上游泵站流量减小时将产生向下游传播的负油击波，该负油击波将部分抵消下游泵站事故引起的压力上升。

7.3 引起瞬变过程的起因

以下操作和控制设备（Ludwig 和 Johanson，1950；Lundberg，1966，Bagwell 和 Phillips，1969）会引起输油管道的瞬变过程：

（1）开启或者关闭控制阀门。

（2）起动或者停运油泵。

（3）油泵断电。

（4）泵站泵送率和输送压力（排放压力）的变化。

（5）活塞泵的运行。

（6）管道爆裂。

当管线中的泵站起动油泵或开启阀门时，将引起下游侧管道压力上升，上游侧管道压力降低；反之，当停运油泵或者关闭阀门时，将引起上游侧管道压力上升，下游侧管道压力降低。

活塞泵吸入侧和流出侧的流量与压力呈周期性振荡。如果其振荡周期与管道系统的固有周期接近，就会产生共振（见第 8 章），导致高振幅的压力波动，有可能造成管道的破坏。

由于管道充油或者大修后管道重新充油，滞留在管道中的空气可能产生很大的压力波动（Ludwig，1956）。并且，管道中有滞留空气，就存在爆管的危险，甚至破坏整个管线。

7.4 分析方法

第 2 章导出的动量方程和连续方程可以描述输油管道的瞬变过程，但这些方程不适用管道中气、油混合流动，分析这些问题应采用两相流方程或双组分流动方程。

为了计算管道中的瞬变过程，需在适当边界条件下求解动量方程和连续方程。正如第 2 章所述，由于方程中存在非线性项，不能得到方程的封闭解，只能通过积分得到数值解，第 3 章所述的特征线法可以用于方程的数值解。然而，长输油管道中的摩阻损失通常很大，仅仅选择适当的 Δx 和 Δt 来满足库朗稳定条件并不能确保得到精确而稳定的结果（Holloway 和 Chaudhry，1985）。在这种条件下，除了要满足库朗稳定条件外，处理摩阻损失项［即 3.4 节中式（3-8）和式（3-10）中的 $RQ|Q|$ 项］的差分格式也要满足稳定条件。

由于输油管道通常很长，采用较小的时间步长计算需花大量的机时。为了避免此问题，可以采用 3.2 节所述的二阶近似或者预估校正方法，这两种方法都可以采用较大的时间步长，从而节省机时。

在二阶近似方法中（Holloway 和 Chaudhry，1985），式（3-8）采用 P 点和 A 点阻力项的平均值，式（3-10）采用 P 点和 B 点阻力项的平均值，其结果得到 Q_P 和 H_P 的两个非线性代数方程，可以采用牛顿-拉弗森方法求解。在 Evangelisti（1969）提出的预估校正方法中，用一阶近似来确定时段末的流量，然后用流量预估值校正阻力项。

预估校正法编程容易，计算结果准确，该方法详细介绍如下：

如图3-1所示，在时段初，压力和流量已知（在 $t_0=0$ 时，为初始边界条件，在 $t_0>0$ 时，为前一时段的计算值），需要确定时刻末 P 点的压力和流量。

对于预估部分，采用一阶近似来积分式（3-8）和式（3-10），得到

$$Q_P^*-Q_A+C_a(H_P^*-H_A)+RQ_A|Q_A|=0 \tag{7-2}$$

$$Q_P^*-Q_B-C_a(H_P^*-H_B)+RQ_B|Q_B|=0 \tag{7-3}$$

其中，除了用星号来表示各变量的预估值外，其他符号与3.2节中相同；$R=f\Delta t/(2DA)$；$\int_{x_0}^{x_1}f(x)dx\approx f(x_0)(x_1-x_0)$ 为一阶近似。

式（7-2）和式（7-3）可以改写为

$$Q_P^*=C_p^*-C_aH_P^* \tag{7-4}$$

$$Q_P^*=C_n^*+C_aH_P^* \tag{7-5}$$

其中，C_p^* 和 C_n^* 分别由式（3-19）和式（3-20）计算得到。联立式（7-4）和式（7-5），消去 H_P^*，可以得到

$$Q_P^*=0.5(C_p^*+C_n^*) \tag{7-6}$$

到此，开始校正部分。利用 Q_P^* 计算阻力项，并采用二阶近似方法 $\int_{x_0}^{x_1}f(x)\mathrm{d}x\approx\frac{1}{2}[f(x_0)+f(x_1)](x_1-x_0)$，对式（3-8）和式（3-10）积分，得到

$$Q_P-Q_A+C_a(H_P-H_A)+0.5R(Q_A|Q_A|+Q_P^*|Q_P^*|)=0 \tag{7-7}$$

$$Q_P-Q_B-C_a(H_P-H_B)+0.5R(Q_B|Q_B|+Q_B^*|Q_B^*|)=0 \tag{7-8}$$

式（7-7）和式（7-8）可以改写为

$$Q_P=C_p-C_aH_P \tag{7-9}$$

$$Q_P=C_n+C_aH_P \tag{7-10}$$

其中

$$C_p=Q_A+C_aH_A-0.5R(Q_A|Q_A|+Q_P^*|Q_P^*|) \tag{7-11}$$

$$C_n=Q_B-C_aH_B-0.5R(Q_B|Q_B|+Q_B^*|Q_B^*|) \tag{7-12}$$

联立式（7-9）和式（7-10）消去 H_P 得到

$$Q_P=0.5(C_p+C_n) \tag{7-13}$$

H_P 可以由式（7-9）或式（7-10）计算得到。

为了确定边界上的流量和压力，首先用第3章和第10章所推导的边界条件计算预估部分的 Q_P^*，然后由式（7-11）和式（7-12）计算 C_p 和 C_n，并且在计算下一时段之前，利用同样的边界条件计算校正部分的 Q_P 和 H_P，其他的计算步骤与3.2节中所述一致。

7.5 设计注意事项

本节主要探讨各种操作以及在设计过程如何对它们进行处理的建议。

7.5.1 概述

管道设计中，要计算最大最小压力，以选择合适的管壁厚度来承受这些压力。管壁厚度略为减薄可以明显地减少工程投资。因此，详细计算分析各种可能工况的瞬变过程对经济设计是必要的。另一方面，对已建管线进行详细的计算分析，可以研究增大管道正常工作压力以提高管线输送能力的可能性。在设计初期，为了顾及计算最大最小压力值的不确定性，管道正常工作压力有可能设置得过低。

输油管道设计中，摩阻系数 f 是非常重要的参数，只有知道 f 的确切值才能确定管道初始恒定状态下的沿线压力，以及确定油泵的扬程。除了 f 以外，油的体积弹性模量 K，密度 ρ 都应已知，以便计算波速。在设计阶段，摩阻系数是较精确的，但 K 和 ρ 的值是不确定的，在不同批次的油品中存在较大的差别。因此，在设计中，应考虑 K 和 ρ 变化范围，并选用最不利条件下的数值。一旦管道铺设完成，这些变量的值可以通过现场原型实验测量得到。在测试结果的基础上，再制定管线安全运行的操作手册。

有了针对自动控制和保护装置，如压力控制器、油泵关机程序、减压阀等的合理设计和操作规定，管道系统才能在最大容量下安全运行。这些装置被设计来监测系统的严重故障，或者采取合适的动作以使管道中压力保持在设计限制之内。监测到故障到采取行动的时间间隔应越短越好。另外，保护的动作要迅速。

装有离心泵的压力管道，当管道被堵塞时，其沿管线最大恒定压力等于泵的死扬程。但装有活塞泵的压力管道却没有出压力上限，当管道被堵塞时，压力持续升高直至管道破裂或者油泵损坏。

泵站停电导致所有电动机驱动的泵机组同时停机。由于停电在泵站生命周期内会多次发生，所以设计中应将此工况作为常规工况考虑。但在发动机驱动的泵站中，正常运行时所有泵机组同时停机的可能性很小，不过有可能发生，如控制设备同时失灵的情况。

在分析阀门的控制作用时，应正确地运用流量与开度的关系曲线。因为某些类型的阀门，阀门开启或关闭 20%～30%对流量的改变不大。若认为阀门开或关就会马上引起流量改变，将会导致错误的结果。

在工程的生命周期中，正常状态的瞬变过程会多次发生，而紧急状态的瞬变过渡发生的可能性很小。因此前者选取的安全系数应该大于后者。控制设备以最不利的方式发生故障可以被认为是灾害性的状态。

7.5.2 控制设备和压力防护装置

离心泵的泵站通常装有排放压力控制器和关泵开关。压力控制器通过降低泵的转速或者减小控制阀的开度来调节出口压力（排放压力），当压力超过控制器设定的限度时，关泵开关启动，关闭整个泵站。

装有活塞泵的泵站，压力控制器除了改变泵的冲程或转速外，还用来操作旁通阀。作为附加的防护装置，需要安装过流量能力与泵额定流量相等的减压阀。为了防止装有两台或三台以 20r/s 或更小速度运行的油泵与出口压力小于 6MPa 的泵站发生共振，离泵出口短距离内将各出油管连起来或者设置空气室，能有效地减小 90%的压力波动振幅（Lundberg，1966）。如果多台并联泵并以高于 20r/s 的速度运行，或者出口压力大于 6MPa，则设置空气室不能有效抑制压力波的振幅。在此情况下，采用特别设计的脉动缓冲器才能达到满意效果（Ludwig，1956）。

封闭管道系统中，管线增容引起的压力升高可能数倍于油击压力，并可能使得整个管道的压力达到上游泵站的全流量压力。可以采用提前措施或超前减压控制，使得该压力维持在较低的数值。在泵站吸油管侧装设压力传感器来检测任何过大压力升高，并将信号输送到监控系统，在监控系统控制下减小上游泵站出口压力和（或）流量。由于上游泵站出口压力或流量的减小，将产生向下游传播的负压波，从而减小管道中集聚的压力。另一种减小管道压力升高的方法是在下游泵站设置减压阀。

当中间泵站的油泵机组断电时，在吸油管引起压力升高，而在出油管引起压力降低。在油泵的旁通管上设置止回阀可以防止压力过度升高或降低。一旦吸油管的压力超过出油管的压力，油就通过油泵的旁通管从吸油管流向出油管。而止回阀可以防止吸油管压力进一步升高和出油管压力的进一步降低。

对于在山区铺设的管道，为防止在上游泵站断电导致液柱分离发生，可在山顶位置设置调压室。

7.6 本章小结

本章，定义了石油工业中常用的一些术语，总结了在引发输油管道瞬变过程的各种原因，介绍了采用特征线法计算长输油管道瞬变过程的程序，并讨论了如何运用各种防护措施和控制设备以保证压力值在设计范围内。

习　题

7.1 编写上游边界条件为水库，下游为阀门的长管道瞬变过程计算程序。

对于式（3－8）和式（3－10）中的阻力项，分别采用第3章给出的一阶有限差分法和第7.4节中的预估校正方法。

7.2 利用习题7.1的计算程序，对长度32km，直径0.2m，初始流量0.314m^3/s的输油管道，在下游阀门瞬时关闭的条件下，计算阀门处和管道中间位置的瞬变压力最大值。

7.3 针对习题7.2，分别采用一阶有限差分法和预估校正方法处理阻力项，对比瞬变压力最大值的计算结果。

7.4 推导在旁通回路中装有止回阀泵站的边界条件，假设一旦吸油管压力超过出油管压力，止回阀就立即打开。

参 考 文 献

[1] Bagwell, M. U. and Phillips, R. D., 1969, "Pipeline Surge: How It is Controlled," *Oil and Gas Jour.*, *U. S. A.*, May 5, pp. 115－120.

[2] Bagwell, M. U. and Phillips, R. D., 1969, "Liquid Petroleum Pipe Line Surge Problems (Real and Imaginary)," Transportation Div., Amer. Petrol. Inst., April.

[3] Burnett, R. R., 1960, "Predicting and Controlling Transient Pressures in Long Pipelines," *Oil and Gas Jour.*, U. S. A., vol. 58, no. 10, May, pp. 153－160.

[4] Evangelisti, G., 1969, "Water hammer Analysis by the Method of Characteristics," *L'Energia Elettrica*, nos. 10 11, and 12, pp. 673－692, 759－771, and 839－858.

[5] Evangelisti, G., Boari, M., Guerrini, P., and Rossi, R., "Some Applications of Waterhammer Analysis by the Method of Characteristics," *L'Energia Elettrica*, nos. 1 and 6, pp. 1－12, 309－324.

[6] Holloway, M. B. and Chaudhry, M. H., 1985, "Stability and Accuracy of Waterhammer Analysis," *Advances in Water Resources*, vol. 8, Sept., pp. 121－128.

[7] Kaplan, M., Streeter, V. L., and Wylie, E. B., 1967, "Computation of Oil Pipeline Transients," *Jour.*, *Pipeline Div.*, Amer. Soc. of Civil Engrs., Nov., pp. 59－72.

[8] Ludwig, M. and Johnson, S. P., 1950, "Prediction of Surge Pressure in Long Oil Transmission Line," *Proc. Amer. Petroleum Inst.*, Annual Meeting, Ncw York, NY, Nov.

[9] Ludwig, M., 1956, "Design of Pulsation Dampeners for High Speed Reciprocating Pumps," *Conference of the Transportation Div.*, Amer. Petroleum Inst., Houston, TX, May.

[10] Lundberg, G. A., 1966, "Control of Surges in Liquid Pipelines," *Pipeline En-gineer*, March, pp. 84－88.

[11] *Oil Pipeline Transportation Practices*, issued by Univ. of Texas in cooperation with Amer. Petroleum Inst., Division of Transportation, vol. 1 and 2 1975.

[12] Streeter, V. L., 1971, "Transients in Pipelines Carrying Liquids or Gases," *Jour.*, *Transportation Engineering Div.*, Amer. Soc. of Civil Engrs., Feb., pp. 15－29.

[13] Wylie，E. B. and Streeter，V. L.，1983 *Fluid Transients*，FEB Press，Ann Arbor，Mich.

附加参考文献

[1] Binnie，A. M.，1951，"The Effect of Friction on Surges in Long Pipelines，" *Jour. Mechanics and Applied Mathematics*，vol. Ⅳ，Part 3.

[2] Green，J. E.，1945，"Pressure Surge Tests on Oil Pipelines，" *Proc.*，Amer. Petroleum Inst.，vol. 29，Section 5.

[3] Kaplan,M.，1968，"Analyzing Pipeline Transients by Method of Characteristics，" *Oil and Gas Journal*，Jan. 15，pp. 105 - 108.

[4] Kersten，R. D. and Waller，E. J.，1957，"Prediction of Surge Pressures in Oil Pipelines，" *Jour.*，*Pipeline Div.*，Amer. Soc. of Civil Engrs.，vol. 83，no. PL1，March，pp. 1195 - 1 - 1195 - 22.

[5] Kerr，S. L.，1950，"Surges in Pipelines，Oil and Waler，" *Trans.*. Amer. Soc. Of Mech. Engrs.，p. 667.

[6] Techo，R.，1976，"Pipeline Hydraulic Surges are Shown in Computer Simula-tions，" *Oil and Gas Jour.*，November 22，pp. 103 - 111.

[7] Wostl，W. J. and Dresser，T.，1970，"Velocimeter Measures Bulk Moduli，" *Oil and Gas Jour.*，Dec. 7，pp. 57 - 62.

[8] Wylie,E. B.，Streeter，V. L.，and Bagwell，M. U.，1973，"Flying Switching on Long Oil Pipelines，" *Symposium Series*，Amer. Inst. Chem. Engrs.，vol. 135，no. 69，pp. 193 - 194.

第 8 章
周期流与共振

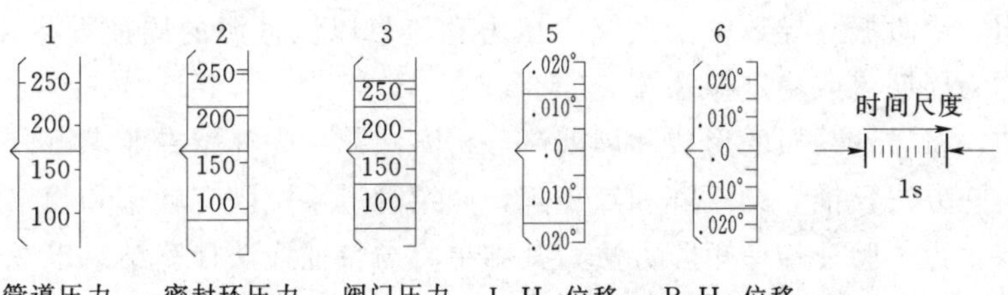

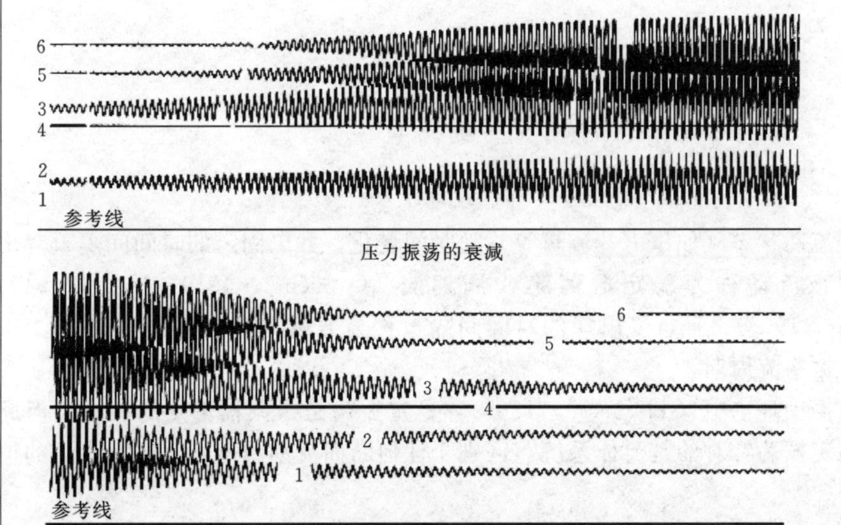

Bersimis 2 级电站实测数据：阀门密封环分别在不充分膨胀和正常膨胀下导致的压力振荡及振动的发生与衰减过程（引自 Abbott 等，1963）

8.1 引言

在第1章到第7章中，研究了流动从一种恒定状态到另一种恒定状态的中间过程——瞬变流。然而，由于管道系统特性和激振特性，管道系统中扰动有可能随时间不减反增，导致压力和流量剧烈的振荡，这种状态称为共振。周期性强迫作用（或激振）导致整个系统中压力和流量以激振源的周期发生振荡，这种流动称为周期流或稳定振荡流。

本章中，将讨论共振的形成和周期流分析方法。首先介绍专业术语以及详细的传递矩阵方法，推导场矩阵和点矩阵，介绍管道系统固有频率和频率响应的分析步骤。为了验证传递矩阵方法，其结果将与特征线法计算结果以及实验和现场实测结果进行对比。

8.2 术语

本节将定义与共振和周期流相关的常用术语。

8.2.1 稳定振荡流或周期流

若流动状态（如压力、流量等）随时间变化，并以固定的时间间隔重复出现，则该流动称为**稳定振荡流**或**周期流**（Camichel，1919；Jaeger，948；Paynter，1953），且重复出现的时间间隔被称为**振荡周期**。例如，图8-1中T即为振荡流周期。

在振动理论中（Thomson，1965），稳定振荡是指振幅不变的振动。但此处的稳定振荡针对的是流体系统，区别于任何断面流动状态不随时间变化的恒定流。

8.2.2 瞬时及平均的流量与压力水头

在稳定振荡流中，瞬时流量Q和瞬时压力水头H可以分为两个部分：

$$Q=Q_0+q^* \tag{8-1}$$

$$H=H_0+h^* \tag{8-2}$$

式中：Q_0为平均流量；q^*为偏离平均值的流量（见图8-1）；H_0为平均压力水头；h^*为偏离平均值的压力水头。

h^*和q^*均是时间t和位置x的函数。现实中h^*和q^*非常接近或者完全等于时间的正弦函数（Jaeger，1948），故做此假设，且采用复变函数形式写为（Wylie，1965）

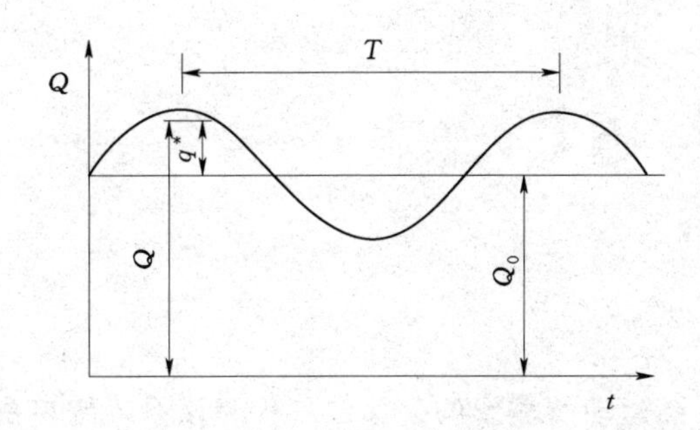

图 8-1 瞬时平均和振荡流量

$$q^* = \mathrm{Re}(q(x)\mathrm{e}^{j\omega t}) \tag{8-3}$$

$$h^* = \mathrm{Re}(h(x)\mathrm{e}^{j\omega t}) \tag{8-4}$$

式中：ω 为频率，rad/s；$j=\sqrt{-1}$；h 和 q 为复变量，是 x 的函数；“Re”为复变量的实部。

8.2.3 理论周期

长度为 L 具有不变的直径、管壁厚度和管材的管道，其理论周期 T_{th} 可以表达为

$$T_{th} = \frac{4L}{a} \tag{8-5a}$$

式中：a 为波速；T_{th} 为系统的基本周期，基本周期的整分数称为高次谐波周期。例如，$\frac{1}{2}T_{th}$ 是第二谐波周期，$\frac{1}{10}T_{th}$ 是第十谐波周期。

串联管道中，若直径、壁厚或材料分段改变，则理论周期定义为

$$T_{th} = 4\sum_{i=1}^{n}\frac{L_i}{a_i} \tag{8-5b}$$

式中：i 为第 i 管道；n 为串联管总的管道数。

由于在串联处管道几何尺寸或管道特性发生变化处产生部分反射，基本周期可能不等于由式（8-5b）计算出的 T_{th}，且高次谐波周期也可能不等于 T_{th} 的整分数。不过，理论周期可用来以标准化或无量纲化的形式绘制频率响应特性图。尽管这个概念在支管系统中不成立，但沿主管计算出的$\sum(L/a)$ 可用来确定 T_{th} 以进行标准化处理。

8.2.4 共振频率

对应于基波和高次谐波的频率称为**共振频率**。用 T 表示周期，相应的角频率 ω(rad/s) 为

$$\omega=\frac{2\pi}{T} \tag{8-6a}$$

及相应的频率 f（周/s）为

$$f=\frac{1}{T} \tag{8-6b}$$

8.2.5 自由度

用来确定某系统运动所需要的坐标数目称为该系统的**自由度**。以下的例子有助于理解该定义。

图 8-2（a）所示的弹簧质量系统的运动可表示为 m 质量的物块在唯一指定方位的运动，因此该系统有单自由度。图 8-2（b）中 m_1 物块和 m_2 物块的位置需要两个坐标 x_1 和 x_2 才能完全确定，因此该系统具有两个自由度。由此推论可知：用 n 个弹簧连接 n 个物块的系统具有 n 个自由度。在水力系统中，液体可以看作是一串由无穷多物块和弹簧连接起来的系统，其中弹簧代表水体的可压缩性（长串的类比通常用于阐述压力波在管道中的传播）。因此，水力系统具有无穷多个自由度。

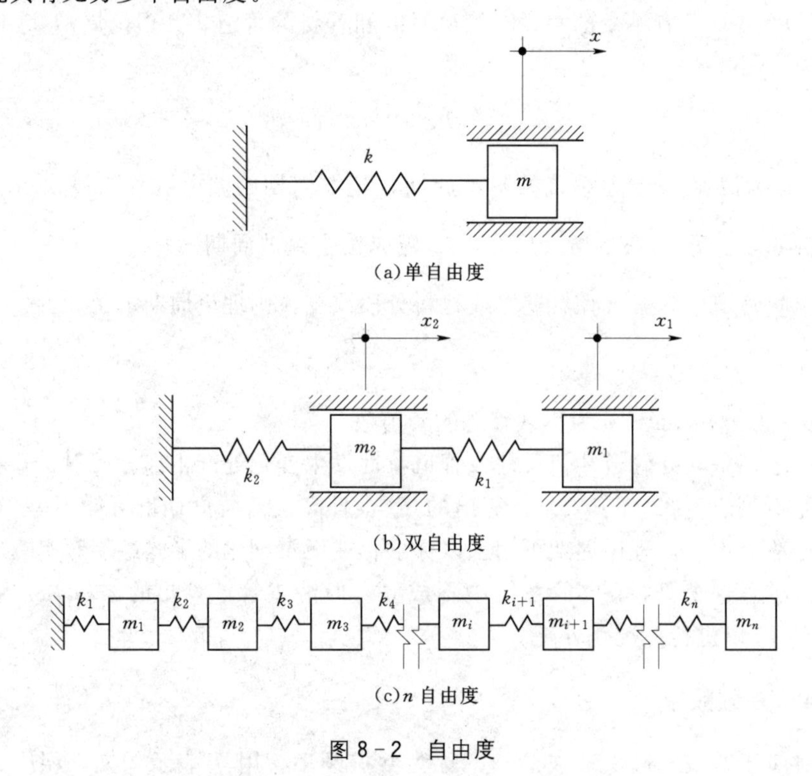

图 8-2 自由度

从数学上讲，描述系统特性的微分方程决定了系统的自由度。用常微分方程描述的系统，其自由度是有限的，等于微分方程的阶数。但对于偏微分方程描述的系统，系统具有无穷多个自由度。注意，常微分方程确定了集总系统的运动；而偏微分方程确定了分布式系统的运动。尽管分布式系统具有无穷多个自由度，但通常只有前10～15个自由度具有实际意义。

具有 n 个自由度的系统有着 n 个固有频率，且对应于每一个固有频率，系统按照某确定的振型振动，该振型称为**简正模态**。因此，简正模态的个数等于自由度个数。从数学上讲，特征值是固有频率，相应的特性向量表示振型。

8.2.6 强迫振荡

管道中的稳定振荡流可能由施加周期性强迫作用力的边界或自激振荡产生。系统在**强迫振荡**时，以强迫作用力的频率振动，在自激振荡时，以系统固有频率振动。

在水力系统中强迫作用力有三种常见的类型：周期变化的压力、周期变化的流量、周期变化的压力与流量之间的关系。

管道进水口处水库水面的驻波是周期性压力变化的典型例子。如果水面波动周期与管道系统某一个固有周期对应，只需要经过几次循环就发展为稳定的振荡流。

往复式水泵产生周期性流量的吸入和排出，如果流量吸入或排出的主要谐波周期与吸水管或排水管某一固有周期对应，那么将产生激烈的振荡流。

压力与流量之间关系发生周期变化的例子是周期性地开启和关闭阀门。在8.4节中将讨论周期性的阀门动作引发的稳定振荡流。

8.2.7 自激振荡

在**自激振荡**中，系统中某一元件起激励器的作用，使得系统受到某一小扰动后，其能量增大。当每个周期流入系统的净能量大于该周期消耗的能量时，就发生共振。

阀门泄漏或密封泄漏是一个典型激励器的例子（Jaeger，1963）。下面将介绍在此系统中如何形成自激振荡。

图8-3显示了正常阀门和泄漏阀门的工作特性。对于正常阀门而言，流量随压力增大而增大；而泄漏阀门，流量随压力增大而减小。在第1章中，给出了流速瞬时变化引起压力变化的方程，即式（1-7）：

$$\Delta H=-\frac{a}{g}\Delta V$$

在 $H-V$ 图中，该方程可以描述为流速以斜率 a/g 减小的直线，或流速以斜率 $-a/g$ 增加的直线。假设初始稳定速度为 V_0，经历扰动后速度减为 V_1。

图 8-3 给出了采用图解水击分析法得到的正常阀门和泄漏阀门扰动衰减或发散的过程（Allievi，1925；Bergeron，1935；Abbott 等，1963；Parmakian，1963）。该过程清晰地表明：正常阀门的压力波动经几个周期就衰减了，而泄漏阀门的压力波动却发散。由于泄漏阀门的过流量不可能比零小且不能无限增大，故在这种情况下压力波动的幅度是有限的。详细内容见 8.3 节。

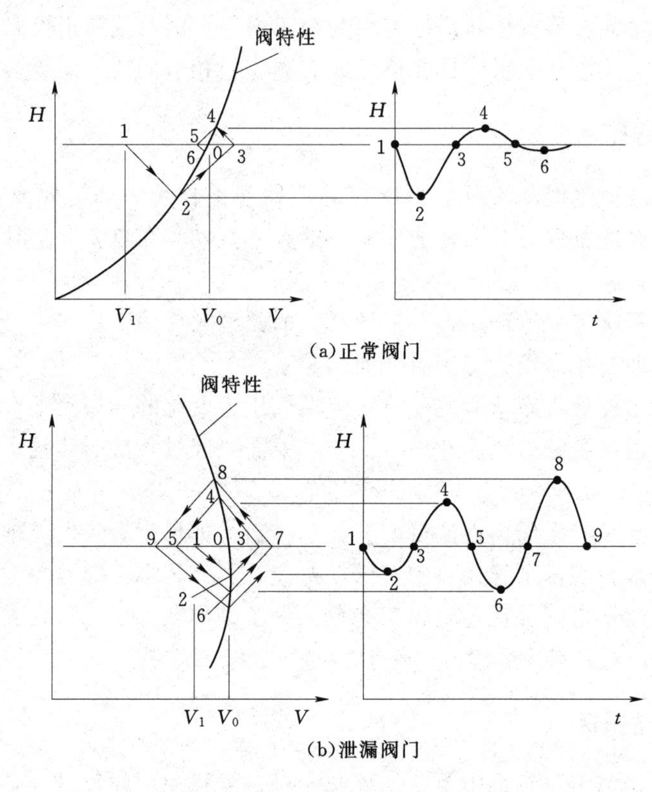

图 8-3 自激振荡

Den Hartog（1929）报道了混流式水轮机转轮叶片与导叶之间的动静干涉引起的压力管道中自激振动。基于简化的理论分析（已被 8 个水电站动力装置观测结果所验证），他推断，若转轮叶片数比导叶数少一片就会出现这样的振动。离心泵导叶的自激振动被认为是导致 Lac Blanc-Lac Noir 抽水蓄能电站重大事故的原因（Rocard，1937），该事故造成几名试验人员死亡。

Fashbaugh 和 Streeter 用计算机分析论证了火箭液体发动机燃料供给系统内存在自激振动的可能性（1965）；Saito 针对控制装置中的管道系统，通过实验确定了自激振动的可能性（1962）。

水轮机调速器参数整定不合适，也可能导致自激振荡，称之为**调速器振荡**。

Abbott 等（1963）对 Bersimiss Ⅱ级电站自激振动进行了测试。由于安装在直径 3.7m 压力管道上阀门出现少量漏水，导致密封压力减小，引起阀门振动。阀门振动和压力振荡均以正弦规律变化，开启旁通阀，振荡便消除。

McCaig 和 Gibson（1963）介绍了某水泵排水管道在静止条件下发生的自激振动，该振动是由直径 0.25m 弹簧缓冲逆止阀漏水引起的。测试结果表明该压力振荡接近正弦波动，而且每隔 1/3 周期都会出现大幅度的尖峰脉冲。在逆止阀中安装一个易压缩的缓冲弹簧并拆除管道中的空气阀，就可以防止该振动现象的发生。

8.3　周期流的形成

为了说明管道系统中周期流或稳定振荡流的发生过程，先介绍弹簧质量系统在周期作用力下稳定振动现象。

如图 8-4 所示的弹簧质量系统（Thompson，1965）的固有频率 $\omega_n=\sqrt{k/m}$，其中 ω_n(rad/s) 为系统固有频率，m 为质量，k 为弹簧系数。如果频率为 ω_f［图 8-4（b)］的正弦力作用于弹簧质量系统，起初发生拍击（瞬变

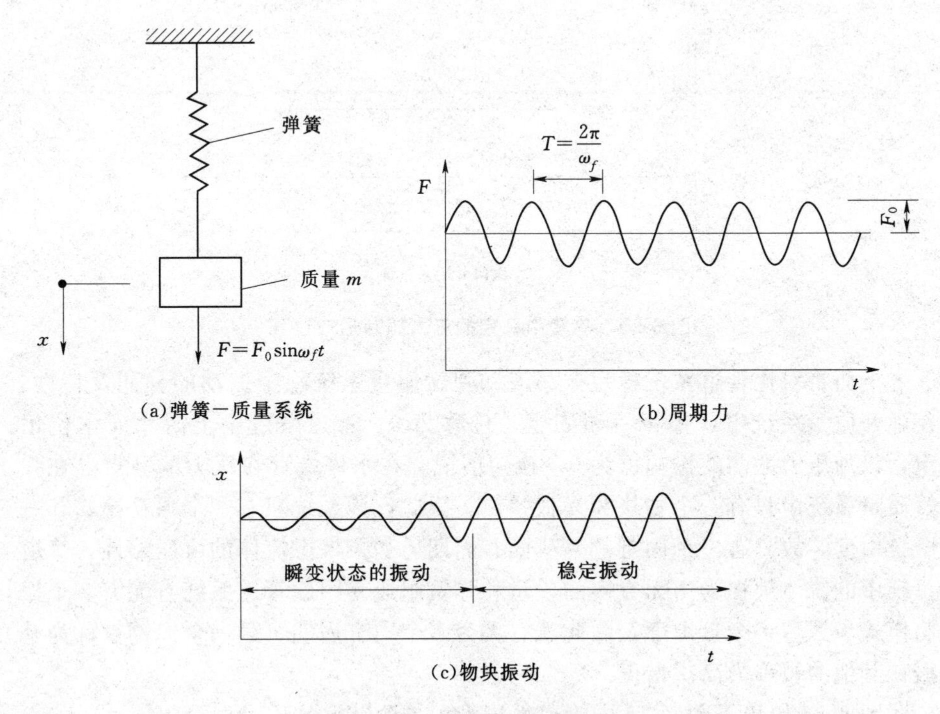

图 8-4　弹簧质量系统振动

状态)，随后系统在强迫力作用下进入恒定振幅的、频率为 ω_f 的振动［图8-4(c)］。这种振幅恒定的振动称为稳定振动。振幅大小取决于比值 $\omega_r=\omega_f/\omega_n$。如果强迫频率 ω_f 等于固有频率 ω_n，且系统阻力不计，则系统没有能量消耗，其总能量每经过一个周期都会增加，故振动的振幅没有上限，趋于无穷大。但实际系统是有阻力损失的，当周期内能输入的能量与消耗的能量相等时，振幅的持续增加将停止。在这种情况下，每个周期内没有额外能量输入，于是系统振动幅度是有限的。考虑上游水库和下游阀门的管道系统［图 8-5 (a)］，阀门初始是关闭的。从 t_0 时刻起，以频率为 ω_f 的正弦规律开启和关闭阀门［图 8-5 (b)］。与弹簧质量系统类似，起初发生拍击瞬变状态，随后流量和压力以频率 ω_f 和恒定振幅振动［图 8-5 (c)］。这种流动就称为周期流或稳定振荡流。

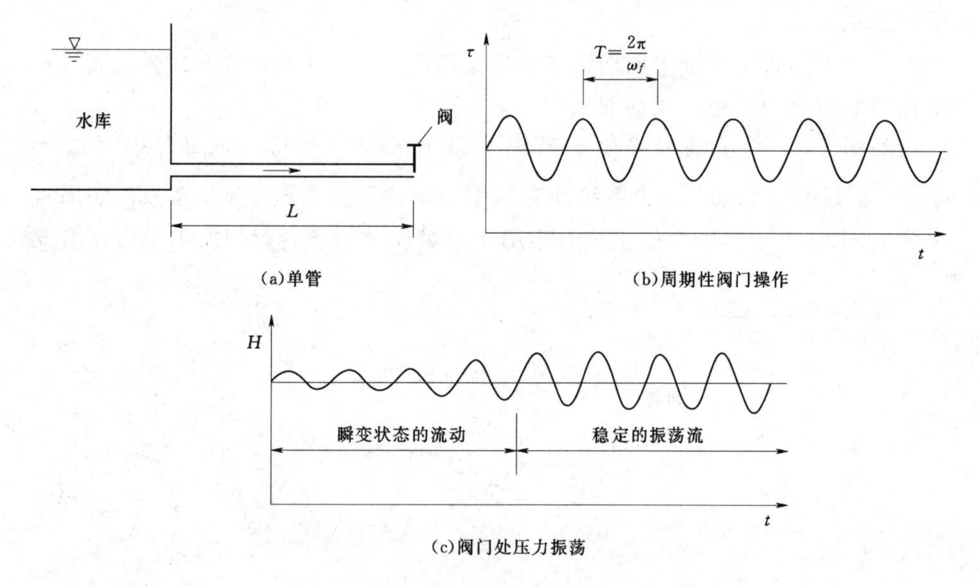

图 8-5　单管中稳定的压力振荡形成过程

下面将对比管道系统稳定振荡流和弹簧质量系统稳定振动的异同及特性。在弹簧质量系统中，弹簧一端固定，位移为 0。管道系统中上游水库水位恒定，该处压力振荡的振幅恒为 0。换句话说，在水库端存在压力的驻点。在弹簧质量系统中只有一个物块和一根弹簧。因此，该系统只有一个振动模式和一个自由度，故只有一个固有频率或固有周期。如果考虑流体的可压缩性，管道系统中的流体被视为由无穷多的质量和弹簧组成。因此管道系统有无穷多个振荡模式和无穷多个自由度，因此就有无穷多个固有周期。第一个周期被称为基振，其他的被称为高次谐振。

图 8-6 给出了图 8-5 中管道系统沿程各阶谐振的压力振动幅值。由于水库水位是恒定的，压力驻点始终存在于水库端。但在阀门端，压力驻点存在于

偶数次谐波，压力腹点存在于奇数次谐波。沿管长方向驻点和腹点的位置取决于管道系统的谐振。

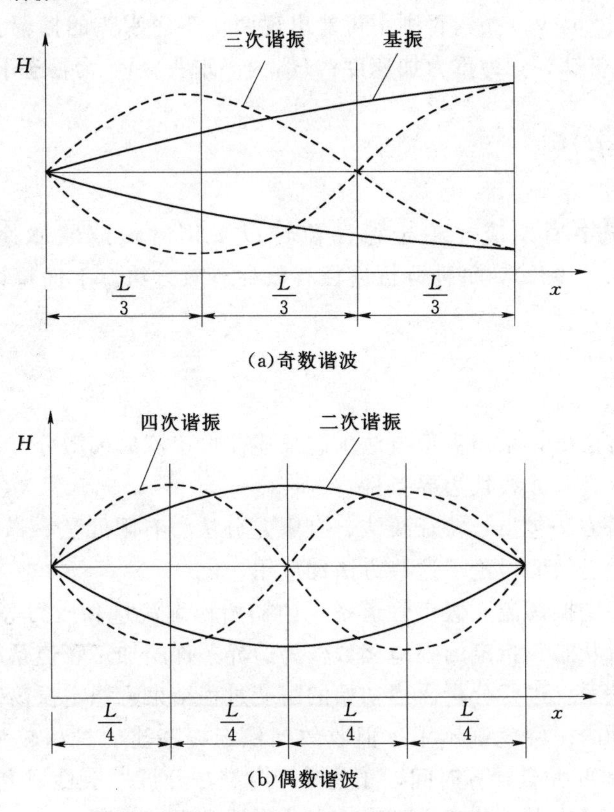

图 8-6 不同谐波下沿管道的压力振荡

下面将分析弹簧质量系统和管道系统另一个明显的区别。前者的能量来源于作用在物块上周期变化的外力。在管道系统中，尽管下游阀门起着强迫的作用，但不是能量的来源。阀门只能控制从系统中流出的能量，而上游水库才是能量的来源。由于管道中流体的体积是恒定的，故每个周期内，阀门流出的流量必然等于水库流入的流量。由于水库水位恒定，输入系统的能量即为恒定水头。然而，阀门处并没有能量输出的限制。如果阀门以如下方式运行，即作用于阀门的压力为低压时有流量输出，而高压时只有少量或者无流量输出，那么在每个周期内都有净能量的输入，导致压力振荡的振幅增加。若不计入系统中水头损失，当完全形成稳定振荡流之后，阀门端将在奇数次谐波处形成流量驻点。阀门处一旦形成流量驻点，阀门的开关不影响能量的输出，压力振荡的振幅也不会进一步增加，尽管该系统被假设为无能量消耗。

Allievi（1925）首先证明了阀门处压力振荡可能的最大振幅等于净水头

值。但 Bergeron（1935）随后采用图解法证明了当 Allievi 参数 $\rho=(aV_0)/(2gH_0)$较大时，最大振幅有可能超过净水头值。此外，Camichel（1919）证实了除非 $H_0>(aV_0)/g$，否则不可能出现两倍于净水头的振幅。在上述公式中，a 为水击波速；g 为重力加速度；H_0 为净水头；V_0 为稳态下的流速。

8.4 分析方法

管道系统中周期流或稳定振荡流可以采用时域或频域途径进行分析(Hovanessian，1969)，每种分析途径有数种有效方法。下面将讨论各种分析途径的优缺点。

8.4.1 时域

在时域方法中，采用数值方法求解描述非恒定流的偏微分方程，可以计入非线性摩阻损失和非线性边界条件。

时域分析方法包括：特征线法、有限差分法、有限元法、谱方法。在第 2 章和第 3 章中已简要讨论了这些方法的应用。

为分析稳定振荡流，假定管道系统中初始稳态流量和压力等于其平均值，或等于零流量状态。指定的强迫函数作为边界条件施加于管道系统，每一次以某一频率对该系统进行分析。当初始的瞬变过程结束且稳定振荡流形成后，压力和流量波动的振幅就确定了。但收敛到稳定振荡流的过程较为缓慢（大约 150 周期)，需要大量计算时间，于是采用时域法开展一般性研究就不太经济。但时域法的主要优点是分析中可以计入非线性关系。

8.4.2 频域

假设压力水头和流量按正弦规律变化，于是时域中描述非恒定流的动量方程和连续方程可以转换到频域中。采用频域途径求解需将摩擦项和非线性边界条件进行线性化处理。如果振荡的振幅较小，线性化引入的误差可以忽略不计。

任何周期性的强迫函数都可以由频域方法来处理。采用傅里叶级数将强迫函数分解成不同次的谐波（Blackwall，1968)，并对每个谐波分量进行单独的分析。由于所有的方程和关系式是线性的，因此系统响应能由各个谐波响应叠加来确定（Lathi，1968)。

由于频率响应可直接确定，分析所需要的计算机用时较少。因此，频域方法适用于一般性的研究。现有两种频域分析方法，即阻抗法和传递矩阵法。在随后段落中，将对它们进行总体评价。

阻抗法的概念由 Rocard（1937）提出，之后被 Paynter（1953）、Waller（1958）和 Wylie（1965，1983）所应用。在阻抗法中，终端阻抗 Z_s（振荡的压力水头和流量的比值）可以由已知边界条件计算得出。进而可绘出 ω_f 与 $|Z_s|$ 关系曲线的阻抗图。其中对应于 $|Z_s|$ 最大值的频率，即为系统的共振频率。

但应用该方法涉及到很长的代数方程，对于并联管道系统，需要编制程序联立求解大量的方程。如果系统中有大量的并联管道，编制程序变得非常繁琐。例如，仅有两个并联管道的系统，需要 8 个方程联立求解。

传递矩阵法被广泛地应用于结构和机械振动（Molloy，1957；Pestel 和 Lackie，1963）以及电力系统中（Reed，1955）。笔者将该方法用于稳定振荡流的分析和水力系统频率响应的确定上（Chaudhry，1970，1970a，1970b，1972，1972a）。

类似于阻抗法，传递矩阵法也是基于线性化的方程以及正弦规律的流量和压力振荡。但传递矩阵法比阻抗法更加简单和系统化，对并联管道系统的分析不需要任何特别处理；它适用于手算和电算；系统的稳定性可以用根轨迹法进行判断（Thorley，1972）；并且能分析多于两个变量（例如压力、流量、密度、温度）的振荡系统。

在此将详细介绍传递矩阵法。在如下的矩阵推导及应用中，只需要具备基本的矩阵论和复变函数知识。方框图用来建立简明有序的公式，辅助复杂系统的分析。本节介绍状态向量和各种类型的传递矩阵。

8.4.3 状态向量和传递矩阵

对于输入变量为，x_1，x_2，…，x_n 和输出变量为 y_1，y_2，…，y_n 的常规系统（图 8-7），可以采用如下 n 个并列的方程来描述：

$$
\begin{aligned}
y_1 &= u_{11}x_1 + u_{12}x_2 + \cdots + u_{1n}x_n \\
y_2 &= u_{21}x_1 + u_{22}x_2 + \cdots + u_{2n}x_n \\
&\vdots \\
y_n &= u_{n1}x_1 + u_{n2}x_2 + \cdots + u_{nn}x_n
\end{aligned} \tag{8-7}
$$

采用矩阵符号的形式，这些方程可写为

$$\boldsymbol{y} = \boldsymbol{U}\boldsymbol{x} \tag{8-8}$$

其中：输入变量组成单列向量 $\boldsymbol{x}$，输出变量组成单列向量 $\boldsymbol{y}$。换句话说，系统将输入变量 $\boldsymbol{x}$ 按照式（8-8）转换或者传递为输出变量 $\boldsymbol{y}$。式（8-8）中的矩阵 $\boldsymbol{U}$ 称为传递矩阵，$\boldsymbol{x}$ 和 $\boldsymbol{y}$ 为**状态向量**。

在前述例子中，系统仅有一个元件，但真实物理系统通常由多个子系统或多个元件组成。在这种情况下，每个元件由一个传递矩阵表示，而系统总传递矩阵由各个传递矩阵按一定顺序相乘得到。这部分内容将放在本节最后来讨论。

图8-7所示常规系统有着n个输入和输出变量。但在水力系统中，在管道断面i处，我们关注的变量是h和q，可用矩阵符号形式描述：

$$\boldsymbol{z}_i=\begin{Bmatrix} q \\ h \end{Bmatrix}_i \tag{8-9}$$

其中，列向量$\boldsymbol{z}_i$称为断面i的状态向量。该断面的左侧和右侧的状态向量分别用上标L和R来表示。例如，$\boldsymbol{z}_i^L$指的是断面i的左侧的状态向量（图8-8）。在某些情况下，为了合并矩阵项，状态向量定义为

$$\boldsymbol{z}_i'\begin{Bmatrix} q \\ h \\ 1 \end{Bmatrix}_1 \tag{8-10}$$

由于附加了一个单位元素，列向量$\boldsymbol{z}_i'$称为**扩展状态向量**，在此用撇号表示。

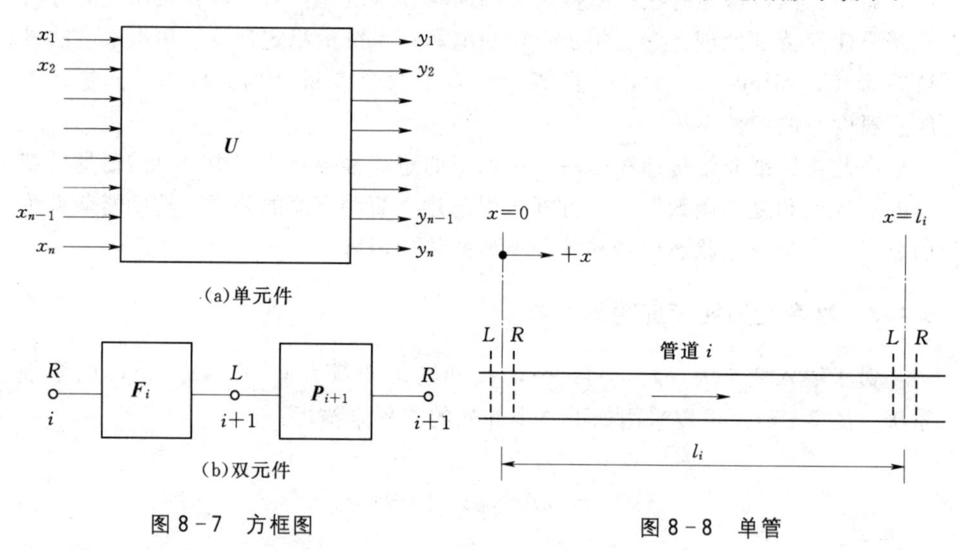

图8-7 方框图

图8-8 单管

关联两个状态向量的矩阵称为传递矩阵，用大写字母$\boldsymbol{F}$、$\boldsymbol{P}$和$\boldsymbol{U}$表示，相应带双下标的小写字母表示矩阵元素：第一个下标代表元素的行，第二个下标代表列。例如，矩阵$\boldsymbol{U}$的第二行和第一列的元素用u_{21}来表示。

传递矩阵可以分为：场矩阵、点矩阵和总传递矩阵。以下分别对这三种矩阵进行简要的介绍。

1. 场传递矩阵或场矩阵 $\boldsymbol{F}$

场传递矩阵将一定长度管道的上下游两端的状态向量关联起来。例如，图8-8中

$$z_{i+1}^{L}=\boldsymbol{F}_{i}z_{i}^{R} \tag{8-11}$$

式中：$\boldsymbol{F}_i$ 为第 i 管道的**场矩阵**。

2. 点传递矩阵或点矩阵 $\boldsymbol{P}$

点传递矩阵将边界、接头、装置和配件的左侧和右侧的状态向量关联起来。如串联结点（见图 8-9）或阀门。字母 $\boldsymbol{P}$ 的下标表示不同的边界，例如，图 8-9 中

$$z_{i+1}^{R}=\boldsymbol{P}_{sc}z_{i+1}^{L} \tag{8-12}$$

式中：$\boldsymbol{P}_{sc}$ 为串联结点的**点矩阵**。

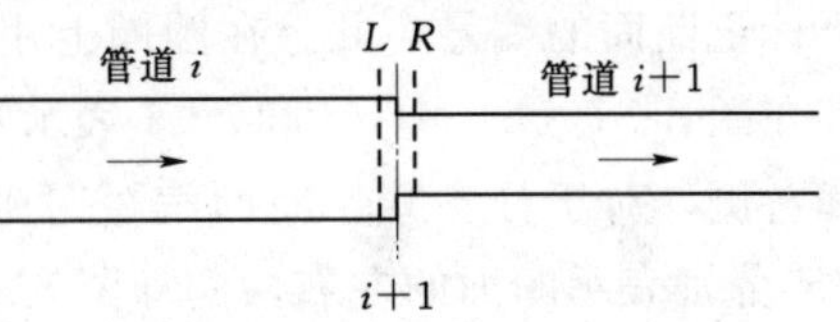

图 8-9　串联结点

于是对于点矩阵，两个断面之间的长度可以忽略，但场矩阵对应的长度不能忽略。

3. 总传递矩阵 $\boldsymbol{U}$

管道系统的总传递矩阵将系统一端的状态向量与另一端的状态向量关联起来。同样地，支管的总传递矩阵关联支管一端与另一端的状态向量。例如，如果断面 $n+1$ 是最后一个断面，则

$$z_{n+1}^{L}=\boldsymbol{U}z_{1}^{R} \tag{8-13}$$

式中：$\boldsymbol{U}$ 为**总传递矩阵**，该矩阵由如下所有的中间场矩阵和点矩阵按顺序相乘得出。

中间场矩阵和点矩阵为

$$\begin{aligned}
z_{2}^{L}&=\boldsymbol{F}_{1}z_{1}^{R}\\
z_{2}^{R}&=\boldsymbol{P}_{2}z_{2}^{L}\\
z_{4}^{L}&=\boldsymbol{F}_{3}z_{3}^{R}\\
&\vdots\\
z_{i}^{L}&=\boldsymbol{F}_{i-1}z_{i-1}^{R}\\
z_{i}^{R}&=\boldsymbol{P}_{i}z_{i}^{L}\\
&\vdots\\
z_{n}^{R}&=\boldsymbol{P}_{n}z_{n}^{L}\\
z_{n+1}^{L}&=\boldsymbol{F}_{n}z_{n}^{R}
\end{aligned} \tag{8-14}$$

从方程（8-14）中消去 z_2^L，z_2^R，…，z_n^L 和 z_n^R 得

$$z_{n+1}^{L}=(\boldsymbol{F}_{n}\boldsymbol{P}_{n}\cdots\boldsymbol{F}_{i}\boldsymbol{P}_{i}\cdots\boldsymbol{F}_{3}\boldsymbol{P}_{3}\boldsymbol{F}_{2}\boldsymbol{P}_{2}\boldsymbol{F}_{1})z_{1}^{R} \tag{8-15}$$

因此，由式（8-13）和式（8-15）得

$$\boldsymbol{U}=\boldsymbol{F}_{n}\boldsymbol{P}_{n}\cdots\boldsymbol{F}_{i}\boldsymbol{P}_{i}\cdots\boldsymbol{F}_{3}\boldsymbol{P}_{3}\boldsymbol{F}_{2}\boldsymbol{P}_{2}\boldsymbol{F}_{1} \tag{8-16}$$

8.5　方框图

方框图是系统的图解示意表达形式，系统的每一个元件或元件组合都可以

用一个“方框”来表示。方框既可表示描述等截面、等壁厚、同管材管道的场矩阵，又可表示描述边界、接头或装置等系统的点矩阵。为了简化系统的方框图，可用一个单框来表示数个独立方框组成的模块。在以下各节中，将通过若干典型例子予以说明。

两个方框之间用直线连接，线上用小圆圈代表在框图上某一断面。在圆圈下标记断面的编号，并且在圆圈上用字母 L 和 R 表明断面的左侧和右侧。例如在图 8-7（b）中，i 和 $i+1$ 表示断面的编号，L 和 R 分别表示断面的左侧和右侧。对于分支管，断面编号写到圆圈的右侧，而圆圈左侧的字母 BL 和 BR 分别表示断面的左右两侧［图 8-13（b）］。

方框图有利于简洁有序地表述和分析复杂系统中的问题，便于了解系统不同部分之间的相互作用，以及确定手算或编程计算中传递矩阵的乘积次序。

8.6 传递矩阵

为了用本章所提出的方法来分析稳定振荡流和确定管道系统的共振特性，必须知道系统各种元件的传递矩阵。本节将推导单管和并联管道的场矩阵。针对管道参数沿管线变化的管道，给出确定场矩阵的计算方法。建立串联结点、阀门、孔口、岔管结点（不同支管端点条件）以及主管接头的点矩阵。

8.6.1 场矩阵

在假设管道是分布系统的前提下，首先推导单管的场矩阵。然后，通过简化得到集总系统假设下的场矩阵。随后，推导沿管长特性变化的单管，以及并联管道的场矩阵。

1. 单管

本节将推导具有等断面、等壁厚及相同管材的单管的场矩阵。推导中假设该管道是分布式（非刚性）的，且摩阻损失项被线性化。

为了便于讨论，对第 2 章中已得出的描述封闭管道瞬变流的连续方程和动量方程进行改写

连续方程

$$\frac{\partial Q}{\partial x}+\frac{gA}{a^2}\frac{\partial H}{\partial t}=0 \tag{8-17}$$

动量方程

$$\frac{\partial H}{\partial x}+\frac{1}{gA}\frac{\partial Q}{\partial t}+\frac{fQ^n}{2gDA^n}=0 \tag{8-18}$$

式中：A 为管道断面面积；g 为重力加速度；D 为管道内径；f 为达西-魏斯

巴赫摩阻系数；n 为摩阻损失项中速度的指数；x 为沿管线的距离，指向下游为正（见图 8-8）；t 为时间。

因为平均流量和平均压力水头不随时间变化，且平均流量沿管线也不变，即$\partial Q_0/\partial x$、$\partial Q_0/\partial t$ 及$\partial H_0/\partial t$ 均为 0，所以由式（8-1）和式（8-2）可得

$$\frac{\partial Q}{\partial x}=\frac{\partial q^*}{\partial x} \qquad \frac{\partial Q}{\partial t}=\frac{\partial q^*}{\partial t}$$

$$\frac{\partial H}{\partial t}=\frac{\partial h^*}{\partial t} \quad \frac{\partial H}{\partial x}=\frac{\partial H_0}{\partial x}+\frac{\partial h^*}{\partial x} \tag{8-19}$$

当然考虑摩阻损失时，$\partial H_0/\partial x$ 并不为 0。对于紊流：

$$\frac{\partial H_0}{\partial x}=-\frac{fQ_0^n}{2gDA^n} \tag{8-20}$$

对于层流：

$$\frac{\partial H_0}{\partial x}=-\frac{32\nu Q_0^n}{gAD^2} \tag{8-21}$$

其中，ν 为流体的运动黏度，如果 $q^* \ll Q_o$，则

$$Q^n=(Q_o+q^*)^n \approx Q_0^n+nQ_0^{n-1}q^* \tag{8-22}$$

其中的高阶项可忽略。由式（8-17）～式（8-22）得

$$\frac{\partial q^*}{\partial x}+\frac{gA}{a^2}\frac{\partial h^*}{\partial t}=0 \tag{8-23}$$

$$\frac{\partial h^*}{\partial x}+\frac{1}{gA}\frac{\partial q^*}{\partial t}+Rq^*=0 \tag{8-24}$$

其中，对于紊流 $R=(nfQ_0^{n-1})/(2gDA^n)$，对于层流 $R=(32\nu)/(gAD^2)$。

运用分离变量法（Wylie，1965）或 Cayley-Hamilton 理论（Pestel 和 Lackie，1963）可以推导管道的场矩阵。考虑到前者比较简单，在此被采用；若读者对利用 Cayley-Hamilton 理论进行推导感兴趣，可以查阅参考文献（Chaudhry，1970）。

联立式（8-23）和式（8-24）消去 h^*，得

$$\frac{\partial^2 q^*}{\partial x^2}=\frac{1}{a^2}\frac{\partial^2 q^*}{\partial t^2}+\frac{gAR}{a^2}\frac{\partial q^*}{\partial t} \tag{8-25}$$

假设 q^* 随时间按正弦规律变化，则根据式（8-3），式（8-25）可改写为

$$\frac{\mathrm{d}^2 q}{\mathrm{d}x^2}=\left(-\frac{\omega^2}{a^2}+\frac{jgA\omega R}{a^2}\right)q \tag{8-26}$$

或

$$\frac{\mathrm{d}^2 q}{\mathrm{d}x^2}-\mu^2 q=0 \tag{8-27}$$

其中

$$\mu^2=-\frac{\omega^2}{a^2}+\frac{jgA\omega R}{a^2} \tag{8-28}$$

式（8－27）的解可写为

$$q = c_1 \sinh\mu x + c_2 \cosh\mu x \tag{8-29}$$

其中：c_1 和 c_2 是任意常数。

如果假设 h^* 也随时间按正弦规律变化，于是将式（8－29）和式（8－4）带入式（8－23），可求解 h，得到

$$h = -\frac{a^2\mu}{jgA\omega}(c_1 \cosh\mu x + c_2 \sinh\mu x) \tag{8-30}$$

长度为 l_i 的第 i 段管道的场矩阵与第 i 断面和 $i+1$ 断面的状态向量关联（图 8－8）。由于第 i 断面（即 $x=0$ 处），$h=h_i^R$，$q=q_i^R$。所以，由式（8－29）和式（8－30），可得

$$c_1 = \frac{jgA_i\omega}{a_i^2\mu_i} h_i^R$$

$$c_2 = q_i^R \tag{8-31}$$

此外在第 $i+1$ 断面（即 $x=l_i$ 处），$h=h_{i+1}^L$，$q=q_{i+1}^L$。将式（8－31）中的参数 h 和 q 以及 c_1 和 c_2 代入式（8－29）和式（8－30）得

$$q_{i+1}^L = (\cosh\mu_i l_i) q_i^R - \frac{1}{Z_c}(\sinh\mu_i l_i) h_i^R \tag{8-32}$$

$$h_{i+1}^L = -Z_c(\sinh\mu_i l_i) q_i^R + (\cosh\mu_i l_i) h_i^R \tag{8-33}$$

其中：$Z_c = (\mu_i a_i^2)/(j\omega g A_i)$ 为管道 i 的**特征阻抗**（*Wylie*，1965*a*）。

式（8－32）和式（8－33）可按照矩阵符号的形式可写为

$$\begin{Bmatrix} q \\ h \end{Bmatrix}_{i+1}^L = \begin{bmatrix} \cosh\mu_i l_i & -\frac{1}{Z_c}\sinh\mu_i l_i \\ -Z_c \sinh\mu_i l_i & \cosh\mu_i l_i \end{bmatrix} \begin{Bmatrix} q \\ h \end{Bmatrix}_i^R \tag{8-34}$$

或

$$\boldsymbol{z}_{i+1}^L = \boldsymbol{F}_i \boldsymbol{z}_i^R \tag{8-35}$$

因此，第 i 段管的场矩阵为

$$\boldsymbol{F}_i = \begin{bmatrix} \cosh\mu_i l_i & -\frac{1}{Z_c}\sinh\mu_i l_i \\ -Z_c \sinh\mu_i l_i & \cosh\mu_i l_i \end{bmatrix} \tag{8-36}$$

如果忽略阻力，即令 $R=0$，则 $\boldsymbol{F}_i$ 改写为

$$\boldsymbol{F}_i = \begin{bmatrix} \cos b_i\omega & -\frac{j}{C_i}\sin b_i\omega \\ -jC_i \sin b_i\omega & \cos b_i\omega \end{bmatrix} \tag{8-37}$$

其中，$b_i = l_i/a_i$，$C_i = a_i/gA_i$，b_i 和 C_i 对于一根管道来说是常数，而不是 ω 的函数，C_i 是忽略摩阻时第 i 段管道的特征阻抗。

若 $\omega l_i/a_i \ll 1$，则可将系统当作**集总系统**进行分析。在这种情况下，对于

无阻尼系统，场矩阵改写为

$$\boldsymbol{F}_i=\begin{bmatrix}1 & -\dfrac{gA_il_i\omega j}{a_i^2}\\ -\dfrac{l_i\omega j}{gA_i} & 1\end{bmatrix} \tag{8-38}$$

这是由于 $\omega l_i/a_i$ 很小时，$\cos(\omega l_i/a_i)\approx 1$ 且 $\sin(\omega l_i/a_i)\approx\omega l_i/a_i$，于是场矩阵 $\boldsymbol{F}_i$ 可由式（8-37）导出。

分析管道系统时，可先计算出每一根管道场矩阵的元素。由式（8-37）和式（8-38）得到的场矩阵可知，将分布式系统理想化成集总系统处理，并不能明显地简化计算。

【例 8-1】 一根管道 $\omega=2.0$rad/s，计算管道的场矩阵元素。其中，管道长 400m，直径 0.5m，水击波速是 1000m/s。假设：

(1) 管内液体为集总质量体。

(2) 管内液体为分布式质量体，系统无阻力。

答案

解： 1）集总系统。

$$A=\frac{\pi}{4}(0.5)^2=0.196\text{m}^2$$

从式 8-38 得

$$f_{12}=-\frac{gAl\omega j}{a^2}=\frac{-9.81\times0.196\times400\times2j}{1000^2}=-0.00154j$$

$$f_{21}=-\frac{l\omega j}{gA}=-\frac{400\times2j}{9.81\times0.196}=-416.07j$$

2）分布系统。

$$b=l/a=400/1000=0.4s$$

$$C=\frac{a}{gA}=\frac{1000}{9.81\times0.196}=520.08(\text{s}\cdot\text{m}^{-2})$$

$$b\omega=0.4\times2=0.8$$

将这些值代入式（8-37），得

$$f_{11}=f_{22}=\cos(b\omega)=\cos(0.8)=0.697$$

$$f_{12}=-\frac{j}{C}\sin(b\omega)=-\frac{j}{520.08}\sin0.8=-0.0014j$$

$$f_{21}=-jC\sin(b\omega)=-j\times520.08\times\sin0.8=-373.08j$$

2. 变特性管道

如果 A、a、壁厚或管材沿管线变化，则称为变特性管道（Chaudhry，1972）。对于这种管道可采用式（8-17）和式（8-18）描述其瞬变流；与常

特性管道的唯一区别是，A 和（或）a 是 x 的函数而不是常数，即

$$\frac{\partial Q}{\partial x}+\frac{gA(x)\partial H}{a^2(x)\partial t}=0 \tag{8-39}$$

$$\frac{\partial H}{\partial x}+\frac{1}{gA(x)}\frac{\partial Q}{\partial t}=0 \tag{8-40}$$

其中：$A(x)$ 和 $a^2(x)$ 中 A 和 a 是 x 的函数。在这些方程中，高阶非线性项和摩阻已忽略。将式（8-1）～式（8-4）带入上述方程，化简得

$$\frac{\partial q}{\partial x}+\frac{jgA(x)\omega}{a^2(x)}h=0 \tag{8-41}$$

$$\frac{\partial h}{\partial x}+\frac{j\omega}{gA(x)}q=0 \tag{8-42}$$

用矩阵符号的形式表示为

$$\frac{\mathrm{d}\boldsymbol{z}}{\mathrm{d}x}=\boldsymbol{B}\boldsymbol{z} \tag{8-43}$$

其中 $\boldsymbol{z}$ 是式（8-9）中定义的列向量，且

$$\boldsymbol{B}=\begin{bmatrix} 0 & -\dfrac{jgA(x)\omega}{a^2(x)} \\ -\dfrac{j\omega}{gA(x)} & 0 \end{bmatrix} \tag{8-44}$$

由于矩阵 $\boldsymbol{B}$ 的元素均是 x 的函数，故前面提出的方法不能用于变特性管道场矩阵的计算。在这种情况，可用以下任一方法（Pestel 和 Lackie，1963）进行管道场矩阵的计算。

（1）将实际管道用若干具有不变特性的分管段来代替（图 8-10），然后用方程 8-37 给出的场矩阵来分析该系统。这种处理方法对于低频振荡可得出满意的结果（Chaudhry，1972）。

（2）可用数值计算法来确定场矩阵的元素。对于变特性管道，场矩阵元素的确定相当于对微分方程（8-43）进行积分。采用龙格-库塔法（McCracken 和 Dorn，1964）求解如下。

如图 8-10 所示，将变特性管道分成 n 段。首先计算出每段的场矩阵，然后按一定次序把这些场矩阵相乘就可确定整个管道的场矩阵。设断面 i 和断面 $i+1$ 之间的管段长度为 s。则四阶龙格-库塔法如下：

$$\boldsymbol{z}_{i+1}=\boldsymbol{z}_i+\frac{1}{6}(\boldsymbol{k}_0+2\boldsymbol{k}_1+2\boldsymbol{k}_2+\boldsymbol{k}_3) \tag{8-45}$$

其中

$$\boldsymbol{k}_0=s\boldsymbol{B}(x_i)\boldsymbol{z}_i$$

$$\boldsymbol{k}_1=s\boldsymbol{B}\left(x_i+\frac{1}{2}s\right)\left(\boldsymbol{z}_i+\frac{1}{2}\boldsymbol{k}_0\right)$$

$$\boldsymbol{k}_2=s\boldsymbol{B}\left(x_i+\frac{1}{2}s\right)\left(\boldsymbol{z}_i+\frac{1}{2}\boldsymbol{k}_1\right)$$

$$\boldsymbol{k}_3 = s\boldsymbol{B}(x_{i+1})(\boldsymbol{z}_i + \boldsymbol{k}_2) \tag{8-46}$$

矩阵 $\boldsymbol{B}(x_i)$，$\boldsymbol{B}(x_{i+1})$ 和 $\boldsymbol{B}\left(x_i+\frac{1}{2}s\right)$ 分别是矩阵 $\boldsymbol{B}(x)$ 在第 i 断面，$i+1$ 断面，以及两断面中间断面的值。将式（8-46）带入式（8-45），得

$$\boldsymbol{z}_{i+1} = \boldsymbol{F}_{w}\boldsymbol{z}_i \tag{8-47}$$

其中，沿管线变特性管道的场矩阵为

$$\begin{aligned}\boldsymbol{F}_{w} = \boldsymbol{I} &+ \frac{s}{6}\left[\boldsymbol{B}(x_i) + 4\boldsymbol{B}\left(x_i+\frac{1}{2}s\right) + \boldsymbol{B}(x_{i+1})\right] \\ &+ \frac{s^2}{6}\left[\boldsymbol{B}\left(x_i+\frac{1}{2}s\right)\boldsymbol{B}(x_i) + \boldsymbol{B}(x_{i+1})\boldsymbol{B}\left(x_i+\frac{1}{2}s\right) + \boldsymbol{B}^2\left(x_i+\frac{1}{2}s\right)\right] \\ &+ \frac{s^3}{12}\left[\boldsymbol{B}^2\left(x_i+\frac{1}{2}s\right)\boldsymbol{B}(x_i) + \boldsymbol{B}(x_{i+1})\boldsymbol{B}^2\left(x_i+\frac{1}{2}s\right)\right] \\ &+ \frac{s^4}{24}\left[\boldsymbol{B}(x_{i+1})\boldsymbol{B}^2\left(x_i+\frac{1}{2}s\right)\boldsymbol{B}(x_i)\right]\end{aligned} \tag{8-48}$$

其中 $\boldsymbol{I}$ 为单位矩阵。

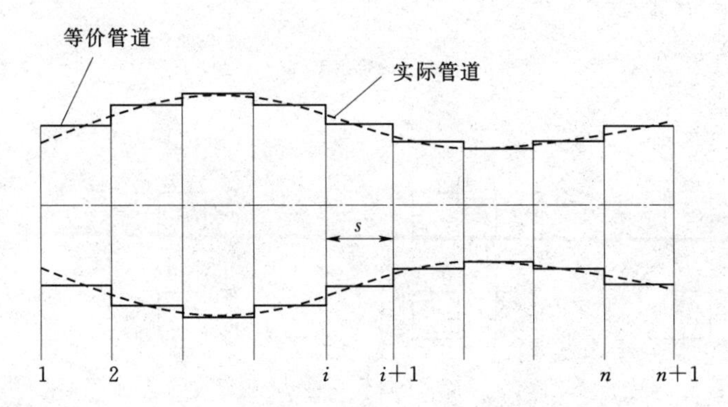

图 8-10 沿管线变特性的实际管和替代管

3. 并联系统

前面得出了特性不变单管的场矩阵，以及变特性管道的场矩阵。本节将推导并联回路系统的场矩阵。

令 n 个回路的并联系统（图 8-11），总体传递矩阵为

$$\boldsymbol{U}^{(m)} = \boldsymbol{F}_{n'_m}^{(m)}\boldsymbol{P}_{n'_m}^{(m)}\cdots\boldsymbol{P}_{2'_m}^{(m)}\boldsymbol{F}_{1'_m}^{(m)} \qquad m=1,2,\cdots,n \tag{8-49}$$

括号中的上标表示回路数，矩阵 $\boldsymbol{U}^{(m)}$ 将第 m 回路断面 $1'_m$ 的状态向量和断面 n'_m+1 的状态向量相关联［图 8-11（b）］，即

$$\boldsymbol{z}_{n'_{m+1}}^{(m)L} = \boldsymbol{U}^{(m)}z_{1'_m}^{(m)R} \tag{8-50}$$

下标上的撇号表示在并联回路中管道的某个断面。

并联回路系统关联状态向量 $\boldsymbol{z}_{i+1}^{R}$ 和 $\boldsymbol{z}_i^{L}$ 的场矩阵 $\boldsymbol{F}_p$［图 8-11（b）］中的元素可由下式来确定（Molloy，1957）：

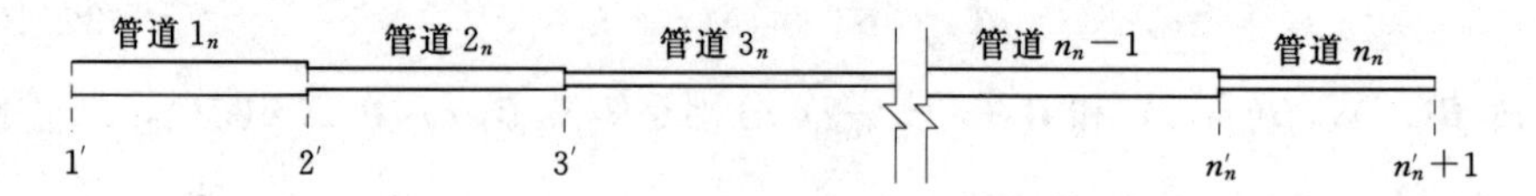

第 n 个回路的纵向截面

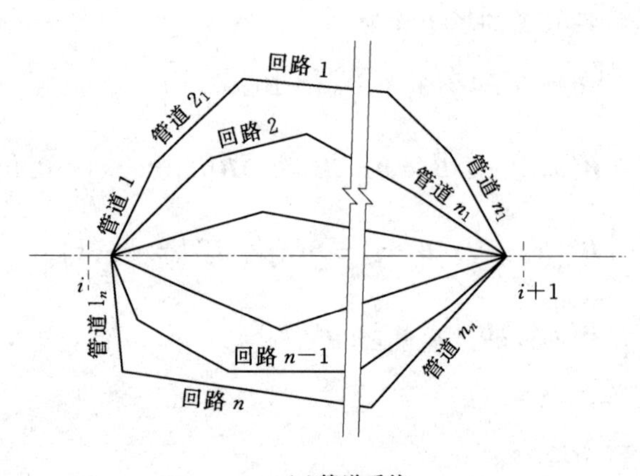

(a)管道系统

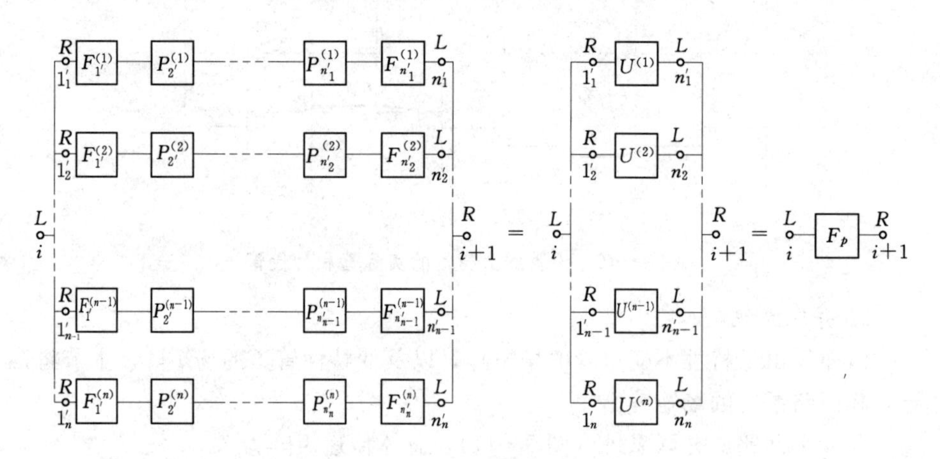

(b)方框图

图 8-11 并联系统

$$f_{11}=\frac{\xi}{\eta}$$

$$f_{12}=\frac{\xi\xi}{\eta}-\eta$$

$$f_{21}=\frac{1}{\eta}$$

$$f_{22}=\frac{\zeta}{\eta} \tag{8-51}$$

其中

$$\xi=\sum_{m=1}^{n}\frac{u_{11}^{(m)}}{u_{21}^{(m)}}$$

$$\eta=\sum_{m=1}^{n}\frac{1}{u_{21}^{(m)}}$$

$$\zeta=\sum_{m=1}^{n}\frac{u_{22}^{(m)}}{u_{21}^{(m)}} \tag{8-52}$$

在以上推导中，假设

$$|\boldsymbol{U}^{(m)}|=1 \qquad m=1,2,\cdots,n \tag{8-53}$$

即

$$u_{11}^{(m)}u_{22}^{(m)}-u_{12}^{(m)}u_{21}^{(m)}=1 \qquad m=1,2,\cdots,n \tag{8-54}$$

注意，式（8-51）只有在每条并联回路总传递矩阵满足式（8-54）才是有效的。由矩阵理论可知，对于方阵而言，矩阵乘积的行列式等于矩阵行列式的乘积。因此，对于 $m=1$，2，…，n，若（$|\boldsymbol{P}_k^{(m)}|=1$）（$k=2$，3，…，$n_m$）及 $|\boldsymbol{F}_k^{(m)}|=1$（$k=1$，2，…，$n_m$），则 $|\boldsymbol{U}^{(m)}|=1$。显然，由式（8-36）和式（8-37）可得 $|\boldsymbol{F}|=1$。另外，串联结点、阀门、孔口的点矩阵行列式也是1（见以下段落对点矩阵的推导）。因此，对于任意并联回路中除串联结点、阀门、孔口外的边界，必须先检查边界点矩阵的行列式，确定其值为1后才能采用式（8-51）。

8.6.2　点矩阵

在管道系统中的任意设备、配件、结点、边界，例如串联结点、孔口、阀门、岔管等，点矩阵关联该边界点左右两侧的状态向量。计算系统的总传递矩阵需要先求得点矩阵。

以下段落将推导一些常见边界的点矩阵。

1. 串联结点

具有不同直径（图8-9）、不同壁厚、不同管壁材料，或者这些可变量任一组合的两条管道的连接点被称为串联结点。

由连续方程得到

$$q_i^R=q_i^L \tag{8-55}$$

此外，如果忽略接头处局部损失，有

$$h_i^R=h_i^L \tag{8-56}$$

这两个方程式可用矩阵符号表示为

$$\boldsymbol{z}_i^R=\boldsymbol{P}_{sc}\boldsymbol{z}_i^L \tag{8-57}$$

式中，串联结点的点矩阵是

$$\boldsymbol{P}_{sc}=\begin{bmatrix}1 & 0\\0 & 1\end{bmatrix} \tag{8-58}$$

由于$\boldsymbol{P}_{sc}$是单位矩阵，在进行计算时，能把它编入场矩阵中。

2. 阀门与孔口

通过线性化阀门方程，能推导出阀门或孔口的点矩阵。如果阀门压力升高与静水头相比很小，则线性化不会产生大的误差。假设振荡阀按正弦规律动作，不过对于非正弦周期动作的阀门仍可用该方法分析。阀门的周期性运行可用傅里叶级数分解为一组谐波分量（Wylie，1965），系统的频率响应可针对每个谐波确定。由于所有方程是线性化的，叠加原理有效，将每个谐波频率响应叠加，就能得到总的频率响应。

（1）振荡阀。下列方程式给出了通过阀门进入大气［图8-12（a）］的瞬时流量和平均流量。

$$Q_{n+1}^L=C_dA_v(2gH_{n+1}^L)^{1/2} \tag{8-59}$$

$$Q_0=(C_dA_v)_0(2gH_0)^{1/2} \tag{8-60}$$

式中：C_d为流量系数；A_v为阀门开启面积；下标0表示平均值。用式（8-60）除式（8-59），得

$$\frac{Q_{n+1}^L}{Q_0}=\frac{\tau}{\tau_0}\left(\frac{H_{n+1}^L}{H_0}\right)^{1/2} \tag{8-61}$$

其中，瞬时相对阀门开度$\tau=C_dA_v/(C_dA_v)_s$，平均相对开度$\tau_0=(C_dA_v)_0/(C_dA_v)_s$，下标$s$表示稳定状态的参考值。相对开度可分为两部分，即

$$\tau=\tau_0+\tau^* \tag{8-62}$$

式中：τ^*为阀门相对开度与平均开度的差值［图8-12（b）］。

将式（8-1）、式（8-2）和式（8-62）代入式（8-61），得

$$\left(1+\frac{q_{n+1}^{*L}}{Q_0}\right)=\left(1+\frac{\tau^*}{\tau_0}\right)\left(1+\frac{h_{n+1}^{*L}}{H_0}\right)^{1/2} \tag{8-63}$$

对正弦规律运动的阀门，有

$$\tau^*=\mathrm{Re}(ke^{j\omega t}) \tag{8-64}$$

式中：k为阀门运动的振幅。系统中其他任意强迫函数与振荡阀之间的相位差，可通过令k为复数来考虑；否则，k为实数。

展开式（8-63），忽略高阶项（仅当$|h_{n+1}^{*L}|\ll H_0$才可行），将式（8-3）、式（8-4）和式（8-64）代入其中，可得

$$h_{n+1}^L=\frac{2H_0}{Q_0}q_{n+1}^L-\frac{2H_0k}{\tau_0} \tag{8-65}$$

由于 $h_{n+1}^R=0$，根据式（8-65），得到

$$h_{n+1}^R=h_{n+1}^L+\frac{2H_0k}{\tau_0}-\frac{2H_0}{Q_0}q_{n+1}^L \tag{8-66}$$

此外，由连续方程得到

$$q_{n+1}^R=q_{n+1}^L \tag{8-67}$$

式（8-66）和式（8-67）可以用矩阵符号的形式表示为

$$\begin{Bmatrix} q \\ h \end{Bmatrix}_{n+1}^R=\begin{bmatrix} 1 & 0 \\ -\dfrac{2H_0}{Q_0} & 1 \end{bmatrix}\begin{Bmatrix} q \\ h \end{Bmatrix}_{n+1}^L+\begin{Bmatrix} 0 \\ \dfrac{2H_0k}{\tau_0} \end{Bmatrix} \tag{8-68}$$

通过在列向量中附加元素 1，式（8-68）右边两个矩阵项可合并为

$$\begin{Bmatrix} q \\ h \\ 1 \end{Bmatrix}_{n+1}^R=\begin{bmatrix} 1 & 0 & 0 \\ -\dfrac{2H_0}{Q_0} & 1 & \dfrac{2H_0k}{\tau_0} \\ 0 & 0 & 1 \end{bmatrix}\begin{Bmatrix} q \\ h \\ 1 \end{Bmatrix}_{n+1}^L \tag{8-69}$$

注意：展开式（8-69）就得到式（8-66）、式（8-67）以及1=1。因此，在列向量中附加元素 1 有助于将式（8-68）的右边项以紧凑的形式表达。按 8.4 节中定义［式（8-10)］，含附加元素 1 的列向量称为**扩展状态向量 $\mathbf{z}'$**。扩展状态向量和扩展传递矩阵用撇号来标志。

根据式（8-10），式（8-69）可写为

$$\boldsymbol{z}'^R_{n+1}=\boldsymbol{P}'_{ov}\boldsymbol{z}'^L_{n+1} \tag{8-70}$$

其中，$\boldsymbol{P}'_{ov}$ 为振荡阀的扩展点矩阵，即

$$\boldsymbol{P}'_{ov}=\begin{bmatrix} 1 & 0 & 0 \\ -\dfrac{2H_0}{Q_0} & 1 & \dfrac{2H_0k}{\tau_0} \\ 0 & 0 & 1 \end{bmatrix} \tag{8-71}$$

（2）固定开度的阀门。对于固定开度的阀门，$k=0$。因此，描述水流通过阀门进入大气的方程可由式（8-68）改写为

$$\begin{Bmatrix} q \\ h \end{Bmatrix}_{n+1}^R=\begin{bmatrix} 1 & 0 \\ -\dfrac{2H_0}{Q_0} & 1 \end{bmatrix}\begin{Bmatrix} q \\ h \end{Bmatrix}_{n+1}^L \tag{8-72}$$

或

$$\boldsymbol{z}_{n+1}^R=\boldsymbol{P}_v\boldsymbol{z}_{n+1}^L \tag{8-73}$$

其中，$\boldsymbol{P}_v$ 为泄流进入大气的阀门或孔口的点矩阵，即

$$\boldsymbol{P}_v=\begin{bmatrix} 1 & 0 \\ -\dfrac{2H_0}{Q_0} & 1 \end{bmatrix} \tag{8-74}$$

注意：$\boldsymbol{P}_v$ 不是扩展点矩阵。

对于管道中间断面开度固定的阀门或孔口（图 8-12），则式（8-74）可写为

$$\boldsymbol{P}_{vi}=\begin{bmatrix}1 & 0\\ -\dfrac{2\Delta H_0}{Q_0} & 1\end{bmatrix} \tag{8-75}$$

式中：ΔH_0 为与过阀门平均流量 Q_0 对应的平均水头损失。

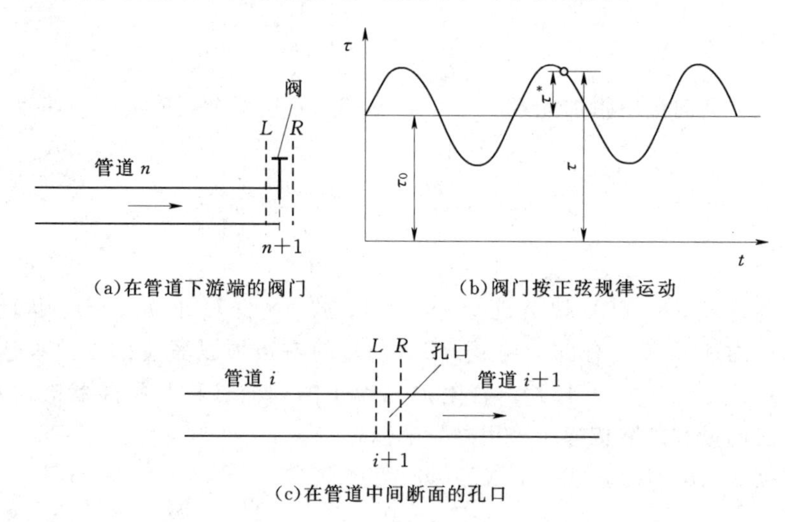

(a)在管道下游端的阀门　(b)阀门按正弦规律运动

(c)在管道中间断面的孔口

图 8-12　振荡阀门和孔口

3. 分岔结点

在图 8-13（a）所示的分岔管系统中，abc 是主管，而 bd 是支管。管段 ab 的传递矩阵可以用前面推导的场矩阵和点矩阵计算得出。为了计算 abc 的总传递矩阵，需知道连接左右两边状态向量的接合处 b 的点矩阵。如果 d 点的边界条件已知，就可以得到该点矩阵。

本节将推导具有不同边界条件的主管与支管接合处的点矩阵。

令 $\widetilde{\boldsymbol{U}}$ 是分岔管的总体传递矩阵［图 8-13（b）］，即

$$\widetilde{\boldsymbol{z}}_{n+1}^{L}=\widetilde{\boldsymbol{U}}\widetilde{\boldsymbol{z}}_{1}^{R} \tag{8-76}$$

或

$$\begin{Bmatrix}\widetilde{q}\\ \widetilde{h}\end{Bmatrix}_{n+1}^{L}=\begin{bmatrix}\widetilde{u}_{11} & \widetilde{u}_{12}\\ \widetilde{u}_{21} & u_{22}\end{bmatrix}\begin{Bmatrix}\widetilde{q}\\ \widetilde{h}\end{Bmatrix}_{1}^{R} \tag{8-77}$$

式中：$\widetilde{\boldsymbol{U}}^{(m)}=\widetilde{\boldsymbol{F}}_n\widetilde{\boldsymbol{P}}_n\cdots\widetilde{\boldsymbol{P}}_3\widetilde{\boldsymbol{F}}_2\widetilde{\boldsymbol{P}}_2\widetilde{\boldsymbol{F}}_1$，与支管相关的参数均用标号（～）来表示。

展开式（8-77）得

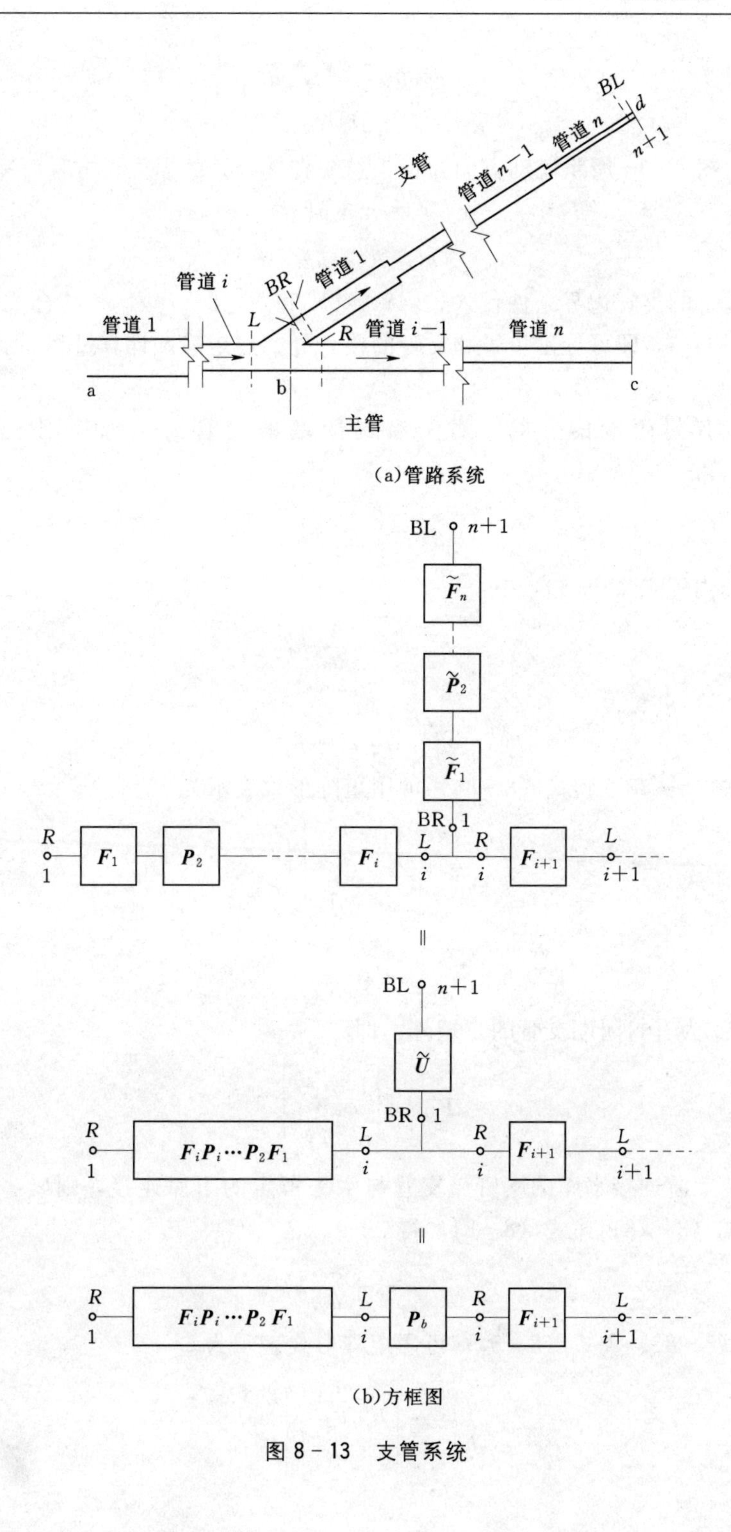

BL
d
管道 n
n+1
支管
管道 n−1
管道 i
BR
管道 1
管道 1
L
R
管道 i−1
管道 n
a
b
c
主管
(a)管路系统
BL n+1
$\widetilde{F}_n$
$\widetilde{P}_2$
$\widetilde{F}_1$
BR 1
R 1
F_1
P_2
F_i
L i
R i
F_{i+1}
L i+1
‖
BL n+1
$\widetilde{U}$
BR 1
R 1
$F_iP_i\cdots P_2F_1$
L i
R i
F_{i+1}
L i+1
‖
R 1
$F_iP_i\cdots P_2F_1$
L i
P_b
R i
F_{i+1}
L i+1
(b)方框图

图 8-13 支管系统

$$\tilde{q}_{n+1}^{L}=\tilde{u}_{11}\tilde{q}_{1}^{R}+\tilde{u}_{12}\tilde{h}_{1}^{R} \tag{8-78}$$

$$\tilde{h}_{n+1}^{L}=\tilde{u}_{21}\tilde{q}_{1}^{R}+\tilde{u}_{22}\tilde{h}_{1}^{R} \tag{8-79}$$

假设图 8-13 所示流动方向为正，忽略在接合处的损失，方程可写成

$$q_{i}^{L}=q_{i}^{R}+\tilde{q}_{1}^{R} \tag{8-80}$$

$$h_{i}^{L}=h_{i}^{R}=\tilde{h}_{1}^{R} \tag{8-81}$$

将适合的支管边界条件代入式（8-78）和式（8-79），并结合式(8-80)和式（8-81），即可导出主管和支管的接合处的点矩阵。计算过程如后续例子所示。

（1）有封闭端的支管。对于有封闭端的支管 $\tilde{q}_{n+1}^{L}=0$，于是，由式（8-78）和式（8-81）得

$$\tilde{q}_{i}^{R}=-\frac{\tilde{u}_{12}}{\tilde{u}_{11}}h_{i}^{L} \tag{8-82}$$

将该方程代到式（8-80）中，得

$$q_{i}^{R}=q_{i}^{L}+\frac{\tilde{u}_{12}}{\tilde{u}_{11}}h_{i}^{L} \tag{8-83}$$

式（8-81）可写为

$$h_{i}^{R}=0\cdot q_{i}^{L}+h_{i}^{L} \tag{8-84}$$

这样，式（8-83）和式（8-84）可用矩阵形式表示为

$$\begin{Bmatrix} q \\ h \end{Bmatrix}_{i}^{R}=\begin{bmatrix} 1 & \dfrac{\tilde{u}_{12}}{\tilde{u}_{11}} \\ 0 & 1 \end{bmatrix}\begin{Bmatrix} q \\ h \end{Bmatrix}_{i}^{L} \tag{8-85}$$

或

$$\boldsymbol{z}_{i}^{R}=\boldsymbol{P}_{bde}\boldsymbol{z}_{i}^{L} \tag{8-86}$$

式中：$\boldsymbol{P}_{bde}$ 为有封闭端支管的点矩阵，即

$$\boldsymbol{P}_{bde}=\begin{bmatrix} 1 & \dfrac{\tilde{u}_{12}}{\tilde{u}_{11}} \\ 0 & 1 \end{bmatrix} \tag{8-87}$$

（2）下游连接水库的支管。支管与水头恒定的下库连接，则 $\tilde{h}_{n+1}^{L}=0$。于是，由式（8-78）～式（8-81）得

$$q_{i}^{R}=q_{i}^{L}+\frac{\tilde{u}_{22}}{\tilde{u}_{21}}h_{i}^{L} \tag{8-88}$$

式（8-88）和式（8-84）可用矩阵形式表示为

$$\begin{Bmatrix} q \\ h \end{Bmatrix}_{i}^{R}=\begin{bmatrix} 1 & \dfrac{\tilde{u}_{22}}{\tilde{u}_{21}} \\ 0 & 1 \end{bmatrix}\begin{Bmatrix} q \\ h \end{Bmatrix}_{i}^{L} \tag{8-89}$$

或

$$\boldsymbol{z}_i^R = \boldsymbol{P}_{bres} \boldsymbol{z}_i^L \tag{8-90}$$

其中，$\boldsymbol{P}_{bres}$为与水头恒定的下库连接的岔管的点矩阵，即

$$\boldsymbol{P}_{bres} = \begin{bmatrix} 1 & \dfrac{\widetilde{u}_{22}}{\widetilde{u}_{21}} \\ 0 & 1 \end{bmatrix} \tag{8-91}$$

(3) 下游有振荡阀的支管。为了得出连接振荡阀的支管的点矩阵，必须运用扩展传递矩阵来考虑作用于支管的强迫函数。如果支管上振荡阀的频率与作用在主管道的强迫函数的频率一致（相位可以不一致），那么整个系统需要针对强迫频率进行分析。但是，若多个强迫函数的频率不一致，则需要一次对一个强迫函数进行分析，然后叠加以确定管道系统总的频率响应。由于所有的控制方程都是线性的，所以叠加是可行的。

如前面讨论，需要应用关联支管第一个断面的状态向量和最后一个断面的状态向量的扩展总体传递矩阵，还需要用到针对主管道上各个部分的扩展传递矩阵。令支管的扩展总体传递矩阵为

$$\widetilde{\boldsymbol{U}}' = \begin{bmatrix} \widetilde{u}_{11} & \widetilde{u}_{12} & 0 \\ \widetilde{u}_{21} & \widetilde{u}_{22} & 0 \\ 0 & 0 & 1 \end{bmatrix} \tag{8-92}$$

注意，式（8-92）中$\widetilde{\boldsymbol{U}}'$针对的支管在下游端有振荡阀但无其他强迫边界。如果支管上存在一个或多个强迫边界，且它们不是作用于下游端，则元素$\widetilde{u}_{13}$、$\widetilde{u}_{23}$、$\widetilde{u}_{31}$和$\widetilde{u}_{32}$中至少有一个不为0，这样该断面的点矩阵需要做相应的修改。

对于支管

$$\widetilde{\boldsymbol{z}}'^R_{n+1} = \widetilde{\boldsymbol{P}}'_{ov} \widetilde{\boldsymbol{z}}'^L_{n+1} \tag{8-93}$$

且

$$\widetilde{\boldsymbol{z}}'^L_{n+1} = \widetilde{\boldsymbol{U}}' \widetilde{\boldsymbol{z}}'^R_1 \tag{8-94}$$

将式（8-71）中的$\widetilde{\boldsymbol{P}}'_{ov}$和式（8-94）中的$\widetilde{\boldsymbol{z}}'^L_{n+1}$代入式（8-93）中，并展开所得的式有

$$\widetilde{q}^R_{n+1} = \widetilde{u}_{11} \widetilde{q}^R_1 + \widetilde{u}_{12} \widetilde{h}^R_1 \tag{8-95}$$

$$\widetilde{h}^R_{n+1} = \left(\widetilde{u}_{21} - \frac{2\widetilde{H}_0}{\widetilde{Q}_0} \widetilde{u}_{11} \right) \widetilde{q}^R_1 + \left(\widetilde{u}_{22} - \frac{2\widetilde{H}_0}{\widetilde{Q}_0} \widetilde{u}_{12} \right) \widetilde{h}^R_1 + \frac{2\widetilde{H}_0 \widetilde{k}}{\widetilde{\tau}_0} \tag{8-96}$$

除了用（～）代表支管外，所有符号均与之前章节中的相同。例如$\widetilde{\tau}_0$为支管上阀门的平均相对开度。计入支管上的阀门与作用于主管上的强迫函数之间的相位差，$\widetilde{k}$为复数；其他情况下，$\widetilde{k}$为实数。

由于$\widetilde{h}^R_{n+1} = 0$且$\widetilde{h}^R_1 = h^L_i$，由式（8-96）得

$$\tilde{q}_1^R = -p_{12} h_i^L - p_{13} \tag{8-97}$$

其中

$$p_{12} = \frac{\tilde{u}_{22} - \dfrac{2\tilde{H}_0}{\tilde{Q}_0}\tilde{u}_{12}}{\tilde{u}_{21} - \dfrac{2\tilde{H}_0}{\tilde{Q}_0}\tilde{u}_{11}} \tag{8-98}$$

并且

$$p_{13} = \frac{2\tilde{H}_0\tilde{k}/\tilde{\tau}_0}{\tilde{u}_{21} - \dfrac{2\tilde{H}_0}{\tilde{Q}_0}\tilde{u}_{11}} \tag{8-99}$$

将式（8-97）中$\tilde{q}_i^R$代入式（8-80），得

$$q_i^R = q_i^L + p_{12} h_i^L + p_{13} \tag{8-100}$$

也可写为

$$1 = 0 \cdot q_i^L + 0 \cdot h_i^L + 1 \tag{8-101}$$

将式（8-84）、式（8-100）和式（8-101）采用矩阵形式，写为

$$\begin{Bmatrix} q \\ h \\ 1 \end{Bmatrix}_i^R = \begin{bmatrix} 1 & p_{12} & p_{13} \\ 0 & 1 & 0 \\ 0 & 0 & 1 \end{bmatrix} \begin{Bmatrix} q \\ h \\ 1 \end{Bmatrix}_i^L \tag{8-102}$$

或

$$\boldsymbol{z}'^R_i = \boldsymbol{P}'_{bov}\boldsymbol{z}'^L_i \tag{8-103}$$

其中，$\boldsymbol{P}'_{bov}$是有振荡阀的支管的传递矩阵，即

$$\boldsymbol{P}_{bov} = \begin{bmatrix} 1 & p_{12} & p_{13} \\ 0 & 1 & 0 \\ 0 & 0 & 1 \end{bmatrix} \tag{8-104}$$

如果支管下游端连接孔口或固定开度的阀门，则$k=0$。因此$p_{13}=0$，该支管的点矩阵可写为

$$\boldsymbol{P}_{borf} = \begin{bmatrix} 1 & p_{12} \\ 0 & 1 \end{bmatrix} \tag{8-105}$$

注意，这不是扩展的点矩阵。

8.7 频率响应

传递矩阵法可以用来确定具有一个或多个周期性强迫边界、部件或设备的系统的频率响应。如果强迫函数是正弦函数，本节推导的方程就可以直接使

用。非谐波周期函数可以通过傅里叶分析（Wylie，1965）分解成不同的谐波，每次考虑一个谐波，就可确定对应频率的系统响应。总的频率响应可通过将各次响应叠加而确定。

具有多于一个外部激励的系统可按如下方法分析：如果所有的外部激励具有相同的频率，那么系统就会以该频率振荡。为了分析此系统，可以利用扩展传递矩阵，此法允许同时考虑所有的外部激励。将矩阵扩展的概念有助于在点矩阵中包含强迫函数。但是，如果强迫函数具有不同的频率，则需要单独计算各个强迫函数的系统频率响应，然后将计算结果进行叠加来确定系统总的频率响应。下面进一步阐明该思路。

具有多于一个外部激励的系统可以分成如图 8－14 所示的三种类型。分析如下：

(1) **所有外部激励具有相同的频率**［图 8－14 (a)］。在这种情况下，可以同时考虑所有外部激励，利用频率为 ω_1 的扩展传递矩阵来分析此系统。

(2) **外部激励按组具有相同的频率**［图 8－14 (b)］。对于此系统，外部激励被分成若干组，每组的外部激励具有相同的频率。一次考虑一组外部激励，利用频率为该组激励频率的扩展传递矩阵进行系统分析。然后将各组的分析结果进行叠加以确定系统总的频率响应。

(3) **每个外部激励具有不同的频率**［图 8－14 (c)］。在这种情况下，对应于每个外部激励，系统响应需要单独确定，然后总的频率响应通过叠加计算得出。由于一次只能考虑一个强迫函数，所以采用非扩展矩阵（即 2×2 矩阵）。

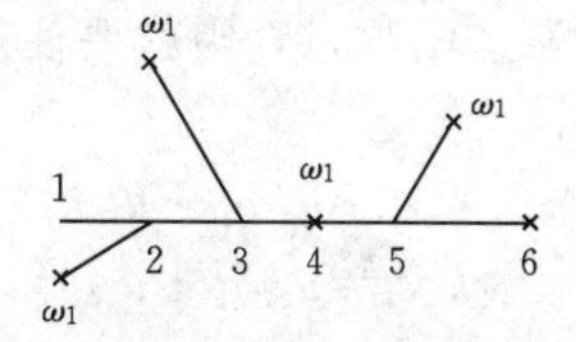

(a)所有外部激励具有相同频率

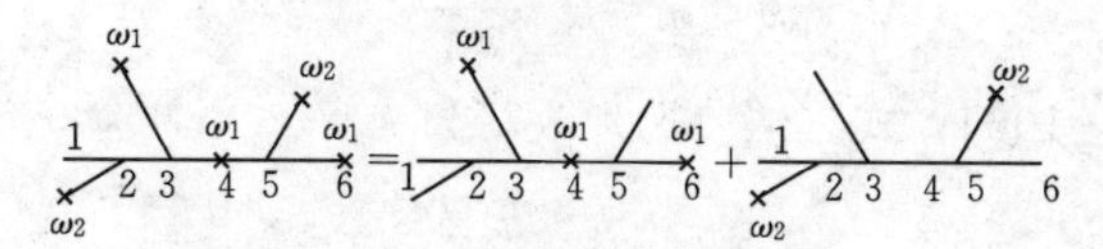

(b)外部激励按频率分为两组

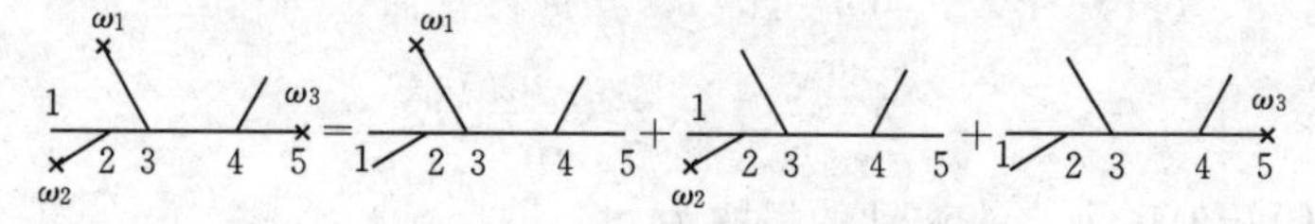

(c)每个外部激励均具有不同的频率

图 8－14　具有多个外部激励的系统

本节将推导在波动的压力水头、振荡的阀门及波动的流量等外部激励作用下，典型管道系统频率响应的表达式。采用类似的方法可以推导其他外部激励引起的系统频率响应。

下面一步一步地介绍确定管道系统频率响应的方法。

8.7.1 压力水头波动

管道系统进口的水库水面波动是压力水头波动边界的一个典型例子。为了阐明传递矩阵法在确定系统频率响应的应用，考虑图8-15所示的系统，此系统的右端为封闭端、左端水库水面波动。由于该波动，断面1处压力水头以平均压力水头为基准呈正弦波动。令该压力水头变化为

$$h_1^{*R}=\mathrm{Re}(h_1^R e^{j\omega t})=K\cos\omega t=\mathrm{Re}(Ke^{j\omega t}) \tag{8-106}$$

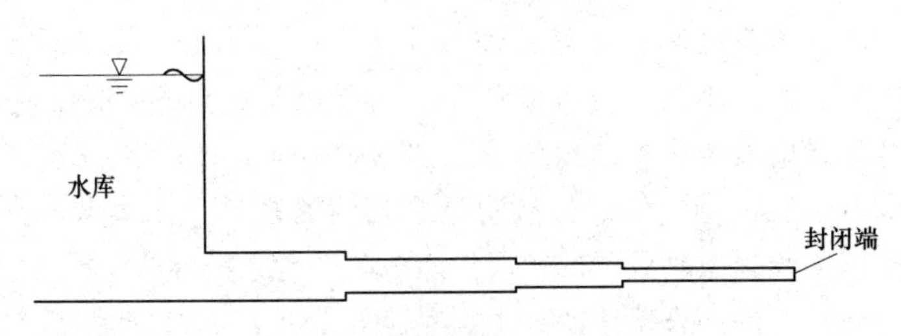

图8-15 具有封闭端的串联系统

另外，令$\boldsymbol{U}$为关联断面1和断面$n+1$状态向量的传递矩阵，即

$$\boldsymbol{z}_{n+1}^L=\boldsymbol{U}\boldsymbol{z}_1^R \tag{8-107}$$

假设系统中没有其他强迫函数，否则就要使用扩展传递矩阵$\boldsymbol{U}'$。将方程8-107展开可得

$$q_{n+1}^L=u_{11}q_1^R+u_{12}h_1^R \tag{8-108}$$

$$h_{n+1}^L=u_{21}q_1^R+u_{22}h_1^R \tag{8-109}$$

因为在封闭端有$q_{n+1}^L=0$，所以由式（8-108）可得

$$q_1^R=-\frac{u_{12}h_1^R}{u_{11}} \tag{8-110}$$

根据式（8-106），式（8-110）改写为

$$q_1^R=-\frac{u_{12}K}{u_{11}} \tag{8-111}$$

将式（8-111）代入式（8-109），并进行化简，可得

$$h_{n+1}^L=\left(u_{22}-\frac{u_{12}u_{21}}{u_{11}}\right)K \tag{8-112}$$

因此，封闭端处压力水头波动的振幅为

$$h_a=|h_{n+1}^L|=\left|\left(u_{22}-\frac{u_{12}u_{21}}{u_{11}}\right)K\right| \tag{8-113}$$

用水库端波动压力幅值除式（8－113），可将封闭端压力幅值无量纲化为

$$h_r = \left|\frac{h_a}{K}\right| = \left|u_{22} - \frac{u_{12}u_{21}}{u_{11}}\right| \tag{8-114}$$

8.7.2 流量波动

在往复式水泵的吸入侧和排出侧，流动呈周期性。流量波动可以分解成一组谐波。如果任一谐波的周期等于吸水管或排水管的固有周期，则会引发剧烈的压力振荡。

本节运用传递矩阵法推导往复式水泵系统频率响应的表达式。吸水管和排水管的管径和/或管壁厚度可以沿管线逐渐变化，而且管线上可以有支管，支管可以连接水库、封闭端或孔口，但不能包含周期性的强迫函数边界。

1. 吸水管

令 $\boldsymbol{U}$ 是关联吸水管（图 8－16）断面 1 和断面 $n+1$ 两处状态向量的传递矩阵，即

$$\boldsymbol{z}_{n+1}^{L} = \boldsymbol{U}\boldsymbol{z}_{1}^{R} \tag{8-115}$$

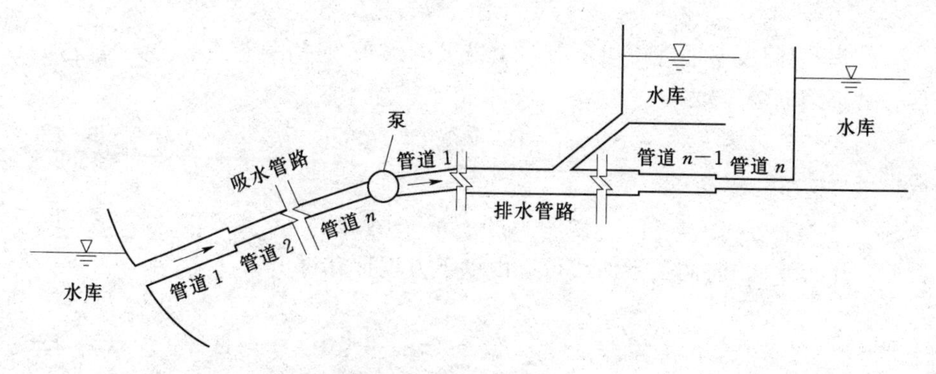

图 8－16　吸水管和排水管

将式（8－115）展开，注意到 $h_1^R=0$，可得

$$q_{n+1}^{L} = u_{11}q_1^R \tag{8-116}$$

及

$$h_{n+1}^{L} = u_{21}q_1^R \tag{8-117}$$

因此

$$h_{n+1}^{L} = \frac{u_{21}}{u_{11}}q_{n+1}^{L} \tag{8-118}$$

2. 水泵

一个周期内随时间变化的流量可以采用傅里叶变换分解成一组谐波（Wylie，1965）。令第 m 次谐波的流量为

$$q_{n+1}^{*L}=A'_m\sin(m\omega t+\psi_m) \tag{8-119}$$

或

$$q_{n+1}^{*L}=\mathrm{Re}(A_m e^{jm\omega t}) \tag{8-120}$$

其中 $A_m=A'_m\exp\left[j\left(\psi_m-\frac{1}{2}\pi\right)\right]$

式中：A'_m和ψ_m分别为第m次谐波的振幅和相位角；ω为基频率。

从式（8-3）和式（8-120）可得$q_{n+1}^L=A_m$，其中A_m是复常数。将该等式代入式（8-118），可得

$$h_{n+1}^L=\frac{u_{21}}{u_{11}}A_m \tag{8-121}$$

因此，在吸入断面处压力水头波动的振幅为

$$h_m=|(h_{n+1}^L)_m|=\left|\frac{u_{21}A_m}{u_{11}}\right| \tag{8-122}$$

压力水头波动的相位角为

$$\phi_m=\tan^{-1}\left[\frac{\mathrm{Im}(h_{n+1}^L)_m}{\mathrm{Re}(h_{n+1}^L)_m}\right] \tag{8-123}$$

水头-时间关系曲线可以由每一个谐波的水头-时间关系曲线的矢量叠加获得。对于第m次谐波：

$$h_{n+1}^{*L}=\mathrm{Re}[h_m e^{j(m\omega t+\phi_m)}] \tag{8-124}$$

或

$$h_{n+1}^{*L}=h_m\cos(m\omega t+\phi_m) \tag{8-125}$$

因此，压力水头-时间关系曲线可以由以下方程计算得出

$$h_{n+1}^{*L}=\sum_{m=1}^{M}h_m\cos(m\omega t+\phi_m) \tag{8-126}$$

式中：M为分解水泵流量-时间关系曲线采用的谐波次数。

3. 排水管

采用类似的方法，并注意到下游水库$h_{n+1}^L=0$，可以得到水泵排水侧压力水头随时间变化的方程如下：

$$h_1^{*R}=\sum_{m=1}^{M}h'_m\cos(m\omega t+\phi'_m) \tag{8-127}$$

其中

$$h'_m=|(h_1^R)_m|=\frac{|u_{21}A_m|}{|u_{12}u_{21}-u_{11}u_{22}|} \tag{8-128}$$

$$\phi'_m=\tan^{-1}\left[\frac{\mathrm{Im}(h_m^R)}{\mathrm{Re}(h_m^R)}\right] \tag{8-129}$$

A_m为水泵流量随时间变化的第m次谐波的复振幅。

8.7.3 阀门振荡

振荡阀的过流面积呈周期性的变化。由于关联水头、流量和振荡阀过流面积的方程（8-59）是非线性的，故这种情况比之前的几种情况更难分析。不过，正如8.7节讨论的那样，如果$h \ll H_0$，该方程可以线性化。在本节表达式的推导中，将用到式（8-71）表示的点矩阵。该矩阵采用振荡阀线性化的方程，是在阀门开度呈正弦变化的条件下推导而来。因此，为了将此处推导的表达式用于非谐波周期性阀门开度变化过程，阀门开度变化过程采用傅里叶变换分解成一组谐波，系统的频率响应由每个谐波依据自身的频率单独确定，然后总的系统响应通过单独响应叠加计算得出。

令$\boldsymbol{U}'$是关联系统的断面1和断面$n+1$两处状态向量的总体扩展传递矩阵，即

$$\boldsymbol{z}'^{L}_{n+1}=\boldsymbol{U}'\boldsymbol{z}'^{R}_{1} \tag{8-130}$$

另外

$$\boldsymbol{z}'^{R}_{n+1}=\boldsymbol{P}'_{ov}\boldsymbol{z}'^{L}_{n+1} \tag{8-131}$$

因此

$$\boldsymbol{z}'^{R}_{n+1}=\boldsymbol{P}'_{ov}\boldsymbol{U}'\boldsymbol{z}'^{R}_{1} \tag{8-132}$$

将式（8-71）中的$\boldsymbol{P}'_{ov}$代入，并将矩阵$\boldsymbol{P}'_{ov}$和$\boldsymbol{U}'$相乘，展开并注意到$h_1^R=0$、$h_{n+1}^R=0$及$q_{n+1}^L=q_{n+1}^R$，可得

$$q_1^R=\frac{u_{23}-\dfrac{2H_0}{Q_0}u_{13}+\dfrac{2H_0k}{\tau_0}u_{33}}{u_{21}-\dfrac{2H_0}{Q_0}u_{11}+\dfrac{2H_0k}{\tau_0}u_{13}} \tag{8-133}$$

$$q_{n+1}^L=u_{11}q_1^R+u_{13} \tag{8-134}$$

其中，u_{11}、u_{12}、…、u_{33}为矩阵$\boldsymbol{U}'$中的元素。展开式（8-130），考虑到$h_1^R=0$，可得

$$h_{n+1}^L=u_{21}q_1^R+u_{23} \tag{8-135}$$

为了确定系统的频率响应，首先要计算扩展场矩阵和点矩阵。然后，从下游末端开始，将场矩阵和点矩阵依次相乘，即可确定总体扩展传递矩阵

$$\boldsymbol{U}'=\boldsymbol{F}'_n\boldsymbol{P}'_n\cdots\boldsymbol{P}'_2\boldsymbol{F}'_1 \tag{8-136}$$

由式（8-133）确定q_1^R值，由式（8-134）和式（8-135）计算得到q_{n+1}^L和h_{n+1}^L。h_{n+1}^L和q_{n+1}^L的绝对值是阀门处压力水头和流量波动的振幅，它们的幅角分别是压力水头与τ^*、流量与τ^*之间的相位角。

如果系统下游端除了振荡阀之外没有其他强迫函数，那么普通的场矩阵和点矩阵就可以替代扩展矩阵。在这种情况下，式（8-133）～式（8-135）

中，$u_{13}=u_{23}=u_{31}=0$ 且 $u_{33}=1$。

8.7.4　计算步骤

管道系统的频率响可以按如下步骤确定：

(1) 绘制系统的总体的方框图，然后对其进行化简。对于简单的系统，该步骤可以省略。

(2) 如果强迫函数是非谐波函数，则采用傅里叶变化将其分解成一组谐波。然后，每次考虑一个特定频率的谐波，计算点矩阵和场矩阵。将8.7节中推导出来的如下元素：$u_{13}=u_{23}=u_{31}=u_{32}=0$ 及 $u_{33}=1$ 加入到常规传递矩阵中就可得到对应的扩展传递矩阵。需要注意，扩展传递矩阵只在如下情形下使用：系统中有多个外部激励且各个激励具有相同的频率。

(3) 从系统的下游端开始，按顺序将点矩阵和场矩阵相乘，计算总体传递矩阵。第一步绘制方框图对这种计算非常有用。对于矩阵相乘，[例8-2] 给出了适用于手算的方法，该方法可以减小计算工作量。

(4) 用本节推导的表达式确定系统频率响应。

(5) 为了绘制频率响应图，对于不同的频率重复第3步和第4步，每次针对一个频率。

下面将针对下游末端设有封闭端支管和振荡阀的系统，用例子说明确定下游末端处频率响应的步骤。

【例8-2】 绘制如图8-17 (a) 所示的分岔系统的阀门末端断面处的频率响应图。系统的其他数据为：$Q_0=0.314\text{m}^3/\text{s}$；$T_{th}=3.0\text{s}$；$R=0.0$；$k=0.2$；$\tau_0=1.0$；及 $H_0=100\text{m}$。

给出适合于手算的计算步骤。

解： 计算 $\omega_r=2.0$ 的过程如下所示。ω_r 取不同值时的计算过程与之类似，由此可绘制出如图8-17 (c) 所示的频率响应图。

传递矩阵的组成：

$$\omega_{th}=2\pi/3=2.094(\text{rad/s})$$

$$\omega=\omega_r\omega_{th}=2\times2.094=4.189(\text{rad/s})$$

(1) 管道1。

$$b_1=l_1/a_1=500/1000=0.5(\text{s})$$

$$A_1=\pi D_1^2/4=\pi(1.81)^2/4=2.578(\text{m}^2)$$

$$C_1=a_1/(gA_1)=1000/(9.81\times2.578)=39.542(\text{s/m}^2)$$

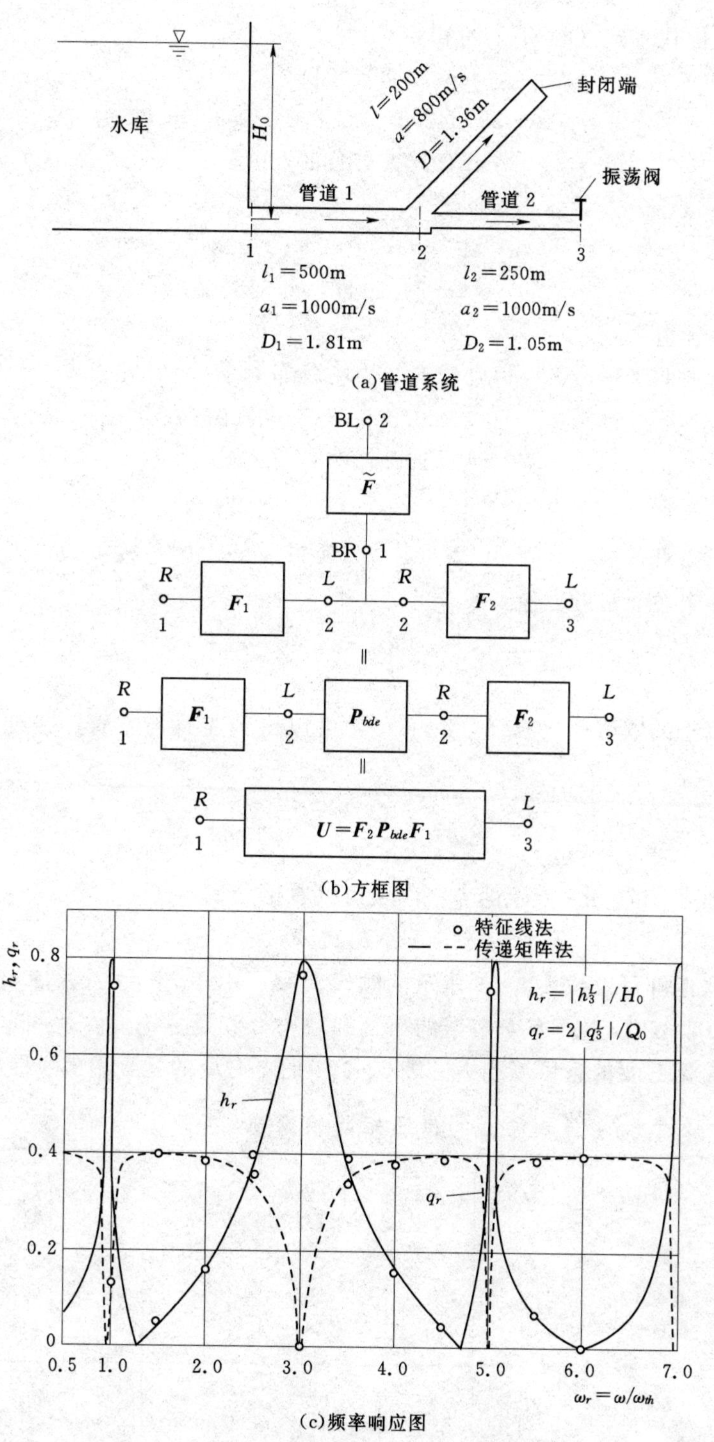

图 8-17 具有封闭端的分支系统的频率响应

将以上数值代入式（8-37）可得

$$f_{11}=f_{22}=\cos(0.5\times4.189)=-0.5$$

$$f_{21}=-39.542\sin(0.5\times4.189)j=-34.244j$$

$$f_{12}=-j\sin(0.5\times4.189)/39.542=-0.022j$$

即：

$$\boldsymbol{F}_1=\begin{bmatrix}-0.500 & -0.022j\\-34.244j & -0.500\end{bmatrix}$$

（2）管道2。

采用类似步骤，可以得到管道2的场矩阵 $\boldsymbol{F}_2$：

$$\boldsymbol{F}_2=\begin{bmatrix}0.500 & -0.007j\\-102.732j & 0.500\end{bmatrix}$$

（3）支管。

由于支管包括单个管道，$\tilde{\boldsymbol{U}}=\tilde{\boldsymbol{F}}$。与管道1的求解过程类似，可以求得支管场矩阵中各元素的取值：

$$\tilde{u}_{11}=0.5$$

$$\tilde{u}_{12}=-0.0154j$$

将以上的取值代入方程（8-87），可以得到支管与主管连接处的点矩阵如下：

$$\boldsymbol{P}_{bde}=\begin{bmatrix}1.0 & -0.031j\\0.0 & 1.0\end{bmatrix}$$

从图8-17（b）所示的方框图中可以看出

$$\boldsymbol{U}=\boldsymbol{F}_2\boldsymbol{P}_{bde}\boldsymbol{F}_1$$

这些矩阵可以按表8-1所示的顺序相乘。由于 $h_1^R=0$（水库水头恒定），则矩阵 $\boldsymbol{F}_1$、$\boldsymbol{P}_{bde}\boldsymbol{F}_1$ 及 $\boldsymbol{F}_2\boldsymbol{P}_{bde}\boldsymbol{F}_1$ 的第二列就与0相乘。因此，这些矩阵的第二列元素是不必要的且可以删去。表8-1中的不必要的元素用横线标出。

表8-1　传递矩阵相乘表

$\boldsymbol{F}_1=\begin{bmatrix}-0.500 & -0.022j\\-34.244j & -0.500\end{bmatrix}$	$\begin{bmatrix}-0.500 & -\\-34.244j & -\end{bmatrix}$	$\begin{Bmatrix}q\\0\end{Bmatrix}_1^R=\boldsymbol{z}_2^L$
$\boldsymbol{P}_{bde}=\begin{bmatrix}1.000 & -0.031j\\0.000 & 1.000\end{bmatrix}$	$\begin{bmatrix}-1.555 & -\\-34.244j & -\end{bmatrix}$	$\begin{Bmatrix}q\\h\end{Bmatrix}_1^R=\boldsymbol{z}_2^R$
$\boldsymbol{F}_2=\begin{bmatrix}0.500 & -0.007j\\-102.732j & 0.500\end{bmatrix}$	$\begin{bmatrix}-1.0273 & -\\142.595j & -\end{bmatrix}$	$\begin{Bmatrix}q\\h\end{Bmatrix}_1^R=\boldsymbol{z}_3^L$

需要注意，这里使用普通传递矩阵是因为系统中只有一个强迫函数。因此，在式（8-133）～式（8-135）中，u_{13}、u_{23}及u_{31}等于0，u_{33}等于1。将这些取值和表8-1中计算得到的u_{11}、u_{21}值代入式（8-133）可得

$$q_1^R=-0.584+0.0127j$$

由式（8-134）和式（8-135）可得

$$q_3^L=0.0600-0.0131j$$

$$h_3^L=-1.8134-8.3215j$$

因此

$$h_r=2|h_3^L|/H_0=0.170$$

$$q_r=2|q_3^L|Q_0=0.390$$

压力水头和阀门相对开度之间的相位角：

$$=\tan^{-1}\left[\frac{-8.3215}{-1.8134}\right]$$

$$=-102.29°$$

流量和阀门相对开度之间的相位角：

$$=\tan^{-1}\left[\frac{-0.0131}{0.0600}\right]$$

$$=-12.29°$$

8.8 压强和流量的沿线变化

前面几节讲述了系统末端断面处的压力水头和流量振荡的计算。但是，有时需要确定这些波动沿管道长度方向的振幅分布。本节将给出相应的求解方法。

每个系统端点均有两个变量：流量、水头（或者流量与水头之间的关系）。为了分析管道系统，系统两端的四个变量需要已知两个。另外两个量可以采用前几节推导的方程计算。如果上游端流量和水头振荡幅值已知，则沿管线的流量和水头振荡振幅分布也就确定了。本节将针对于上游端为水库和下游端为振荡阀的系统，阐述求解过程。具有其他边界条件的系统的方程也可以类似地推导得到。

以下的讨论是为了确定第i条管道的第k个断面［图8-18（a）］流量和压力振荡的振幅。令$\boldsymbol{W}$是关联第1条管道的断面1和第i条管道的断面1的状态向量的传递矩阵，即

$$(\boldsymbol{z}_1^R)_i=\boldsymbol{W}(\boldsymbol{z}_1^R)_1 \quad (8-137)$$

关联第i条管道的断面1和断面k两处状态向量的场矩阵为$\boldsymbol{F}_x$，即

$$(\boldsymbol{z}_k^L)_i = \boldsymbol{F}_x(\boldsymbol{z}_1^R)_i \tag{8-138}$$

在这些方程中，括弧外面的下标指代管道号。矩阵 $\boldsymbol{W}$ 由前（$i-1$）条管道［如图 8-18（b）所示的方框图］的点矩阵和场矩阵乘积得到，即

$$\boldsymbol{W} = \boldsymbol{P}_i\boldsymbol{F}_{i-1}\boldsymbol{P}_{i-1}\cdots\boldsymbol{F}_1 \tag{8-139}$$

在方程（8-36）中用 x 代替 1 即可计算矩阵 $\boldsymbol{F}_x$。注意，频率已知时，矩阵 W 的元素是常数，但 $\boldsymbol{F}_x$ 的元素取决于 x 值。

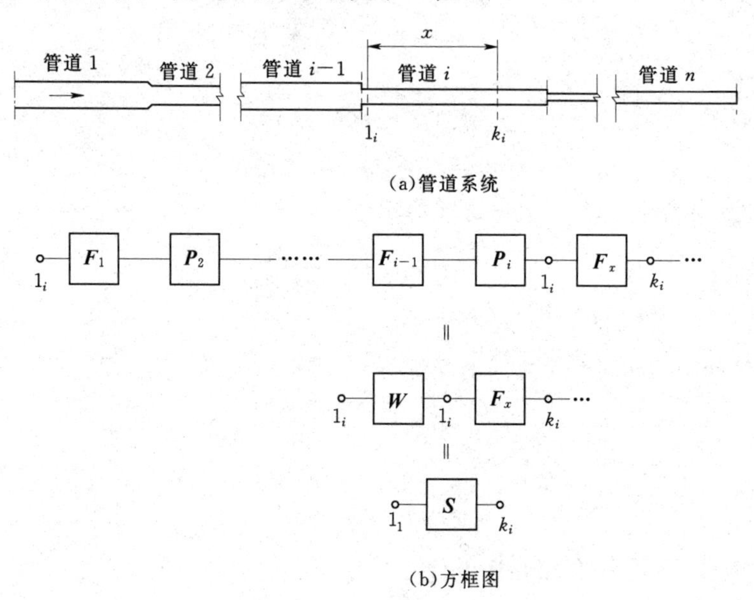

图 8-18 第 i 条管道的第 k 断面的标示

由式（8-137）和式（8-138）可得

$$(\boldsymbol{z}_k^L)_i = \boldsymbol{S}(\boldsymbol{z}_1^R)_1 \tag{8-140}$$

其中

$$\boldsymbol{S} = \boldsymbol{F}_x\boldsymbol{W} = \boldsymbol{F}_x\boldsymbol{P}_i\boldsymbol{F}_{i-1}\boldsymbol{P}_{i-1}\cdots\boldsymbol{F}_1 \tag{8-141}$$

$(q_1^R)_1$ 的值可由式（8-133）计算得到。此外，对于上游水库，$(h_1^R)_1=0$。将这些值代入到式（8-140）的展开式，可得

$$(q_k^L)_i = s_{11}(q_1^R)_1 \tag{8-142}$$

$$(h_k^L)_i = s_{21}(q_1^R)_1 \tag{8-143}$$

其他任何断面的流量和压力波动的振幅可以采用类似的方式获得。

8.9 压力波节点和腹点

压力波的节点和腹点的位置是管线高次谐波共振分析的一个重要方面。压

力波动的振幅在节点处最小、在腹点处最大。对一个零阻尼的系统，压力波动在节点处的振幅为0。

腹点处剧烈的压力波动可能使管道因压力超过设计压力而爆裂，也有可能因负压而塌陷。如果压力节点出现在调压室底部，则调压室不能有效地防止压力波从调压室一侧传播到另一侧。Jaeger 解释了 Kandergrund 隧洞发生裂纹的原因（Jaeger，1963，1977），认为是在调压室形成了压力节点。压力节点会导致调压室在阻止压力振荡从压力管道传向隧洞时不起作用，即便隧洞的设计超过安全标准。

管线中压力节点和腹点位置可以按如下方式确定。某断面的压力波动振幅可由式（8-143）确定。由于节点的压力波动振幅为0，且对于非平凡解有 $q_1^R \neq 0$，所以对于无摩阻系统将遵循如下方程：

$$s_{21}(x)=0 \tag{8-144}$$

该方程解出的 x 就是第 i 条管道上压力节点的位置。

腹点处压力波动振幅最大。于是，管线中腹点的位置可采用如下方法确定。对式（8-144）关于 x 求微分，且令微分式等于0，然后求解 x，即

$$\frac{\mathrm{d}s_{21}(x)}{\mathrm{d}x}=0 \tag{8-145}$$

式（8-145）的根即为腹点的位置。

简单系统的压力波节点和腹点位置的表达式可以由式（8-144）和式（8-145）得出。下面通过推导单管道系统和两段串联管系统的表达式来说明其步骤，其他系统的表达式也可以采用类似方法得出。不过，对于复杂系统，最好对式（8-144）和式（8-145）进行数值解，而不是推导解析表达式求解。

8.9.1 单管道

对于等断面无摩阻的单管道系统，由式（8-37）和式（8-144）可得

$$-jC_1\sin(\omega x/a_i)=0 \tag{8-146}$$

或者

$$\sin(\omega x/a_i)=0 \tag{8-147}$$

这个方程满足于

$$x=n\pi a_i/\omega \qquad (n=0,1,2,\cdots) \tag{8-148}$$

$x>l_i$ 的值表示虚拟节点的位置，应舍去。对于腹点，由方程（8-145）和方程（8-147）可得

$$\cos(\omega x/a_i)=0 \tag{8-149}$$

此方程的解给出了腹点的位置，即

$$x=\left(n+\frac{1}{2}\right)\frac{\pi a_i}{\omega} \qquad (n=0,1,2,\cdots) \tag{8-150}$$

同样，$x>l_i$ 的值表示虚拟腹点的位置，应舍去。

式（8-147）和式（8-149）表示沿管道长度方向形成的一个驻波。

8.9.2 串联系统

在两条管道串联的系统中（图8-9），连接水库的管道，其压力节点和腹点的位置由式（8-147）和式（8-149）给出。但是，第二条管道上压力节点和腹点的位置要由式（8-144）和式（8-145）确定。

将 $\boldsymbol{F}_x$、$\boldsymbol{F}_1$ 和 $\boldsymbol{P}_2$ 的表达式代入式（8-139），将矩阵相乘，再利用式（8-144），可得

$$-C_2\sin\left(\frac{\omega x}{a_2}\right)\cos\left(\frac{\omega l_1}{a_1}\right)-C_1\cos\left(\frac{\omega x}{a_2}\right)\sin\left(\frac{\omega l_1}{a_1}\right)=0 \tag{8-151}$$

简化上式可得

$$\tan\frac{\omega x}{a_2}=-\frac{a_1}{a_2}\frac{A_2}{A_1}\tan\frac{\omega l_1}{a_1} \tag{8-152}$$

注意，式（8-151）和式（8-152）仅适用于无摩阻系统。式（8-152）的 x 解给出了压力节点的位置。

8.10 共振频率

为了防止管道系统发生共振，知道系统的共振频率是非常重要的。共振频率知道时，就能避免强迫函数或外部激励的频率与系统的频率接近的情况出现。但是，若这些频率不可能避免，则需要采取补救措施。由于自激振动系统的强迫函数通常是未知的，故系统的频率响应无法确定。自激振动系统的共振频率可以采用 Zielke 和 Roesl（1971）提出的方法计算，或者应用以下段落中讨论的传递矩阵法。

对于衰减的自由振荡，系统组件的传递矩阵将采用复频率 $s=\sigma+j\omega$ 替换8.7节传递矩阵中的 $j\omega$。总体传递矩阵由这些矩阵相乘得到。然后，通过应用自由端条件（如恒定水头水库、封闭端、孔口等）得到包含两个未知数的两个齐次方程。对于非平凡解，这些方程的系数行列式应为0。试错法可以用来求解行列式方程，进而确定系统的共振频率。

在此，列举上游恒定水头水库、下游封闭端系统的例子来说明如何确定系统的共振频率。对于具有其他上下游边界条件的系统，也可以采用类似方法进行分析。

令 $\boldsymbol{U}$ 为系统的总体传递矩阵，即

$$\boldsymbol{z}_{n+1}^R=\boldsymbol{U}\boldsymbol{z}_1^R \tag{8-153}$$

代入上下游边界条件，即：$h_1^R=0$ 和 $q_{n+1}^L=0$，式（8-153）变为

$$u_{11}q_1^R=0 \tag{8-154}$$

注意，u_{11} 和 q_1^R 均为复变量。分别用上标 r 和 i 表示复变量的实部和虚部，如 $u_{11}=u_{11}^r+ju_{11}^i$，并简化，式（8-154）可写成如下形式：

$$(u_{11}^r q_1^{rR}-u_{11}^i q_1^{iR})+j(u_{11}^i q_1^{rR}+u_{11}^r q_1^{iR})=0 \tag{8-155}$$

某个复数为 0 时，则它的实部和虚部都必为 0。于是

$$u_{11}^r q_1^{rR}-u_{11}^i q_1^{iR}=0 \tag{8-156}$$

$$u_{11}^i q_1^{rR}+u_{11}^r q_1^{iR}=0 \tag{8-157}$$

对于式（8-156）和式（8-157）的非平凡解，应有

$$\begin{vmatrix} u_{11}^r & -u_{11}^i \\ u_{11}^i & u_{11}^r \end{vmatrix}=0 \tag{8-158}$$

简化后可得

$$(u_{11}^r)^2+(u_{11}^i)^2=0 \tag{8-159}$$

当且仅当以下两个条件满足时，式（8-159）才成立：

$$u_{11}^r=0 \tag{8-160}$$

及

$$u_{11}^i=0 \tag{8-161}$$

利用牛顿-拉弗森（McCracken 和 Dorn，1964）求解式（8-160）和式（8-161），即可确定 σ 和 ω 值。如果 σ_k 和 ω_k 是第 k 次迭代后的值，那么式（8-160）和式（8-161）更好的近似解 σ_{k+1} 和 ω_{k+1} 为

$$\sigma_{k+1}=\sigma_k-\frac{u_{11}^r\dfrac{\partial u_{11}^i}{\partial\omega}-u_{11}^i\dfrac{\partial u_{11}^r}{\partial\omega}}{\dfrac{\partial u_{11}^r}{\partial\sigma}\dfrac{\partial u_{11}^i}{\partial\omega}-\dfrac{\partial u_{11}^r}{\partial\omega}\dfrac{\partial u_{11}^i}{\partial\sigma}} \tag{8-162}$$

$$\omega_{k+1}=\omega_k-\frac{u_{11}^r\dfrac{\partial u_{11}^i}{\partial\sigma}-u_{11}^i\dfrac{\partial u_{11}^r}{\partial\sigma}}{\dfrac{\partial u_{11}^r}{\partial\omega}\dfrac{\partial u_{11}^i}{\partial\sigma}-\dfrac{\partial u_{11}^r}{\partial\sigma}\dfrac{\partial u_{11}^i}{\partial\omega}} \tag{8-163}$$

在式（8-162）和式（8-163）中，u_{11}^r、u_{11}^i 及它们的偏导数可由 σ_k 和 ω_k 计算得出。如果 $|\sigma_{k+1}-\sigma_k|$ 和 $|\omega_{k+1}-\omega_k|$ 小于一个给定的误差允许值，则 σ_{k+1} 和 ω_{k+1} 即为式（8-160）和式（8-161）的解；否则，假定 σ_k 和 ω_k 分别等于 σ_{k+1} 和 ω_{k+1}，并重复这一步骤，直到 σ 和 ω 的两个相继值之差小于给定的误差允许值为止。

该方法是通用的，且不局限于简单的、无摩阻的系统。同样需要注意，中间状态向量通过传递矩阵的相乘而被消去，只有一个二阶行列式需要求解，与

之相比，Zielke 和 Roesl（1971）提出的方法需要求解一个 $n\times n$ 的行列式（n 值取决于系统中管道和附件的数量）。

对于无摩阻系统，由于 u 仅为 ω 的函数，上述计算过程可以大大的简化。在上游端是恒定水头水库、下游端是振荡阀的无摩阻系统中，在以基本频率或高次奇数谐波频率共振的过程中，阀门处的流量波动幅值为 0。该现象是由 Camichel（1919）观察到的，并由 Jaeger（1948，1963）证实。Wylie（1965a，1983）给出了若干串联、并联及分岔系统（具有孔口或振荡阀的支管的分岔系统除外）的频率响应图，Chaudhry（1970，1970a）验证了这一结果。简单无摩阻系统共振频率的表达式，以及简单或复杂系统共振频率的数值解可利用如下结果来确定。

令 $\boldsymbol{U}$ 为上游端（断面 1）恒定水头水库，下游端（断面 $n+1$）振荡阀系统的总体传递矩阵，即

$$\boldsymbol{z}_{n+1}^{L}=\boldsymbol{U}\boldsymbol{z}_{1}^{R} \tag{8-164}$$

展开式（8-164），并注意到在共振频率下，$h_1^R=0$（恒定水头水库），$q_{n+1}^L=0$（流量节点），可得

$$u_{11}q_1^R=0 \tag{8-165}$$

其中 u_{11} 是矩阵 $\boldsymbol{U}$ 第一行第一列的元素。对于非平凡解，$q_1^R\neq0$，所以

$$u_{11}=0 \tag{8-166}$$

求解式（8-166）可以确定共振频率。为此，用不同的 ω 来计算 u_{11}，并绘制 $u_{11}-\omega$ 曲线。如果选取的 ω 的值等于一个共振频率，则 $u_{11}=0$。通常情况下，ω 的第一个试算值不会等于共振频率，u_{11} 的结果数值称为残差。$u_{11}-\omega$ 曲线与 ω 轴的交点就是共振频率。

8.10.1 正常振型

正如之前讨论的，系统按照各个固定频率对应的振型振动。固有频率的实部 σ 和虚部 ω 一旦被确定，就很容易确定此频率对应的正常振型。

再次以上游端为恒定水头水库、下游端封闭的串联管道系统为例，说明计算正常振型的方法。

展开式（8-14）中的第一个方程并将 $h_1^R=0$ 代入，得到

$$\left.\begin{aligned}q_2^L&=f_{11}q_1^R\\h_2^L&=f_{21}q_1^R\end{aligned}\right\} \tag{8-167}$$

如果任意地假定 $q_1^R=1$，则根据式（8-167）可以确定 q_2^L 和 h_2^L。然后连续使

用式（8－14），就能确定沿整个管道长度的 q 和 h。任何位置的振荡幅值等于复变量 q 和 h 的绝对值。

【例 8－3】 推导图 8－19 所示系统的基本频率和高次奇数谐波频率的表达式。假设此系统无摩阻。

解：对于图 8－19 所示的串联系统：

$$\boldsymbol{U}=\boldsymbol{F}_2\boldsymbol{P}_2\boldsymbol{F}_1$$

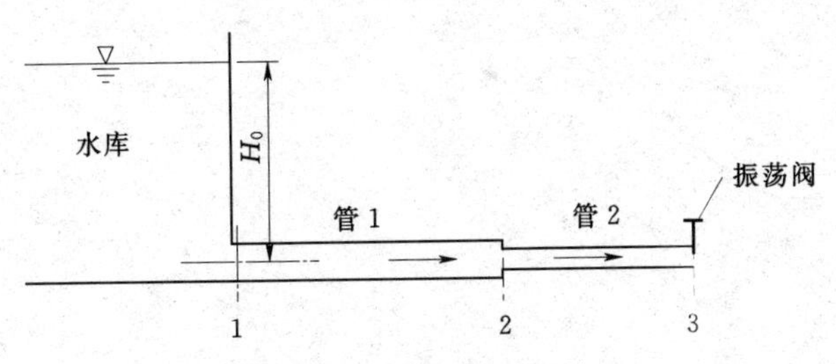

图 8－19 串联管道系统

用式（8－37）计算 $\boldsymbol{F}_2$ 和 $\boldsymbol{F}_1$、式（8－58）计算 $\boldsymbol{P}_2$，代入上式进行矩阵相乘，并利用式（8－166），可得：

$$\cos b_1\omega\cos b_2\omega-\frac{a_1}{a_2}\left(\frac{D_2}{D_1}\right)^2\sin b_1\omega\sin b_2\omega=0 \tag{8-168}$$

式中：b_1 和 b_2 分别为对应管道 1、管道 2 的常数，在式（8－37）中有定义。

【例 8－4】 确定图 8－20 所示的 Toulouse 管线的基本频率和高次奇数谐波频率。

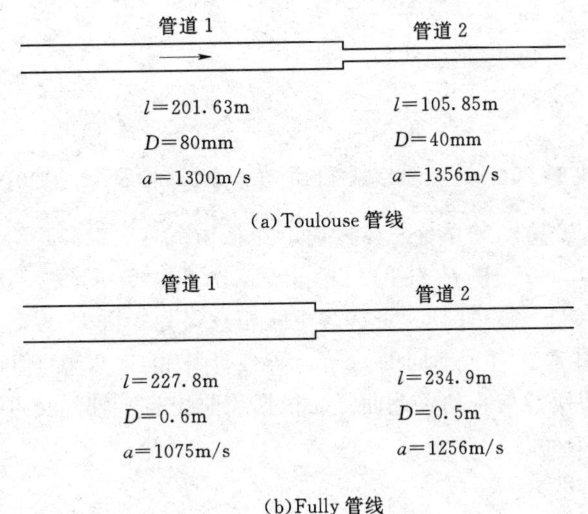

图 8－20（一） 管线纵剖面图（选自 Camichel 等，1919）

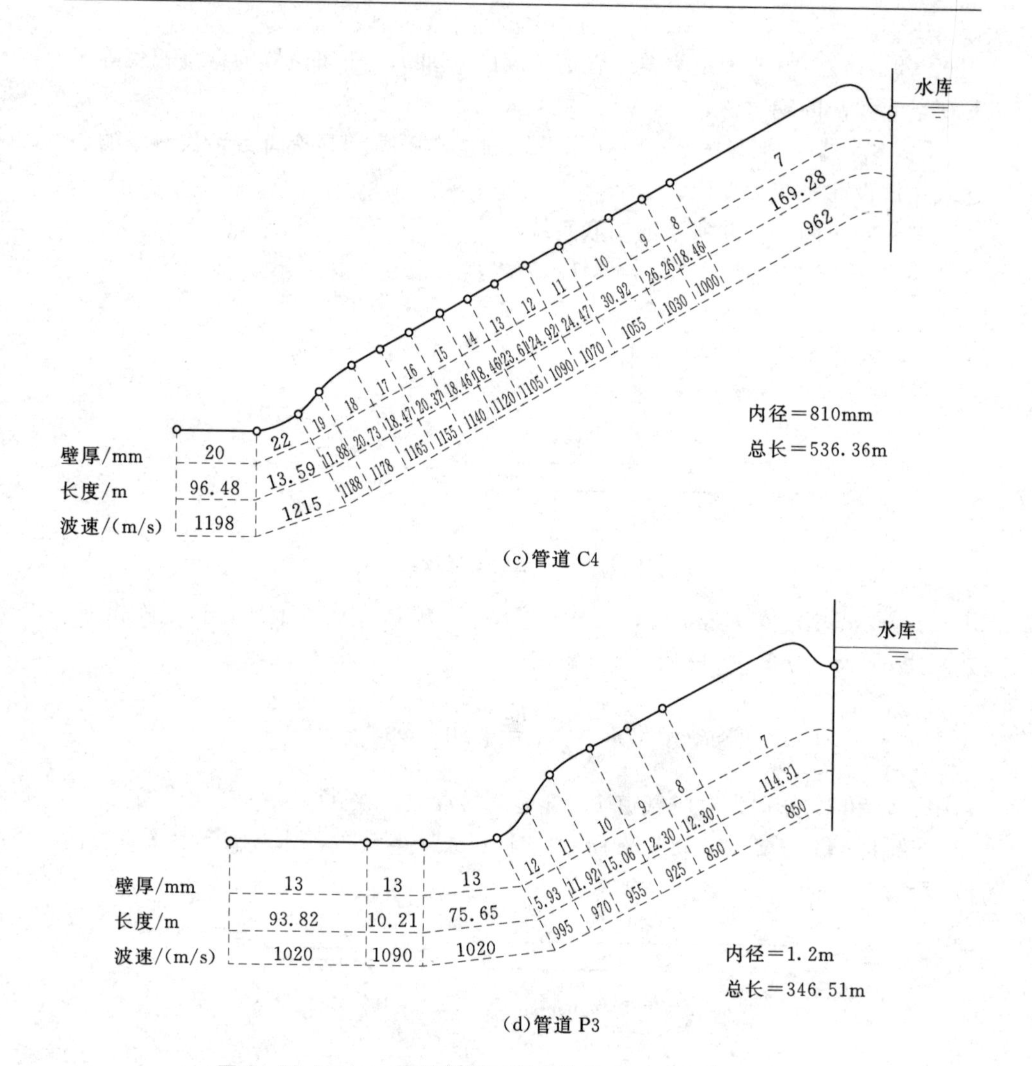

(c)管道C4

(d)管道P3

图8-20（二） 管线纵剖面图（选自Camichel等，1919）

解： 图8-20所示的系统总体传递矩阵$\boldsymbol{U}$由式（8-167）给定。对于选取的ω值，矩阵$\boldsymbol{F}_2$、$\boldsymbol{P}_2$和$\boldsymbol{F}_1$中的元素可根据图8-20所示的系统尺寸，由式（8-37）和式（8-58）计算。将这些矩阵相乘得到矩阵$\boldsymbol{U}$的元素。如之前所讨论，u_{11}值为残差。对于不同的ω值，可以计算相应残差的值，并可绘制如图8-21所示的残差与ω的关系曲线。根据该曲线与ω轴的交点可以得到如下的频率（单位：rad/s）：

基本频率：8.863；

三次谐波：20.14；

五次谐波：31.6。

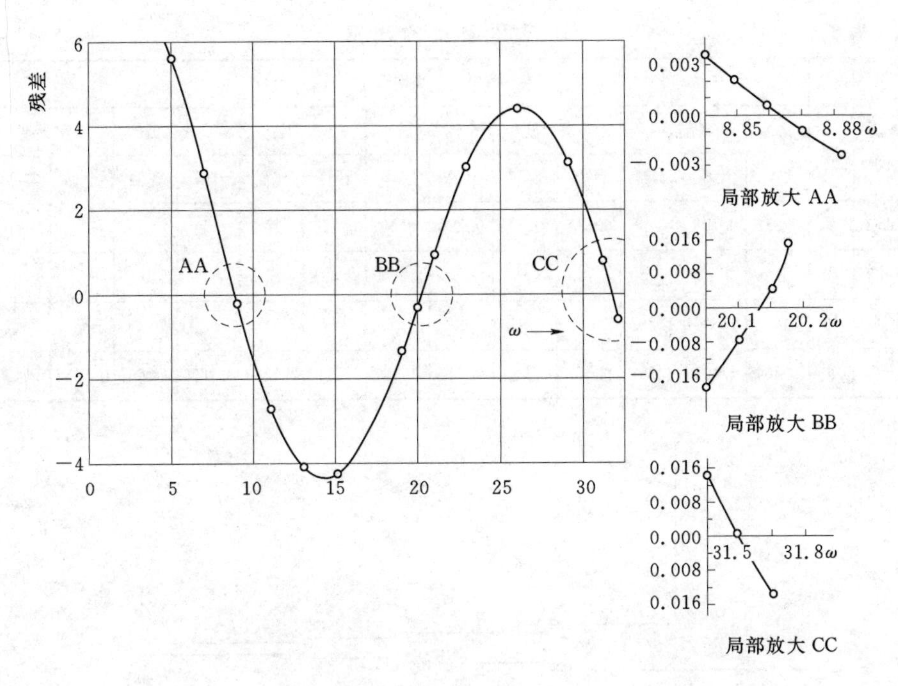

图 8-21 Toulouse 管线的残差与 ω 的关系曲线图

8.11 传递矩阵法的验证

为了证明传递矩阵法的正确性，将该方法的计算结果与实验结果，以及与特征线法、能量原理的计算结果对比。

8.11.1 实验结果

除了 Camichel 等（1919）报道的实验室和现场实验结果外，文献资料中很少有关于管道共振特性的实验结果。在 Camichel 等人报道的实验中，串联管道的共振由安装在管线下游端的旋转开关所形成。每个系统的上游端都是恒定水头水库。这些系统的数据标注在图 8-20 中。

表 8-2 列出了由实验方法和前一节的方法得到的基波和高次谐波的周期。可见实验值和传递矩阵法的计算值很一致。

8.11.2 特征线法

利用传递矩阵法和特征线法分析了一系列串联系统、并联系统，以及具有各种支管边界条件的分岔系统。四个系统的数据和频率响应图见图 8-22～图 8-25。

表 8-2　　计算和测量的周期

系统	管道数	周期/s												
		理论周期	基波		3次谐波		5次谐波		7次谐波		9次谐波		11次谐波	
			计算	实测	计算	实测	计算	实测	计算	实测	计算	实测	计算	实测
Toulouse	2	0.932	0.708	0.69	0.311	0.31	0.198	0.19						
Fully	2	15.96	13.719	13.50										
C4	15	2.008	1.887	1.882										
F3	9	1.464	1.405	1.368	0.502	0.505	0.296	0.310	0.2117	0.2150	0.1650	0.1667	0.1338	0.1420

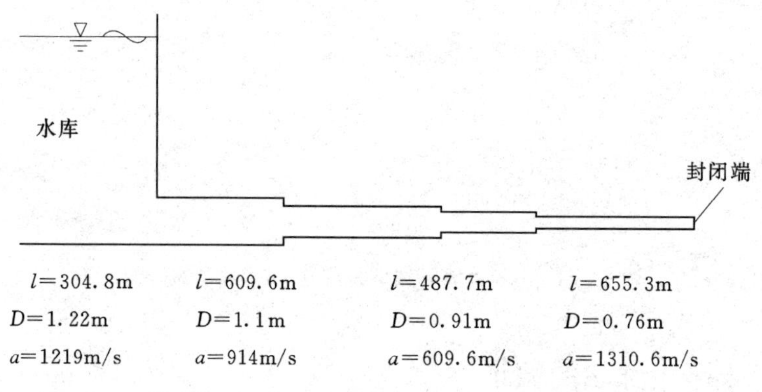

(a)管道系统

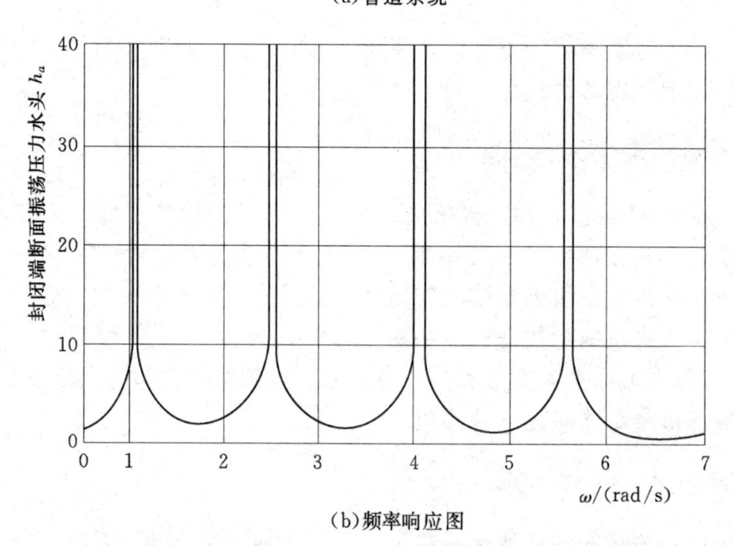

(b)频率响应图

图 8-22　具有封闭端的串联管道系统的频率响应

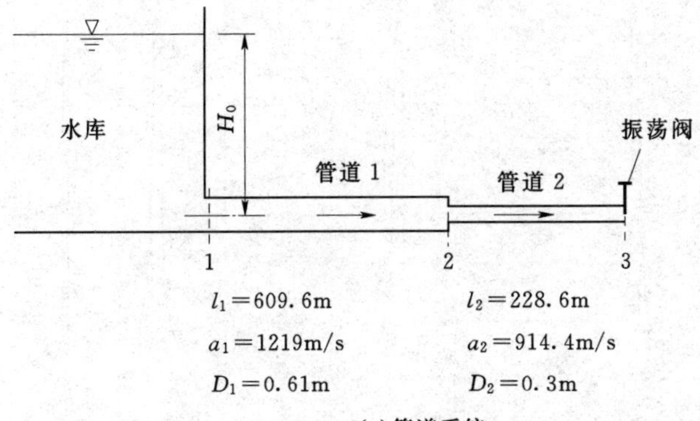

(a)管道系统

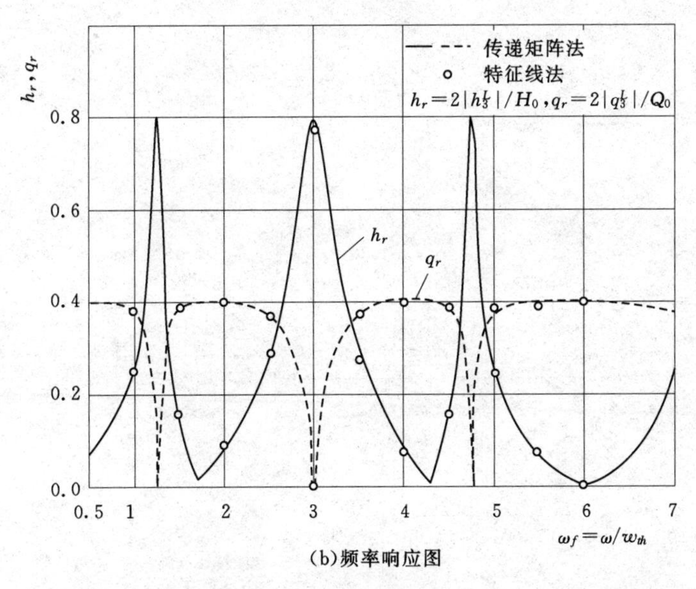

(b)频率响应图

图 8-23 串联管道系统的频率响应

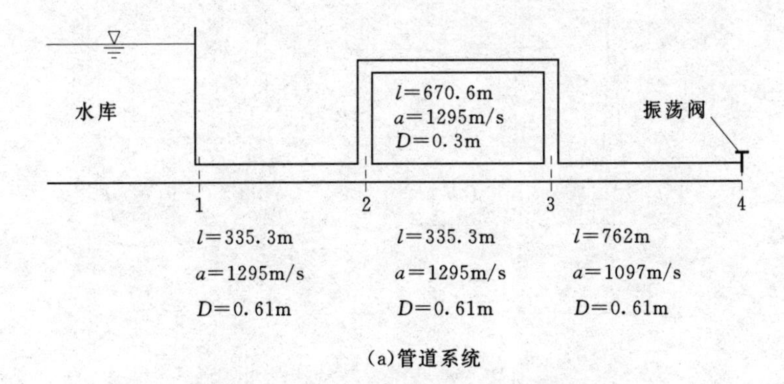

(a)管道系统

图 8-24 (一) 并联管道系统的频率响应

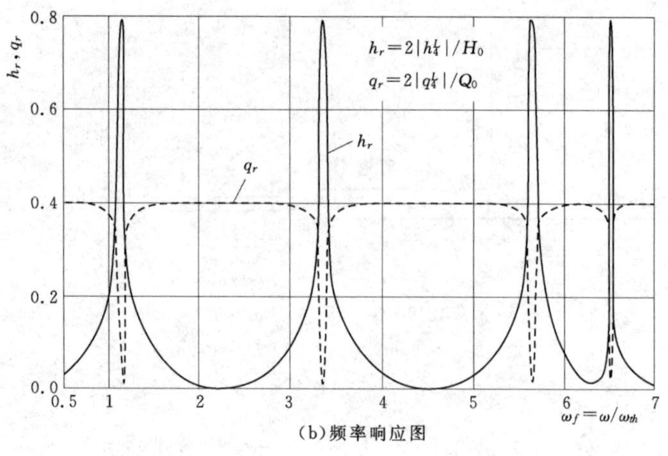

(b)频率响应图

图8-24(二) 并联管道系统的频率响应

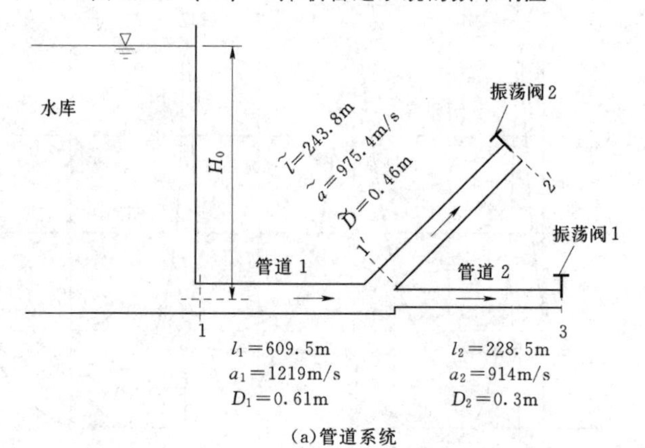

(a)管道系统

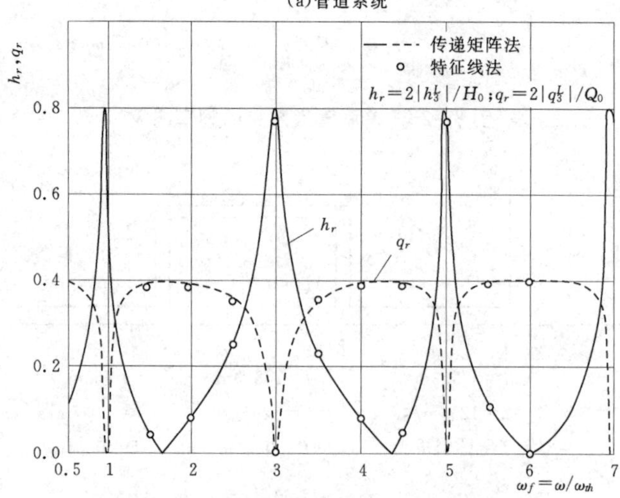

(b)频率响应图(阀门1和阀门2同相位)

图8-25 支管上装有振荡阀的分岔系统的频率响应

频率响应图以无量纲形式绘制。频率比 ω_r 定义为 ω/ω_{th}，压力水头比 h_r 定义为 $2\mid h_{n+1}^L\mid/H_0$，流量比 q_r 定义为 $2\mid q_{n+1}^L\mid/Q_0$。用特征线法求得的 h_r 和 q_r 是从最小值到最大值的摆动幅度值。强迫函数的频率由 ω 给定。

除了图 8-22 所示的封闭端串联管系统外，振荡阀在其他系统中都是外部激励。在封闭端串联管系统中，上游端波动压力水头是外部激励。振荡阀开度呈正弦变化，且 $\tau_0=1.0$、$k=0.2$。图 8-22 中的波动压力水头也呈正弦变化($K=1.0$)。在图 8-25 所示的分岔系统中，$\tau_0=1.0$、$k=0.2$。

考虑摩阻损失时，利用特征线法对不同系统分析得到的结果表明：压力水头的正向摆动幅值大于负向摆动幅值，而流量的负向摆动幅值大于正向摆动幅值。原因在于控制微分方程中的非线性摩阻项。但是，在传递矩阵法中，正向摆动和负向摆动的幅度是相等的，因为该方法假定方程存在正弦解，且方程是线性化的。

为了检查不同参数间的相位角，采用特征线法计算阀门处的振荡流量和振荡压力水头。绘制的 q_r^*-t、h_r^*-t 和 τ^*-t 的曲线如图 8-26 所示。图中 $h_r^*=h^*/H_0$ 且 $q_r^*=q^*/Q_0$。利用传递矩阵法和特征线法确定的相位角列于表8-3。可以看出两种方法的结果非常接近。

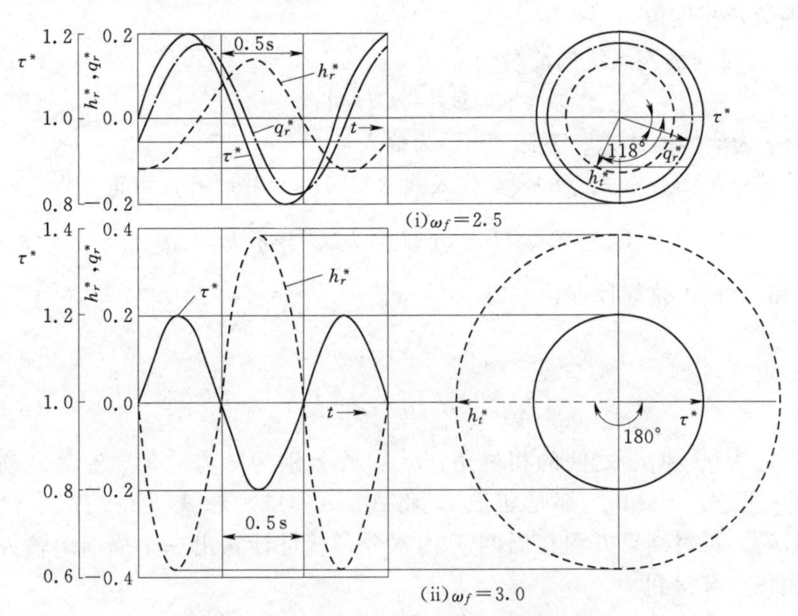

图 8-26 h_r^*、q_r^* 和 τ^* 随时间变化的过程线

表8-3 相位角

系统类型	频率比 ω_r	相位角 ϕ/(°)			
		h 与 τ^*		q 与 τ^*	
		传递矩阵法	特征线法	传递矩阵法	特征线法
串联管［图8-23（a）］	2.5	−110.99	−110.50	−20.99	−20.5
	3.0	−180.01	−180.00	−270.01	
分岔管［图8-17（a），封闭端支管］	2.5	−117.90	−119.00	−27.90	−29.50
	3.0	−180.01	−180.00	−270.01	
分岔管［图8-25（a），振荡阀支管］	2.5	−117.13	−118.00	−18.17	−18.00
	3.0	−180.01	−180.00	−270.01	

8.11.3 能量原理

管道系统稳定振荡流动中，在一个周期内输入的能量等于输出的能量加系统的损失。如果系统的损失忽略不计，则一个周期内输入的能量就等于输出的能量。下面将用该结论来验证传递矩阵法数值解得出的振荡压力水头和振荡流量的振幅及相位角。

Δt 时段内输入系统的能量为

$$E_{in}=\gamma QH\Delta t \tag{8-169}$$

式中：γ 为流体的比重；下标“in”为输入量。

将式（8-1）和式（8-2）代入式（8-169）并展开，可得

$$E_{in}=\gamma(Q_0H_0+q_{in}^*H_0+h_{in}^*Q_0+q_{in}^*h_{in}^*)\Delta t \tag{8-170}$$

令 q_{in}^* 和 h_{in}^* 按正弦规律变化，即

$$h_{in}^*=h'_{in}\cos\omega t \tag{8-171}$$

$$q_{in}^*=q'_{in}\cos(\omega t-\phi_{in}) \tag{8-172}$$

式中：ϕ_{in} 为 q_{in}^* 和 h_{in}^* 之间的相位角；h'_{in}、q'_{in} 分别为压力波动、流量波动的振幅。（注意，h'_{in} 和 q'_{in} 都是实数）。将式（8-17）和式（8-172）代入式（8-170），再对结果方程在周期 T 内积分，就可计算出一个周期内输入的能量。由该步骤得到

$$E_{in}=\gamma Q_0H_0T+\gamma q'_{in}h'_{in}\int_0^T\cos\omega t\cos(\omega t-\phi_{in})\mathrm{d}t \tag{8-173}$$

对于上游端水库水位恒定，$h'_{in}=0$，所以方程8-173变为

$$E_{in}=\gamma Q_0H_0T \tag{8-174}$$

采用类似的方法，有

$$E_{out} = \gamma Q_0 H_0 T + \gamma q'_{out} h'_{out} \int_0^T \cos\omega t \cos(\omega t - \phi_{out}) \mathrm{d}t \qquad (8-175)$$

式中：下标“out”为输出量。

如果忽略系统的损失，就有 $E_{in} = E_{out}$。因此，由式（8-174）和式（8-175）可得

$$\int_0^T \cos\omega t \cos(\omega t - \phi_{out}) \mathrm{d}t = 0 \qquad (8-176)$$

由此得出

$$\phi_{out} = 90° \qquad (8-177)$$

Chaudhry（1970）分析过的所有系统，ϕ_{out} 都为 90°。唯一的例外是支管上装有孔口或振荡阀的分岔系统。式（8-176）和式（8-177）不适用于这种例外，因为有 1 以上能量输出的位置（参见习题 8-6）。

8.12 变特性管道

对于上游端恒定水头水库、下游端振荡阀且具有线性变化特性（即断面积 A 和波速 a 沿管线线性变化）的管道系统（图 8-27），其共振特性可采用传递矩阵法来研究，频率响应可直接利用方程（8-48）给出的场矩阵来确定。另外一种方法是，用特性台阶变化的管道来代替实际管道，如图 8-27（a）所示，再第 8.7 节给出的表达式用来确定频率响应。为了计算 ω，可采用如下方程计算其理论周期：

$$T_{th} = \frac{4l}{a_m} \qquad (8-178)$$

式中：a_m 为管道中间处的波速；l 为管道的长度。这实际管道和等价代替管道情况下的结果均在图 8-27（b）中给出。

图 8-27（a）所示的系统的共振频率，先按实际变径管计算，再用替代管［图 8-27（a）中的虚线］计算，最后用如下针对特性线性变化管道的共振频率表达式来确定（Favre，1942）：

$$\tan \frac{\omega l}{a_m} = -\frac{\omega l}{a_m \sigma} \qquad (8-179)$$

其中，$\sigma = (1+\psi/2)[\mu(1+\psi/2)+\psi]$；$\psi = (a_o - a_m)/a_m$；$\mu = (D_A - D_o)/D_o$；下标 o、m 及 A 分别表示阀门、管道中间和水库端各处的值。计算结果列于表 8-4。直至五次谐波，各结果之间吻合得很好。通过增加管道分段的数量可以较精确地预测更高次谐波的共振频率。

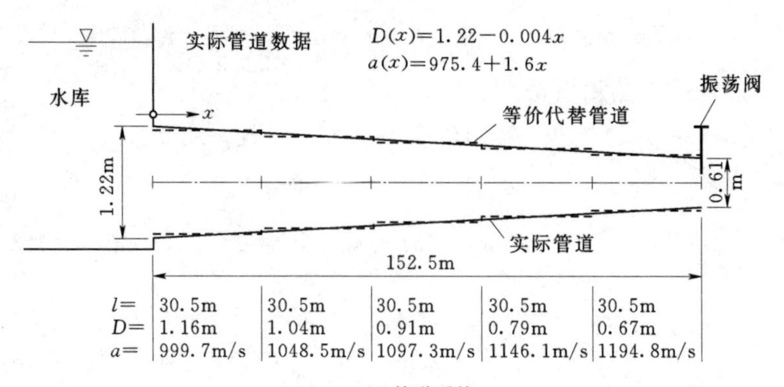

(a)管道系统

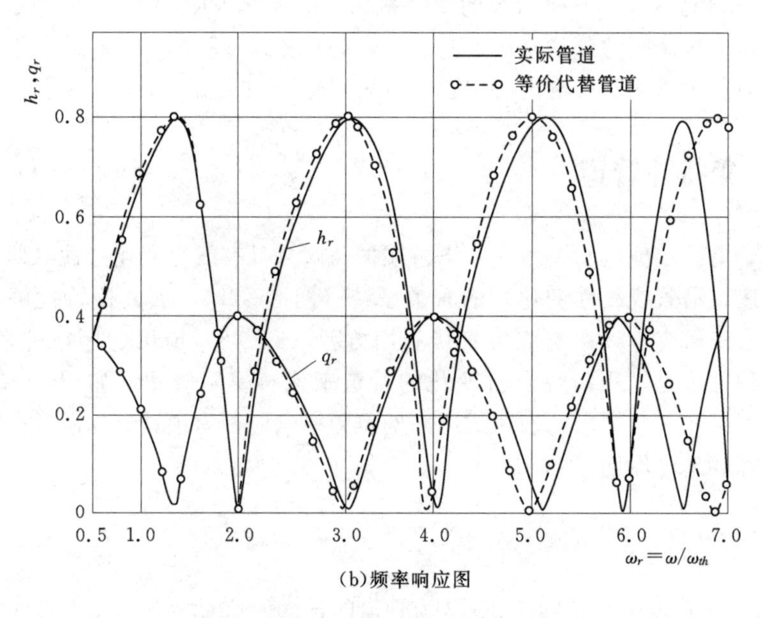

(b)频率响应图

图 8-27 管道特性变化的系统的频率响应

表 8-4 共振频率

模态	共振频率/(rad/s)		
	Favre 表达式	传递矩阵法	
		实际管道	代替管道
基本频率	15.127	15.075	14.905
3 次频率	35.683	35.702	35.001
5 次频率	57.647	57.856	56.375
7 次频率	79.963	74.130	77.749

8.13 人类心血管系统狭窄

正常心血管系统内的流动是周期性的。血管狭窄（部分堵塞）改变着流场，也改变着频率响应。因此，心血管系统频率响应变化的结果可用来评定狭窄的功能性严重程度，即，狭窄是否严重影响了血液流动及是否需要治疗。

如果血管的尺寸为100μm或者更大，则血液流动可视为牛顿流体的流动(OHesen等，2004)。斑块堆积阻塞动脉血管（图8-28，彩图见书后附图），可能使血液流动完全停止，导致心脏病发作。为了张开部分堵塞的血管，血管成形术及放置支架已经成为常规的手术。目前的临床实践中：如果堵塞小于50%（基于直径）就不用做手术；当堵塞大于75%，就需要采用充气加压的方式将血管张开，之后在堵塞处放置支架；但是，堵塞在50%～75%之间时(称为中度狭窄)，是否放置支架并不明确。在这种情况下，堵塞处的近端和远端的压力（在图8-29中分别用P_p和P_d表示），可以凭借狭窄处旁通压力导线来量测，远端压力P_d和近端压力P_p的比值，称为血流储备分数（FFR）

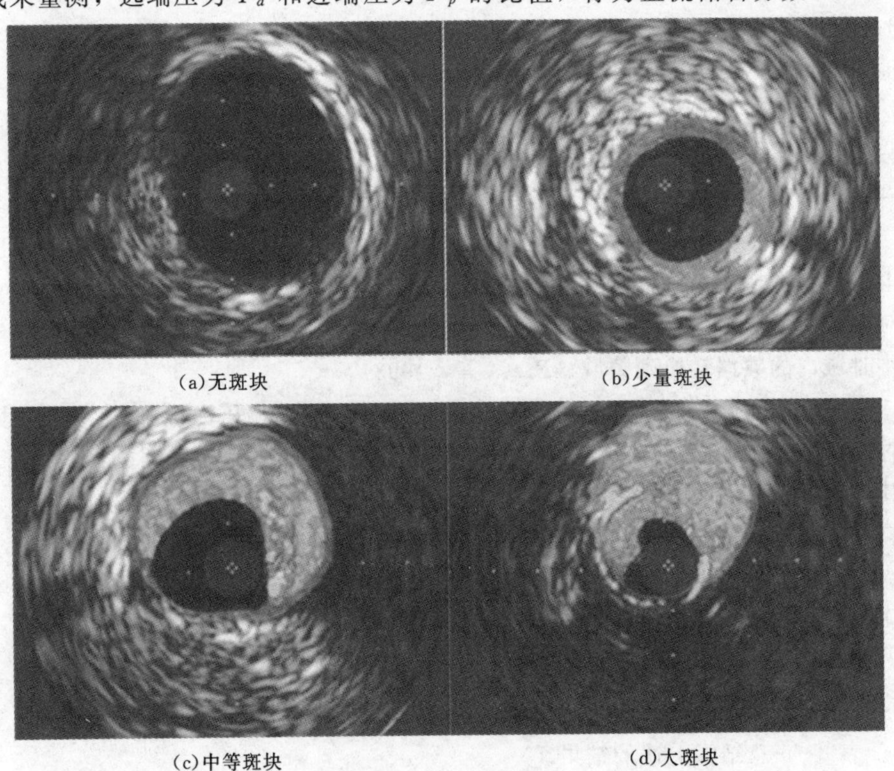

图8-28 冠状动脉内血管内不同程度斑块的超声图像

也可计算得出。如果 FFR 小于 0.75，则堵塞处需要用气压张开且放置支架。由于采用狭窄处旁通压力导线会导致严重的并发症，所以支架放置的决策标准若能仅依据近端压力来确定，将非常有用的。如下将频率分析用于血管狭窄的尝试还处在早期阶段。在此给出初步研究结果，以展示该方法的应用。

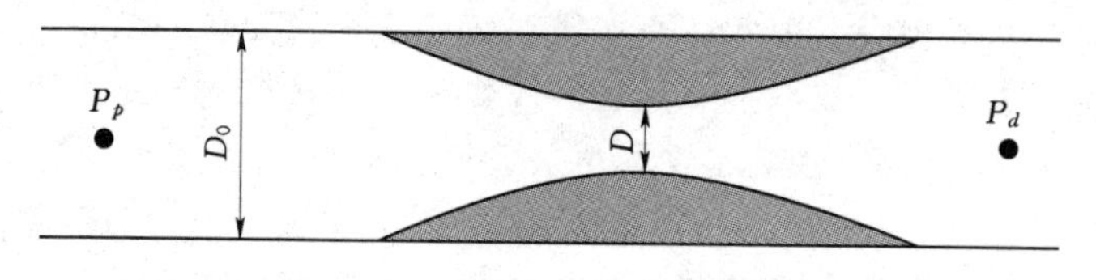

图 8-29 狭窄示意图

管道系统的瞬变流可利用频率响应法进行分析。Mohapatra 等（2006）应用此方法来探究血管系统中的局部堵塞。在此将应用该方法对比有狭窄和无狭窄的血管系统。

血管系统有狭窄（三组）和无狭窄（三组）的人群，其近端压力被采集。为了便于表述，每组数据标示为 S-1、S-2 和 S-3、NS-1、NS-2 和 NS-3，在此 S 表示狭窄、NS 表示无狭窄。NS-3 改编自 Reczuch 等（2002），其他的改编自 Moloo（2002）。所有数据的时间标度都已遗失，故由脉搏速率来估计。尽管每组数据中近端压力和远端压力都可利用，但此处为了节省篇幅，只使用近端值。需要特别注意的是，S-1 和 NS-1、S-2 和 NS-2 分别取自有狭窄和无狭窄的相同人群，而 S-3 和 NS-3 取自不同人群。

采用数字化踪迹的方式从采集到的每组数据中读取离散值。在所有的情况中，为了保持使用该方法的一致性，仅计入包含 64 个等间距点的 8 个峰值。对于狭窄情况，腺苷处置之后的压力被计入。利用离散的快速傅里叶变换算法将时域内的数据转换到频域（Press 等，1993）。

图 8-30（a）以时域形式给出了第一个病人的近端压力记录（左侧），同时以频域形式给出了频率响应图（右侧）。频率响应图以无量纲的形式表示，其横坐标表示无量纲频率，$\omega_r=\omega/\omega_c$，其中 ω 是频率（rad/s），$\omega_c=2\pi/T_c$，$T_c=60/72\text{s}$，指的是脉搏为 72 次/分钟正常人的脉搏峰值间的时间周期。频率响应图的纵坐标表示无量纲形式的压力波动振幅，$h_r=h/h_c$，其中 h 是压力波动的振幅，单位为 mm 水银柱，且 $h_c=120\text{mm}$ 水银柱，表示正常条件下的压力。图 8-30（b）是相应的病人无狭窄时的数据。需要注意，对应于 0 频率的波动被忽略。频率图有 3 个突出的峰值，且在较高频率时压力峰值逐渐减至 0。表 8-5 总结了上述的结果。

血流储备分数（FFR）（即平均远端压力和平均近端压力的比值）广泛应用当前的临床实践，用以评定狭窄的严重程度。S-1 表示与 FFR=0.69 相

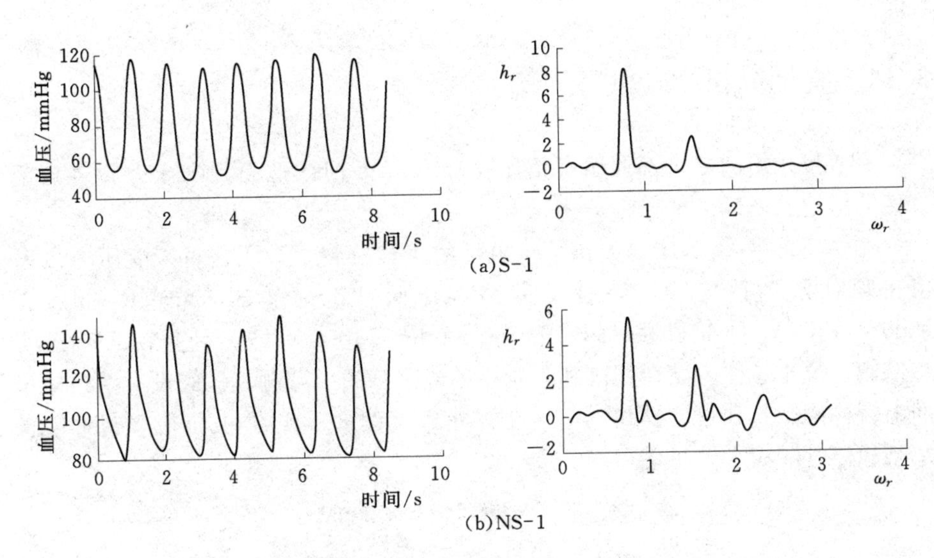

(a)S-1

(b)NS-1

图 8-30 有狭窄和无狭窄的近端压力

应的冠状动脉左回旋支近端70%复合损伤。S-2和S-3的FFR分别为0.59、0.55。新的指标，$I=P_1P_3/P_2^2$，被推荐用于评价血管狭窄的功能性严重程度，其中P_1、P_2和P_3是近端压力的频率响应图中的三个峰值。从表8-5可以看出，$I\geqslant 0.7$表示血管狭窄功能性不严重。类似地，$I\leqslant 0.6$表明血管狭窄功能性很严重。可以假定指标参数I在两者之间时，表示血管狭窄功能性不太严重。

从表8-5可以清楚地知道，推荐方法（指标I）的结果与血流储备分数(FFR)的结果类似。但需要注意，推荐方法处在初步的阶段，且此处提出的评价标准需要采集大量病人的数据做进一步的验证。

表 8-5 指标参数 *I* 与血流储备分数

数据组	P_1	P_2	P_3	$I=P_1P_3/P_2^2$	FFR
无狭窄 NS-1	5.6	2.9	1.2	0.80	1.00
无狭窄 NS-2	2.8	1.1	0.3	0.69	0.96
无狭窄 NS-3	6.0	2.1	0.6	0.82	1.00
有狭窄 S-1	6.9	3.4	0.9	0.54	0.69
有狭窄 S-2	2.9	1.2	0.2	0.40	0.59
有狭窄 S-3	3.9	1.8	0.3	0.37	0.55

在这些图像中，计算机辅助识别斑块的组成类型，钙化以淡蓝色显示，硬斑块以红色显示，软斑块以绿色显示；在黑白图像中，斑块以不同程度的灰色显示（科罗拉多大学J. Penn和J. Moloo提供）。

8.14 案例分析

本节将介绍加拿大不列颠哥伦比亚省 Jordan 河改造工程中压力管道共振事件的详情。

在第 3 章第 11 节中已给出了该电厂的工程资料。为了保持瞬变压力最大值在设计限制值之内，装备了旁路调压阀（Bypass Pressure Regulating Valve，PRV）。水轮机进口阀（Turbine Inlet Valve，TIV）为直径 2.74m 的旋塞阀，位于通往旁路调压阀和水轮机的分岔管的上游侧。该阀设有手动操作的上游检修密封和自动操作的下游工作密封（图 8－31）。上游检修密封用于小型检修时隔离水轮机进口阀。

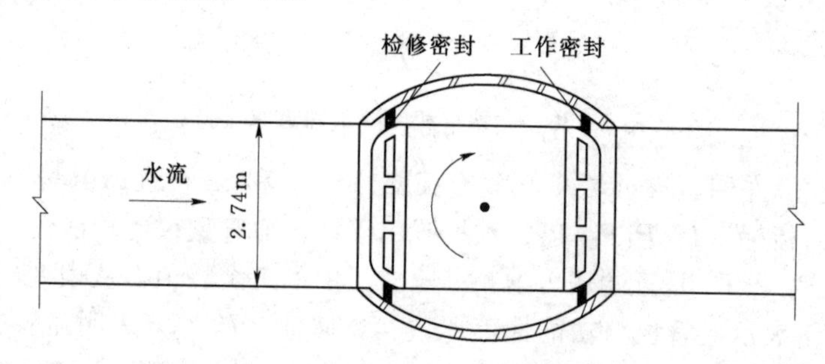

图 8－31 水轮机进口阀示意图

为了防止水轮机进口阀漏流引起共振，采用反共振装置（Antiresonance Device，ARD），当该装置被激活时，就会打开 0.2m 的旁通阀。正常情况下，机组停机水轮机进口阀完全关闭后此阀门就会关闭。但是，当水轮机进口阀处于关闭位置且压力管道内压超过限制值，发生共振时，旁通阀就会自动打开以消除共振。压力管道最大设计压力 373m 的标准是为激活反共振装置而选取的。在电站运行的最初几年，压力管道的压力超过了 373m 的限制（为机组关机和开启工况设定的反共振装置启动标准），反共振装置被激活了几次。一旦装置被激活，必须手动复位，之后机组才能开启。由于电厂在远程控制下运行，工作人员必须驱车 75km 才能到达现场，有多次在午夜后来复位该装置。现场工作人员认为该装置太麻烦，就将激活压力改为 430m。后来才知道，该装置被完全断开了一段时间。

1978 年 9 月，水轮机进口阀下游密封被损坏，通过阀门的漏流量明显增大。为了更换密封，水轮机必须停运几天。但冬季是负荷高峰期，这一工作并没有开展。

1979 年 1 月 5 日，机组在 12：16 关闭。在 13：00 左右，听到周期性的噪声。幸运的是，有一个工作人员当时在厂房里。在向现场工程师咨询后，手动投入上游密封，共振停止了。在共振过程中，压力波动的振幅大约为47m，其中最大和最小压力分别是385m和291m。中止之前，共振发生了大约15min。由于电厂记录仪的时间标度为16min/cm，所以振动的周期无法确定。

反共振装置的激活限制又设定为373m，并且修改了控制线路使得反共振装置在机组启动和关闭期间不运转。1979年3月20日，当机组在13：20关闭后共振再次发生。当时在电厂的工作人员讲述了共振发生过程，情况如下："水轮机进口阀和0.2m旁通阀关闭之后，水轮机进口阀下游密封漏水的噪声达到它的平常水平，但噪声是脉动性的而不是稳定的轰鸣。可看见水轮机进口阀操作柜上测量压力管道的压力表在振动，很大噪声的波动交替呈现但不是完整。振动周期开始增长，压力摆动的振幅开始增大。反共振装置（设定在373m）跳闸，0.2m旁通阀打开，然后压力摆动逐渐消失。"

8.15 本章小结

本章讨论了管道系统中的共振现象，给出了用来确定频率响应和共振频率的有效方法，并介绍了传递矩阵法的细节。与特征线法计算结果、实验室和原型装置的测量结果对比，验证了传递矩阵法计算结果。还给出了评定人类心血管系统狭窄的功能性严重性的初步研究结果。本章以一个案例分析结束。

习 题

8.1 证明：如果（$\omega l/a$）≤1，则系统可以作为集中系统进行分析。假设系统无摩阻。[提示：当（$\omega l/a$）≈0.01时，计算并对比集中系统场矩阵方程（8-38）的元素和分布式系统场矩阵方程（8-37）的元素]

8.2 推导位于第i条管道和第$i+1$条管道连接处孔口[图8-12（c）]的点矩阵。孔口的平均水头损失ΔH_0对应平均流量Q。

8.3 计算图8-22所示的管道系统在$\omega_r=2.0$下的场矩阵元素，并计算总体传递矩阵。

8.4 推导三条管道串联、上游端水库水位恒定、下游端为振荡阀的管道系统的节点和腹点的位置。假设该系统无摩阻。（提示：参照8.9节）

8.5 推导三条管道串联、上游端水库水位恒定、下游端为振荡阀、无摩阻管道系统的奇次谐波固有频率的表达式。

8.6 证明：对于支管上装有振荡阀或孔口的岔管系统，有：

$$h'_{out}q'_{out}\cos\phi_{out}+\tilde{h}'_{out}\tilde{q}'_{out}\cos\tilde{\phi}_{out}=0$$

式中：h'_{out}和q'_{out}分别为压力、流量波动的振幅；ϕ_{out}为压力水头和流量间的相位角。标有（～）符号的各变量表示支管，其他变量对应主管。（提示：$E_{in}=E_{out}+\tilde{E}_{out}$，采用其平均值和振动值代入 E_{in}、E_{out} 和 $\tilde{E}_{out}$ 的表达式，在周期 T 内积分，并简化结果方程。）

8.7 推导简单调压室和气室的点矩阵。

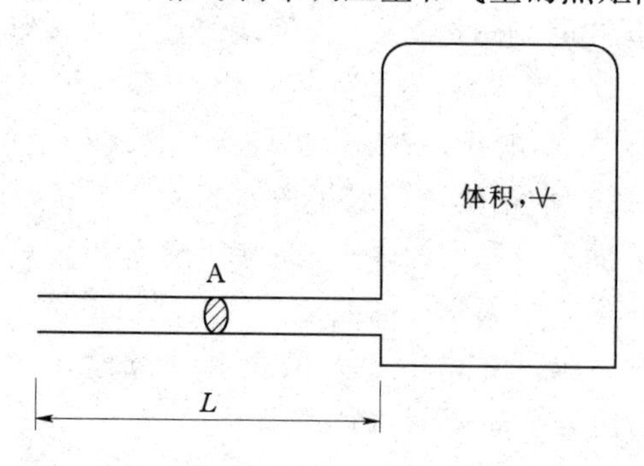

图 8-32 赫尔姆霍茨（Helmholtz）谐振器

8.8 推导图 8-32 所示的赫尔姆霍茨（Helmholtz）谐振器的点矩阵。

8.9 有时短的封闭管（称为调谐器）被连接到管道上来改变管道关于某特定频率的频率响应。请确定图 8-23 所示的，连接在串联系统管道1和管道2的节点上的调谐器的长度、直径和波速，使得管道系统在 $\omega_r=3.0$ 条件下不发生共振。（提示：任意选取调谐器的长度、直径和波速，把系统当做支管上具有封闭端的岔管系统来分析。如果在 $\omega_r=3.0$ 时发生共振，则改变调谐器的特性，重复以上的步骤，直到获得适当的调谐器。）

参 考 文 献

[1] Abbott, H. F., Gibson, W. L., and McCaig, I. W., 1963, "Measurements of Auto-Oscillations in a Hydroelectric Supply Tunnel and Penstock System," Trans., Amer. Soc. of Mech. Engrs., vol. 85, Dec., pp. 625-630.

[2] Allievi, L., 1925, Theory of Water Hammer (translated by E. E. Halmos), Riccardo Garoni, Rome, Italy.

[3] Bergeron, L., 1935, "Etude des variations de regime dans les conduits d'eau: Solution graphique generate," Revue hydraulique, vol. I, Paris, pp. 12-25.

[4] Blackwall, W. A., 1968, Mathematical Modelling of Physical Networks, Chapter 14, Macmillan Co., New York, NY.

[5] Camichel, C., Eydoux, D. and Gariel, M., 1919, "Etude Theorique et Experimentale des Coups de Belier," Dunod, Paris, France.

[6] Chaudhry, M. H., 1970, "Resonance in Pressurized Piping Systems," thesis presented to the University of British Columbia, Vancouver, British Columbia, Canada, in partial fulfillment of the requirements for the degree of doctor of philosophy.

[7] Chaudhry, M. H., 1970-a, "Resonance in Pressurized Piping Systems," Jour., Hydraulics Div., Amer. Soc. of Civil Engrs., vol. 96, Sept., pp. 1819-1839.

[8] Chaudhry, M. H., 1970-b, "Resonance in Pipe Systems," Water Power, London, UK, July/August, pp. 241-245.

[9] Chaudhry, M. H. , 1972, "Resonance in Pipes Having Variable Characteristics," Jour. , Hydraulics Div. , Amer. Soc. of Civil Engrs. , vol. 98, Feb. , pp. 325 - 333.

[10] Chaudhry, M. H. , 1972 - a, Closure of Chaudhry [1970 - a] Jour. , Hydraulics Div. , Amer. Soc. of Civ. Engrs. , April, pp. 704 - 707.

[11] Den Hartog, J. P. , 1929, "Mechanical Vibrations in Penstocks of Hydraulic Turbine Installations," Trans. , Amer. Soc. of Mech. Engrs. , vol. 51, pp. 101 - 110.

[12] Fashbaugh, R. H. and Streeter, V. L. , 1965, "Resonance in Liquid Rocket Engine System," Jour. , Basic Engineering, Amer. Soc. of Mech. Engrs. , vol. 87, Dec. , p. 1011.

[13] Favre, H. , 1942, "La Resonance des Conduites it Charactenstiques Lineairement Variables," Bulletin Technique de la Suisse Romande, vol. 68, No. 5, Mar. , pp. 49 -54. (Translated into English by Sinclair, D. A. , "Resonance of Pipes with Linearly Variable Characteristics," Tech. Translation 1511, National Research Council of Canada, Ottawa, Canada 1972.)

[14] Hovanessian, S. A. and Pipes, L. A. , 1969, Digital Computer Methods in Engineering, Chapter 4, McGraw - Hill Book Co. , New York, NY.

[15] Jaeger, C. , 1948, "Water Hammer Effects in Power Conduits," Civil Engineering and Public Works Review, vol. 23, No. 500 - 503, London, England, Feb. - May.

[16] Jaeger, C. , "The Theory of Resonance in Hydropower Systems, Discussion of Incidents and Accidents Occuring in Pressure Systems," Jour. of Basic Engineering, Amer. Soc. of Mech. Engrs. , vol. 85, Dec. 1963, pp. 631 - 640.

[17] Jaeger, C. , 1977, Fluid Transienls in Hydroeleclric Engineering Practice, Blackie & Sons, Ltd. , London, UK. Lathi, B. P. , 1965, Signals, Systems and Communication, John Wiley & Sons, pp. 2, 13.

[18] McCracken, D. D. and Dorn, W. S. , 1964, Numerical Methods and FORTRAN Programming, John Wiley & Sons, New York, NY, p. 156.

[19] McCaig, I. W. and Gibson, W. L. , 1963, "Some Measurements of Auto - Oscillations Initiated by Valve Characteristics," Proceedings 10th General Assembly, International Association for Hydraulic Research, London, pp. 17 - 24.

[20] Mohapatra, P. K. , Chaudhry, M. H. , Kassem, A. A. and Moloo, J. , 2006, "Detection of Partial Blockage in Single Pipe Lines", Jour. of Hyd. Engrg. , Amer. Soc. Civil Engrs. , vol 132, no. 2, pp. 200 - 206.

[21] Molloy, C. T. , 1957, "Use of Four - Pole Parameters in Vibration Calculations," Jour. Acoustical Society of America, vol. 29, No. 7, July, pp. 842 - 853.

[22] Moloo, J. , 2002, Patient Data from the Palmetto Richland Heart Center, Personal communication.

[23] OHesen, J. T. , Olufsen, M. S. , and Larsen, J. K. , 2004, Applied Mathematical Models in Human Physiology, SIAM, Philadelphia, PA.

[24] Parmakian, J. , 1963, Water Hammer Analysis, Dover Publications, Inc. , New York, NY.

[25] Paynter, H. M. , 1953, "Surge and Water Hammer Problems," Trans. , A-

mer. Soc. of Civ. Engrs., vol. 118, pp. 962 - 1009.

[26] Pestel, E. C. and Lackie, F. A., 1963, Matrix Methods in Elastomechanics, McGraw-Hili Book Co., New York, NY.

[27] Press, W. H., Tenkolsky, S. A., Vellerling, W. T., and Flannery, B. P., 1993, Numerical Recipes in FORTRAN, 2nd ed, Cambridge University Press, Cambridge, UK, pp. 963.

[28] Reczuch, K., Ponikowski, P., Porada, A., Telichowski, A., Derkacz, A., Kaczmarek, A., Jankowska, E. and Banosiak, W., 2002, "The Usefulness of Fractional Flow Reserve in the Assessment of Intermediate Coronary Stenosis", Polish Heart Journal, vol. LVII, no. 7.

[29] Reed, M. B., 1955, Electrical Nerwork Synthesis, Chapter 2, Prentice - Hall, Englewood Cliffs, NJ.

[30] Rocard, Y., 1937, Les Phenomens d'Auto - Oscillation dans les Installations Hydrauliques, Paris, France.

[31] Saito, T., 1962, "Self - excited Vibrations of Hydraulic Control Valve Pipelines," Bull. Japan Soc. of Mech. Engrs., vol. 5, no. 19, pp. 437 - 443.

[32] Stary, H. C., 1999, Atlas of Atherosclerosis, Progression and Regression, The Parthenon Publishing Group, New York, NY.

[33] Thomson, W. T., 1965, Vibration Theory and Applications, Prentice - Hall, Inc., Englewood Cliffs, NJ, p. 5.

[34] Waller, E. J., 1958, "Prediction of Pressure Surges in Pipelines by Theoretical and Experimental Methods," Publication No. 101, Oklahoma State University, Stillwater, Oklahoma, June.

[35] Wylie, C. R., 1965, Advanced Engineering Mathematics, Third Ed., McGraw - Hili Book Co., New York, NY, p. 145.

[36] Wylie, E. B., 1965 - a, "Resonance in Pressurized Piping Systems," Jour. Basic Engineering, Amer. Soc. of Mech. Engrs., vol. 87, No. 4, Dec., pp. 960 - 966.

[37] Wylie, E. B. and Streeter, V. L., 1983, Fluid Transienls, FEB Press, Ann Arbor, Mich.

[38] Zielke, W. and R¨osl, G., 1971, Discussion of Chaudhry [1970], Jour., Hydraulics Div., Amer. Soc. of Civ. Engrs., July: pp. 1141 - 1146.

附加参考文献

[1] Blade, R. J. and Goodykootz, J., 1962, "Study of Sinusoidally Perturbed Flow in a Line Including a 90 Elbow with Flexible Supports," Report No. TN - D - 1216, NASA.

[2] Chaudhry, M. H., 1970, Discussion of paper by Holley, E. R. [1969], Jan. 1970, pp. 294 - 296.

[3] Deriaz, P., 1960, "Contributions to the Understanding of Flow in Draft Tubes in Francis Tubines," Symposium, International Assoc. for Hydraulic Research, Paper N - 1, Sept.

[4] D'Souza, A. F. and Oldenburger, R., 1964, "Dynamic Response of Fluid Lines," Trans., Amer. Soc. of Mech. Engrs., Series D, Sept., pp. 589.

[5] Evangelisti, G., 1940, "Determinazione Operatoria Delle Frequenze di Risonanza Nei Sistemi Idraulici in Pressione," LeCla Alia R. Accademia Della Scienze Dell'IsticulO di Bologne, Feb.

[6] Florio, P. J. and Mueller, W. K., 1968, "Development of a Periodic Flow in a Rigid Tube," Jour. Basic Engineering, Sept., p. 395.

[7] Holley, E. R., 1969, "Surging in a Laboratory Pipeline with Steady Inflow," Jour., Hyd. Div., Amer. Soc. of Civ. Engrs., May, pp. 961 - 980.

[8] Jaeger, C., 1939, "Theory of Resonance in Pressure Conduits," Trans., Amer. Soc. of Mech. Engrs., vol. 61, Feb., pp. 109 - 115.

[9] Katto, Y., 1960, "Some Fundamental Nature of Resonant Surge," Japan Soc. of Mech. Engrs., pp. 484 - 495.

[10] Lewis, W. and Blade, R. J., 1963, "Siudy of the Effect of a Closed - End Side Branch on Sinusoidally Perturbed Flow of a Liquid in a Line," Report TND - 1876, NASA.

[11] Moshkov, L. V., 1969, "Natural Frequencies of Water Pulsations in a Pipe of Uniform Cross Section in the Case of Aerated Flow," Trans. Vedeneev All Union Sciemific Res. Insl. of Hyd. Engineering, vol. 88, pp. 46 - 54 (translated from Russian Israel Program Sci. Trans., Jerusalem 1971).

[12] Oldenburger, R. and Donelson, J., 1962, "Dynamic Response of Hydroelectic Plant," Trans., Amer. Inst. of Elecc. Engs., Power App. and Systems, vol. 81, Oct., pp. 403 - 418.

[13] Roberts, W. J., 1963, "Experimental Dynamic Response of Fluid Lines," M. S. Thesis, Purdue University.

[14] Vibrations in Hydraulic Pumps and Turbines, Symposium, Inst. of Mech. Engrs., Proc. V, pt. 3A 1966 - 67.

[15] Tadaya, I. et al., 1967, "Study of Self - Sustained Oscillations of Piston - Type Valving System," Japan Soc. of Mech. Engrs., pp. 793 - 807.

[16] Weng, C., 1966, "Transmission of Fluid Power by Pulsating Flow Concept in Hydraulic Systems," Jour., Basic Engineering, Amer. Soc. of Mech. Engrs., June.

第 9 章

空化和液柱分离

葡萄牙里斯本高等技术研究所水柱分离的实验装置（A. Betamio de，Almeida 和 Sandra Martins 提供）

9.1 引言

前面章节中给出的控制方程和分析过程，是基于整个系统的瞬变压力均保持在液体汽化压力之上的假设。然而，在低水头、高管线、迅速瞬变的各个系统中，瞬变压力可能降低到汽化压力，可能在流动中产生蒸汽空穴或引起液柱分离。分离液柱的弥合或空穴溃灭会引起压力显著上升，导致管道系统破坏。

在此使用**“瞬态空化”**这一术语来描述因瞬变压力降至液体汽化压力，空穴在液体中的形成和发展。取决于管道的几何形状和流速梯度，空穴可能变得越来越大以致充满管道整个断面，这就是所谓的**液柱分离**。典型情况下，在液柱分离处液体会被分成两个液柱（图 9-1），尽管有些作者也将管道顶部形成的大空穴也称为液柱分离。

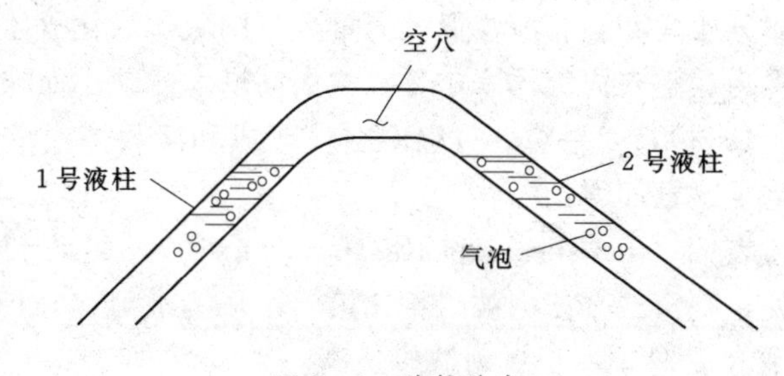

图 9-1 液柱分离

本章将讨论液柱分离、瞬态空化以及液体压力降至汽化压力的各种起因；推导压力波耗散和气液两相流波速的表达式；探讨用于分析空穴流或液柱分离的方法。最后展示相关的研究实例。

9.2 概述

几乎所有的工业液体中，特别是天然水中，都存在少量的气体相。气体相以游离气泡或者气核（附着或隐藏在固体缝隙中）的形式存在。液体的边界上会有固体杂质。当液体压力减小，气核增大，变成大气泡，形成空化。气泡的增长取决于作用在气泡上的力，如表面张力、周围液体压力、液体的汽化压力、气泡中气压，以及气泡形成过程所经受的压力变化过程。此外，自由气体可能进入气泡，两个或更多的气泡可能合并形成大的空穴。该空穴体积持续增长，直到其内部压力与减小中的外部压力之差足以抵消表面张力为止。一旦达到此临界体积，空穴将变得不稳定且爆发性的膨胀。这种猜测的空穴爆发性的膨胀意味着，从压力下降至空穴开始爆发的历时非常短暂，可能仅有几微秒（Baltzer，1967）。

空穴可能变得很大，以至于充满整个管道横断面，把液体分为两个液柱。这种现象通常发生在垂直的、坡度陡的或剖面有“弯头”的管道中。实验研究（Tanahashi 和 Kasahara，1970；Weyler 等，1971；Sharp，1971）表明，气泡分散在液柱分离两侧相当长范围的管道中。

在水平或小坡度管道中，管道顶部可能形成一个薄的、贴于顶部并延伸很长距离的空穴。并且，在相当长的管道内还会产生空化气泡，这种流动被称为**空穴流**。

负波或稀疏波引起压力下降，会导致液柱分离或空穴流。负波或稀疏波传播到系统的边界（例如水库）经反射形成正波，压缩空穴流区域的气泡并逐渐减小液柱分离占住的空穴体积。空穴的溃灭及分离液柱的弥合可能产生极大的压力。如果设计时未考虑该压力，管道可能胀裂。空穴内的压力等于液体汽化分压和自由气体分压之和。若液体温度为常数，则液体汽化分压也是常数。但自由气体分压将随着空穴内气体摩尔分数增大而增大或减小而减小。实验测试表明（Weyler，1971），如果瞬变过程中空穴形成和溃灭多次重复，则空穴中的压力将随着重复次数而增加。

实验结果还表明（Tanahashi 和 Kasahara，1970），如果水柱分离不只发生系统中某一处，则第二个压力波峰将比第一个压力波峰高，即 $H_{max2} > H_{max1}$（图 9-2），尽管通常是第一个压力波峰最高。

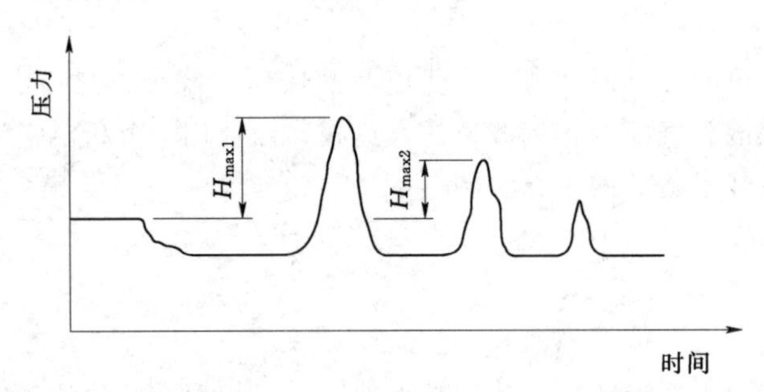

图 9-2　液柱分离后的压力随时间变化过程

9.3　液柱分离的起因

水泵断电或快速关闭阀门将会引起管道瞬变压力降至汽化压力，导致空化或液柱分离。其经历的过程如下所述。

水泵断电后，水泵处产生的负压波向下游传播。如果水泵扬程较低且转动惯量小，管道中的压力有可能降至液体汽化压力。对于高扬程抽水系统，管道中高处的压力也可能降至液体汽化压力［图9－3（a)］。如果快速关闭如图9－3（b）所示的管道上游端阀门，阀门下游侧的压力可能降至液体汽化压力。同理，快速关闭管道下游端的阀门［图9－3（c)］，将产生正压波向上游传播。正压波经水库反射形成负压波，负压波传播至已关闭的阀门再次发射仍形成负压波。如果初始恒定状态下的压力较低或压力波动幅度较大，那么阀门处的压力有可能降至液体汽化压力。

快速开启管道末端的阀门同样可能导致管道中压力降至液体汽化压力。

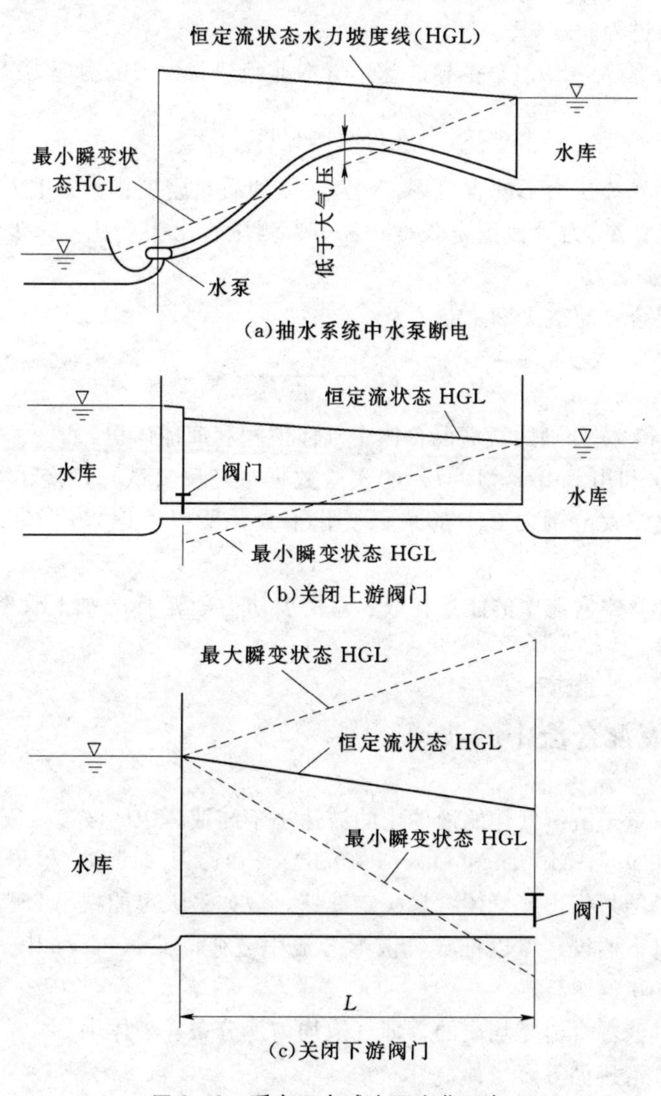

图9－3　瞬变压力减小至汽化压力

9.4 能量耗散

由于存在气泡，以空穴流流态流动的液体是自由气体和液体的混合体。实验研究表明：气液混合体中压力波动的衰减大于纯液体中压力波动的衰减。这种额外衰减归结于气泡膨胀和压缩时热量传递给液体。Bernardinis 等人（1975）曾显示，在无约束的不可压缩液体中，一个含有理想气体的球形气泡受到突然短暂的压力冲击，在每一次压缩与膨胀的周期内，如何将热能传递给液体的作功过程。

Weyler 等人（1971）推导的球形气泡非绝热特性下的剪应力公式如下：

$$\tau_b = C\alpha_0 \rho g D |\Delta H| \frac{V}{\Delta x |V|} \tag{9-1}$$

式中：α_0 为水库压力下的含气率；ρ 为液体的质量密度；g 为重力加速度；D 为管道内径；Δx 为管段固定长度；ΔH 为测压管水头变化；V 为流速；C 为未知常数。

气液混合体的空穴率 α 定义为

$$\alpha = \frac{\forall_g}{\forall_g + \forall_l} \tag{9-2}$$

式中：$\forall_g$ 和 $\forall_l$ 分别为气液混合体中气体体积和液体体积。

Weyler 利用 Balter（1967）的实验数据，经反复试算确定了 C 值。由于在 α 值变化较大范围内 $C\alpha_0$ 的乘积变化不大，所以可以采用 $C\alpha_0 = 225$ 的平均值。

为了计算空穴流中的能量耗散，总的剪切力 τ 等于 τ_b 加上管壁切应力 τ_0，即 $\tau = \tau_b + \tau_0$。

9.5 气液混合流中的波速

含有少量未溶解气体的液体中的波速小于纯液体中的波速（Wood，1955；Silbeman，1957；Ripken 和 Olsen，1958）。Pearsall（1965）根据两个污水处理厂的测量结果指出，气体含量决定波速，波速最大可能减小 75%。

根据以下假设，可以推导气液混合流中波速公式（Pearsall，1965；Raiteri 和 Siccardi，1975）：

（1）气液混合流是均质的，即气泡均匀地分布在液体中。

（2）气泡遵循等温定律。

（3）气泡内的压力不受表明张力及汽化压力的影响。

对于压力 p_0 作用下的弹性管道中的气液混合流脱离体，若压力瞬时变化 $\mathrm{d}p$（压力增加为正，减小为负），则

$$\mathrm{d}\forall_m=\mathrm{d}\forall_g+\mathrm{d}\forall_l+\mathrm{d}\forall_c \tag{9-3}$$

其中，下标 m、g、l 及 c 分别指气液混合流、气体、液体和管道；$\forall$ 表示体积；d 表示压力瞬时变化 $\mathrm{d}p$ 时引起的体积变化；例如 $\mathrm{d}\forall_g$ 指气体体积 $\forall_g$ 的变化。由于

$$\forall_m=\forall_l+\forall_g \tag{9-4}$$

于是，式（9-2）改写为

$$\alpha=\frac{\forall_g}{\forall_m} \tag{9-5}$$

因为 $\forall_g$ 为压力 p 的函数，所以由式（9-5）可知 α 也是压力 p 的函数。若气泡遵循等温定律膨胀，则

$$\alpha p=\alpha_0 p_0 \tag{9-6}$$

其中，下标 0 代表初始状态，无下标的变量表示在压力 p 作用下的状态。如果 M 和 ρ 分别为质量和密度，则

$$M_m=M_l+M_g \tag{9-7}$$

由式（9-4）和式（9-5）可得

$$\forall_l=(1-\alpha)\forall_m \tag{9-8}$$

式（9-7）除以 $\forall_m$，并由式（9-5）及式（9-8）可得

$$\rho_m=\rho_l(1-\alpha)+\alpha\rho_g \tag{9-9}$$

由式（9-6）和等式 $p\forall_g=p_0\forall_{g0}$，式（9-9）改写为

$$\rho_m=\rho_1\left(1-\frac{\alpha_0 p_0}{p}\right)+\rho_{g0}\alpha_0 \tag{9-10}$$

推导 $\mathrm{d}\forall_g$、$\mathrm{d}\forall_l$ 和 $\mathrm{d}\forall_c$ 的表达式，如果是薄壁管道，则

$$\mathrm{d}\forall_c=-\frac{D_c\forall_m}{E_c e}\mathrm{d}p \tag{9-11}$$

式中：E_c 为管壁的弹性模量；D_c 为管道直径。

若空穴率很小，k_l 是液体体积弹性模量，则

$$\mathrm{d}\forall_l=-\forall_m\frac{\mathrm{d}p}{K_l} \tag{9-12}$$

若气泡遵循等温定律，$p\forall_g=p_0\forall_{g0}$。将此等式两边微分，得到

$$\mathrm{d}\forall_g=-\forall_g\frac{\mathrm{d}p}{p} \tag{9-13}$$

利用 $\forall_g=p_0\forall_{g0}/p$ 和 $\forall_{g0}=\alpha_0\forall_m$，式（9-13）改写为

$$\mathrm{d}\forall_g=-\frac{\alpha_0 p_0}{p^2}\forall_m\mathrm{d}p \tag{9-14}$$

气液混合流的体积弹性模量 K_m 可表示为

$$K_m = \frac{\mathrm{d}p}{-\dfrac{\mathrm{d}\forall_m}{\forall_m}} \tag{9-15}$$

由式(9-11)、式(9-12)和式(9-14)得到的 $\mathrm{d}\forall_c$、$\mathrm{d}\forall_l$ 和 $\mathrm{d}\forall_g$，带入式(9-3)，$\mathrm{d}\forall_m$ 带入式(9-15)，化简得

$$k_m = \frac{1}{\dfrac{\alpha_0 p_0}{p^2} + \dfrac{1}{K_l} + \dfrac{D_c}{E_c e}} \tag{9-16}$$

采用第1章推导的波速公式，加下标 m 表示为气液混合流，有

$$a_m = \sqrt{\frac{K_m}{\rho_m}} \tag{9-17}$$

由式(9-10)和式(9-16)得到的 ρ_m 和 K_m 带入式(9-17)得

$$a_m = \sqrt{\frac{1}{\left[\rho_l\left(1 - \dfrac{\alpha_0 p_0}{p}\right) + \rho_{g0} p_0\right]\left(\dfrac{\alpha_0 p_0}{p^2} + \dfrac{1}{K_l} + \dfrac{D_c}{E_c e}\right)}} \tag{9-18}$$

如果忽略液体的可压缩性、管壁的弹性和数值小的项，根据式(9-6)，上述表达式可简化为

$$a_m = \sqrt{\frac{\rho}{\rho_l (1-\alpha)\alpha}} \tag{9-19}$$

上述推导中，假设气泡内部压力不受表面张力和汽化压力的影响。而 Raiteri 和 Siccardi(1975)推导了不包括以上假设的波速公式。Kalkwijk 和 Kranenburg(1971)得出了一个类似简化的表达式，Fanelli 和 Reali(1975)及 Rath(1981)报道了两相流波速的理论研究。

9.6 空化分析

包含空穴流和液柱分离的系统可以分为三种流态或区域：水击区、空穴区、液柱分离区。

在水击区，空穴率非常小，可以忽略。因此，波速与压力无关。在空穴区，气泡分布于整个液体中，液体表现为气液混合物。如9.4节所讨论，不仅热力学效应会引起额外的波动衰减，而且波速依赖于空穴率，即受压力的影响。而在液柱分离区，空穴的膨胀和收缩取决于空穴上下游侧的流量。

管道系统中可能同时存在这三种区域：空穴发生在系统的某一部分，液柱分离出现在某些临界位置，其余部分则为水击区。三种流态也可能依次发生。例如，瞬变过程才发生时系统为水击区，随着压力减小，空穴率增加，流动变

为空穴流。压力进一步减小时，在某些临界位置将发生水柱分离。然后，由于边界处发生波反射，瞬变压力增加，分离的水柱弥合，空穴消失，整个系统又变为水击区。

液柱分离或空穴流的分析中，沿管道的空穴率、波速、能量损失、气体释放等参数均是未知的。已发表的某些分析液柱分离和空穴流的方法均有着简化与假设，在此作简要讨论。

在典型的传统分析中（Parmakian，1958；Bergeron，1961；Sharp，1965），空穴区域被忽略，液柱分离作为内部的边界处理。一旦某断面的压力降至液体汽化压力，则假定该断面的液柱出现了分离。根据连续方程，用空穴上下游两侧液柱的流速来计算空穴的体积。空穴内部压力被假设等于液体汽化压力。而系统的其他部分作为水击区域进行分析。采用该方法计算得出的液柱分离弥合后最大压力比原型实测结果大（Joseph，1971）。

Swaffield（1972）曾报道：对于短管道关闭阀门产生的液柱分离，考虑气体释放比不考虑气体释放的计算结果更接近实测结果。不计入气体释放，仅作为汽化处理，假设空穴内压力等于液体汽化压力。而计入气体释放，则假设空穴内压力等于汽化压力加上气体的分压。类似的结果被 Kranenburg（1972）证实。Brown（1968）曾报道：分析两个不同的抽水系统，若考虑液柱分离只发生在某一临界位置，则管线的最大压力小于原型实测值。并且，若假设气穴沿管线分布，则计算结果将更接近实测值。

对于水平管道，Baltzer（1967）、Dijkman 和 Vreugdenhil（1969）、Siemons（1967）假设在管道顶部形成一层薄的空穴，空穴下面的水流按明渠流计算。Vreugdenhil 等人（1972）给出了两个不同的数学模型来分析长水平管中的空化：模型一，假设空穴区气液混合流是均质的，水击区域则用常规的连续方程和动力方程；模型二，称为分离流模型，假设空穴区管道顶部有一个薄的空穴。上述两个模型均忽略了被释放的气体进入空穴。Weyler 等（1971）给出了预测空穴区附加动能损失的半经验公式。

Kranenburg（1974）给出了考虑液柱分离、空穴及水击三个区域的数学模型。所推导的方程适用于空穴区和水击区。提出了适用于分析激波的有限差分格式。数值结果和实验结果较一致。

压力波在载有气液混合流管道中传播的研究结果已有报道（Martin 等人，1976；Wiggert 和 Sundquist，1979；Wylie，1983）。尽管数值计算方法的应用取得了显著的进展，但夹气，气体释放的模拟未能解决。

Keller 和 Zielke（1977）、Wiggert 和 Sundquist（1979）、Perko 和 Zielke（1981，1983）、Baasiri 和 Tullis（1983）就瞬变过程中气体释放对压力变化的影响分别进行了实验研究。

9.7 设计注意事项

若正常操作引起的瞬变过程中，有可能发生液柱分离或瞬态空化，则分析中应当明确液柱分离后弥合或空穴溃灭引起的压力是否在允许范围。管道可以被设计为能承受该压力，但可能是不经济的。因此，为获得总体上经济的设计，应考虑设置防止液柱分离及空化的各种控制设备或附属装置。

下列设备被用于防止液柱分离或减小分离液柱弥合时的压力上升：

气室；

调压井；

单向调压井；

飞轮；

空气阀；

减压阀或调压阀。

气室和调压井花费高。设置飞轮增加泵机组的转动惯量，意味着增加空间，也可能需要为电动机设置单独的启动机，这样也会增加一次性工程投资。采用空气阀必须十分小心，因为一旦空气进入管中，滞留的空气可能引起很高的压力，必须在管道重新充水之前排净。设置减压阀或调压阀，让分离的液柱在可控条件下弥合，从而减小液柱分离产生的压力上升。

对于一个具体的系统来说，选择上述任何平压设备时，除了考虑一次性投资外，还应考虑维修费用，维修方便性及操作灵活性。

9.8 案例分析

Brown（1968）曾报道了两个泵站排水管中水柱分离的计算分析和原型实验。本节将详细介绍其中一个泵站的数学模型及计算结果与实验结果的对比。

9.8.1 工程资料

泵站管道长7.2英里，管道纵剖面图如图9-4所示。其他参数如下：

水泵型式：	单级，双吸式
额定扬程：	72.24m
额定扬程下的流量：	0.237m^3/s
额定转速：	1770r/min
最高效率：	86%
等价于单吸泵的比转速：	1270（英制单位）；0.46（国际单位）

管道长度： 1078m

管道直径： 0.61m

钢管壁厚： 4.8mm

电动机出力： 224kW

一台电动机的转动惯量： 10.11kg·m^2

一台泵的转动惯量： 1.59kg·m^2

泵机组台数： 2。

分析中采用了双吸水泵的特性曲线（Stepanoff，1948；Swanson，1953）。所以，等价于单吸泵的比转速是1270加仑/min，而不是所列的1800。

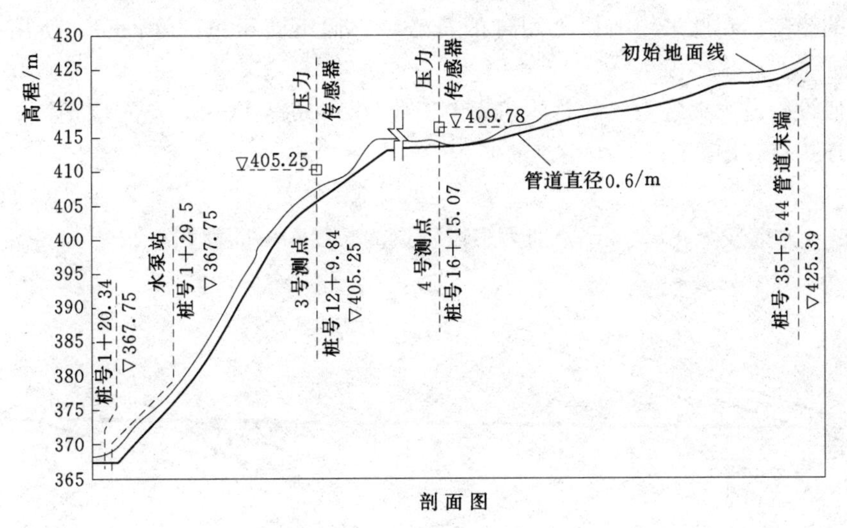

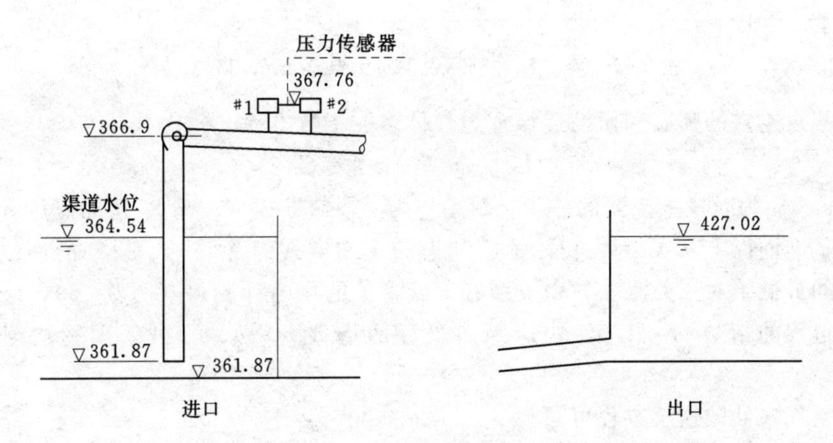

图9-4 泵站长7.2英里管线的纵剖面图（引自Brown，1968）

9.8.2 现场测试

测点的位置如图9-4所示。泵机组安装在泵站内，管段中“爬高点”在3号和4号测点之间，该“爬高点”的水柱有可能分离。电阻型压力传感器用于测量压力，光电转速计用于测量泵机组的转速，高速示波器用来记录数据。

9.8.3 数学模型

以特征线法为基础建立数学模型，上游边界是一台离心泵。泵四象限全特性储存在计算机中。下游边界是恒定水位的水库。按下述方法考虑夹气和水柱分离的影响。在此采用前面已用过的符号，它们不同于布朗（1968）使用的符号。

假设管道中夹带空气的总体积集中于离散分布的空穴中。空穴位于第 i 个管道连接点（图9-5），该空穴的体积为

$$\forall_i = \alpha A_i L_i \tag{9-20}$$

式中：α 为空穴率；L_i、A_i 分别为第段管道的长度和横断面积。

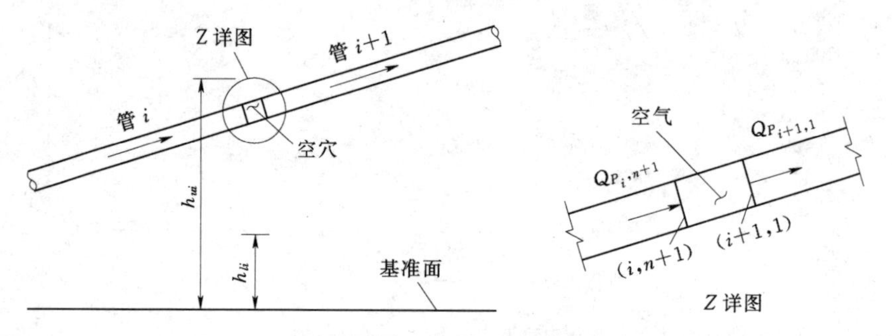

图9-5 空穴标注符号说明（引自 Brown，1968）

假设空穴的膨胀和压缩遵循理想气体多方指数方程

$$(H_{P_{i,n+1}} - h_{l_i}) \forall_{P_i}^{m} = C \tag{9-21}$$

式中：$\forall_{P_i}$ 为时段末空穴的体积；$H_{P_{i,n+1}}$ 为时段末断面（i，$n+1$）的测压管水头（基准面以上）；C 为由初始恒定状态确定的空穴的常数；h_{l_i} 为基准面以上可能的最低绝对压力水头，由安装在 i 点管顶的压力计测得（图9-5）。缓慢绝热过程的指数 $m=1.0$，快速绝热过程的指数 $m=1.4$，可采用平均值 $m=1.2$。

空气穴处的连续方程可写为

$$\forall_{P_i} = \forall_i + \frac{1}{2}\Delta t[(Q_{P_{i+1,1}} + Q_{i+1,1}) - (Q_{P_{i,n+1}} + Q_{i,n+1})] \tag{9-22}$$

式中：Δt 为计算时间步长；$\forall_i$ 和 $\forall_{P_i}$ 分别为时段始、末的空穴体积；$Q_{i,n+1}$ 和

$Q_{P_{i,n+1}}$ 分别为时段始、末的空穴上游侧流量；$Q_{i+1,1}$ 和 $Q_{P_{i+1,1}}$ 分别为时段始、末的空穴下游侧流量。注意，时段初的变量是已知的，时段末的变量是未知的。

瞬变过程的计算分析采用特征线法（见第 3 章），断面 $(i, n+1)$ 和 $(i+1, 1)$ 处的正特征方程和负特征方程分别为

$$Q_{P_{i,n+1}} = C_p - C_{ai} H_{P_{i,n+1}} \tag{9-23}$$

$$Q_{P_{i+1,1}} = C_n + C_{ai+1} H_{P\,i+1,1} \tag{9-24}$$

若忽略该管道连接点水头损失，则

$$H_{P_{i,n+1}} = H_{P_{i+1,1}} \tag{9-25}$$

这样，五个未知数 $\forall_{P_i}$、$Q_{P_{i,n+1}}$、$Q_{P_{i+1,1}}$、$H_{P_{i,n+1}}$ 和 $H_{P_{i+1,1}}$，可由式（9-21）～式（9-25）迭代求解。

9.8.4 计算结果与实测结果的对比

布朗选用对应绝对压力水头 10.4m、空穴率 $\alpha = 1\times10^{-4}$、指数 $m = 1.2$ 进行计算。管道被分为 30 段，空穴假设位于每个管段的末端。且在有效水头 $h_{u_i} - h_{l_i}$ 范围内考虑夹带空气的影响，其中 h_{u_i} 为有效水头的上限。如果水力坡度线高于 h_{u_i}，将忽略空穴的影响。计算中采用的有效水头 $h_{u_i} - h_{l_i} = 10.4$m。图 9-6 为实测结果与计算结果的对比。2 号曲线表示仅在临界点（管道纵剖面的爬高点）有很少量空气的条件下，夹带空气的影响。3 号曲线假设 $\alpha = 0.0001$。从图上明显看出，如果考虑夹气的影响，计算结果与实测结果更加吻合。

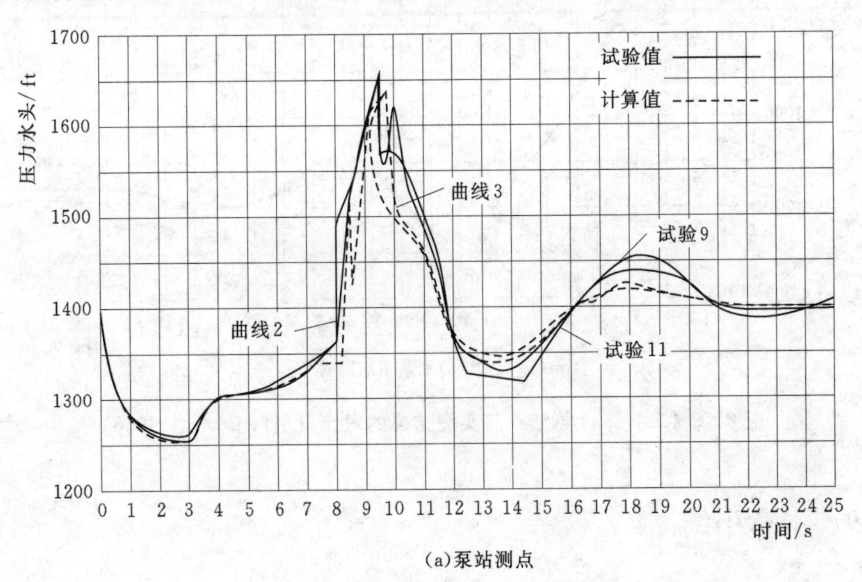

(a)泵站测点

图 9-6（一） 计算结果与实测结果的对比（引自 Brown，1968）

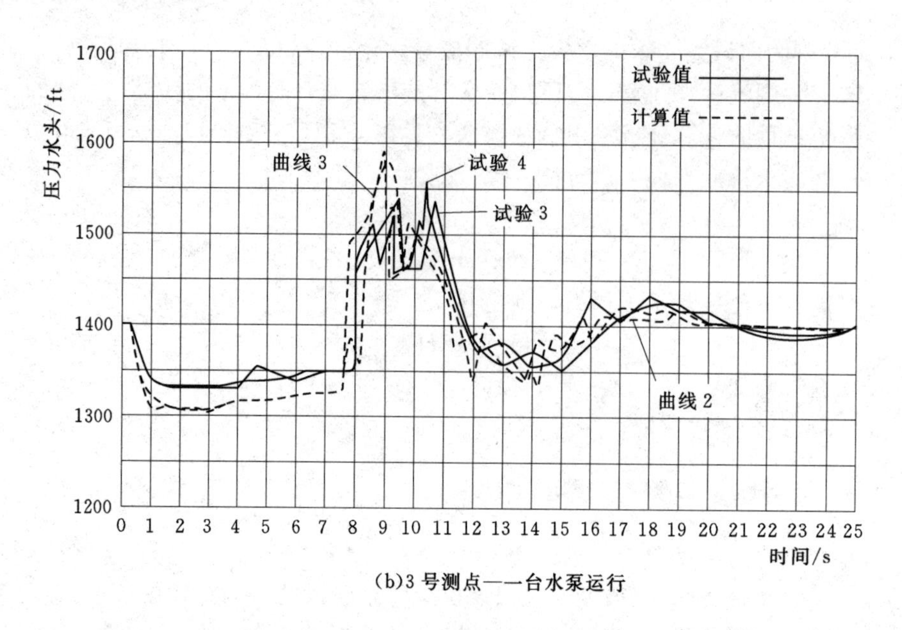

(b)3号测点——一台水泵运行

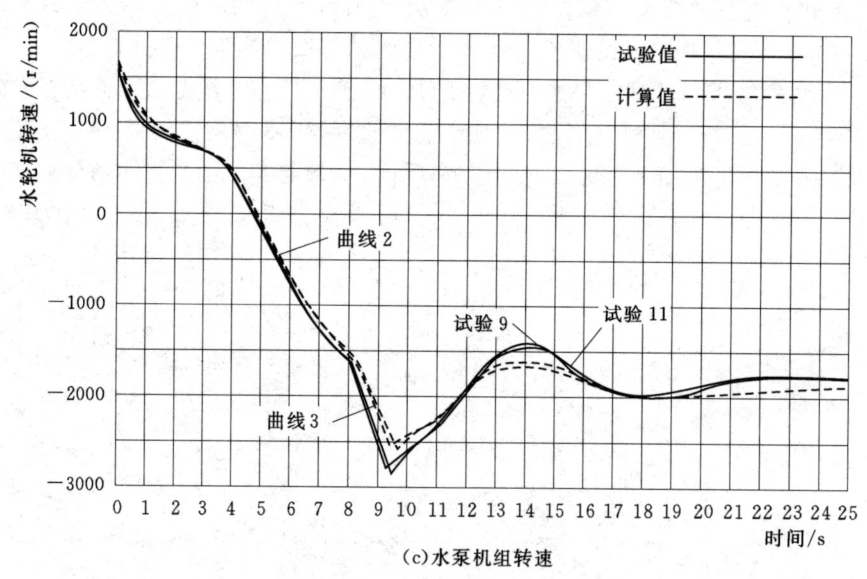

(c)水泵机组转速

图 9-6（二） 计算结果与实测结果的对比（引自 Brown，1968）

9.9 本章小结

本章讨论了压力降低引起的液柱分离和空穴流，概述了压力降低的各种原因。最后给出了一个案例分析。

习　题

9.1　根据第一定律推导式（9－19）。

9.2　假设在低温低压条件下，气液混合流中夹带的气体的膨胀过程是等温的，这样，气体体积弹性模量 K_g 等于气体绝对压力 p_g（Pearsall，1965）。请根据第一定律证明，在气体量很少的条件下（即空穴率 $\alpha<0.001$），有

$$\frac{a}{a_0}=\sqrt{\frac{p_g}{\alpha K_l+p_g}}$$

其中，a_0 为不夹气液体的波速。忽略管道锚固方式的影响。［提示：对于小 α 值，$\alpha\rho_g\ll(1-\alpha)\rho_l$，且$(1-\alpha)\rho_l\approx\rho_l$。］

9.3　给定不同的 α 值，计算大气压下的气水混合流中的波速 a，绘出 a 与的曲线图。

9.4　编写图 9－3（a）所示的管道系统分析计算程序。瞬变过程由水泵断电引起。假设管道最高处压力一旦减小到液体汽化压力就发生水柱分离。

9.5　用习题 9.4 的计算程序，研究增加泵机组转动惯量对水柱分离持续时间及管道最大压力的影响。

参 考 文 献

［1］ Baasiri, M. and Tullis, J. P. 1983, "Air Release During Column Separation," *Jour. Fluids Engineering*, Amer. Soc. of Mech. Engrs., vol. 105, March, pp. 113－118.

［2］ Baltzer, R. A., 1967, "Column Separation Accompanying Liquid Transients in Pipes," *Jour. of Basic Engineering*, Amer. Soc. of Mech. Engrs., Dec., pp. 837－846.

［3］ Bernardinis, B. D., Federici, G., and Siccardi, F., 1975, "Transient with Liquid Column Separation: Numerical Evaluation and Comparison with Experimental Results," *L'Energia Eletrica*, no. 9, pp. 471－477.

［4］ Bergeron, L., 1961, *Waterhammer in Hydraulics and Wave Surges in Electricity*, John Wiley & Sons, New York, NY. (Translated from original French text published by Dunod, Paris, France, 1950.)

［5］ Brown, R. J., 1968, "Water－Column Separation at Two Pumping Plants," *Jour. Basic Engineering*, Amer. Soc. of Mech. Engrs., Dec., pp. 521－531.

［6］ Dijkman, H. K. M. and Vreugdenhil, C. B., 1969, "The Effect of Dissolved Gas on Cavitation in Horizontal Pipe－Lines," *Jour. Hyd. Research*, International Assoc. for Hyd. Research, vol. 7, no. 3, pp. 301－314.

［7］ Fanelli, M. and Reali, M., 1975, "A Theoretical Determination of the Celerity of Water Hammer Waves in a Two－Phase Fluid Mixture," *L'Energia Eleltrica*, no. 4, pp. 183 - 485.

[8] Joseph, I., 1971, "Design of Protective Facilities for Handling Column Separation in a Pump Discharge Line," in *Control of Flow in Closed Conduits*, edited by Tullis J. P., Fort Collins, CO, pp. 295 - 313.

[9] Kalkwijk, J. P. Th. and Kranenburg, C., 1971, "Cavitation in Horizontal Pipelines due to Water Hammer," *Jour.*, *Hyd. Div.*, Amer. Soc. Civ. Engrs., vol. 97, Oct., pp. 1585 - 1605.

[10] Keller, A. and Zielke, W., 1977, "Variation of Free Gas Content in Water During Pressure Fluctuations," *Proc. Third Round Table Meeting on Water Column Separation, Royaumont, Bulletin de la Direction des'Etudes et R'echerch'es*, Series A, no. 2, pp. 255 - 269.

[11] Kobori, T., Yokoyama, S., and Miyashiro, H., 1955, "Propagation Velocity of Pressure Waves 10 Pipe Line," *Hitachi Hyoron*, vol. 37, no. 10. Oct.

[12] Kranenburg, C., 1972, "The Effects of Free Gas on Cavitation in Pipelines," *Proc. First International Conference on Pressure Surges*, British Hydromechanics Research Assoc., England, pp. C4 - 41 to C4 - 52.

[13] Kranenburg, C., 1974, "Gas Release During Transient Cavitation in Pipes," *Jour.*, *Hyd. Div.*, Amer. Soc. of Civ. Engrs., vol. 100, Oct., pp. 1383 - 1398.

[14] Martin, C. S., Padmanabhan, M., and Wiggert, D. C., 1976, "Pressure Wave Propagation in Two - Phase Bubbly Air - Water Mixtures," *Proc. Second International Conf. on Pressure Surges*, London, British Hydromechanics Research Association.

[15] Parmakian, J., 1958, "One - Way Surge Tanks for Pumping Plants," *Trans.*, Amer. Soc. of Mech. Engrs., vol. 80, pp. 1563 - 1573.

[16] Pearsall, I. S., 1965, "The Velocity of Water Hammer Waves," *Symposium on Surges in Pipelines. Institution of Mech. Engrs.*, vol. 180. pan 3E, Nov., pp. 12 - 20 (see also discussions, pp. 21 - 27 and author's reply, pp. 110 - 111).

[17] Perko, H. D. and Zielke, W., "Some Further Investigations of Gaseous Cavitation," in Rath, 1981, pp. 85 - 110.

[18] Perko, H. D. and Zielke, W., 1983, "On the Modeling of Pressure Waves with Gaseous Cavitation," *Proc. Sixth International Symp. and International Assoc. for Hydraulic Research Group*, Meeting on Transients in Cooling-

[19] Water Systems, Bamwood, Gloucester, CEGB, England. Raiteri, E. and Siccardi, F., 1975, "Transients in Conduits Conveying a Two-phase Bubbly flow: Experimental Measurements of Celerity," *L'Energia Elertrica*, no. 5, pp. 256 - 261.

[20] Rath, H. J., 1981, "Nonlinear Propagation of Pressure Waves in Elastic Tubes Containing Bubbly Air-Water Mixtures," *Proc. Fifth International Symp. and International Assoc. for Hydraulic Research Working Group Meeting on Water - Column Separation*, Obemach, Universities of Hanover and Munich, pp. 197 - 228.

[21] Ripken, J. F. and Olsen, R. M., 1958, "A Study of the Gas Nuclei on Cavitation Scale Effects in Water Tunnel Tests," *St. Anthony Falls Hyd. Lab. Proj.*, *Report No.* 58, Minneapolis, Univ. of Minnesota.

[22] Safwat, H. H. , 1972, "Photographic Study of Water Column Separation," *Jour.*, *Hyd. Div.*, Amer. Soc. of Civ. Engrs. , vol. 98, April, pp. 739 - 746.

[23] Safwat, H. H. , 1975, "Water - Column Separation and Cavitation in Shon Pipelines," Paper No. 75 - FE - 33, presented at the *Joint Fluid Engineering and Lubrication Conference*, Minneapolis, Minn. , organized by Amer. Soc. of Mech. Engrs. , May.

[24] Sharp, B. B. , 1965, "Rupture of the Water Column," *Proc. Second Australian Conf. of Hydraulics. Fluid Mech.*, Auckland, New Zealand, pp. AI69 - 176.

[25] Sharp, B. B. , 1971, Discussion of Weyler, et al. , 1971, *Jour. Basic Engineering*, Amer. Soc. of Mech. Engrs. , March, pp. 7 - 10.

[26] Siemons, J. , 1967, "The Phenomenon of Cavitation in a Horizontal Pipe - line due to Sudden Pump Failure," *Jour. Hyd. Research*, International Assoc. for Hyd. Research, vol. 5, no. 2, pp. 135 - 152.

[27] Silbeman, E. , 1957, "Some Velocity Attenuation in Bubbly Mixtures Measured in Standing Wave Tubes," *Jour. Accoust. Soc. of Amer.*, vol. 29, p. 925.

[28] Stepanoff, A. J. , 1948, *Centrifugal and Axial Flow Pumps*, John Wiley & Sons, New York, NY, pp. 271 - 295.

[29] Wylie, E. B. and Streeter, V. L. , 1967, *Fluid Transients*, Prentise Hall, England Cliffs, NJ.

[30] Streeter, V. L. , 1983, "Transient Cavitating Pipe Flow," *Jour. Hydraulic Engineering*, vol. 109, Nov. , pp. 1408 - 1423.

[31] Swaffield, J. A. , 1972, "Column Separation in an Aircraft Fuel System," *Proc. First International Conference on Pressure Surges*, British Hydromechanics Research Assoc. , England, pp. (C2) 13 - 28.

[32] Swanson, W. M. , 1953, "Complete Characteristic Circle Diagrams for Turbomachinery," *Trans.*, Amer. Soc. of Mech. Engrs. , vol. 75, pp. 819 - 826.

[33] Tanahashi, T. and Kasahara, E. , 1970, "Comparison between Experimental and Theoretical Results of the Waterhammer with Water Column Separations," *Bull. Japan Soc. of Mech. Engrs.*, vol. 13, no. 61, July, pp. 914 - 925.

[34] Vreugdenhil, C. B. , De Vries, A. H. , Kalkwijk, J. P. Th. , and Kranenburg, C. , 1972, "Investigation into Cavitation in Long Horizontal Pipeline Caused by Water - Hammer," *6th Symposium*, International Assoc. for Hyd. Research, Rome, Italy, Sept. 13 pp.

[35] Weyler, M. E. , Streeter, V. L. , and Larsen, P. S. , 1971, "An Investigation of the Effect of Cavitation Bubbles on the Momentum Loss in Transient Pipe Flow," *Jour. Basic Engineering*, Amer. Soc. of Mech. Engrs. , March, pp. 1 - 7.

[36] Whiteman, K. J. and Pearsall, I. S. , 1962, "Reflex-Valve and Surge Tests at a Station," *Fluid Handling*, vol. XIII, Sept. and Oct. , pp. 248 - 250 and 282 - 286.

[37] Wiggert, D. C. and Sundquist, M. J. , 1979, "The Effect of Gaseous Cavitation on Fluid Transients," *Jour. Fluids Engineering*, Amer. Soc. of Mech. Engrs. , vol. I, pp. 79 - 86.

[38] Wiggert, D. C., Martin, C. S., Naghash, M., and Rao, P. V., 1983, "Modeling of Transient TwoComponent Flow Using a Four - Point Implicit Method," *Proc. Symp. on Numerical Methods for Fluid Transient Analysis*, Amer. Soc. of Mech. Engrs., Houston, June, pp. 23 - 28.

[39] Wood, A. B., 1955, *A Textbook of Sound*, Bell & Sons, London, UK.

[40] Wylie, E. B., 1983, "Simulation of Vaporous and Gaseous Cavitation," *Proc. Symp. on Numerical Methods for Fluid Transient Analysis*.

[41] Martin, C. S., and Chaudhry, M. H. (eds.), Amer. Soc. of Mech. Engrs., Houston, June, pp. 47 - 52.

附加参考文献

[1] Carstens, H. R. and Hagler, T. W., 1964, "Water Hammer Resulting from Cavitating Pumps," *Jour.*, *Hyd.* Div., Amer. Soc. of Civ. Engrs., vol. 90.

[2] CEGB, 1983, *Proc. Sixth International Symp. and International Assoc. for Hydraulic Research Working Group Meeting on Transients in Cooling Water Systems*, Bamwood, Gloucester, UK.

[3] Due, J., 1959, "Water Column Separation," *Sulz. er Tech.* Review, vol. 41.

[4] Due. J., 1965, "Negative Pressure Phenomena in Pump Pipelines," *International Symposium on Waterhammer in Pumped Storage Projects*, Amer. Soc. of Mech. Engrs., Nov.

[5] De Haller, P. and Bedue, A., 1951, "The Break - away of Water Columns as a Result of Negative Pressure Shocks," *Sulzer Tech. Review*, vol. 4, pp. 18 - 25.

[6] ENEL, 1971, *Proc. Meeting on Water Column Separation*, Organized by ENEL, Milan. Italy, Oct.

[7] ENEL, 1980, *Proc. Fourth Round Table and International Assoc. for Hydraulic Research Working Group Meeting on Water Column Separation*, Report No. 382, Cagliari, Italy.

[8] IAHR, 1981, *Proc. Fifth International Symp. and international Assoc. for Hydraulic Research Working Group Meeting on Water Column Separation*, Obemach. Universities of Hanover and Munich, Germany.

[9] Kephart, J. T. and Davis, K., 1961, "Pressure Surge Following Water-Column Separation," *Jour.*, *Basic Engineering*, Amer. Soc. of Mech. Engrs., vol. 83, Sept., pp. 456 - 460.

[10] Knapp, R. T., Daily, J. W., and Hammitt, F. G., 1970, *Cavitation*, McGraw - Hill Book Co., New York, NY.

[11] Li, W. H., 1963, "Mechanics of Pipe Flow Following Column Separation," *Trans.*, Amer. Soc. of Civ. Engrs., vol. 128, part 2, pp. 1233 - 1254.

[12] Li, W. H. and Walsh, J. P., 1964, "Pressure Generated in a Pipe," *Jour. Engineering Mech. Div.*, Amer. Soc. of Civ. Engrs., vol. 90, no. EM6, pp. 113 - 133.

[13] Lupton, H. R., 1953, "Graphical Analysis of Pressure Surges in Pumping Systems," *Jour. Inst. of Water Engrs.*, vol. 7, p. 87.

[14] *Proc. Second Round Table Meeting on Water Column Separation*, Vallombrosa.

[15] 1974, ENEL Report 290; also published in *L'Energia Elel/rica*, No. 4 1975, pp. 183-485, not inclusive.

[16] *Proc. Third Round Table Meeting on Water Column Separation*, *Royaumont*, *Bulletin de la Direction des'Etudes et R'echerch'es*, Series A, No. 2 1977.

[17] Richards, R. T. et al. 1956, "Hydraulic Design of the Sandow Pumping Plant," *Jour.*, *Power Div.*, Amer. Soc. of Civ. Engrs., April.

[18] Richards, R. T., 1956, "Water Column Separation in Pump Discharge Lines," *Trans.*, Amer. Soc. of Mech. Engrs., vol. 78, pp. 1297 - 1306.

[19] Tanahashi, T. and Kasahara, E., 1969, "Analysis of Water Hammer with Water Column Separation," *Bull. Japan Soc. of Mech. Engrs.*, vol. 12, no. 50, pp. 206 - 214.

[20] Walsh, J. P. and Li, W. H., 1967, "Water Hammer Following Column Separation," Jour., *Applied Meeh.* Div., Amer. Soc. of Mech. Engrs., vol. 89, pp. 234 - 236.

第 10 章
瞬变过程的控制

韩国 Kangbook 泵站进水口处设置的三个 $49m^3$ 气室，泵站管道流量为 $4.34m^3/s$（B. Y. Kim 和 Shinwoo 提供）

10.1 引言

虽然供水管道系统在设计时可采用较大的安全裕度，使管道能够承受各种危险运行工况下可能出现的最大、最小压力，但耗资巨大。从工程方案的经济性方面考虑，通常采用多种平压措施和（或）运行控制方法来减小或消除过大的压力升高或降低，避免发生液柱分离、水泵或水轮机过速等情况。瞬变过程的控制装置通常造价昂贵，且没有一种装置能够普遍适用于所有系统、或应对所有不利运行情况，故在管道系统设计时，应从众多包含和不含控制装置的方案中，挑选一个能使得系统总造价经济、瞬变响应良好、操作灵活的方案。系统瞬变响应包括满足最大和最小压力限制、最大水轮机或水泵转速限制、不出现液柱分离、调压室或气室不出现漏空，以及不产生水力共振等。

为了便于理解瞬变过程控制装置及控制操作的基本原理，现结合第 1 章节推导的直接水锤公式讨论。该公式给出了流速的瞬时变化 ΔV 和产生的水压力变化之间的关系：

$$\Delta H=-\frac{a}{g}\Delta V \tag{10-1}$$

式中：a 为水击波速；g 为重力加速度。该公式表明，瞬变过程控制装置的主要功能，是通过减小 ΔV 和（或）a，来达到减小压力升高或降低的目的。

为了消除和减小不利的瞬变过程，如过高或过低的压力、水柱分离、严重的水泵或水轮机过速，可在管道系统中设置调压室、气室和阀门等**控制装置**。另外，还可通过更改管线路、增大管道直径、减小波速或者更改阀门调节规律等方法来减小不良瞬变过程的危害性。通过对水流变化的控制，可使得水流压力变化限制在特定范围内。这种通过控制水流变化以获得特定系统响应的控制策略，即是**瞬变流最优控制**（见 10.5 节）。

本章介绍各种常用于消减不良瞬变过程影响的平压设施，对调压室、气室和阀门的工作原理进行简要分析，推导出它们的**边界条件**，最后用工程案例加以总结。

边界条件推导中，沿用第 3 章的符号标记方法。管道断面压力和流速采用两个下标，第一个下标指代管道号，第二个下标指代断面号。下标 P 标记时段末（即 $t_0+\Delta t$ 时刻）的未知变量，而不带下标 P 的变量标记时段初（即 t_0 时刻）的未知变量（图 3-1）。

10.2 调压室

本节推导简单式调压室的边界条件，其他类型调压室的边界条件推导方法类似。对各种型式调压室的介绍见11.2节。

10.2.1 概述

调压室是一个和管道连通、对瞬变过程起控制作用的开敞的空腔或竖井。调压室反射水击波，并且补充（或储存）因水轮机、水泵或阀门调节所引起的不足（或多余）的水量。

在带有调压室的管路系统中，如果瞬变过程变化迅速、历时很短，例如水击，则可采用特征线法分析；如果瞬变过程缓慢，例如水轮机荷载变化引起的调压室水位振荡，则应作为集中系统分析，具体介绍见第11章。

10.2.2 边界条件

考虑调压室直接和管路连接的情况，如图10-1所示。若调压室和管道之间的连接管较短，在分析中就可以忽略，归并到此类情形。

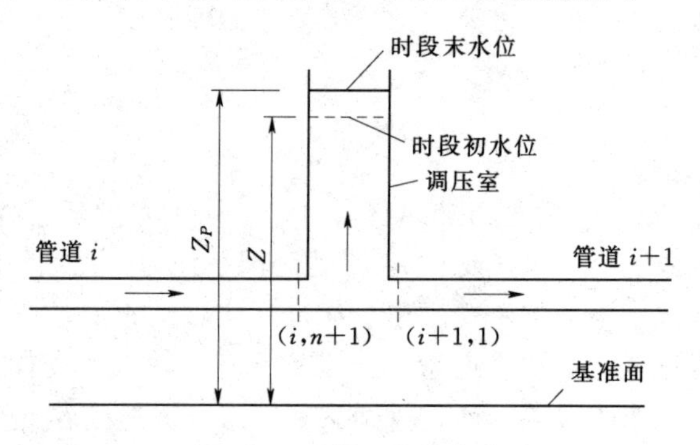

图10-1 调压室示意图

忽略调压室和管道连接处的水头损失，可写出如下方程（图10-1）：

（1）（i，$n+1$）断面的正特征方程。

$$Q_{P_{i,n+1}}=C_p-C_{a_i}H_{P_{i,n+1}} \tag{10-2}$$

（2）（$i+1$，1）断面的负特征方程。

$$Q_{P_{i+1,1}}=C_n+C_{a_{i+1}}H_{P_{i+1,1}} \tag{10-3}$$

（3）连续方程。

$$Q_{P_{i,n+1}}=Q_{P_{i+1,1}}+Q_{P_s} \tag{10-4}$$

其中，Q_{P_s}为时段末流进调压室的流量（以流进调压室方向为正）；Q_P为时段末管道中的流量；H_P为基准面以上的测压管水头；C_p、C_n和C_a是由式（3-19）～式（3-21）所确定的常量。下标i和$i+1$指管段号，下标1和$n+1$指断面号。

（4）能量方程。

如果忽略连接处的水头损失，则

$$H_{P_{i,n+1}} = H_{P_{i+1,1}} = z_P \tag{10-5}$$

(5) 调压室水位。

令 z 和 z_P 分别表示时段初和时段末的调压室水位（基准面以上的高度），如果时间步长 Δt 很小，那么可以得到

$$z_P = z + \frac{1}{2}\frac{\Delta t}{A_s}(Q_{P_s} + Q_s) \tag{10-6}$$

式中：A_s 为调压室横断面面积；Q_s 为时段初流入调压室的流量。

联立式（10-2）～式（10-6）求解 $H_{P_{i,n+1}}$，可得到

$$H_{P_{i,n+1}} = \frac{C_p - C_n + Q_s + (2A_s z/\Delta t)}{C_{a_i} + C_{a_{i+1}} + (2A_s/\Delta t)} \tag{10-7}$$

以上推导中假定了管道和调压室之间的连接管长度很短，并因此加以忽略。若连接管较长，不可忽略，要将之作为一根管道或者集中质量元件加以考虑（见习题 10.2）。

如果考虑阻抗式调压室的孔口水头损失，则可将式（10-5）修正，用类似方法求解。

10.3 气室

本节将简单介绍气室及其运用，并推导边界条件。

10.3.1 概述

气室是一个上部充满压缩空气、下部为水的容器（图 10-2）。通过在气室和管道间设置一个孔口，约束水流进出气室。孔口通常做成令入流水头损失较大而出流水头损失相对较小的形状，这种型式的孔口即为差动式孔口（图 10-2）。为防止管道压力下降过大而造成液柱分离，气室管道出流应尽可能畅通，同时应约束入流量以减小气室尺寸。通常入流和出流量相等时，水头损失比为 2.5∶1（Evans 和 Crawford，1954）。压缩空气的体积可能会因漏气等原因在运行一段时间后出现损耗，故需要配备一个空气压缩机及时补气，以保持空气体积在预定的限制范围内。

为了防止倒流，通常在水泵与气室之间设置止回阀（图 10-2）。当出现断电时，由于管道压力下降，气室中的水流出，进入管道。当管道出现倒流时，止回阀迅速关闭，水流流入气室。气室中的空气随着水流的流入和流出而不断压缩和膨胀，并减缓管道中流速的变化梯度，从而降低管道中压力的变化幅度。

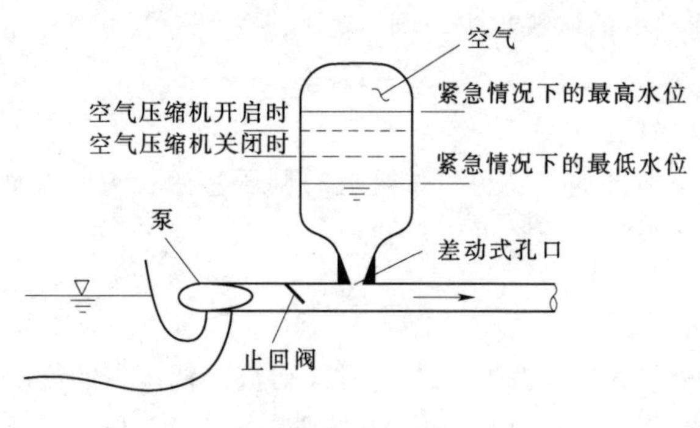

图 10-2 气室

气室和普通调压室相比有如下优点：

(1) 将最大、最小压力控制在预定限制范围内所需的气室的体积比普通调压室小。

(2) 气室轴线同地面坡度平行布置，可减少基础开挖并且能更好地承受风和地震荷载。

(3) 气室可以靠近水泵布置，普通调压室靠近水泵布置则需要较大的高度。气室靠近水泵布置可以更好地发挥其平压作用。

(4) 气室因为尺寸较小而且靠近泵房或设置在泵房内，为了防止冬季结冰而加热所需的花费要比普通调压室低。

气室的缺点在于必须配备空气压缩机和辅助设备，而这些设备需要经常维护且购置价格昂贵。

Engler (1933)、Allievi (1937) 和 Angus (1937) 讨论了水泵系统中应用气室控制水泵断电引起的瞬变过程。许多学者以保证管道最大和最小压力在设计限制范围内为前提，提出了确定气室尺寸的实用图表 (Combes 和 Borot, 1952；Evans 和 Crowford, 1954；Ruus, 1977)。这些图表（见附录 A）可以用来近似地确定管线上气室的尺寸，但是在最后设计阶段，还需要展开详细的瞬变过程分析。

10.3.2 边界条件

参照图 10-3，气室和管道连接处的方程如下：

(1) $(i, n+1)$ 断面正特征方程。

$$Q_{P_{i,n+1}} = C_p - C_{a_i} H_{P_{i,n+1}} \tag{10-8}$$

(2) $(i+1, 1)$ 断面负特征方程。

$$Q_{P_{i+1,1}} = C_n + C_{a_{i+1}} H_{P_{i+1,1}} \tag{10-9}$$

(3) 能量方程。

忽略连接处的水头损失，则

$$H_{P_{i,n+1}}=H_{P_{i+1,1}} \tag{10-10}$$

(4) 连续方程。

$$Q_{P_{i,n+1}}=Q_{P_{i+1,1}}+Q_{P_{orf}} \tag{10-11}$$

式中：$Q_{P_{orf}}$ 为流经孔口的流量（以流入气室方向为正）。

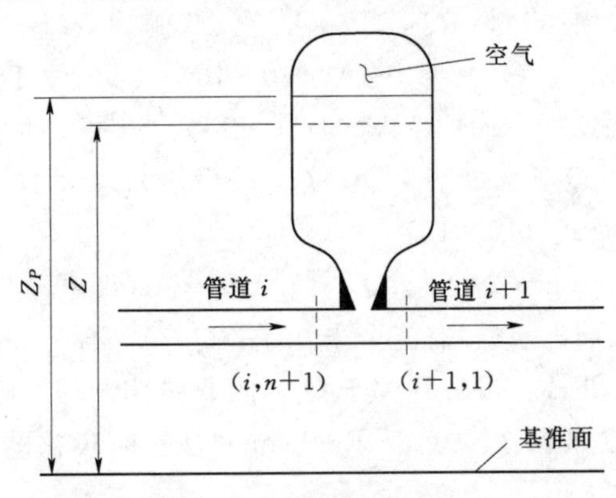

图 10-3 气室示意图

如果假定密闭在气室的空气满足理想气体多方方程：

$$H_{P_{air}}^{*}\ \forall_{P_{air}}^{m}=C \tag{10-12}$$

式中：$H_{P_{air}}^{*}$ 和 $\forall_{P_{air}}^{m}$ 分别为时段末密闭空气的绝对压力和体积；m 为多方气体方程指数；C 为常数。C 的值由表达式 $C=\forall_{0_{air}}^{m}H_{0_{air}}^{*}$ 确定，其中下标 0 表示初始稳定状态。等温变化时 m 取为 1.0，绝热变化时取 1.4。对于小气室和变化迅速的瞬变过程，空气的膨胀和压缩过程可近似当作绝热过程；而对于大容量气室中变化缓慢的瞬变过程，则可近似当作恒温过程。因为瞬变过程开始变化很快，但往往临近结束时变化趋缓慢，建议 m 取平均值 1.2。Graze（1972，1976）建议采用考虑热交换过程而建立的微分方程来取代多方方程（10-12），但 Graze 推荐的方程中热传递率难以精确掌握，只能预先估计，实际上并没有带来计算精度的提高。

通过孔口的水头损失可以表达为

$$h_{P_{orf}}=C_{orf}Q_{P_{orf}}\left|Q_{P_{orf}}\right| \tag{10-13}$$

式中：C_{orf} 为孔口水头损失系数；$h_{P_{orf}}$ 为流量 $Q_{P_{orf}}$ 时对应的孔口水头损失。注意，对于差动式孔口，气室入流和出流的 C_{orf} 系数值并不相同。

对气室内封闭的气体可写出如下方程：

$$H_{P_{air}}^{*}=H_{P_{i,n+1}}+H_b-z_P-h_{P_{orf}} \tag{10-14}$$

$$\forall_{P_{air}}=\forall_{air}-A_c(z_P-z) \tag{10-15}$$

$$z_P = z + 0.5(Q_{orf} + Q_{P_{orf}})\frac{\Delta t}{A_c} \tag{10-16}$$

式中：H_b 为测压管水头；A_c 为气室横断面面积；z 和 z_P 分别为时段初和时段末的气室水位（基准面以上的高度，向上为正）；Q_{orf} 为时段初的孔口流量；$\forall_{air}$ 为时段初的空气体积。

这样就有 9 个未知量：$Q_{P_{i,n+1}}$、$Q_{P_{i+1,1}}$、$Q_{P_{orf}}$、$H_{P_{i,n+1}}$、$H_{P_{i+1,1}}$、$h_{P_{orf}}$、$\forall_{air}$、$H^*_{P_{air}}$ 和 z_P，而式（10-8）～式（10-16）共 9 个方程。为了简化求解，将式（10-8）～式（10-10）带入式（10-11），消去一些未知量后得

$$Q_{P_{orf}} = (C_p - C_n) - (C_{a_i} + C_{a_{i+1}})H_{P_{i,n+1}} \tag{10-17}$$

再由式（10-14）及式（10-15）得

$$(H_{P_{i,n+1}} + H_b - z_P - C_{orf}Q_{P_{orf}}|Q_{P_{orf}}|)[\forall_{air} - A_c(z_P - z)]^m = C \tag{10-18}$$

式（10-16）～式（10-18）有三个未知量：$Q_{P_{orf}}$、$H_{P_{i,n+1}}$ 和 z_P。这三个方程联合后消去 $H_{P_{i,n+1}}$ 和 z_P，可得到关于 $Q_{P_{orf}}$ 的非线性方程。此方程可用迭代法求解，比如牛顿-拉弗森（Newton-Raphson）法。时段初的 $Q_{P_{orf}}$ 可以用作迭代开始时的预估值。

10.4 阀门

本节将讨论控制瞬变过程的各类阀门，并推导其边界条件。

10.4.1 概述

控制瞬变过程的阀门操作有：

（1）阀门开启或关闭以减小管道中流速的变化率。

（2）当压力超过规定的限度，阀门开启，管道快速出流，以降低最大压力。

（3）阀门开启，让空气进入管道，以防止压力降低到汽化压力。

常见的用于瞬变过程控制的阀门有：安全阀；泄压阀；调压阀；空气阀；止回阀。

下面是关于各类阀门操作的简单介绍。

安全阀［图 10-4（a）］是一种弹簧阀门或者重力加载阀门，当阀门处管道压力超过设定的限度时打开，当压力下降到规定的限度以下时迅速关闭［图 10-5（a）］。安全阀的开度只能为全开或者全关。

泄压阀或者压力波动抑制阀［图 10-4（b）］的启闭动作，除了阀门开度同阀门处管道压力超过规定限度的大小成比例外，其他方面和安全阀类似。当管道压力下降时阀门开始关闭，当阀门处压力下降到设定的限度以下时阀门完全关闭。如图 10-5（b）所示，阀门开启和关闭通常存在滞后性（Evangelisti，

1969)。

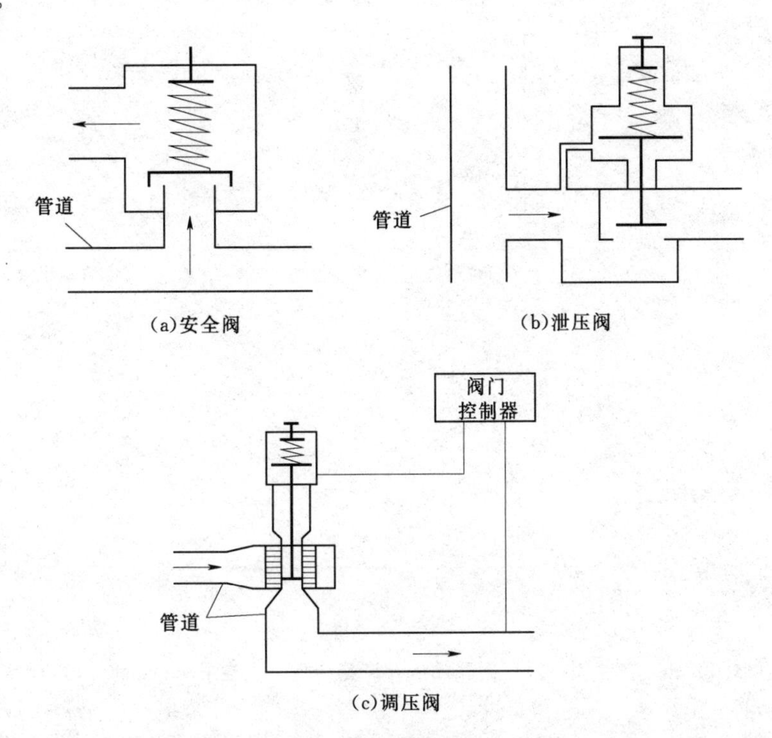

(a)安全阀 (b)泄压阀 (c)调压阀

图 10-4 安全阀、泄压阀和调压阀结构示意图

对于多个水泵一起向公共水池送水的水泵系统，选择一组较小的泄压阀或压力波动抑制阀比选择一个大型的压力波动抑制阀好（Lescovich，1967）。抑制阀可以安装在每个水泵上，或者统一安装在排水总管上。对于后一种布置，应当按照阀门依次逐一开启，而不是同时开启的方式设置每个阀门的承压限度。

调压阀（PRV）是由控制器控制的节流阀，通过接力器控制阀门开和关，其开启和关闭时间可以单独设置。调压阀安装在管道系统中紧接水泵的下游侧，或者电站厂房中水轮机的上游。水泵电机断电后，阀门迅速开启然后再逐渐关闭［图 10-5（c)］，以减小管道中的压力升高。在电站中，这种阀门的运行方式如下。如果电站与电网断开，则调压阀保持部分开启，以便迅速承担可能的最大增负荷。增负荷过程中，调压阀随水轮机导叶开启而同步关闭，以保持压力管道流速基本不变。电站甩负荷后，关闭导叶的同时开启调压阀，随后调压阀缓慢关闭。这样的操作方式会浪费一些水，但水量不大，因为孤立运行只是一个紧急工况。全甩负荷时，无论水轮机是正常运行还是孤立运行，水轮机水流都流向调压阀，调压阀随后缓慢关闭。

图 10-6 示意的是调压阀和水轮机的同步运行。理论上通过调压阀和水轮

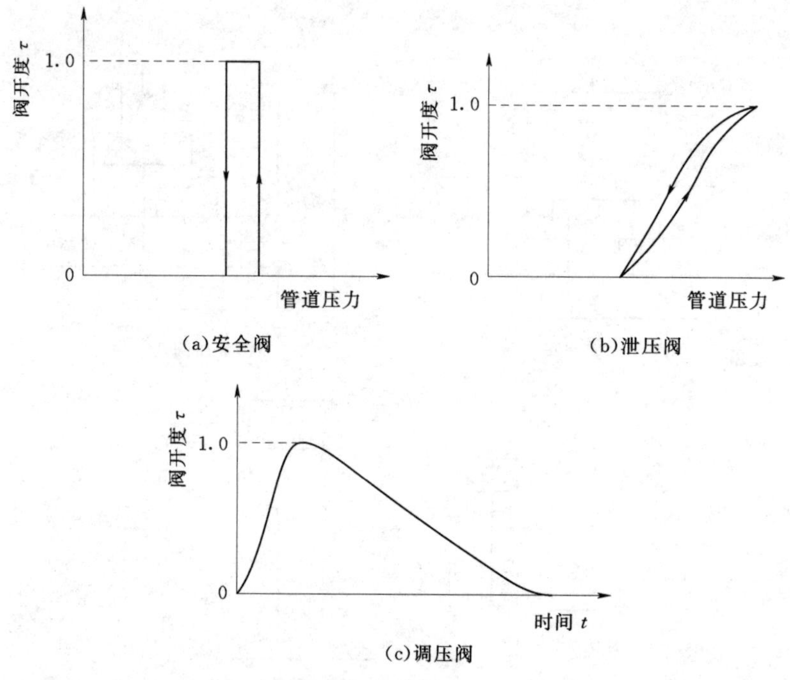

图 10-5 安全阀、泄压阀和调压阀流量特性（引自 Evangelisti，1969）

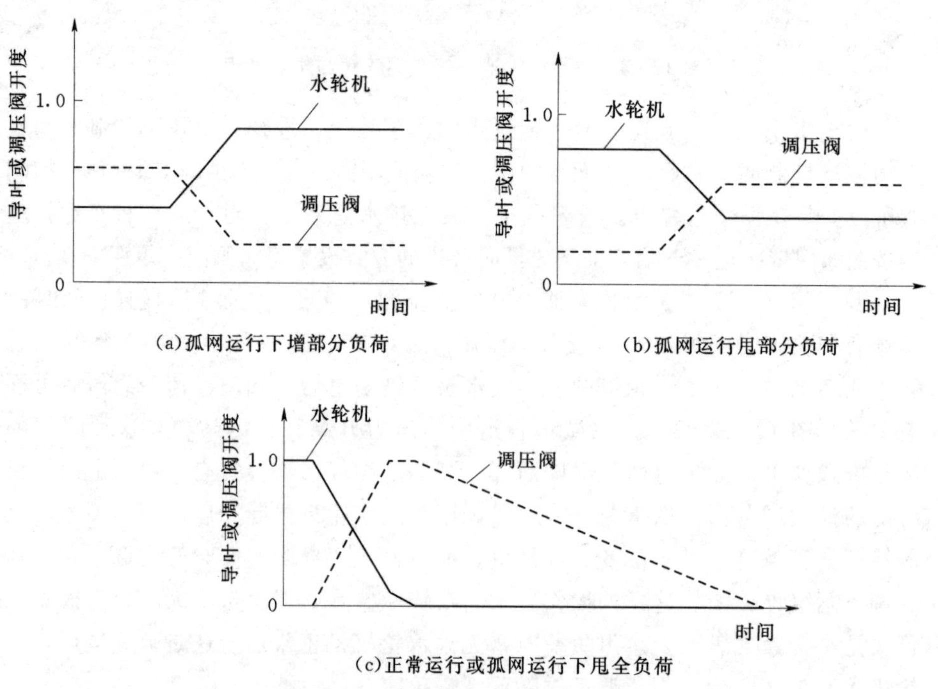

图 10-6 水轮机和调压阀同步运行

机流量特性的配合，可以将压力管道中流量净变化降到零。然而这通常是不可能实现的，水轮机和阀门流量特性是非线性的，而且调压阀和导叶的关闭（开启）之间存在滞后或延迟时间。滞后时间应尽可能短，以令压力管道中压力的升高或降低尽可能小。

空气阀在管道压力降到大气压力以下时，开始允许空气进入，通过补气以减小外部大气压和内部管道压力之间的压力差，从而防止管道被压坏。空气阀通过向管道中引入空气形成气垫，以减小液柱分离后再弥合过程中产生的高压。

一旦空气进入管道，则在管道重新充水时应格外注意。必须缓慢将管道中的空气排出，以防残留在管道中的空气产生非常高的压力（Albertson 和 Andrews，1971，Martin，1976）。

止回阀用于防止水流倒流，通常设置于泵后或在单向塔调压塔底部。最简单的止回阀是一种活瓣阀门，不过设置了缓冲器或者弹簧以防止阀门关闭过快。过快的关闭将导致管道中压力升高过大并（或）产生振动。

10.4.2 边界条件

在 3.3 节推导的边界条件可以应用于安全阀和泄压阀。如果断电后有止回阀将水泵同管道分开，则上述的边界条件也可用于调压阀。本节推导水泵和调压阀同步运行的边界条件。10.6 节已推导了混流式水轮机和调压阀边界条件。

止回阀可以在反向水流中作为管道的末端处理，而在正向水流中予以忽略。但是对于大型阀门，则需要进行更细致的分析。对于出水管流量减小时的止回阀关闭问题，可以应用习题 4.6 中的微分方程予以处理。

为了推导阀门边界条件，需要了解有效阀门开度 τ 随时间的变化关系。对于泄压阀或者压力波动抑制阀，τ 是阀门处管道压力的函数，随计算过程而定。调压阀开度 τ 和时间 t 的关系曲线是已知的。$\tau-t$ 曲线上中间时刻值可通过插值确定。

1. 调压阀和水泵

考虑如图 10-7 所示的调压阀和水泵布置。忽略水泵和断面（i，1）、阀门和断面（i，1）之间的管道。假定流向下游为正，那么断面（i，1）的连续方程可以写成

$$Q_{P_{i,1}}=n_P Q_{P p}-Q_{P_v} \tag{10-19}$$

式中：Q_P 为时段末的管道流量；下标 p、v 以及（i，1）分别为水泵、调压阀和断面（i，1）；n_P 为并联水泵的台数。

参照图 10-7，

$$H_{P_{i,1}}=H_{P_p}+H_{suc}-\Delta H_{P_d} \tag{10-20}$$

式中：H_{suc} 为进水池水位（在基准面以上的高度）；$H_{P_{i,1}}$ 为断面（i，1）处测

压管水头；ΔH_{P_d} 为出水阀门处的水头损失；H_{P_p} 为水泵扬程。

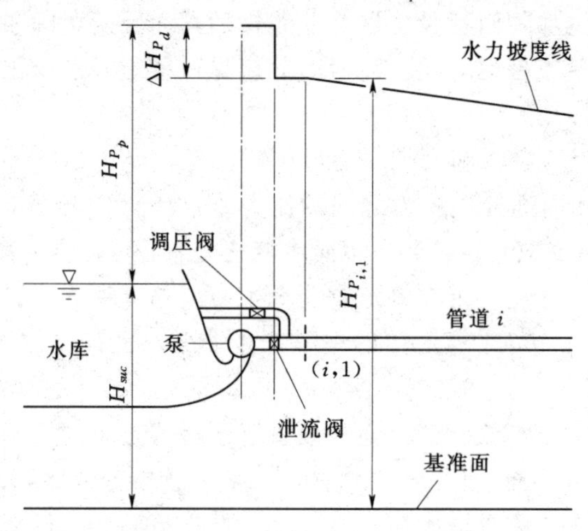

图 10-7 调压阀和离心泵系统

通过调压阀的流量 Q_{P_v} 由下式给出

$$Q_{P_v}=C_{pv}\tau_P\sqrt{H_{P_{i,1}}-z_0} \tag{10-21}$$

其中，$C_{pv}=Q_{0v}/\sqrt{H_0-z_0}$；$Q_{0v}$ 为在水头（H_0-z_0）下，通过全开阀门的流量；τ_P 为时段末阀门的有效开度，$\tau_P=(C_dA_v)/(C_dA_v)_0$；$C_d$ 为流量系数；A_v 为阀门开启的断面面积；z_0 为调压阀泄水处水库水位（基准面以上的高度）；下标 0 指稳定状态。如调压阀排水进入进水池，则 $z_0=H_{suc}$；如调压阀排水进入大气，则 z_0 为调压阀的设置高程（基准面以上的高度）。

下列的方程可用于上游端为水泵-调压阀的情况：

(1) 断面（i，1）处的负特征方程，方程（4-16）。

(2) 水头特性和扭矩特性方程，方程（4-7）和方程（4-8）。

(3) 转动质量方程，方程（4-14）。

现在有 7 个方程和 7 个未知量：Q_{Pp}、Q_{Pv}、$Q_{P_{i,1}}$、$H_{P_{i,1}}$、α_P、h_P 和 β_P。为了简化求解方程，对变量消元，得到包含两个未知量的两个方程，然后通过迭代法求解这两个方程，比如用牛顿—拉弗森法。本节将用牛顿-拉弗森法推导 F_1 和 F_2 的表达式及其导数。牛顿-拉弗森法已经在 4.4 节介绍过。

通过联合求解式（10-19）、式（10-21）和式（4-16），消去 $Q_{P_{i,1}}$ 和 $H_{P_{i,1}}$，进而结合等式 $\Delta H_{P_d}=C_vQ_{P_p}\mid Q_{P_p}\mid$，得到

$$\begin{aligned}n_PQ_{P_p}=&C_{pv}\tau_P\sqrt{H_{P_p}+H_{suc}-C_vQ_{P_p}|Q_{P_p}|-z_0}+C_n\\&+C_{a_i}(H_{P_p}+H_{suc}-C_vQ_{P_p}|Q_{P_p}|)\end{aligned} \tag{10-22}$$

将变量关系 $v_P=Q_{P_p}/Q_R$ 及 $h_P=H_{P_p}/H_R$ 带入式（10-22）后，可得

$$n_P Q_R v_P = C_{pv}\tau_P \sqrt{H_R h_P + H_{suc} - C_v Q_R^2 v_P |v_P| - z_0} + C_n + C_{a_i}(H_R h_P + H_{suc} - C_v Q_R^2 v_P |v_P|) \tag{10-23}$$

消去式（4-7）和式（10-23）中的去 h_P，并简化后可得

$$F_1 = C_{pv}\tau_P \times [a_1 H_R(\alpha_P^2 + v_P^2) + a_2 H_R(\alpha_P^2 + v_P^2)\tan^{-1}\frac{\alpha_P}{v_P} - C_v Q_R^2 v_P |v_P| + H_{suc} - z_0]^{\frac{1}{2}} + C_{a_i} a_1 H_R(\alpha_P^2 + v_P^2) + C_{a_i} a_2 H_R(\alpha_P^2 + v_P^2)\tan^{-1}\frac{\alpha_P}{v_P} - C_{a_i} C_v Q_R^2 v_P |v_P| - n_P Q_R v_P + C_n + C_{a_i} H_{suc} = 0 \tag{10-24}$$

式（10-24）对 α_P 和 v_P 求偏导数可得

$$\frac{\partial F_1}{\partial \alpha_P} = \frac{1}{2} C_{pv}\tau_P \times [a_1 H_R(\alpha_P^2 + v_P^2) + a_2 H_R(\alpha_P^2 + v_P^2)\tan^{-1}\frac{\alpha_P}{v_P} - C_v Q_R^2 v_P |v_P| + H_{suc} - z_0]^{-1/2}\left(2\alpha_P a_1 H_R + a_2 H_R v_P + 2a_2 H_R \alpha_P \tan^{-1}\frac{\alpha_P}{v_P}\right) + 2\alpha_P C_{a_i} a_1 H_R + 2\alpha_P C_{a_i} a_2 H_R \tan^{-1}\frac{\alpha_P}{v_P} + v_P C_{a_i} a_2 H_R \tag{10-25}$$

$$\frac{\partial F_1}{\partial v_P} = \frac{1}{2} C_{pv}\tau_P \times [a_1 H_R(\alpha_P^2 + v_P^2) + a_2 H_R(\alpha_P^2 + v_P^2)\tan^{-1}\frac{\alpha_P}{v_P} - C_v Q_R^2 v_P |v_P| + H_{suc} - z_0]^{-1/2}(2v_P a_1 H_R - a_2 H_R \alpha_P + 2a_2 H_R v_P \tan^{-1}\frac{\alpha_P}{v_P} - 2C_v Q_R^2 |v_P|) + 2v_P C_{a_i} a_1 H_R + 2v_P C_{a_i} a_2 H_R \tan^{-1}\frac{\alpha_P}{v_P} - \alpha_P C_{a_i} a_2 H_R - 2C_{a_i} C_v Q_R^2 |v_P| - n_P Q_R \tag{10-26}$$

F_2、$\partial F_2/\partial \alpha_P$ 和$\partial F_2/\partial v_P$ 的表达式可以通过式（4-20）、式（4-27）和式（4-28）分别求出。τ_P 的值可通过给定的阀门开度和时间关系曲线确定。联合求解式（10-24）～式（10-26），式（4-20），式（4-27）和式（4-28），遵循 4.4 节给出的步骤，可求出 α_P 和 v_P 的值。下面的图 10-8 可用于帮助理解求解流程。

2. 空气阀

当内部管道压力下降至外部大气压时，空气阀自动打开，允许空气进入管道。但当压力回升到大气压之上时，吸入的空气则被截留在管道中无法排出。对于复合式空气阀，其内部设置有一个大孔口吸入空气，一个小孔口排出空气。本节将推导空气阀的边界条件，同时在本节末还推导了复合空气阀的边界

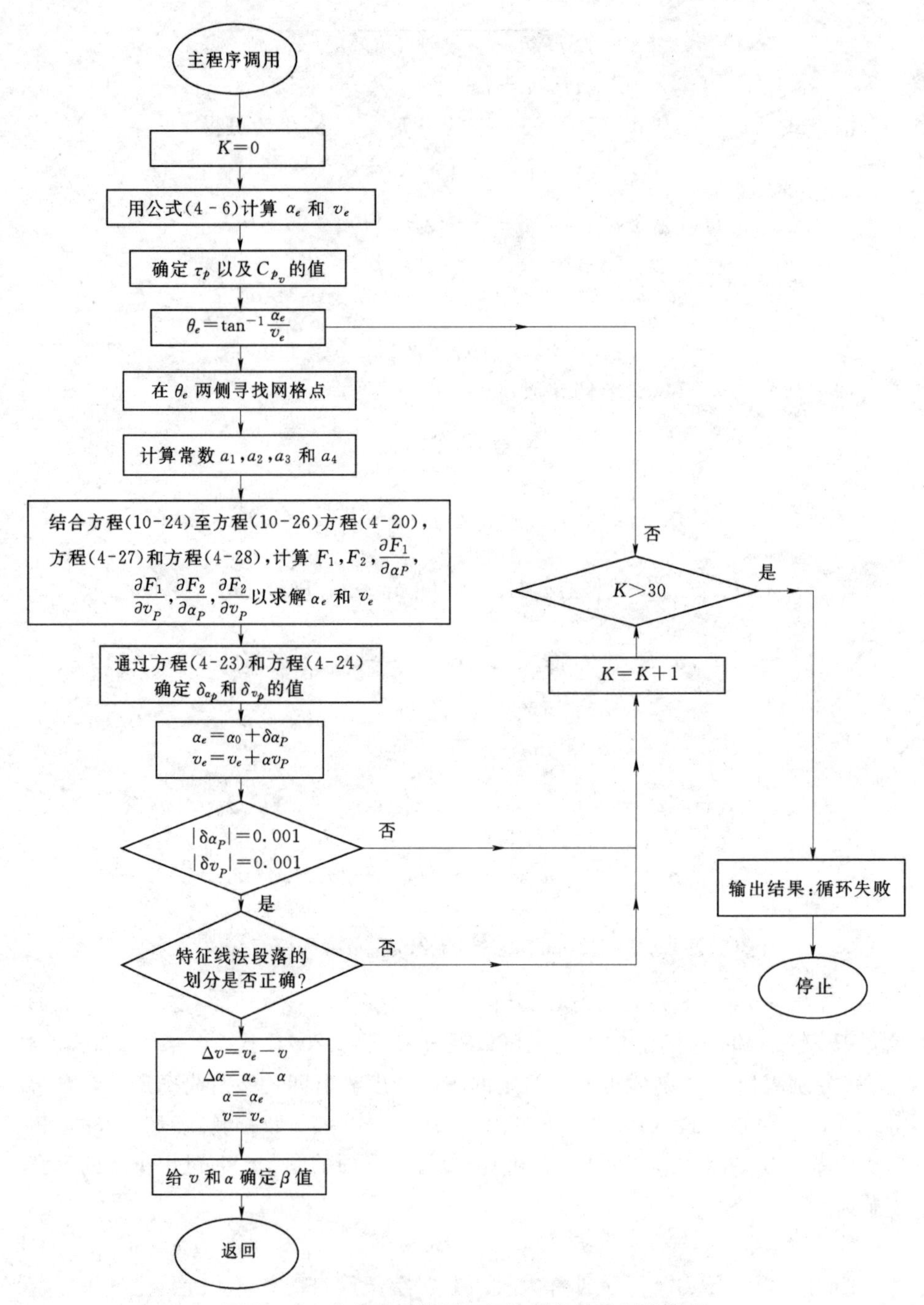

图 10-8 离心泵系统调压阀边界条件推导流程图

条件。

对于在第 i 和 $(i+1)$ 管段之间设置的空气阀，如图 10-9 所示，$(i, n+$

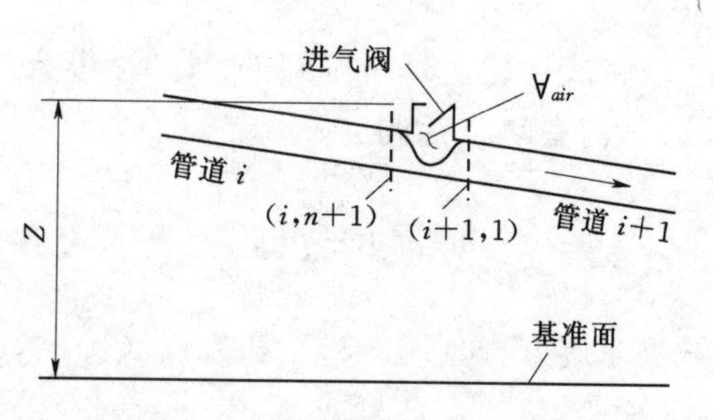

图 10-9 空气阀示意图

1）断面的正特征方程和（$i+1$，1）断面的负特征方程为

$$Q_{P_{i,n+1}}=C_p-C_{a_i}H_{P_{i,n+1}} \qquad (10-27)$$

$$Q_{P_{i+1,1}}=C_n+C_{a_{i+1}}H_{P_{i+1,1}} \qquad (10-28)$$

如果管道阀门处的水头损失不计入，则

$$H_{P_{i,n+1}}=H_{P_{i+1,1}} \qquad (10-29)$$

在接下来的讨论中，阀门处的测压管水头用 $H_{P_{i,n+1}}$ 表示。

作用在阀门上的水头 $H_{P_{i,n+1}}$ 下降到预定值 y 以下时阀门开启（Papadakis 和 Hsu，1997），随后空气进入管道。接着当 $H_{P_{i,n+1}}>y$ 时，阀门关闭，进入管道的空气截留在管道内。随着阀门处的压力变化，阀门可能在瞬变过程中开启和关闭数次，每一次阀门开启都将增加管道中截留的空气量。

基于以下假定推导边界条件：

（1）空气等熵进入管道。

（2）截留空气一直留在阀门处，并且不会被流动的液体带走。

（3）被截留的空气的膨胀和压缩满足等温变化。

令 m_a 表示时段初管道中截留的空气质量。那么，对于很小的时间间隔 Δt，时间段末的空气质量 m_{P_a} 为

$$m_{P_a}=m_a+\frac{\mathrm{d}m_a}{\mathrm{d}t}\Delta t \qquad (10-30)$$

其中，$\mathrm{d}m_a/\mathrm{d}t$ 为通过阀门流入管道的空气的质量随时间的变化率。

截留空气还应满足连续方程

$$\forall_{P_{air}}=\forall_{air}+0.5\Delta t[(Q_{P_{i+1,1}}+Q_{i+1,1})-(Q_{P_{i,n+1}}+Q_{i,n+1})] \qquad (10-31)$$

将式（10-27）～式（10-29）代入式（10-31）后得

$$\forall_{P_{air}}=C_{air}+0.5\Delta t(C_{a_i}+C_{a_{i+1}})H_{P_{i,n+1}} \qquad (10-32)$$

其中 $C_{air}=\forall_{air}+0.5\Delta t(C_n+Q_{i+1,1}-C_p-Q_{i,n+1})$

对于管道中等温膨胀和压缩的空气，满足

$$p\forall_{P_{air}}=m_{P_a}RT \qquad (10-33)$$

式中：R 为气体常数；p 和 T 分别为管道内气体的绝对压力和绝对温度。

绝对压力

$$p=\gamma(H_{P_{i,n+1}}-z+H_b) \qquad (10-34)$$

式中：z 表示阀门喉管在基准面以上的高度；γ 为管道内液体的重度；H_b 为大气压水头。

将式（10－34）得到的 $H_{P_{i,n+1}}$ 带入式（10－32）后，联立求解式（10－33），消去 $\forall_{P_{air}}$ 后得

$$m_{P_a}RT=p\left[C_{air}+0.5\Delta t(C_{a_i}+C_{a_{i+1}})\left(\frac{p}{\gamma}+z-H_b\right)\right] \tag{10-35}$$

联立求解方程（10－30）和方程（10－35），消去 m_{P_a} 后得

$$\left(m_a+\frac{\mathrm{d}m_a}{\mathrm{d}t}\Delta t\right)RT=p\left[C_{air}+0.5\Delta t(C_{a_i}+C_{a_{i+1}})\left(\frac{p}{\gamma}+z-H_b\right)\right] \tag{10-36}$$

以上方程中，p 和 $\mathrm{d}m_a/\mathrm{d}t$ 为两个未知量。如果管道内的绝对压力 p 小于 $0.53p_a$（p_a 为大气压力），那么通过阀门的空气流速为声速；如果 p 大于 $0.53p_a$ 但是小于 p_a，那么通过阀门的空气流速为亚声速。$\mathrm{d}m_a/\mathrm{d}t$ 的表达式为（Streeter，1966）如下。

当通过阀门的空气流速为亚声速（$p_a>p>0.53p_a$）时，满足

$$\frac{\mathrm{d}m_a}{\mathrm{d}t}=C_dA_v\sqrt{7p_a\rho_a\left(\frac{p}{p_a}\right)^{1.43}\left[1-\left(\frac{p}{p_a}\right)^{0.286}\right]} \tag{10-37}$$

当通过阀门的空气流速为声速（$p\leqslant 0.53p_a$）时，满足

$$\frac{\mathrm{d}m_a}{\mathrm{d}t}=0.686C_dA_v\frac{p_a}{\sqrt{RT_a}} \tag{10-38}$$

式中：C_d 为阀门流量系数；A_v 为阀门喉管处的开启断面面积；ρ_a 为管道外绝对大气压力 p_a 和绝对温度 T_a 时的空气质量密度。式（10－37）和式（10－38）可通过将 $k=1.4$ 带入 Streeter（1966）提出的方程后得到，其中 k 为空气的比热比。

将式（10－37）或式（10－38）带入式（10－36）得到关于 p 的非线性方程，可以通过牛顿-拉弗森等迭代方法求解。$H_{P_{i,n+1}}$、$\forall_{P_{air}}$、m_{P_a}、$H_{P_{i+1,1}}$、$Q_{P_{i,n+1}}$ 和 $Q_{P_{i+1,1}}$ 可以分别通过式（10－34）、式（10－32）、式（10－33）、式（10－29）、式（10－27）和式（10－28）求解得到。

在空气阀第一次开启之前 $m_a=0$。但是其后 m_a 的值随着每一次阀门的开启而增加。

注意，在以上的边界条件推导中，假定了没有空气从阀门流出。然而对于复合空气阀来说，因其不但有进气的大孔口，还有排气的小孔口，故当管道内压力超过外部压力时，空气通过空气阀释放出去，见习题10.6。当为空气出流时，可用空气出流方程替代空气入流方程求解，其中空气入流方向为正，空气出流方向为负。

10.5 瞬变过程最优控制

通过对各种辅助设备和控制装置进行合理操作，可以获得期望的系统响应，该操作方式称为**最优水流控制**。期望的系统响应包括：保持在瞬变过程中的最大和最小压力不超出限制范围；以最短的时间将水流由一个稳定状态过渡到另一个稳定状态；将水流由一个稳定状态过渡到另一个稳定状态而不发生振荡等。例如，下游管道末端的阀门合理关闭，可以在保证压力小于给定限制的条件下，当关闭动作停止时管道中瞬变过程也同时消失。这种阀门操作称为**最佳阀门关闭**（Ruus，1966）或**最佳阀调节**（Streeter，1963；Streeter，1967；Driels，1974，1975；Ikeo和Kobori，1975）。最优瞬变过程控制是一种设计或控制方法，它通过特定的方式改变水流边界条件，以获得想要的系统响应。这种方法类似于反问题分析方法，根据既定的系统响应，反推出相应的边界条件变化规律。

瞬变过程水流控制的典型应用如下：

(1) 改变供水或输油管道不同部位的出流量，而不影响其他用户的出流量。

(2) 为了从发电模式转变为抽水模式，或从抽水模式转变为发电模式，以最短时间在抽水蓄能电站输水管道中形成平稳水流。

(3) 开启或关闭管道系统中的控制阀门，保证管道压力在限制范围内。

(4) 甩负荷后关闭水轮机导叶，以减小压力上升和转速增大值。

(5) 在压力下降或升高不超过规定值的情况下，水轮机以最短时间增负荷或甩负荷。

(6) 利用下水道系统的存储容量，通过适当操作控制设备，令待处理的污水保持恒定出流。

为了节省篇幅，本章不介绍确定最优水流控制的计算过程。感兴趣的读者可以参阅Streeter和Wylie（1967）、Streeter（1963，1967）、Ruus（1966）、Driels（1974，1975）以及Ikeo和Kobori（1975）针对问题的求解步骤，还可查阅Ikeo和Kobori（1975）、Bell（1974）等，了解各种操作方法和研究手段的应用。

10.6 案例分析

本节介绍Jordan河改造工程的水电站输水管道瞬变过程计算分析与方案比选情况（Portfors和Chaudhry，1972；Chaudhry和Portfors，1972）。

10.6.1 设计

水电站设计时，考虑了多种水道布置方案（Forster 等，1970），并编制计算机程序对瞬变过程进行了分析（Bell，1969）。在工程建设中，提出了设计中计算结果是否准确的问题，故笔者为此编制了新的计算程序。本节将介绍新程序的细节。

如图 3－19 所示的是最经济的工程布置方案。在方案论证初期，假设了水锤的压力升高值为静水头的 30%，但随后的计算表明，减小其压力升高的百分数，对水电站调节及转速上升影响并不大，但可节约工程造价，故最终的设计方案采用了 20%的压力升高值。

在上游设置调压室和调压阀均可以保证瞬变过程中的压力管道最大压力值在设计限度范围内。但 Jordan 河的地形不适宜靠近厂房设置调压室，而且调压室造价昂贵。此外，计算结果显示，如果将调压室设置在离厂房 1.6km 远外，电站在满负荷孤立运行时将不稳定。

与调压室相比，调压阀与水轮机同步操作，能提供良好的调节特性。设置调压阀的造价与建造一座 90m 高的调压塔相当，不过最终选择了调压阀方案，因为该方案满足了运行要求。

10.6.2 数学模型

应用特征线法和随后将介绍的水轮机及调压阀同步运行边界条件，建立数学模型（Portfors 和 Chaudhry，1972；Chaudhry 和 Portfors，1972），分析电站引水管道中的瞬变过程（调压阀单独运行的边界条件在 3.11 节已介绍）。

指定紧接水轮机的压力管道上最后一个断面为（i，$n+1$），参阅图 10－10，连续方程可以写为

$$Q_{P_{i,n+1}}=Q_{P_{tur}}+Q_{P_v} \tag{10-39}$$

式中：$Q_{P_{tur}}$ 和 Q_{P_v} 分别为时段末水轮机和调压阀的流量。

断面（i，$n+1$）的正特征方程为

$$Q_{P_{i,n+1}}=C_p-C_a H_{P_{i,n+1}} \tag{10-40}$$

考虑净水头 H_n 以及尾水基准面以上的高度 H_{tail} 后，方程（10－40）变为

$$Q_{P_{i,n+1}}=C_p-C_a\left(H_n-\frac{Q^2_{P_{i,n+1}}}{2gA_i^2}+H_{tail}\right) \tag{10-41}$$

式中：A_i 为水轮机入口处压力管道断面面积。

若在分析中考虑 5.4 节中所指出的水轮机特性，则

$$Q_{P_{tur}}=a_3+a_2\sqrt{H_n} \tag{10-42}$$

式中：a_2 和 a_3 分别为式（5－3）中定义的常数。

调压阀中水流

$$Q_{P_v}=Q_r\sqrt{\frac{H_n}{H_r}} \quad (10-43)$$

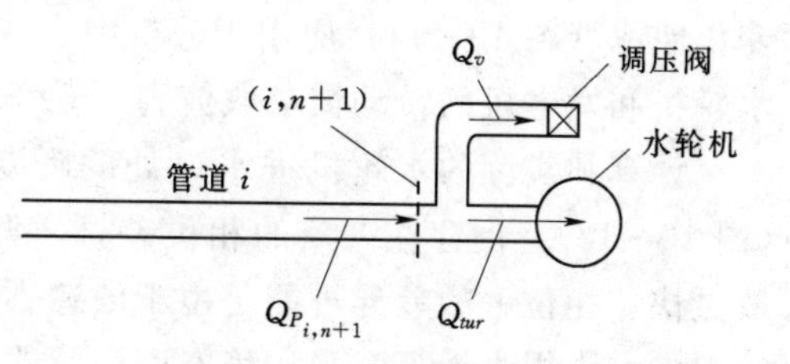

图 10-10 调压阀和混流式水轮机示意图

式中：Q_r 和 Q_{P_v} 分别为阀门开度 τ_P 条件下，在净水头 H_r 和 H_n 作用下的调压阀流量；并且下标 r 表示额定工况。

将式（10-42）和式（10-43）带入式（10-39），得到

$$Q_{P_{i,n+1}}=a_3+a_4\sqrt{H_n} \quad (10-44)$$

其中

$$a_4=a_2+Q_r/\sqrt{H_r}$$

从式（10-41）和式（10-44）消去 H_n 后，得

$$a_5Q_{P_{i,n+1}}^2+a_6Q_{P_{i,n+1}}+a_7=0 \quad (10-45)$$

其中，$a_5=C_a[1/(2gA_i^2)-1/a_4^2]$；$a_6=2a_3C_a/a_4^2-1$；$a_7=C_p-C_aa_3^2/a_4^2$。方程（10-45）的解为

$$Q_{P_{i,n+1}}=\frac{-a_6-\sqrt{a_6^2-4a_5a_7}}{2a_5} \quad (10-46)$$

至此，H_n、$Q_{P_{tur}}$、Q_{P_v} 和 $Q_{P_{i,n+1}}$ 可以通过式（10-44）、式（10-42）、式（10-43）和式（10-40）分别求解得到。

在 5.6 节介绍的迭代程序可用于精确求解和确定水轮机转速。

10.6.3 结果

将前述数学模型计算得到的压力变化过程与电站甩 150MW 负荷后原型实测结果进行比较，并将原型实验记录得到的调压阀和水轮机导叶开度随时间的

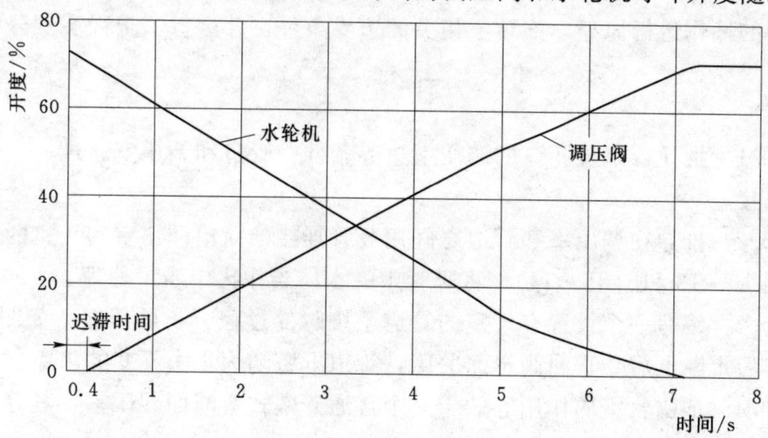

图 10-11 甩 150MW 负荷情况下的导叶和调压阀开度变化过程图

变化曲线（图 10－11）应用于分析中。在计算瞬变过程的水轮机转速变化时，水轮机和发电机的转动惯量取值为 $1.81\times10^{6}\mathrm{kg}\cdot\mathrm{m}^{2}$。

计算和实测的水轮机进水口处的瞬变过程压力比较表明，两者基本一致（图 10－12），但存在一定的相位差，实测结果的压力振荡较计算结果波动耗散更快。相位上的差异可能是由于波速不准确造成的，耗散率的差别则是瞬变过程中水头损失计算时采用稳态摩阻公式所致。

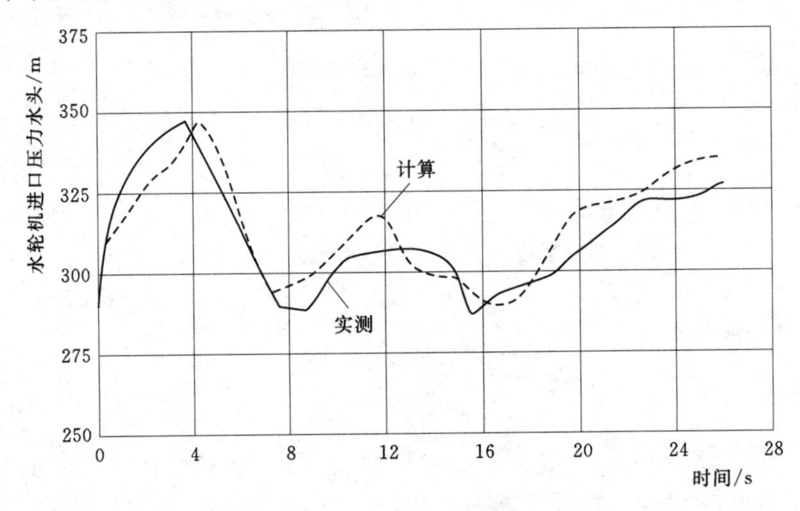

图 10－12　水轮机进水口处压力变化过程的计算值和实测值对比图

10.7　本章小结

本章介绍了一些常见的用于控制管道瞬变过程的设备和水力元件，并简述了它们的操作运行原理，推导了相关的边界条件，并进行了工程实例分析。

习　题

10.1　推导带阻抗孔口的调压室边界条件。管道和调压室通过一个阻抗孔相互连接。

10.2　推导在调压室和管道之间用竖管连接的简单调压室和气室的边界条件（图 10－13 和图 10－14）。将竖管中的水体当作集中质量处理。

10.3　编写一个设置有气室的管道系统瞬变过程分析的程序，如图 10－2 所示。假定断电后，止回阀迅速关闭，管道下游端为水头不变的水库。

10.4　证明气室的作用等效于一个普通开敞式变断面调压室，其等效面积满足（Evangelisti，1969）

$$A_s=\frac{1}{m}\frac{\forall_{0_{air}}H_0^{*(1/m)}}{[H_{P_{i,n+1}}+H_b]^{(m+1)/m}}$$

其中变量的定义同10.3节。

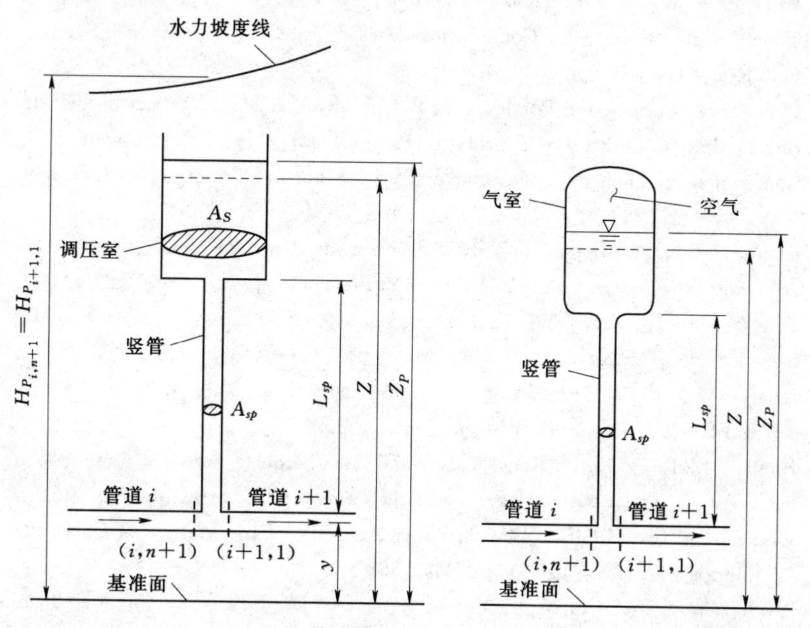

图 10-13　带连接竖管的普通调压室　　　图 10-14　带连接竖管的气室

10.5　推导如图10-7所示的离心泵-调压阀系统的边界条件。假设通过调压阀的泄流流入水泵的吸水池。［提示：式（10-21）可修改为 $Q_{P_v}=\tau_P Q_0\sqrt{(H_{P_{1,1}}-H_{P_0})/H_0}$，其中 $H_{P_{1,1}}$ 为水泵吸水侧的测压管水头，且 H_0 表示恒定状态的水泵扬程。］

10.6　推导管道内部压力超过外部大气压时，管道中空气排出而液体不溢出的空气阀的边界条件。［提示：应用类似于式（10-37）和式（10-38）的表达式计算阀门空气出流的时间变化率。由于式（10-30）和式（10-36）中空气入流假定成了正方向，空气出流的 dm_a/dt 项应为负。］

参 考 文 献

［1］ Albertson, M. L. and Andrews, J. S., 1971, "Transients Caused by Air Release," in Control of Flow in Closed Conduits, edited by Tullis, J. P., Colorado State University, Fort Collins, CO.

［2］ Allievi, L., 1937, "Air Chamber for Discharge Lines," Trans., Amer. Soc. of Mech. Engrs., vol. 59, Nov., pp. 651-659.

［3］ Angus, R. W., 1937, "Air Chambers and Valves in Relation to Waterhammer,"

Trans., Amer. Soc. of Mech. Engrs., vol. 59, Nov., pp. 661 - 668.

[4] Bell, P. W. W., 1969, "User's Manual for WATHAM," Draft, International Power and Engineering Consultants, Vancouver, Canada.

[5] Bell, P. W. W., Johnson, G., and Winn, C. B., 1974, "Control Logic for Real Time Control of Flow in Combined Sewers," Proc., 9th Canadian Symp., Water Poll. Res., Canada, pp. 217234.

[6] Chaudhry, M. H., and Portfors, E. A., 1973, "A Mathematical Model for Analyzing Hydraulic Transients in a Hydro Power Plant," Proc. First Canadian Hydraulic Conference, published by the University of Alberta, Edmonton, Alberta, Canada, May, pp. 298 - 314.

[7] Combes, G., and Borot, G., 1952, "New Chart for the Calculation of Air Vessels Allowing for Friction Losses," La Houille Blanche, pp. 723 - 729.

[8] Driels, M., 1974, "Valve Stroking in Separated Pipe Flow," Jour., Hyd. Div., Amer. Soc. of Civ. Engrs., vol. 100, Nov., pp. 1549 - 1563.

[9] Driels, M., 1975, "Predicting Optimum Two—Stage Valve Closure," Paper No. 75 - WA/FE - 2, Amer. Soc. of Mech. Engrs., 7 pp.

[10] Engler, M. L., 1933, "Relief Valves and Air Chambers," Symposium on Waterhammer, Amer. Soc. of Mech. Engrs. and Amer. Soc. Civil Engrs., pp. 97 - 115.

[11] Evangelisti, G., 1969, "Waterhammer Analysis by the Method of Characteristics," L' Energia Elettrica, no. 12, pp. 839 - 858.

[12] Evans, W. E. and Crawford, C. C., 1954, "Design Charls for Air Chambers on Pump Lines," Trans., Amer. Soc. of Civil Engrs., vol. 119, pp. 1025 - 1045.

[13] Forster, J. W., Kadak, A., and Salmon, G. M., 1970, "Planning of the Jordan River Redevelopment," Engineering Jour., Engineering Inst. of Canada, Oct., pp. 34 - 43.

[14] Graze, H. R., 1972, "The imponance of Temperature in Air Chamber Operations," Proc. First International Conference on Pressure Surges, British Hydromechanics Research Assoc., England, pp. F2 - 13 - F2 - 21.

[15] Graze, H. R., Schübert, J., and Forrest, J. A., 1976, "Analysis of Field Measurements of Air Chamber Installations," Proc. Second International Conf. on Pressure Slirges, British Hydromechanics Research Association, pp. K2 - 19 - K2 - 36.

[16] Ikeo, S. and Kobori, T., 1975, "Waterhammer Caused by Valve Stroking in Pipeline With Two Valves," Bull., Japan Soc. of Mech. Engrs., vol. 18, October, pp. 1151 - 1157.

[17] Lescovich, J. E., 1967, "The Control of Water Hammer by Automatic Valves," Jour. Amer. Water Works Assoc., May, pp. 832 - 844.

[18] Martin, C. S., 1976, "Entrapped Air in Pipelines," Proc. Second Conference on Pressure Surges, British Hydromechanics Research Assoc., England.

[19] Papadakis, C. N. and Hsu, S. T., 1977, "Transient Analysis of Air Vessels and Air Inlet Valves," Jour., Fluid Engineering, Amer. Soc. of Mech. Engrs.

[20] Portfors, E. A. and Chaudhry, M. H., 1972, "Analysis and Prototype Verification

of Hydraulic Transients in Jordan River Power Plant," Proc. First Conference on Pressure Surges, British Hydromechanics Research Assoc. , England, Sept. , pp. E4 - 57 - E4 - 72.

[21] Ruus, E. , 1966, "Optimum Rate of Closure of Hydraulic Turbine Gates," presented at Amer. Soc. of Mech. Engrs. Engineering Inst. of Canada Conference, Denver, Colorado, April.

[22] Ruus, E. , 1977, "Charts for Waterhammer in Pipelines with Air Chamber," Canadian Jour. of Civil Engineering, vol. 4, no. 3, Sept. , pp. 293 - 313.

[23] Streeter, V. L. , 1963, "Valve Stroking to Control Water Hammer," Jour. , Hyd. Div. ,Amer. Soc. of Civil Engineers, vol. 89, March, pp. 39 - 66.

[24] Streeter, V. L. , 1966, Fluid Mechanics, 4th edition, McGraw - Hill Book Co. , p. 304.

[25] Streeter, V. L. , 1967, "Valve Stroking for Complex Piping Systems," Jour. Hyd. Div. , Amer. Soc. of Civ. Engrs. , vol. 93, May, pp. 81 - 98.

[26] Tucker, D. M. and Young, G. A. J. , 1962, "Estimation of the Size of Air Vessels," Report SP 670, British Hydromechanics Research Assoc.

附加参考文献

[1] Bechteler, W. , 1969, "Surge Tank and Water Hammer Calculations on Digital and Analog Computers," Water Power, vol. 21, no. 10, Oct. , pp. 386 - 390.

[2] Chaudhry, M. H. , 1968, "Boundary Conditions for Waterhammer Analysis," thesis submitted to the Univ. of British Columbia, Vancouver, Canada, in pallial fulfillment of the requirements of M. A. Sc. , April.

[3] Jacobson, R. S. , 1952, "Charts for Analysis of Surge Tanks in Turbine or Pump Installations," Special Report 104, Bureau of Reclamation, Denver, Colorado, Feb.

[4] Kerr, S. L. , 1960, "Effect of Valve Operation on Waterhammer," Jour. Amer. Water Works Assoc. , vol. 52, Jan.

[5] Kinno, H. , 1968, "Waterhammer Control in Centrifugal Pump Systems," Jour. Hyd. Div. , Amer. Soc. of Civ. Engrs. , May, pp. 619 - 639.

[6] Lindros, E. , 1954, "Grand Coulee Model - Pump Investigation of Transient Pressures and Methods for Their Reduction," Trans. , Amer. Soc. of Mech. Engrs. , p. 775.

[7] Lundgren, C. W. , 1961, "Chal1s for Determining Size of Surge Suppressors for Pump - Discharge Lines," Jour. Engineering for Power, Amer. Soc. of Mech. Engrs. , Jan. , pp. 43 - 46.

[8] Meeks, D. R. and Bradley, M. J. , 1970, "The Effect of Differential Throttling on Air Vessel Performance," Symposium on Pressure Transients, The City University, London, Nov.

[9] Parmakian, J. , 1950, "Air Inlet Valves for Steel Pipe Lines," Trans. , Amer. Soc. of the Civ. Engrs. , vol. 115, pp. 438 - 443.

[10] Parmakian, J. , 1953, "Pressure Surge Control at Tracy Pumping Plant," Proc. , A-

mer. Soc. of Civil Engrs., vol. 79, Separate No. 361, Dec..

[11] Parmakian, J., 1953, "Pressure Surge at Large Installations," Trans., Amer. Soc. of Mech. Engrs., p. 995.

[12] Parmakian, J., 1958, "One - Way Surge Tanks for Pumping Plants," Trans., Amer. Soc. of Mech. Engrs., pp. 1563 - 1573.

[13] Ruus, E. and Chaudhry, M. H., 1969, "Boundary Conditions for Air Chambers and Surge Tanks," Engineering Jour., Engineering Inst. of Canada, Nov., pp. Ⅰ-Ⅵ.

[14] Strowger, E. B., 1937, "Relation of Relief Valve and Turbine Characteristics in the Determination of Waterhammer," Trans., Amer. Soc. of Mech. Engrs., vol. 59, Nov., pp. 701 - 705.

[15] Whiteman, K. J. and Pearsall, I. S., 1962, "Reflex Valve and Surge Tests at a Pumping Station," Fluid Handling, vol. 152, Sept. and Oct., pp. 248 - 250, 282 - 286.

[16] Widmann, R., 1965, "The Interaction Between Waterhammer and Surge Tank Oscillations," International Symposium on Waterhammer in Pumped Storage Projects, Amer. Soc. of Mech. Engrs., Chicago Nov., pp. 1 - 7.

[17] Wood, D. J., 1970, "Pressure Surge Attenuation Utilizing an Air Chamber," Jour., Hyd. Div., Amer. Soc. of Civil Engrs., vol. 96, May, pp. 1143 - 1156.

第 11 章
调压室

瑞典电力局的 Vietas 调压室模型（由瑞典电力局和 C. S. Martin，1973 提供）

11.1 引言

调压室也称为**调压井**，是指连接在水电站或泵站输水管道系统上的开敞式立管或竖井。调压室顶部通常与大气相通。图11-1是一个典型的带上游调压室的水电站布置示意图。调压室与上游水库之间的管道称为**引水隧洞**，调压室与水轮机之间的管道称为**压力管道**。

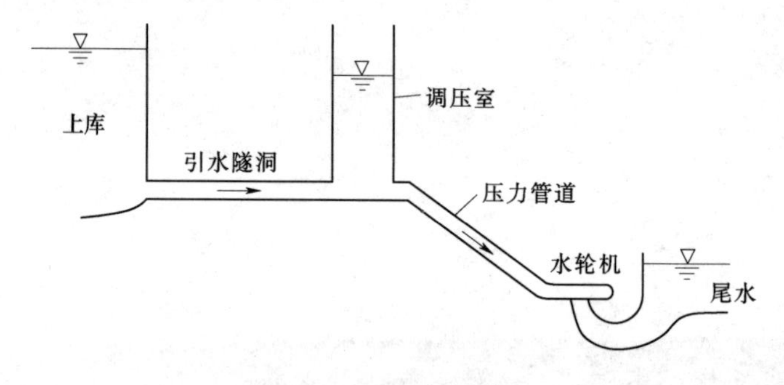

图11-1 水电站示意图

第一，通过反射压力波、储存和提供水体，调压室能减小压力波动的振幅，抑制引水隧洞中水流的加速或减速。例如，水轮机流量变化引起的压力管道中的水击波。该波传播到调压室处会被反射回压力管道，不会进入引水隧洞（图11-1）。正是这些反射使压力升高或降低值比不设调压室时要小。若不设调压室，引水隧洞需按承受水击压力来设计。

第二，调压室还改善了水轮机的调节特性。水电站水流惯性时间常数（见5.10节）应根据从水轮机到调压室，而不是到上游水库的管道长度进行计算。因此，设置调压室后，由于水流加速时间的减小，电站的调节特性得到改善。

在先前章节中，运用适用于快速瞬变的分布系统法进行瞬变过程分析。但是，调压室水位波动缓慢，应采用集中系统法进行计算。此外，调压室的波动稳定性研究也要用集中系统法，而不是分布系统法。

本章将运用集中系统方法分析调压室水位波动。首先介绍调压室的不同类型，推导简单式、阻抗式、差动式和封闭式调压室的水位波动微分方程，给出求解这些方程的数值计算方法。然后利用相平面法研究简单式和封闭式调压室的稳定性。最后扼要介绍Chute-des-Passes电站调压室系统的设计。

11.2 调压室类型

按照结构布置，调压室可分为**简单式**、**阻抗式**、**差动式**、**单向式**和**封闭式**

等类型。下面对它们做简要介绍。

简单式调压室是一个连接到管道上的开敞式竖管或竖井，其与管道连接处水头损失可忽略。如果调压室的进口用一个阻抗孔或一段直径较小的管道来限制，则称为**阻抗式调压室**。具有升管的阻抗式调压室称为**差动式调压室**。在单向式调压室中，只有在管道中的水压降低到调压室水位以下时，水流才会从调压室流入管道，之后，调压室会通过管道或其他水源充满。顶部封闭且在水面与顶部之间充满压缩空气的调压室称为**封闭式调压室**，也称气压室或**气垫式调压室**。调压室有时需要设置上室或下室，以便提供更多的水体或更大的横截面积来满足调压室稳定性的要求。图 11-2 显示了一些典型的调压室类型。

如果需要，工程中可联合应用不同类型的调压室。在对现有工程的翻新、修复或升级中经常这样做。

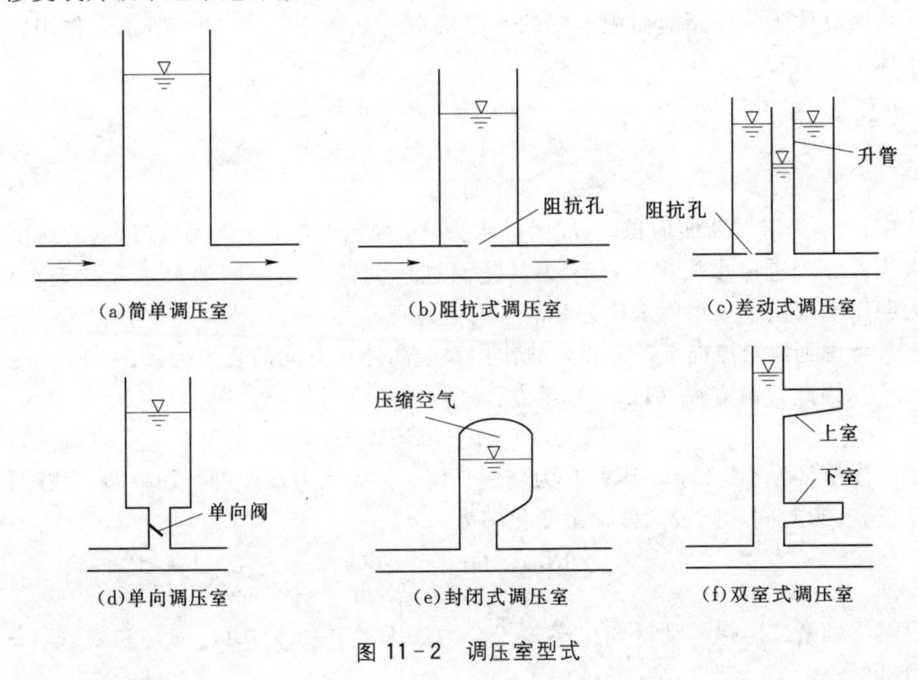

(a)简单调压室 (b)阻抗式调压室 (c)差动式调压室

(d)单向调压室 (e)封闭式调压室 (f)双室式调压室

图 11-2 调压室型式

11.3 控制方程

运动方程和连续方程描述了调压室的水位波动。为简化推导，作如下假定：

(1) 管壁是刚性的，水体不可压缩。这样，系统中任意断面的流量变化将立即传递到整个系统，水在隧洞中像固体一样运动；

(2) 调压室中水体惯性相比隧洞可以忽略不计；

(3) 瞬变过程中管道系统的水头损失可以按照相应流速下的稳态水头损失公式计算。

根据假设 1，流量沿程不变，仅仅是时间的函数。因此，运动方程和连续方程没有对空间的导数，是常微分方程而不是偏微分方程。

不同类型调压室的控制方程将在下面推导。

11.3.1 简单式调压室

简单式调压室直接与管道相连，调压室与管道间的水头损失可忽略不计。

图 11-3 (a) 是一个上游简单式调压室，其下游侧的水泵或水轮机用一个控制阀替代。阀门处流量的变化将导致调压室中水位波动。

1. *动力方程*

脱离体为一段断面面积不变的水平隧洞，如图 11-3 (b) 所示。作用在水体上的力有

$$F_1=\gamma A_t(H_0-h_v-h_i) \tag{11-1}$$

$$F_2=\gamma A_t(H_0+z) \tag{11-2}$$

$$F_3=\gamma A_t h_f \tag{11-3}$$

式中：A_t 为隧洞断面面积；H_0 为静水头；γ 为水的容重；h_v 为进口处的速度水头；h_i 为进口水头损失；h_f 为从隧洞进口到调压室之间的总水头损失；z 为调压室水位，以水库水位为基准（向上为正）。

考虑到流量流向下游为正，故作用在脱离体正方向的合力为 $\sum F=F_1-F_2-F_3$。因此，由方程 (11-1) 至方程 (11-3) 可得

$$\sum F=\gamma A_t(-z-h_v-h_i-h_f) \tag{11-4}$$

脱离体质量为 $\gamma A_t L/g$，其中 L 为隧洞长度；g 为重力加速度。如果 Q_t 为隧洞流量，t 为时间，则脱离体动量变化率为

$$\frac{\gamma A_t L}{g}\frac{\mathrm{d}}{\mathrm{d}t}\left(\frac{Q_t}{A_t}\right)=\frac{\gamma L}{g}\frac{\mathrm{d}Q_t}{\mathrm{d}t} \tag{11-5}$$

根据牛顿第二定律，动量变化率等于合力。因此，由式 (11-4) 和式 (11-5) 可得

$$\frac{\gamma L}{g}\frac{\mathrm{d}Q_t}{\mathrm{d}t}=\gamma A_t(-z-h_v-h_i-h_f) \tag{11-6}$$

令 $h=h_v+h_i+h_f=cQ_t|Q_t|$，式中 c 为系数，则式 (11-6) 可写为

$$\frac{\mathrm{d}Q_t}{\mathrm{d}t}=\frac{gA_t}{L}(-z-cQ_t|Q_t|) \tag{11-7}$$

值得注意的是，为考虑水流反向，水头损失 h 表示为 $cQ_t|Q_t|$。

上述推导过程中，假定隧洞水平且断面面积沿程不变。但式 (11-7) 同样适用于倾斜布置（参见习题 11.3）和断面面积变化的隧洞。对于沿管线具

有 n 段不同断面面积的引水隧洞，只需用$\sum_{i=1}^{n}(A_t/L)_i$ 代替式（11-7）中 A_t/L 即可（参见习题 11.5）。

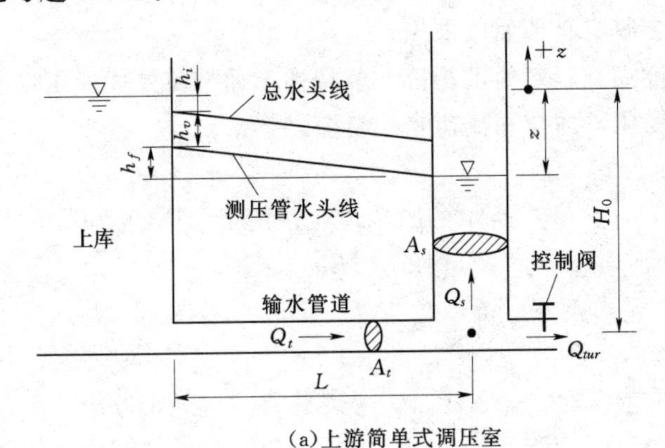

(a)上游简单式调压室

$F_3=\gamma A_t h_f$

$F_1=\gamma A_t(H_0-h_v-h_i)$ → ← $F_2=\gamma A_t(H_0-z)$

W

L

(b)脱离体图

图 11-3 简单调压室符号标志

2. 连续方程

如图 11-3，隧洞与调压室连接处的连续性方程可写为

$$Q_t=Q_s+Q_{tur} \tag{11-8}$$

式中：Q_s 为流入调压室的流量（流入为正）；Q_{tur} 为水轮机流量。

对于水泵系统，把水泵流量命名为 Q_{tur}，式（11-8）同样适用。因为 $Q_s=A_s(\mathrm{d}z/\mathrm{d}t)$，方程（11-8）变为

$$\frac{\mathrm{d}z}{\mathrm{d}t}=\frac{1}{A_s}(Q_t-Q_{tur}) \tag{11-9}$$

值得注意的是，式（11-7）和式（11-9）适用于上游简单调压室。只要恰当考虑速度水头 h_v 的影响，这组方程同样适用于尾水调压室（即调压室位于水轮机下游侧）。

11.3.2 阻抗式调压室

阻抗式调压室的阻抗孔在隧洞和调压室之间，限制流进和流出调压室的水流［图 11-2（b)］。与简单式调压室相比，这种限制减小了调压室中水位波动的振幅，加快了引水隧洞中水流加速或减速的水头的生成，减少了流入和流出调压室的水体。因此，阻抗式调压室尺寸比简单式调压室要小。但阻抗式调

压室的不足是：

(1) 在调压室处，水击波动部分反射回压力管道，部分透射入引水隧洞，这一点在设计隧洞时必须加以考虑；

(2) 带阻抗式调压室的水轮机调节特性不如带简单式调压室的，因为随着水轮机流量的变化，加速和减速水头会随之产生。

动力方程

对于如图 11-4 (b) 所示的脱离体，作用于水体的力有

$$F_1=\gamma A_t(H_0-h_i-h_v) \tag{11-10}$$

$$F_2=\gamma A_t(H_0+z+h_{orf}) \tag{11-11}$$

$$F_3=\gamma A_t h_f \tag{11-12}$$

式中阻抗损失系数 $h_{orf}=c_{orf}Q_s|Q_s|$。考虑到向下游为正方向，则作用在脱离体正方向的合力为$\sum F=F_1-F_2-F_3$。由式 (11-5)，隧洞中水体动量变化率为 $(\gamma L/g)$ $(\mathrm{d}Q_t/\mathrm{d}t)$。应用牛顿第二定律，并代入 F_1、F_2、F_3 的表达式 [式 (11-10) 至式 (11-12)]，得

$$\frac{\gamma L}{g}\frac{\mathrm{d}Q_t}{\mathrm{d}t}=\gamma A_t(-z-h_v-h_i-h_f-h_{orf}) \tag{11-13}$$

令 $h=h_v+h_i+h_f=cQ_t|Q_t|$，代入 h_{orf} 的表达式并简化，式 (11-13) 变成：

$$\frac{\mathrm{d}Q_t}{\mathrm{d}t}=\frac{gA_t}{L}(-z-cQ_t|Q_t|-c_{orf}Q_s|Q_s|) \tag{11-14}$$

式中：c 为系数。

简单式调压室的连续方程 [式 (11-9)] 同样适用于阻抗式调压室。

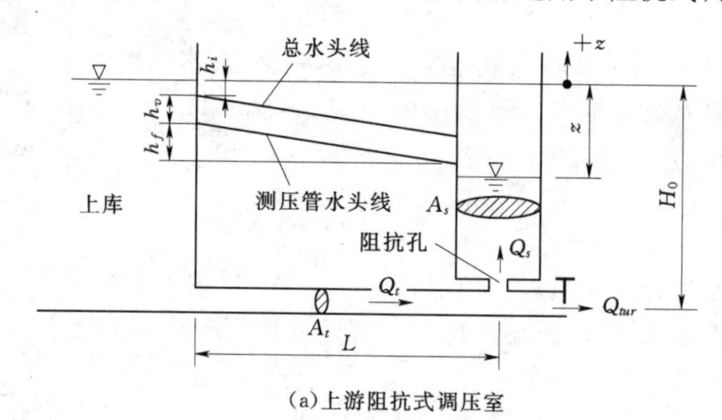

图 11-4 阻抗式调压室符号标志

11.3.3 差动式调压室

差动式调压室［图 11－2（c）］的升管的作用类似一个简单调压室，大井的作用则类似阻抗式调压室。因此，差动式调压室是简单式调压室与阻抗式调压室的结合方案。在这种调压室中，随着压力管道中流量变化，在隧洞中形成的加速水头或减速水头比阻抗式调压室要慢，但比简单调压室要快。因此，其大井面积比等效的简单调压室要小，水轮机调节能力比阻抗式调压室的要好。

图 11－2（c）所示的是一个典型的差动式调压室，其中阻力孔口设在引水隧洞和大井之间。当然，根据地形条件的不同，升管和大井之间的距离不一定如图中这样近。升管可以溢流到大井中。恒定流状态下，大井和升管的水面线保持齐平。增负荷时，机组增加的引水量首先由升管供给。由于升管面积小，升管中水位迅速下降，于是短时间内在隧洞中形成一个加速水头。后续大井中水位缓慢下降，以补充所需水量。机组甩负荷后，升管中水位迅速升高以储蓄多余水量，于是短时间内在隧洞中产生一个减速水头，并在大井孔口上形成水头差，水轮机所甩荷多余的水量被通过孔口压入调压室中。

运动方程和连续方程的表达如下。

参阅图 11－5，采取类似于简单调压室及阻抗式调压室的推导方法，获得运动方程

$$\frac{L}{gA_t}\frac{\mathrm{d}Q_t}{\mathrm{d}t}=-z_r-cQ_t|Q_t| \tag{11-15}$$

式中：z_r 为升管与水库的水位差（向上为正）。

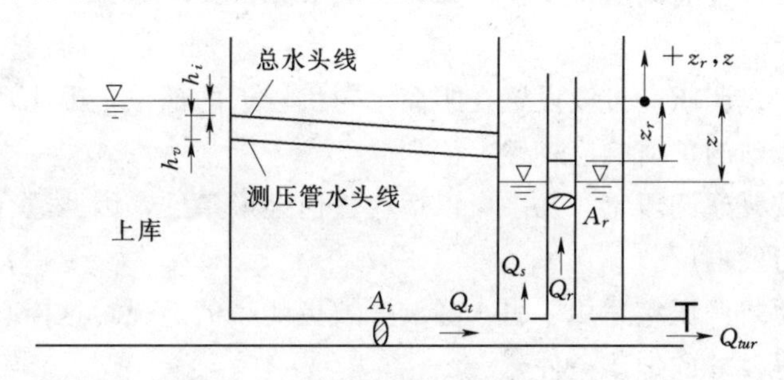

图 11－5 差动式调压室符号标志

隧洞和调压室连接处的连续方程为

$$Q_t=Q_s+Q_r+Q_{tur} \tag{11-16}$$

式中：Q_r 为流进或流出升管的流量；Q_s 为流进或流出大井的流量。

Q_s 取决于升管与大井的水位差，以及大井底部孔口的尺寸和特性，可按下式确定：

$$Q_s=\pm C_dA_{orf}\sqrt{2g|z_r-z|} \tag{11-17}$$

式中：C_d 为孔口流量系数；A_{orf} 为孔口断面面积。如果 $z_r>z$，水流进大井，Q_s 为正；反之，$z_r<z$，则 Q_s 为负。流进或流出大井的流量系数可能有不同的数值。此外，式（11-17）是在升管没有向大井溢流的情况下得出的。一旦有水流从升管溢进大井，则该方程就需要修改。

可用下面方程计算升管和大井的水位变化：

$$A_s=\frac{dz}{dt}=Q_s \tag{11-18}$$

$$A_r\frac{dz_r}{dt}=Q_t-Q_s-Q_{tur} \tag{11-19}$$

11.3.4 封闭式调压室

正如第10章所述，近100年来封闭式调压室被广泛应用于泵站水击的控制（Allievi，1937；Paramkian，1963）。它主要以空气室、压气罐、空气瓶等形式出现，已经被作为防止共振的装置安装于输油管线（Lundberg，1966）和水力发电厂（Gardner，1973）。另外，作为水击控制装置在美国小型水力发电厂的应用也有100年历史。然而由于控制过程的稳定性问题（Paramkian，1981），该装置的使用也是断断续续的。问题可能大部分源于液压调速器本身。不过在挪威几个大型水力发电厂的应用效果令人满意。美国陆军工程兵团在设计Snettisham工程时（Chaudhry，1983）曾考虑使用过封闭式调压室。

封闭式调压室在实际水电站的应用中有如下优势：

(1) 花费较普通调压室少，例如，挪威Driva水力发电厂工程中节省了数百万挪威克朗。

(2) 封闭式调压室可以设置在距离水轮机较近的部位，因此，它可以控制涌浪并改善电站的负荷响应特性。

(3) 相较普通调压室，几乎可以适应任何地形条件，因此适合用于重建和改造旧的水力发电厂。

(4) 封闭式调压室适用于引水隧洞底坡更陡峭的情况，这样既减少了施工费用又可获得较好的地质条件。

(5) 在气候较冷的地方，封闭式调压室较其他调压室更加便于防冰。

封闭式调压室的主要缺点是它需设置空气压缩机，增加了维护成本。

如图11-6所示，假设压缩气体的膨胀和收缩满足多方气体状态方程，则可得以下方程。

1. 动力方程

$$\frac{L}{gA_t}\frac{dQ_t}{dt}=z-cQ_t|Q_t|-p \tag{11-20}$$

2. 连续方程

$$\frac{\mathrm{d}z}{\mathrm{d}t}=\frac{1}{A_s}(Q_{tur}-Q_t) \tag{11-21}$$

式中：Q_t 为隧洞中的流量；z 为调压室水位，以水库水位为基准，向下为正方向；L 为隧洞长度；p 为封闭气体的计量压强，以 m 水头为单位；c 是隧洞中的水头损失系数；Q_{tur} 是水轮机引用流量。

对于封闭气体：

$$(p+p_a)\forall^n=(p_0+p_a)\forall_0^n \tag{11-22}$$

式中：p_0 为大气压强；$\forall$ 为密封空气的体积；n 为多方气体状态方程的指数（在等温和绝热条件下，n 分别等于 1 和 1.4）；下标为 0 的符号表示初始状态值。

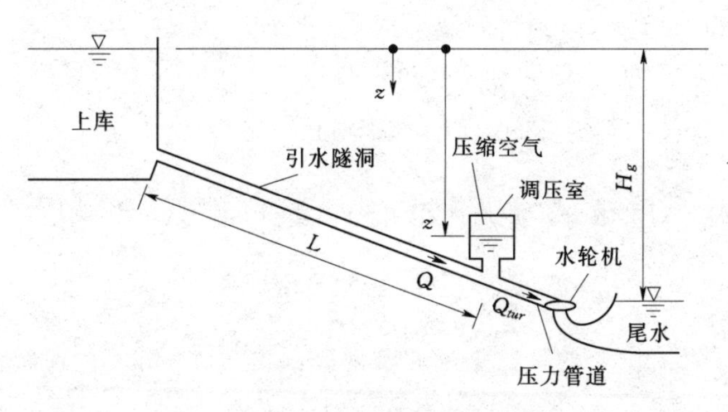

图 11-6 封闭式调压室符号标志

11.4 控制方程的求解

由于假定隧洞壁和隧洞内的液体都是刚性，在动力方程和连续方程中没有空间的导数（即关于 x 的变化），隧洞流量和调压室水位只随时间变化。因此，这些方程是一组常微分方程。由于存在 $cQ_t|Q_t|$，动力方程是非线性的。另外要注意水轮机引用流量可能是时间的函数。

只有在一些特殊情况下才能得到动力方程和连续方程的准确形式解（Jaeger，1961）。因此，过去常采用图表法（Frank 和 Schüeller，1938；Mosonyi，1957，1960）和适合手工计算的算术求解法（Rich，1963；Pickford，1969）来积分这些方程或者进行类比模拟（Paynter，1951）。但是，随着计算机技术发展，图解法和算术积分法已经被数值计算方法（MaCracken 和 Dorn，1964；Gragg，1965；Bulirsch 和 Stoer，1966；Chaudhry 等，1983）所取代。这里只讨论数值计算方法。

一些有限差分方法可用来数值求解动力方程和连续方程。虽然已有高阶方法被采用（Bullough 和 Robbie，1972；Forrest 和 Robbie，1980；Chaudhry 等，1983，1985），但如果计算时间步长很短，用改进的欧拉法（二阶精度）也能在实际应用中取得很好效果（Chaudhry 等，1983，1985）。

11.5 无阻尼系统的涌波振荡

本节我们将推导无阻尼系统控制方程的准确解。如果忽略系统中的水头损失和速度水头，那么 $c=0$，简单调压室的动力方程变为

$$\frac{\mathrm{d}Q_t}{\mathrm{d}t}=-\frac{gA_t}{L}z \tag{11-23}$$

令初始流量 Q_0 在 $t=0$ 时刻瞬间减小到 0，即 $t<0$ 时 $Q_{tur}=Q_0$，$t\geqslant 0$ 时 $Q_{tur}=0$。这样，在 $t\geqslant 0$ 时，式（11-9）可以写成

$$\frac{\mathrm{d}z}{\mathrm{d}t}=\frac{1}{A_s}Q_t \tag{11-24}$$

将式（11-24）对 t 微分，并从所得方程和式（11-23）中消去 $\frac{\mathrm{d}Q_t}{\mathrm{d}t}$，得到

$$\frac{\mathrm{d}^2z}{\mathrm{d}t^2}+\frac{gA_t}{LA_s}z=0 \tag{11-25}$$

由于式（11-25）中 z 的系数是正的实常数，式（11-25）的通解可以写成

$$z=C_1\cos\sqrt{\frac{gA_t}{LA_s}}t+C_2\sin\sqrt{\frac{gA_t}{LA_s}}t \tag{11-26}$$

式中：C_1 和 C_2 为任意常数，由初始条件决定。

在 $t=0$ 时，$Z=0$ 并且有 $\mathrm{d}z/\mathrm{d}t=Q_0/A_s$。把这些条件代入到式（11-26）中可得

$$C_1=0$$

$$C_2=Q_0\sqrt{\frac{L}{gA_sA_t}} \tag{11-27}$$

因此，由式（11-26）和式（11-27）可以得到

$$z=Q_0\sqrt{\frac{L}{gA_sA_t}}\sin\sqrt{\frac{gA_t}{LA_s}}t \tag{11-28}$$

式（11-28）描述了调压室中的水位波动，波动周期 T 和振幅 Z（图11-7）分别为

$$T=2\pi\sqrt{\frac{LA_s}{gA_t}}$$

$$Z=Q_0\sqrt{\frac{L}{gA_sA_t}} \tag{11-29}$$

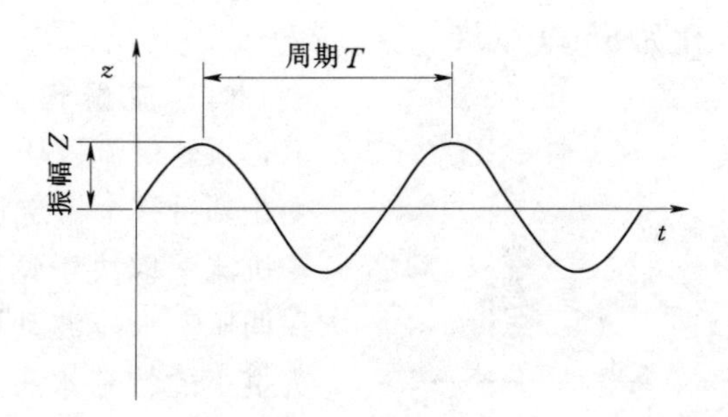

图 11-7 无阻尼系统的振荡周期和振幅

11.6 术语

本节将会定义许多在调压室文献中经常使用的术语。

调压室中的水位（图 11-3）在水轮机过流量变化后开始波动。波动的幅值会随系统参数及水轮机流量变化的大小和时刻的不同而增大或减小。如果波动在合理的时间内衰减到稳定状态，就认为波动是稳定的；如果波动幅度随时间增大，则认为它们是不稳定的（图 11-8）。

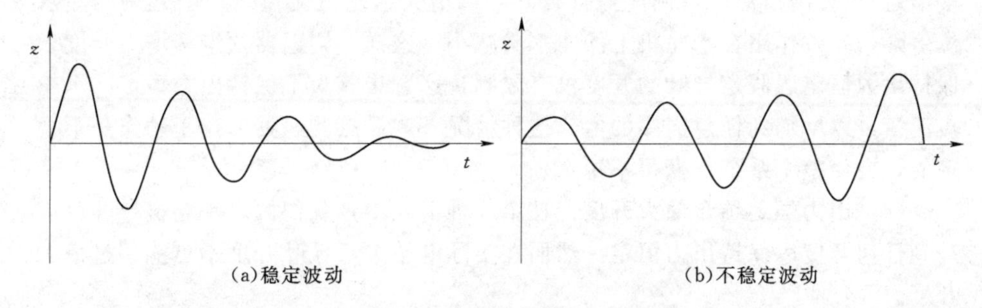

图 11-8 稳定波动和不稳定波动

调压室设计要保证波动的稳定性和其内水流不会抽空。调压室抽空现象解释如下：当机组增加较大负荷时，引水隧洞流量增大的速度不足以满足水轮机流量增大的需求，这样，调压室中的水体就流出来以填补水轮机增负荷所亏缺的水量，如果调压室水位持续下降就会抽空。这种情况通常发生在引水隧洞水头损失很大的情况。

11.6.1 水轮机流量

为了分析调压室水位波动，水轮机流量的变化可分为以下四种情况（图 11-9）。图 11-9 的横坐标是流量的相对值 q，纵坐标是调压室水位的相对值 y。初始稳定状态下的流量 Q_0 和无阻尼系统中的水位波动振幅 Z 被用来作为相对值的基准值，比如 $q=Q/Q_0$ 和 $y=z/Z$。

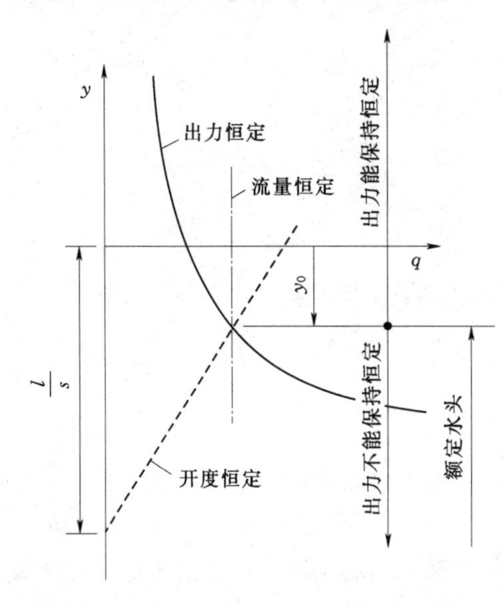

图 11-9 无量纲化的电站引用流量

（1）**流量恒定**。在这种情况下，水轮机流量从一个稳定状态 Q_1 变化到另一个稳定状态 Q_2。由于水轮机流量取决于调压室水位，只有在调压室水位波动相对于电站静水头很小的特高水头水电站，水轮机流量恒定的假设才成立。

（2）**开度恒定**。开度恒定发生情况是：电站由手动控制；调速器失灵，导叶开度锁定；为保持出力不变，导叶开到了最大开度。

（3）**出力恒定**。这种情况下，假设有一个理想的调速器，可以保持水轮机的输入功率不变（或者水轮机出力不变，此时认为水轮机效率恒定）。在增负荷时，调速器打开导叶以增大水轮机流量。这引起调压室水位下降，导致作用在水轮机上的净水头减小。这样，调速器须继续增大开度来保持出力恒定。假定导叶的开度没有限制，这意味着为了保持出力恒定，水轮机流量可以增加到任意需要的值。这种情况下，显然调速器的校正动作是不稳定的，会使整个系统也变得不稳定。

（4）**出力恒定结合最大开度**。在第 3 种情况中，我们假设水轮机导叶可以开到任何开度以保持出力恒定。然而在实际电站中，导叶开度不可能超过最大开度。

因此，当作用在水轮机上的净水头大于或等于额定水头时，调速器可以保持出力恒定。当净水头小于额定水头时，开度开到最大，相当于等开度情况。需要注意，当净水头小于额定水头的时候，水轮机出力随调压室水位的降低而减小。如果电站孤立运行，结果是系统频率也会降低。通常，若系统频率降低到规定值以下，负荷就要切断。但是在我们的分析中，假设负荷不会被切断，而且不管系统频率如何，水轮机都保持继续发电。

11.6.2 稳定性

Frank 和 Schüeller（1938）应用图解法对式（11-7）和式（11-9）积分，证明情况 2 的波动总是稳定的；如果计入隧洞阻力损失，情况 1 的波动也是稳定的。不少学者对情况 3 进行了研究。托马（Thmoa）（1910）将控制微分方程线性化，并证明了如果调压室面积小于某个最小值时，波动将是不稳定的。这个面积的最小值被称为托马稳定断面 A_{th}（Jaeger，1960）。Paynter（1949，1951，1953）用解析法求解和计算机求解方程，得到了稳定性图。Cunningham 和 Li（1958），Marris（1959，1961）和 Sideriades（1960，1962）采用相平面法，论证了托马稳定准则并不适用于大波动情况。Ruus（1969）通过数值计算分析了情况 4，证明调压室的稳定性主要由小波动决定而不是大波动。Chaudhry 和 Ruus（1971）用相平面法研究了所有四种情况，证明了只要满足托马稳定准则，无论大波动还是小波动都是稳定的。尤其对于情况 4，相对于其他三种情况，它更接近于工程实际。为了节省篇幅，这里只略述了一些这方面的研究。若需了解详细情况，可查阅 Chaudhry 和 Ruus（1971）研究报告。报告中通过分析奇异点得到不少定量结果，给出的相位图展示了系统参数变化对系统定性特性的影响。

11.7 方程的无量纲化

为了无量纲化控制方程［式（11-7）和式（11-9）］并减少参数数目，取初始流量 Q_0、振幅 Z 和简单调压室无阻尼系统的波动周期 T 作为各参数的基值：

$$\begin{aligned} y &= z/Z \\ x &= Q_t/Q_0 \\ q &= Q_{tur}/Q_0 \\ \tau &= 2\pi t/T \end{aligned} \tag{11-30}$$

把这些变量代入式（11-7）和式（11-9）并且简化得到

$$\frac{\mathrm{d}y}{\mathrm{d}\tau} = x - q \tag{11-31}$$

$$\frac{\mathrm{d}x}{\mathrm{d}\tau} = -y - \frac{1}{2}Rx^2 \tag{11-32}$$

其中，$R = 2h_{f0}/Z = 2cQ_0^2/Z$；$h_{f0}$ 为隧洞流量为 Q_0 时的水头损失。

11.8 相平面法

为了便于讨论，下面简要介绍该方法。要详细了解本方法可以查看 Cunningham（1958）的相关文献。

用如下微分方程描述调压室系统：

$$\frac{\mathrm{d}x}{\mathrm{d}\tau} = P(x, y) \tag{11-33}$$

$$\frac{\mathrm{d}y}{\mathrm{d}\tau}=Q(x,y) \tag{11-34}$$

式中函数 $P(x, y)$ 和 $Q(x, y)$ 可以是非线性的。合并式（11-34）和式（11-33），得到

$$\frac{\mathrm{d}y}{\mathrm{d}x}=\frac{Q(x,y)}{P(x,y)} \tag{11-35}$$

满足使 $\mathrm{d}y/\mathrm{d}x=0/0$ 的点（x_s, y_s）称为奇异点或奇点。这些点是系统的平衡点，可通过联立求解 $P(x, y)=0$ 和 $Q(x, y)=0$ 而得到。这些奇异点的类型决定了系统在平衡点是否稳定。可以通过将 $x=x_s+u$ 和 $y=y_s+u$ 代入式（11-35）并化简得到下式：

$$\frac{\mathrm{d}v}{\mathrm{d}u}=\frac{Q(x_s,y_s)+c'u+d'v+c''u^2+d''v^2}{P(x_s,y_s)+a'u+b'v+a''u^2+b''v^2} \tag{11-36}$$

其中 a'，a''，b'，b''，c'，c''，d' 和 d'' 是实常数。如果在分子和分母中都有带有 u 和 v 的线性项和高次项，这种奇异点称为简单奇点。此时高次项可以忽略，因为它们对奇点邻域的解的影响远小于线性项的影响。但是，如果没有线性项，奇异点就是非简单奇点，那么高阶项就不能忽略。

为了研究简单奇点邻域中解的特性，忽略方程 11-36 中的高阶项，得到

$$\frac{\mathrm{d}v}{\mathrm{d}u}=\frac{c'u+d'v}{a'u+b'v} \tag{11-37}$$

有两个方程的特征根 λ_1 和 λ_2 等价于以上两个方程：

$$\frac{\mathrm{d}v}{\mathrm{d}t}=c'u+d'v \tag{11-38}$$

$$\frac{\mathrm{d}u}{\mathrm{d}t}=a'u+b'v \tag{11-39}$$

$$\lambda_1,\lambda_2=\frac{1}{2}\left[(a'+d')\pm\sqrt{(a'+d')^2+4(b'c'-a'd')}\right] \tag{11-40}$$

特征根 λ_1 和 λ_2 决定奇异点的类型，如下：

（1）结点，两个根都是实数并且符号相同。

（2）鞍点，两个根都是实数且符号相反。

（3）中心点，两个根都是虚数。

（4）焦点，两个根为共轭复数。

如果根的实部是负数，结点和焦点则称为是稳定的，如果实部是正数，则称为是不稳定的。需要注意的是，式（11-37）至式（11-40）仅对简单奇点有效。

11.9 简单调压室的稳定性

本节用相平面法研究不同水轮机流量情况下的简单调压室的稳定性

(Cunningham，1958；Marris，1959，1961；Sideriades，1962；Chaudhry 与 Ruus，1971)，用等斜线的方法绘制了典型的相位图（Cunningham，1958；Chaudhry 与 Ruus，1971）。

11.9.1 导叶开度恒定

尚无简单函数能描述恒速运行的反击式水轮机的水头与流量关系。但作为一种近似，从水轮机特性曲线（Krueger，1966）上可看出，在等开度条件下，水轮机的净水头和流量的关系可假设为线性的。为了简化分析，假定水头和流量的关系如图 11-9 所示，这样，通过反击式水轮机的流量方程可以写为

$$q=b(1+sy) \tag{11-41}$$

其中 $b=1/(1-k)$；$s=Z/H_0$；$k=h_{f0}/H_0$；H_0 为净水头。

由式（11-31）、式（11-32）和式（11-41）可以得到

$$\frac{\mathrm{d}y}{\mathrm{d}x}=\frac{x-b(1+sy)}{-y-1/2Rx^2} \tag{11-42}$$

奇点的坐标可以通过联立求解以下两个方程得到

$$x-b(1+sy)=0 \tag{11-43}$$

$$-\frac{1}{2}Rx^2-y=0 \tag{11-44}$$

由这两个方程解得的奇点两个坐标为$\left(1,\ -\frac{1}{2}R\right)$和 $[-1/k,\ -1/(ks)]$。如果奇点的坐标不在它所属的区域内，这个奇点就是虚拟的。上面两个解中，后一个是**虚拟的**，因为式（11-31）和式（11-32）只有在 $x>0$ 时才有意义。虚拟奇点对系统稳定性的影响取决于它与稳定奇点的距离。

下面逐一讨论这些奇点。

1. 奇点$\left(1,\ -\frac{1}{2}R\right)$

把 $x=1+u$ 和 $y=-\frac{1}{2}R+v$ 代入式（11-42），然后按照前面概述的确定奇点类型的步骤，可以得到如下方程：

$$\frac{\mathrm{d}v}{\mathrm{d}u}=\frac{u-bsv}{-Ru-v} \tag{11-45}$$

比较式（11-45）和式（11-37），得到 $a'=-R$；$b'=-1$；$c'=1$ 和 $d'=-bs$，因此有

$$\lambda_1,\lambda_2=\frac{1}{2}\left[-(R+bs)\pm\sqrt{(R+bs)^2-4(1+Rbs)}\right] \tag{11-46}$$

因为 R、b 和 s 都是正常数，如果$(R+bs)^2>4(1+Rbs)$，即满足$|R-bs|>2$，

则两个根都是负实数。如果$|R-bs|<2$，那么两个根就是有负实部的共轭复数。在前一种情况下，奇点是一个**稳定节点**，在后一情况下，奇点是**稳定焦点**。

当$|bs|>2$时，奇点是**稳定的结点**，当$|bs|<2$时，奇点是**稳定的焦点**，即使认为流动无摩阻损失（即$R=0$）也是如此。这是由于水轮机导叶保持开度不变时有阻尼作用。

2. 奇点$[-1/k,-1/(ks)]$

将$x=-(1/k)+u$和$y=-1/(ks)+v$代入式（11-42），可以得到

$$\frac{dv}{du}=\frac{u-bsv}{(R/k)u-v} \tag{11-47}$$

比较式（11-47）和式（11-37）得到$a'=R/k$；$b'd'=-bs$，因此有

$$\lambda_1,\lambda_2=\frac{1}{2}\left[\left(\frac{R}{k}-bs\right)\pm\sqrt{\left(\frac{R}{k}-bs\right)^2+4\left(-1+\frac{Rbs}{k}\right)}\right] \tag{11-48}$$

可以简化为

$$\lambda_1,\lambda_2=\frac{1}{2}\left[\left(\frac{R}{k}-bs\right)\pm\sqrt{\left(\frac{R}{k}-bs\right)^2+4(2b-1)}\right] \tag{11-49}$$

因为$2b>1$，两个根是异号的实数，因此，奇点是一个**鞍点**。由于$x<0$时式（11-31）和式（11-32）不成立，所以它是一个**虚奇点**。这个虚奇点对波动稳定性的影响取决于它的位置。在摩阻损失很小的情况下，$1/k$和$1/(ks)$的值都很大，因此这个奇点距离稳定奇点$\left[1,\ -\frac{1}{2}R\right]$很远，故其失稳效应可以忽略。在摩阻损失很大时，虚奇点很接近稳定奇点$\left[1,\ -\frac{1}{2}R\right]$，因此对波动稳定性有影响。对于无阻尼的水流，奇点$[-1/k,-1/(ks)]$距离原点无穷远，因此对系统没有失稳影响。

11.9.2 出力恒定

这种情况假设有一个理想的调速器能保证水轮机的功率输入恒定。从图11-9可以看出，当调压室水位降低时，调速器必须打开导叶增大流量来保持恒定功率。假定水轮机导叶开度不受限制，这意味着：水轮机流量可以增大到任何需要的值来保持功率恒定。

假设水轮机效率不变，忽略压力管道的水头损失，恒定功率为

$$Q_{tur}(H_0+z)=Q_0(H_0-h_{f_0}) \tag{11-50}$$

由式（11-50）可得到

$$q=\frac{Q_{tur}}{Q_0}=\frac{H_0-h_{f_0}}{H_0+z} \tag{11-51}$$

简化后变为

$$q=\frac{1-k}{1+sy} \tag{11-52}$$

其中，k 和 s 与之前定义的含义相同。把式（11-52）代入式（11-31），再用式（11-32）除所得方程，化简后得到

$$\frac{dy}{dx}=\frac{x+sxy-1+k}{-sy^2-(1+kx^2)y-\frac{1}{2}Rx^2} \tag{11-53}$$

为了确定奇点坐标，联立求解以下方程：

$$x+sxy-1+k=0 \tag{11-54}$$

$$sy^2+(1+kx^2)y+\frac{1}{2}Rx^2=0 \tag{11-55}$$

方程的解给出了三个奇点的坐标 $\left(1,-\frac{1}{2}R\right)$、$\left[-\frac{1}{2}+c_1,-\frac{1}{2}R(c_2-c_1)\right]$ 和 $\left[-\frac{1}{2}-c_1,-\frac{1}{2}R(c_2+c_1)\right]$，其中 $c_1=\sqrt{(1/k)-\frac{3}{4}}$，$c_2=(1/k)-\frac{1}{2}$。

把 $x=x_s+u$ 和 $y=y_s+v$ 代入式（11-53），并且忽略 u 和 v 高于一阶的项，得到

$$\frac{dv}{du}=\frac{(1+sy_s)u+sx_sv}{-(R+2ky_s)x_su-(kx_s^2+2sy_s+1)v} \tag{11-56}$$

比较式（11-37）和式（11-56）得到

$$\begin{aligned} a'&=-(R+2ky_s)x_s \\ b'&=-(kx_s^2+2sy_s+1) \\ c'&=(1+sy_s) \\ d'&=sx_s \end{aligned} \tag{11-57}$$

1. 奇点 $\left(1,\ -\frac{1}{2}R\right)$

把 $x_s=1$ 和 $y_s=-\frac{1}{2}R$ 代入方程 11-57，注意到 $k=\frac{1}{2}Rs$，化简后得到：$a'=R(k-1)$，$b'=k-1$，$c'=1-k$，$d'=s$。因此可得

$$\lambda_1,\lambda_2=\frac{1}{2}\left\{R(k-1)+s\pm\sqrt{[R(k-1)+s]^2+4[-(k-1)^2-sR(k-1)]}\right\} \tag{11-58}$$

或者

$$\lambda_1,\lambda_2=\frac{1}{2}[R(k-1)+s\pm\sqrt{D_1}] \tag{11-59}$$

其中 $$D_1=[R(k-1)+s]^2+4[2k(1-k)-(k-1)^2]$$

如果 $2k(1-k)-(k-1)^2>0$，即 $k>\frac{1}{3}$，则奇点是一个鞍点［如图 11-12 (c)］。对于 $k<\frac{1}{3}$ 的情况，如果 $D_1>0$，奇点为结点；如果 $D_1<0$，奇点为中心点。只要 $R(k-1)+s<0$，结点和中心点就是稳定的。对于摩阻较小的情况，不等式会变为 $s<R$ 或者 $2h_{f_0}H_0>Z^2$。由 $s=R$ 可以得到如下的托马断面 A_{th} 的公式：

$$A_{th}=\frac{L}{2cgA_tH_0} \tag{11-60}$$

如果 $2h_{f_0}H_0<Z^2$，奇点是不稳定的［如图 11-10 (b)］。

2. 奇点$\left(c_1-\frac{1}{2},\ -\frac{1}{2}R(c_2-c_1)\right)$

将奇点的坐标代入方程（11-57），并简化得到：$a'=-R(1-k)$；$b'=-k\left(\frac{1}{2}+c_1\right)$；$c'=k\left(\frac{1}{2}+c_1\right)$；$d'=s\left(c_1-\frac{1}{2}\right)$。因此有

$$\lambda_1,\lambda_2=\frac{1}{2}\left[-R(1-k)+s\left(c_1-\frac{1}{2}\right)\pm\sqrt{D_2}\right] \tag{11-61}$$

其中 $D_2=\left[-R(1-k)+s\left(c_1-\frac{1}{2}\right)\right]^2+4\left[-k^2\left(c_1+\frac{1}{2}\right)^2+2k(1-k)\left(c_1-\frac{1}{2}\right)\right]$

如果 $2k(1-k)\left(c_1-\frac{1}{2}\right)>k^2\left(c_1+\frac{1}{2}\right)^2$，也可以简化为 $k<\frac{1}{3}$，奇点是鞍点［如图 11-10 (b)］。注意，$k=\frac{1}{3}$ 时，奇点会转移到前一个奇点，即 $\left(1,\ -\frac{1}{2}R\right)$。当 $k>\frac{1}{3}$ 时，如果 $D_2>0$，奇点是一个结点；如果 $D_2<0$，奇点是一个焦点。如果 $R(1-k)>s\left(c_1-\frac{1}{2}\right)$，它们都是稳定的，如果 $R(1-k)<s\left(c_1-\frac{1}{2}\right)$，它们都是不稳定的。

由图 11-12 (c) 可以看出，所有从分界线内开始的轨迹线（即在相位图上初始位置在分界线内的点）都到达稳定结点。在相位图上，从分界线之外开始的，调压室会抽空。

3. 奇点$\left(-c_1-\frac{1}{2},\ -\frac{1}{2}R(c_2+c_1)\right)$

由于在 $x<0$ 时，式（11-31）和式（11-32）无效，奇点是虚奇点。把奇点坐标代入式（11-57），得到 $a'=R(1-k)$；$b'=-k\left(\frac{1}{2}-c_1\right)$；$c'=k\left(\frac{1}{2}-c_1\right)$；$d'=-s\left(c_1+\frac{1}{2}\right)$。因此有

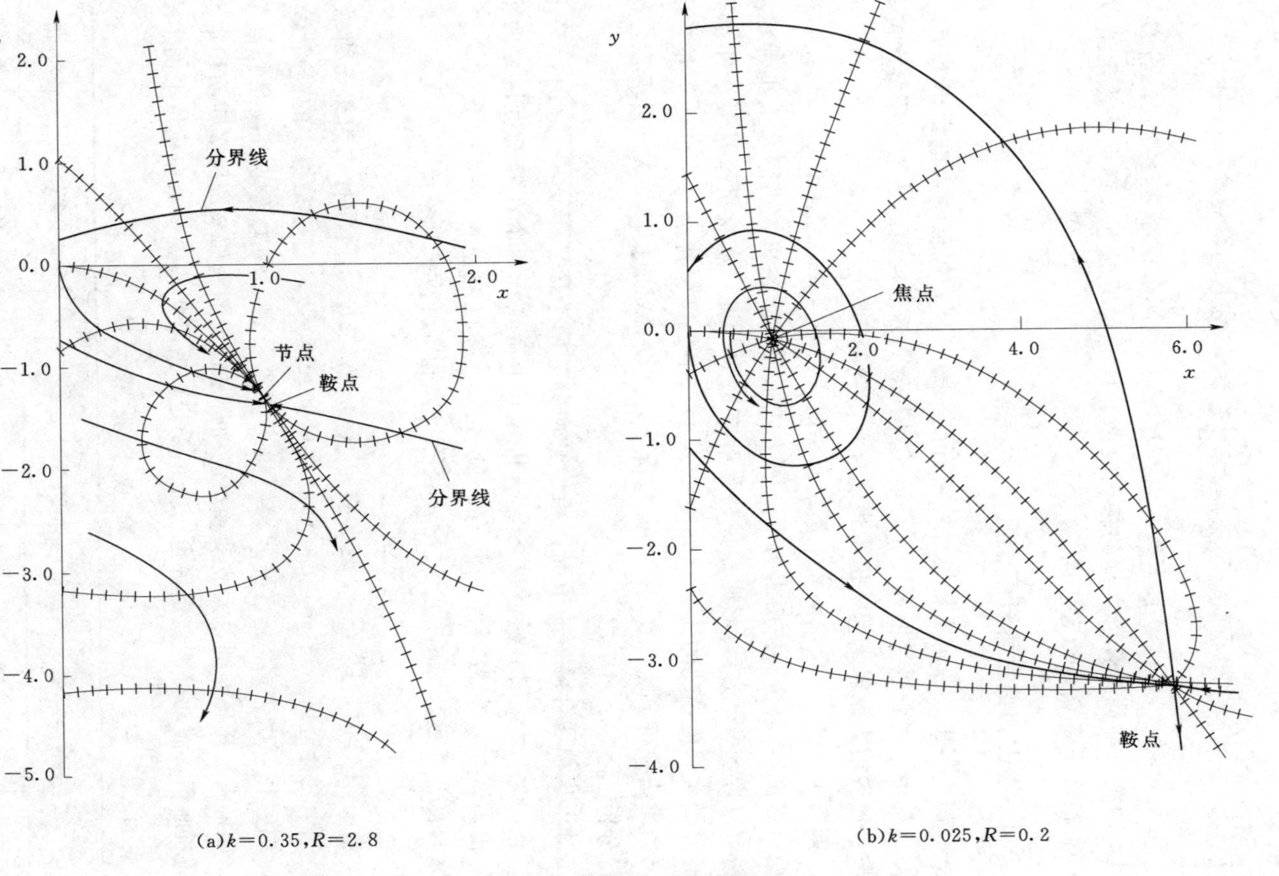

(a)$k=0.35, R=2.8$

(b)$k=0.025, R=0.2$

图 11-10 流量恒定情况相位图

$$\lambda_1,\lambda_2=\frac{1}{2}\left[-R(1-k)-s\left(\frac{1}{2}+c_1\right)\pm\sqrt{D_3}\right] \tag{11-62}$$

其中 $D_3=\left[R(1-k)+s\left(c_1+\frac{1}{2}\right)\right]^2-4\left[k^2\left(c_1-\frac{1}{2}\right)^2+2k(1-k)\left(c_1+\frac{1}{2}\right)\right]$

由于 $0\leqslant k<1$，$s>0$ 且 $R>0$，当 $D_3>0$ 时，两个根都是负实数；当 $D_3<0$ 时，两个根都是具有负实部的共轭复数。前一种情况下，奇点是**稳定结点**，后一种情况下奇点是**稳定焦点**。

11.9.3 等出力结合等开度情况

在前一节中，假定水轮机导叶可开到任意开度，以保持水电站出力恒定。实际工程中，水轮机导叶开度不可能超过其最大开度。因此，当调压室水位下降后，通过增大流量来保持出力恒定是受限制的。

如图 11-9，当净水头大于额定水头时（即 $y>-y_0$，其中 y_0 为调压室最终稳定水位），调速器按照出力不变的方式来控制水轮机。当净水头小于额定水头时（即 $y<-y_0$），调速器保持导叶在最大开度，水轮机流量等于此水头下通过最大开度导叶的流量（如图 11-9），小于能保持出力不变的流量，电站出力无法保持恒定。在 $y<-y_0$ 情况下，波动稳定应按照最大导叶开度情况进行分析。

对于这种联合调节的情况，相位平面分为两个区：①$y>-y_0$ 时，等出力区；②$y<-y_0$ 时，等开度区。一共有五个奇点：两个在等开度区，两个在等出力区，一个为两区域共有。最后这个奇点的坐标为（1，$-1/2R$），被称为复合奇点。为了便于讨论，将等出力和等开度的所有奇点列在表 11-1 中。

当 $k<1/3$ 时，只有一个真实奇点（1，$-1/2R$），后面称之为**第一奇点**。这是一个复合奇点。当 $y<-y_0$ 时（在最大开度区），它总是稳定的；当 $y>-y_0$ 时（在等出力区），它可能稳定也可能不稳定，取决于是否满足托马准则。如果满足托马准则，大波动和小波动都是稳定的。如果调压室断面积小于托马断面积，波动可能稳定，也可能不稳定，或者等幅振荡（在相位平面术语

表 11-1 奇点特性表

奇点坐标		类型	稳定或不稳定	必要条件	其他
等开度 ($y<-R/2$)	$(1,-R/2)$	结点	稳定	$\vert R-bs\vert>2$	真实的
		焦点	稳定	$\vert R-bs\vert<2$	真实的
	$(-1/k,-1/ks)$	鞍点	—	必然满足	虚拟的

续表

奇点坐标		类型	稳定或不稳定	必要条件	其他
等出力 $(y>-R/2)$	$\left(1,-\frac{1}{2}R\right)$	鞍点	—	$k>1/3$	真实的
		结点	—	$k<1/3$ 和 $D_1>0$	真实的
			稳定	$R(k-1)+s<0$	
			不稳定	$R(k-1)+s>0$	
		焦点		$k<1/3$ 和 $D_1<0$	真实的
			稳定	$R(k-1)+s<0$	
			不稳定	$R(k-1)+s>0$	
	$\left[c_1-\frac{1}{2},-\frac{1}{2}R(c_2-c_1)\right]$	鞍点	—	$k<1/3$	真实的
		结点	—	$k>1/3$ 和 $D_2>0$	真实的
			稳定	$R(1-k)>s(c_1-1/2)$	
		焦点	—	$k>1/3$ 和 $D_2<0$	真实的
			稳定	$R(1-k)>s(c_1-1/2)$	
			不稳定	$R(1-k)<s(c_1-1/2)$	
	$\left[-c_1-\frac{1}{2},-\frac{1}{2}R(c_2+c_1)\right]$	结点	稳定	$D_3>0$	虚拟的
		焦点	稳定	$D_3<0$	虚拟的

中称为极限循环)，取决于导叶等开度的稳定作用，以及轨迹出发点的位置(相位平面上与初始条件对应的点)。轨迹从极限循环内出发，波动是不稳定的，其振幅会一直增大到等于极限循环的振幅。轨迹从极限循环之外出发，波动是稳定的，其振幅会一直减小到等于极限循环振幅。

当 $k>1/3$ 时，第二个奇点变成真实奇点，而且可能是一个稳定的或不稳定的**结点**或**焦点**，而第一个奇点则是**鞍点**。由于过大的摩阻损失并不经济，这种情况通常没有什么实际意义。$k=0.35$、$R=2.8$，$k=0.025$、$R=0.2$ 两种情况下的相位图见图 11-11。如果始终保持出力不变，那么根据 Paynter 的稳定图 (1951)，后一种情况的波动是不稳定的［图 11-10 (b)］。不过，如果调速器能将导叶打开到最大的极限开度，只要 $y<-y_0$ 导叶就保持在此开度下，则波动是稳定的［图 11-11 (a)］。

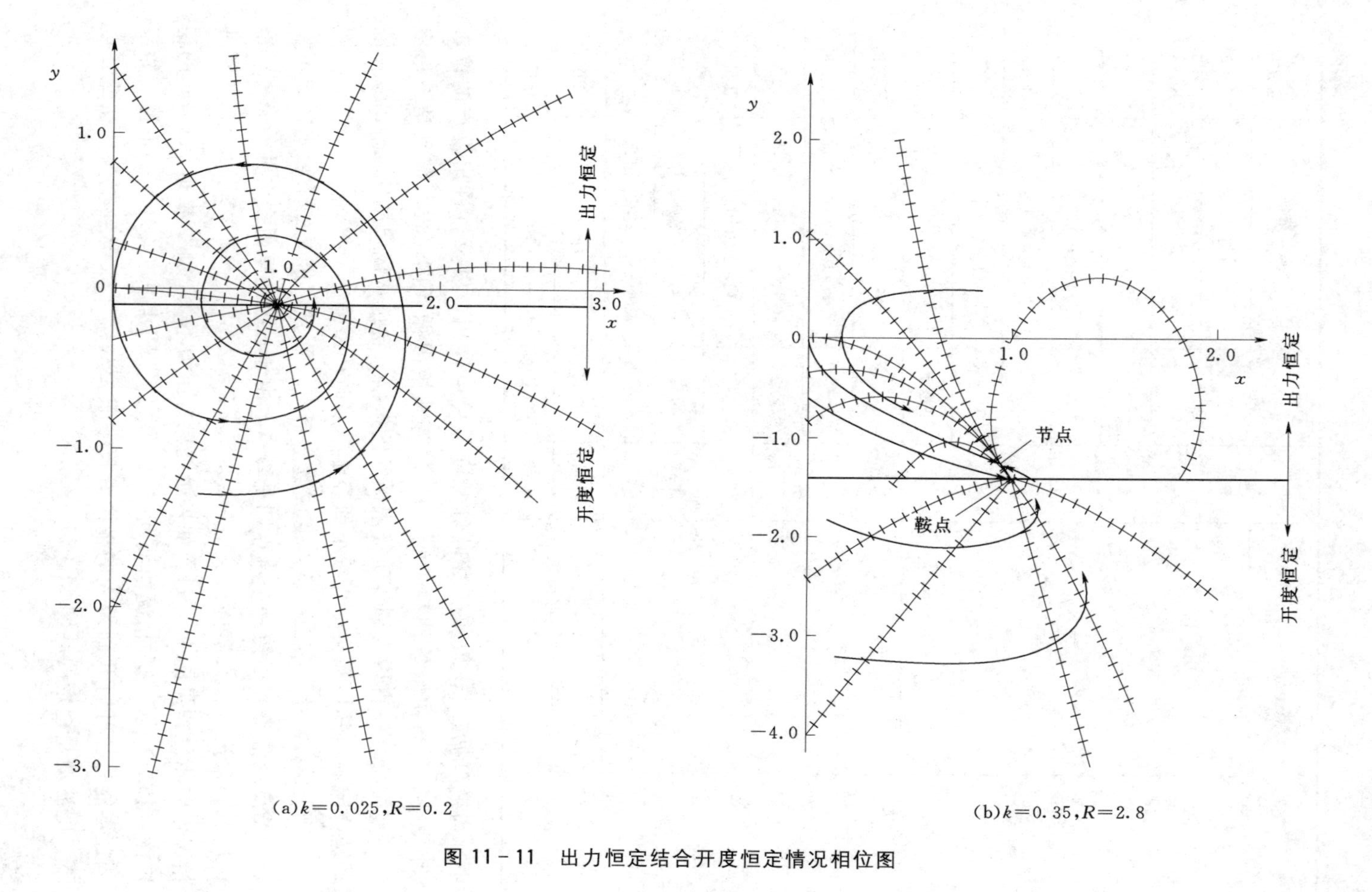

(a) $k=0.025, R=0.2$

(b) $k=0.35, R=2.8$

图 11-11 出力恒定结合开度恒定情况相位图

11.10 封闭式调压室的稳定性

假设有一个微小的扰动，并且调速器是理想的，能够一直保持出力恒定（如果需要，导叶开度可以开到无穷大），Svee（1972）给出了封闭式调压室的临界面积公式：

$$A_{cr}=A_{th}\left(1+\frac{np_0}{a_0}\right) \tag{11-63}$$

其中

$$A_{th}=\frac{Q_0^2L}{2gA_th_{f_0}(H_g-h_{f_0})} \tag{11-64}$$

参数 a_0 是调压室顶部高程和其初始稳定水位之间的距离。将 $a_0=-\forall_0/A_{cr}$ 代入式（11-63）并解出 A_{cr}，得到

$$A_{cr}=\frac{1}{\frac{1}{A_{th}}-\frac{np_0}{\forall_0}} \tag{11-65}$$

从这个方程可以看出，对于开敞式的调压室，由于 $p_0=0$，有 $A_{cr}=A_{th}$。该方程还显示，对于特定的调压室，大气压和气体体积是有范围限制的。比如在 $\forall_0<np_0A_{th}$ 的时候，A_{cr} 会是负值。

由于这个表达式是通过线性分析得到的，它只在波动较小时有效。为保证波动较大情况下的稳定性，用此方程确定的临界调压室尺寸要增大 50%到 100%。这样使调压室断面积都很大（例如，挪威 Drive 水电站的封闭式调压室的面积达到 780m^2），会大大地增加工程费用，同时要求更大容量的空气压缩机。

乔杜里等人使用相平面法研究了（1983，1985）等流量、等开度和等出力情况下封闭式调压室的稳定性。他们发现在前两种情况下波动总是稳定的，不过这两种情况在实际电站通常不会发生。在实际工程中，对于等出力的理想情况，大波动必须满足以下两个条件：

$$A_s>A_{cr} \tag{11-66}$$

$$h_{f_0}^3\left[1-\sqrt{-3+\frac{4H_g}{h_{f_0}}}\right]^3+4Z^2(H_g-h_{f_0})\left(1+\frac{np_0A_s}{\forall_0}\right)<0 \tag{11-67}$$

换句话说，从 Svee 推导的表达式来看，如果不满足第二个条件，即使调压室面积大于临界断面积，波动也有可能是不稳定的。

当然，如果分析中考虑了导叶只能开大到满开度的限制，则无论大波动还是小波动，只要 $A_s>A_{cr}$，波动总是稳定的，因为在出力恒定和开度恒定区，波动是稳定的（Chaudhry 等，1985）。对于 $A_s<A_{cr}$ 的情况，小的波动会一直发展，直至等出力区的不稳定作用与最大开度区的稳定作用相互抵消，变为一

个永久的振荡（图 11-12）。在相位平面术语中，这种现象称为极限循环。因为最大开度区的稳定作用大于等出力区的不稳定作用，源于极限循环外的大波动将衰减，直至达到极限循环的振幅。

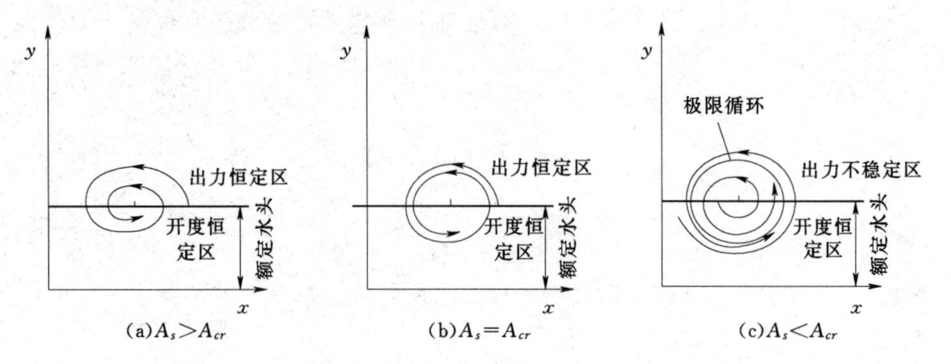

图 11-12　不同调压室面积下波动的稳定性（引自 Chaudhry 等，1985）

如果在分析中考虑了导叶最大开度的限制，那么波动衰减的速率将会比没有开度限制的理想调速器情况快。

11.11　多调压室

一个工程中设置一个以上调压室，则称为多调压室或者多调压室系统。如下情况可能需要设置多调压室：

(1) 通过平洞把第二个水源的附加水流引入主调压室上游的引水隧洞。

(2) 为了提高水力发电机组的出力，增大调压室断面面积。增设一座新调压室可能比扩大现有调压室的面积更容易。

(3) 在地下式水电站和抽水蓄能水电站的尾水隧洞设置调压室，来减小最大水击压力和改善电站调节特性。

(4) 为了节省工程投资或适应岩石条件，把一个主调压室分隔成两个或多个竖井。

因为多调压室的布置形式很多，为了节省篇幅，这里不推导这种调压室水位波动的方程。习题 11.7 将提供两种工程实际中常见典型系统。多调压室系统方程的推导与 11.3 节中简单调压室和阻抗式调压室方程的推导类似。

11.12　设计准则

本节概述了一些指导设计的准则，它们对满足工程建设的经济性，保证运行的灵活性和维修费用的节约性有指导作用。

11.12.1 设置调压室的必要性

对于一个特定的工程项目，下面的准则（Krueger，1966）可以用来判别是否需要设置调压室：

（1）如果设置一个或多个调压室既能减小最大和最小水击压力，又能使引水隧洞、调压室和压力管道构成的系统更加经济，则考虑设置调压室。

（2）如果通过其他一些实用的方法，比如增加机组惯量、增大压力管道直径或者减小导叶有效关闭时间，不能把甩全负荷下机组的最大转速升高值控制到额定转速的 60%以下时，则需要设置调压室。压力管道接两台以上机组时，转速升高值应按照只有一台机组单独运行的假定计算。

（3）作为一个粗略的经验准则，为了保证控制系统的稳定性和调节品质，设置调压室的条件是

$$\frac{\sum L_i V_i}{H_n} > 3 \sim 5(\text{国际单位制}) \tag{11-68}$$

其中，$\sum L_i V_i$ 应该从进水口计算到水轮机，H_n 是最小净水头。在英制单位下，$\sum L_i V_i / H_n > 10 \sim 20$。虽然高水头电站选择调压阀更为经济，但一般情况下宜选择调压室。

11.12.2 调压室位置

在地形条件允许且经济的条件下，调压室应尽量靠近水轮机布置。

11.12.3 调压室尺寸

水力发电厂的调压室断面面积应该满足以下条件：

（1）调压室波动是稳定的。

（2）上游水库水位最低、引水系统水头损失最大、机组以最大速率增负荷至最大条件下，调压室不能抽空（即调压室水位不低于隧洞洞顶高程）。

（3）除非设有溢流堰，否则甩负荷后调压室不应溢流。

调压室水位波动保持稳定所需的最小断面面积是人们长期讨论的问题。1960 年 Jaeger 提出了一个安全系数 n，令调压室断面面积等于 n 乘以托马稳定断面 A_{th}，安全系数 $n>1$。在初步设计阶段，安全系数 n 取值的大致原则是：简单式调压室可以取 1.5，阻抗式调压室和差动式调压室可以取 1.25。在最终设计时，电站的各种参数已被选定，在调压室稳定性的验证中，需要对水库水位、管道糙率等参数在不同取值范围作全面的计算机仿真模拟。在仿真模拟中，水轮机效率随开度和水头的变化，以及导叶开度不能超过最大开度等因素都应该考虑进去。如果计算表明调压室水位波动不稳定或波动衰减很缓慢，

就需要增大调压室断面面积，并重复上述计算。相反，如果水位波动是稳定的，波动的衰减速率很快，则可以考虑减小调压室断面积。

图11－13可以用来确定不稳定性的类型，如抽空和振荡。在这个由Forster（1962）采用很多研究成果而编制的图中，横坐标 h 是 h_{f0}/H_0，纵坐标 y 是 h_{f0}/Z。这些曲线代表了等幅振荡波动的临界稳定条件。此图应该用于最危险的运行条件，比如最低水库水位及在此水位下的水轮机最大出力。总之，如果系统的 h 和 y 的坐标点在曲线包络线之上，则对于所有的运行工况，包括机组从零负荷增到满负荷，系统都不会出现调压室波动不稳定或调压室抽空现象。若坐标点在曲线包络线之下，则会出现波动不稳定或抽空，甚至两者同时发生的情况。

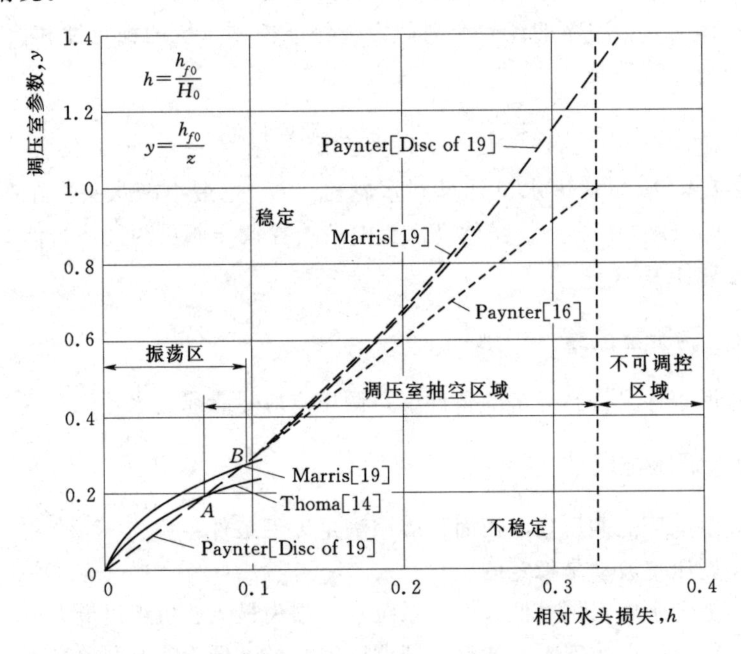

图11－13　不同 h 和 y 值下调压室不稳定的类型
（引自J. W. Forster，1962）

计算调压室最高水位时，应该选取水轮机甩最大可能负荷工况。如果压力管道后接多台机组，则应假定所有机组同时甩负荷，在输电线路发生故障情况下，全甩负荷情况是可能发生的。大网运行的经验表明，这种严重的甩负荷情况已在工程使用寿命期内发生过若干次。

最不利增负荷工况的选择比最不利甩负荷工况的选择更为复杂和困难。一些学者建议选择增加50％至100％额定负荷来计算调压室水位下降最大值。不过笔者认为，增负荷的大小和速率应该与负责电力系统运行的工程师协商之后确定。应考虑的因素有：电网规模；在电站孤立运行时要求的最大负荷增加值和速率；能以给定速率增加到系统上的最大负荷值。

对于甩负荷后再增负荷，或者增负荷后再甩负荷这样的叠加工况，要确定最不利叠加时间，宜在调压室水位波动周期中选择不同的后续工况开始动作时间进行模拟计算。通常，第二个工况在调压室水位最低或最高时刻发生不是最危险的，而在调压室水位波动中间时刻发生才是最危险的。

计算最高涌波水位时应该采用最小糙率，计算最低涌波水位时应该采用最大糙率。

增大调压室断面面积来控制最高或最低涌波水位的方式，不如设置上室或下室经济。

对于阻抗式调压室，阻抗孔尺寸通常按甩全负荷时初始迟滞水头近似等于调压室最高涌波确定（Ruus，1966）。Johnson 的图表（1908，1915）可用来近似确定调压室的大井、升管和阻抗孔尺寸。

11.13 案例分析

本节展示了 Chute - des - Passes 电站调压系统（Forster，1962）设计实例。

11.13.1 工程介绍

电站的布置和建筑物的详细情况如图 11 - 14 和图 11 - 15 所示。上游隧洞

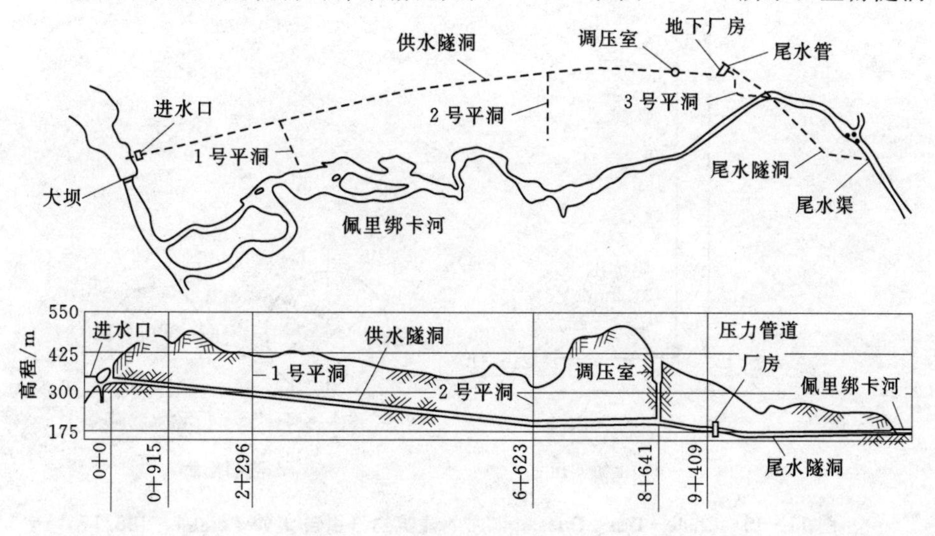

图 11 - 14 Chute - Des - Passes 电站的工程布置图（引自 J. W. Forster，1962）

长 9.82km，混凝土衬砌，直径 10.46m；下游隧洞也是有压隧洞，长 2.73km，直径 14.63m。最高和最低水库水位分别是 378.2m 和 347.7m。电站装有 5 台机组，净水头为 164.6m 时单机额定容量为 149.2MW。

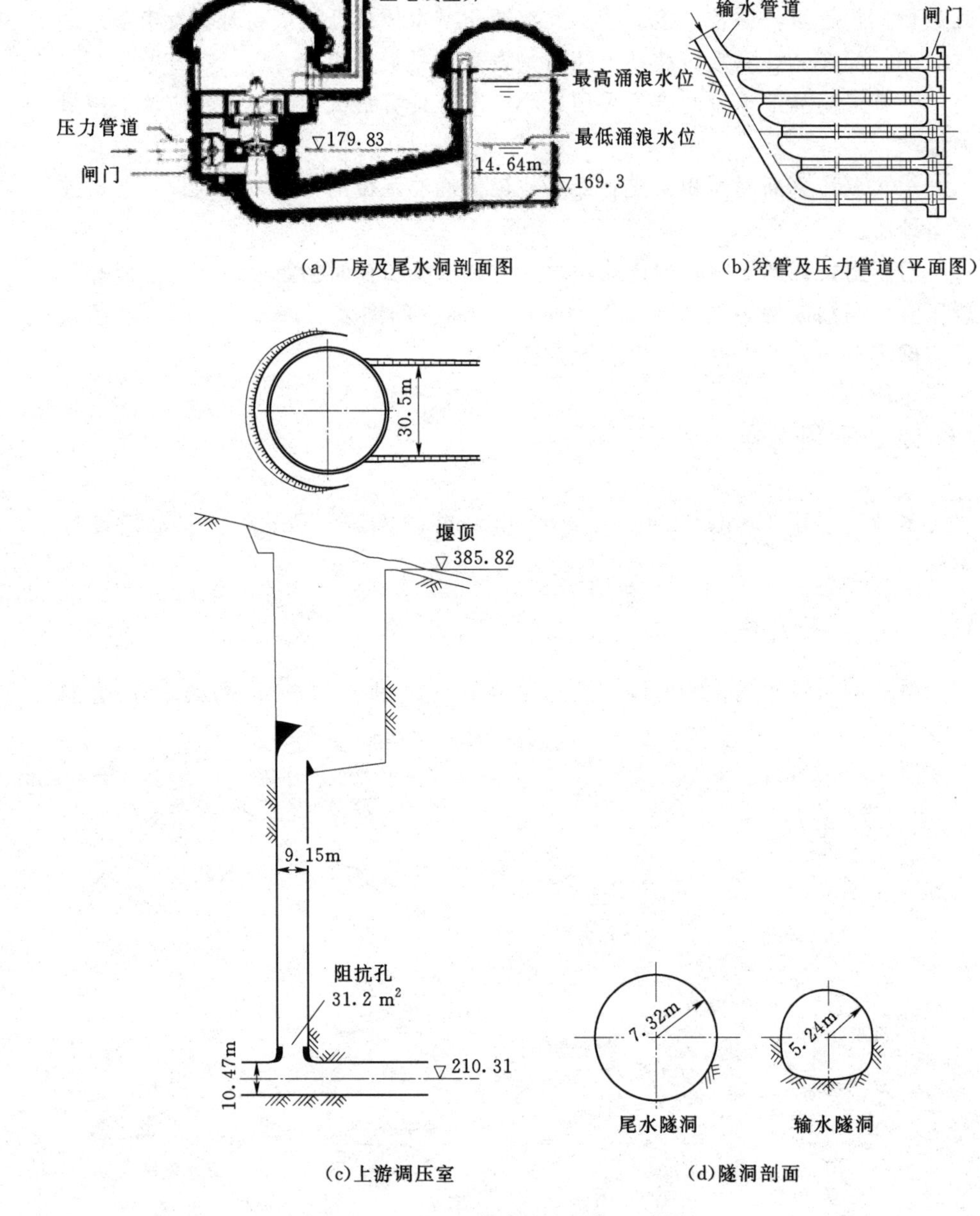

图 11-15 Chute-Des-Passes 电站的建筑物（引自 J. W. Forster，1962）

电站向容量为746MW的生产铝的电冶厂供电。如果停电几个小时，除了造成巨大经济损失，电冶厂的生产运行将十分困难。如果电网出现较大事故时，电站可以与电网隔离，当然，这种事故发生的概率很小。

在尾水隧洞上游端，平行于144.9m长的厂房，布置了长144.9m、宽14.64m的尾水廊道，起下游调压室的作用。

11.13.2 研究内容

根据不同参数的假定范围，对如下内容进行了计算：

（1）上、下游调压室的最高和最低水位。

（2）系统的稳定性和调压室水位波动衰减率。

（3）上游调压室溢流道的溢流流量和体积。

（4）在水库全工作范围内，不同调压室尺寸下允许的增负荷大小。

11.13.3 不同变量的取值范围

不同变量的取值范围将在下面讨论。

1. 上游和下游调压室尺寸

对于由尾水廊道组成的下游调压室，面积假定为144.9m×14.64m。初步分析表明，上游调压室的直径应该在33.5m到52m之间，根据初步数值模拟，选择了33.5m、39.7m、45.75m三种调压室直径，进行方案的详细比较。

2. 隧洞阻力

根据公布的Niagara Falls Development报告资料（Bryce和Walker，1959），Appalachia隧洞（Elder，1956）和瑞典无衬砌隧洞（Rahm，1953）选取的曼宁公式中n的最大值和最小值见表11-2（关于隧洞水头损失的详细数据，可参阅Report of the Task Force on flow in Large Conduits of the Committee on hydraulic Structures，1965）。

表11-2 曼宁公式中n的选择

隧洞	最大值	最小值
上游混凝土衬砌隧洞	0.013	0.011
下游无衬砌隧洞	0.038	0.035

3. 阻抗孔尺寸

阻抗孔尺寸的选择应使隧洞中的最大瞬变压力水头不超过岩石覆盖厚度的0.5倍。

水流流进调压室的损失系数应包括水流从孔口进入竖管和从竖管进入调压室的两个扩散损失。流出调压室的损失系数包括水流从调压室进入竖管和流经孔口的收缩损失，和经过45°锥形扩散段的损失。

即使将这些估算的阻抗损失系数加倍或者假定它们为零，对系统的稳定性也没有影响。

4. 水库水位

为了确定允许的增负荷量，选择了347.7m、356.8m、366.0m和378.2m四个水库水位。表11-3归纳了为确定不同最不利工况而假定的水库水位和隧洞水头损失。

表11-3 假定条件

最不利条件	假定	
	隧洞损失系数	水库水位
稳定性	最小	最低
增负荷后上游调压室抽空的可能性	最大	最低
甩全部负荷后上游调压室最高水位	最小	最高

5. 上游调压室

调压室直径由33.55m增大到39.65m，水库在低水位下，电站单独运行的保证出力增大约37.3MW。当调压室的直径增大到39.65m以上时，这种效益迅速减小并且在较高的水库水位下完全消失。考虑到允许的增负荷量、波动衰减程度，以及有效保证出力等因素，调压室直径选择为39.65m。调压室底部高程确定为321.5m。这个高程允许一台机组突然投入运行或在甩全负荷之后接着增加一部分负荷。控制室内装有调压室水位指示器，这样操作员可以避免有可能导致调压室水位过低的增荷载操作。

从调压室溢出的水，本来可以通过一条穿过永久性城镇的小河道流走。但考虑到水流突然冲进居民区可能造成危险，最后决定在高处岩石中挖一个水池来存储溢水，并让溢水回流到调压室。

6. 下游调压室

选择了下游廊道作为尾水调压室。对于正常运行情况，调压室最高和最低水位计算结果分别为192.15m和182.1m。调压室底板高程定为170.5m。为了避免甩全负荷时因为水位太低而尾水管被抽空，在廊道下游的尾水隧洞上建造了一个溢流堰。

11.14 本章小结

本章描述并分析了各种类型调压室。用相平面法研究了简单式调压室的稳定性。提出了设置调压室的必要性和确定调压室尺寸的准则，并且以Chutedes - Passes 水电站调压室为实例对相关问题进行了概括。

习　题

11.1　计算突然甩全负荷后简单式调压室的水位自由波动振幅和周期。初始稳定流量为 $1200m^3/s$，隧洞长 1760m，隧洞和调压室的断面积分别为 $200m^2$ 和 $600m^2$。

11.2　证明动力方程［式（11 - 7）］对于倾斜的调压室（如图 11 - 16）仍然适用，假定 A_s 是调压室的水平截面积。

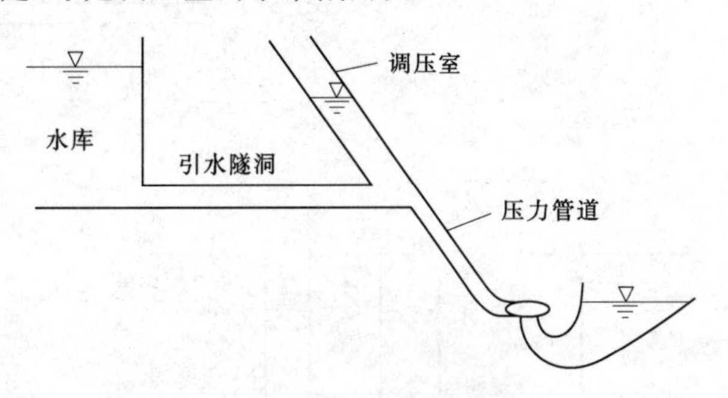

图 11 - 16　倾斜调压室

11.3　推导简单式调压室、阻抗式调压室和差动式调压室的动力方程。假设隧洞的倾斜角是 θ。［提示：绘一个隧洞脱离体的受力图，并且应用牛顿第二定律。因为隧洞中水的重力分量和隧洞末端的基准水头抵消，因此式（11 - 7)、式（11 - 14）和式（11 - 15）有效］。

11.4　证明甩负荷之后隧洞中的水流振荡与简单式调压室的水位波动之间的相位差是 90°。是水流超前于水位，还是水位超前于水流？假定系统无阻力。

11.5　如果隧洞断面积沿其长度分段变化，证明可用一个长度为 L_e，面积为 A_e 的等效隧洞替代真实隧洞，这样会有 $\dfrac{L_e}{A_e}=\sum\limits_{i=1}^{n}\dfrac{L_i}{A_i}$，式中 L_i 和 A_i 分别是第 i 段隧洞的长度和横截面积（$i=1$ 到 n）。

11.6　如果考虑调压室中水流的惯性，证明水位自由波动幅值的表达式［式（11 - 29)］对简单调压室是适用的，而周期 T 的表达式变为

$$T=2\pi\sqrt{\frac{\lambda}{g}\frac{A_s}{A_t}}$$

式中，$\lambda=L+H_aA_t/A_s$，H_a 是调压室高度。

11.7　图 11 - 17 展示了两种典型的多调压室系统。请推导这两个系统的动力方程和连续方程。

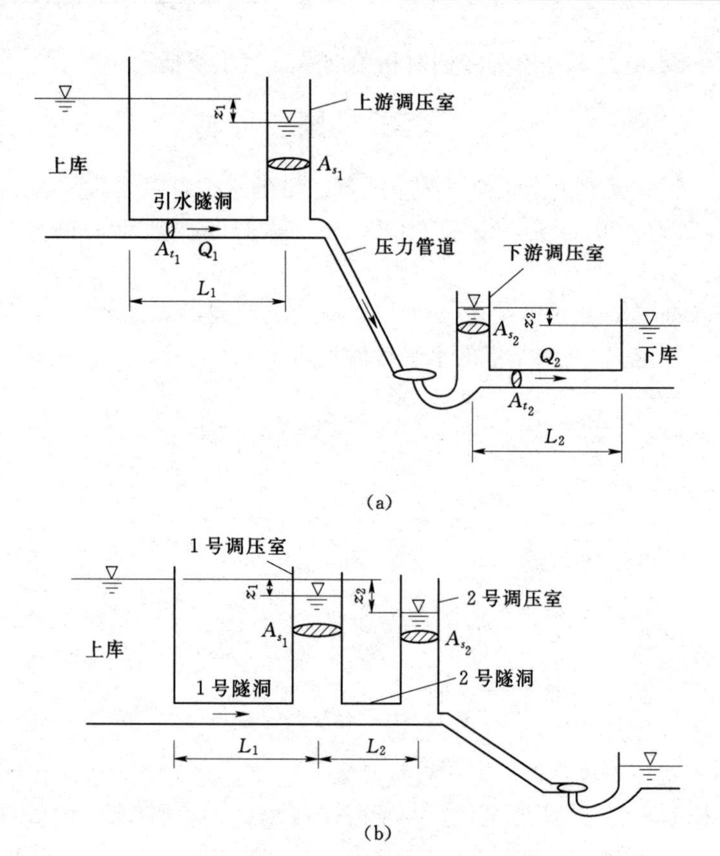

图 11-17 多调压室系统

11.8 证明封闭式调压室（见图11-18）无限振荡的临界断面积 A_{cr} 为

$$A_{cr}=A_{sc}\left(1+n\frac{p_0}{\gamma z_{a0}}\right)$$

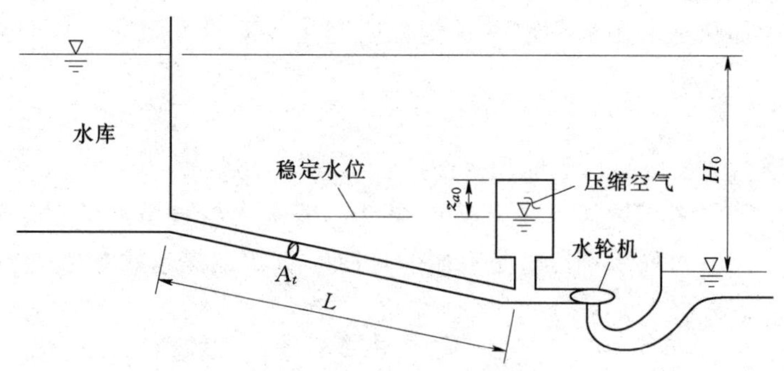

图 11-18 封闭式调压室

式中：A_{cr} 为开敞式调压室的临界断面积；p_0 为稳定状态时的空气压力，z_{a0} 为调压室顶部与初始稳定水面之间的距离。

A_{sc}由下式给出：

$$A_{sc}=\frac{LA_t}{2g\left(\frac{h_{f0}}{V_0^2}+\frac{1}{2g}\right)\left(H_0-h_{f0}+\frac{V_0^2}{2g}\right)+2\frac{V_0^2}{2g}}$$

假设空气膨胀与压缩遵循 pV_{air}^n＝常数的定理，调速器维持出力不变，水轮机效率为常数。（提示：写出隧洞的动力方程、连续方程和调速器方程。调速器方程以与稳定状态的微小偏差 Δz、ΔQ_t 和 ΔQ_{tur} 为变量。忽略二阶和高阶项，联立消去 ΔQ_t 和 ΔQ_{tur}。对于无限振荡，方程的 d[Δz]/dt 项应该等于 0）。

11.9 编写一个能模拟电站增负荷或甩负荷后调压室水位波动的计算机程序。用这个程序计算流量突然由 $56m^3/s$ 增加到 $112m^3/s$ 后调压室系统的最低涌浪水位。隧洞长 1964m，隧洞和调压室的断面积分别为 $23.35m^2$ 和 $148.8m^2$，隧洞初始稳定状态水头损失为 1.22m。

11.10 应用能量原理，证明在无阻尼的简单调压室系统中，流量突然从 Q_0 减小到 0 时，调压室水位波动的振幅等于 $Q_0\sqrt{L/(gA_sA_t)}$。

答　案

11.1 自由波动振幅 Z=46.42m，周期 T=145.84s。

11.9 低于水库水位 15.38m。

参 考 文 献

[1] Allievi, L. 1937, "Air Chamber for Discharge Lines." *Trans.*, Amer. Soc. of Mech. Engrs., vol. 59, Nov., pp. 651 - 659.

[2] Bryce, J. B. and Walker, R. A., 1959, "Head Loss Coefficients for Niagara Waler Supply Tunnels." *Engineering Journal*, Enginecring Inst. of Canada. July.

[3] Bulirsch, R. and Stoer, J., 1966, "Numerical Treatment of Ordinary Differential Equations by Extrapolation Methods." *Numerische Mathematik*. vol. 8, pp. 1 - 13.

[4] Bullough, J. B. B. and Robbie, J. F., 1972, "The Accuracy of Cenain Numerical Procedures when Applied to the Solution of Ordinary Differential Equations of the Type Used in the Digital Computer Prediction of Mass Oscillation in Closed Conduits," *Proc. First Conf. on Pressure Surges*. British Hydromechanics Research Association. Bedford. England, pp. A6 - 53 - A6 - 75. Chaudhry, M. H. 1983, "Review of Hydraulic Transient Studies, Snettisham Project," *Report*, prepared for the U. S. Army Corps of Engineers, Alaska District, Anchorage, Alaska, May.

[5] Chaudhry, M. H. and Ruus, E., 1971, "Surge Tank Stability by Phase Plane Method." *Jour. Hyd. Div.*, Amer. Soc. of Civ. Engrs., April, pp. 489 - 503.

[6] Chaudhry, M. H., Sabbah, M. A. and Fowler, J. E., 1983, "Analysis and Stability of Closed Surge Tanks," *Proc. Fourth International Conf. on Pres - sure Surges*,

British Hydromechanics Research Association. Bedford. Eng-land. Sept. , pp. 133 - 146.

[7] Chaudhry, M. H. , Sabbah, M. A. and Fowler, J. E. , 1985, "Analysis and Stability of Closed Surge Tanks," *Jour. Hyd. Engg.* , Amer. Soc. of Civ. Engrs. , July, pp. 1079 - 1096.

[8] Cunningham, W. J. , 1958, *Introduction to Nonlinear Analysis*. McGraw - Hill Book Company, Inc. , New York, NY.

[9] Elder, R. A. , 1956, "Friction Measurements in Appalachia Tunnel." *Jour. , Hyd. Div.* , Amer. Soc. of Civ. Engrs. , vol. 82, June.

[10] Forrest, J. A. and Robbie, J. F. , 1980, "Mass Oscillation Prediction - A Comparative Study of Mass Surge and Waterhammer Methods." *Proc. Third International Conf. on Pressure Surges*. British Hydromechanics Research Association. Bedford. England, March, pp. 333 - 360.

[11] Forster, J. W. , 1962, "Design Studies for Chute des - Passes Surge - Tank Sys - tem." *Jour. Power Div.* , Amer. Soc. of Civ. Engrs. , vol. 88, May, pp. 121 - 152. Frank, J. and Schüller, J. , 1938, *Schwingungen in den Zuleitungs - und Ableitungskanalen von Wasserkraftanlagen*, Springer, Berlin, Germany.

[12] Gardner, P. E. J. , 1973, "The Use of Air Chambers to Suppress Hydraulic Resonance," *Water Power*, Mar. , pp. 102 - 105, Apr. , pp. 135 - 139.

[13] Gear, C. W. , 1971, *Numerical Initial Value Problems in Ordinary Differential Equations*. Prentice - Hall. Englewood Cliffs, NJ.

[14] Gragg, W. B. , 1965, "On Extrapolation Algorithms for Ordinary Initial - Value Problems." *SIAM Jour. Numerical Analysis*, pp. 384 - 403.

[15] Jaeger, C. , 1960, "A Review of Surge Tank Stability Criteria." *Jour. Basic Engg.* , Amer. Soc. of Mech. Engrs. , Dec. , pp. 765 - 775.

[16] Jaeger, C. , 1961, *Engineering Fluid Mechanics*, translated from German by Wolf, P. O. , Blackie and Sons Ltd. , London, UK.

[17] Johnson, R. D. , 1908, "The Surge Tank in Water Power Plants." *Trans.* , Amer. Soc. of Mech. Engrs. , vol. 30, pp. 443 - 501.

[18] Johnson, R. D. , 1915, "The Differential Surge Tank." *Trans.* , Amer. Soc. of Civ. Engrs. , vol. 78, pp. 760 - 805.

[19] Krueger, R. E. , 1966, "Selecting Hydraulic Reaction Turbines." *Engineering Monograph No*. 20. Bureau of Reclamation, Denver, CO.

[20] Lundberg, G. A. 1966, "Control of Surges in Liquid Pipelines." *Pipeline Engineer*, Mar. , pp. 84 - 88.

[21] Li, W. H. , *Differential Equations of Hydraulic Transients*, Dispersion, and Ground - water Flow. Prentice - Hall, Inc. , Englewood Cliffs, NJ, pp. 22 - 36.

[22] Marris, A. W. , 1959, "Large Water Level Displacements in the Simple Surge Tank." *Jour. Basic Eng*, Amer. Soc. of Mech. Engrs. , vol. 81.

[23] Marris, A. W. , 1961, "The Phase - Plane Topology of the Simple Surge Tank Evaluation." *Jour. Basic Engrg.* , Amer. Soc. of Mech. Engrs. , pp. 700 - 708. Martin,

C. S. , 1973, "Status of Fluid Transients in Western Europe and the United Kingdom Report on Laboratory Visits by Freeman Scholar." *Jour. Fluids Engineering*, June, pp. 301 - 318.

[24] Matthias, F. T. , Travers. F. J. and Duncan. J. W. L. , 1960, "Planning and Construction of the Chute des - Passes Hydroelectric Power Project." *Engineering Journal*, Engineering Insl. of Canada. vol. 43, Jan.

[25] McCracken, D. D. and Dorn, W. S. , 1964, *Numerical Methods and FORTRAN Programming*, John Wiley & Sons, Inc. , New York, NY.

[26] Mosonyi, E. , 1957 1960, *Water Power Development*, Vol. Ⅰ and Ⅱ, Publishing House of Hungarian Academy of Sciences. Budapest, Hungary.

[27] Parmakian, J. , 1963, *Waterhammer Analysis*, Dover Publications, Inc. , New York, NY.

[28] Parmakian, J. , 1981, "Surge Control." *Closed - Conduit Flow*, M. H. Chaudhry and V. Yevjevich, eds. , Water Resources Publications, Littleton, CO, pp. 206.

[29] Paynter, H. M. , "A Palimpsest on the Electronic Analogue Art," A. Philbrick. Researches, Inc. , Boston, MA.

[30] Paynter, H. M. , 1949, "The Stability of Surge Tanks." *thesis* presented to Massachusetts Institute of Technology, Cambridge. Mass. , in partial fulfillment of the requirements of degree of Master of Science.

[31] Paynter, H. M. , 1951, "Transient Analysis of Cenain Nonlinear Systems in Hydroelectric Plants." *thesis* presented to Massachusetts Institute of Technology, Cambridge. Mass. in panial fulfillment of the requirements of degree of Doctor of Philosophy.

[32] Paynter, H. M. , 1953, "Surge and Water Hammer Problems." Electrical Analogies and Electronic Computers Symposium, *Trans.* , Amer. Soc. Civ. Engrs. , vol. 118, pp. 962 - 1009.

[33] Pickford, J. , 1969, *Analysis of Surge*. MacMillan and Co. Ltd. London, UK. Rahm, S. L. , 1953, "Flow Problems with Respect to Intake and Tunnels of Swedish Hydroelectric Power Plants." *Bulletin No.* 36, Inst. of Hydraulics. Royal Inst. of Tech. , Stockholm, Sweden.

[34] Rich, G. R. , 1963, *Hydraulic Transients*. Dover Publications. New York, NY. Ruus, E. 1966, "The Surge Tank," *Leture Notes*, University of British Columbia, Vancouver, Canada.

[35] Ruus, E. , 1969, "Stability of Oscillation in Simple Surge Tank." *Jour.* , *Hyd. Div.* , Amer. Soc. of Civ. Engrs. , Sept. , pp. 1577 - 1587.

[36] Sideriades, L. , 1960, Discussion of "A Review of Surge Tank Stability Criteria," *Jour. Basic Engg.* , Amer. Soc. of Mech. Engrs. , Dec. , pp. 778 - 781.

[37] Sideriades, L. , 1962, "Qualitative Topology Methods: Their Applications to Surge Tank Design." *La Houille Blanche*, Sept. , pp. 569 - 80.

[38] Stoer, J. and Oulirsch. R. , 1980, *Introduction to Numerical Analysis*, Springer Verlag, New York, NY.

[39] Svee, R., 1972, "Surge Chamber with an Enclosed Compressed Air Cush - ion." *Proc. International Conf. on Pressure Surges*, British Hydromechanics Research Association, Bedford, England, Sept., pp. G2 - 15 - G2 - 24.

[40] Task Force, 1965, "Factors Influencing Flow in Large Conduits." Report of the Task Force on Flow in Large Conduits of The Committee on Hydraulic Structures. *Jour. Hyd. Div.*, Amer. Soc. of Civ. Engrs., vol. 91, Nov., pp. 123 - 152.

[41] Thoma, D., 1910, *Zur Theorie des Wasserschlossers bei Selbsttaetig Geregelien Turbinemanlagen*, Oldenburg, Munchen, Germany.

[42] Verner, J. H., 1968, "Explicit Runge - Kutta Methods with Estimates of Local Trunction Error." *SIAM Jour. Numerical Analysis*. vol. 15. no. 4. Aug., pp. 772 - 787.

第 12 章
泄漏与部分堵塞检测*

由于碳酸钙沉积造成部分堵塞（钢管使用了十年，直径减小了 40%）
(B. Brunone 提供)

* 本章作者为 Pranab K Mohapatra。

12.1 引言

泄漏与部分堵塞在管道中较为常见，一般发生在管道的分岔、接头及连接处。由于管道泄漏而导致饮用水巨大损失的案例在美国自来水厂协会和魏尔协会的文件中有据可查（AWWA 1990；Weil 1993）。除了造成水流减少，管道泄漏还可引发经济损失和环境问题。另一方面，管道的部分堵塞主要源于化学与物理沉积。典型的管道系统部分堵塞有：下水道中的固体废弃物沉积，输水管道中结冰堵塞，以及工业管道系统中的塞阀现象。部分堵塞会造成过流面积的减小，同时伴有能量损耗和下游水流分离现象。能量损耗可看作是堵塞尺寸和平均流量的函数。泄漏与部分堵塞都是管道中的异常现象，确定它们发生的位置和尺寸十分重要，这样才能采取有效补救措施来减轻它们的不利影响。

确定管道异常部位及其异常程度的传统措施主要基于对管道全线或主要部位的测量和观测，包括采用分散布置的压力传感器、流量表以及阀门传感器等。这些措施需要耗费大量的时间，并且成本较高。因此，需要寻找一种较为经济的泄漏与管道堵塞检测方法。管道在发生泄漏及部分堵塞等异常现象时，其中的瞬变流显示出与正常情况下不同的特性。因此，我们可以利用这一特点来进行管道的泄漏与部分堵塞的检测。本章将采用第 8 章所阐述的传递矩阵法来进行管道异常检测。已有不少学术论文对管道泄漏检测（Covas 和 Ramos 1999；Brunner 1999；Brunone 和 Ferrante 2001；Wang 等，2002；Sattar 和 Chaudhry，2008；Haghighi 等，2012）以及局部堵塞的检测（Jiang 等，1996；De Salis 和 Oldham，1999；Mohapatra 等，2006；Sattar 等，2008；Meniconi 等，2010）进行了较为深入的研究。Sattar（2006）对管道渗漏与局部堵塞的检测问题的相关文献进行了较为全面的概括。本章将首先列举相关的术语，然后具体阐述管道泄漏与局部堵塞的检测的几种方法。

12.2 术语

本章所举的例子都是图 12－1 所示的简单管，其上游为水头恒定的水库，下游为振荡阀。简单管直径为 D，长度为 L。泄漏是水流沿着一个圆形小孔出流，而部分堵塞则是在管道中形成一个孔口。泄漏的特征参数为其开孔直径 D_L 及其距离上游水库的距离 X_L。同样地，部分堵塞由其过流直径 D_B 和其距上游距离 X_B 来确定。利用直径 D 与距离 L 作为基准参数可将异常部位的大小和位置参数无量纲化。

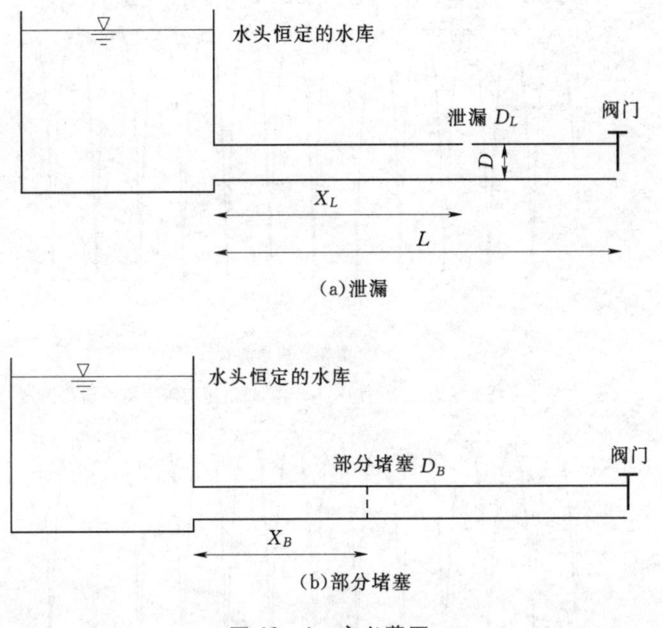

图 12-1 定义草图

压力的频率响应（Pressure Frequency Response，简称 PFR）是指管道中特定部位的压力水头的频率响应（详见第 8 章）。无量纲压力振荡可看作是无量纲频率的函数。PFR 的形状取决于其压力的测量部位。本章的所有例子都是考虑阀门出口附近的 PFR。**压力频率响应的峰值包络图（Peak Pressure Frequency Response，PPFR）**是将前面所得的压力频率响应峰值连接所得。同样，**压力频率响应的谷值包络图（Trough Pressure Frequency Response，TPFR）**是将前面所得的频率响应的谷值连接所得。图 12-2 表示了有部分堵塞和无堵塞两种不同情况下，阀门出口附近的压力频率响应及其峰值包络图。从图中可以看出，对于无堵塞和有堵塞两种不同的情况，其压力频率响应的峰值包络图分别是直线和曲线。与压力频率响应及其峰值包络图类似，管道中所有部位的流量频率响应（Discharge Frequency Response，DFR）及流量频率响应的峰值包络图（Peak Discharge Frequency Response，PDFR）可按同样的方法得到。这些频率响应可用于管道系统中泄漏或部分堵塞的检测。在泄漏检测中我们需要用到两个无量纲参数，即**损害**与**反射**。损害用 δ 表示，其表达式为：$\delta=\sqrt{(C_d A_L/A)}$，其中，$A_L$ 和 A 分别表示泄漏面积与管道面积，C_d 为泄漏流量系数；反射用 ψ 来表示，表达式为 $\psi=\Delta|h_r|$。

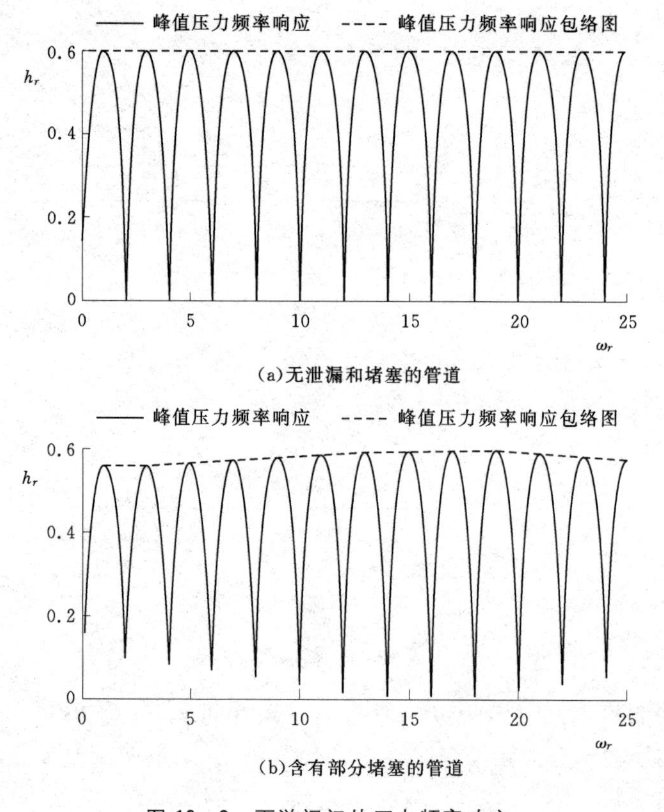

(a)无泄漏和堵塞的管道

(b)含有部分堵塞的管道

图 12-2 下游阀门处压力频率响应

12.3 局部堵塞的检测

本节主要讨论基于文献 Mohapatra 等（2006）的部分堵塞的检测步骤。

12.3.1 频谱分析

流体系统的各组成要素可用传递矩阵来表示。式（8-33）、式（8-67）、式（8-71）可写成扩展矩阵的形式，其中场矩阵为

$$\boldsymbol{F}_i=\begin{bmatrix} \cosh(\mu_i L_i) & -\dfrac{1}{Z_c}\sinh(\mu_i L_i) & 0 \\ -Z_c\sinh(\mu_i L_i) & \cosh(\mu_i L_i) & 0 \\ 0 & 0 & 1 \end{bmatrix} \tag{12-1}$$

下游振荡阀的点矩阵为

$$\boldsymbol{P}_{ov}=\begin{bmatrix} 1 & 0 & 0 \\ -\dfrac{2H_0}{Q_0} & 1 & \dfrac{2kH_0}{\tau_0} \\ 0 & 0 & 1 \end{bmatrix} \tag{12-2}$$

堵塞处的点矩阵为

$$\boldsymbol{P}_B=\begin{bmatrix}1 & 0 & 0\\ -\dfrac{2\Delta H_0}{Q_0} & 1 & 0\\ 0 & 0 & 1\end{bmatrix} \tag{12-3}$$

下面的例子中所提到的管道均视作简单管，以此来解释部分堵塞的检测步骤。对于这样的管道，其总传递矩阵可表示为

$$\boldsymbol{U}=\boldsymbol{F}_2\boldsymbol{P}_B\boldsymbol{F}_1 \tag{12-4}$$

压力与流量的频率响应可应用振荡阀的点矩阵得到［见式（8-129）至式（8-131）］。

h_{n+1}^L 和 q_{n+1}^L 的绝对值分别表示下游阀门处压力和流量的振幅。$\boldsymbol{U}$ 可通过式（12-4）得到，频率响应可由式（8-129）至式（8-131）得到。对于不同的频率重复使用此程序即可得到 PFR 和（或）DFR。

12.3.2 系统参数

管道系统中，部分堵塞面积大小及其发生部位不同时，其内的瞬变流也表现出不同的特征。在部分堵塞的点矩阵中［式（12-3）］，堵塞的尺寸对瞬变流的影响体现在堵塞部位的局部水头损失中。对于一定的流量，部分堵塞的尺寸和堵塞部位的局部水头损失存在一定的关系。

我们所要研究的管道参数给定如下：管道长度 $L=1600\text{m}$；管道直径 $D=0.3\text{m}$；阀门振幅 $k=0.1$；管道平均压力水头 $H_0=50\text{m}$；波速 $a=1200\text{m/s}$；$Q_0=0.1\text{m}^3/\text{s}$；摩阻系数 $f=0.0$。部分堵塞的无量纲参数，即堵塞尺寸 $z=D_B/D$ 及位置 X_B/L 为变化的。为了更好的阐述管道中局部堵塞检测的频率响应法，下面所叙述的模型为理想化的系统模型，即无摩阻管道。另外，由于缺少实验数据，数值计算的结果的正确性可通过一些简化例子的分析来验证。需要注意的是，管道的摩阻对压力频率响应的峰值包络图（PPFR）有影响，也就是说，当周期保持不变时，PPFR 图的振幅会减小。后面将讨论用 PPFR 来分析局部堵塞检测的程序及计算结果。频率响应法（Frequency Response Method，FRM）的计算结果可通过特征线法（Method Of Characteristics，MOC）来验证。

12.3.3 部分堵塞的压力频率响应峰值包络图（PPFR）

图 12-3 比较了由特征线法和频率响应法所计算的管道下游末端的 PPFR。由图中可以看出，与特征线法的计算结果相比较，频率响应法计算所得的峰压值偏大。但两种方法所得的 PPFR 大体趋势是一致的。在特征线法中，

方程没有采用线性化处理，正波的振幅大于负波的振幅。在传递矩阵法中，正波与负波的振幅是一致的。但通过比较可以看出，上述两种方法所得曲线的峰值与谷值之差近似相等，吻合程度较为满意。

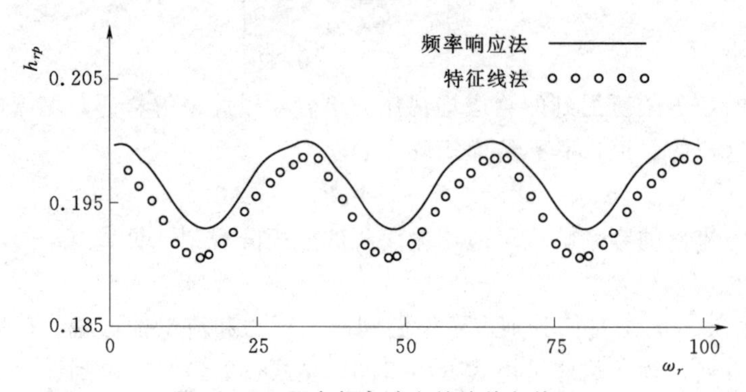

图 12-3 压力频率响应的峰值包络图

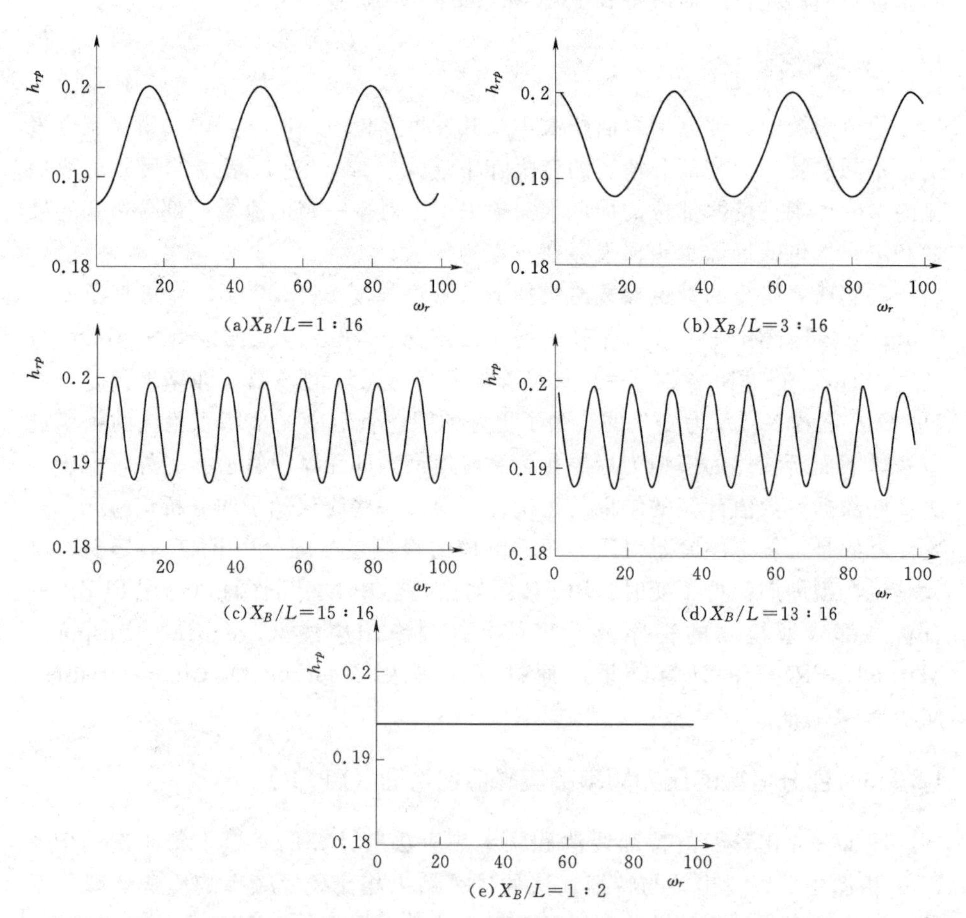

图 12-4 堵塞位置对 PPFR 的影响，$z=0.5$

图 12-4 显示了部分堵塞位置不同对 PPFR 的影响。这里主要选取了五个不同的位置进行计算分析。在 PPFR 图中，无量纲参数频率用 ω_r 表示，其取值范围为 1～100。当部分堵塞的计算位置由管道上游末端移至管道中部时，PPFR 图的波峰与波谷数量随之增加。同样，当部分堵塞位置由下游阀门处移至管道中部时，可得到类似的结论。通过比较可以看出，在距离管道两端距离相同的处发生部分堵塞时，其对应的 PPFR 图形呈镜像相似。另外，发生部分堵塞的位置也决定着波峰的个数。例如，当发生部分堵塞的位置分别为距离上游末端 100m 和 300m 时，波峰的个数分别为 3 和 9。对于其他位置可以得到类似的关系，为了节省篇幅，这里就不将其 PPFR 图一一罗列。从图中可以看出，当部分堵塞发生在管道中部时，压力频率响应的峰压值不变。另外，对于图 12-4 中所列举的所有情况，压力振荡峰值的平均值也是恒定的。因此，可以通过压力振荡峰值的平均值的大小来估算部分堵塞尺寸。

图 12-5 显示了不同的局部堵塞尺寸对 PPFR 图的影响。图中采用了三种不同部分堵塞尺寸（z=0.60，0.45 和 0.40），其中 X_B=200m。

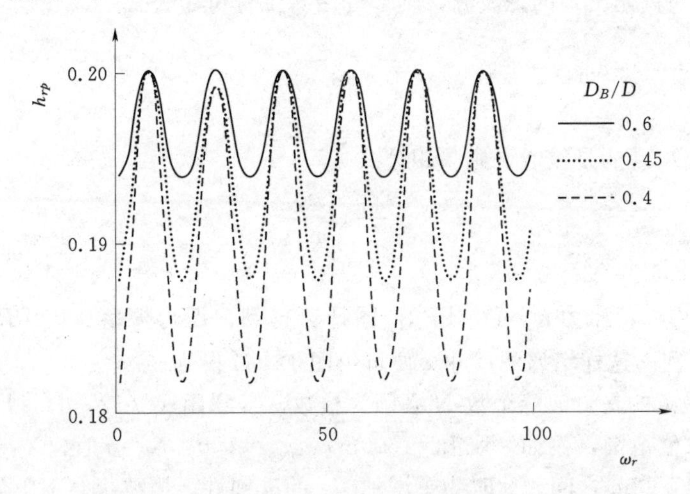

图 12-5　堵塞尺寸对峰压频率的影响，$X_B/L=1/8$

局部堵塞的尺寸越大，造成的水头损失也越大，反映在 PPFR 图上则表现为较大的振幅。图 12-6 显示了不同的局部堵塞尺寸，即 $z=D_B/D$ 不同时，其对应的压力振荡峰值的平均值。由图中可以看出，平均的压力振荡峰值越小，表明水头损失越大，部分堵塞面积越大（z 值越小）。当堵塞面积较小，即 $z>0.8$ 时，对应的压力频率响应变化不显著。需要注意的是，图 12-6 中的计算结果是针对给定的 Q_0（本例中为 $Q_0=0.1\text{m}^3/\text{s}$）得出的。

根据前面的分析，可采用以下步骤来确定局部堵塞的尺寸和位置：

1）当 ω_r 从 0 到 $\omega_{\max}$ 的范围内变化时，可得到 PPFR 图，同时可得到其波

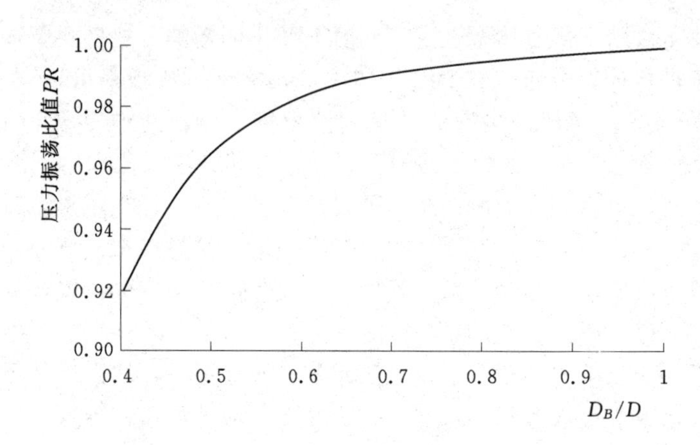

图 12-6 堵塞尺寸对压力振荡比率的影响

峰个数 N；

2）检查首次出现的是波峰 P 还是波谷 T；

3）如果首先出现的是波峰，则部分堵塞位置可用公式

$$\frac{X_B}{L}=\frac{2N}{\omega_{\max}} \tag{12-5}$$

来确定。

若首先出现的是波谷，则采用公式

$$1-\frac{X_B}{L}=\frac{2N}{\omega_{\max}} \tag{12-6}$$

来确定。

4）平均峰值压力 $\overline{h}_{rp}$ 可由 PPFR 图计算得到；压力振荡比值 PR 可由 $\overline{h}_{rp}$ 除以 $\overline{h}_{rp0}$ 得到。这样堵塞的尺寸 z 便可由图 12-6 得到。

需要注意的是，波峰个数 N 必须为整数，且利用式（12-6）得到的 X_B/L 是一个取值范围，例如，取 $L=1600$m，$\omega_{\max}=100$，$N=6$ 时，X_B 的范围在 200m 到 233.33m 之间。此时为了增加 X_B 的准确性，需要提高上限值 $\omega_{\max}$。

12.4 泄漏检测

本节主要介绍由 Sattar 和 Chaudhry（2008）提出的利用频域分析进行泄漏检测的计算步骤。

通过压力频率响应可以检测出管道中的渗漏。但需要注意的是，压力频率响应的峰值包络图（PPFR）是基于奇次谐波得到的，而压力频率响应的谷值包络图（TPFR）则是基于偶次谐波得到的。也就是说，当 $\omega_r=1，3，5，\cdots$ 时，得到 PPFR 图；当 $\omega_r=2，4，6，\cdots$ 时，得到 TPFR 图。本节将讨论利

用 TPFR 图来进行管道渗漏检测。需要注意，当管道系统发生泄漏时，偶次谐波所产生的压力频率响应振幅会随之增加。这种振幅的增加形成了一种振荡图形。利用这种振荡图形的频率和振幅便可预测泄漏发生的位置与泄漏流量。下面将具体讨论此种方法的计算过程。

12.4.1 频率响应

这里将泄漏按孔口进行模拟，泄漏流量由孔口直径以及水头决定。这样，根据孔口出流方程可以计算出泄漏流量：

$$Q_L = C_d A_L \sqrt{2gH_L} \tag{12-7}$$

式中：Q_L 为对应于水头 H_L 的稳定泄漏流量；C_d 为流量系数。

上一节已经讨论了流量和压力频率响应的计算。但在泄漏计算时，式（12-4）中的点矩阵 $\boldsymbol{P}_B$ 要用如下泄漏的点矩阵 $\boldsymbol{P}_L$ 来替换：

$$\boldsymbol{P}_L = \begin{bmatrix} 1 & -\dfrac{Q_L}{2H_L} & 0 \\ 0 & 1 & 0 \\ 0 & 0 & 1 \end{bmatrix} \tag{12-8}$$

如前所述，管道下游末端的 TPFR 图可用与上节相同的系统参数来得到。由图 12-7 可以看出，发生泄漏的位置（X_L/L）不同时，其 TPFR 图也各不

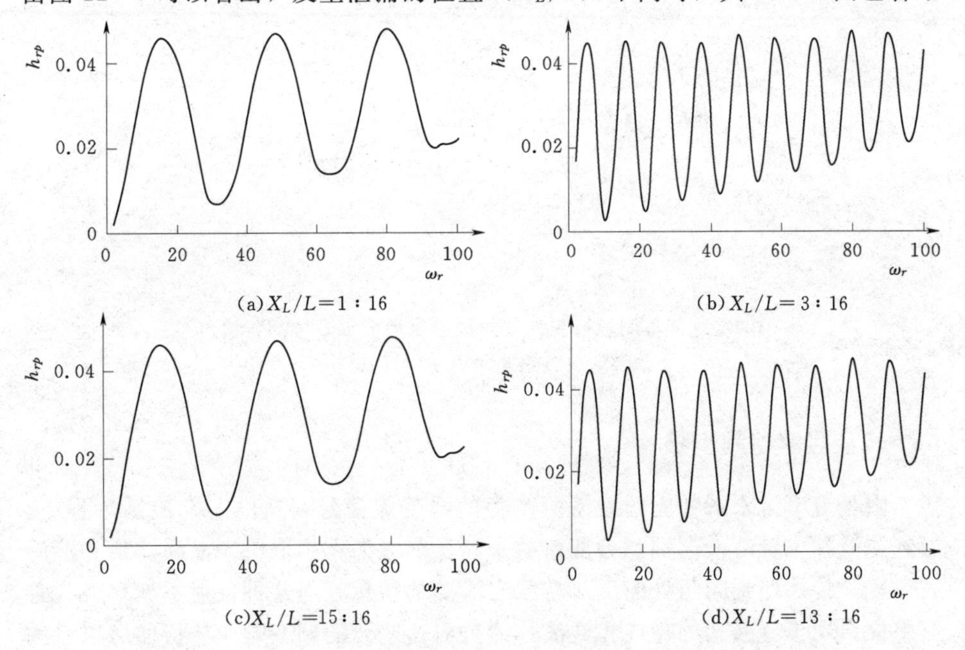

图 12-7 不同泄漏位置对应的压力频率响应的谷值包络图（TPFR）

相同。TPFR 振荡图形主要由系统中泄漏处的压力波反射以及泄漏所引发的二次驻波决定。需要注意的是，与部分堵塞不同，当泄漏沿着管道中部对称分布时，例 $X_L/L=1:16$ 和 $X_L/L=15:16$ 时，所得到的 TPFR 图是相同的。因此，利用 TPFR 图进行泄漏检测时可以得到两个可能的位置。另外，和局部堵塞的检测类似，当泄漏发生在管道中部（例如 $X_L/L=0.5$）时，TPFR 信号较弱。而当 X_L/L 为 0 或 1 时，可以从理论上证明，相应的 TPFR 图为一经过原点的直线。

图 12－8 显示了泄漏的孔口尺寸对 TPFR 图的影响。这里选取了三种不同的泄漏孔口尺寸，泄漏位置不变。需要注意的是，泄漏的点矩阵中包含泄漏流量这一项。因此，需要利用公式由泄漏孔口的尺寸 D_L/D 来得到泄漏流量 Q_L。图 12－8 中的图例用的是 D_L/D，而不是泄漏流量 Q_L。但由图 12－8 可以看出，TPFR 的振幅与泄漏流量是成比例的。当泄漏流量增加时，振幅随之增加。由于所选取的泄漏位置是不变的，TPFR 图的频率也保持不变。

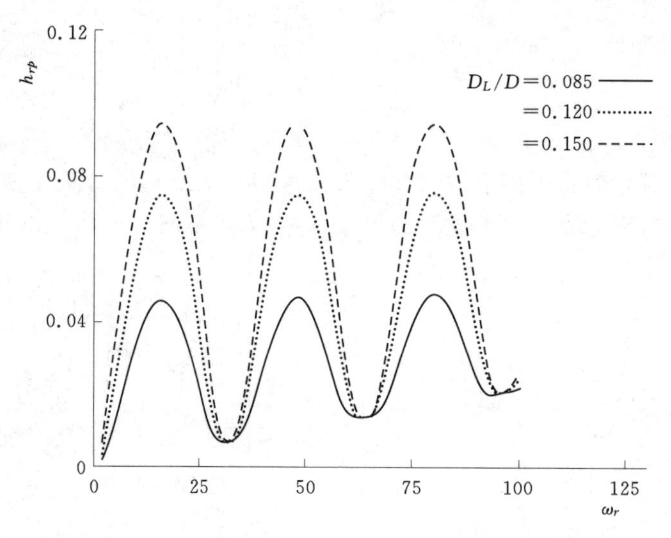

图 12－8 不同的渗漏尺寸对应的压力频率响应的谷值包络图（TPFR）（$X_L/L=1/16$）

12.4.2 泄漏检测步骤

由管道下游末端的阀门振动所产生的瞬变流信号，在向上游传播过程中，当到达泄漏位置时，会被部分反射回来。反射波的大小取决于泄漏流量和泄漏的位置。传播回到阀门处的反射波载有泄漏的信息。当这种反射不断重复，管道中便出现了一系列的行波和驻波。通过对这些波的频率响应分析便可以检测出泄漏的位置。观察发现，当管道中出现泄漏时，相应的 TPFR 图也会随之变化。在频率响应图中，振幅沿着频率轴以一种振荡模式增加。这种振荡具有周期性，且振荡的振幅和周期与泄漏的位置及流量有着直接的关系。

由下游阀门振荡所产生的波经过泄漏处被部分反射，变成了正负号相反的波传回到阀门处。泄漏反射时间可以定义为：$T_L=2(L-X_L)/a$，它与泄漏发生位置距阀门的距离有关。因此，通过分析可以得出，在存在泄漏的系统中，由偶次谐波所产生的频率响应图中，压力的振幅呈现周期性振荡增长图形。这种振荡图形取决于泄漏反射时间。振荡周期为 $\Delta\omega_r^{even}$，它与泄漏所引发的反射频率有关，反射频率为 $\omega_L=2\pi/T_L$，其中 T_L 为前面所定义的泄漏反射时间。由于各频率项统一以 ω_{th} 作为参考量进行无量纲化，故由泄漏引发的振荡模式中振荡周期 $\Delta\omega_r^{even}$ 可定义如下：

$$\Delta\omega_r^{even}=\frac{\omega_L}{\omega_{th}}=\frac{2\pi/T_L}{2\pi/T_{th}}=\frac{T_{th}}{T_L}=\frac{4L/a}{2(L-X_L)/a}=\frac{2L}{L-X_L} \tag{12-9}$$

这个方程可以用来估计 X_L 的值。需要注意的是，$\Delta\omega_r^{even}$ 指的是 TPFR 图中两个连续波峰之间的频率差值。

因此，用于泄漏检测的步骤可总结如下：

1）计算出管道下游末端阀门处的压力频率响应；

2）利用频谱分析法得到在发生泄漏的系统中由偶次谐波所产生的压力频率响应图，为了保证得到较高分辨率的频谱图以及准确的频率，需要相当数量的偶次谐波的压力频率响应值；

3）利用式（12-9）计算泄漏位置。

需要注意的是，在以上的步骤中，要确定是否存在泄漏或者泄漏发生的位置，不需要知道在泄漏发生之前管道中的频率响应。

为了估算泄漏流量，需要计算出无量纲参数损害 δ 与反射 ψ 的值，这两个量在 12.2 节中有定义。对于一个给定的系统，δ 和 ψ 的关系是可以得到的。在利用 TPFR 的振荡图形进行泄漏流量估算时，可用到它们的关系。当然，还有其他的方法可以用来估算泄漏流量，当泄漏位置确定之后，还可以利用传递矩阵方程进行迭代计算得到泄漏流量。

12.5　实际应用

本章所讨论的用于部分堵塞和泄漏检测的步骤可用于实践中。阀的操作时间取决于管道长度以及波速，但不得小于理论周期 T_{th}。记录振荡阀处的压力脉动的振幅，通过改变振荡阀的操作时间，得到一组频率范围，然后重复本章的步骤，记录的压力振幅以及对应的振荡阀的频率便可得到 PPFR/TPFR 图。所得的 PPFR/TPFR 图可用于估计管道部分堵塞或泄漏位置及尺寸。然而，在实际生活中，由于摩阻系数、需求、管道特性以及系统拓扑结构不同，其应用具有很多不确定性。频率范围的确定需要考虑系统的安全性以及阀门操作的限制。对于阀门的连续开启或关闭需要专门的仪器进行操作。为了保证线性假设的正确性，阀门开启时，振幅应该保持在较低水平，大约0.1左右。当然，泄漏或部分堵塞的形状也会影响到PPFR/TPFR图。

12.6 本章小结

本章主要讨论了如何利用传递矩阵法对管道内部的部分堵塞和泄漏进行检测，并列举了相应的步骤和实际应用中遇到的相关不确定因素。

习　题

12.1 流量的频率响应可以用来检测管道的泄漏或者部分堵塞吗？

12.2 是否必须记录下游阀门处的压力？管道中部的压力信号是否可以用来检测泄漏或者部分堵塞？

12.3 式（12-3）适用于某一点处的部分堵塞。但管道中的部分堵塞往往是发生在某一段范围内。假设管道中某一段发生部分堵塞，推导其点矩阵。

12.4 利用习题12.3得到的点矩阵绘制其频率响应图（PPFR/TPFR）。

12.5 绘制管道中有两处部分堵塞情况下的PPFR图，并验证式（12-5）是否依然成立。

参 考 文 献

[1] AWWA, 1990, Manual of Water Supply Practices: Water Audits and Leak Detection 1st edition, AWWA M36, American Water Works Association, Denver, CO.

[2] Brunner, B., 1999, "Transient Test-based Technique for Leak Detection in Outfall Pipes." Jour. Water Resour. Plan. Manage., Vol. 125, No. 5, pp. 302-306.

[3] Brunone, B., and Ferrante, M., 2001, "Detecting Leaks in Pressurized Pipes by Means of Transients." J. Hydraul. Res., Vol. 39, No. 5, pp. 539-547.

[4] Chaudhry, M. H., 1987, Applied Hydraulic Transients, 2nd edition, Van Nostrand Reinhold, NY.

[5] Covas, D., and Ramos, H., 1999, "Leakage Detection in Single Pipelines using Pressure Wave Behaviour." Proc. CCWI99 (Computing and Control for the Water Industry), Dragan A. S. and Godfrey A. W., eds., Univ. of Exeter, U. K, pp. 287-299.

[6] De Salis, M. H. F., and Oldham, D. J., 2001, "Development of a Rapid Single Spectrum Method for Determining the Blockage Characteristics of a Finite Length Duct." Jour. Sound Vib., Vol. 243, No. 4, pp. 625-640.

[7] Haghighi, A., Covas, D., and Ramos, H., 2012, "Direct Backward Transient Analysis for Leak Detection in Pressurized Pipelines: from Theory to Real Application." Jour. Wat. Supply: Research and Technology — AQUA, 61.3, pp. 189 - 200.

[8] Jiang, Y., Chen, H., and Li, J., 1996, "Leakage and Blockage Detection in Water Network of District Heating System." Trans. ASHRAE, Vol. 102, No. 1, pp. 291 - 296.

[9] Meniconi, S., Brunone, B., Ferrante, M., and Massari, C., 2010, "Fast Transients as a Tool for Partial Blockage Detection in Pipes: First Experimental Results." Water distribution systems analysis 2010 — WDSA2010, Tucson, AZ, USA, pp. 144 - 153.

[10] Mohapatra, P. K., Chaudhry, M. H., Kassem, A. A., and Moloo, J., 2006, "Detection of Partial Blockage in Single Pipeline." *Jour. Hydraul. Engrg.*, Vol. 132, No. 2, pp. 200 - 206.

[11] Sattar, A. M., 2006, *Leak and Blockage Detection in Pipelines*, *PhD thesis*, Dept. of Civil and Env. Engg., Univ. of South Carolina.

[12] Sattar, A. M., and Chaudhry, M. H., 2008, "Leak Detection in Pipelines by Frequency Response Method." *Jour. Hydraul. Res.*, Vol. 46, Extra Issue 1, pp. 138 - 151.

[13] Sattar, A. M., Chaudhry, M. H., and Kassem, A. A., 2008, "Partial Blockage Detection in Pipelines by Frequency Response Method." *Jour. Hydraul. Engrg.*, Vol. 134, No. 1, pp. 76 - 89.

[14] Wang, X., Lambert, M. F., Simpson, A. R., Liggett, J. A., and Vitkovsky, J. P., 2002, "Leak Detection in Pipelines Using the Damping of Fluid Transients." *Jour. Hydraul. Eng.*, Vol. 128, No. 7, pp. 697 - 711.

[15] Weil, G. J., 1993, "Non - contract Remote Sensing of Buried Water Pipeline Leaks using Infrared Thermograph." *Water Resources Planning management*, Proceedings of 20th Anniversary Congress on Water Management in the '90s. ASCE, Seattle, Washington, pp. 404 - 407.

第 13 章

明渠瞬变流

Elm Point 堤坝溃口涌水。该堤位于密苏里州圣查尔斯，于 2008 年 6 月 23 日发生溃决，受淹区域多为农田（http：//chl. erdc. usace. army. mil）

13.1 引言

前几章讨论了封闭管道中的瞬变流，本章将讨论明渠中的瞬变流。当水流具有自由液面时，即便渠道顶部封闭，皆可视为明渠流，例如：未充满至隧洞顶部的水流。

本章首先定义若干常用术语，给出一些明渠瞬变流示例。接着推导描述这种流动的动力方程及连续方程，并讨论其相应解法，其中详细介绍显式及隐式有限差分方法。然后讨论一系列明渠瞬变流的专题，并以研究实例结束此章。

13.2 术语

当水流中任意一点的水深及/或流速随时间而变化，此水流即称作**非恒定流**。诸如河道中的洪水、河口的潮汐、电站渠道中的涌浪和下水道中的暴雨径流，皆是典型的非恒定流。

按水深在时间及（或）空间的变化率，非恒定流可以分为**急变流**和**渐变流**（Chow，1959）。这种分类方式保证渐变流满足水体静压分布假设。急变流的水面变化非常快，常常会出现不连续现象，即所谓**断波**或**激波**。例如在电站渠道中由水轮机负荷变化引起的涌浪浪头或在河口由潮汐所形成的涌潮潮头。而渐变流中，自由水面变化舒缓，例如河流中的洪水、没有形成涌潮的潮汐等。

明渠中的瞬变流牵涉到波的传播。**波**可以定义为流量或水面随时间或空间的变化。**波长** λ 是从一个波峰到下一波峰的距离，波的**振幅**是最高水位与静止水位之差（见图 13－1）。

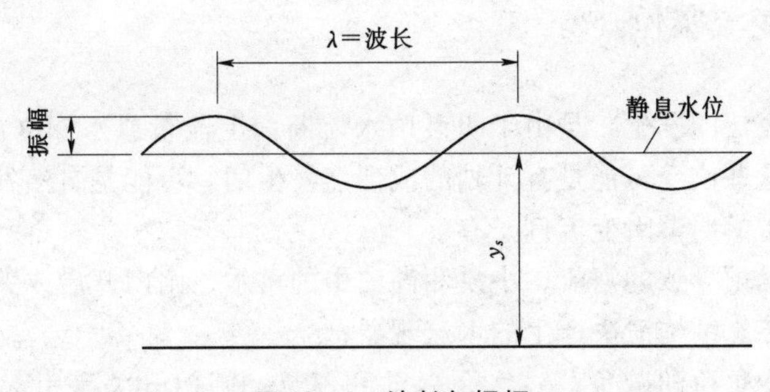

图 13－1　波长与振幅

波相对于其传播介质的相对速度叫做**波速** c。需注意的是，它不同于流速，流速 V 为流体质点运动的速度。**绝对波速度** V_w 等于流速和波速的矢量和，即

$$\boldsymbol{V}_w = \boldsymbol{V} + c \tag{13-1}$$

上式中粗体意指变量为矢量。在一维流动中，仅有一个流动方向，所以，波速不是与水流同向（顺流），就是与水流反向（逆流）。式（13-1）可写为

$$V_w = V \pm c \tag{13-2}$$

其中，正号表示波沿下游方向传播；负号表示波沿上游方向传播。

依照特征不同，可以按如下方式对波进行分类：当一个波的波长超过水深的20倍，则被称为**浅水波**；若其波长小于水深的2倍，则被称为**深水波**。注意，波的分类是基于波长 λ 与水深 y_s 的比值，而非单独基于水深定义（Rouse，1961）。例如，按照波长与水深的比值，一个短波（如涟漪）在浅水中可能是深水波，而一个长波（如潮汐波）在海洋深部也可能是浅水波。

在浅水波中，某一断面上的水流质点流速相同，波速决定于水深，质点垂向加速度相较于水平加速度而言，可以忽略不计。在深水波中，水面以下深度等于波长的地方的水流质点的运动可以忽略不计。质点的水平及垂向加速度处同一量级，且自水面向下急剧降低。深水波的波速依赖于波长。

若一个波的波面高于其初始状态，则称其为**正波**；反之，若其波面低于初始状态，则称其为**负波**。

若流体质点在空间上随波迁移，则称其为行**进波**，如：涌浪、潮汐、洪水等；反之，若质点在空间上并不随波迁移，则该波被称作**驻波**，例如海浪等。

当某个波仅具有一个上升或下降的部分，则被称作**单斜波**。仅具有一个逐渐上升和一个逐渐下降（或衰退）的部分则被称作**孤立波**。多个波顺次行进被称作**列波**。

13.3 瞬变流实例

明渠瞬变流的发生，是由于明渠中水流断面上流量或水深（或二者兼有）发生改变。这些改变可能是有计划的或偶然发生的，可能是自然发生的或人力促使的。典型的明渠瞬变流例子有：

融雪或暴雨导致的河流、小溪和湖泊中的洪水；闸门开启或关闭，或者大坝及堤防等控水结构溃决产生的水流现象；

水轮机增负荷和减负荷，水泵启动和停机，闸门开关等引起的渠道中的涌波；

运河中船闸操作引起的涌波；

滑坡在河道或水库中产生的波；

由于风或异重流作用在湖泊或水库中产生的环流；

下水道、排水渠、涵管及隧道中的暴雨径流；

河口或海湾的潮汐。

决定于流量或水深的变化率大小，瞬变过程中可能形成断波或激波。

13.4 涌波高度与波速

本节推导因闸门开启所产生的涌波的高度和波速表达式。

如图 13-2（a）所示，设 $t=0$ 时渠道中水流处于恒定状态，位于上游端的闸门突然打开，致使流量突然从 Q_1 增至 Q_2。流量增加引起一个高度为 z 的向下游传播的涌波。指定波前右侧的水深和流速为 y_1 和 V_1（即未扰动条件），

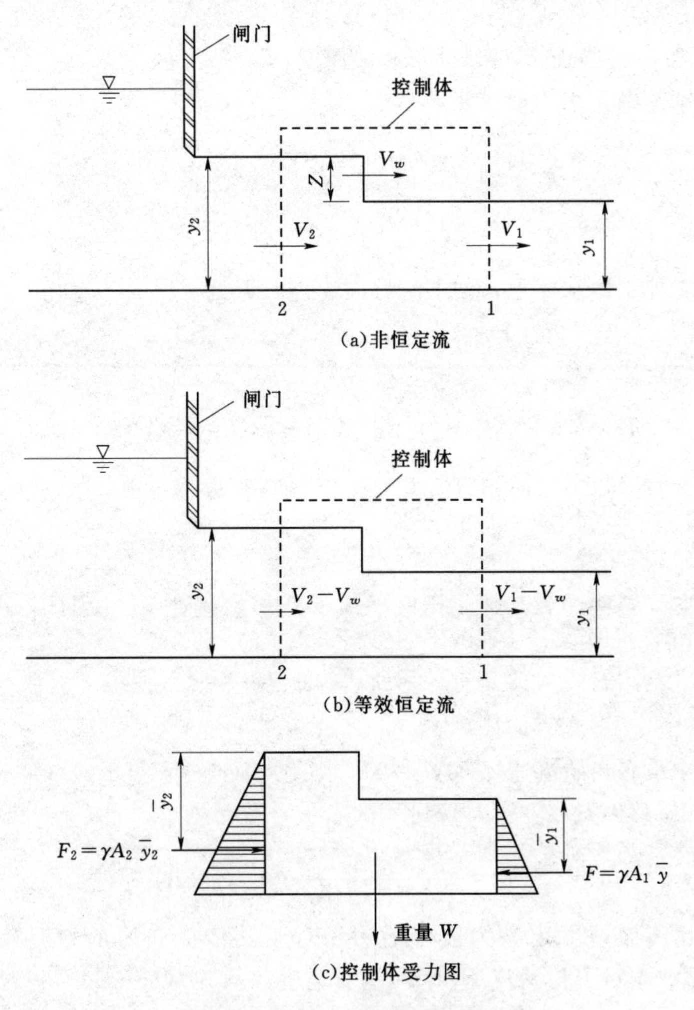

图 13-2 涌浪的高度及速度

左侧的相应参数为 y_2 和 V_2［图 13-2（a）］。若 V_w 为绝对波速，且假定波在传播过程中波形不变，就可以通过在控制体上叠加向上游的速度 V_w，将非恒定流转换成为恒定流［图 13-2（b）］。朝下向游的流速为正。

根据图 13-2（b），连续方程可以表示为

$$A_1(V_1-V_w)=A_2(V_2-V_w) \tag{13-3}$$

假设断面 1 和 2 上的压力按静水压力分布，且渠底水平、壁面无摩阻。这样，作用在控制体［图 13-2（c）］上的力可以表示为

朝上游方向受力

$$F_1=\gamma\,\overline{y}_1 A_1 \tag{13-4}$$

和朝下游方向受力

$$F_2=\gamma\,\overline{y}_2 A_2 \tag{13-5}$$

其中，$\overline{y}_1$ 和 $\overline{y}_2$ 是断面 A_1 和 A_2 形心的深度。

在控制体中，水体动量变化率

$$=\frac{\gamma}{g}A_1(V_1-V_w)[(V_1-V_w)-(V_2-V_w)]$$

$$=\frac{\gamma}{g}A_1(V_1-V_w)(V_1-V_2) \tag{13-6}$$

作用在控制体水体上，朝下游方向的合力 F 为

$$F=F_2-F_1=\gamma(A_2\overline{y}_2-A_1\overline{y}_1) \tag{13-7}$$

由牛顿第二定律，有

$$\frac{\gamma}{g}A_1(V_1-V_w)(V_1-V_2)=\gamma(A_2\overline{y}_2-A_1\overline{y}_1) \tag{13-8}$$

从式（13-3）与式（13-8）消去 V_2，整理所得方程可得

$$(V_1-V_w)^2=\frac{gA_2}{A_1(A_2-A_1)}(A_2\,\overline{y}_2-A_1\,\overline{y}_1) \tag{13-9}$$

由于此波向下游移动，其速度则必然大于其初始流速 V_1。因此，由式（13-9）可解出

$$V_w=V_1+\sqrt{\frac{gA_2}{A_1(A_2-A_1)}(A_2\,\overline{y}_2-A_1\,\overline{y}_1)} \tag{13-10}$$

如果渠道中没有初始流速（即 $V_1=0$），则绝对波速 V_w 等于式（13-10）的根式项。将 V_1 移到方程左边，得到

$$V_w-V_1=\sqrt{\frac{gA_2}{A_1(A_2-A_1)}(A_2\,\overline{y}_2-A_1\,\overline{y}_1)} \tag{13-11}$$

前面已将波速 c 定义为波传播中相对于其传播介质的相对速度。由于 V_w-V_1 是波相对于初始流速 V_1 的相对速度，从式（13-11）可导出 c 的表达式

$$c=\pm\sqrt{\frac{gA_2}{A_1(A_2-A_1)}(A_2\ \overline{y}_2-A_1\ \overline{y}_1)} \tag{13-12}$$

波向下游传播取正号，向上游传播取负号。

从式（13-3）与式（13-8）消去 V_w，可得断面1和断面2的流速与水深的关系式

$$A_2\ \overline{y}_2-A_1\ \overline{y}_1=\frac{A_1A_2}{g(A_2-A_1)}(V_1-V_2)^2 \tag{13-13}$$

波的高度 z 等于 y_2-y_1。如果 $y_2>y_1$，则该波为正波；如果 $y_2<y_1$，则该波为负波。

在式（13-3）和式（13-13）中有五个变量，即：y_1，V_1，y_2，V_2 和 V_w。如果已知其他三个独立变量的值，V_2 和 y_2 的值就可以由这些方程试算确定。

需注意的是，式（13-12）和式（13-13）为通式，适用于具有任意断面形式的渠道。接下来讨论如何针对矩形断面渠道将这些方程简化。

矩形渠道

对于宽度为 B 的矩形渠道，$\overline{y}_1=\frac{1}{2}y_1$，$\overline{y}_2=\frac{1}{2}y_2$，$A_1=By_1$，$A_2=By_2$. 将这些表达式代入式（13-12）并简化得

$$c=\sqrt{\frac{gy_2}{2y_1}(y_1+y_2)} \tag{13-14}$$

如果波高相对于水深 y 非常小，则 $y_1\simeq y_2\simeq y$。这样式（13-14）变成

$$c=\sqrt{gy} \tag{13-15}$$

对于矩形渠道，连续方程［式（13-3）］可以写为

$$By_1(V_1-V_w)=By_2(V_2-V_w) \tag{13-16}$$

由此可以导出

$$V_w=\frac{y_1V_1-y_2V_2}{y_1-y_2} \tag{13-17}$$

注意，当波向下游传播时，$V_w=V_1+c$，将 c 的表达式［式（13-14）］代入，并联合式（13-17），消去 V_w 可得

$$(V_1-V_2)^2=\frac{g(y_1-y_2)}{2y_1y_2}(y_1^2-y_2^2) \tag{13-18}$$

此方程由 Johnson（1922）推导所得，可以通过试算确定涌浪高度。

图 13-3 显示一个正波向下游传播。因为波前的前缘（点1）水深小于其后缘（点2）水深，依照式（13-15），点2的波速大于点1。因此，随着波的行进，波前的后缘有超过前缘的趋势。进而，波前逐渐变陡，直到形成断波。

同理，负波在渠道中行进时波前会变平坦。

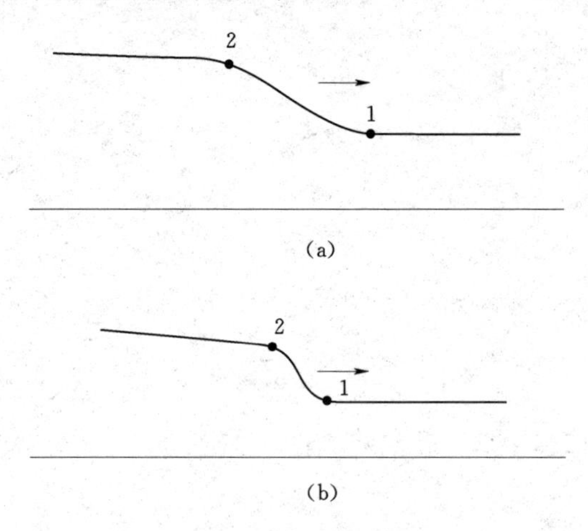

图 13-3 正波的波前形态变化

于对缓流，弗劳德数 $F<1$，即

$$\frac{V}{\sqrt{gy}}<1 \tag{13-19}$$

或

$$V<\sqrt{gy} \tag{13-20}$$

基于式（13-15），式（13-20）可以被写成

$$V<c \tag{13-21}$$

因此，依照式（13-2）和式（13-21），如果波向上游行进，则 V_w 是负值。也就是说，缓流中的扰动会向上游和下游两个方向传播。对于急流（$F>1$），由于流速大于波速且 V_w 恒为正值，波只能向下游传播。

13.5 控制方程

描述一维瞬变流的动力方程与连续方程通常被称作圣维南方程组（de Saint-Venant，1871，1949），本节将对其进行推导。对此方程组的一般性推导可见文献 Strelkoff（1969）、Yen（1973）、Mahmood 和 Yevjevich（1975）、Cunge 等（1980）。

推导这些公式用到以下假设（de Saint - Venant，1949；Henderson，1966）：

（1）渠底坡度很小，因而 $\sin\theta\simeq\tan\theta\simeq\theta$ 且 $\cos\theta\simeq1$，其中 θ 为渠底与水平坐标的夹角。

(2) 渠道断面压力按静水压力分布。当水流铅锤方向的加速度很小（即水面沿程变化很平缓）时符合这种情况。

(3) 瞬变状态的摩阻损失可用恒定状态的公式来计算。

(4) 渠道断面上流速分布均匀。

(5) 渠道为顺直棱柱状渠道。

现考察图 13-4 所示的控制体。x 轴平行于渠底，向下游为正，水深 y 沿铅锤方向自渠底量起，这样 x 轴和 y 轴并不正交。但是，当渠道满足小底坡假设时，坐标轴不正交引起的误差并不明显。

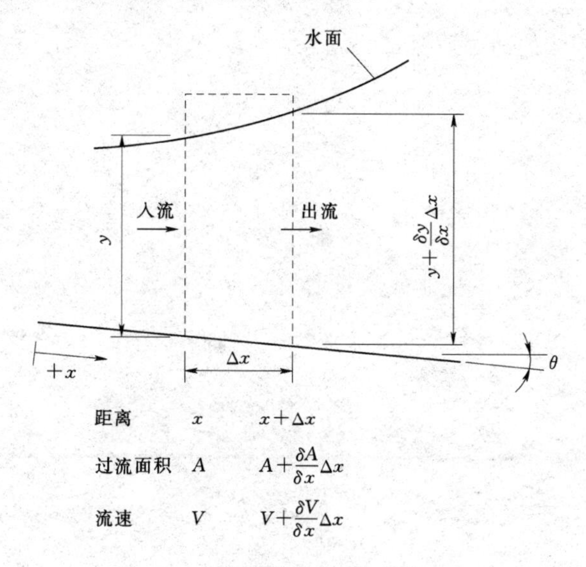

(a)距离，过流面积，流速

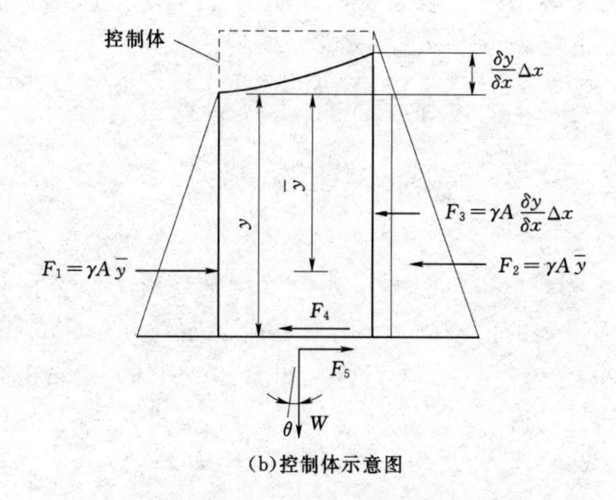

(b)控制体示意图

图 13-4 动力方程及连续方程标注示意

13.5.1 连续方程

研究图 13-4 所示流入和流出控制体的流量。图中 γ 为水的容重。

进入控制体的水流物质流量

$$=\frac{\gamma}{g}AV \tag{13-22}$$

流出控制体的水流物质流量

$$=\frac{\gamma}{g}\left(A+\frac{\partial A}{\partial x}\Delta x\right)\left(V+\frac{\partial V}{\partial x}\Delta x\right) \tag{13-23}$$

因此，流入控制体的净物质流量

$$=\frac{\gamma}{g}AV-\frac{\gamma}{g}\left(A+\frac{\partial A}{\partial x}\Delta x\right)\left(V+\frac{\partial V}{\partial x}\Delta x\right)$$

忽略二阶项后

$$\text{净物质流量}=-\frac{\gamma}{g}V\frac{\partial A}{\partial x}\Delta x-\frac{\gamma}{g}A\frac{\partial V}{\partial x}\Delta x \tag{13-24}$$

$$\text{控制体质量增加率}=\frac{\gamma}{g}\frac{\partial A}{\partial t}\Delta x \tag{13-25}$$

控制体质量随时间增加率必须等于流入控制体的净物质流量。因此，由式(13-24)与式(13-25)有

$$\frac{\gamma}{g}\frac{\partial A}{\partial t}\Delta x=-\frac{\gamma}{g}V\frac{\partial A}{\partial x}\Delta x-\frac{\gamma}{g}A\frac{\partial V}{\partial x}\Delta x \tag{13-26}$$

两边同除以 $(\gamma/g)\Delta x$ 并整理，式(13-26)可变为

$$\frac{\partial A}{\partial t}+V\frac{\partial A}{\partial x}+A\frac{\partial V}{\partial x}=0 \tag{13-27}$$

由于假设渠道为棱柱形，所以过水断面积 A 是关于水深 y 的某个已知函数。因此，A 的导数可以表示为 y 的导数：

$$\begin{aligned}\frac{\partial A}{\partial x}&=\frac{\mathrm{d}A}{\mathrm{d}y}\frac{\partial y}{\partial x}=B(y)\frac{\partial y}{\partial x}\\ \frac{\partial A}{\partial t}&=\frac{\mathrm{d}A}{\mathrm{d}y}\frac{\partial y}{\partial t}=B(y)\frac{\partial y}{\partial t}\end{aligned} \tag{13-28}$$

对于边坡连续的渠道，$\mathrm{d}A/\mathrm{d}y$ 等于渠道在水深 y 处的宽度 B。如果 $A(y)$ 和 $B(y)$ 的值是独立测量所得，则测量误差可能会导致 $B(y)$ 的值与通过 $A(y)$ 对水深 y 微分而得到的值不同。为保证数值稳定性（Amein 和 Fang，1970），须保证 $A(y)$ 和 $B(y)$ 相容。若 $A(y)$ 和 $B(y)$ 中的一个是由测量所得，则另一个须由积分计算求得。

将式(13-28)代入式(13-27)，可得

$$\frac{\partial y}{\partial t}+D\frac{\partial V}{\partial x}+V\frac{\partial y}{\partial x}=0 \tag{13-29}$$

其中，$D=A/B$ 为水力深度。由于流量 $Q=VA$，上式也可以写作

$$\frac{\partial Q}{\partial x}=V\frac{\partial A}{\partial x}+A\frac{\partial V}{\partial x} \tag{13-30}$$

基于式（13-28），式（13-30）可变为

$$\frac{\partial Q}{\partial x}=BV\frac{\partial y}{\partial x}+A\frac{\partial V}{\partial x} \tag{13-31}$$

由此，由式（13-29）与式（13-31）可得

$$\frac{\partial Q}{\partial x}+B\frac{\partial y}{\partial t}=0 \tag{13-32}$$

此方程被称作**连续方程**。

13.5.2 动力方程

如图 13-4（b）所示，以下这些力作用在控制体内水体上：

$$\left.\begin{aligned}F_1&=F_2=\gamma A\bar{y}\\F_3&=\gamma A\frac{\partial y}{\partial x}\Delta x\\F_4&=\gamma AS_f\Delta x\end{aligned}\right\} \tag{13-33}$$

需注意的是，作用在下游面上的压力分为 F_2 和 F_3 两部分，F_3 的表达式中不包含高阶项。在图 13-4（b）中，F_1、F_2 和 F_3 为压力；F_4 为摩阻力；F_5 为控制体中水的重力在 x 方向的分量；θ 为渠底与水平轴的夹角（下坡为正）；S_f 为能量梯度线的坡度。

S_f 的值可用任一恒定流能量损失的标准公式计算，比如曼宁（Manning）或谢才（Chezy）公式。由于假设 θ 很小，$\sin\theta\simeq\theta\simeq S_0$，其中 S_0 为渠道底坡。因此，

$$F_5=\gamma A\Delta xS_0 \tag{13-34}$$

如图 13-4（b）所示，作用在控制体水体上的力沿 x 正方向的合力为$F=\sum F_i=F_1-F_2-F_3-F_4+F_5$。将式（13-33）和式（13-34）中的 F_1 到 F_5 的表达式代入上式可得

$$F=-\gamma A\frac{\partial y}{\partial x}\Delta x+\gamma AS_0\Delta x-\gamma AS_f\Delta x \tag{13-35}$$

$$\text{进入控制体的动量}=\frac{\gamma}{g}AV^2 \tag{13-36}$$

$$\text{离开控制体的动量}=\frac{\gamma}{g}\left[AV^2+\frac{\partial}{\partial x}(AV^2)\Delta x\right] \tag{13-37}$$

因此，进入控制体的净动量通量

$$=-\frac{\gamma}{g}\frac{\partial}{\partial x}(AV^2)\Delta x \tag{13-38}$$

动量随时间增加率

$$=\frac{\partial}{\partial t}\left(\frac{\gamma}{g}AV\Delta x\right) \tag{13-39}$$

根据动量守恒定律，动量增加率等于净动量通量加上作用于控制体水体上力的总和。因此，由式（13-35）、式（13-38）和式（13-39）得

$$\frac{\partial}{\partial t}\left(\frac{\gamma}{g}AV\Delta x\right)=-\frac{\gamma}{g}\frac{\partial}{\partial x}(AV^2)\Delta x-\gamma A\frac{\partial y}{\partial x}\Delta x+\gamma AS_0\Delta x-\gamma AS_f\Delta x \tag{13-40}$$

用 $(\gamma/g)\Delta x$ 除上式并简化，式（13-40）可变为

$$\frac{\partial}{\partial t}(AV)+\frac{\partial}{\partial x}(AV^2)+gA\frac{\partial y}{\partial x}=gA(S_0-S_f) \tag{13-41}$$

将左边的两项展开并除以 A，整理各项得

$$g\frac{\partial y}{\partial x}+V\frac{\partial V}{\partial x}+\frac{\partial V}{\partial t}+\frac{V}{A}\left(\frac{\partial A}{\partial t}+V\frac{\partial A}{\partial x}+A\frac{\partial V}{\partial x}\right)=g(S_0-S_f) \tag{13-42}$$

根据式（13-27），式（13-42）左边圆括号内各项之和为 0。因此，式（13-42）可变为

$$g\frac{\partial y}{\partial x}+\frac{\partial V}{\partial t}+V\frac{\partial V}{\partial x}=g(S_0-S_f) \tag{13-43}$$

对式（13-43）中各项重新排列，并指出各项对某一特殊类型流动的意义如下（Henderson，1996）

$$\underbrace{\underbrace{\underbrace{S_f=S_0}_{\text{Steady, uniform}}-\frac{\partial y}{\partial x}-\frac{V}{g}\frac{\partial V}{\partial x}}_{\text{Steady, nonuniform}}-\frac{1}{g}\frac{\partial V}{\partial t}}_{\text{Unsteady, nonuniform}} \tag{13-44}$$

译者注：上式中，Steady 与 Unsteady 分别指恒定与非恒定流；uniform 与 nonuniform 分别指均匀与非均匀流。

式（13-29）和式（13-43）被称为圣维南（St. Venant）方程组。要注意的是，这些方程的推导皆基于棱柱体形渠道，且无侧向入流或出流的假设。用类似的步骤，可以推导出针对非棱形渠道且有侧向入流或出流的方程（见 13.7 节）。

以上所示方程为非守恒形式。因为数值格式要求方程为守恒形式，所以棱柱体形渠道的连续方程和动量方程可以写作（Cunge 等，1980）

$$\frac{\partial A}{\partial t}+\frac{\partial Q}{\partial x}=0 \tag{13-45}$$

$$\frac{\partial Q}{\partial t}+\frac{\partial}{\partial x}\left(\frac{Q^2}{A}+gI\right)=gA(S_0-S_f) \tag{13-46}$$

其中

$$I=\int_0^{y(x)}(y-\eta)\sigma(\eta)\mathrm{d}\eta \tag{13-47}$$

式中：$\sigma(\eta)$ 为断面宽度；η 为积分变量深度。严格讲，由于源项的存在，这些方程并非守恒形式。守恒形式在保持质量和动量守恒方面远优于非守恒形式，建议优先选用。

13.6 求解方法

通过忽略控制方程中量级较小的项，前人提出了一些分析非恒定流的解析方法（Cunge，1969，Ponce 和 Simon，1977；Ponce 和 Yevjevich，1987；Cunge 等，1980）。然而，若要保留所有的项，就需要用如下数值方法来求解控制方程：

特征线法（Stoker，1957；Abbott，1966；Cunge 等，1980）。

有限差分法（Henderson，1966；Abbott，1979；Katopodes 和 Strelkoff，1978；Cunge 等，1980）。

有限单元法（Patridge 和 Brebbia，1976；Cooley 和 Moin，1976；Katopodes 和 Strelkoff，1979；Katopodes，1984）。

如第 3 章所述，在特征线法中，首先将偏微分方程转化为特征方程，然后通过有限差分法求解。而在有限差分法中，用差商代替偏导，然后求解得到的代数方程。对于有限单元法，将整个系统划分为若干单元，然后在单元节点上将偏微分方程积分。

有限单元法在明渠瞬变流中的应用较为有限，在此不再讨论。特征线法会在有断波时导致特征线交叉而失效。因此，计算中断波需被隔离并单独处理。把断波隔离出来非常繁琐，尤其是渠道系统包含多个几何形状的变化时，断波在每个变化处的传播和反射皆须考虑。所以，发展不必对断波进行特殊处理的计算方法十分必要。在空气动力学的研究中，已经提出了一些不必隔离断波的有限差分方法。这些格式将在 13.8 节、13.10 节以及 13.11 节中介绍。

依据代替偏导数项的有限差分逼近方式，可划分两类有限差分格式。若空间导数（即关于的偏导数）的有限差分近似是基于已知时层的量，则方程在每个时层各个节点上的值可以直接求解。也就是说，未知变量可以通过已知变量明确地表达出来。此类方法被称作显式方法（Richtmyer 和 Morton，1967；Cunge 等，1980；Anderson 等，1984）。在隐式方法中，对空间导数进行有限差分近似所依赖的是未知时层的量，需要同时求解整个系统的代数方程。这些方法的细节将在后面几节中介绍。

13.7 特征线法

如前文所述，此方法首先将圣维南方程转化成特征方程，然后沿特征线求解。该方法不适用有大量几何变化的系统，因为在断波或激波发生的地方会产生特征线相交，导致失效。虽然在20世纪60年代此方法很受欢迎，但目前已被有限差分法所代替。不过在某些有限差分法中，特征方程会被用于推导边界条件。在此仅给出下一节将要用到的方程，对其细节感兴趣的读者可以参阅以下文献：Stoker（1957）、Abbott（1966）、Mahmood与Yevjevich（1975）。

将式（13-29）乘一个未知乘数 l，并与式（13-43）相加，可得

$$\left[\frac{\partial V}{\partial t}+(V+\lambda D)\frac{\partial V}{\partial x}\right]+\lambda\left[\frac{\partial y}{\partial t}+\left(V+\frac{g}{\lambda}\right)\frac{\partial y}{\partial x}\right]=g(S_0-S_f) \tag{13-48}$$

现在，如果设未知乘数 λ 满足 $V+\lambda D=\mathrm{d}x/\mathrm{d}t=V+g/\lambda$，可得 $\lambda=\pm\sqrt{gB/A}$。自由面流的重力波波速可以表示为

$$c=\sqrt{\frac{gA}{B}} \tag{13-49}$$

因此，若定义 $\lambda=g/c$，则 $\mathrm{d}x/\mathrm{d}t$ 的表达式为

$$\frac{\mathrm{d}x}{\mathrm{d}t}=V+c \tag{13-50}$$

利用上式和式（13-50），以及 V 和 y 的全导数，式（13-48）可以表示成

$$\frac{\mathrm{d}V}{\mathrm{d}t}+\frac{g}{c}\frac{\mathrm{d}y}{\mathrm{d}t}=g(S_0-S_f) \tag{13-51}$$

同理，若定义 $\lambda=-g/c$，则有

$$\frac{\mathrm{d}x}{\mathrm{d}t}=V-c \tag{13-52}$$

然后，应用式（13-52）和全导数的表达式，式（13-48）就可写成

$$\frac{\mathrm{d}V}{\mathrm{d}t}-\frac{g}{c}\frac{\mathrm{d}y}{\mathrm{d}t}=g(S_0-S_f) \tag{13-53}$$

注意，式（13-51）在满足式（13-50）的条件下成立，式（13-53）在满足式（13-52）的条件下成立。式（13-50）和式（13-52）表示的特征曲线可在 $x-t$ 平面上画出（图13-5）。根据图13-5以及式（13-51）和式（13-53）满足的前提条件，可以明确，在正特征线 C^+ 上式（13-51）成立，在负特征线 C^- 上式（13-53）成立。

将式（13-51）和式（13-53）均乘以 $\mathrm{d}t$，并分别沿特征线 AP 和 BP 积分，可得

$$\int_A^P \mathrm{d}V+\int_A^P \frac{g}{c}\mathrm{d}y=\int_A^P g(S_0-S_f)\mathrm{d}t \tag{13-54}$$

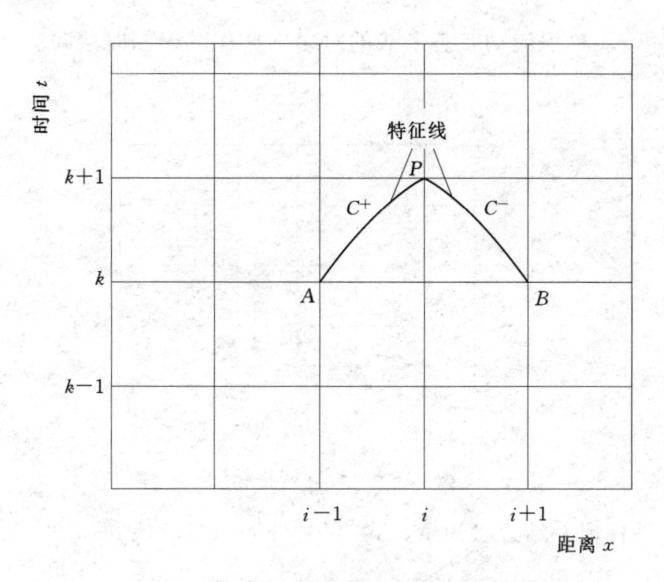

图 13-5 正负特征线和特征方程标注

$$\int_B^P \mathrm{d}V - \int_B^P \frac{g}{c}\mathrm{d}y = \int_B^P g(S_0 - S_f)\mathrm{d}t \tag{13-55}$$

注意，式（13-54）和式（13-55）的推导中，未做任何近似。不过，正如下段将要讨论，对方程中各项进行积分时则必须采用近似。

为估算式（13-54）左边第二项以及右边项的积分值，须已知变量 V 和 y 沿特征线的变化规律。然而 V 和 y 是待求的未知量，故不能直接得到积分结果。当然，可以通过近似方法计算这几项积分。例如，可根据已知时层的 V 和 y 值计算得到 c 和 S_f，并假设这些计算得到的 c 和 S_f 值为在从 A 到 P 和从 B 到 P 的积分中为常数（见图 13-5）。由此式（13-54）和式（13-55）可以写作

$$V_P - V_A + \left(\frac{g}{c}\right)_A (y_P - y_A) = g(S_0 - S_f)_A \Delta t \tag{13-56}$$

$$V_P - V_B - \left(\frac{g}{c}\right)_B (y_P - y_B) = g(S_0 - S_f)_B \Delta t \tag{13-57}$$

式中下标 P、A 及 B 对应于 $x-t$ 平面内的格点（图 13-5）。

假设特征线穿过与边界节点紧邻的格点。正如后面几节所要讨论的，为保证准确性，选择 Δx（空间网格间距）和 Δt（时间间隔）时要尽可能使特征线与相邻空间格点近一些。

用特征方程来处理边界条件时，可使用如下标记：下标是 x 方向（空间）的格点标识，上标是 t 方向（时间）的格点标识。例如，V_i^k 表示在第 i 格点，第 k 时层的流速（图 13-6）。上标 k 标识流动状态已知的时层（亦作“已知时

层”)，上标 $k+1$ 标识流动状态未知的时层（亦作“未知时层”）。

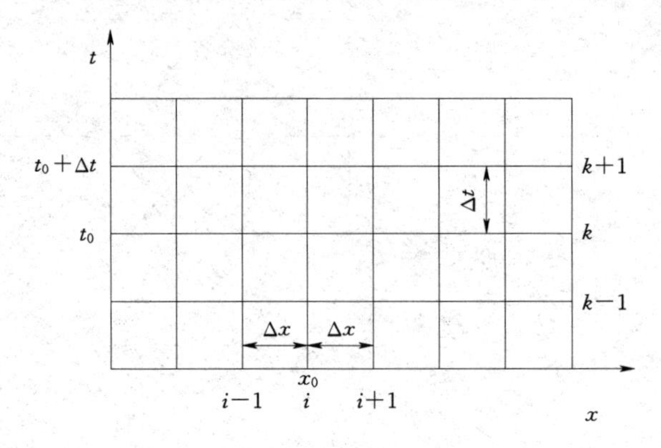

图 13-6 计算网格标注

使用这种标记并结合已知量，式（13-56）和式（13-57）可以写作

$$V_i^{k+1}=C_p-C_{ai-1}y_i^{k+1} \tag{13-58}$$

和

$$V_i^{k+1}=C_n+C_{ai+1}y_i^{k+1} \tag{13-59}$$

其中

$$\left.\begin{aligned}C_p&=V_{i-1}^k+C_{ai-1}y_{i-1}^k+g(S_0-S_f)_{i-1}\Delta t\\C_n&=V_{i+1}^k-C_{ai+1}y_{i+1}^k+g(S_0-S_f)_{i+1}\Delta t\\C_a&=\frac{g}{c}\end{aligned}\right\} \tag{13-60}$$

13.8 显式有限差分法

有若干显式有限差分法可用于分析非恒定自由面流。我们详细介绍其中一种——Lax 扩散格式（Martin 和 DeFazio，1969；Mahmood 和 Yevjevich，1975；Chaudhry，1976）；如果读者对其他格式感兴趣，可以参阅：Strelkoff（1970）；Cunge 等（1980）；Fennema 和 Chaudhry（1986）及 Chaudhry（2008）。

Lax 格式编程容易，可得到令人满意结果，另外，计算过程中不必将断波隔离。不过，此格式的主要缺陷是：为了保证稳定性，需要较短的时间步长，且陡波前缘会被扩散。

在此格式中，控制方程中的偏导项，以及系数 D 和 S_f 可近似为

$$\left.\begin{aligned}
\frac{\partial y}{\partial t}&=\frac{y_i^{k+1}-y_i^*}{\Delta t}\\
\frac{\partial V}{\partial t}&=\frac{V_i^{k+1}-V_i^*}{\Delta t}\\
\frac{\partial y}{\partial x}&=\frac{y_{i+1}^k-y_{i-1}^k}{2\Delta x}\\
\frac{\partial V}{\partial x}&=\frac{V_{i+1}^k-V_{i-1}^k}{2\Delta x}\\
D_i^*&=0.5(D_{i-1}^k+D_{i+1}^k)\\
S_f^*&=0.5(S_{f_{i-1}}^k+S_{f_{i+1}}^k)
\end{aligned}\right\}\tag{13-61}$$

其中

$$\left.\begin{aligned}
y_i^*&=0.5(y_{i-1}^k+y_{i+1}^k)\\
V_i^*&=0.5(V_{i-1}^k+V_{i+1}^k)
\end{aligned}\right\}\tag{13-62}$$

用式（13-61）中的有限差分和系数 D 和坡度 S_f 的表达式近似项替代控制方程［式（13-29）及式（13-43)］中的偏导数，简化后可得：

$$y_i^{k+1}=y_i^*-0.5\frac{\Delta t}{\Delta x}D_i^*(V_{i+1}^k-V_{i-1}^k)-0.5\frac{\Delta t}{\Delta x}V_i^*(y_{i+1}^k-y_{i-1}^k)\tag{13-63}$$

$$V_i^{k+1}=V_i^*-0.5\frac{\Delta t}{\Delta x}g(y_{i+1}^k-y_{i-1}^k)-0.5\frac{\Delta t}{\Delta x}V_i^*(V_{i+1}^k-V_{i-1}^k)+g\Delta t(S_0-S_f^*)\tag{13-64}$$

注意，圣维南方程的 x 导数由 t_0 时刻（图 13-6）的有限差分近似值替代，系数 D 和坡度 S_f 同样也是 t_0 时刻的估计值。这样，可以得到两个线性代数方程，未知量是格点（i，$k+1$）上的 V_i^{k+1} 和 y_i^{k+1}，已知量是格点（$i-1$，k）、（i，k）、（$i+1$，k）上的参数。因为这是显式关系，所以被称为**显式有限差分法**。

显然，图 13-6 中坐标点（i，$k+1$），（i，k），（$i-1$，k）和（$i+1$，k）分别对应（x_0，$t_0+\Delta t$），（x_0，t_0），（$x_0-\Delta x$，t_0）和（$x_0+\Delta x$，t_0）。利用泰勒公式展开式（13-63）和式（13-64）中的各项，例如 $y_i^{k+1}=y(x_0,t_0)+\Delta t\partial y/\partial t+[(\Delta t)^2/2!](\partial^2 y/\partial t^2)$，与式（13-29）和式（13-43）进行比较，可知此格式引入了额外扩散项 $[(\Delta x)^2/\Delta t](\partial^2 y/\partial x^2)/2$ 及 $[(\Delta x)^2/\Delta t](\partial^2 V/\partial x^2)/2$。由此，这个格式被称作**扩散格式**。

需注意，式（13-63）和式（13-64）只针对内部格点（$i=2$，3，…，n）。边界点需要特殊处理，将在后续章节介绍。

13.8.1 边界条件

如前文所述，式（13－63）和式（13－64）是用来计算内部格点条件的。而在边界上，则需要通过将正向、逆向特征方程（或两者）与边界条件联立来求解。正向特征式（13－58）用于下游边界，负向特征式（13－59）用于上游边界。

此处用两个下标来标记不同断面。第一个下标表示渠段，第二个下标表示断面号，例如，在第 i 渠段分为 n 段条件下，下标（i，1）表示第 i 渠段的第一个断面，下标（i，$n+1$）表示该渠段的最后一个断面。需注意，上标 $k+1$ 标记时刻 $t_0+\Delta t$ 的未知量（图13－6）。

本节推导四种常用边界条件，其他边界条件可用类似方法得到。

1．水位恒定的上游水库

若入口损失为 $C_u(V_{i,1}^{k+1})^2/(2g)$，如图13－7（a）所示，有

$$y_{res}=y_{i,1}^{k+1}+(1+C_u)\frac{(V_{i,1}^{k+1})^2}{2g} \tag{13-65}$$

将式（13－59）中的 $y_{i,1}^{k+1}$ 代入式（13－65），解出 $V_{i,1}^{k+1}$，有

$$V_{i,1}^{k+1}=\frac{-1+\sqrt{1+4C_r(C_n+C_a y_{res})}}{2C_r} \tag{13-66}$$

其中

$$C_r=C_a(1+C_u)/(2g) \tag{13-67}$$

至此，$y_{i,1}^{k+1}$ 可以由式（13－59）确定。

若进水口水头损失和流速水头可以忽略，则 $y_{i,1}^{k+1}=y_{res}$，$V_{i,1}^{k+1}$ 可由式（13－59）算出。注意，式（13－65）和式（13－66）仅适用于正向流动；适用逆向流动的方程也可类似获得。

2．水位恒定的下游水库

若出口损失为 $C_v(V_{i,n+1}^{k+1})^2/(2g)$，如图13－7（b）所示，有

$$y_{i,n+1}^{k+1}=y_{res}-\frac{(1-C_v)(V_{i,n+1}^{k+1})^2}{2g} \tag{13-68}$$

式中：y_{res} 为渠底以上水库水深；C_v 为出口损失系数。

联立求解式（13－58）和式（13－68）可得

$$V_{i,n+1}^{k+1}=\frac{1-\sqrt{1-4C_r(C_p-C_a y_{res})}}{2C_r} \tag{13-69}$$

其中 $C_r=(1-C_v)C_a/2g$。若速度水头在进入水库时全部损失，则 $C_v=1$，式（13－69）便会因分母为0而失效。这种情形下，可使用如下方程：

$$y_{i,n+1}^{k+1}=y_{res} \tag{13-70}$$

然后，$V_{i,n+1}^{k+1}$由式（13-58）确定。

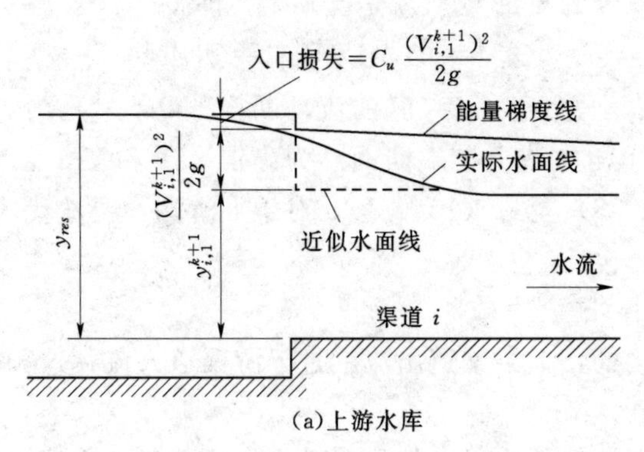

(a)上游水库

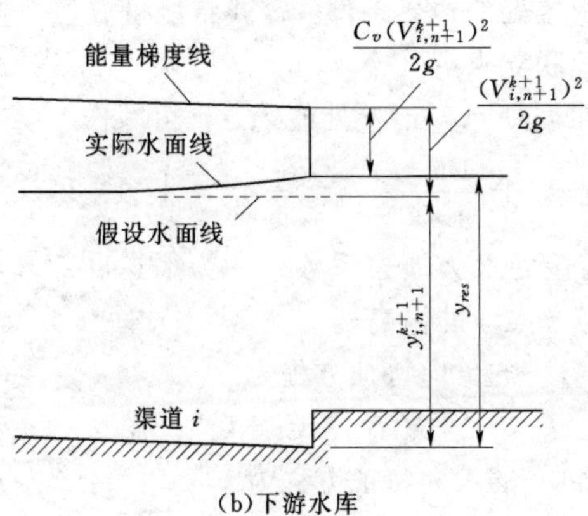

(b)下游水库

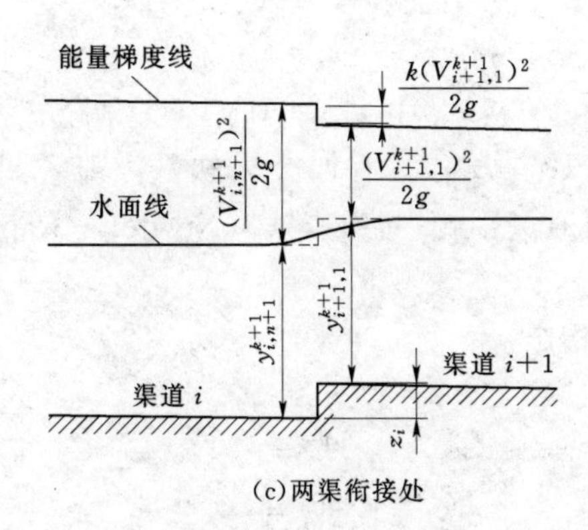

(c)两渠衔接处

图 13-7 边界条件标注

3. 渠道一端给定流量

渠道上游端或下游端的流量可能因水轮机增/甩负荷、水泵开/停、闸门启/

闭而随时间变化，当然也可能是关于时间的常数。

渠道一端流量的变化过程可以通过离散数据表格或者时间的函数 $Q=Q(t)$ 给定。这样，时段末的流量 $Q_{i,j}^{k+1}$ 就是已知量，即

$$Q_{i,j}^{k+1}=A(y_{i,j}^{k+1})V_{i,j}^{k+1}=Q(t^{k+1}) \tag{13-71}$$

式中：$A(y_{i,j}^{k+1})$ 表示深度为 $y_{i,j}^{k+1}$ 时的流动断面；$Q(t^{k+1})$ 为 t^{k+1} 时刻的流量，$(i,\ j)$ 表示渠道上游端或下游端断面。为确定 $y_{i,j}^{k+1}$ 和 $V_{i,j}^{k+1}$，对于下游端，要迭代求解式（13-58）及式（13-71）；对于上游端，要迭代求解式（13-59）及式（13-71）。

4. 两渠道衔接处

在两渠道衔接处，上游渠道出流就是下游渠道入流，这种衔接被称作串联衔接。

为得到串联衔接处的边界条件，需要将能量方程、连续方程与正向特征方程、负向特征方程联立求解。

如图13-7（c）所示，衔接处能量方程可写作

$$y_{i,n+1}^{k+1}+\frac{(V_{i,n+1}^{k+1})^2}{2g}=z_i+y_{i+1,1}^{k+1}+(1+k)\frac{(V_{i+1,1}^{k+1})^2}{2g} \tag{13-72}$$

式中：k 为串联衔接处水头损失系数；z_i 为渠道底部高程变化，$z_i=$(第 $i+1$ 渠段的标高)−(第 i 渠段的标高)。

格点（$i+1$，1）的负向特征方程为

$$V_{i+1,1}^{k+1}=C_n+C_{a_{i+1}}y_{i+1,1}^{k+1} \tag{13-73}$$

格点（i，$n+1$）的正向特征方程为

$$V_{i,n+1}^{k+1}=C_p-C_{a_i}y_{i,n+1}^{k+1} \tag{13-74}$$

衔接处的连续方程可写作

$$A(y_{i,n+1}^{k+1})V_{i,n+1}^{k+1}=A(y_{i+1,1}^{k+1})V_{i+1,1}^{k+1} \tag{13-75}$$

式（13-72）到式（13-75）共有四个未知数，即 $y_{i,n+1}^{k+1}$、$y_{i+1,1}^{k+1}$、$V_{i,n+1}^{k+1}$ 和 $V_{i+1,1}^{k+1}$。这些未知量可通过牛顿-拉弗森法（Newton - Raphson method）迭代求解，方法如下。

为了简化表达，指定

$$\begin{aligned}y_{i,n+1}^{k+1}&=x_1\\y_{i+1,1}^{k+1}&=x_2\\V_{i,n+1}^{k+1}&=x_3\\V_{i+1,1}^{k+1}&=x_4\end{aligned} \tag{13-76}$$

这样，式（13-72）到式（13-75）可写作

$$F_1=x_1-x_2+\frac{x_3^2}{2g}-(1+k)\frac{x_4^2}{2g}-z_i=0 \tag{13-77}$$

$$F_2 = -C_{a_{i+1}} x_2 + x_4 - C_n = 0 \tag{13-78}$$

$$F_3 = C_{a_i} x_1 + x_3 - C_p = 0 \tag{13-79}$$

$$F_4 = A_i(x_1)x_3 - A_{i+1}(x_2)x_4 = 0 \tag{13-80}$$

其中，F_1、F_2、F_3 和 F_4 是关于 x_1、x_2、x_3 和 x_4 的函数，$A_i(x_1)$ 和 $A_{i+1}(x_2)$ 表示 A_i 和 A_{i+1} 分别是关于 x_1 和 x_2 的函数。

忽略二阶以上的项，F 可展开为泰勒级数：

$$F = F^{(0)} + \left\{\frac{\partial F}{\partial x_1}\Delta x_1 + \frac{\partial F}{\partial x_2}\Delta x_2 + \frac{\partial F}{\partial x_3}\Delta x_3 + \frac{\partial F}{\partial x_4}\Delta x_4\right\}^{(0)} = 0 \tag{13-81}$$

或

$$\left\{\frac{\partial F}{\partial x_1}\Delta x_1 + \frac{\partial F}{\partial x_2}\Delta x_2 + \frac{\partial F}{\partial x_3}\Delta x_3 + \frac{\partial F}{\partial x_4}\Delta x_4\right\}^{(0)} = -F^{(0)} \tag{13-82}$$

其中，偏导$\partial F/\partial x_1$、$\partial F/\partial x_2$、$\partial F/\partial x_3$、$\partial F/\partial x_4$ 和函数 $F^{(0)}$可由 $x_1^{(0)}$ 到 $x_4^{(0)}$ 的估计值来计算。

依照式（13-82），式（13-77）到式（13-80）可写作

$$\Delta x_1 - \Delta x_2 + \frac{x_3^{(0)}}{g}\Delta x_3 - \frac{(1+k)x_4^{(0)}}{g}\Delta x_4 = -F_1^{(0)} \tag{13-83}$$

$$-C_{a_{i+1}}\Delta x_2 + \Delta x_4 = -F_2^{(0)} \tag{13-84}$$

$$C_{a_i}\Delta x_1 + \Delta x_3 = -F_3^{(0)} \tag{13-85}$$

$$B_i x_3^{(0)}\Delta x_1 - B_{i+1}x_4^{(0)}\Delta x_2 + A_i\Delta x_3 - A_{i+1}\Delta x_4 = -F_4^{(0)} \tag{13-86}$$

式（13-86）中，面积 A_i 和 A_{i+1}通过 $x_1^{(0)}$ 和 $x_2^{(0)}$ 来计算，并假设$\partial A_i/\partial x_1 = B_i$、$\partial A_{i+1}/\partial x_2 = B_{i+1}$。

式（13-86）的系数远大于式（13-83）至式（13-85）的系数。为了减小其量级，对式（13-86）的左右两边同时除以 B_i，由此，式（13-86）变为：

$$x_3^{(0)}\Delta x_1 - \frac{B_{i+1}}{B_i}x_4^{(0)}\Delta x_2 + \frac{A_i}{B_i}\Delta x_3 - \frac{A_{i+1}}{B_i}\Delta x_4 = -\frac{1}{B_i}F_4^{(0)} \tag{13-87}$$

式（13-83）到式（13-85）及式（13-87）是以 Δx_1 到 Δx_4 为未知量的四元线性方程组，可以用任意标准数值方法，如高斯消元法（Gauss elimination scheme）（McCracken 和 Dorn，1967）求解。于是，

$$\left.\begin{aligned} x_1^{(1)} &= x_1^{(0)} + \Delta x_1 \\ x_2^{(1)} &= x_2^{(0)} + \Delta x_2 \\ x_3^{(1)} &= x_3^{(0)} + \Delta x_3 \\ x_4^{(1)} &= x_4^{(0)} + \Delta x_4 \end{aligned}\right\} \tag{13-88}$$

其中，$x_1^{(1)}$ 到 $x_4^{(1)}$ 比初始估计值 $x_1^{(0)}$ 到 $x_4^{(0)}$ 更逼近非线性式（13-72）到式（13-75）的解。若$|\Delta x_1|$、$|\Delta x_2|$、$|\Delta x_3|$和$|\Delta x_4|$小于给定的允许误差，则认为 $x_1^{(0)}$ 到 $x_4^{(0)}$ 就是式（13-72）到式（13-75）的解；否则，设

$$\left.\begin{aligned}x_1^{(1)}&=x_1^{(0)}\\x_2^{(1)}&=x_2^{(0)}\\x_3^{(1)}&=x_3^{(0)}\\x_4^{(1)}&=x_4^{(0)}\end{aligned}\right\}\tag{13-89}$$

重复之前计算过程，直到获得所需精度的解。为了避免发散而导致无限迭代，在迭代循环中引入一个计数器。若迭代次数超过指定值（如：30），则停止计算。每个迭代过程开始时，宜将该时段初的已知值作为迭代的初始值 $x_1^{(0)}$ 到 $x_4^{(0)}$。

13.8.2 稳定条件

前文所述的有限差分法中，如果 t_0 时刻微小的数值舍入误差不会在随后差分计算中被放大，并且误差大小不会掩盖有效解数值，则可认为格式是稳定的（Richtmyer 和 Morton，1967；Mahmood 和 Yevjevich，1975；Cunge 等，1980）。利用 Courant 等（1928）提出的分析技术，由文献（Strelkoff，1970；Mahmood 和 Yevjevich，1975）可知，如果满足

$$\Delta t\leqslant\frac{\Delta x}{|V|\pm c}\tag{13-90}$$

则 Lax 扩散格式稳定。此条件被称为 **Courant - Friedrichs - Lewy 条件**或简称**库朗（Courant）条件**。

13.8.3 计算步骤

为计算瞬变过程，把渠道划分为 n 个等长的渠段，第一个断面编号为 1，最后一个断面编号为 $n+1$（如图 13 - 8）。求出这些断面的初始稳态参数（即 V、y、Q）。选取满足条件式（13 - 90）的时间步长 Δt。应用式（13 - 63）和式（13 - 64）确定断面 2 到 n 的水深 y_i^{k+1} 和流速 V_i^{k+1}。应用合适的边界条件来确定上下游端（即断面 1 和 $n+1$）的 y_i^{k+1} 和 V_i^{k+1}。这样，得到了 $t=\Delta t$ 时刻所有断面的 y_i^{k+1} 和 V_i^{k+1}。用 V_i^{k+1} 乘 y_i^{k+1} 对应的过流断面积，得到 Q_i^{k+1}。至此，如果把刚才计算得到的 y_i^{k+1}、V_i^{k+1} 和 Q_i^{k+1} 假设为 y_i^k、V_i^k 和 Q_i^k，就可

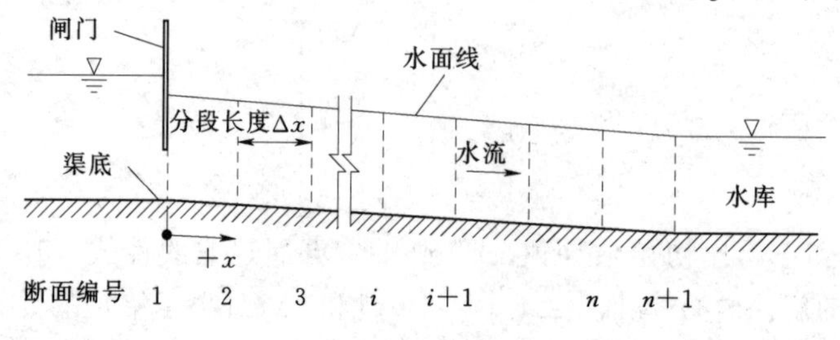

图 13 - 8 渠道分段示意图

以按同样的步骤计算出 $2\Delta t$ 时刻的 y_i^{k+1} 和 V_i^{k+1} 值。持续这一过程直到获得所需时间范围内的瞬变流数据。

如果系统包括两条或多条渠道，为满足式（13－90），时间步长 Δt 应根据最短渠道进行选择，其余渠道均按照等长渠段加以划分。

库朗稳定条件在任一时间步的每网格点上都须满足［式（13－90）］。若不满足，时间步长必须减小（如取原来值的 0.75 倍），并重评判稳定条件是否满，否则不应进入下一时步的计算。为了避免此过程中 Δt 过小，在每一时刻，比较 Δt 当前值与稳定所需值，如果允许，可在下一个时刻增加 Δt（如增加 15％）。

13.9 初始条件

进行明渠瞬变流计算前，渠道各断面的初始恒定流水深和流速必须已知。如果这些条件与圣维南方程不匹配，瞬变计算中会在各个断面上引入小扰动，而这些虚假扰动可能会掩盖真实流动。为了避免发生这种情况，应采取以下措施之一：

首先，针对整个渠道系统假设某一初始条件，例如水深恒定和流速为零，并设置初始恒定流边界条件。然后，用圣维南方程进行足够长时间的非恒定计算，直到所有计算格点的扰动衰减到可以忽略的程度，同时结果收敛到与初始边界条件吻合的恒定状态。最后，将边界条件改成非恒定流边界条件，开始瞬变流计算。

通过求解关于明渠渐变流的微分方程或能量方程来确定初始条件（Henderson，1966；Schulte 和 Chaudhry，1987；Chaudhry，2008）。

前一个措施需要大量计算时间。另外，一些有限差分格式可能会收敛到错误的初始条件，尤其是数值格式不相容的时候。因此，推荐使用第二种措施来确定初始条件，具体步骤如下：

明渠恒定渐变流可以用以下方程描述（Chaudhry，2008）：

$$\frac{\mathrm{d}y}{\mathrm{d}x}=\frac{S_0-S_f}{1-\dfrac{Q^2B}{gA^3}} \tag{13-91}$$

式（13－91）为一阶微分方程，它定义了水深的沿程变化率。沿程水深分布可通过对该式积分求得。可采用四阶龙格-库塔积分法。

设 $x=x_i$ 处的水深 y_i 为已知［图 13－9（a）］，则 $x=x_{i+1}$处有

$$y_{i+1}=y_i+\frac{1}{6}(a_1+2a_2+2a_3+a_4) \tag{13-92}$$

其中

$$\left.\begin{aligned}
a_1&=\Delta x f(x_i, y_i)\\
a_2&=\Delta x f\left(x_i+\frac{1}{2}\Delta x, y_i+\frac{1}{2}a_1\right)\\
a_3&=\Delta x f\left(x_i+\frac{1}{2}\Delta x, y_i+\frac{1}{2}a_2\right)\\
a_4&=\Delta x f(x_i+\Delta x, y_i+a_3)\\
f(x,y)&=\frac{\mathrm{d}y}{\mathrm{d}x}
\end{aligned}\right\} \tag{13-93}$$

从一个已知水深的控制断面开始，以 Δx 为步长反复应用式（13-93），就能得到整个渠道的水深和速度分布。

以上方法可以用来计算一条棱柱形渠道的水面线。不过在两条渠道衔接处，当一条渠道的初始水深已知时，另一条渠道的水深可由能量方程求出。

假设渠道 i 和渠道 $i+1$ 衔接处的水深 $y_{i+1,1}$ 已知，需要确定 $y_{i,n+1}$ 的值［图 13-9（b）］。衔接处的局部水头损失可以表示为 $kV_{i+1,1}^2/2g$，其中速度 V 的第一个下标表示渠道号，第二个下标表示渠道断面编号。与实际水面线不同，由于假设水头损失和速度在衔接处突变，计算所得衔接处的水面线也会出现突升或突降。

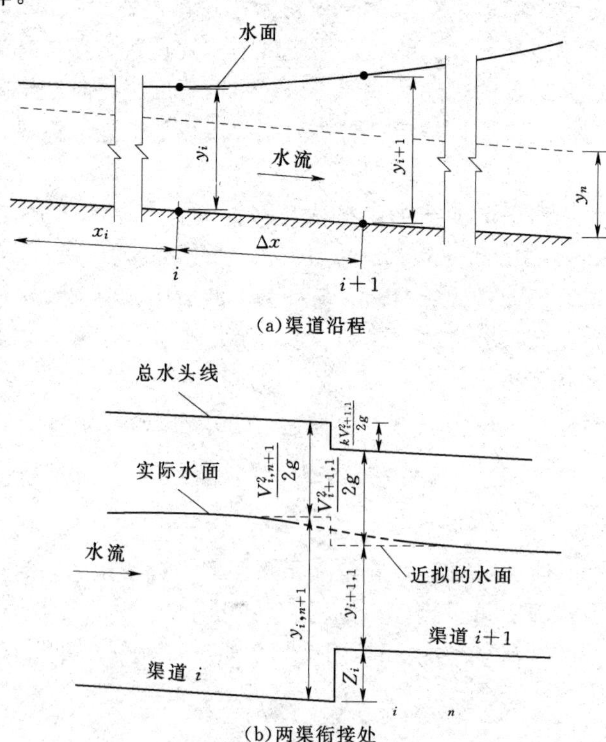

图 13-9 恒定流计算标注简图

衔接处的能量方程可以表示为

$$y_{i,n+1}+\frac{V_{i,n+1}^2}{2g}=Z_i+y_{i+1,1}+(1+k)\frac{V_{i+1,1}^2}{2g} \tag{13-94}$$

式中：Z_i 为第 i 衔接处渠道底坡的上升高度，升高为正，降低为负。

式（13-94）也可写成

$$y_{i,n+1}=Z_i+y_{i+1,1}+(1+k)\frac{V_{i+1,1}^2}{2g}-\frac{V_{i,n+1}^2}{2g} \tag{13-95}$$

通过迭代法可求解得到 $y_{i+1,1}$。

13.10　隐式有限差分法

本节中，我们用 $t+\Delta t$ 时刻的有限差分来逼近变量对 x 的导数，而不像 13.8 节的显式差分格式一样用 t 时刻的有限差分。这样，未知量隐含在得到的代数方程中，故称为**隐式有限差分法**。这种处理所得的代数方程组通常是非线性的，求解方法比显格式的复杂。不过，隐格式是无条件稳定的，能采用较大的时间步长 Δt。关于显格式和隐格式优缺点比较将在 13.12 节中给出。

13.10.1　隐格式

在隐格式中，空间导数用未知时刻的有限差分来逼近。根据有限差分近似以及控制方程中系数取法的不同，有多种隐格式方法（Cunge 和 Wegner，1964；Vasiliev 等，1965；Amein 和 Chu，1975；Chaudhry，2008）。其中 Preissmann 格式在自由水面非恒定流计算中应用最为广泛，其优势如下：

（1）可用于非均匀空间网格，因为它只需要两个相邻节点的变量。

（2）对于控制方程的线性化形式，选定特殊的 Δx 和 Δt 时，可以得到准确解。这一特性便于我们采用简单算例的解析解来对其进行验证。

（3）在同一个节点上可以计算得到流速和水位。

（4）通过调整空间导数的权重系数，可以模拟陡峻的波前。

13.10.2　Preissmann 格式

在 **Preissmann 格式**中，偏导数和其他变量可以表示为

$$\frac{\partial f}{\partial t}=\frac{(f_i^{k+1}+f_{i+1}^{k+1})-(f_i^k+f_{i+1}^k)}{2\Delta t} \tag{13-96}$$

$$\frac{\partial f}{\partial x}=\frac{\alpha(f_{i+1}^{k+1}-f_i^{k+1})}{\Delta x}+\frac{(1-\alpha)(f_{i+1}^k-f_i^k)}{\Delta x} \tag{13-97}$$

$$f(x,t)=\frac{\alpha(f_{i+1}^{k+1}+f_i^{k+1})}{2}+(1-\alpha)\frac{(f_{i+1}^k+f_i^k)}{2} \tag{13-98}$$

式中：α 为权重系数，$0.5<\alpha\leqslant 1$。

式（13-96）和式（13-97）中的 f 代表水深 y 或流速 V，式（13-98）中的 $f(x, t)$ 表示 D、S_f 或 V。将这些式子代入式（13-29）和式（13-43）并化简可得

$$
\begin{aligned}
&(y_i^{k+1}+y_{i+1}^{k+1})+\frac{\Delta t}{\Delta x}[\alpha(D_{i+1}^{k+1}+D_i^k)+(1-\alpha)(D_{i+1}^k+D_i^k)] \\
&\quad\cdot[\alpha(V_{i+1}^{k+1}-V_i^{k+1})+(1-\alpha)(V_{i+1}^k-V_i^k)] \\
&\quad+\frac{\Delta t}{\Delta x}[\alpha(V_{i+1}^{k+1}+V_i^{k+1})+(1-\alpha)(V_{i+1}^k+V_i^k)] \\
&\quad\cdot[\alpha(y_{i+1}^{k+1}-y_i^{k+1})+(1-\alpha)(y_{i+1}^k-y_i^k)] \\
&=y_i^k+y_{i+1}^k
\end{aligned}
\tag{13-99}
$$

$$
\begin{aligned}
&(V_i^{k+1}+V_{i+1}^{k+1})+2g\,\frac{\Delta t}{\Delta x}[\alpha(y_{i+1}^{k+1}-y_i^{k+1})+(1-\alpha)(y_{i+1}^k-y_i^k)] \\
&\quad+\frac{\Delta t}{\Delta x}[\alpha(V_{i+1}^{k+1}+V_i^{k+1})+(1-\alpha)(V_{i+1}^k+V_i^k)] \\
&\quad\cdot[\alpha(V_{i+1}^{k+1}-V_i^{k+1})+(1-\alpha)(V_{i+1}^k-V_i^k)] \\
&=V_i^k+V_{i+1}^k+2g\Delta tS_0 \\
&\quad-g\Delta t[\alpha(S_{f_{i+1}}^{k+1}+S_{f_i}^{k+1})+(1-\alpha)(S_{f_{i+1}}^k+S_{f_i}^k)]
\end{aligned}
\tag{13-100}
$$

式（13-99）和式（13-100）中有四个未知数：V_i^{k+1}、y_i^{k+1}、V_{i+1}^{k+1} 和 y_{i+1}^{k+1}。在格点 $i=1, 2, \cdots, n$ 上均写出同样形式的方程，就可以得到 $2n$ 个方程。需要注意的是，由于不存在格点 $n+2$，我们无法在格点 $n+1$ 写出式（13-97）。由于每个格点有 V 和 y 两个未知数，$n+1$ 个格点上一共有 $2(n+1)$ 个未知数，为了使方程封闭，必须补充两个方程。这两个方程由边界条件确定。

13.10.3 边界条件

不同于显格式方法，隐格式方法的边界条件方程可直接加入到上述方程系统中，而不必与特征方程相结合。例如，式（13-65）用来表示水位恒定的上游水库边界，式（13-68）用来表示水位恒定的下游水库边界。其他类型的上下游边界可按类似方法给定。

13.10.4 求解步骤

内部格点和边界上的方程一起组成非线性代数方程组，可用牛顿-拉弗森方法求解。为此，对内部格点 $i=1, 2, \cdots, n$ 的式（13-99）、式（13-100）和边界上给定的边界条件方程进行关于已知量 y_i^k 和 V_i^k 线性化。例如，对于第

i 格点，可以得到如下两个方程：

$$a_i\Delta y_i+b_i\Delta V_i+d_i\Delta y_{i+1}+e_i\Delta V_{i+1}=f_i \tag{13-101}$$

$$a_{i+1}\Delta y_i+b_{i+1}\Delta V_i+d_{i+1}\Delta y_{i+1}+e_{i+1}\Delta V_{i+1}=f_{i+1} \tag{13-102}$$

其中，系数 a_i、b_i、d_i、e_i、f_i、a_{i+1}、b_{i+1}、d_{i+1}、e_{i+1} 和 f_{i+1} 是已知量的函数，Δy_i、ΔV_i、Δy_{i+1} 和 ΔV_{i+1} 为迭代过程的修正量。整个系统的方程组可以表示为：

$$\boldsymbol{Ax}=\boldsymbol{b} \tag{13-103}$$

式中：$\boldsymbol{A}$ 为系数矩阵；$\boldsymbol{x}$ 为由修正量构成的列向量；$\boldsymbol{b}$ 为式（13-101）和式（13-102）右端常数组成的列向量。

式（13-103）的展开形式为

$$\begin{bmatrix}
+ & + & & & & & & & & & & \\
+ & + & + & + & & & & & & & & \\
+ & + & + & + & & & & & & (0) & & \\
 & & + & + & + & + & & & & & & \\
 & & + & + & + & + & & & & & & \\
 & & & & + & + & + & + & & & & \\
 & & & & & & \vdots & & & & & \\
 & & & & & & + & + & + & + & & \\
 & & & (0) & & & & & + & + & + & + \\
 & & & & & & & & + & + & + & + \\
 & & & & & & & & & & + & +
\end{bmatrix}
\begin{Bmatrix} V_1 \\ y_1 \\ V_2 \\ y_2 \\ V_3 \\ y_3 \\ \vdots \\ V_n \\ y_n \\ V_{n+1} \\ y_{n+1} \end{Bmatrix}
=
\begin{Bmatrix} + \\ + \\ + \\ + \\ + \\ + \\ \vdots \\ + \\ + \\ + \\ + \end{Bmatrix} \tag{13-104}$$

式中：+为非零单元；其他单元均为 0。对式（13-104）进行仔细检查可知，非零单元集中在矩阵 $\boldsymbol{A}$ 的对角线附近，因此 $\boldsymbol{A}$ 为带状矩阵。现有一些专门求解这种线性方程组的特殊方法，既节省计算时间和内存资源，又能给出更准确的结果。

13.10.5 有分支和并联的渠道系统

系数矩阵 $\boldsymbol{A}$ 仅在表示串联的渠道系统时为带状矩阵。对于有分支的系统（图 13-10），不少系数将不再位于对角线附近，求解带状矩阵的方法将不再适用。在这种情况下，若将渠道断面用如图 13-10 所示的方式进行编号，所得结果仍为带状矩阵（Kao，1977）。注意，这种编号方式要求分支渠道上断面的编号朝上游方向递增，且相邻两断面编号差值为 2。这些因素在计算中需要恰当考虑。

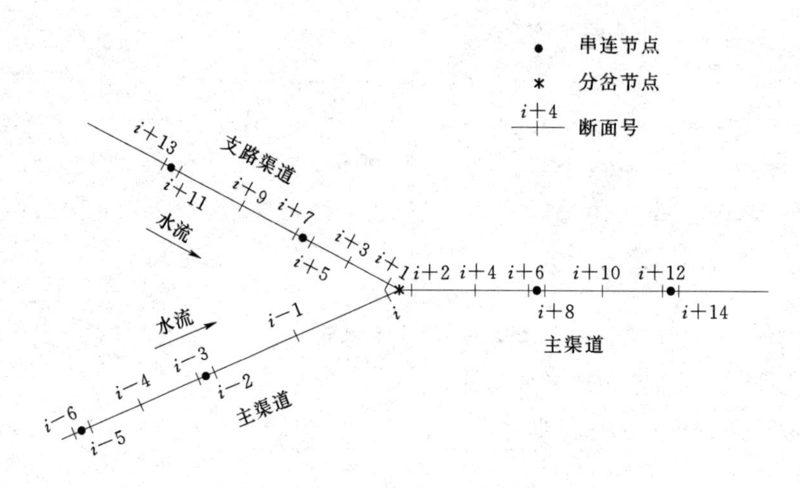

图 13-10 有分支渠道系统的断面编号示意图

类似地，并联渠道系统的系数矩阵也不是带状阵（图 13-11）。对于这种系统，可先将矩阵 **A** 转化为上三角阵，然后通过回代求解方程组（Kamphuis，1970）；或者采用图 13-11 所示的编号方式，也可得到带状矩阵（Kao，1977）。

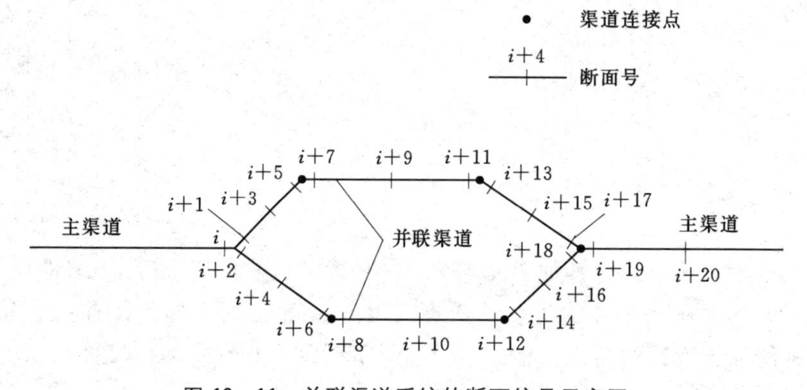

图 13-11 并联渠道系统的断面编号示意图

13.10.6 稳定性

对线性化的圣维南方程进行冯·诺依曼（von Neumann）稳定性分析可知，Preissmann 格式是无条件稳定的。这意味着时间步长 Δt 和空间步长 Δx 的选取不受稳定性制约。但从计算的精度上考虑，时间步长应选用与库朗条件得到的值相接近的数值。

因为此格式无条件稳定，故可以采用变时间步长进行计算，即在流动变化剧烈时用较小的时间步长以提高精度，在流动变化缓慢时再增大时间步长以节省计算时间。

注意，即使这种格式无条件稳定，时间步长 Δt 也不能无限制任意增大。实际上，Δt 的选择需要考虑精度和稳定性两个方面。Δt 较大时，有限差分法不能逼近方程中的偏导数，尖锐波峰会被削平。因此，要通过与较小的 Δt 的结果对比来检查较大的 Δt 计算结果的精度。如果两者差别可以忽略，则可以放心地使用较大的 Δt。

13.11 二阶显格式

目前已有若干时间和空间上均为二阶的，可用来求解计算流体动力学中双曲型方程的显格式方法（Anderson 等，1984）。其中有些已在水利工程中得到应用（Chaudhry 和 Hussaini，1985；Fennema 和 Chaudhry，1986；Chaudhry，2008）。

这些方法比一阶方法准确，比大多数隐格式方法简便。相对于一阶方法，高阶方法需要较少网格即可达到同等精度，因此尽管每个时间步的计算量稍大，使用这些方法依然较经济。在模拟激波和断波方面，高阶方法优于一阶方法。

这里详细介绍一种高阶方法，对其他方法感兴趣的读者可参阅 Chaudhry 和 Hussaini（1985）、Fennema 和 Chaudhry（1986）、Chaudhry（2008）等文献。

13.11.1 MacCormack 格式

MacCormack 格式在空间和时间上均为二阶精度，适合求解存在激波和断波的流动。此方法由预估和校正两部分组成（MacCormack，1969）。在预估步骤中采用向后差分，在校正步骤中采用向前差分（或者在预估步骤中采用向前差分，在校正步骤中采用向后差分）。具体步骤如下：

1. 预估

$$\left.\begin{aligned}\frac{\partial f}{\partial t}&=\frac{(f_i^*-f_i^k)}{\Delta t}\\\frac{\partial f}{\partial x}&=\frac{f_i^k-f_{i-1}^k}{\Delta x}\end{aligned}\right\}\tag{13-105}$$

2. 校正

$$\left.\begin{aligned}\frac{\partial f}{\partial t}&=\frac{(f_i-f_i^*)}{\Delta t}\\\frac{\partial f}{\partial x}&=\frac{f_{i+1}^*-f_i^*}{\Delta x}\end{aligned}\right\}\tag{13-106}$$

在这些方程中，f 代表 V 或者 y，星号 $*$ 代表预估值。

3. 预估步

将上述偏微分的逼近公式代入控制式（13-29）和式（13-43）并化简，可得

$$
\begin{aligned}
y_i^* &= y_i^k - \frac{\Delta t}{\Delta x} D_i^k (V_i^k - V_{i-1}^k) - \frac{\Delta t}{\Delta x} V_i^k (y_i^k - y_{i-1}^k) \\
V_i^* &= V_i^k + g\frac{\Delta t}{\Delta x}(y_i^k - y_{i-1}^k) - V_i^k \frac{\Delta t}{\Delta x}(V_i^k - V_{i-1}^k) \\
&\quad + g(S_0 - S_f)_i^k \Delta t
\end{aligned}
\tag{13-107}
$$

式中：y_i^* 和 V_i^* 为预估值。应用式（13-107），可以由第 k 时刻的已知量求出格点 $i=2$，3，…，n 上的 y 和 V 的预估值。

4. 校正步

可利用预估步求出的 y^* 和 V^*，以及对应的系数 D 和 S_f，由下列方程求出 y 和 V 的校正值：

$$
y_i = y_i^* - D_i^* \frac{\Delta t}{\Delta x}(V_{i+1}^* - V_i^*) - V_i^* \frac{\Delta t}{\Delta x}(y_{i+1} - y_i^*) \tag{13-108}
$$

$$
\begin{aligned}
V_i &= V_i^* - g\frac{\Delta t}{\Delta x}(y_{i+1}^* - y_i^*) - V_i^* \frac{\Delta t}{\Delta x}(V_{i+1}^* - V_i^*) \\
&\quad + g(S_0 - S_f)_i^* \Delta t
\end{aligned}
\tag{13-109}
$$

针对每个格点应用一次以上方程，即可得到格点 $i=2$，3，…，n 上的校正后的 y 和 V 值。

第 $k+1$ 时刻的 y 和 V 在值可由下列方程求出：

$$
\left.
\begin{aligned}
y_i^{k+1} &= 0.5(y_i^k + y_i) \\
V_i^{k+1} &= 0.5(V_i^k + V_i)
\end{aligned}
\right\}
\tag{13-110}
$$

13.11.2 边界条件

上述预估校正方程只适用于渠道内格点，在边界上，可将正、负特征方程[式（13-58）和式（13-59）]和边界条件方程结合求解，具体步骤与在 Lax 扩散格式中的类似。

13.11.3 人工黏性

进行修正方程分析（Warming 和 Hyett，1974）可知，以上格式会引入在控制方程中没有的高阶偏微分项，这些项代表截断误差。一般来讲，若截断误差的首项为偶阶导数时，数值解存在耗散误差；若截断误差的首项为奇阶导数时，数值解存在弥散误差。弥散误差往往会带来数值振荡，因此需要添加**人工黏性**来抹平这些振荡。目前有多种人工黏性方法，其中 Jameson 等（1981）

的方法具有优势，它只对数值解中梯度较大的区域进行光滑处理，而不扰动本来较光滑的区域。首先定义参数 ξ，通过对某个变量梯度进行单位化计算得到。例如，对于自由水面流动，该参数可通过水深来定义：

$$\left.\begin{aligned}\xi_i&=\frac{|y_{i+1}-2y_i+y_{i-1}|}{|y_{i+1}|+2|y_i|+|y_{i-1}|}\\ \xi_{i+1/2}&=\kappa\frac{\Delta x}{\Delta t}\max(\xi_{i+1},\xi_i)\end{aligned}\right\}\tag{13-111}$$

其中 κ 用来调整耗散程度。计算得到变量可按下式修正：

$$\left.\begin{aligned}\alpha_i&=\xi_{i+1/2}(U_{i+1}-U_i)-\xi_{i-1/2}(U_i-U_{i-1})\\ U_i&=U_i+\alpha_i\end{aligned}\right\}\tag{13-112}$$

13.11.4 稳定性

为保证以上格式稳定，在每个计算格点上必须满足以下条件：

$$\Delta t=C_n\frac{\Delta x}{\max[|V|+\sqrt{gD}]}\tag{13-113}$$

其中，C_n 为预期的库朗数，分母为所有计算节点上 $|V|+\sqrt{gD}$ 的最大值。计算 Δt 时要利用时步起始时刻已知的 V 和 D 进行，在时步终了时刻再利用计算得到的 V 和 D 对这个条件进行检验。根据冯诺依曼稳定性分析，MacCormack 格式必须满足 $C_n\leqslant 1$ 的稳定条件（Anderson 等，1984；Fennema 和 Chaudhry，1986）。

13.11.5 算例

利用以上数值格式，计算一个明渠瞬变流简单算例，并将计算结果与解析解比较。渠道长 5km，断面为矩形，渠底水平，忽略摩阻。初始水位为 6m，流速为 3.125m/s，假设 $t=0$ 时刻渠道下游端流量突然减为 0。

结果：

利用以上数值格式和边界条件，模拟了此渠道的瞬变流过程（Fennema 和 Chaudhry，1986）。渠道下游端流量突减小导致一个向上游传播的断波。

计算结果与解析解的对比见图 13-12。解析解表明，$t=354$s 时刻断波传播到了渠道中部。计算得到的水面线也是离 354s 时刻最近的值。

断波附近的振荡是由截断误差引起的。MacCormack 格式的计算结果在波前的后部有小幅振荡。图 13-12（b）为添加了人工黏性的水位结果。可见断波附近的振荡被显著消减，而断波本身仅受到轻微的平滑。

图 13-12 清楚显示，MacCormack 格式可以模拟陡降的波前，并且计算所得波高和速度与解析解吻合很好。

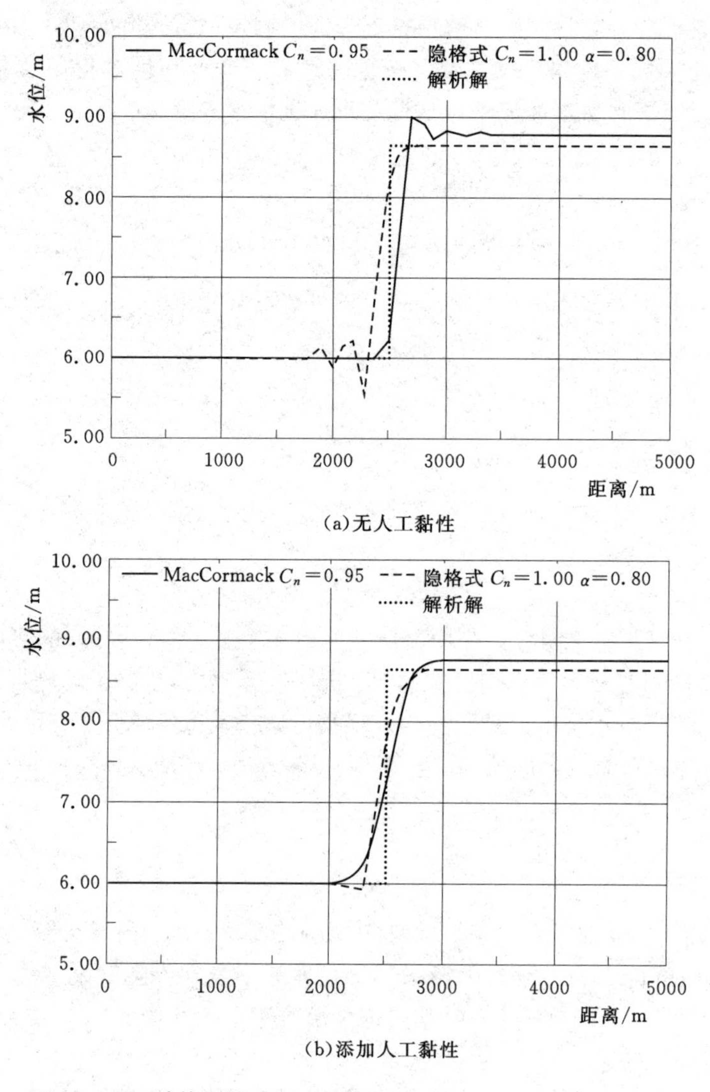

图 13-12 计算所得水位对比图（Fennema 和 Chaudhry，1986）

13.12 有限差分法的比较

本节对前几节给出的有限差分法进行比较。

13.12.1 稳定性

对于显格式，必须满足库朗稳定条件［式（13-90)］，即 $\Delta t \leqslant \Delta x/(|V| \pm c)$。而对于隐格式则无此限制。

13.12.2 编程难易程度

显格式比隐格式易于编程。因此，若编程时间有限，应优先选用显格式。

13.12.3 经济性

因为隐格式不受稳定条件限制，故可选用较大的时间步长，因此相对于受库朗稳定条件限制的显格式，它需要的计算时间较短。不过，最新研究表明，为了得到准确结果和恰当地模拟物理过程，隐格式的时间步长也应大致满足库朗条件。

13.12.4 所需计算机内存

隐格式所需的计算机内存一般比显格式的大。如果问题庞大而计算机内存有限，则差分格式的选择值得斟酌。

13.12.5 特殊系统的模拟

显格式不太适宜计算水流充满或水面接近顶部的封闭管道流动。因为在这种情况下，水面宽度很小或接近零，导致满足稳定性条件的时间步长很小。这方面的典型例子包括下水道或水电站的尾水隧洞。对于这一类问题最好用隐格式计算。

13.12.6 尖锐波峰的模拟

由于显格式采用较小的时间步长，比较合适模拟具有短期尖锐波峰的流动。隐格式一般会抹掉这些波峰。当然，若采用与显格式同样小的时间步长，隐格式也可以再现波峰，不过要比显格式需要更长的计算时间。

13.12.7 断波和激波的模拟

显格式比隐格式更适宜模拟带有断波或激波的明渠瞬变流问题。

13.13 特殊问题

本节讨论若干明渠瞬变流特殊问题。

13.13.1 溃坝水流

溃坝水流计算与含有断波的明渠瞬变流计算类似。Stoker（1948，1957）假设大坝瞬间溃决，研究了无摩阻情况下，矩形断面的水平渠道内，大坝下游有水时的溃坝现象。Ritter（1982）、Dressler（1952，1954）和 Whitham（1955）理论分析了大坝下游河道干燥条件下的溃坝涌浪传播过程。Dronkers（1964）使用特征线法计算了断波前后的缓变流，并用守恒方程处理断波。不少研究者也使用了各种有限差分法（Cunge，1970；Martin 和 Zovne，1971；Sakkas 和 Strelkoff，1973），Katopodes 于 1984 年使用了有限元法。Terzidis 和 Strelkoff（1970）的研究表明，Lax 差分格式和 Lax - Wendroff - Richtmyer 两步显格式能用来分析包含断波的流动而不必将断波分离出来。这些格式计算得到的结果与实测数据很好的吻合。研究表明，对于断波高度大于 1/2 水深的流动，使用不加特殊耗散项的常规圣维南方程会得到错误的结果。但是对于波高较小的涌波，圣维南方程仍然可以得到令人满意的结果。Fennema 和 Chaudhry（1986）提出了两种分析溃口下游急流的有限差格式。Martin 和 Zovne（1971）指出，扩散型显式差分格式可以用来分析从固体壁面传播和反射来的断波，将断波分离出来作为内部边界处理的方式具有学术价值，而非实际应用意义。

进行溃坝水流分析时，需要估算大坝溃口尺寸及其随时间的发展过程，但能帮助确定估算参数的资料十分有限。整个大坝瞬间崩溃的假设对于实际灾害防护来说也不切实际。

溃坝后，正涌波向下游河道传播，负涌波向水库上游传播。使用有限差分法时，必须在溃坝处建立边界条件。为此，大坝上各种孔口的尺寸关系（Mahmood 和 Yevjevich，1975，Chap. 15）可以被利用。美国国家海洋大气局（NOAA）的国家气象服务部（National Weather Service）发布的计算程序 DAMBRK 已经被广泛用来制定大型水坝下游的应急预案。

13.13.2 潮汐波动

可以用有限差分法求解圣维南方程的方式来计算分析感潮河段水流。对于特定的应用，需要首先确定选用一维模型恰当还是二维模型恰当。

与渠道或河道瞬变流分析不同，潮汐波动的计算不需要确定初始条件。计算可从任意假设的初始状态开始，在多个周期的潮汐水位边界条件作用下，系统会逐渐形成稳定的周期流动。这与使用特征线法研究管道中的稳定振荡流相似（见 8.4 节）。

13.13.3 次生波动

在 13.4 节我们讨论过，渠道中的正涌波在传播过程中前部波面会变陡。具有较大能量的波会破碎为移动的水跃或断波［图 13 - 13（a)］，而能量较小的波则会出现如图 13 - 13（b）所示的波状形态。也就是说，这种波与稳定状态的水跃类似，当佛汝德数 F 大于 9 时为强水跃，小于 1.7 时为波状水跃。法弗雷

(Favre) 在 1935 年首次描述了这一现象，故将这类水面次生波称为法弗雷波。

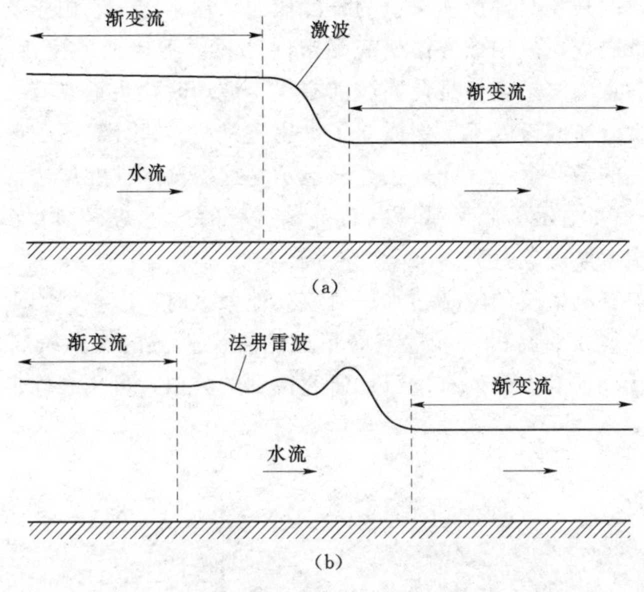

图 13-13 波前处的水面变化

图 13-14 Seton 运河中波面上的次生波动
(加拿大 British Columbia 水电管理局提供)

断波水面的不连续性发生在很短的距离内，其上下游可被假定为缓变流。这种非连续段的长度与其所在渠道的长度比起来通常很小。由于圣维南方程在断波的两侧都成立，故用该方法研究涌浪时，只要不特别关注断波波前细节，就可以得到满意的结果。但是，当波前有次生波动时，水面具有长距离波状形态，静水压力分布假设就不一定成立了，用圣维南方程计算得到的最高水位也不一定是实际的最高水位。此外，经验显示这些振荡水波在岸边比在渠道中间要高。图13－14显示了原型试验（有关该试验的描述见13.14节）中的涌浪前部水面的次生波现象。

设计波前有次生波的电站输水渠道或其他渠道时，应根据临近渠岸的最高水位来确定岸坡顶部高程。不过当前报道这种次生波的文献资料非常少。图13－15是由Benet和Cunge（1971）研究得到的数据，可用来确定这种水面波动的近似高度。

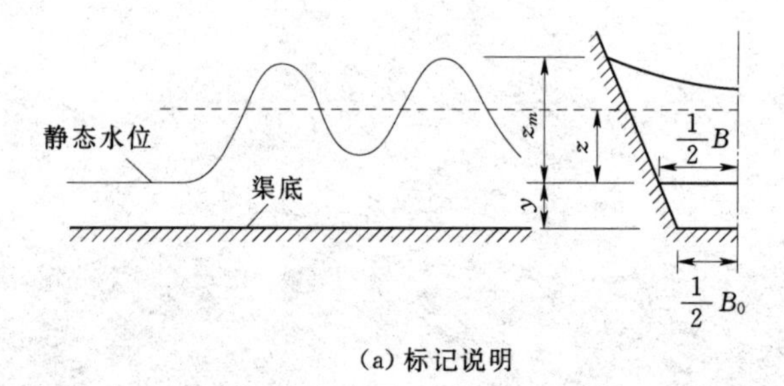

(a) 标记说明

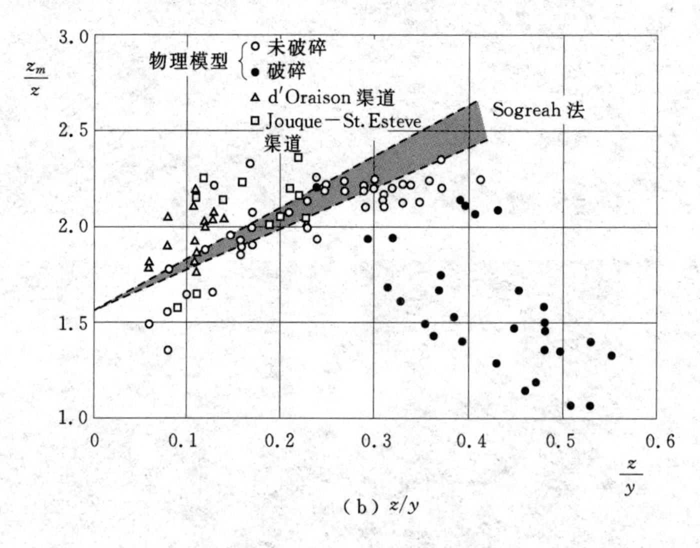

(b) z/y

图13－15　次生波动的振幅
(引自Benet和Cunge，1971)

13.13.4 明满流

有压管道在瞬变过程中产生自由水面的流动称为**明满流**，这种流动常发生在下水道、水电站和抽水蓄能电站的隧洞中。

Meyer - Peter（1932）和 Calame（1932）在调查 Wettingen 水电站尾水隧洞的涌浪时研究过明满流动。他们的计算结果与水力模型测量结果很接近。1937 年 Drioli 报道了他观测到的工业运河中水波转变情况。Jaeger 在 1956 年讨论了这个问题，提出一些适用于各种可能工况的表达式。Preissmann（1961）、Cunge（1966）、Cunge 和 Wegner（1964）、Amorocho 和 Strelkoff（1965）、Wiggert（1970，1972）用计算机模拟了这种流动。Song 等（1983）则通过实验和采用数值模拟技术对明满流开展了研究。

为了便于讨论，此处重新写出明渠和封闭管道中的瞬变流方程。

1. 明渠

连续方程

$$\frac{\partial y}{\partial t}+V\frac{\partial y}{\partial x}+D\frac{\partial V}{\partial x}=0 \tag{13-29}$$

动力方程

$$g\frac{\partial y}{\partial x}+\frac{\partial V}{\partial t}+V\frac{\partial V}{\partial x}=g(S_0-S_f) \tag{13-43}$$

2. 封闭管道

连续方程

$$\frac{\partial H}{\partial t}+V\frac{\partial H}{\partial x}+\frac{a^2}{g}\frac{\partial V}{\partial x}=0 \tag{13-114}$$

动力方程

$$g\frac{\partial H}{\partial x}+\frac{\partial V}{\partial t}+V\frac{\partial V}{\partial x}=g(S_0-S_f) \tag{13-115}$$

其中，H 为测压管水头；a 为水击波速。

将式（13-29）和式（13-114）与式（13-43）和式（13-115）比较可知，若使水深 y 与测压管水头 H 相等，并令 $a=\sqrt{gA/B}=c$（其中 c 为表面波波速），则这些方程等价。因此我们可用一种 Preissmann（1961）提出的求解圣维南方程的有压流分析方法来分析这种流动。该方法很有趣，假设在输水管道顶部存在非常狭窄的与大气联通的缝隙，该缝隙中的水位就可表示该处的压力大小，但是这个缝隙既不增加压力管道的水力半径，也不增加管道断面积（图 13-16）。缝隙宽度的选择应该使 $c=a$，这样明流和压力流动就不必分别单独分析了。一旦管道充水，由圣维南方程确定的水深就是该点的测压管水头。该方法已经成功应用于分析下水管道流动（Mahmood 和 Yevjevich，

1975）和水电站尾水隧洞涌浪（Chaudhry 和 Kao，1976）。

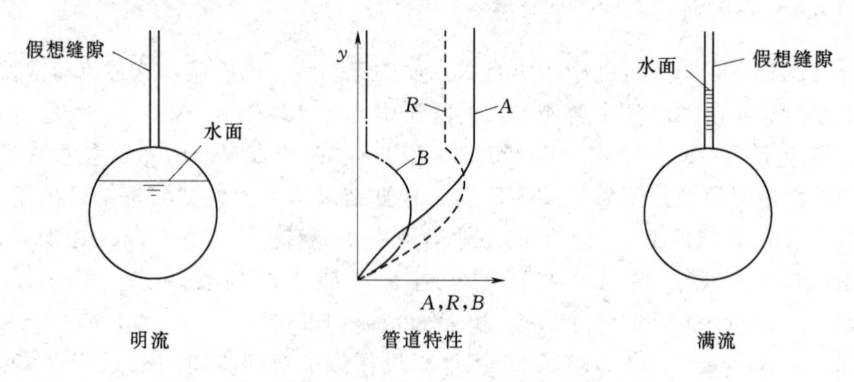

图 13－16 明满流的假想缝隙

13.13.5 滑坡体激起的波浪

滑坡体落入或滑入水体时，因其推动水体位移和排击水体而产生波浪。这些波浪，有时也称为冲击波，导致过财物破坏（Miller，1960；Kiersch，1964；McCullock，1966；Kachadoorian，1965；Forstad，1968）和人身伤亡。比如，意大利的 Vaiont 滑坡体产生的冲击波造成大约 2300 人死亡。

Wiegel（1955）、Prins（1958）、Law 和 Brebner（1968）、Kamphuis 和 Bowering（1970），Noda（1970）、Das 和 Wiegel（1972），以及 Babcock（1975）已在实验室水槽中做过滑坡波浪试验，并给出了各种波浪特性的经验关系和图表，比如初始波高、波长等参数。

关于 Mica（Anonymous，1970）、Libby（Davidson 和 McCartney，1975）、Revelstoke（Mercer 等，1979；Chaudhry 和 Cass，1976；Chaudhry 等，1983），以及 Morrow Point（Pugh，1982）等大坝的滑坡体移入水库所产生波浪均已开展过水工水力模型实验研究。第 13.8 节中的扩散格式被用来计算（Chaudhry 和 Cass，1976；Chaudhry 等，1983）滑坡波浪向上游和下游传播约 67km 的过程。

在此介绍 Kamphuis 和 Bowering（1970）提出的相关经验关系式，其他学者提出的类似关系式详见 Wiegel（1955）、Prins（1958）、Law 和 Brebner（1968）、Kamphuis 和 Bowering，（1970）以及 Noda（1970）。通过测量沿斜坡下滑的加负荷托盘在的水槽（长 45m，宽 1m）中激起的波浪，获取了这些关系式的数据。沿水槽纵向对不同高度和下滑角度的滑块产生的冲击波进行模拟。模拟出来的波浪先是纯粹的振荡波列，后来变为近似的孤立波，然后又转变为振荡波列和断波。这些波浪在距离滑坡撞击点下游 17m 以内的地方变得平稳。下面给出一些公式：

1. 稳定波浪的最大高度

$$\frac{H_c}{d}=F^{0.7}(0.31+0.2\log q) \tag{13-116}$$

$$F=V_s/\sqrt{gd}$$

式中：H_c 为高于静水位的最大稳定波高；d 为水深；V_s 为滑块与水撞击的速度；g 为重力加速度；q 为无量纲形式的单宽滑坡体体积（l/d，h/d）；l 为滑动面上滑坡体长度；h 为垂直于滑动面的滑坡体厚度。

2. 波高的衰减

$$\frac{H}{d}=\frac{H_c}{d}+0.35e^{-0.08x/d} \tag{13-117}$$

式中：H 为距离滑坡点 x 处高于静水面的最大波高；x 为距滑坡点下游的距离。

对给定的滑坡运动，最大稳定波高 H_c 可由式（13-116）确定，受滑坡影响的下游任意点的波高 H 可以由式（13-117）计算。

3. 波动周期

$$\frac{T_1}{\sqrt{gd}}=11+0.225\frac{x}{d} \tag{13-118}$$

式中：T_1 为第一个波的周期（即波通过某点的时间）。

只要滑坡体较厚（$h/d>0.5$），滑坡峰面角 β 大于等于 90°，滑坡平面角 θ 约为 30°，式（13-116）就能很好地估算 $0.05\leqslant q\leqslant 1$ 情况下的稳定波高。但是当 $\beta<90°$ 并且 $\theta>30°$ 时由式（13-116）确定的波高会偏高，而 $\theta<30°$ 时偏低。

Raney 和 Butler（1975）建立了一个确定滑坡波浪特性的二维数学模型。计算结果与水力模型实验结果（Davidson 和 McCartney，1975）吻合较好。Koutitas（1977）和 Chiang 等人（1981）分别用有限单元法和有限差分法预测了水库中的滑坡波浪。

13.14 实例研究

本节简要介绍资料（Chaudhry，1976）中的数学模型、原型试验，以及计算结果与实验结果的对比。

13.14.1 数学模型

数学模型取自第 13.8 节推导的方程。模型中包括以下边界条件：上游或下游端的流量或水位改变；上游或下游端的水位恒定水库；具有不同断面、阻力系数和底坡的两段渠道连接处。

计算程序是按照分析串联的明渠系统中的瞬变流来设计的，至多可包含

20段棱柱体渠道。与13.8节介绍的一样，每个时步都检查Δx的值，通过增加15%或减小25%，以保证库朗稳定条件总是满足，同时Δt不至于太小。

13.14.2 模型验证

为了验证数学模型，在加拿大British Colombia省的Seton引水渠上进行了原型观测。项目的相关信息（British Colombia水电公司所有）和验证过程如下。

1. 工程数据

Seton引水渠（长3.82km，设计流量为113m^3/s，混凝土衬砌）将水从Seton湖输送到Seton水电站。图13-17显示该渠道的布置及一些典型断面。Seton水电站装置一台44MW的立轴反击式水轮机机组，导叶的有效开启和关闭时间分别为15s和13s。当机组从静止启动时，导叶开度开到15%（起步开度）。在这个开度下，水轮机开始旋转，然后导叶关闭到空载开度9%。随后导叶维持这个开度直至并入电网。

2. 试验情况

通过水轮机增负荷和甩负荷来产生明渠瞬变流。对以下工况进行了测试：

增加44MW负荷；

甩44MW负荷；

甩44MW负荷42min后增加44MW负荷；

甩44MW负荷37min后增加44MW负荷。

甩负荷结束后，水轮机导叶保持在空载开度9%。

沿渠道布置了19个水位观测点，水位计安装在渠道岸壁上。用高频/甚高频（VHF/UHF）无线发报机在实验开始时进行倒计时。每次试验前，都测一次19个观测点的恒定流水位。瞬变过程中，每隔30s到1min记录一次水位数据（图13-17）。

13.14.3 计算值与实测值对比

图13-18和图13-19将不同部位的计算值与实测值进行了对比。计算中，引水渠道用6条棱柱形渠段代表，每段的断面面积沿长度方向不变。摩阻损失用曼宁公式计算。水轮机增负荷和甩负荷通过假定引水渠末端流量线性变化来模拟。用在引水渠首端设置恒定水位水库来代替Seton湖。

由于控制方程［式（13-29）和式（13-43）］依据的是静水压力分布条件，水体表面的次生波动（法弗雷波）不能由该计算程序计算。所以，要确定最大水位，应按Benet和Cunge（1971）提供的数据计算次生波幅值，并叠加到程序计算得到的最大水位上来。计算得到的波动最大水位在图13-19（a）到13-19（c）中均作了标记。

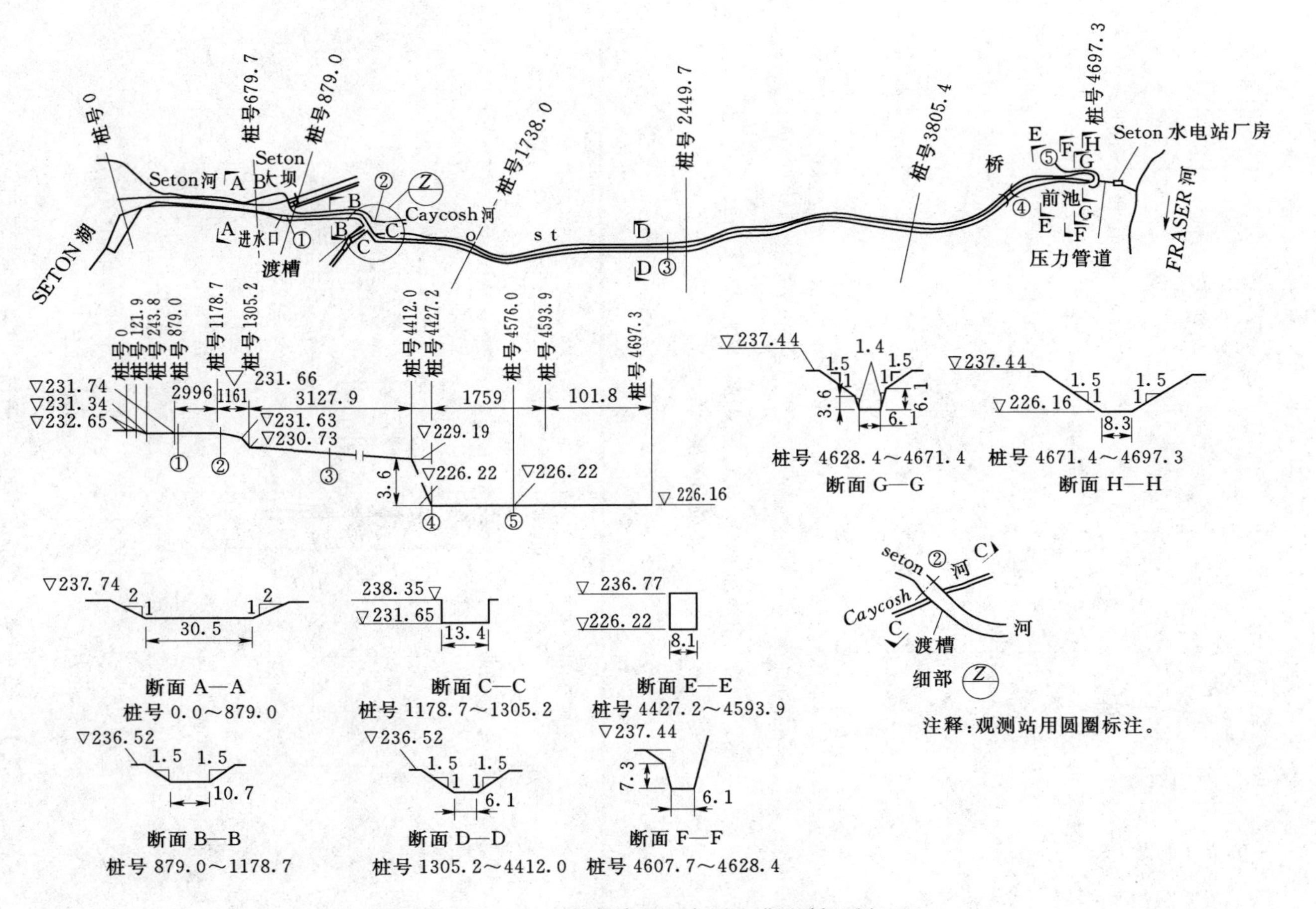

图 13-17 Seton水电站平面布置和典型断面剖面图

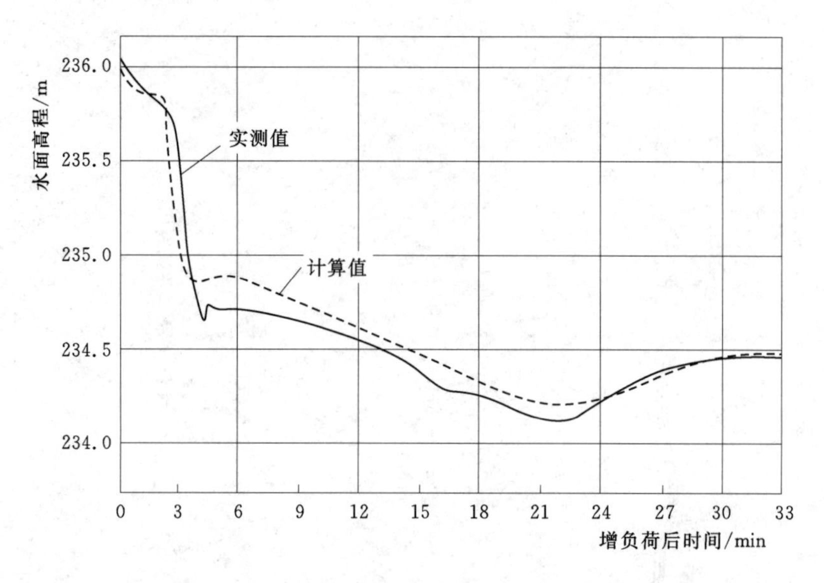

图 13-18 机组增 44MW 负荷后引水渠中观测站 5 处的水位计算值与实测值的对比

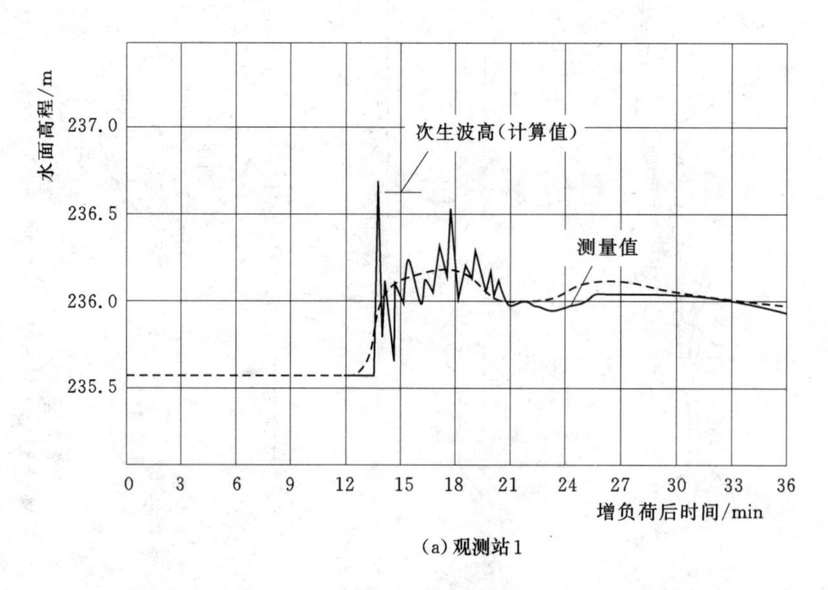

(a) 观测站 1

图 13-19 (一) 机组甩 44MW 负荷后引水渠不同位置的水位计算值与实测值对比

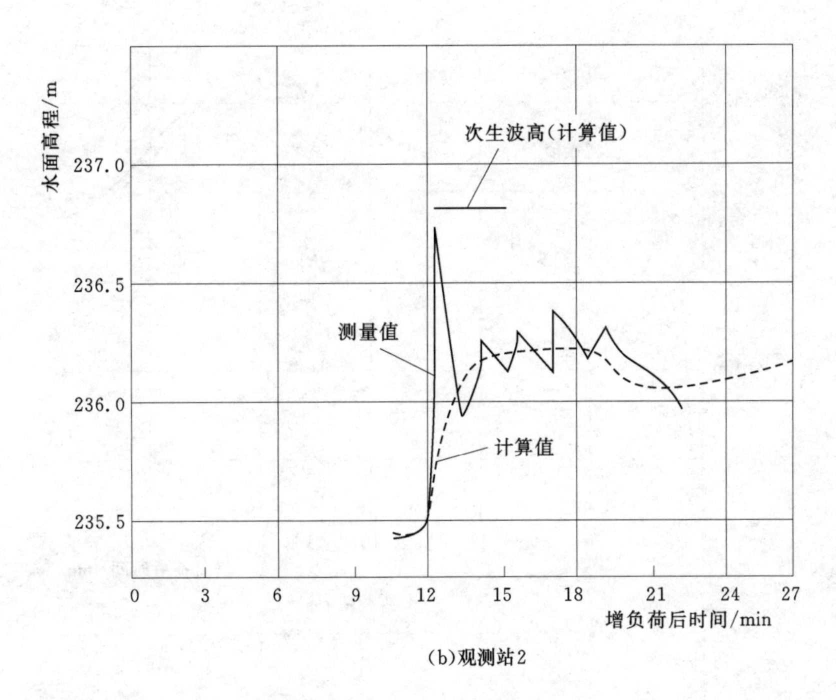

(b)观测站2

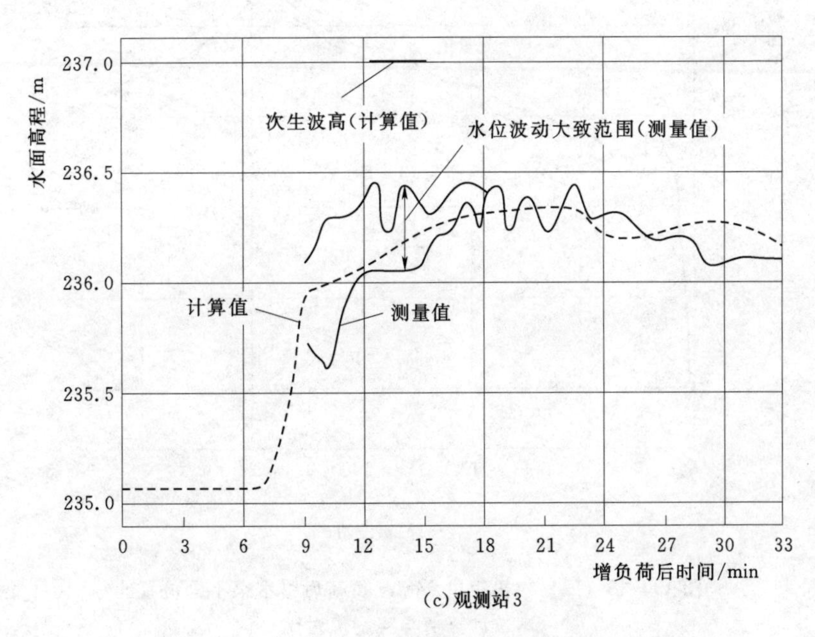

(c)观测站3

图 13-19(二) 机组甩 44MW 负荷后引水渠不同位置的水位计算值与实测值对比

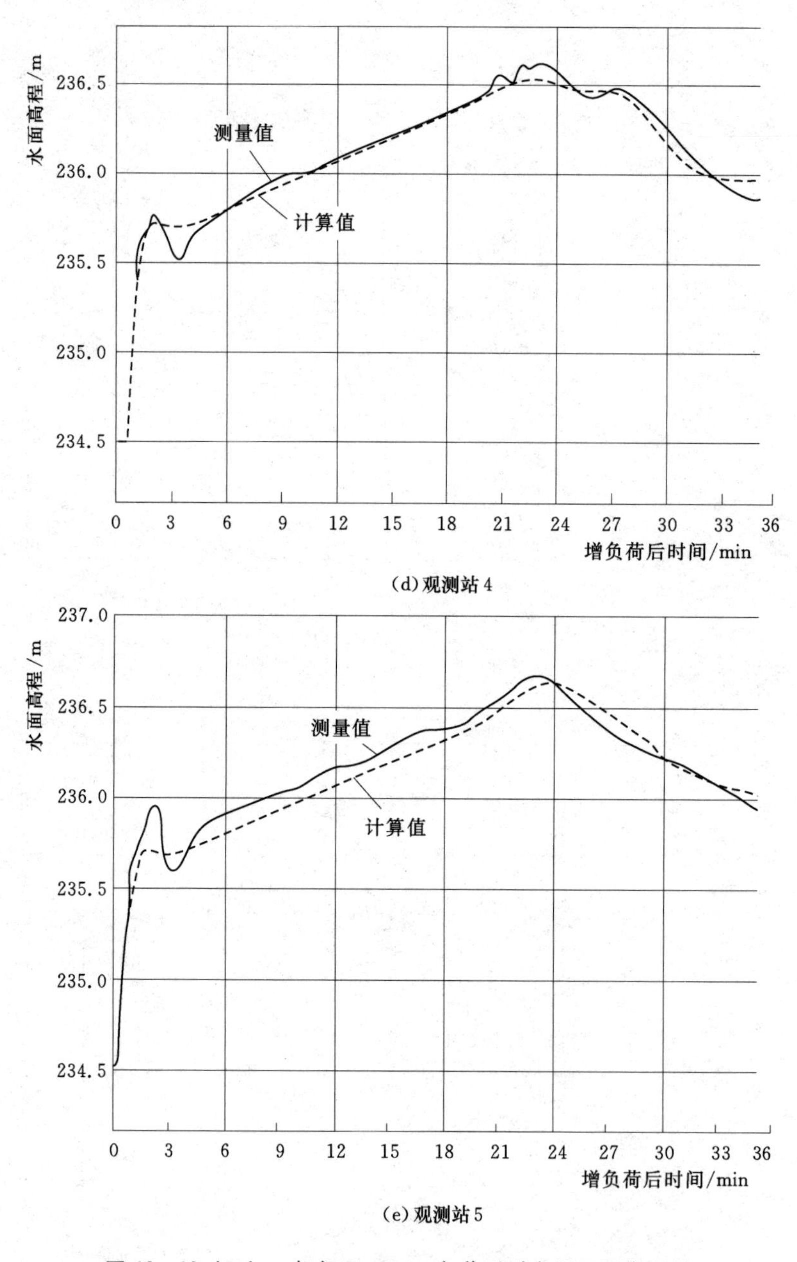

(d)观测站4

(e)观测站5

图13-19（三） 机组甩44MW负荷后引水渠不同位置的水位计算值与实测值对比

从这些图中可以看出，计算得到的初始涌浪和渠道首端的次生波最大水位，与原型实测值吻合得很好。但是计算得到的观测站 3 处的次生波最大水位却偏高，这是因为原型渠道中初始涌波向上游传播时没有产生次生波。

13.15 本章小结

本章讨论了明渠瞬变流问题。定义了许多变量，推导了连续方程和动量方程，讨论了求解这些方程的数值方法，并详细介绍了显格式和隐格式有限差分法，最后，通过一个工程实例对全章进行了总结。

习 题

13.1 一条宽 6.1m 的矩形渠道，在水深 3.04m 时，通过 $28m^3/s$ 的流量。如果突然关闭下游端的闸门，求初始涌浪高度 z 及涌波的速度 V_w。

13.2 在 3m 宽的矩形发电引水渠中，初始稳态流量为 $16.8m^3/s$，下游端流量突然减小到 $11.2m^3/s$。如果初始水深是 1.83m，求初始涌波的高度和速度。

13.3 底宽 6.1m、边坡比 1∶1.5（垂直比水平）的梯形渠道，水深 5.79m 时通过 $126m^3/s$ 的流量。若下游端的水流突然停止，求涌浪的高度和波速。

13.4 证明当涌浪高度 z 与初始水深 y_0 相比很小时，波速：

$$c=\sqrt{g\left(\frac{A_0}{y_0}+1.5z\right)}$$

式中：A_0 为初始稳态水流的过水断面积。

13.5 推导针对 Lax 扩散差分格式的三条渠道连接处的边界条件。忽略摩阻损失和连接处的水头差。

13.6 绘出渠道下游端控制闸门突然关闭所导致的下游端水面变化过程线。假定渠道水平、较短、无摩阻。

13.7 推导单宽流量为 q 的非棱柱形渠道的连续方程和动量方程。假设：(1) 渐变出流，例如从岸边溢洪道溢流；(2) 速度大小可忽略的出流，例如渗漏；(3) 渐变入流，例如从有 x 方向速度分量的支流流入。

13.8 用 Lax 扩散格式编写一个分析矩形渠道瞬变流的计算程序。利用 13.11 节给出的算例资料计算，并将计算值与 MacCormack 格式的计算值进行比较。(结果已在图 13-12 中给出)。

13.9 如果时间导数的计算不用式（13-61）而改为$\partial f/\partial t=(f_i^{k+1}-f_i^k)/\Delta t$（$f$ 表示 y 或 V），即使网格离散满足库朗稳定条件也不能保证 Lax 格式的稳定性。请通过修改 13.8 节的计算机程序来证明这个结论的正确性。

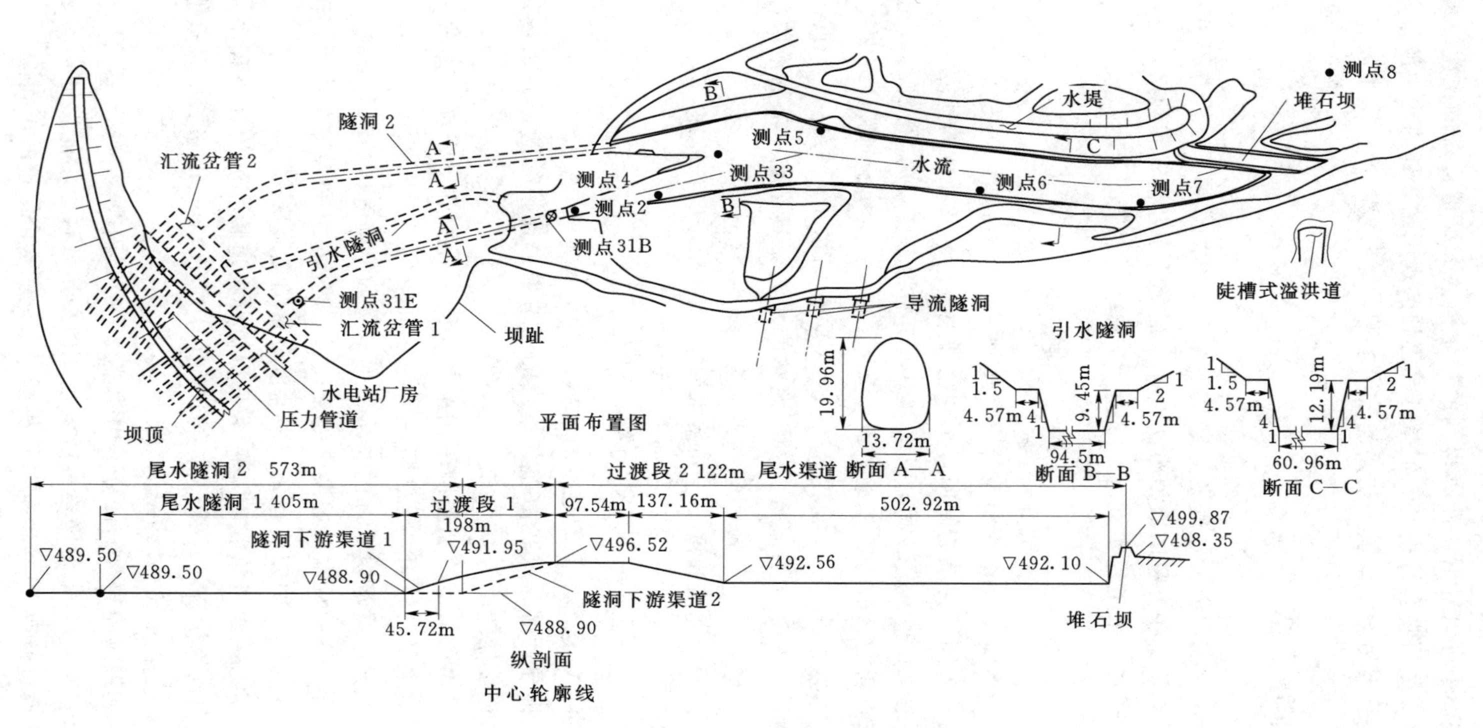

图 13-20 G. M. Shrum 水电站尾水系统

13.10 图 13-20 给出了 G. M. Shrum 水电站的尾水系统（Chaudhry 和 Kao，1976），表 13-1 列出了该工程的必要资料。图 13-21 到图 13-23 给出了该系统原型和水力模型的瞬变流实测结果。请使用不同的显式和隐式有限差分法计算该尾水系统的瞬变流过程，并将计算值与实测值作对比。注意：尾水水位较高时，尾水洞可能会在机组荷载变化较大时充满。

表 13-1　　尾水系统数据

<table>
<tr><td rowspan="4">基本数据</td><td colspan="2">尾水隧洞数量</td><td>2</td></tr>
<tr><td colspan="2">汇流岔管数量</td><td>2</td></tr>
<tr><td colspan="2">1 号汇流岔管对应的机组</td><td>1～5</td></tr>
<tr><td colspan="2">2 号汇流岔管对应的机组</td><td>6～10</td></tr>
<tr><td rowspan="5">尾水隧洞</td><td colspan="2">断面形状</td><td>改良马蹄形</td></tr>
<tr><td colspan="2">断面尺寸</td><td>高 19.96m，宽 13.73m</td></tr>
<tr><td colspan="2">衬砌</td><td>混凝土</td></tr>
<tr><td colspan="2">隧洞长度</td><td>1 号 405m，2 号 573m</td></tr>
<tr><td colspan="2">汇流岔管尺寸</td><td>13.71m×99.67m</td></tr>
<tr><td rowspan="2">尾水渠</td><td colspan="2">渠道的长度和断面尺寸</td><td>见图 13-20</td></tr>
<tr><td colspan="2">堰长</td><td>192m</td></tr>
<tr><td rowspan="4">水轮机</td><td>机组编号</td><td>最大输出功率①/MW</td><td>单机流量①/(m³/s)</td></tr>
<tr><td>1～5</td><td>261</td><td>178</td></tr>
<tr><td>6～8</td><td>275</td><td>190</td></tr>
<tr><td>9 和 10</td><td>300</td><td>204</td></tr>
<tr><td rowspan="2">原型实测</td><td colspan="3">流入 1 号汇流岔管的流量在 8 秒内从 810m³/s 减小到 133m³/s</td></tr>
<tr><td colspan="3">流入 2 号汇流岔管的流量稳定在 240m³/s</td></tr>
<tr><td rowspan="6">模型试验</td><td rowspan="2">如图 13-22</td><td colspan="2">流入两个汇流岔管的流量在 8 秒内同时从 990m³/s 减少到 0m³/s</td></tr>
<tr><td colspan="2">在 8 号测点的初始恒定水位为 507.5m</td></tr>
<tr><td rowspan="4">如图 13-23</td><td colspan="2">在 8 号测点的初始恒定水位为 507.5m</td></tr>
<tr><td rowspan="3">2 号汇流岔管的流量在 8 秒内作如下变化：</td><td>(a) 990m³/s 到 0m³/s</td></tr>
<tr><td>(b) 990m³/s 到 0m³/s，20s 后再由 0m³/s 到 396m³/s</td></tr>
<tr><td>(c) 990m³/s 到 0m³/s，127s 后再由 0m³/s 到 396m³/s</td></tr>
</table>

① 在净水头 164.6m 条件下。

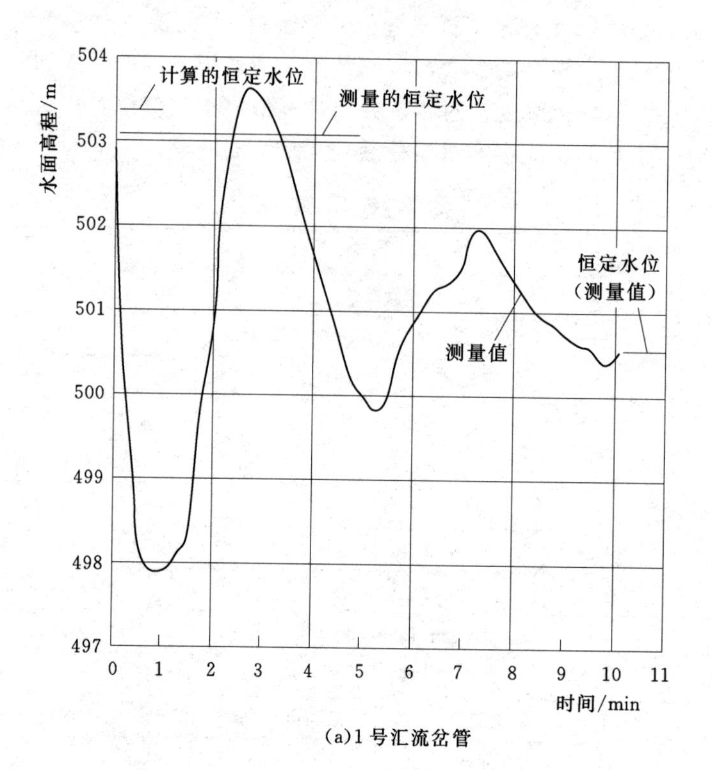

(a)1 号汇流岔管

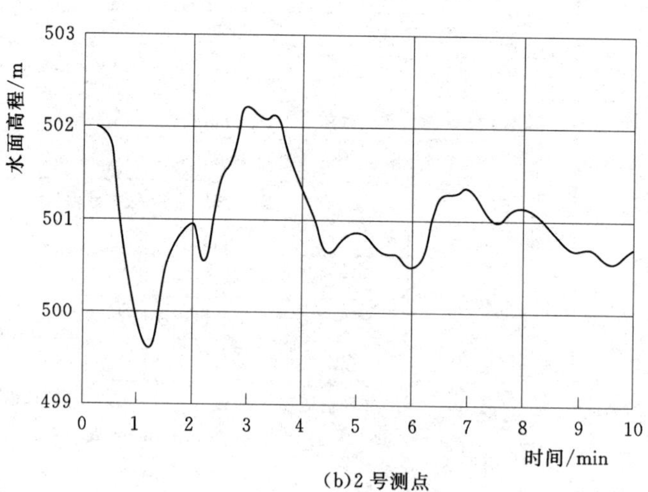

(b)2 号测点

图 13－21（一） 原型实测水位

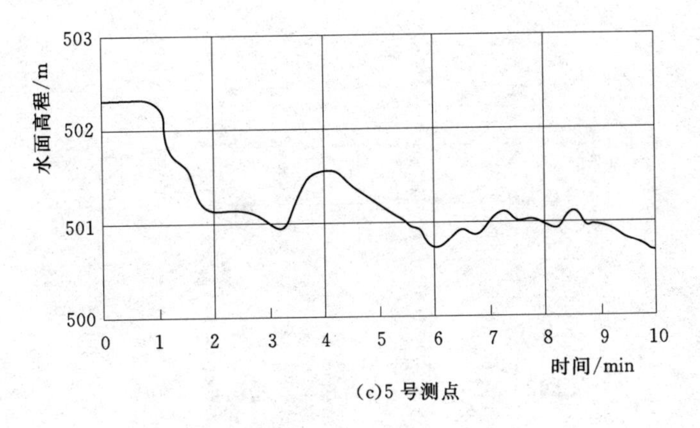

(c)5号测点

图 13-21（二） 原型实测水位

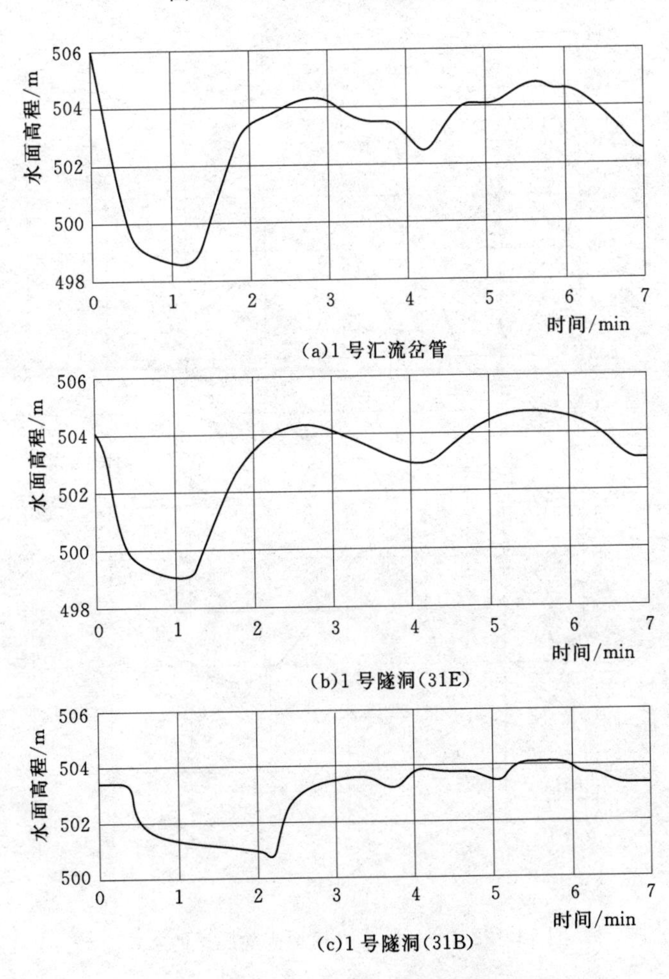

图 13-22（一） 水力模型实验测量的水位

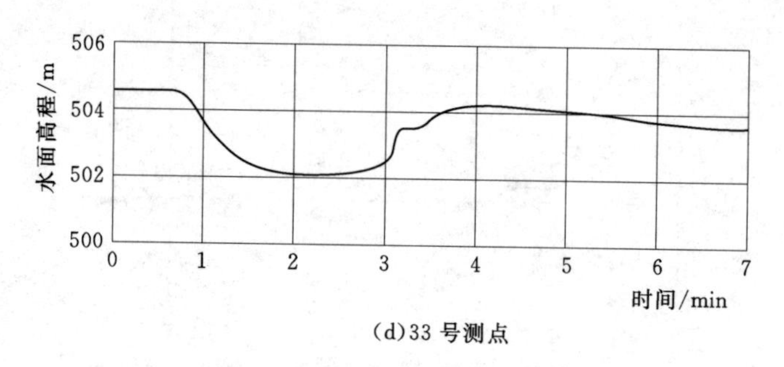

(d)33号测点

图13-22（二） 水力模型实验测量的水位

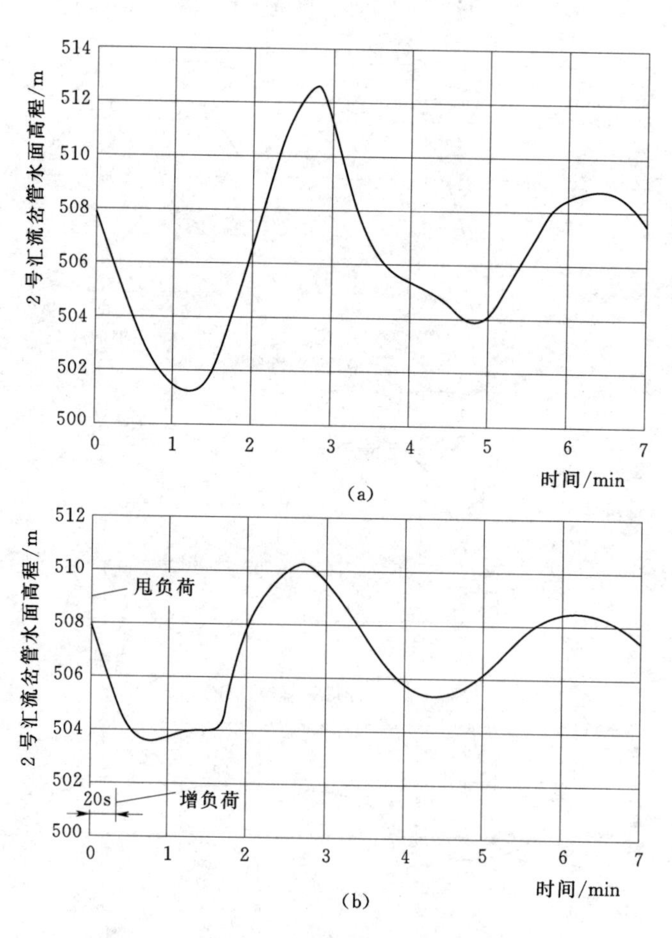

图13-23（一） 水力模型实验测量的水位

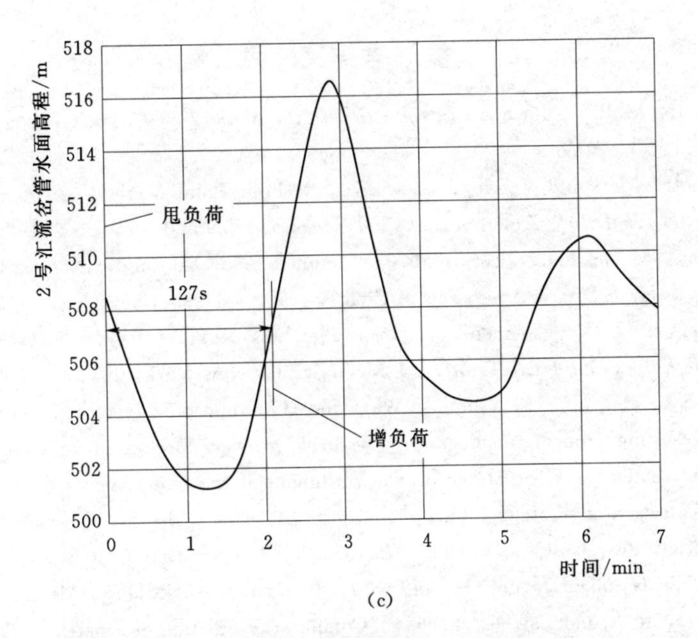

图 13-23（二） 水力模型实验测量的水位

习 题 答 案

13.1 $z=0.9\text{m}$；$V_\omega=-5.13\text{m/s}$.

13.2 $z=0.93\text{m}$；$V_\omega=-5.52\text{m/s}$.

13.7

连续方程：

$$A\frac{\partial V}{\partial x}+BV\frac{\partial y}{\partial x}+B\frac{\partial y}{\partial t}+V\frac{\partial A(x,y)}{\partial x}+q=0$$

动量方程：

$$\frac{\partial V}{\partial t}+V\frac{\partial V}{\partial x}+g\frac{\partial y}{\partial x}=g(S_0-S_f)+D_1$$

其中

$$D_1=0\text{（情况 1）}$$

$$D_1=\frac{V}{2A}\text{（情况 2）}$$

$$D_1=\frac{(V-u_l)q}{A}\text{（情况 3）}$$

参 考 文 献

[1] Abbott, M. B. , 1966, *An Introduction to the Method of Characteristics*, American Elsevier, New York.

[2] Abbott, M. B. and Verwey, A. , 1970, "Four Point Method of Characteristics," *Jour. Hydr. Div.* , Amer. Soc. of Civil Engrs. , vol. 96, Dec. , pp. 25492564.

[3] Amein, M. and Fang, C. S. , 1970, "Implicit Flood Routing in Natural Chan nels," *Jour.* , *Hyd. Div.* , Amer. Soc. of Civil Engrs. , vol. 96, Dec. , pp. 24812500.

[4] Anderson, D. A. , Tannehill, J. C. and Pletcher, R. H. , 1984, *Computational Fluid Mechanics and Heat Transfer*, McGrawBill, New York, NY.

[5] Babcock, C. I. , 1975, "Impulse Wave and Hydraulic Bore Inception and Propagation as Resulting from Landslides," a *research problem* presented to Georgia Inst. of Tech. , Atlanta, Georgia, in partial fulfillment of the requirements for the degree of M. Sc. in civil engineering, Oct. .

[6] Balloffet, A. , Cole, E. and Balloffet, A. F. , 1974, "Dam Collapse Wave in a River," *Jour. Hyd. Div.* , Amer. Soc. of Civil Engrs. , vol. 100, No. HY5, May, pp. 645665.

[7] Baltzer, R. A. and Lai, C. , 1968, "Computer Simulation of Unsteady Flows in Waterways," *Jour.* , *Hyd. Div.* , Amer. Soc. of Civil Engrs. , vol. 94, July, pp. 10831117.

[8] Benet, F. and Cunge, J. A. , 1971, "Analysis of Experiments on Secondary Undulations Caused by Surge Waves in Trapezoidal Channels," *Jour. of Hydraulic Research*, Inter. Assoc. for Hyd. Research, vol. 9, no. I, pp. 1133.

[9] Calame, J. , 1932, "Calcul de l'onde translation dans les canaux d'usines," Editions la Concorde, Lausanne, Switzerland.

[10] Chaudhry, M. H. , 1976, "Mathematical Modelling of Transient Stale Flows in Open Channels," *Proc. International Symposium on Unsteady Flow in Open Channels*, NewcastleuponTyne, published by British Hydromechanics Research Assoc. , Cranfield, Bedford, England, pp. C11 C118.

[11] Chaudhry, M. H. and Kao, K. H. , 1976, "G. M. Shrum Generating Station: Tailrace Surges and Operating Guidelines During High Tailwater Levels," *Report*, British Columbia Hydro and Power Authority, Vancouver, B. C. , November.

[12] Chaudhry, M. H. , Mercer, A. G. and Cass, D. E. , 1983, "Modeling of Slide Generated Waves in a Reservoir," *Jour. Hydraulic Engineering*, Amer. Soc. of Civil Engrs. , vol. 109, Nov. , pp. 15051520.

[13] Chaudhry, M. H. and Hussaini, M. Y. , 1985, "Second Order Accurate Explicit Finite Difference Schemes for Water hammer Analysis," *Jour. of Fluids Engineering*, Amer. Soc. Mech. Engrs. , Dec. , pp. 523529.

[14] Chaudhry, M. H. 2008, "Open Channel Flow," 2nd ed. , Springer, New York, NY.

[15] Chen, C. L. , 1980, "Laboratory Verification of a Dam Break Flood Model," *Jour. Hyd. Div.* , Amer. Soc. of Civil Engrs. , April, pp. 535556.

[16] Chiang, W. L. , Divoky, D. , Parnicky, P. and Wier, W. , 1981, "Numerical

Model of Landslide Generated Waves," Prepared for U. S. Bureau of Reclamation by Tetra Tech., Inc., California, Nov.

[17] Chow, V. T., 1959, *Open Channel Hydraulics*, McGrawHili Book Co., New York, NY.

[18] Cooley, R. L. and Moin, S. A., 1976, "Finite Element Solution of Saint Venant Equations," *Jour.*, *Hyd. Div.*, Amer. Soc. of Civil Engrs., vol. 102, June, pp. 759775.

[19] Courant, R., Friedrichs, K. and Lewy, H., 1928, "Uberdie paniellen Differenzengleichungen der Mathematischen Physik," *Math. Ann.*, vol. 110, pp. 3274 (in German).

[20] Cunge, J. A. and Wegner, M., 1964, "Integration Numerique des equations d'ecoulement de Barre de Saint Venant par un schema Implicite de differences finies," *La Houille Blanche*, No. I, pp. 3339.

[21] Cunge, J. A., 1966, "Comparison of Physical and Mathematical Model Test Results on Translation Waves in the Oraison Manosque Power Canal," *La Houille Blanche*, no. I, Grenoble, France, pp. 5569, (in French).

[22] Cunge, J. A., 1969, "On the Sub ject of a Flood Propagation Computation Method (Muskingum Method)," *Jour. of Hydraulic Research*, vol. 7, no. 2, pp. 205230.

[23] Cunge, J. A., 1970, "Calcul de Propagation des Ondes de Rupture de Bar rage," *La Houille Blanche*, no. I, pp. 2533.

[24] Cunge, J. A., Holley, F. M. and Verwey, A., 1980, *Practical Aspects of Com putational River Hydraulics*, Pitman, London, UK.

[25] Das, M. M. and Wiegel, R. L., 1972, "Waves Generated by Horizontal Motion of a Wall," *Jour.*, *Waterways*, *Harbors and Coastal Engineering Div.*, Amer. Soc. of Civ. Engrs., vol. 98, no. WWI, Feb., pp. 4965.

[26] Davidson, D. D. and McCartney, B. L., 1975, "Water Waves Generated by Landslides in Reservoirs," *Jour.*, *Hyd. Div.*, Amer. Soc. of Civ. Engrs., vol. 101, Dec., pp. 14891501.

[27] De Saint Venant, B., 1871, "Theorie du movement nonpermanent des eaux avec application aux crues des vivieres et a I' introduction des marees dans leur lit," Acad. Sci. Comptes Rendus, Paris, vol. 73, pp. 148154, 237240 (translated into English by U. S. Corps of Engineers, No. 49g, Waterways Experiment Station, Vicksburg, Miss., 1949).

[28] Dressler, R. F., 1952, "Hydraulic Resistance Effect upon the Dam Break Functions," *Jour. of Research*, U. S. Bureau of Standards, vol. 49, No. 3, Sept., pp. 217225.

[29] Dressler, R. F., 1954, "Comparison of Theories and Experiments for the Hydraulic Dam Break Wave," *Intern. Assoc. of Scientific Hydrology*, no. 38, vol. 3, pp. 319328.

[30] Drioli, C., 1937, "Esperienze sul moto pertubato nei canali induslriali," *L' Energie Elellrica*, no. IV V, vol. XIV, Milan, Italy, AprilMay.

[31] Dronkers, J. J., 1964, *Tidal Computations in Rivers and Coastal Waters*, North

Holland Publishing Co., Amsterdam, the Netherlands.

[32] Favre, H., 1935, Ondes de translation dans les canaux de'couverts, Dunod. Fennema, R. J. and Chaudhry, M. H., 1986, "Explicit Numerical Schemes for Unsteady Free Surface Flows with Shocks," *Water Resources Research*, vol. 22 (13).

[33] Fennema, R. J. and Chaudhry, M. H., 1986, "Simulation of One Dimensional Dam Break Flows" *Jour. of Hydraulic Research.*, Intern. Assoc. for Hydraulic Research, vol. 25 (1), pp. 4151.

[34] Forstad, F., 1968, "Waves Generated by Landslides in Norwaygias Fjords and Lakes," *Publication No.* 79, Norwegian Geotechnical Institute, Oslo, pp. 1332.

[35] Fread, D. L. and Harbaugh, T. E., 1973, "Transient Simulation of Breached Earth Dams," *Jour.*, *Hyd. Div.*, Amer. Soc. of Civil Engrs., Jan., pp. 139154.

[36] Fread, D. L., 1974, "Numerical Properties of Implicit FourPoint Finite Difference Equations of Unsteady Flow," *Tech. Memo NWS HYDRO*18, NOAA, U. S. National Weather Service.

[37] Fread, D. L., 1977, "The Development and Testing of a Dam Break Flood Forecasting Model," *Proc.*, *Dam Break Flood Routing Model Workshop*, U. S. Dept. of Commerce, National Tech. Service, Oct., pp. 164197.

[38] Henderson, F. M., 1966, *Open Channel Flow*, MacMillan, New York, NY. Jaeger, C., 1956, *Engineering Fluid Mechanics*, Blackie & Son Limited, Lon don, UK, pp. 381392.

[39] Jameson, A., Schmidt, W. and Turkel, E., 1981, "Numerical Solutions of the Euler Equations by Finite Volume Methods Using Runge - Kutta Time Stepping Schemes," *AIAA* 14*th Fluid and Plasma Dynamics Conf.*, Palo Alto, Calif., AIAA811259.

[40] Johnson, R. D., 1922, "The Correlation of Momentum and Energy Changes in Steady Flow with Varying Velocity and the Application of the Former to Problems of Unsteady Flow or Surges in Open Channels," *Engineers and Engineering*, The Engineers Club of Philadelphia, p. 233.

[41] Kachadoorian, R., 1965, "Effects of the Earthquake of March 27 1964, at Whittier, Alaska," *Professional Paper*, *No.* 542*B*, U. S. Geological Survey.

[42] Kamphuis, J. W., 1970, "Mathematical Tidal Study of St. Lawrence River." *Jour.*, *Hyd. Div.*, Amer. Soc. of Civil Engrs., vol. 96, No. HY3, March, pp. 643664.

[43] Kamphuis, J. W. and Bowering, R. J., 1970, "Impulse Waves Generated by Landslides," *Proc.*, *Twelfth Coastal Engineering Conference*, Amer. Soc. of Civ. Engrs., Washington, DC., Sept., pp. 575588.

[44] Kao, K. H., 1977, "Numbering of a Y Branch System to Obtain a Banded Matrix for Implicit Finite Difference Scheme," B. C. Hydro interofce memorandum, Hydraulic Section, November.

[45] Katopodes, N. D. and Strelkoff, T., 1978, "Computing Two Dimensional Dam Break Flood Waves," *Jour.*, *Hyd. Div.*, Amer. Soc. of Civil Engrs., Sept., pp. 12691287.

[46] Katopodes, N. D. and Strelkoff, T. , 1979, "Two Dimensional Shallow Water Wave Models," *Jour. Engineering Mechanics Div.* , Amer. Soc. of Civil En grs. , vol. 105, No. EM2, Proc. Paper 14532, pp. 317334.

[47] Katopodes, N. D. and Schamber, D. R. , 1983, "Applicability of Dam Break Flood Wave Models," *Jour. Hydraulic Engineering*, Amer. Soc. of Civil Engrs. , vol. 109, May, pp. 702721.

[48] Katopodes, N. D. , 1984, "A Dissipative Galerkin Scheme for Open Channel Flow," *Jour. Hydraulic Engineering*, Amer. Soc. of Civil Engrs. , vol. 110, HY4, Proc. Paper 18743, April.

[49] Katopodes, N. D. , 1984, "Two Dimensional Surges and Shocks in Open Channels," *Jour. Hydraulic Engineering*, Amer. Soc. of Civil Engrs. , vol. 110, June, pp. 794812.

[50] Kiersch, G. A. , 1964, "Vaiont Reservoir Disaster," *Civ. Engineering*, Amer. Soc. of Civ. Engrs. , vol. 34, no. 3, March, pp. 3247.

[51] Koutitas, C. G. , 1977, "Finite Element Approach to Waves due to Landslides." *Jour.* , *Hyd. Div.* , Amer. Soc. of Civ. Engrs. , vol. 103, Sept. , pp. 10211029.

[52] Law, L. and Brebner, A. , 1968, "On Water Waves Generated by Landslides," *Third Australasian Conference on Hydraulics and Fluid Mechanics*, Sidney, Australia, Nov. , pp. 155159.

[53] Lax, P. D. , 1954, "Weak Solutions of Nonlinear Hyperbolic Partial Differential Equations and Their Numerical Computation," *Communications on Pure and Applied Mathematics*, vol. 7, pp. 159163.

[54] Lax, P. D. and Wendroff, B. , 1960, "Systems of Conservation Laws," *Communications on Pure and Applied Mathematics*, vol. 13, pp. 217237.

[55] Leendertse, J. J. , 1967, "Aspects of a Computational Model for Long Period Water Wave Propagation," *Memo RM5294PR*, Rand Corporation, May.

[56] Liggett, J. A. and Woolhiser, D. A. , 1967, "Difference Solutions of the Shallow Water Equation," *Jour. Engineering Mech. Div.* , Amer. Soc. of Civil Engrs. , vol. 93, April, pp. 3971.

[57] MacCormack, R. W. , 1969, "The Effect of Viscosity in Hypervelocity Impact Cratering", *Paper No.* 69354, Amer. Inst. Aero. Astro. , Cincinnati, OH, April 30/May 2.

[58] Mahmood, K. and Yevjevich, V. (ed.), 1975, *Unsteady Flow in Open Channels*, Water Resources Publications, Fort Collins, CO.

[59] Martin, C. S. and Zovne, J. J. , 1971, "Finite Difference Simulation of Bore Propagation," *Jour.* , *Hyd. Div.* , Amer. Soc. of Civ. Engrs. , vol. 97, No. HY7, July, pp. 9931010.

[60] Martin, C. S. and DeFazio, F. G. , 1969, "Open Channel Surge Simulation by Digital Computers," *Jour.* , *Hyd. Div.* , Amer. Soc. of Civil Engrs. , vol. 95, Nov. , pp. 20492070.

[61] McCracken, D. D. and Dorn, W. S. , 1967, *Numerical Methods and FORTRAN*

Programming, John Wiley & Sons, New York, NY.

[62] Mc Cullock, D. S., 1966, "Slide Induced Waves, Seiching and Ground Fracturing Caused by the Earthquakes of March 27 1964, at Kenai Lake, Alaska," *Professional Paper* 543*A*, U. S. Geological Survey.

[63] Mercer, A. G., Chaudhry, M. H. and Cass, D. E., 1979, "Modeling of Slide Generated Waves," *Proc*, *Fourth Hydrotechnical Conference*, vol. 2, Canadian Society for Civil Engineering, May, pp. 730745.

[64] MeyerPeter, E. and Favre, H., 1932, "Ueber die Eigenschaften von Schwallen und die Berechnung von UnteI Wasserstollen," *Schweizerische Bauzaitung*, Nos. 45, vol. 100, Zurich, Switzerland, July, pp. 4350, 6166.

[65] Miller, D. J., 1960 "Giant Waves in Lituya Bay, Alaska," *Professional Paper* 354*L*, U. S. Geological Survey.

[66] Noda, E., 1970, "Water Waves Generated by Landslides," *Jour.*, *Waterways*, *Harbors and Coastal Engineering Div.*, Amer., Soc. of Civ. Engrs., vol. 96, no. WW4, Nov., pp. 835855.

[67] Patridge, P. W. and Brebbia, C. A., 1976, "Quadratic Finite Elements in Shallow Water Problems," *Jour.*, *Hyd. Div.*, Amer. Soc. of Civil Engrs., vol. 102, Sept., pp. 12991313.

[68] Ponce, V. M. and Yevjevich, V., 1978, "Muskingum Cunge Method with Variable Parameters," *Jour.*, *Hyd. Div.*, Amer. Soc. of Civil Engrs., vol. 104, Dec., pp. 16631667.

[69] Preissmann, A. and Cunge, J. A., 1961, "Calcul des intumescences sur machines electroniques," *Proc. IX Meeting*, International Assoc. for Hydraulic Research, Dubrovnik.

[70] Price, R. K., 1974, "Comparison of Four Numerical Methods for Flood Rout ing," *Jour.*, *Hyd. Div.*, Amer. Soc. of Civil Engrs., vol. 100, July, pp. 879899.

[71] Prins, J. E., 1958, "Characteristics of Waves Generated by a Local Disturbance," *Trans.*, *Amer. Geophysical Union*, vol. 39, no. 5, Oct., pp. 865874. *Proceedings* 1977, *Dam Break Flood Routing Model Workshop*, U. S. National Technical Information Service, Oct..

[72] Pugh, C. A., 1982, "Hydraulic Model Studies of Landslide Generated Water Waves Morrow Point Reservoir," *Report No. RECERC*829, Bureau of Reclamation, Denver, Colo., April.

[73] Rajar, R., 1978, "Mathematical Simulation of Dam Break Flow," *Jour. Hyd. Div.*, Amer. Soc. of Civil Engrs., July, pp. 10111026.

[74] Rajar, R., 1983, "Two Dimensional Dam Break Flow in Steep Curved Channels," *XX Congress*, Intern. Assoc. for Hydraulic Research, Moscow, Sept., pp. 199200.

[75] Raney, D. C. and Butler, H. L., 1975, "A Numerical Model for Predicting the Effects of Landslide Generated Water Waves," *Research Report H*751, U. S. Army Engineer WateIWays Experiment Station, Vicksburg, Miss., Feb..

[76] Richtmyer, R. D. and Morton, K. W., 1967, *Difference Methods for Initial Value*

Problems, 2nd ed. , Interscience Publishers, New York, NY.

[77] Ritter, A. , 1982, "Die Fortpflanzung der Wasserwellen," *Zeitschrifi des Vere ines Deutscher Ingenieure*, vol. 36, No. 33, Aug. , pp. 947954.

[78] Rouse, H. (ed.), 1961, *Engineering Hydraulics*, John Wiley & Sons, New York, NY.

[79] Sakkas, J. G. and Strelkoff, T. , 1973, "DamBreak Flood in a Prismatic Dry Channel," *Jour.* , *Hyd. Div.* , Amer. Soc. of Civil Engrs. , Dec. , pp. 21952216.

[80] Schamber, D. R. and Katopodes, N. D. , 1984, "One Dimensional Models for Parially Breached Dams," *Jour. Hydraulic Engineering*, Amer. Soc. of Civil Engrs. , vol. 110, August, pp. 10861102.

[81] Schulte, A. M. and Chaudhry, M. H. , 1987, "Gradually Varied Flows in Open Channel Networks," *Jour. Hydraulic Research*, vol. 25 (3), pp. 357371.

[82] Song, C. S. S. , Cardle, J. A. and Leung, K. S. , 1983, "Transient Mixed Flow Models for SlOrm Sewers," *Jour. Hydraulic Engineering*, *Amer. Soc. of Civil Engrs.* , vol. 109, Nov. , pp. 14871504.

[83] Stoker, J. J. , 1948, "The Formation of Breakers and Bores," *Communications on Pure and Applied Mathematics*, vol. I, pp. 187.

[84] Stoker, J. J. , 1957, *Water Waves*, Interscience, New York, NY.

[85] Strelkoff, T. , 1969, "One Dimensional Equations of Open Channel Flow," *Jour.* , *Hyd. Div.* , Amer. Soc. of Civil Engrs. , vol. 95, May, pp. 861876.

[86] Strelkoff, T. , 1970, "Numerical Solution of Saint Venant Equations," *Jour.* , *Hyd. Div.* , Amer. Soc. of Civil Engrs. , vol. 96, January, pp. 223252.

[87] Terzidis, G. and Strelkoff, T. , 1970, "Computation of Open Channel Surges and Shocks," *Jour.* , *Hyd. Div.* , Amer. Soc. of Civil Engrs. , vol. 96, Dec. , pp. 25812610.

[88] Vasiliev, O. F. et al. 1965, "Numerical Methods for the Calculation of Shock Wave Propagation in Open Channels," *Proc. 11th Congress*, International Assoc. for Hyd. Research, Leningrad, vol. III, 13 pp.

[89] Warming, R. F. and Hyett, B. J. , 1974, "The Modified Equation Approach to the Stability and Accuracy Analysis of Finite Difference Methods," *Jour. of Computational Physics*, vol. 14, pp. 159179.

[90] Whitham, G. B. , 1955, "The Effects of Hydraulic Resistance in the Dam Break Problem," *Proc.* , *Royal Society*, No. 1170, Jan.

[91] Wiegel, R. L. , 1955, "Laboratory Studies of Gravity Waves Generated by the Movement of a Submerged Body," *Trans. Amer. Geophysical Union*, vol. 36, no. 5, Oct. , pp. 759774.

[92] Wiggert, D. C. , 1970, "Prediction of Surge Flows in the Batiaz Tunnel," *Research Report*, Laboratory for Hydraulics and Soil Mechanics, Federal Institute of Technology, Zurich, Switzerland, no. 127, June.

[93] Wiggert, D. C. , 1972, "Transient Flow in Free Surface, Pressurized Systems," *Jour.* , *Hyd. Div.* , Amer. Soc. of Civ. Engrs. , Jan. , pp. 1127.

[94] Yen, B. C. , 1973, "Open Channel Flow Equations Revisited," *Jour.* , *Engineering Mech. Div.* , Amer. Soc. of Civ. Engrs. , vol. 99, Oct. , pp. 9791009.

[95] "Wave Action Generated by Slides into Mica Reservoir, Hydraulic Model Studies," *Report*, Western Canada Hydraulic Laboratories, Port Coquitlam, B. C. , Canada, Nov. 1970.

附录 A 设计图表

本附录给出了瞬变流分析所需要的设计图表、近似公式和典型数据。在规划、可行性研究或初步设计阶段，它们可被用来进行快速估算以便优选方案。在进行瞬变过程细致分析时，这些方法可被用来选择参数。

A-1 等价管

管道沿长度方向有管径、壁厚或管材变化时，为了近似分析，可用“等价管”来简化处理。用等价管代替实际管道进行分析时，部分水击波的反射、摩阻损失的空间变化、弹性和惯性的影响均不能准确计入。但只要实际管道的特性沿程变化不大，这种近似可得到令人满意的结果。

等价管的总摩阻损失、波的传播时间和惯性影响应与实际管道相同。n 根串联管道对应的等价管特性可用下列公式计算：

$$A_e = \frac{L_e}{\sum_{i=1}^{n} \frac{L_i}{A_i}} \tag{A-1}$$

$$a_e = \frac{L_e}{\sum_{i=1}^{n} \frac{L_i}{a_i}} \tag{A-2}$$

$$f_e = \frac{D_e A_e^2}{L_e} \sum_{i=1}^{n} \frac{f_i L_i}{D_i A_i^2} \tag{A-3}$$

式中：a 为水击波速；A、L、D 和 f 分别表示管道横截面面积、管长、管径和管道的达西-魏斯巴赫摩阻系数；下标 e 表示等价管，i 表示第 i 段管道。

A-2 阀门关闭

图 A-1 和图 A-2 分别是阀门关闭时在阀门处和管道中部引起的压力上升最大值。压力上升值是高于上游水库水位的水头。下游阀门自由出流到大气。阀门关闭规律均匀，开度与时间关系是直线。

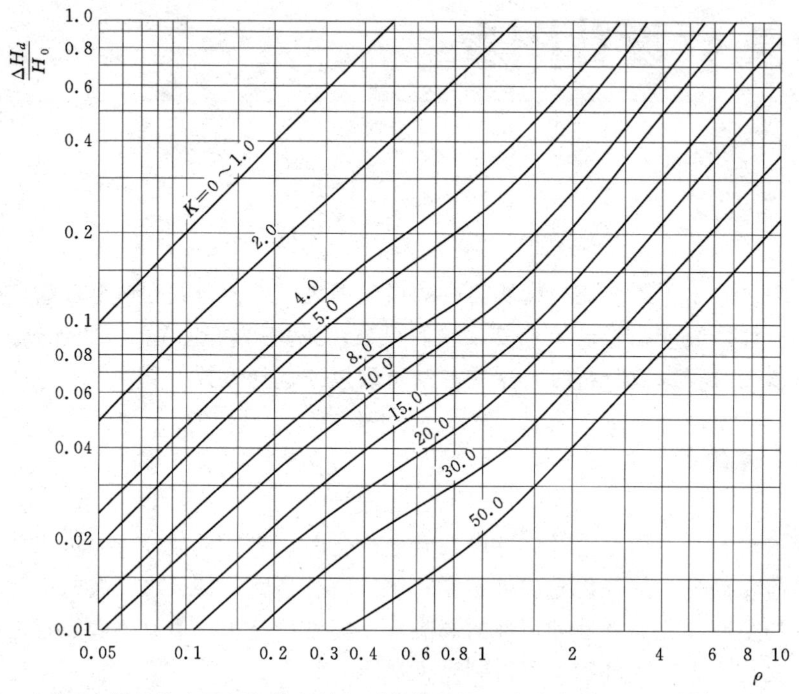

图 A-1 (a) 阀门处由于阀门均匀关闭引起的最大压力升高值（忽略摩阻损失，$h=0$）

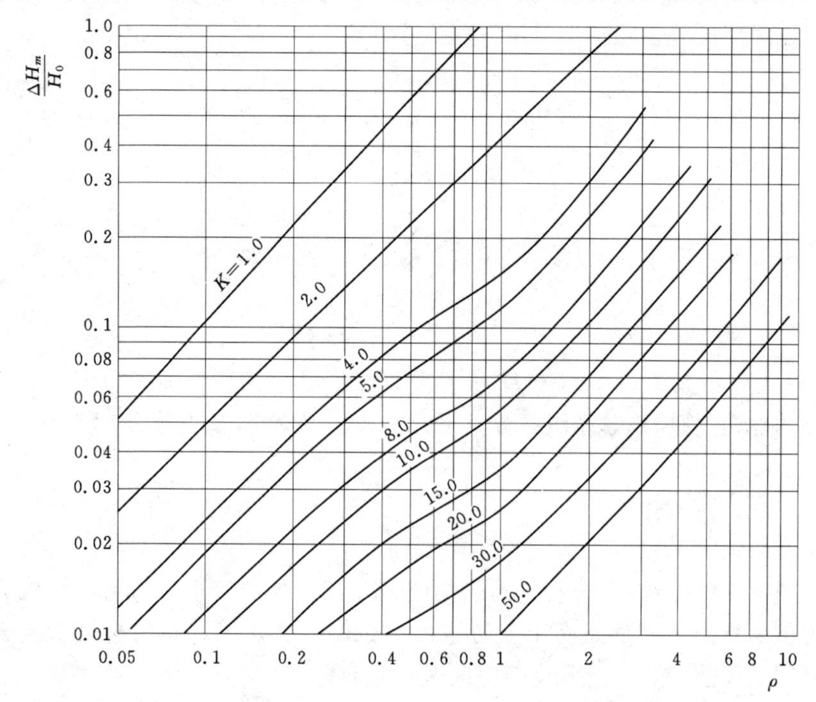

图 A-1 (b) 管道中部由于阀门均匀关闭引起的最大压力升高值（忽略摩阻损失，$h=0$）

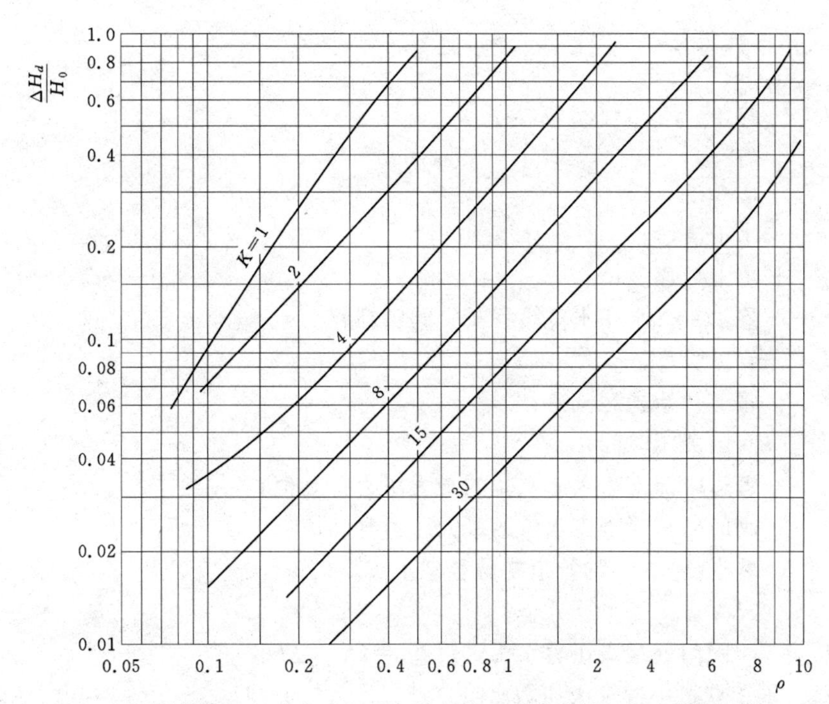

图 A-2 (a)　阀门处由于阀门均匀关闭引起的最大压力升高值（考虑摩阻损失，h=0.25)

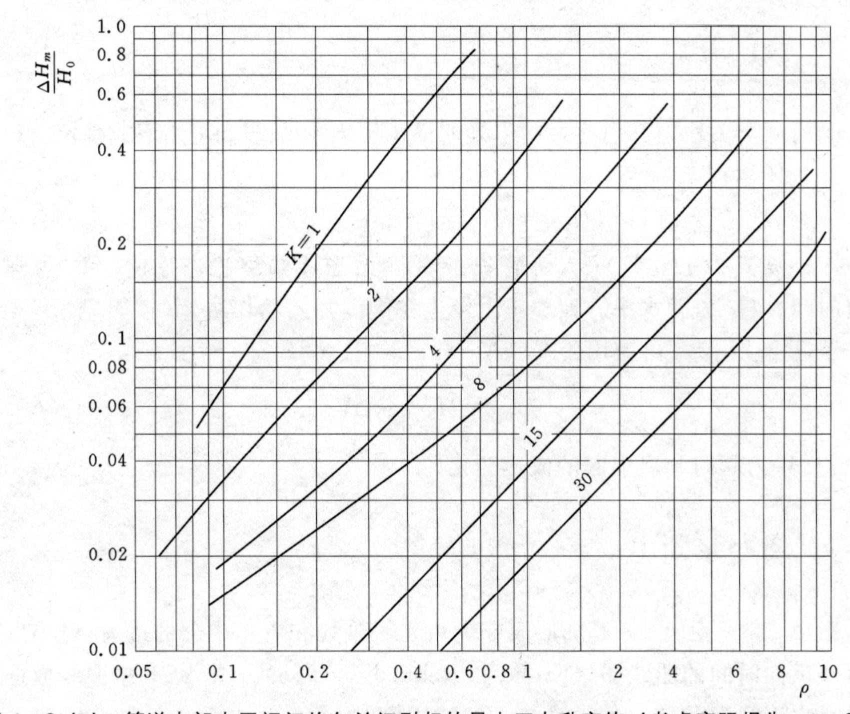

图 A-2 (b)　管道中部由于阀门均匀关闭引起的最大压力升高值（考虑摩阻损失，h=0.25)

采用下列符号：

$\rho=\frac{aV_0}{2gH_0}$

$K=\frac{T_c}{(2L/a)}$

a——水击波速；

g——重力加速度；

H_0——静水头（水库水位高程减去阀门高程）；

L——管道长度；

V_0——管道初始稳态流速；

T_c——阀门关闭时间；

ΔH_m——管道中部高于水库水位的最大压力升高值；

ΔH_d——阀门处高于水库水位的最大压力升高值；

h_{f0}——基于流速 V_0 的管道初始稳态水头损失；

$h=h_{f0}/H_0$；

$H_{d\max}$——阀门处最大压力水头，$H_{d\max}=H_0+\Delta H_d$；

$H_{m\max}$——管道中部最大压力水头，$H_{m\max}=H_0+\Delta H_m$。

A-3 阀门开启

阀门从全关均匀开启时，阀门处的最小压力水头 $H_{\min}$ 可用下式确定（Parmakian，1963）：

$$H_{\min}=H_0\left(-k+\sqrt{k^2+1}\right)^2 \tag{A-4}$$

式中：$k=LV_f/(gH_0T_o)$；L 为管长；V_f 为管道中最终稳态流速；T_o 为阀门开启时间；H_0 为静水头。最小压力发生在阀门开始动作后 $2L/a$ 时刻。

若 $T_o>2L/a$，可应用公式（A-4）；若 $T_o\leqslant 2L/a$，则用下式：

$$H_{\min}=H_0-\frac{a}{g}\Delta V \tag{A-5}$$

式中：ΔV 为阀门开启引起的流速变化。

A-4 离心泵断电

图A-3至图A-8是离心泵断电后，水泵处和管道中部的最大/最小压力和水流反向时间的曲线图（Kinno和Kennedy，1965）。图A-5中曲线数据指的是最大正涌浪和最大负涌浪与 H_0^* 的比值。

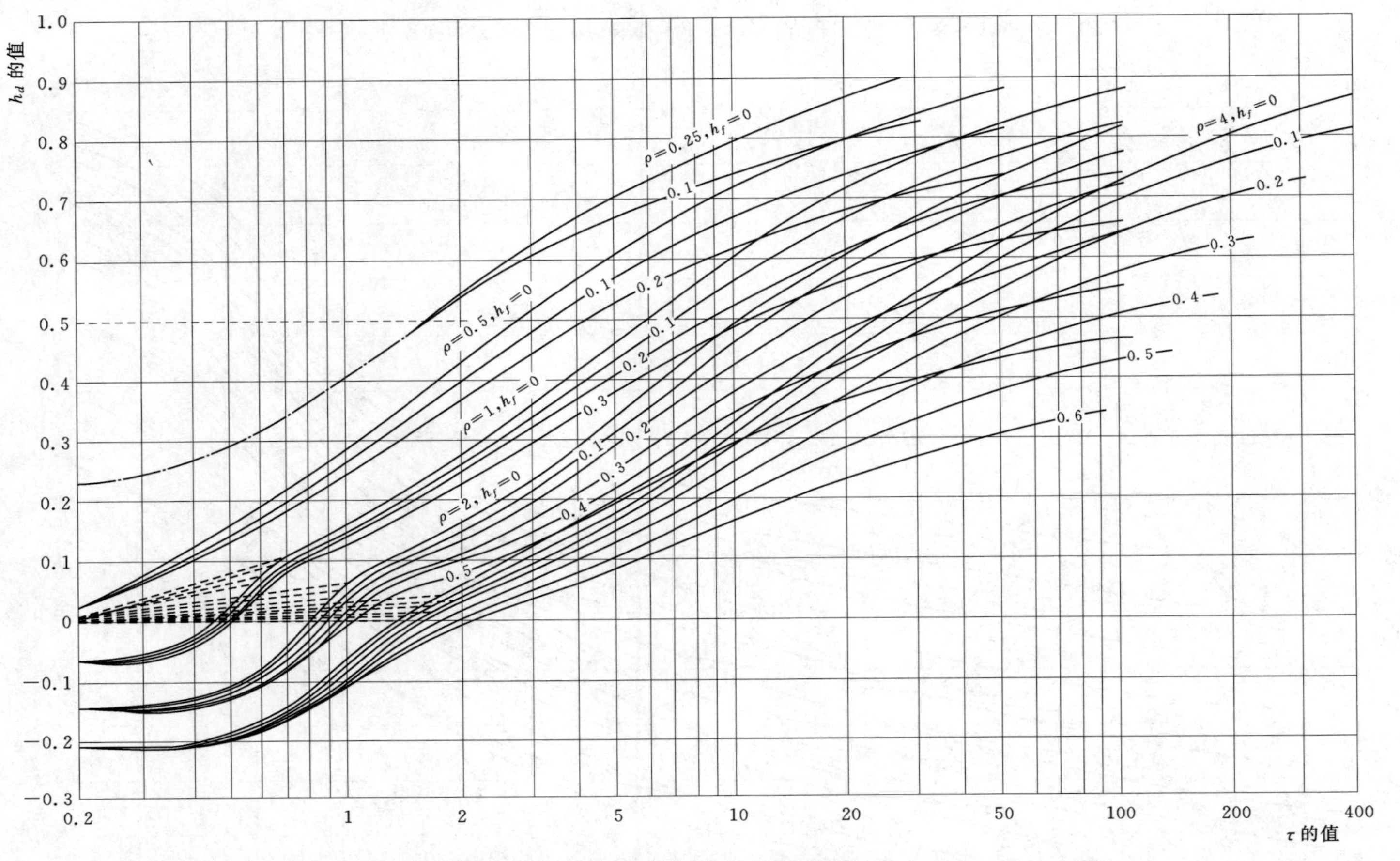

图 A-3(a) 水泵断电后水泵处的最小水头(考虑摩阻,根据 Kinno 和 Kennedy,1965)

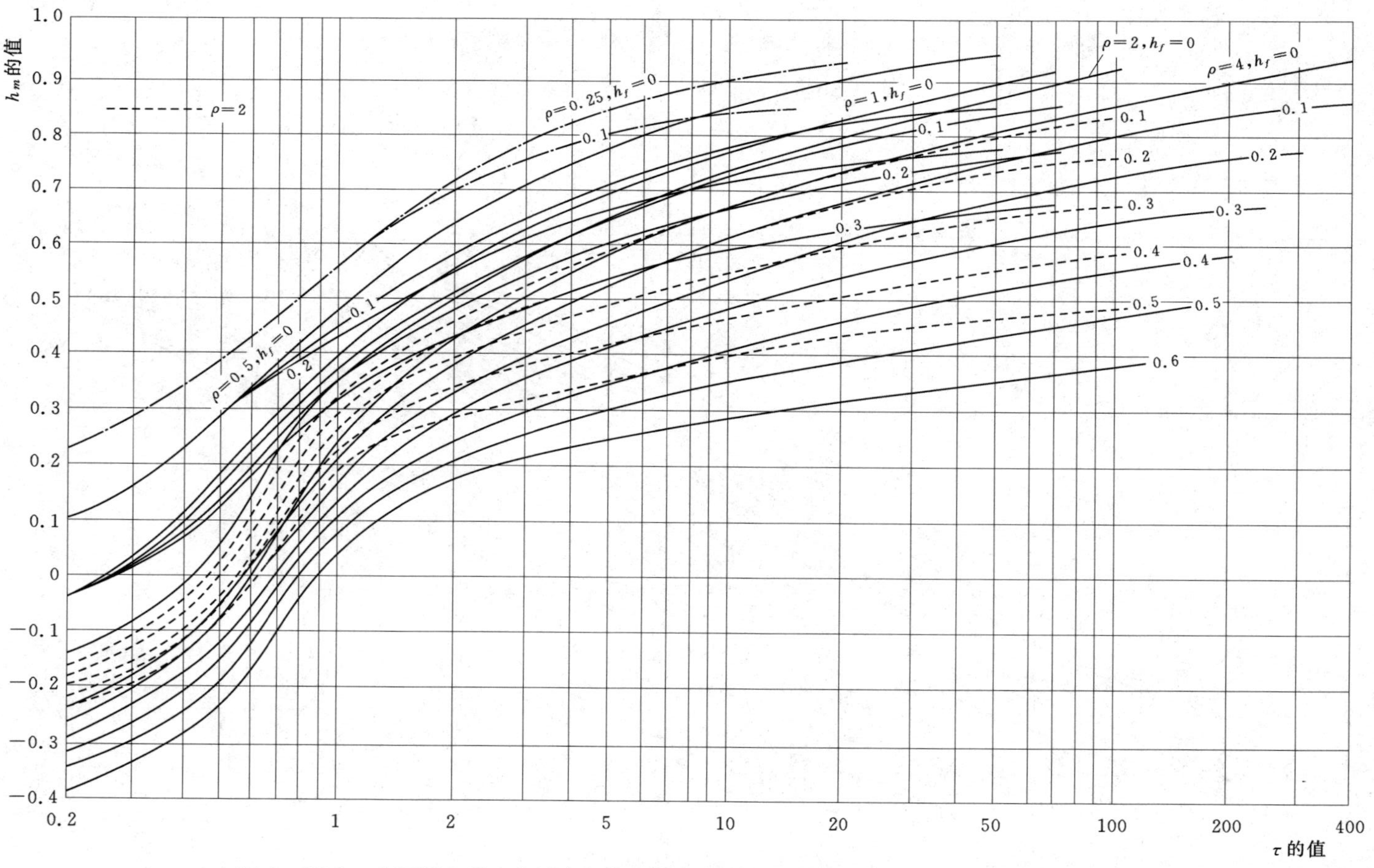

图 A-3(b) 水泵断电后出水管中部的最小水头(考虑摩阻，根据 Kinno 和 Kennedy，1965)

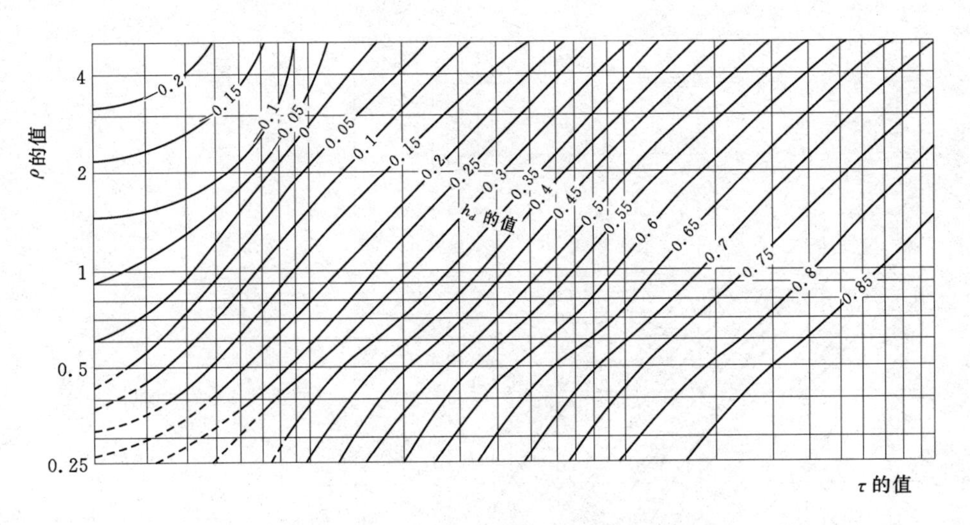

图 A-4 (a) 水泵断电后水泵处的最小水头
(忽略摩阻，根据 Kinno 和 Kennedy，1965)

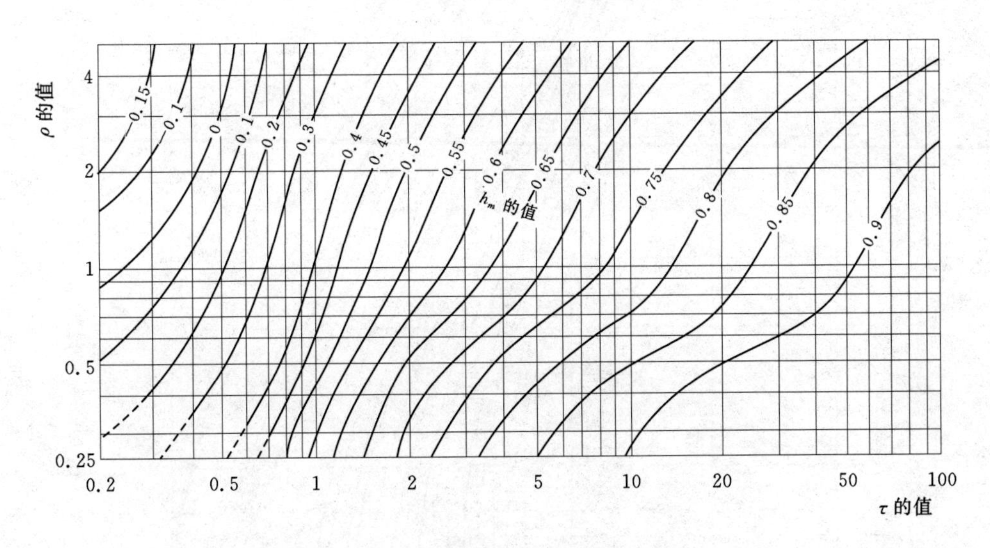

图 A-4 (b) 水泵断电后出水管中部的最小水头
(忽略摩阻，根据 Kinno 和 Kennedy，1965)

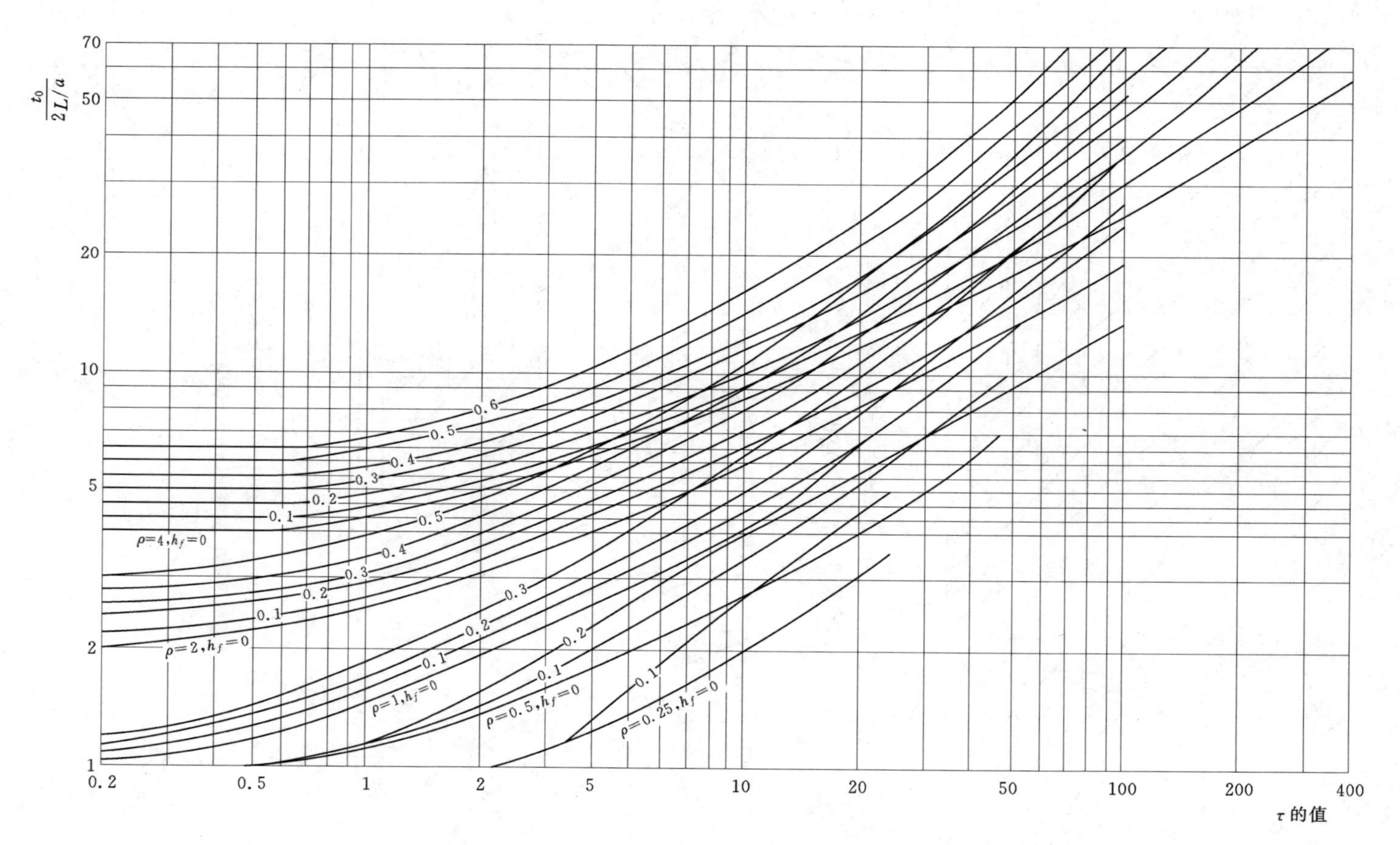

图 A-5 水泵断电后水泵处水流反向时间(根据 Kinno 和 Kennedy,1965)

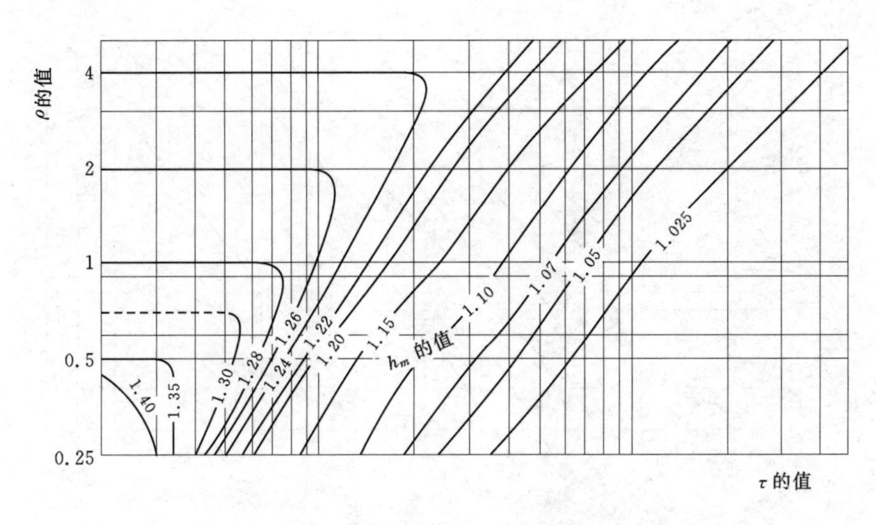

图 A-6 (a)　水泵断电后出水管中部的最大水头
(E_R=0.8，根据 Kinno 和 Kennedy，1965)

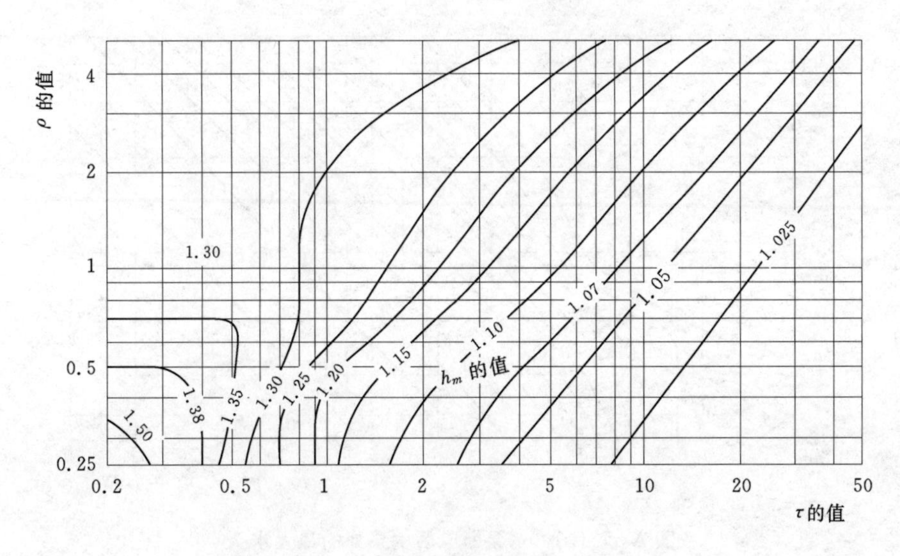

图 A-6 (b)　水泵断电后出水管中部的最大水头
(E_R=0.9，根据 Kinno 和 Kennedy，1965)

这些图适用于比转速小于 0.46（SI 国际单位制）以及 2700（gpm 制，加仑/分钟制）的水泵，不适用于过程中有阀门关闭的系统，也不适用于除了大型调压室之外的其他水击控制装置的系统。在分析时，大型调压室当作上游水库来考虑。

采用下列符号：

a——水击波速；

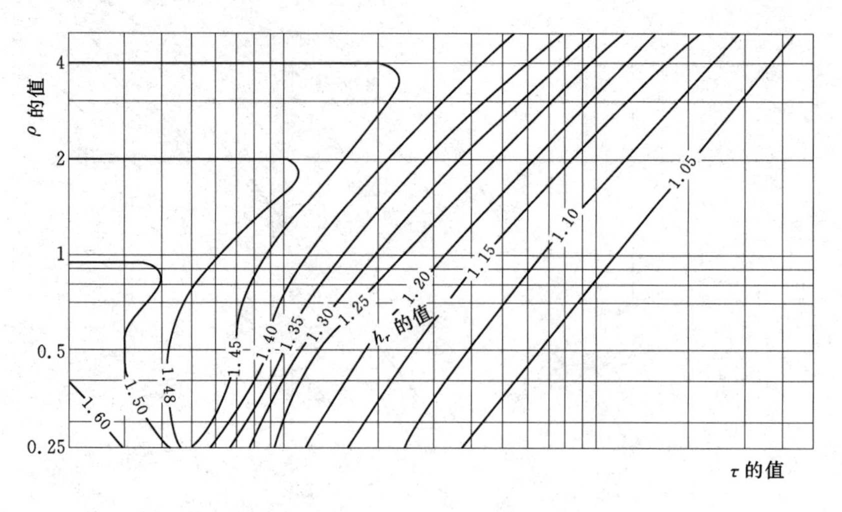

图 A-7 (a) 水泵断电后水泵处的最大水头

(E_R=0.8，根据 Kinno 和 Kennedy，1965)

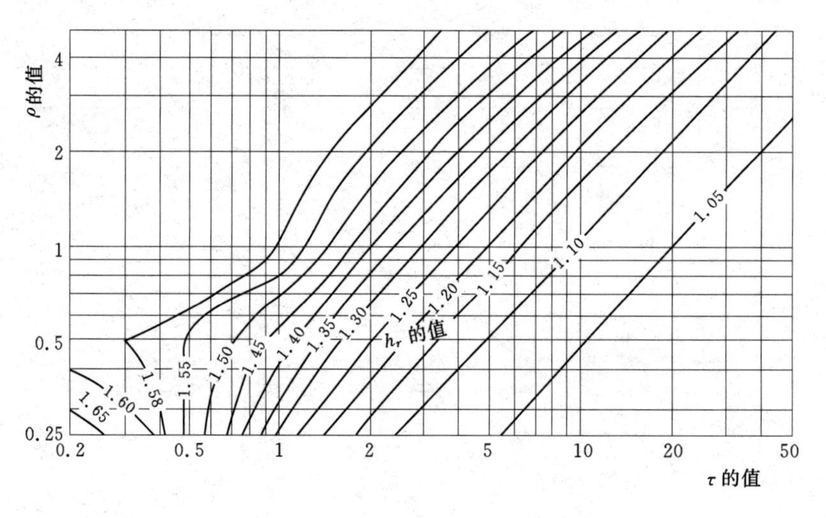

图 A-7 (b) 水泵断电后水泵处的最大水头

(E_R=0.9，根据 Kinno 和 Kennedy，1965)

E_R——水泵额定工况效率；

g——重力加速度；

H_R——水泵额定水头；

H_f——出水管摩阻损失；

h_f——H_f/H_R；

H_d——水泵处最小瞬态水头；

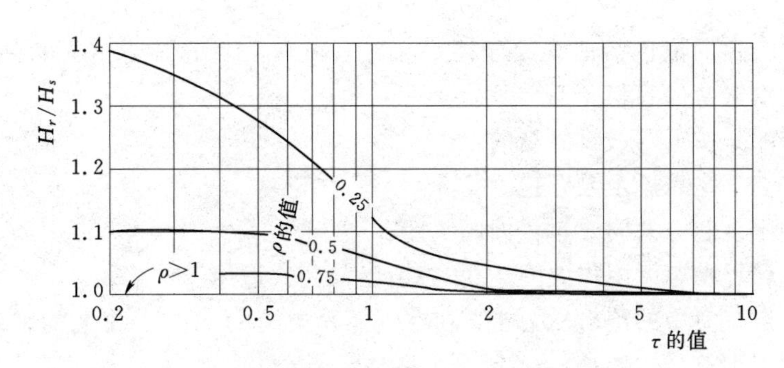

图 A－8　水泵不允许反转条件下水泵处的最大水头
(根据 Kinno 和 Kennedy，1965)

h_d——H_d/H_R；

H_m——出水管中部最小瞬态水头；

h_m——H_m/H_R；

H_{mr}——出水管中部最大瞬态水头；

h_{mr}——H_{mr}/H_R；

H_r——水泵处最大瞬态水头；

h_r——H_r/H_R；

L——出水管长度；

N_R——水泵额定转速；

Q_R——水泵额定流量；

t——时间；

t_0——从断电到水泵处水流开始反向所经历的时间；

V_R——水泵额定流量时，出水管中的流速；

WR^2——水泵和电动机转动部分以及水泵中水体的惯性矩总和；

$\rho=aV_R/(2gH_R)$；

$\tau=0.5/(kL/a)$。

在 SI 国际单位制中，$k=\dfrac{892770H_RQ_R}{E_RIN_R^2}$，其中 Q_R、H_R、WR^2、N_R 的单位分别为 m^3/s、m、kgm^2、rpm；E_R 为小数形式系数，例如 0.8。

在英制单位中，$k=\dfrac{183200H_RQ_R}{E_RWR^2N_R^2}$，其中 Q_R、H_R、WR^2、N_R 的单位分别为 ft^3/s、ft、lb－ft^2、rpm；E_R 为小数系数，例如 0.8。

A－5　空气室

水泵断电后，位于泵末端、出水管中部、出水管水库侧 1/4 处，最大正涌浪值和最大负涌浪值的曲线绘于图 A－9（Ruus，1977）。这些图可用来确定出水管上空气室的容积。

这些图是按下列假设绘制的：

(1) 空气室靠近水泵布置。

(2) 水泵断电的同时，止回阀关闭。

(3) 计算稳态摩阻损失的达西-魏斯巴赫公式适用于计算。

(4) 空气室中的绝对压力 H^* 和空气体积遵循 $H^* C^{1.2}$＝常数的关系。

采用下列符号：

a——水击波速；

V_0——出水管中初始稳态流速；

g——重力加速度；

H_0——静水头（水库高程减去空气室高程）；

H_0^*——绝对静水头＝$H_0+10.36$（英制单位为 $H_0^*=H_0+34$）；

H_{f0}——出水管的初始稳态水头损失＝$fLV_0^2/(2gD)$；

C_0——空气室中初始稳态气体体积；

Q_0——管道中初始稳态流量；

L——出水管管长；

D——出水管直径；

$\rho^*=\dfrac{aV_0}{2g(H_0^*+H_{f0})}$。

最大正涌浪和最大负涌浪分别指高于和低于下游水位的值，绝对水头等于下游水库水位加大气压，并减去正涌浪或负涌浪数值。

可按如下方法确定出水管上空气室的尺寸：计算沿管道的任何临界点（例如垂直弯道）的最大允许负涌浪时，按图 A－9 确定 $2C_0a/(Q_0L)$。如果弯道既不位于管道中点，也不位于管道四分之一位置，可以采用线性内插。根据表达式 $2C_0a/(Q_0L)$ 计算最小的初始稳态空气容积 $C_{0\max}$。该体积对应于空气室中事故高水位。将此最小空气容积加上事故高水位至事故低水位之间的空气室容积（大尺寸的空气室为 10％的总容积，小尺寸的为 20％），用所得新的空气容积 $C_{0\max}$ 在图 A－9 上确定泵端的最大负涌浪，然后通过绝对静水头 H_0^* 减去最大负涌浪来确定水泵处的绝对最小水头 $H_{\min}$。最后可按照下式确定最大瞬态空气容积 $C_{\max}$。

$$C_{\max}=C_{0\max}\left(\frac{H_0^*+H_{f0}}{H_{\min}^*}\right)^{1/1.2} \tag{A-6}$$

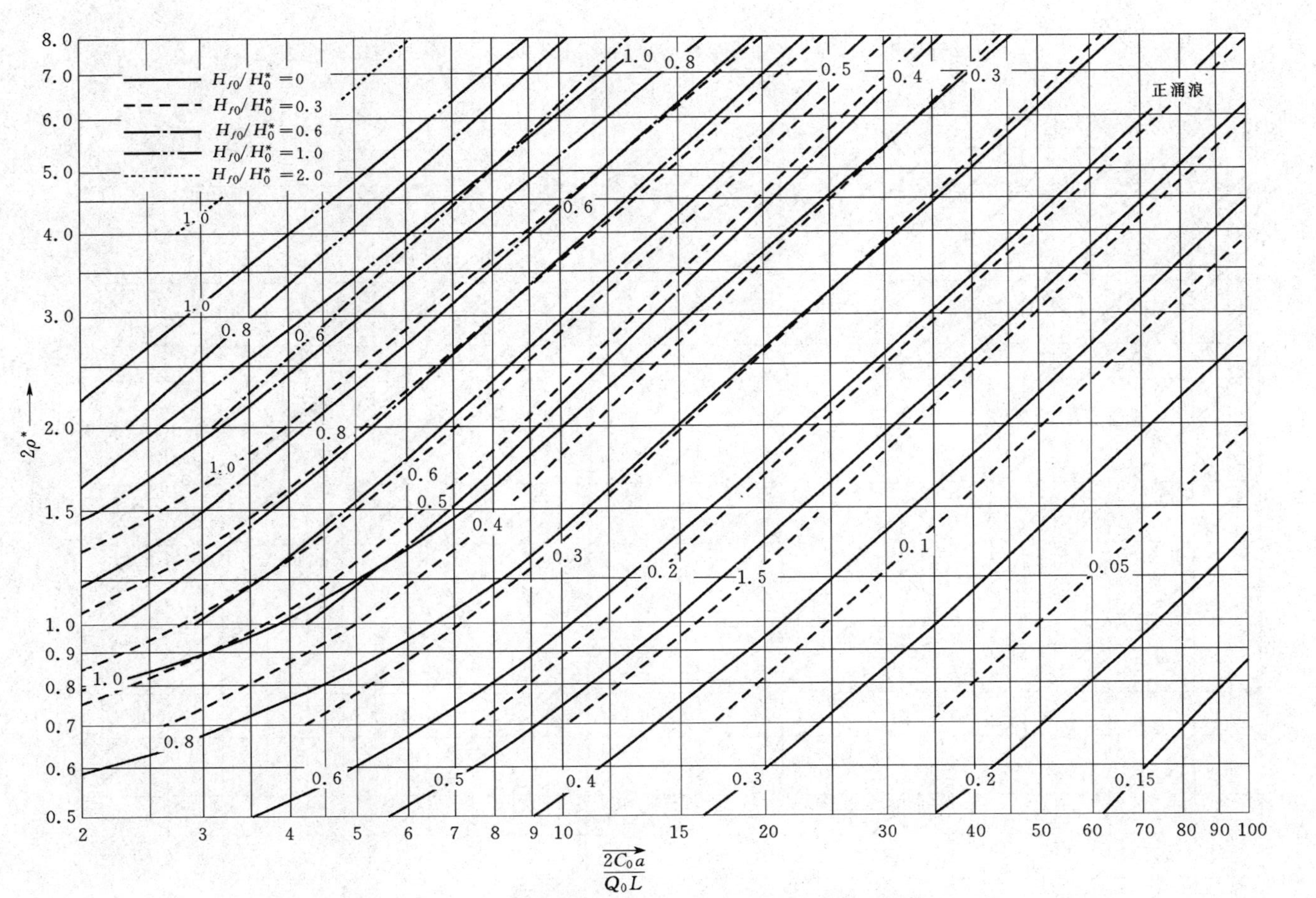

图 A-9(a) 设有空气室的出水管中的最大正涌浪[根据(Ruus,1977)]

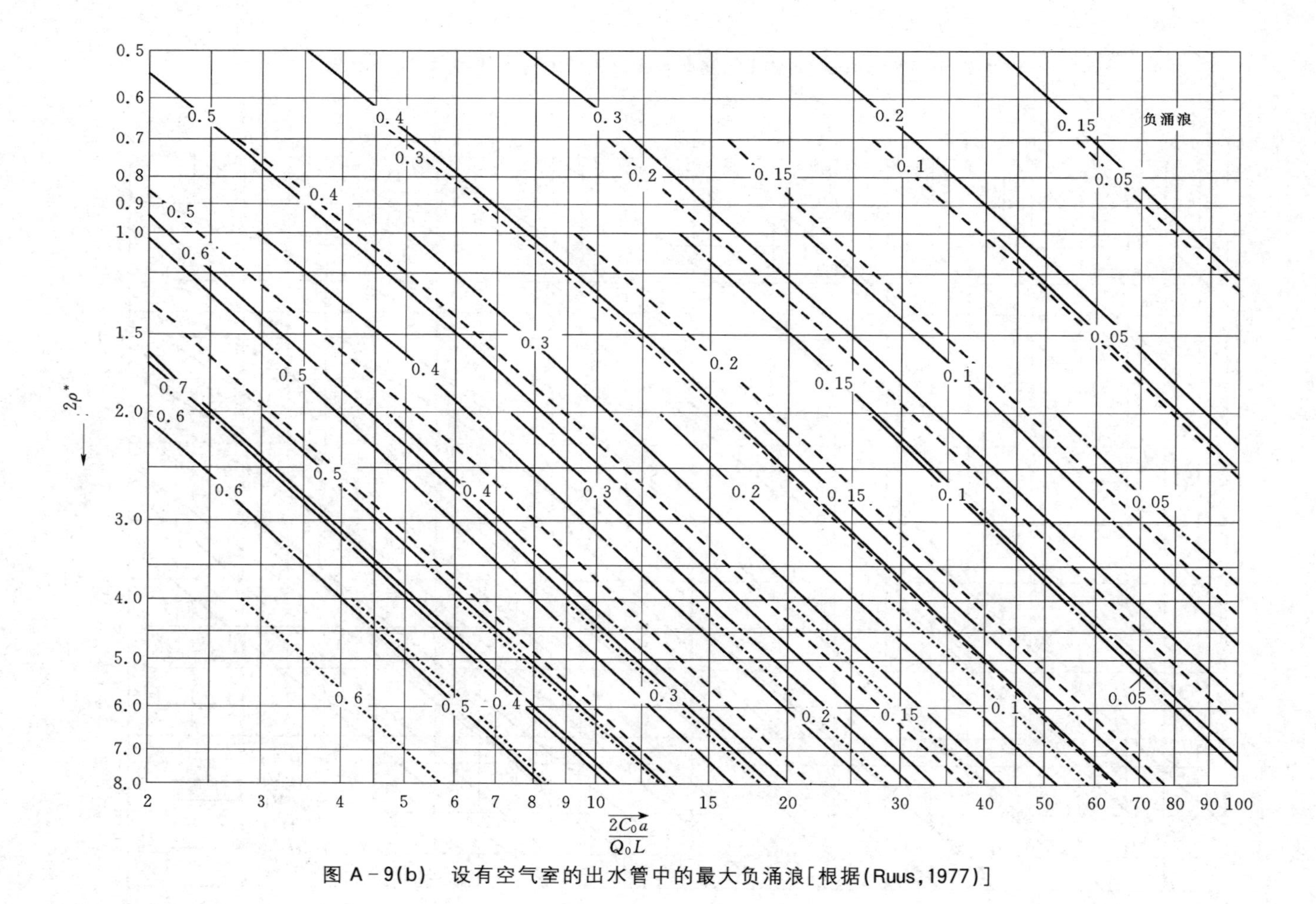

图 A-9(b) 设有空气室的出水管中的最大负涌浪[根据(Ruus,1977)]

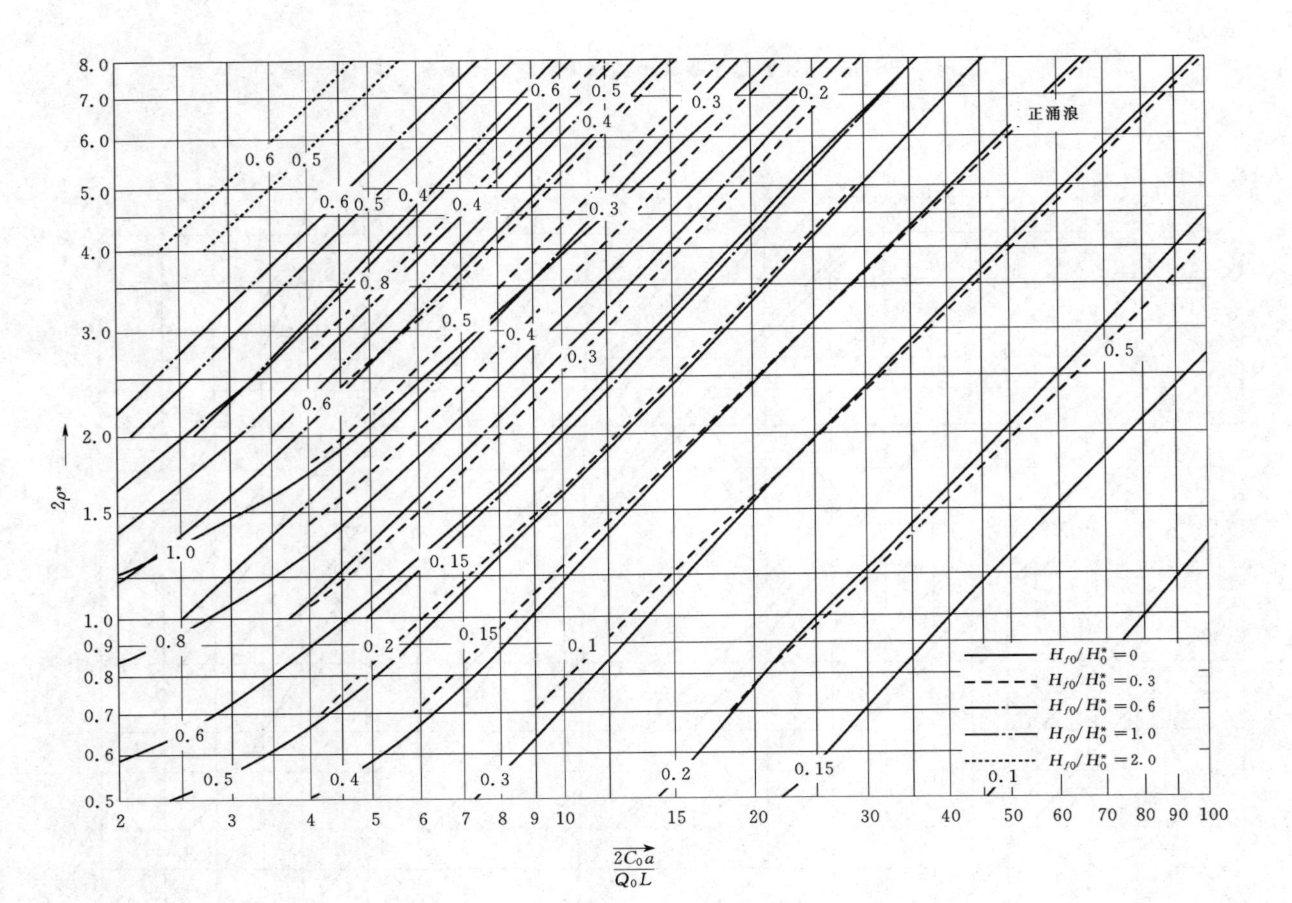

图 A-9(c) 设有空气室的出水管中部最大正涌浪[根据(Ruus,1977)]

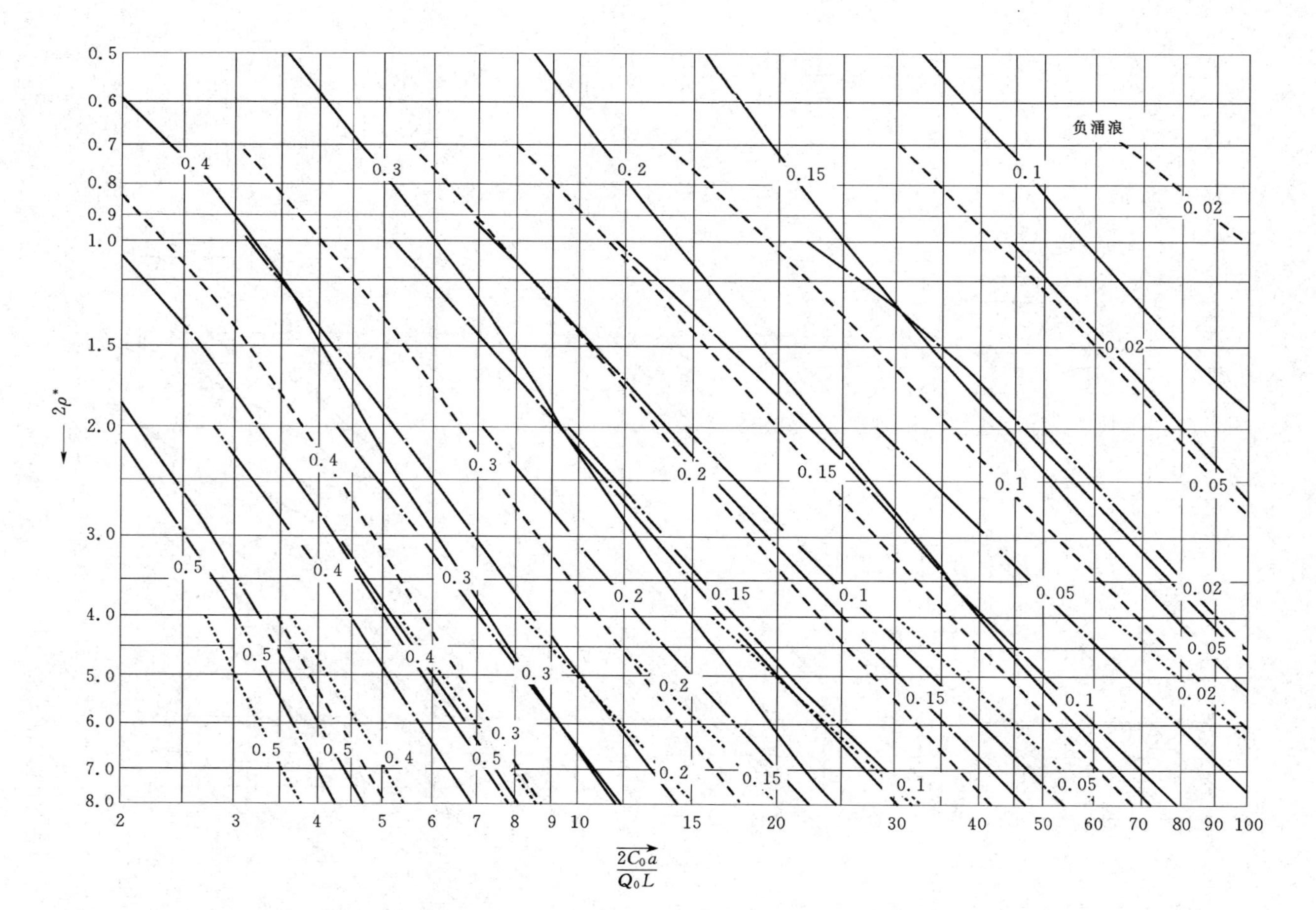

图 A-9(d) 设有空气室的出水管中部最大负涌浪[根据(Ruus,1977)]

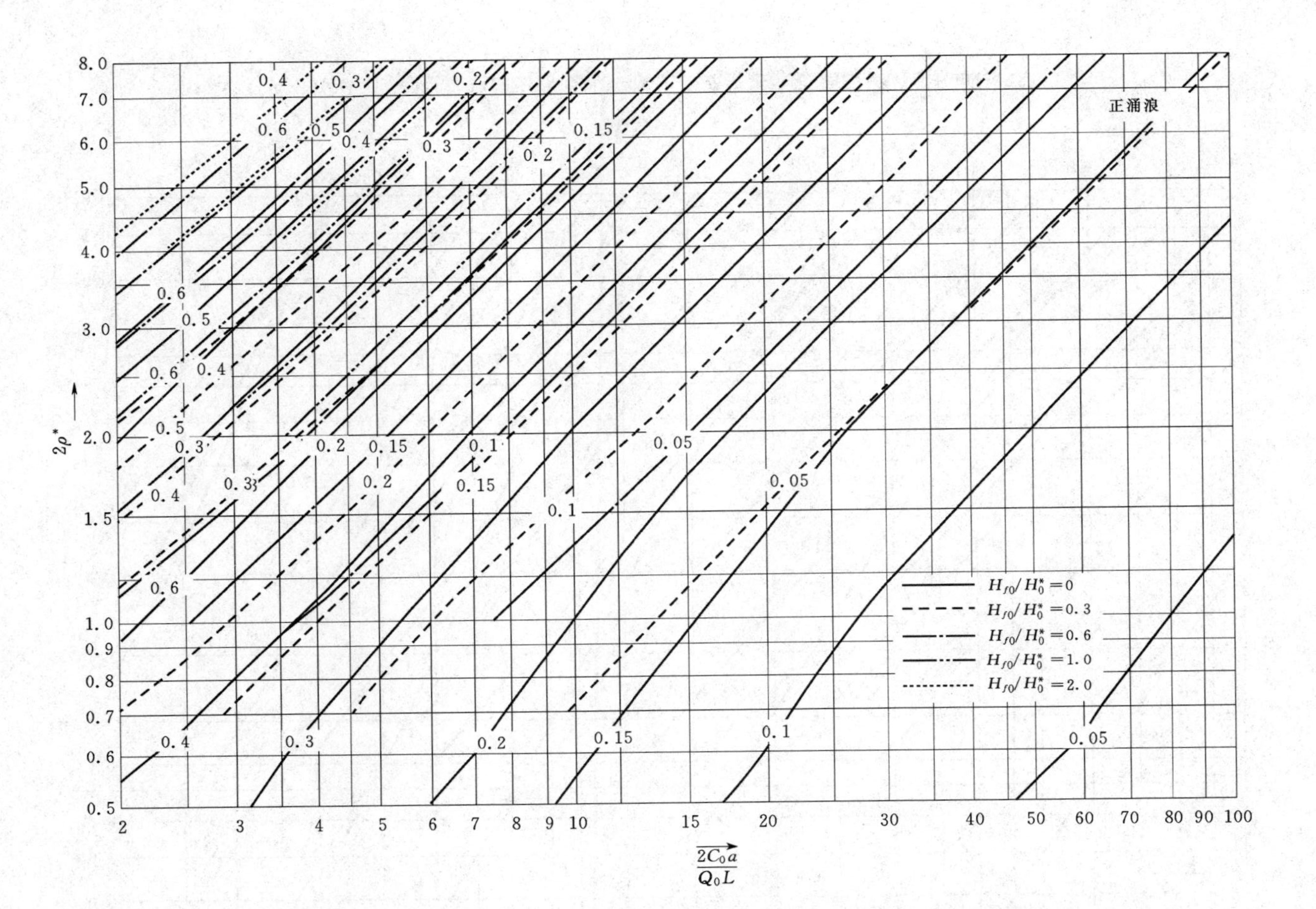

图 A-9(e) 设有空气室的出水管水库侧 1/4 处的最大正涌浪[根据(Ruus,1977)]

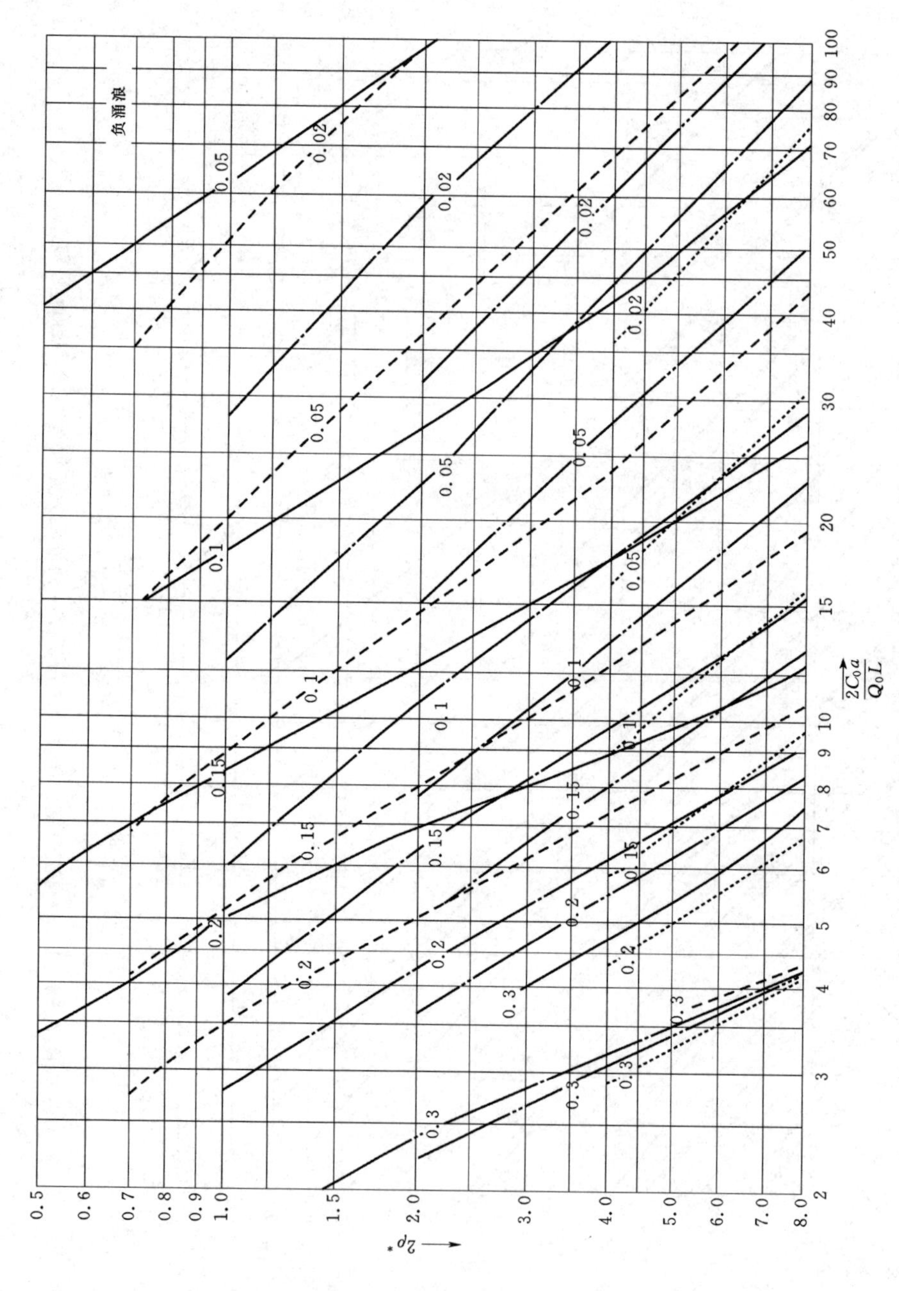

图 A-9(f) 设有空气室的出水管水库侧 1/4 处的最大负涌浪[根据(Ruus,1977)]

其中 $H_0^* + H_{f0}$ 是初始稳态绝对水头。为了防止空气进入管道，应将空气室底部淹没在一定深度以下。因此对于小型空气室，其体积可选为最大空气容积 C_{max} 的大约 120％；对于大型的空气室，其体积可选为 C_{max} 的大约 110％。

A－6　简单调压室

图 A－10 给出了阀门从全开 100％均匀关死到 0％后，简单调压室中的最大正涌浪。图 A－11 给出阀门从全关均匀开启至 100％，和从 50％均匀开启至 100％后，调压室中的最大负涌浪（Ruus，1977）。

在这些图中有三个区域：在 A 区，只有一个最大值，它发生在阀门动作结束之后；在 B 区，第二个极值点是最大值，它发生在阀门动作结束之后；在 C 区，两个极值点中第一个是最大值，它发生在阀门动作结束之前。

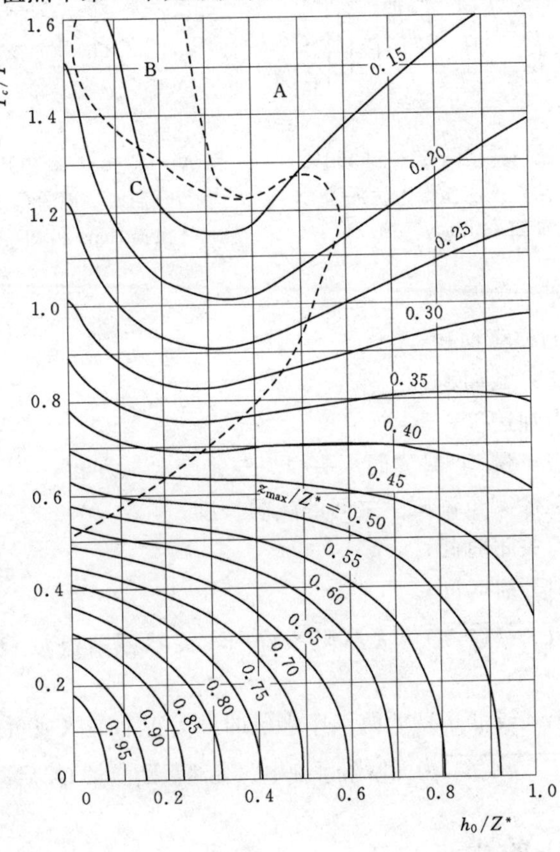

图 A－10　阀门开度从 100％均匀关闭到 0％后，简单调压室中最大正涌浪（根据 Runs 和 El－Fitiany，1977）

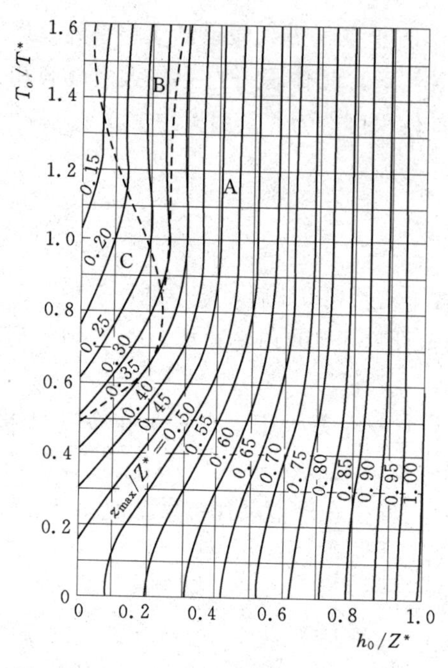

图 A-11 (a) 阀门开度从 50% 到 100% 均匀开启时，简单调压室最大负涌浪（根据 Runs 和 El-Fitiany，1977）

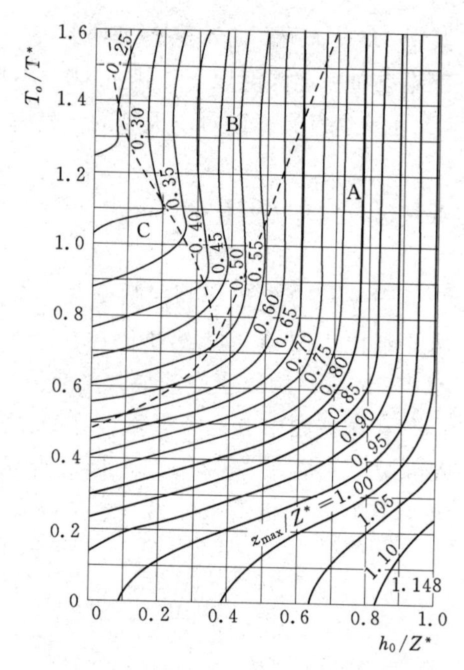

图 A-11 (b) 阀门开度从 0% 到 100% 均匀开启时，简单调压室中最大负涌浪（根据 Runs 和 El-Fitiany，1977）

图中采用下列符号：

A_t——隧洞横截面积；

A_s——调压室截面积；

g——重力加速度；

h_0——稳态流量 Q_0 时隧洞水头损失与速度水头之和；

L——上游水库至调压室之间的隧洞长度；

T_c——阀门关闭时间；

T_o——阀门开启时间；

$T^*=2\pi\sqrt{LA_s/(gA_t)}$为无摩阻系统中，突然截断流量 Q_0 后调压室涌浪的波动周期；

$Z_{\max}$——高于（或低于）上游水库水位的最大正涌浪（或负涌浪）；

$Z^*=Q_0\sqrt{L/(gA_tA_s)}$为无摩阻系统中，突然截断流量 Q_0 后调压室最大涌浪。

A-7 明渠中的涌波

矩形或梯形断面的明渠下游端的流量突然减少时，明渠中的涌波的高度和波速可按图 A－12 计算（Wu，1970）。涌波的高度随着涌波向上游传播而减小。图 A－13 可以用来确定沿渠道任何位置的波高。

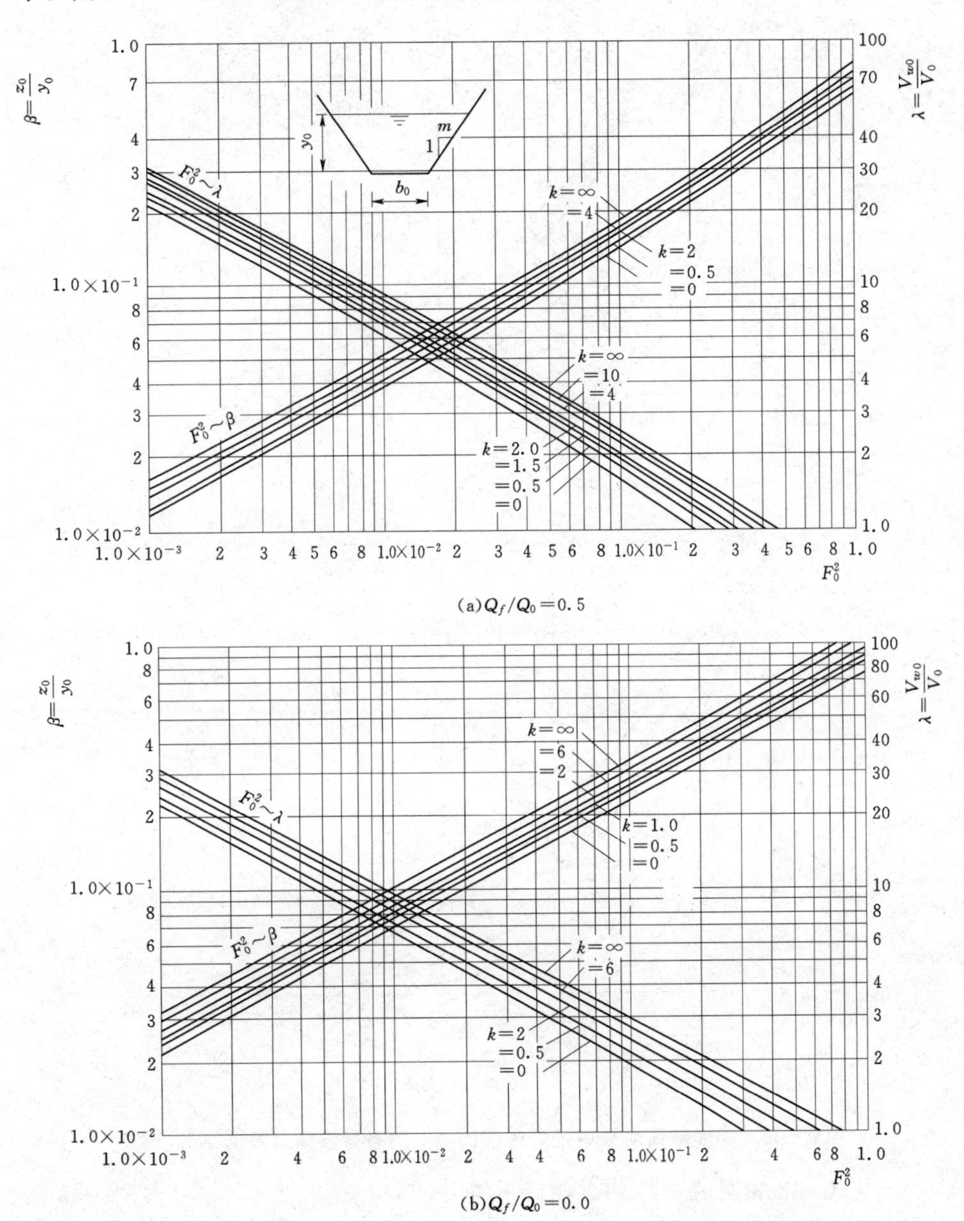

图 A－12　渠道下游流量突然减小引起的涌波的高度和绝对速度（根据 Wu，1970）

在确定渠堤顶部高程时，可假设波前后面的水面是水平的（见 7.2 节）。

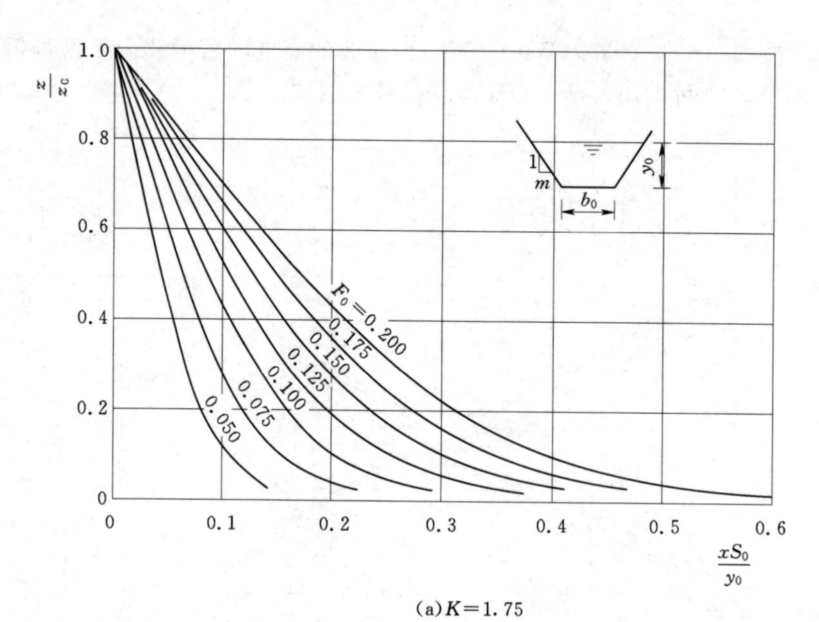

(a)K=1.75

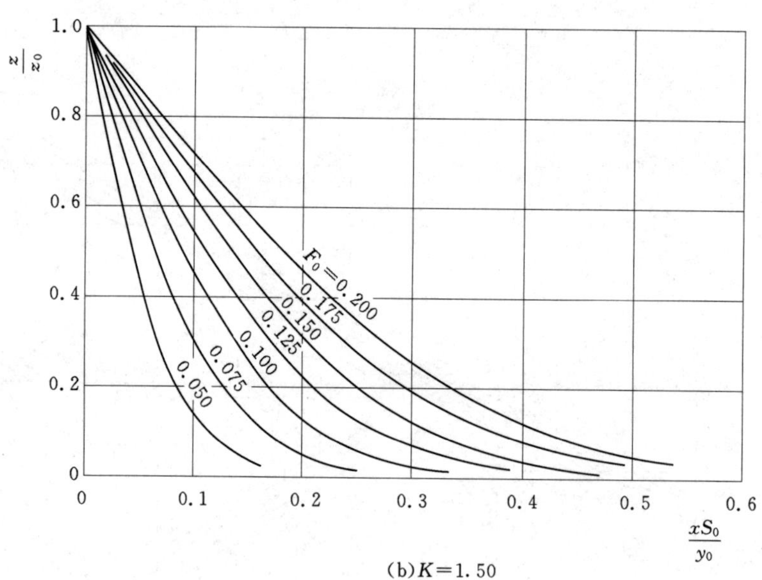

(b)K=1.50

图 A-13 梯形截面明渠中正向传播的涌波的各种波高（根据 Wu，1970）

图 A-12 和图 A-13 中采用以下符号：

b_0——渠底宽度；

c——涌波波速；

F_0——初始恒定流的弗劳德数，$V_0/\sqrt{gy_0}$；

g——重力加速度；

k——无量纲参数$=b_0/(my_0)$；

m——边坡系数（水平/高度）；

Q_0——初始稳态流量；

Q_f——最终稳态流量；

S_0——渠道底坡；

V_0——初始稳态流速；

V_w——绝对波速$=V+c$；

V_{w0}——初始稳态绝对波速；

x——从控制闸门算起，沿渠底坡的距离；

y_0——初始稳态水深；

z——距离 x 处的波高；

z_0——下游端点初始波高；

β——无量纲参数$=z_0/y_0$；

λ——无量纲参数$=V_{w0}/V_0$；

K——无量纲参数$=1+1/(1+k)$。

A-8 泵站系统的数据

在分析由断电引起的水泵系统过程时，有必要知道水泵的极惯性矩和特性曲线。若暂时没有这些数据，可以先用本附录所列的经验公式和水泵数据进行初步估算。

极惯性矩：

下列公式可用来估算感应电机的惯性矩，它们是从 Report of the Design Team on Pumps and Drives（1975）中的图形数据拟合得到的。

1200rpm：

$$I=k_1P^{1.38} \tag{A-7}$$

1800rpm：

$$I=k_2P^{1.38} \tag{A-8}$$

式中：I 为电机的极惯性矩；P 为电机的额定功率；k_1 和 k_2 为经验常数。在国际单位制中，I 的单位是 $kg\cdot m^2$，P 的单位是 kW，$k_1=0.0045$，$k_2=0.00193$；在美制单位制中，I 的单位是 $lb-ft^2$，P 的单位是马力 hp，$k_1=0.07$，$k_2=0.03$。

公式 A-7 和 A-8 适用于输出功率在 7.5W 和 375W（10～500hp）之间的电动机，不适用于同步或绕线式转子感应电动机。水泵的惯性矩一般是电动机惯性矩的 10%，通常将其忽略。

泵的特性曲线数据：

表 A-1 列出了四种水泵的特性曲线数据，这些数据来自于 Brown (1980)。

表 A-1 水泵特性曲线数据

$\theta=\tan^{-1}(\alpha/v)$	$N_s=0.46$		$N_s=1.61$		$N_s=2.78$		$N_s=4.94$	
	$\frac{h}{\alpha^2+v^2}$	$\frac{\beta}{\alpha^2+v^2}$	$\frac{h}{\alpha^2+v^2}$	$\frac{\beta}{\alpha^2+v^2}$	$\frac{h}{\alpha^2+v^2}$	$\frac{\beta}{\alpha^2+v^2}$	$\frac{h}{\alpha^2+v^2}$	$\frac{\beta}{\alpha^2+v^2}$
0°(360°)	−0.55	−0.43	−1.22	−1.35	−1.62	−1.38	−0.97	−0.57
5	−0.48	−0.26	−1.07	−1.14	−1.34	−1.08	−0.92	−0.61
10	−0.38	−0.11	−0.90	−0.91	−1.10	−0.82	−0.97	−0.73
15	−0.27	−0.05	−0.74	−0.69	−0.82	−0.57	−0.88	−0.66
20	−0.17	0.04	−0.54	−0.40	−0.59	−0.37	−0.67	−0.54
25	−0.09	0.14	−0.36	−0.15	−0.35	−0.16	−0.46	−0.38
30	0.06	0.25	−0.15	0.05	−0.14	0.06	−0.24	−0.15
35	0.22	0.34	0.06	0.21	0.11	0.22	−0.02	0.06
40	0.37	0.42	0.29	0.38	0.31	0.37	0.24	0.30
45	0.50	0.50	0.50	0.50	0.50	0.50	0.50	0.50
50	0.64	0.55	0.70	0.60	0.81	0.59	0.80	0.64
55	0.78	0.59	0.89	0.69	0.86	0.68	1.06	0.76
60	0.91	0.61	1.04	0.74	0.89	0.71	1.30	0.88
65	1.03	0.61	1.19	0.79	0.93	0.73	1.50	0.94
70	1.13	0.60	1.30	0.81	1.14	0.83	1.73	1.11
75	1.21	0.58	1.40	0.84	1.42	0.98	1.99	1.39
80	1.27	0.55	1.49	0.87	1.64	1.20	2.26	1.66
85	1.33	0.50	1.53	0.91	1.84	1.36	2.54	1.89
90	1.35	0.44	1.57	0.99	1.98	1.47	2.83	2.10
95	1.36	0.41	1.60	1.06	2.09	1.53	3.05	2.28
100	1.34	0.37	1.63	1.13	2.16	1.52	3.33	2.52
105	1.31	0.35	1.67	1.22	2.18	1.51	3.51	2.68
110	1.28	0.34	1.70	1.30	2.22	1.55	3.67	2.83
115	1.22	0.34	1.73	1.39	2.31	1.63	3.81	3.03
120	1.17	0.36	1.75	1.45	2.39	1.69	3.87	3.24
125	1.13	0.40	1.72	1.50	2.53	1.83	3.80	3.23
130	1.09	0.47	1.68	1.56	2.59	1.95	3.67	3.15
135	1.04	0.54	1.64	1.61	2.70	2.17	3.46	2.90

续表

$\theta=\tan^{-1}(\alpha/v)$	$N_s=0.46$		$N_s=1.61$		$N_s=2.78$		$N_s=4.94$	
	$\frac{h}{\alpha^2+v^2}$	$\frac{\beta}{\alpha^2+v^2}$	$\frac{h}{\alpha^2+v^2}$	$\frac{\beta}{\alpha^2+v^2}$	$\frac{h}{\alpha^2+v^2}$	$\frac{\beta}{\alpha^2+v^2}$	$\frac{h}{\alpha^2+{}^2}$	$\frac{\beta}{\alpha^2+v^2}$
140	0.99	0.62	1.60	1.64	2.71	2.35	3.18	2.59
145	0.96	0.70	1.56	1.65	2.85	2.53	2.85	2.39
150	0.91	0.77	1.52	1.66	2.95	2.71	2.47	2.09
155	0.89	0.82	1.49	1.66	3.05	2.82	2.25	1.82
160	0.85	0.86	1.46	1.66	3.03	2.87	1.97	1.57
165	0.82	0.89	1.42	1.67	2.88	2.73	1.70	1.32
170	0.79	0.91	1.39	1.66	2.74	2.61	1.50	1.11
175	0.75	0.90	1.35	1.63	2.54	2.39	1.28	0.92
180	0.71	0.88	1.30	1.57	2.30	2.16	1.09	0.65
185	0.68	0.85	1.25	1.48	1.92	1.84	0.90	0.49
190	0.65	0.82	1.18	1.37	1.55	1.45	0.77	0.52
195	0.61	0.74	1.10	1.23	1.15	1.22	0.70	0.66
200	0.58	0.67	0.98	1.08	0.84	0.96	0.71	0.67
205	0.55	0.59	0.80	0.91	0.63	0.74	0.68	0.64
210	0.54	0.50	0.65	0.75	0.51	0.53	0.58	0.51
215	0.53	0.42	0.55	0.60	0.41	0.36	0.41	0.32
220	0.52	0.33	0.44	0.42	0.28	0.18	0.26	0.12
225	0.52	0.24	0.37	0.27	0.19	−0.03	0.03	−0.15
230	0.53	0.16	0.30	0.11	0.12	−0.17	−0.18	−0.39
235	0.55	0.07	0.24	−0.01	0.08	−0.28	−0.37	−0.61
240	0.57	0.01	0.24	−0.13	0.03	−0.43	−0.59	−0.81
245	0.59	−0.12	0.27	−0.26	−0.14	−0.53	−0.74	−0.97
250	0.61	−0.21	0.29	−0.37	−0.20	−0.72	−0.91	−1.17
255	0.63	−0.22	0.31	−0.49	−0.42	−1.03	−1.19	−1.46
260	0.64	−0.35	0.32	−0.60	−0.49	−1.20	−1.52	−1.75
265	0.66	−0.51	0.33	−0.69	−0.55	−1.31	−1.86	−2.03
270	0.66	−0.68	0.33	−0.77	−0.75	−1.43	−2.20	−2.30
275	0.62	−0.85	0.31	−0.86	−0.94	−1.61	−2.50	−2.54
280	0.51	−1.02	0.29	−0.96	−0.96	−1.75	−2.79	−2.79
285	0.32	−1.21	0.22	−1.10	−0.92	−1.77	−2.93	−2.93
290	0.23	−1.33	0.15	−1.30	−0.94	−1.77	−3.08	−3.08
295	0.11	−1.44	0.05	−1.67	−1.04	−1.86	−3.10	−3.10

续表

$\theta=\tan^{-1}(\alpha/v)$	$N_s=0.46$		$N_s=1.61$		$N_s=2.78$		$N_s=4.94$	
	$\frac{h}{\alpha^2+v^2}$	$\frac{\beta}{\alpha^2+v^2}$	$\frac{h}{\alpha^2+v^2}$	$\frac{\beta}{\alpha^2+v^2}$	$\frac{h}{\alpha^2+v^2}$	$\frac{\beta}{\alpha^2+v^2}$	$\frac{h}{\alpha^2+v^2}$	$\frac{\beta}{\alpha^2+v^2}$
300	−0.20	−1.56	−0.10	−1.93	−1.23	−2.00	−3.19	−3.19
305	−0.31	−1.65	−0.27	−2.04	−1.55	−2.10	−3.11	−3.11
310	−0.39	−1.67	−0.40	−2.15	−1.75	−2.22	−3.10	−3.10
315	−0.47	−1.67	−0.50	−2.25	−1.85	−2.42	−2.97	−2.97
320	−0.53	−1.63	−0.60	−2.35	−2.01	−2.54	−2.85	−2.85
325	−0.59	−1.56	−0.70	−2.33	−2.15	−2.67	−2.62	−2.62
330	−0.64	−1.44	−0.80	−2.20	−2.28	−2.75	−2.31	−2.31
335	−0.66	−1.33	−0.90	−2.05	−2.28	−2.78	−2.07	−2.07
340	−0.68	−1.18	−1.00	−1.95	−2.30	−2.75	−1.80	−1.78
345	−0.67	−1.00	−1.10	−1.80	−2.21	−2.63	−1.56	−1.46
350	−0.66	−0.83	−1.20	−1.65	−2.04	−2.33	−1.33	−1.15
355	−0.61	−0.64	−1.30	−1.50	−1.86	−1.94	−1.12	−0.85

注意：比转速 N_s 是国际单位制，各单位制之间转换关系如下：
1SI=52.9 米制（metric）=2733 英制（gpm）

参考文献

[1] Brown, R. J., and Rogers, D. C., 1980, "Development of Pump Characteristics from Field Tests," Jour. of Mech. Design, Amer. Soc. of Mech. Engineers, vol. 102, October, pp. 807-817.

[2] Kinno, H. and Kennedy, J. F., 1965, "Water-Hammer Charts for Centrifugal Pump Systems," Jour., Hyd. Div., Amer. Soc. of Civ. Engrs., vol. 91, May, pp. 247-270.

[3] Parmakian, J., 1963, Waterhammer Analysis, Dover Publications, Inc., New York, p. 72.

[4] Ruus, E., 1977, "Charts for Waterhammer in Pipelines with Air Chamber," Canadian Jour. Civil Engineering, vol. 4, no. 3, September.

[5] Ruus, E. and El-Fitiany, F. A., 1977, "Maximum Surges in Simple Surge Tanks," Canadian Jour. Civil Engineering, vol. 4, no. 1, pp. 40-46.

[6] Wu, H., 1970, "Dimensionless Ratios for Surge Waves in Open Canals," thesis, presented to the University of British Columbia in partial fulfillment of the requirements for the degree of Master of Applied Science, April.

[7] "Pumps and Drivers," Report of the Design Team on Pumps and Drivers, Bureau of Reclamation, Denver, Colorado, Feb. 1975.

附录 B 阀门关闭和开启引起的瞬变过程*

B-1 源程序

```
C     ANALYSIS OF TRANSIENTS IN A PIPELINE CAUSED BY OPENING OR
C     CLOSING OF A DOWNSTREAM VALVE

C     FREE FORMAT IS USED FOR READING THE INPUT DATA.
C     PIPELINE MAY HAVE UPTO 10 PIPES IN SERIES AND EACH PIPE MAY
C     HAVE UPTO 100 COMPUTATIONAL NODES;THESE LIMITS MAY BE
C     INCREASED BY MODIFYING THE DIMENSION STATEMENT.
C     WAVE VELOCITY IS ADJUSTED,IF NECESSARY,TO AVOID INTERPOLATION
C     ERROR.
C     RELATIVE VALVE OPENING VS TIME CURVE IS SPECIFIED AT DISCRETE
C     POINTS;VALUES AT INTERMEDIATE TIMES ARE DETERMINED BY PARABOLIC
C     INTERPOLATION.
C     SI UNITS ARE USED.

C************************NOTATION*****************************
C
C     A = WAVE SPEED (M/S);
C     AR = PIPE CROSS-SECTIONAL AREA (M2);
C     D = PIPE DIAMETER (M);
C     DT = COMPUTATIONAL TIME INTERVAL (S);
C     DXT = TIME INTERVAL FOR STORING TAU VS TIME CURVE (S);
C     F = DARCY-WEISBACH FRICTION FACTOR;
C     H = PIEZOMETRIC HEAD AT BEGINNING OF TIME INTERVAL (M);
C     HMAX = MAXIMUM PIEZOMETRIC HEAD (M);
```

* 对于因使用附录 B 至 E 中程序而导致的任何间接后果，作者和出版社不负任何责任。

```
C     HMIN = MINIMUM PIEZOMETRIC HEAD (M);
C     HP = PIEZOMETRIC HEAD AT END OF TIME INTERVAL (M);
C     HRES = RESERVOIR LEVEL ABOVE DATUM (M);
C     HS = VALVE HEAD LOSS FOR FLOW OF QS (M);
C     IPRINT = NUMBER OF TIME INTERVAL AFTER WHICH CONDITIONS
C     ARE TO BE PRINTED;
C     L = PIPE LENGTH (M);
C     M = NUMBER OF POINTS ON TAU VS TIME CURVE;
C     N = NUMBER OF REACHES INTO WHICH PIPE IS SUB—DIVIDED;
C     NP = NUMBER OF PIPES;
C     NRLP = NUMBER OF REACHES ON LAST PIPE;
C     Q = DISCHARGE AT BEGINNING OF TIME INTERVAL (M3/S);
C     QO = STEADY—STATE DISCHARGE (M3/S);
C     QP = DISCHARGE AT END OF TIME INTERVAL (M3/S);
C     QS = VALVE DISCHARGE (M3/S);
C     T = TIME (S);
C     TAU = RELATIVE VALVE OPENING;
C     TAUF = FINAL VALVE OPENING;
C     TAUO = INITIAL VALVE OPENING;
C     TLAST = TIME UPTO WHICH CONDITIONS ARE TO BE COMPUTED (S);
C     TV = VALVE OPENING OR CLOSING TIME (S);
C     Y = STORED TAU VALUES.
C
C*****************************************************************
C
      REAL L
      DIMENSION Q(10,100),H(10,100),QP(10,100),HP(10,100),CA(10),F(10),
     1CF(10),AR(10),A(10),L(10),N(10),D(10),Y(20),HMAX(10,100),
     2HMIN(10,100)
C      ******
      Character XX(80)*1,YY(58)*1
      character*32 filename
      DATA YY/'A','B','C','D','E','F','G','H','I','J','K','L','M',
     1'N','O','P','Q','R','S','T','U','V','W','X','Y','Z',
     2'a','b','c','d','e','f','g','h','i','j','k','l','m','n',
     3'o','p','q','r','s','t','u','v','w','x','y','z',
     4'@','#','$','%','&','*'
      OPEN (UNIT = 5,FILE='XVAL.DAT',STATUS = 'UNKNOWN')
      write(*,1)
1     format(' Please type the name of the input data file and'/
     1' press the Enter key')
```

```
      read( * ,9999)filename
9999  format(a32)
      open(unit =1,file=filename,status=' old')
2     READ(1,3,END=7)XX
3     FORMAT(80A1)
      DO 5000 I=1,80
      DO 4 J=1,58
      K=INDEX(XX(I),YY(J))
      IF(K.NE.0)GO TO 2
4     CONTINUE
5000  CONTINUE
      WRITE(5,6)XX
6     FORMAT(80A1)
      GO TO 2
7     CLOSE(UNIT=5)
      OPEN(UNIT = 5,FILE=' XVAL.DAT',STATUS = 'UNKNOWN')
C
C     READING AND WRITING OF INPUT DATA
C
C     GENERAL DATA
      READ(5, * )NP,NRLP,IPRINT,G,QO,HRES,TLAST
      WRITE(2,20)NP,NRLP,QO,HRES,TLAST
20    FORMAT(8X,' NUMBER OF PIPES =',I3/8X,' NUMBER OF REACHES ON LAST '
     1' PIPE =',I3/8X,' STEADY STATE DISCH. =',F6.3,' M3/S'/8X,' RESERVOIR
     2 LEVEL =',F6.1,' M'/8X,' TIME FOR WHICH TRANSIENTS ARE TO BE '
     3' COMPUTED =',F6.1,' S'/)
C
C     DATA FOR VALVE
C
      READ(5, * )M,TV,DXT,TAUO,TAUF,QS,HS,(Y(I),I=1,M)
      WRITE(2,30)M,TV,DXT,HS,QS,(Y(I),I=1,M)
30    FORMAT(8X,' NUMBER OF POINTS ON TAU VS TIME CURVE =',I2/8X,
     1' VALVE OPERATION TIME =',F6.2,' S'/8X,' TIME INTERVAL FOR STORING'
     2' TAU CURVE =',F6.3,' S'/8X,' VALVE LOSS =',F6.2,' M FOR QS =',
     3 F6.3,' M3/S'/8X,' STORED TAU VALUES :'/8X,15F8.3/)
C
C     DATA FOR PIPES
C
      READ(5, * )(L(I),D(I),A(I),F(I),I=1,NP)
      WRITE(2,40)
40    FORMAT(/8X,' PIPE NO',5X,' LENGTH',5X,' DIA',5X,' WAVE VEL.',5X,' FRI
```

```
     2C FACTOR'/21X,'(M)',7X,'(M)',7X,'(M/S)')
      WRITE(2,50)(I,L(I),D(I),A(I),F(I),I=1,NP)
50    FORMAT(10X,I3,6X,F7.1,3X,F5.2,5X,F7.1,11X,F5.3)
      DT=L(NP)/(NRLP * A(NP))
      WRITE(2,51)
51    FORMAT(/8X,' PIPE NO',5X,' ADJUSTED WAVE VEL'/27X,'(M/S)')
C
C     CALCULATION OF PIPE CONSTANTS
C
      DO 60 I=1,NP
      AR(I)=0.7854 * D(I) * * 2
      AUNADJ=A(I)
      AN=L(I)/(DT * A(I))
      N(I)=AN
      ANI=N(I)
      IF((AN-ANI).GE.0.5)N(I)=N(I)+1
      A(I)=L(I)/(DT * N(I))
      WRITE(2,55)I,A(I)
55    FORMAT(10X,I3,12X,F7.1)
56    CA(I)=G * AR(I)/A(I)
      CF(I)=F(I) * DT/(2. * D(I) * AR(I))
      F(I)=F(I) * L(I)/(2. * G * D(I) * N(I) * AR(I) * * 2)
60    CONTINUE
C
C     CALCULATION OF STEADY STATE CONDITIONS
C
      H(1,1)=HRES
      DO 80 I=1,NP
      NN=N(I)+1
      DO 70 J=1,NN
      H(I,J)=H(I,1)-(J-1) * F(I) * QO * * 2
      Q(I,J)=QO
70    CONTINUE
      H(I+1,1)=H(I,NN)
80    CONTINUE
      NN=N(NP)+1
      IF (QO.NE.0.) HS=H(NP,NN)
      DO 85 I=1,NP
      NN=N(I)+1
      DO 85 J=1,NN
      HMAX(I,J)=H(I,J)
```

```
      HMIN(I,J)=H(I,J)
85    CONTINUE
      NP1=NP-1
      T=0.0
      TAU=TAUO
      WRITE(2,88)
88    FORMAT(/8X,' TIME',2X,' TAU',2X,' PIPE',7X,' HEAD (M)',7X,' DISCH.',
     1'(M3/S)'/20X,' NO',5X,'(1)',5X,'(N+1)',5X,'(1)',5X,'(N+1)'/)
      WRITE(3,89)
89    FORMAT(8x,' Time',8x,' Tau',10x,' Hn',10x,' Qn')
90    K=0
      I=1
      NN=N(I)+1
      WRITE(2,100)T,TAU,I,H(I,1),H(I,NN),Q(I,1),Q(I,NN)
100   FORMAT(F12.1,F6.3,I4,2F9.2,F9.3,F10.3)
      IF (NP.EQ.1)GO TO 150
      DO 140 I=2,NP
      NN=N(I)+1
      WRITE(2,120)I,H(I,1),H(I,NN),Q(I,1),Q(I,NN)
120   FORMAT(20X,I2,2F9.2,F9.3,F10.3)
140   CONTINUE
150   NN=N(NP)+1
      HN=H(NP,NN)/Hres
      QN=Q(NP,NN)/QS
      WRITE (3,155)T,Tau,HN,QN
155   FORMAT(4F12.3)
      T=T+DT
      K=K+1
      IF(T.GT.TLAST)GO TO 240
C
C     UPSTREAM RESERVOIR
C
      HP(1,1)=HRES
      CN=Q(1,2)-H(1,2) * CA(1)-CF(1) * Q(1,2) * ABS(Q(1,2))
      QP(1,1)=CN+CA(1) * HRES
C
C     INTERIOR POINTS
C
      DO 170 I=1,NP
      NN=N(I)
      DO 160 J=2,NN
```

```
      JP1=J+1
      JM1=J-1
      CN=Q(I,JP1)-CA(I)*H(I,JP1)-CF(I)*Q(I,JP1)*ABS(Q(I,JP1))
      CP=Q(I,JM1)+CA(I)*H(I,JM1)-CF(I)*Q(I,JM1)*ABS(Q(I,JM1))
      QP(I,J)=0.5*(CP+CN)
      HP(I,J)=(CP-QP(I,J))/CA(I)
160   CONTINUE
170   CONTINUE
C
C     SERIES JUNCTION
C
      IF (NP.EQ.1)GO TO 178
      DO 175 I=1,NP1
      IP1=I+1
      N1=N(I)
      NN=N(I)+1
      CN=Q(IP1,2)-CA(IP1)*H(IP1,2)-CF(IP1)*Q(IP1,2)*ABS(Q(IP1,2)
     1)
      CP=Q(I,N1)+CA(I)*H(I,N1)-CF(I)*Q(I,N1)*ABS(Q(I,N1))
      HP(I,NN)=(CP-CN)/(CA(I)+CA(IP1))
      HP(IP1,1)=HP(I,NN)
      QP(I,NN)=CP-CA(I)*HP(I,NN)
      QP(IP1,1)=CN+CA(IP1)*HP(IP1,1)
175   CONTINUE
C
C     VALVE AT DOWNSTREAM END
C
178   NN=N(NP)+1
      NM1=N(NP)
      CP=Q(NP,NM1)+CA(NP)*H(NP,NM1)-CF(NP)*Q(NP,NM1)*ABS(Q(NP,NM1))
      IF(T.GE.TV)GO TO 180
      CALL PARAB(T,DXT,Y,TAU)
      GO TO 190
180   TAU=TAUF
      IF(TAU.LE.0.0)GO TO 200
190   CV=(QS*TAU)**2/(HS*CA(NP))
      QP(NP,NN)=0.5*(-CV+SQRT(CV*CV+4.*CP*CV))
      HP(NP,NN)=(CP-QP(NP,NN))/CA(NP)
      GO TO 210
200   QP(NP,NN)=0.0
      HP(NP,NN)=CP/CA(NP)
```

```
C
C     STORING VARIABLES FOR NEXT TIME STEP
C
210   DO 230 I=1,NP
      NN=N(I)+1
      DO 220 J=1,NN
      Q(I,J)=QP(I,J)
      H(I,J)=HP(I,J)
      IF (H(I,J).GT.HMAX(I,J))HMAX(I,J)=H(I,J)
      IF (H(I,J).LT.HMIN(I,J))HMIN(I,J)=H(I,J)
220   CONTINUE
230   CONTINUE
      IF(K.EQ.IPRINT)GO TO 90
      GO TO 150
240   WRITE(2,250)
250   FORMAT(/8X,' PIPE NO',3X,' SECTION NO',3X,' MAX PRESS.',3X,
     1 'MIN.PRESS.'/)
      DO 270 I=1,NP
      NN=N(I)+1
      DO 270 J=1,NN
      WRITE(2,260)I,J,HMAX(I,J),HMIN(I,J)
260   FORMAT(9X,I2,13X,I2,2F13.2)
270   CONTINUE
      STOP
      END
      SUBROUTINE PARAB(X,DX,Y,Z)
      DIMENSION Y(20)
      I=X/DX
      R=(X-I*DX)/DX
      IF(I.EQ.0)R=R-1.
      I=I+1
      IF(I.LT.2)I=2
      Z=Y(I)+0.5*R*(Y(I+1)-Y(I-1)+R*(Y(I+1)+Y(I-1)-2.*Y(I)))
      RETURN
      END
```

B-2 输入参数

```
General data
2,2,2,9.81,1.,67.7,10.
```

```
Valve closing curve (Time vs Tau)
7,6.0,1.0,1.0,0.0,1.0,60.05,1.0,0.9,0.7,0.5,0.3,0.1,0.0
Pipe data
Length dia a   f
550.0,0.75,1100.0,0.01
450.0,0.60,900.0,0.012
```

B-3 输出结果

```
NUMBER OF PIPES = 2
NUMBER OF REACHES ON LAST PIPE = 2
STEADY STATE DISCH. = 1.000 M3/S
RESERVOIR LEVEL = 67.7 M
TIME FOR WHICH TRANSIENTS ARE TO BE COMPUTED = 10.0 S

NUMBER OF POINTS ON TAU VS TIME CURVE = 7
VALVE OPERATION TIME = 6.00 S
TIME INTERVAL FOR STORING TAU CURVE = 1.000 S
VALVE LOSS = 60.05 M FOR QS = 1.000 M3/S
STORED TAU VALUES :
    1.000    .900    .700    .500    .300    .100    .000

PIPE NO    LENGTH    DIA    WAVE VEL.    FRIC FACTOR
             (M)      (M)     (M/S)
    1       550.0     .75     1100.0         .010
    2       450.0     .60      900.0         .012

PIPE NO    ADJUSTED WAVE VEL
                (M/S)
    1          1100.0
    2           900.0

 TIME   TAU   PIPE      HEAD (M)         DISCH. (M3/S)
               NO     (1)    (N+1)      (1)     (N+1)

   .0  1.000    1    67.70   65.78    1.000    1.000
                2    65.78   60.05    1.000    1.000
   .5   .962    1    67.70   65.78    1.000    1.000
                2    65.78   63.46    1.000     .989
```

1.0	.900	1	67.70	68.73	1.000	.988
		2	68.73	69.78	.988	.970
1.5	.813	1	67.70	74.16	.977	.967
		2	74.16	79.88	.967	.937
2.0	.700	1	67.70	79.93	.935	.922
		2	79.93	95.83	.922	.884
2.5	.600	1	67.70	88.25	.867	.847
		2	88.25	110.41	.847	.814
3.0	.500	1	67.70	94.96	.761	.755
		2	94.96	125.13	.755	.722
3.5	.400	1	67.70	99.19	.643	.633
		2	99.19	139.20	.633	.609
4.0	.300	1	67.70	104.41	.506	.496
		2	104.41	149.14	.496	.473
4.5	.200	1	67.70	108.47	.350	.344
		2	108.47	158.61	.344	.325
5.0	.100	1	67.70	111.20	.183	.177
		2	111.20	165.65	.177	.166
5.5	.038	1	67.70	113.07	.006	.004
		2	113.07	149.46	.004	.059
6.0	.000	1	67.70	96.01	-.175	-.106
		2	96.01	114.27	-.106	.000
6.5	.000	1	67.70	63.25	-.217	-.157
		2	63.25	61.79	-.157	.000
7.0	.000	1	67.70	34.25	-.139	-.085
		2	34.25	12.33	-.085	.000
7.5	.000	1	67.70	23.55	.047	.035
		2	23.55	6.74	.035	.000
8.0	.000	1	67.70	47.63	.208	.126
		2	47.63	34.76	.126	.000
8.5	.000	1	67.70	82.89	.205	.148
		2	82.89	88.45	.148	.000
9.0	.000	1	67.70	105.95	.088	.054
		2	105.95	130.93	.054	.000
9.5	.000	1	67.70	108.02	-.097	-.071
		2	108.02	123.44	-.071	.000
10.0	.000	1	67.70	78.39	-.229	-.139
		2	78.39	85.13	-.139	.000

PIPE NO   SECTION NO   MAX PRESS.   MIN. PRESS.

1	1	67.70	67.70
1	2	91.18	44.05
1	3	113.07	23.55
2	1	113.07	23.55
2	2	140.26	9.53
2	3	165.65	5.40

附录 C 水泵断电引起的瞬变过程

C-1 源程序

```
C  March 4,2014
c  ANALYSIS OF TRANSIENTS IN A PIPELINE CAUSED BY POWER
C  FAILURE TO PUMPS
c  Computed results stored for plotting
C
C  PIPELINE MAY HAVE SEVERAL SIMILAR PUMPS IN PARALLEL;UPTO
C  10 PIPES IN SERIES;AND EACH PIPE MAY HAVE UPTO
C  100 COMPUTATIONAL NODES. THESE LIMITS MAY BE INCREASED
C  BY MODIFYING THE DIMENSION STATEMENT.
C  FREE FORMAT IS USED FOR READING THE INPUT DATA.
C  WAVE VELOCITY IS ADJUSTED,IF NECESSARY,TO AVOID INTERPOLATION
C  ERROR. ,
C  DATA FOR PUMP CHARACTERISTICS IS STORED AT DISCRETE POINTS IN
C  A FORM PRESENTED IN CHAPTER 4.
C  SIMULATION OF LIQUID-COLUMN SEPARATION IS NOT INCLUDED.

C************** NOTATION **********************************
C
C     A = WAVE VELOCITY (M/S);
C     ALPHA =NON-DIMENSIONAL PUMP SPEED =N/NR;
C     AR = PIPE CROSS-SECTIONAL AREA (M2);
C     BETA = NON-DIMENSIONAL TORQUE = TORQUE/RATED TORQUE;
C     D = PIPE DIAMETER (M);
C     DT = COMPUTATIONAL TIME INTERVAL (S);
C     DTH = THETA INTERVAL FOR STORING PUMP CHARACTERISTICS;
C     ER = PUMP EFFICIENCY;
C     F = DARCY-WEISBACH FRICTION FACTOR;
C     FB = POINTS ON TORQUE CHARACTERISTIC OF PUMP;
C     FH = POINTS ON HEAD CHARACTERISTIC OF PUMP;
C     H = PIEZOMETRIC HEAD AT BEGINNING OF TIME INTERVAL (M);
```

```
C     HMAX = MAXIMUM PIEZOMETRIC HEAD (M);
C     HMIN = MINIMUM PIEZOMETRIC HEAD (M);
C     HP = PIEZOMETRC HEAD AT END OF TIME INTERVAL (M);
C     HR = RATED HEAD (M);
C     HRES = RESERVOIR LEVEL ABOVE DATUM (M);
C     IPRINT = NUMBER OF TIME INTERVAL AFTER WHICH CONDITIONS
C     ARE TO BE PRINTED;
C     L = PIPE LENGTH (M);
C     N = NUMBER OF REACHES INTO WHICH PIPE IS DIVIDED;
C     NO = STEADY STATE PUMP SPEED (RPM);
C     NP = NUMBER OF PIPES;
C     NPC = NUMBER OF POINTS ON PUMP CHARACTERISTIC CURVE;
C     NPP = NUMBER OF PARALLEL PUMPS;
C     NR = RATED PUMP SPEED (RPM);
C     NRLP = NUMBER OF REACHES ON LAST PIPE;
C     Q = DISCHARGE AT BEGINNING OF TIME INTERVAL (M3/S1;
C     QO = STEADY-STATE DISCHARGE (M3/S);
C     QP = DISCHARGE AT END OF TIME INTERVAL (M3/S);
C     QR = RATED DISCHARGE (M3/S);
C     T = TIME (S);
C     TLAST = TIME UPTO WHICH TRANSIENT CONDITIONS ARE
C     TO BE COMPUTED;
C     TR = RATED TORQUE (N-M);
C     V = NON-DIMENSIONAL PUMP DISCHARGE (Q/QR).
C
C**********************************************************************
C
      REAL L,NR,NO
      DIMENSION Q(10,100),H(10,100),QP(10,100),HP(10,100),CA(10),F(10),
     1CF(10),AR(10),A(10),L(10),N(10),D(10),FH(60),FB(60),HMAX(10),
     2HMIN(10)
      COMMON /CP/ALPHA,QR,V,CN,DALPHA,DV,BETA,C5,C6,NPP,T
      COMMON /PAR/FH,FB,DTH
C      * * * * * *
      Character XX(80) * 1,YY(58) * 1
      haracter * 32 filename
      DATA YY/'A','B','C','D','E','F','G','H','I','J','K','L','M',
     1'N','O','P','Q','R','S','T','U','V','W','X','Y','Z',
     2'a','b','c','d','e','f','g','h','i','j','k','l','m','n',
     3'o','p','q','r','s','t','u','v','w','x','y','z',
     4'@','#','$','%','&','*'/
```

```
      OPEN (UNIT = 5,FILE=' XPUM.DAT',STATUS = 'UNKNOWN')
      write( * ,1)
1     format(' Please type the name of the input data file and'/
     1' press the Enter key')
      read( * ,9999)filename
9999 format(a32)
      open(unit =1,file=filename,status=' old')
2     READ(1,3,END=7)XX
3     FORMAT(80A1)
      DO 5000 I=1,80
      DO 4 J=1,58
      K=INDEX(XX(I),YY(J))
      IF (K.NE.0)GO TO 2
4     CONTINUE
5000 CONTINUE
      WRITE(5,6)XX
6     FORMAT(80A1)
      GO TO 2
7     CLOSE (UNIT=5)
      OPEN (UNIT = 1,FILE=' XPUM.DAT',STATUS = 'UNKNOWN')
C
C     READING AND WRITING OF INPUT DATA
C
C     GENERAL DATA
      Read(1, * )NP,NRLP,IPRINT,NPP,G,QO,NO,TLAST
      Write(2,10)NP,NRLP,QO,NO,TLAST,NPP
10    FORMAT(8X,' NUMBER OF PIPES =',I3/8X,' NUMBER OF REACHES ON LAST PIP
     1E =',I3/8X,' STEADY STATE DISCH. =',F6.3,' M3/S'/8X,' STEADY STATE
     2 PUMP SPEED =',F6.1,' RPM'/8X,' TIME FOR WHICH TRANS. STATE COND.
     3ARE TO BE COMPUTED =',F5.1,' S'/8X,' NUMBER OF PARALLEL PUMPS ='
     4,I3/)
C
C     READING AND WRITING OF PUMP DATA
C
      Read(1, * )NPC,DTH,QR,HR,NR,ER,WR2,(FH(I),I=1,NPC)
      Read(1, * )(FB(I),I=1,NPC)
      Write(2,20)NPC,DTH,QR,HR,NR,ER,WR2,(FH(I),I=1,NPC)
20    FORMAT(8X,' NUMBER OF POINTS ON CHARACTERISTIC CURVE =',I4/
     18X',THETA INTERVAL FOR STORING CHARACTERISTIC CURVE =',F4.0/8X,
     2' RATED DISCH. =',F5.2,' M3/S'/8X,' RATED HEAD =',F6.1,' M'/8X,
     3' RATED PUMP SPEED =',F6.1,' RPM'/8X,' PUMP EFFICIENCY =',F6.3/8X,
```

```
    4' WR2=',F7.2,' KG-M2'//8X,' POINTS ON HEAD CHARACT. CURVE'/
    5 (8X,10F7.3))
     Write(2,30)(FB(I),I=1,NPC)
30   FORMAT(/8X,' POINTS ON TORQUE CHARACT. CURVE'/ (8X,10F7.3))
C
C    DATA FOR PIPES
C
     READ (1,*)(L(I),D(I),A(I),F(I),I=1,NP)
     Write(2,40)
40   FORMAT(/8X,' PIPE NO',5X,' LENGTH',5X,' DIA',5X,' WAVE VEL.',5X,' FRI
    2C FACTOR'/22X,'(M)',6X,'(M)',7X,'(M/S)')
     Write(2,50)(I,L(I),D(I),A(I),F(I),I=1,NP)
50   FORMAT(10X,I3,6X,F7.1,3X,F5.2,5X,F7.1,11X,F5.3)
     DT=L(NP)/(NRLP*A(NP))
     Write(2,51)
51   FORMAT(/8X,' PIPE NO',5X,' ADJUSTED WAVE VEL'/26X,'(M/S)')
C    CALCULATION OF PIPE CONSTANTS
     DO 60 I=1,NP
     AR(I)=0.7854*D(I)**2
     AUNADJ=A(I)
     AN=L(I)/(DT*A(I))
     N(I)=AN
     AN1=N(I)
     IF((AN-AN1).GE.0.5)N(I)=N(I)+1
     A(I)=L(I)/(DT*N(I))
     Write(2,55)I,A(I)
55   FORMAT(10X,I3,12X,F7.1)
     CA(I)=G*AR(I)/A(I)
     CF(I)=F(I)*DT/(2.*D(I)*AR(I))
     F(I)=F(I)*L(I)/(2.*G*D(I)*N(I)*AR(I)**2)
60   CONTINUE
C
C    COMPUTATION OF CONSTANTS FOR PUMP
C    THE FOLLOWING CONSTANTS ARE FOR SI UNITS (HR IN M,QR IN
C    M3/S;AND NR IN RPM). FOR ENGLISH UNITS (HR IN FT,QR IN
C    CFS,AND NR IN RPM),REPLACE 93604.99 BY 595.875 AND
C         4.775 BY 153.744.
     TR=(93604.99*HR*QR)/(NR*ER)
     C5=CA(1)*HR
     C6=-(4.775*TR*DT)/(NR*WR2)
     ALPHA=NO/NR
```

```
      V=QO/(NPP*QR)
      DV=0.0
      DALPHA=0.0
C
C     CALCULATION OF STEADY STATE CONDITIONS
C
      IF(V.EQ.0.0)GO TO 65
      TH=ATAN2(ALPHA,V)
      TH=57.296*TH
      GO TO 68
65    TH=0.0
68    CALL PARAB(TH,1,Z)
      HO=Z*HR*(ALPHA**2+V**2)
      H(1,1)=HO
      HN=HO/HR
      CALL PARAB(TH,2,Z)
      BETA=Z*(ALPHA**2+V**2)
      DO 80 I=1,NP
      NN=N(I)+1
      DO 70 J=1,NN
      H(I,J)=H(I,1)-(J-1)*F(I)*QO**2
      IF(I.NE.NP.AND.J.EQ.NN)H(I+1,1)=H(I,NN)
      Q(I,J)=QO
70    CONTINUE
      HMAX(I)=H(I,1)
      HMIN(I)=H(I,1)
80    CONTINUE
      NN=N(NP)+1
      HRES=H(NP,NN)
      T=0.0
      NP1=NP-1
      Write(2,85)
85    FORMAT(/8X,' TIME',2X,' ALPHA',4X,' V',4X,' PIPE',7X,
     1' HEAD (M)',7X,' DISCH. (M3/S)'/29X,' NO.',5X,'(1)',5X,'(N+1)'
     1,5X,'(1)',5X,'(N+1)'/)
      WRITE(3,84)
84    FORMAT(8x,' Time',8x,' speed',10x,' Qn',10x,' Hn')

      90 K=0
      I=1
      NN=N(1)+1
```

```
      Write(2,86)T,ALPHA,V,I,H(1,1),H(1,NN),Q(1,1),Q(1,NN)
      DO 89 I=2,NP
      NN=N(I)+1
      Write(2,87)I,H(I,1),H(I,NN),Q(I,1),Q(I,NN)
86    FORMAT(F12.1,F7.2,F7.2,I5,F9.1,F9.1,F9.3,F10.3)
87    FORMAT(26X,I5,2F9.1,F9.3,F10.3)
89    CONTINUE
150   Write(3,151)T,ALPHA,V,HN
151   FORMAT(4F12.3)
      T=T+DT
      K=K+1
      IF(T.GT.TLAST)GO TO 240
C
C     PUMP AT UPSTREAM END
C
      CN=Q(1,2)-H(1,2)*CA(1)-CF(1)*Q(1,2)*ABS(Q(1,2))
      CALL PUMP
      QP(1,1)=NPP*V*QR
      HP(1,1)=(QP(1,1)-CN)/CA(1)
      HN=H(1,1)/HR
C
C     INTERIOR POINTS
C
      DO 170 I=1,NP
      NN=N(I)
      DO 160 J=2,NN
      JP1=J+1
      JM1=J-1
      CN=Q(I,JP1)-CA(I)*H(I,JP1)-CF(I)*Q(I,JP1)*ABS(Q(I,JP1))
      CP=Q(I,JM1)+CA(I)*H(I,JM1)-CF(I)*Q(I,JM1)*ABS(Q(I,JM1))
      QP(I,J)=0.5*(CP+CN)
      HP(I,J)=(CP-QP(I,J))/CA(I)
160   CONTINUE
170   CONTINUE
C
C     SERIES JUNCTION
C
      IF(NP.EQ.1)GO TO 178
      DO 175 I=1,NP1
      N1= N(I)
      NN=N(I)+1
```

```
      IP1=I+1
      CN=Q(IP1,2)-CA(IP1)*H(IP1,2)-CF(IP1)*Q(IP1,2)*ABS(Q(IP1,2))
      CP=Q(I,N1)+CA(I)*H(I,N1)-CF(I)*Q(I,N1)*ABS(Q(I,N1))
      HP(I,NN)=(CP-CN)/(CA(I)+CA(IP1))
      HP(IP1,1)=HP(I,NN)
      QP(I,NN)=CP-CA(I)*HP(I,NN)
      QP(IP1,1)=CN+CA(IP1)*HP(IP1,1)
  175 CONTINUE
C
C     RESERVOIR AT DOWNSTREAM END
C
  178 NN=N(NP)+1
      NN1=N(NP)
      HP(NP,NN)=HRES
      CP=Q(NP,NN1)+CA(NP)*H(NP,NN1)-CF(NP)*Q(NP,NN1)*ABS(Q(NP,NN1))
      QP(NP,NN)=CP-CA(NP)*HP(NP,NN)
C
C     STORING MAX. AND MIN. PRESSURES AND VARIABLES FOR NEXT TIME STEP
C
  210 DO 230 I=1,NP
      NN=N(I)+1
      DO 220 J=1,NN
      Q(I,J)=QP(I,J)
      H(I,J)=HP(I,J)
  220 CONTINUE
      IF (H(I,1).GT.HMAX(I))HMAX(I)=H(I,1)
      IF (H(I,1).LT.HMIN(I))HMIN(I)=H(I,1)
  230 CONTINUE
      IF(K.EQ.IPRINT)GO TO 90
      GO TO 150
  240 Write(2,250)
  250 FORMAT(//10X,' PIPE NO.',5X,' MAX. PRESS.',5X,' MIN. PRESS.'/27X
     1,'(M)',16X,'(M)'/)
      Write(2,260)(I,HMAX(I),HMIN(I),I=1,NP)
  260 FORMAT(12X,I3,7X,F7.1,9X,F7.1)
      STOP
      END
      SUBROUTINE PUMP
      DIMENSION FH(60),FB(60)
      COMMON /CP/ALPHA,QR,V,CN,DALPHA,DV,BETA,C5,C6,NPP,T
      COMMON /PAR/FH,FB,DTH
```

```
      KK=0
      JJ=0
C
C     COMPUTATION OF PUMP DISCHARGE
C
      VE=V+DV
5     ALPHAE=ALPHA+DALPHA
8     JJ=JJ+1
10    IF (VE.EQ.0.0.AND.ALPHAE.EQ.0.0)GO TO 20
      TH=ATAN2(ALPHAE,VE)
      TH1=TH
      TH=TH*57.296
      IF (TH.LT.0.0)TH=TH+360.
      IF (TH1.LT.0.0)TH1=TH1+6.28318
      GO TO 30
20    TH= 0.0
      TH1=0.0
30    M=TH/DTH+1.
      A1=FH(M)*M-FH(M+1)*(M-1)
      A2=(FH(M+1)-FH(M))/(DTH*0.017453)
      A3=FB(M)*M-FB(M+1)*(M-1)
      A4=(FB(M+1)-FB(M))/(DTH*0.017453)
      ALPSQ=ALPHAE*ALPHAE
      VESQ=VE*VE
      ALPV=ALPSQ+VESQ
      F1=C5*A1*ALPV+C5*A2*ALPV*TH1-QR*VE*NPP+CN
      F2=ALPHAE-C6*A3*ALPV-C6*A4*ALPV*TH1-ALPHA-C6*BETA
      F1AL=C5*(2.*A1*ALPHAE+A2*VE+2.*A2*ALPHAE*TH1)
      F1V=C5*(2.*A1*VE-A2*ALPHAE+2.*A2*VE*TH1)-QR*NPP
      F2AL=1.-C6*(2.*A3*ALPHAE+A4*VE+2.*A4*ALPHAE*TH1)
      F2V=C6*(-2.*A3*VE+A4*ALPHAE-2.*A4*VE*TH1)
      DENOM=F1AL*F2V-F1V*F2AL
      DALPHA=(F2*F1V-F1*F2V)/DENOM
      DV=(F1*F2AL-F2*F1AL)/DENOM
      ALPHAE=ALPHAE+DALPHA
      VE=VE+DV
      IF (ABS(DV).LE.0.001.AND.ABS(DALPHA).LE.0.001)GO TO 50
      IF (JJ.GT.30)GO TO 70
      GO TO 8
50    TH=ATAN2(ALPHAE,VE)
      TH=57.296*TH
```

```
      IF (TH.LT.0.0)TH=TH+360.
      CALL PARAB(TH,2,BETA)
      MB=TH/DTH+1
      BETA= BETA * (ALPHA*ALPHA+V*V)
      IF (MB.EQ.M)GO TO 60
      GO TO 8
60    DALPHA=ALPHAE-ALPHA
      DV=VE-V
      ALPHA=ALPHAE
      V=VE
      RETURN
70    Write(2,80)T,ALPHAE,VE
80    FORMAT(8X,' * * * ITERATIONS IN PUMP SUBROUTINE FAILED'/8X,' T=',F8.2
     2/8X,' ALPHAE =',F6.3/8X,' VP =',F6.3)
      STOP
      END
      SUBROUTINE PARAB(X,J,Z)
      COMMON /PAR/FH,FB,DX
      DIMENSION FH(60),FB(60)
      I=X/DX
      R=(X-I*DX)/DX
      IF(I.EQ.0)R=R-1.
      I=I+1
      IF(I.LT.2)I=2
      GO TO (10,20),J
10    Z=FH(I)+0.5*R*(FH(I+1)-FH(I-1)+R*(FH(I+1)+FH(I-1)-2.*FH(I)))
      RETURN
20    Z=FB(I)+0.5*R*(FB(I+1)-FB(I-1)+R*(FB(I+1)+FB(I-1)-2.*FB(I)))
      RETURN
      END
```

C-2 输入参数

```
2,2,2,2,9.81,0.5,1100.0,15.0
Pump data
55,5.0,0.250,60.0,1100.0,0.84,16.85
Pump characteristics
-0.53,-0.476,-0.392,-0.291,-0.150,-0.037,0.075,0.200,0.345,
0.500,0.655,0.777,0.9,1.007,1.115,1.188,1.245,1.278,1.290,1.287,
1.269,1.240,1.201,1.162,1.115,1.069,1.025,0.992,0.945,0.908,0.875,
```

0.848,0.819,0.788,0.755,0.723,0.690,0.656,0.619,0.583,0.555,0.531,
0.510,0.502,0.500,0.505,0.520,0.539,0.565,0.593,0.615,0.634,0.640,
0.638,0.630
−0.350,−0.474,−0.180,−0.062,0.037,0.135,0.228,0.320,0.425,0.500,0.548,
0.588,0.612,0.615,0.600,0.569,0.530,0.479,0.440,0.402,0.373,0.350,0.34,
0.34,0.35,0.38,0.437,0.52,0.605,0.683,0.75,0.802,0.845,0.872,0.883,0.878,
0.86,0.823,0.78,0.725,0.66,0.58,0.49,0.397,0.31,0.23,0.155,0.085,0.018,
−0.052,−0.123,−0.22,−0.348,−0.49,−0.68
Pipe data
450.0,0.75,900.0,0.01
550.0,0.75,1100.0,0.012

C-3 输出结果

NUMBER OF PIPES = 2
NUMBER OF REACHES ON LAST PIPE = 2
STEADY STATE DISCH. =.500 M3/S
STEADY STATE PUMP SPEED =1100.0 RPM
TIME FOR WHICH TRANS. STATE COND. ARE TO BE COMPUTED = 15.0 S
NUMBER OF PARALLEL PUMPS = 2

NUMBER OF POINTS ON CHARACTERISTIC CURVE = 55
THETA INTERVAL FOR STORING CHARACTERISTIC CURVE = 5.
RATED DISCH. =.25 M3/S
RATED HEAD = 60.0 M
RATED PUMP SPEED =1100.0 RPM
PUMP EFFICIENCY =.840
WR2= 16.85 KG−M2

POINTS ON HEAD CHARACT. CURVE

−.530 −.476 −.392 −.291 −.150 −.037 .075 .200 .345 .500
.655 .777 .900 1.007 1.115 1.188 1.245 1.278 1.290 1.287
1.269 1.240 1.201 1.162 1.115 1.069 1.025 .992 .945 .908
.875 .848 .819 .788 .755 .723 .690 .656 .619 .583
.555 .531 .510 .502 .500 .505 .520 .539 .565 .593
.615 .634 .640 .638 .630

POINTS ON TORQUE CHARACT. CURVE

−.350 −.474 −.180 −.062 .037 .135 .228 .320 .425 .500

.548	.588	.612	.615	.600	.569	.530	.479	.440	.402
.373	.350	.340	.340	.350	.380	.437	.520	.605	.683
.750	.802	.845	.872	.883	.878	.860	.823	.780	.725
.660	.580	.490	.397	.310	.230	.155	.085	.018	−.052
−.123	−.220	−.348	−.490	−.680					

PIPE NO	LENGTH (M)	DIA (M)	WAVE VEL. (M/S)	FRI C FACTOR
1	450.0	.75	900.0	.010
2	550.0	.75	1100.0	.012

PIPE NO	ADJUSTED WAVE VEL (M/S)
1	900.0
2	1100.0

TIME	ALPHA	V	PIPE NO.	HEAD (M) (1)	HEAD (M) (N+1)	DISCH. (M3/S) (1)	DISCH. (M3/S) (N+1)
.0	1.00	1.00	1	60.0	59.6	.500	.500
			2	59.6	59.0	.500	.500
.5	.69	.69	1	28.3	59.6	.347	.500
			2	59.6	59.0	.500	.500
1.0	.52	.57	1	14.8	24.9	.283	.363
			2	24.9	59.0	.363	.500
1.5	.42	.56	1	7.6	10.0	.279	.305
			2	10.0	59.0	.305	.227
2.0	.36	.55	1	4.0	36.6	.276	.139
			2	36.6	59.0	.139	.111
2.5	.31	.00	1	7.4	47.5	−.002	.066
			2	47.5	59.0	.066	.050
3.0	.29	−.24	1	8.7	24.7	−.121	−.085
			2	24.7	59.0	−.085	.020
3.5	.26	−.32	1	9.4	15.2	−.159	−.152
			2	15.2	59.0	−.152	−.221
4.0	.21	−.36	1	9.2	38.8	−.181	−.300
			2	38.8	59.0	−.300	−.324
4.5	.11	−.73	1	24.6	48.0	−.367	−.367
			2	48.0	59.0	−.367	−.379

5.0	—.09	—.89	1	31.3	41.4	—.446	—.447
			2	41.4	59.0	—.447	—.409
5.5	—.34	—.96	1	34.5	39.6	—.479	—.484
			2	39.6	59.0	—.484	—.514
6.0	—.58	—.97	1	39.0	49.6	—.485	—.549
			2	49.6	59.0	—.549	—.558
6.5	—.81	—1.06	1	53.3	56.3	—.529	—.566
			2	56.3	59.0	—.566	—.584
7.0	—1.02	—1.05	1	64.7	62.0	—.523	—.569
			2	62.0	59.0	—.569	—.574
7.5	—1.19	—1.00	1	75.5	67.8	—.502	—.537
			2	67.8	59.0	—.537	—.554
8.0	—1.31	—.93	1	82.7	74.0	—.463	—.492
			2	74.0	59.0	—.492	—.499
8.5	—1.37	—.86	1	87.1	76.1	—.428	—.430
			2	76.1	59.0	—.430	—.431
9.0	—1.39	—.76	1	86.5	74.9	—.379	—.367
			2	74.9	59.0	—.367	—.361
9.5	—1.37	—.66	1	82.1	72.1	—.332	—.308
			2	72.1	59.0	—.308	—.304
10.0	—1.32	—.59	1	75.2	68.5	—.293	—.266
			2	68.5	59.0	—.266	—.256
10.5	—1.26	—.53	1	68.1	63.7	—.267	—.237
			2	63.7	59.0	—.237	—.228
11.0	—1.20	—.50	1	61.4	59.5	—.248	—.226
			2	59.5	59.0	—.226	—.218
11.5	—1.15	—.48	1	56.0	56.9	—.242	—.226
			2	56.9	59.0	—.226	—.223
12.0	—1.10	—.50	1	52.3	55.2	—.248	—.238
			2	55.2	59.0	—.238	—.234
12.5	—1.07	—.52	1	50.3	53.7	—.261	—.254
			2	53.7	59.0	—.254	—.253
13.0	—1.06	—.55	1	49.4	53.2	—.275	—.275
			2	53.2	59.0	—.275	—.275
13.5	—1.05	—.58	1	49.7	53.7	—.291	—.295
			2	53.7	59.0	—.295	—.297
14.0	—1.06	—.62	1	50.9	54.5	—.308	—.314
			2	54.5	59.0	—.314	—.315
14.5	—1.08	—.64	1	52.8	55.4	—.322	—.328
			2	55.4	59.0	—.328	—.331

15.0	-1.10	-.66	1	54.9	56.6	-.330	-.339
			2	56.6	59.0	-.339	-.342

PIPE NO.	MAX. PRESS. (M)	MIN. PRESS. (M)
1	87.4	4.0
2	76.1	10.0

附录 D 串联管系统频率响应

D-1 源程序

```
C
C FREQUENCY RESPONSE OF A SERIES PIPING SYSTEM HAVING RESERVOIR AT
C THE UPSTREAM END AND AN OSCILLATING VALVE AT THE DOWNSTREAM END
CCTRANSFER-MATRIX METHOD IS USED TO COMPUTE THE FREQUENCY RESPONSE.
C PIPING SYSTEM MAY HAVE UPTO 20 PIPES IN SERIES;THIS LIMIT MAY
C BE INCREASED BY MODIFYING THE DIMENSION STATEMENT.
C FRICTION LOSSES ARE NEGLECTED.
C FREE FORMAT IS USED FOR DATA INPUT.
C SI UNITS ARE USED.
C
C********************NOTATION ******************************************
C     AMP=AMPLITUDE OF VALVE OSCILLATIONS;
C     AR=PIPE CROSS-SECTIONAL AREA (M2);
C     D=PIPE DIAMETER (M);
C     HO=STATIC HEAD (M);
C     L=PIPE LENGTH (M);
C     M1,M2,M3=INTEGERS FOR
C     OSCILLATIONS;
C     N=NUMBER OF PIPES;
C     QO=MEAN DISCHARGE (M3/S);
C     TAUO=MEAN VALVE OPENING
C     THPER=THEORETICAL PERIOD OF THE PIPELINE
C     W=FREQUENCY OF VALVE OSCILLATIONS;
C     WR=W/WT;
C     WV=WAVE VELOCITY (M/S);
C     WT=THEORETICAL FREQUENCY OF PIPELINE.
C
C**********************************************************************
C
      COMPLEX A,B,C,HV,QV,CC,CMPLX
```

```
      REAL L
      DIMENSION L(20),WV(20),D(20),AR(20),P(20),CP(20),A(2,2),B(2,2),
     1C(2,2),F(20)
      READ(1,*)N,M1,M2,M3,FRAC
   10 FORMAT(4I3,F10.2)
      READ(1,*)TAUO,HO,QO,AMP,THPER
   20 FORMAT(7F10.3)
      WRITE(2,30)TAUO,HO,QO,AMP,THPER,N
   30 FORMAT(8X,' MEAN VALVE OPENING =',F5.3/8X,' STATIC HEAD =',F7.2,
     1' M'/8X,' MEAN DISCHARGE =',F7.3,' M3/S'/8X,' AMPLITUDE OF VALVE
     2OSCILLATIONS =',F5.3 /8X,' THEORETICAL PERIOD OF THE PIPELINE =',
     3F6.3,' S'/8X,' NUMBER OF PIPES =',I3/)
      READ(1,*)(L(I),D(I),WV(I),I=1,N)
   40 FORMAT(3F10.2)
      WRITE(2,50)
   50 FORMAT(8X,' LENGTH (M)',3X,' DIA (M)',2X,' WAVE VEL. (M/S)')
      DO 60 I=1,N
      WRITE(2,55)L(I),D(I),WV(I)
   55 FORMAT(F16.2,F11.2,F14.2)
      P(I)=L(I)/WV(I)
      CP(I)=7.7047*D(I)**2/WV(I)
C     IN ENGLISH UNITS,REPLACE 7.7047 BY 25.2898
   60 CONTINUE
      VC=-(2.*HO*AMP)/TAUO
      TW=6.2832/THPER
      WRITE(2,65)
   65 FORMAT(/8X,' WF/WT',8X,' H/HO',6X,' Q/QO',4X,' PHASE H',3X,' PHASE Q'/)
      DO 80 J=M1,M2,M3
      AJ=J
      W=FRAC*AJ*TW
      A(1,1)=CMPLX(1.,0.)
      A(1,2)=CMPLX(0.0,0.0)
      A(2,1)=CMPLX(0.0,0.0)
      A(2,2)=CMPLX(1.0,0.0)
      DO 70 I=1,N
      G=W*P(I)
      B(1,1)=CMPLX(COS(G),0.0)
      B(1,2)=CMPLX(0.0,-(1./CP(I))*SIN(G))
      B(2,1)=CMPLX(0.0,-CP(I)*SIN(G))
      B(2,2)=CMPLX(COS(G),0.0)
      CALL MULT(B,A,C,2,2)
```

```
      CALL COPY(C,A,2,2)
   70 CONTINUE
      CC=VC/(C(1,2)-2. * HO * C(2,2)/QO)
      HV=CC * C(1,2)
      QV=CC * C(2,2)
      WR=W/TW
      H=CABS(HV)/HO
      Q=CABS(QV)/QO
      ANGH=57.29578 * ATAN2(AIMAG(HV),REAL(HV))
      ANGQ=57.29578 * ATAN2(AIMAG(QV),REAL(QV))
      WRITE(2,85)WR,H,Q,ANGH,ANGQ
   80 CONTINUE
   85 FORMAT(3X,5F10.3)
      STOP
      END
      SUBROUTINE MULT(A,B,C,N,M)
      COMPLEX A,B,C,CMPLX
      DIMENSION A(N,N),B(N,N),C(N,N)
      DO 6 I=1,N
      DO 6 J=1,N
      C(I,J)=CMPLX(0.0,0.0)
      DO 6 K=1,N
    6 C(I,J)=A(I,K) * B(K,J)+C(I,J)
      RETURN
      END
      SUBROUTINE COPY(C,A,N,M)
      COMPLEX A,C
      DIMENSION A(N,N),C(N,N)
      DO 6 I=1,N
      DO 6 J=1,N
    6 A(I,J)=C(I,J)
      RETURN
      END
```

D-2 输入参数

```
2,1,20,1,0.5
1.0,30.48,0.0089,0.2,3.0
609.5,0.61,1219.0
228.6,0.3,914.4
```

D-3 输出结果

MEAN VALVE OPENING =1.000

STATIC HEAD= 30.48 M

MEAN DISCHARGE= .009 M3/S

AMPLITUDE OF VALVE OSCILLATIONS =.200

THEORETICAL PERIOD OF THE PIPELINE = 3.000 S

NUMBER OF PIPES = 2

LENGTH (M)	DIA (M)	WAVE VEL. (M/S)
609.50	.61	1219.00
228.60	.30	914.40

WF/WT	H/HO	Q/QO	PHASE H	PHASE Q
.500	.037	.199	−95.257	−5.257
1.000	.123	.190	−107.887	−17.887
1.500	.076	.196	100.897	10.897
2.000	.046	.199	−96.552	−6.552
2.500	.149	.186	−111.940	−21.940
3.000	.400	.000	179.998	89.998
3.500	.149	.186	111.940	21.940
4.000	.046	.199	96.551	6.551
4.500	.076	.196	−100.898	−10.898
5.000	.123	.190	107.886	17.886
5.500	.037	.199	95.257	5.257
6.000	.000	.200	−90.000	.000
6.500	.037	.199	−95.258	−5.258
7.000	.123	.190	−107.888	−17.888
7.500	.076	.196	100.896	10.896
8.000	.046	.199	−96.552	−6.552
8.500	.149	.186	−111.941	−21.941
9.000	.400	.000	179.995	89.995
9.500	.149	.186	111.939	21.939
10.000	.046	.199	96.551	6.551

附录 E 简单调压室水位波动

E-1 源程序

```
C*****************************************************************
C
C     COMPUTATION OF WATER—LEVEL OSCILLATIONS IN A SIMPLE SURGE TANK
C
C     FREE FORMAT IS USED FOR READING THE INPUT DATA.
C     SURGE TANK MAY HAVE UPTO FIVE DIFFERENT CROSS—SECTIONAL AREAS;
C     THIS LIMIT MAY BE INCREASED BY MODIFYING THE DIMENSION
C     STATEMENT.
C     LUMPED SYSTEM APPROACH IS USED TO COMPUTE THE OSCILLATIONS.
C     ORDINARY DIFFERENTIAL EQUATIONS DESCRIBING THE MOMENTUM AND
C     CONTINUITY EQUATIONS ARE SOLVED EITHER BY AN ITERATIVE MODIFIED
C     EULER METHOD OR BY FOURTH—ORDER RUNGE—KUTTA METHOD. SELECTION
C     OF THE METHOD IS DONE BY SPECIFYING THE INPUT VARIABLE 'METHOD'.
C     SI UNITS ARE USED.
C     PROGRAM EXECUTION IS STOPPED: (1)IF THE WATER LEVEL IN THE TANK
C     DROPS BELOW THE TANK INVERT LEVEL AFTER PRINTING "TANK IS
C     DRAINED";AND IF THE WATER LEVEL RISES ABOVE THE TOP OF THE
C     TANK AFTER PRINTING :"TANK IS OVERFLOWING."

C*****************************NOTATION *******************************
C
C     ASUR = HORIZONTAL TANK AREA AT ELEVATION EL (M2);
C     AT = TUNNEL CROSS—SECTIONAL AREA (M2);
C     DT = COMPUTATIONAL TIME INTERVAL (S);
C     EINV = TANK INVERT LEVEL (M);
C     ELUR = UPSTREAM REAERVOIR LEVEL (M);
C     ETOP = ELEVATION OF TANK TOP (M);
C     HFO = TUNNEL HEAD LOSS CORRESPONDING TO DISCHARGE QO (M);
C     L = PIPE LENGTH (M);
C     METHOD = PARAMETER FOR SPECIFYING THE METHOD OF SOLUTION;
```

```
C     Q1 = TUNNEL DISCHARGE AT BIGGINING OF TIME INTERVAL (M3/S);
C     Q2 = TUNNEL DISCHARGE AT END OF TIME INTERVAL (M3/S);
C     QTI = INITIAL TURBINE FLOW (M3/S);
C     QTF = FINAL TURBINE FLOW (M3/S);
C     QTUR1 = TURBINE FLOW AT BIGGINING OF TIME INTERVAL (M3/S);
C     QTUR2 = TURBINE FLOW AT END OF TIME INTERVAL (M3/S);
C     TG = TIME FOR LINEARLY CHANGING FLOW QTI TO QTF (S);
C     TSTOP = TIME UPTO WHICH OSCILLATIONS ARE TO BE COMPUTED (S);
C     Z1 = TANK WATER LEVEL ABOVE UPSTREAM RESRVOIR LEVEL AT BIGGINING
C     OF TIME INTERVAL (M);
C     Z2 = TANK WATER LEVEL ABOVE UPSTREAM RESERVOIR LEVEL AT END OF
C     TIME STEP (M);
C     ZMAX = MAXIMUM SURGE LEVEL (M);
C     ZMIN = MINIMUM SURGE LEVEL (M);
C*******************************************************************
C
      REAL L
      DIMENSION EL(5),ASUR(5)
      COMMON /ST/N,EL,ASUR,ELUR,EINV,ETOP
      READ (5,*)METHOD,IPRINT,G,DT,TSTOP,QTI,QTF,TG,ELUR,EINV,ETOP
      READ (5,*)L,AT,QO,HFO,N,(EL(I),ASUR(I),I=1,N)
      GO TO (4,7),METHOD
4     READ (5,*)TOLER
5     WRITE (6,6)TOLER
6     FORMAT(10X,' ITERATIVE MODIFIED EULER METHOD'/5X,
     1' TOLERANCE FOR ITERATIONS =',F7.4,' M'//)
      GO TO 9
7     WRITE (6,8)
8     FORMAT (10X,' FOURTH-ORDER RUNGE-KUTTA METHOD'/)
9     WRITE(6,10)L,AT,HFO,QO,QTI,QTF,TG,DT,IPRINT,ELUR,EINV,ETOP,
     1(EL(I),ASUR(I),I=1,N)
10    FORMAT(5X,' LENGTH =',F8.1,' M'/5X,' TUNNEL AREA =',F6.2,' M2'
     1 /5X,' TUNNEL HEAD LOSS =',F6.2,
     2' M FOR DISCHARGE =',F8.2,' M3/S'/5X,' INITIAL TURBINE FLOW =',
     3 F8.2,' M3/S'/5X,' FINAL TURBINE FLOW =',F8.2,' M3/S'/
     4 5X,' GATE TIME =',F6.2,' S'/
     5 5X,' COMPUTATIONAL TIME INTERVAL =',F6.2,' S'/
     6 5X,' IPRINT =',I3/5X,' UPSTREAM RESER. LEVEL =',F9.2,' M'/
     7 5X,' TANK INVERT LEVEL =',F9.2,' M'/5X,' ELEV. OF TANK TOP =',
     8 F9.2,' M'//5X,' ELEV.',3X,' TANK AREA'/(F10.2,F10.2)/)
      C = HFO/(QO*QO)
```

```
      Z1 = -C * QTI * QTI
      Q1 = QTI
      C1 = G * AT/L
      T = 0.0
      ZMIN = Z1
      ZMAX = Z1
      QTUR1=QTI
      WRITE (6,14)
14    FORMAT(7X,' T',9X,' Z',8X,' Q',8X,' QTUR'/6X,'(S)',
     1 7X,'(M)',5X,'(M3/S)',4X,'(M3/S)')
15    KK = 0
      WRITE(6,18)T,Z1,Q1,QTUR1
18    FORMAT(5F10.3)
30    T = T+DT
      KK = KK+1
      TT=T-TG
      IF (TT)110,112,112
110   QTUR2=QTI+(QTF-QTI) * (T/TG)
      GO TO 113
112   QTUR2=QTF
113   CONTINUE
      IF (T.GT.TSTOP)GO TO 400
      GO TO (120,150),METHOD
C
C     ITERATIVE MODIFIED EULER METHOD
C
120   JJ=0
      DQDT1=C1 * (-Z1-C * Q1 * ABS(Q1))
      CALL STA(Z1,AS)
      DZDT1 = (Q1-QTUR1)/AS
      Q2S = Q1 + DQDT1 * DT
      Z2S = Z1 + DZDT1  * DT
130   DQDT2 = C1 * (-Z2S -C * Q2S * ABS(Q2S))
      CALL STA(Z2S,AS)
      DZDT2 = (Q2S -QTUR2)/AS
      Q2 = Q1 + 0.5 * DT * (DQDT1 + DQDT2)
      Z2 = Z1 + 0.5 * DT * (DZDT1 + DZDT2)
      IF (ABS(Z2-Z2S).LE.TOLER)GO TO 200
      JJ=JJ+1
      Z2S=Z2
      Q2S=Q2
```

```
      IF (JJ.GT.40)GO TO 600
      GO TO 130
C
C     FOURTH-ORDER RUNGE-KUTTA METHOD
C
150   A11=C1*(-Z1-C*Q1*ABS(Q1))
      CALL STA(Z1,AS)
      B11=(Q1-QTUR1)/AS
      Q11=Q1+0.5*DT*A11
      Z11=Z1+0.5*DT*B11
      QTURM=0.5*(QTUR1+QTUR2)
      A21=C1*(-Z11-C*Q11*ABS(Q11))
      CALL STA(Z11,AS)
      B21=(Q11-QTURM)/AS
      Q21=Q1+0.5*DT*A21
      Z21=Z1+0.5*DT*B21
      A31=C1*(-Z21-C*Q21*ABS(Q21))
      CALL STA(Z21,AS)
      B31=(Q21-QTURM)/AS
      Q31=Q1+DT*A31
      Z31=Z1+DT*B31
      A41=C1*(-Z31-C*Q31*ABS(Q31))
      CALL STA (Z31,AS)
      B41=(Q31-QTUR2)/AS
      Q2=Q1+(A11+2.*A21+2.*A31+A41)*DT/6.
      Z2=Z1+(B11+2.*B21+2.*B31+B41)*DT/6.
200   Q1 = Q2
      Z1 = Z2
      QTUR1 = QTUR2
      IF (Z1.GT.ZMAX)ZMAX = Z1
      IF (Z1.LT.ZMIN)ZMIN = Z1
      IF (KK.EQ.IPRINT)GOTO 15
      GOTO 30
400   ZMAX=ZMAX+ELUR
      ZMIN=ZMIN+ELUR
      WRITE(6,450)ZMAX,ZMIN
450   FORMAT(5X,' MAX.SURGE LEVEL = ',F9.2,' M'/
      15X,' MIN.SURGE LEVEL =',F8.2,' M')
      1F9.2/)
      GO TO 700
600   WRITE(6,650)T,Z2S,Z2
```

```
650   FORMAT(10X,' ITERATIONS FAILED',3F10.2)
700   STOP
      END
      SUBROUTINE STA(Z,AS)
      DIMENSION EL(5),ASUR(5)
      COMMON /ST/N,EL,ASUR,ELUR,EINV,ETOP
      EWS=Z+ELUR
      IF (EWS.LT.EINV)GO TO 120
      IF (EWS.GT.ETOP)GO TO 130
      DO 100 J=1,N
      IF (EWS.LT.EL(J))GO TO 110
100   CONTINUE
110   AS=ASUR(J-1)
      RETURN
120   WRITE(6,125)
125   FORMAT(5X,' TANK IS DRAINED')
      STOP
130   WRITE (6,135)
135   FORMAT(5X,' TANK IS OVERFLOWING')
      STOP
      RETURN
      END
```

E-2 输入参数

```
1,10,9.81,.1,80.,56.,112.,5.,523.,478.,550.
1964.,23.25,56.,1.22,2,478.,148.8,505.,148.8
.001
```

E-3 输出参数

```
ITERATIVE MODIFIED EULER METHOD
TOLERANCE FOR ITERATIONS =   .0010 M

LENGTH =1964.0 M
TUNNEL AREA = 23.25 M2
TUNNEL HEAD LOSS = 1.22 M FOR DISCHARGE =   56.00 M3/S
INITIAL TURBINE FLOW = 56.00 M3/S
FINAL TURBINE FLOW = 112.00 M3/S
GATE TIME = 5.00 S
```

COMPUTATIONAL TIME INTERVAL = .10 S

IPRINT = 10

UPSTREAM RESER. LEVEL = 523.00 M

TANK INVERT LEVEL = 478.00M

ELEV. OF TANK TOP = 550.00 M

ELEV.	TANK AREA
478.00	148.80
505.00	148.80

T (S)	Z (M)	Q (M3/S)	QTUR (M3/S)
.000	−1.220	56.000	56.000
1.000	−1.258	56.001	67.200
2.000	−1.370	56.012	78.400
3.000	−1.559	56.039	89.600
4.000	−1.822	56.093	100.800
5.000	−2.159	56.181	112.000
6.000	−2.534	56.310	112.000
7.000	−2.908	56.483	112.000
8.000	−3.280	56.697	112.000
9.000	−3.651	56.954	112.000
10.000	−4.020	57.252	112.000
11.000	−4.387	57.591	112.000
12.000	−4.751	57.971	112.000
13.000	−5.113	58.391	112.000
14.000	−5.472	58.850	112.000
15.000	−5.827	59.349	112.000
16.000	−6.179	59.885	112.000
17.000	−6.528	60.460	112.000
18.000	−6.872	61.071	112.000
19.000	−7.212	61.718	112.000
20.000	−7.548	62.402	112.000
21.000	−7.879	63.119	112.000
22.000	−8.205	63.871	112.000
23.000	−8.525	64.656	112.000
24.000	−8.841	65.473	112.000
25.000	−9.151	66.322	112.000
26.000	−9.455	67.201	112.000

27.000	−9.753	68.109	112.000
28.000	−10.045	69.047	112.000
29.000	−10.330	70.011	112.000
30.000	−10.609	71.003	112.000
31.000	−10.881	72.020	112.000
32.000	−11.146	73.061	112.000
33.000	−11.404	74.126	112.000
34.000	−11.655	75.213	112.000
35.000	−11.899	76.321	112.000
36.000	−12.135	77.450	112.000
37.000	−12.363	78.597	112.000
38.000	−12.584	79.763	112.000
39.000	−12.796	80.945	112.000
40.000	−13.001	82.142	112.000
41.000	−13.198	83.354	112.000
42.000	−13.386	84.579	112.000
43.000	−13.566	85.817	112.000
44.000	−13.738	87.065	112.000
45.000	−13.901	88.322	112.000
46.000	−14.056	89.588	112.000
47.000	−14.202	90.861	112.000
48.000	−14.340	92.140	112.000
49.000	−14.469	93.424	112.000
50.000	−14.590	94.712	112.000
51.000	−14.702	96.002	112.000
52.000	−14.805	97.294	112.000
53.000	−14.899	98.585	112.000
54.000	−14.985	99.876	112.000
55.000	−15.062	101.164	112.000
56.000	−15.131	102.449	112.000
57.000	−15.191	103.730	112.000
58.000	−15.242	105.005	112.000
59.000	−15.285	106.273	112.000
60.000	−15.319	107.534	112.000
61.000	−15.345	108.786	112.000
62.000	−15.362	110.028	112.000
63.000	−15.371	111.260	112.000
64.000	−15.372	112.480	112.000
65.000	−15.365	113.687	112.000
66.000	−15.350	114.880	112.000

67.000	−15.326	116.059	112.000
68.000	−15.295	117.223	112.000
69.000	−15.256	118.370	112.000
70.000	−15.210	119.500	112.000
70.999	−15.155	120.612	112.000
71.999	−15.094	121.705	112.000
72.999	−15.025	122.779	112.000
73.999	−14.949	123.833	112.000
74.999	−14.866	124.865	112.000
75.999	−14.776	125.876	112.000
76.999	−14.680	126.865	112.000
77.999	−14.576	127.831	112.000
78.999	−14.467	128.774	112.000
79.999	−14.351	129.693	112.000

MAX. SURGE LEVEL = 521.78 M

MIN. SURGE LEVEL = 507.63 M

附录 F　国际单位和英制单位的转换系数

国际单位制的各种物理量列于 F－1 节，将它们转换为英制单位的系数列于 F－2 节。

F－1　SI 国际单位

物　理　量	单　　位	符　　号	定　　义
长度	米	m	—
质量	千克	kg	—
力	牛顿	N	$1kg \cdot m/s^2$
能量	焦耳	J	$1N \cdot m$
压强，应力	帕斯卡	Pa	$1N/m^2$
功率	瓦特	W	1J/s
体积弹性模量	帕斯卡	Pa	$1N/m^2$

这些单位的乘数和分数可以用如下符号表示：

10^{-3}	milli	m
10^{-1}	deci	d
10^{3}	kilo	k
10^{6}	mega	M
10^{9}	Giga	G

例如，$2.1GPa = 2.1 \times 10^9 Pa$；$1.95Gg \cdot m^2 = 1.95 \times 10^6 kg \cdot m^2$。

F－2　转换系数

转换系数列于表 F－1。

表 F-1 **将国际单位转换为英制单位的乘数表**

物理量	国际单位	英制单位	乘数
加速度	m/s^2	ft/s^2	3.28084
面积	m^2	ft^2	10.7639
密度	kg/m^3 kg/m^3	lb/ft^3 $slug/ft^3$	62.4278×10^{-3} 1.94032×10^{-3}
流量	m^3/s m^3/s m^3/s	ft^3/s gal/min(U.S.) gal/min(Imperial)	35.3147 15.8503×10^{-3} 13.1981×10^{-3}
力	N	lbf	224.809×10^{-3}
长度	m	ft	3.28084
质量	kg kg	lb slug	2.20462 68.5218×10^{-3}
惯性矩	$kg\cdot m^2$	$lb-ft^2$	23.7304
角动量	$kg\cdot m^2/s$	$lb-ft^2/s$	23.7304
线动量	$kg\cdot m/s$	lb-ft/s	7.23301
功率	W W	ft-lbf/s hp	0.737561 1.34102×10^{-3}
力矩	$N\cdot m$	lbf-ft	737.562×10^{-3}
速度	m/s m/s	ft/s mile/h	3.28084 2.23694
体积	m^3 m^3 m^3	ft^3 yd^3 in^3	35.3147 1.30795 61.0237×10^{-3}
比重	N/m^3	lbf/ft^3	6.36587×10^{-3}
温度	℃	℉	乘 1.8；再加 32

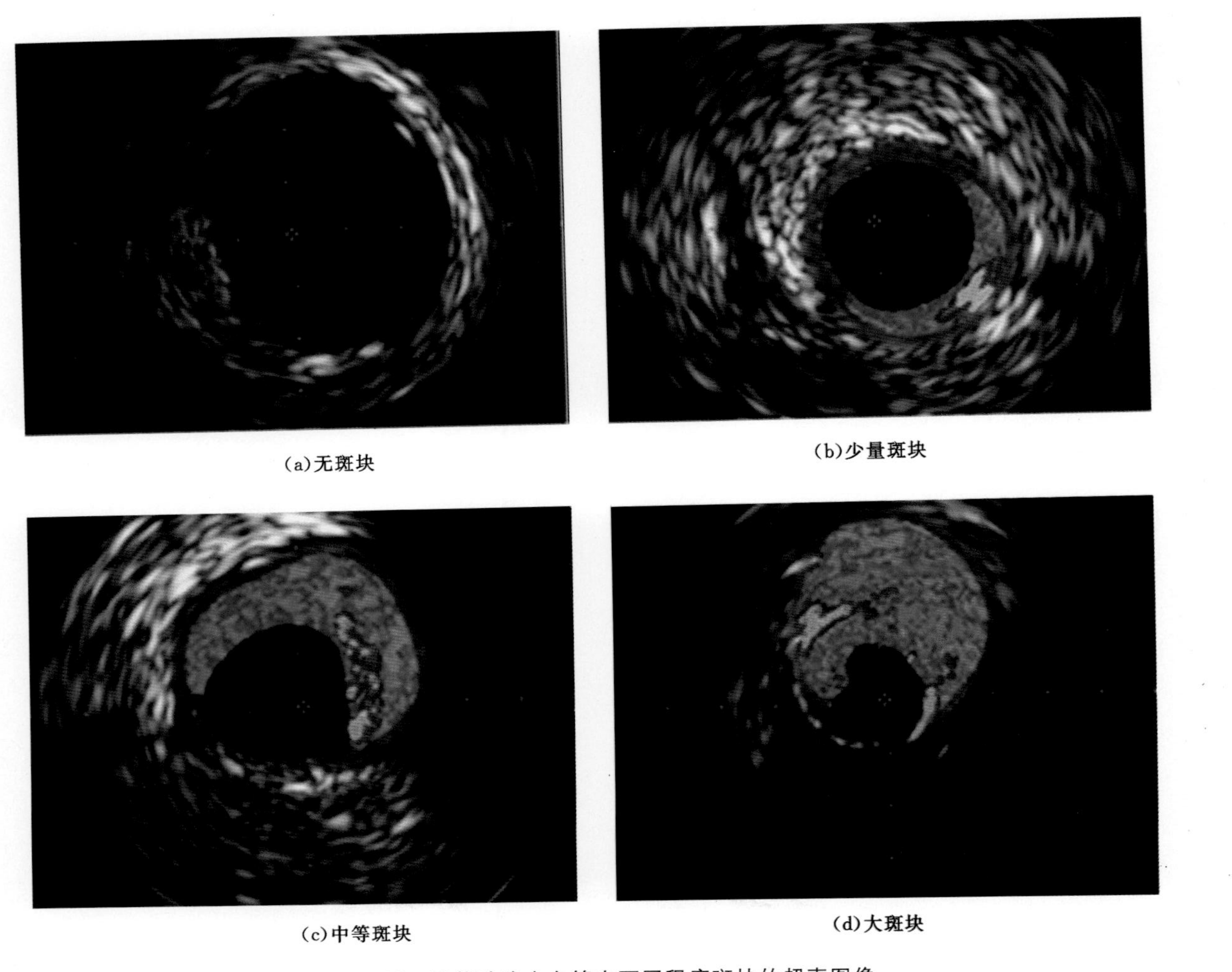

(a)无斑块　(b)少量斑块

(c)中等斑块　(d)大斑块

图 8-28　冠状动脉内血管内不同程度斑块的超声图像